Orchideenkultur

Botanische Grundlagen, Kulturverfahren, Pflanzenbeschreibungen

Herausgegeben von Gertrud Fast

Unter Mitarbeit von
J. Coenraad Arends, Barbara Burr, Martin Hemer,
Hans Koch, Kuno Krieger, Walter Vöth

W0471449

Dritte, neubearbeitete und erweiterte Auflage
140 Farbfotos
137 Zeichnungen und Schwarzweißfotos

E.U.
VERLAG
EUGEN
ULMER

Verzeichnis der Mitarbeiter

Dr. J. Coenraad Arends
Landbouwuniversiteit, vakgroep Plantentaxonomie, Wageningen

Dr. Barbara Burr
Botanisches Institut der Universität Bonn
und Botanischer Garten der Technischen Universität Dresden

Dr. Gertrud Fast
früher Institut für Bodenkunde und Pflanzenernährung, FH Weihenstephan

Dr. Martin Hemer
Institut für Pflanzenschutz, Saatgutuntersuchung und Bienenkunde
Münster/Westf.

Gartenbauingenieur (grad.) Hans Koch
Orchideenzüchter, Lennestadt

Kuno Krieger
Kleingewächshaus-Fachmann, Herdecke-Ende

Walter Vöth
früher Botanischer Garten der Universität Wien

Die Deutsche Bibliothek – CIP-Einheitsaufnahme

Orchideenkultur : botanische Grundlagen, Kulturverfahren, Pflanzenbeschreibungen / hrsg. von Gertrud Fast. Unter Mitarb. von J. Coenraad Arends ... – 3., neubearb. und erw. Aufl. – Stuttgart : Ulmer, 1995
ISBN 3-8001-6451-5
NE: Fast, Gertrud [Hrsg.]; Arends, J. Coenraad

Das Werk einschließlich aller seiner Teile ist urheberrechtlich geschützt. Jede Verwertung außerhalb der engen Grenzen des Urheberrechtsgesetzes ist ohne Zustimmung des Verlages unzulässig und strafbar. Das gilt insbesondere für Vervielfältigungen, Übersetzungen, Mikroverfilmungen und die Einspeicherung und Verarbeitung in elektronischen Systemen.

© 1980, 1995 Eugen Ulmer GmbH & Co.,
Wollgrasweg 41, 70599 Stuttgart (Hohenheim)
Printed in Germany
Lektorat: S. Langer, A. Pahler, Dr. S. Volk
Herstellung: Thomas Eisele
Umschlaggestaltung: Alfred Krugmann, Freiberg am Neckar
Mit einem Foto von Eberhard Morell, Dreieich
Satz: primustype Robert Hurler GmbH, Notzingen
Druck: Karl Grammlich, Pliezhausen
Bindung: Ernst Riethmüller, Stuttgart

Vorwort

Fünfzehn Jahre nach Erscheinen der ersten Auflage war es an der Zeit, den Text gründlich zu überprüfen und die Ergebnisse neuer Arbeiten zur Orchideenkultur einzufügen. Das Kapitel „Biologie der Orchideen" wurde größtenteils neu gefaßt, was nach dem Ableben von Herrn Prof. Dr. Nuernbergk Frau Dr. Barbara Burr unter Beistand von Herrn Prof. Dr. Barthlott (Bonn) übernahm. Beiden sei für die sorgfältige Bearbeitung bestens gedankt.

Im Abschnitt „Vermehrung und Anzucht" fand die symbiotische Anzucht unserer heimischen Orchideen stärkere Berücksichtigung, da sich ihnen angesichts ihrer Gefährdung das Interesse vermehrt zugewandt hat. Neue, vereinfachte Anzuchtverfahren ermöglichen auch dem Liebhaber, es mit ihrer Kultur zu versuchen.

Das Kapitel „Krankheiten und Schädlinge" blieb im Kern unverändert. Die genannten Pflanzenschutzmittel sollten auf ihre Zulassung überprüft und in den gegebenen Fällen mit den üblichen Vorsichtsmaßnahmen angewandt werden. Ein besonderer Dank gebührt an dieser Stelle den Herren Dr. Jürgen Richter, Günter Jörg und Dr. Friedrich Merz, Landesanstalt für Pflanzenschutz Stuttgart, die das Kapitel kritisch durchgesehen und teilweise nach dem heutigen Kenntnisstand überarbeitet haben. Von der Herausgeberin neu eingefügt wurden Hinweise zur biologischen Schädlingsbekämpfung, die im Gartenbau zunehmend an Bedeutung gewinnt.

Als schwierig erwies sich eine befriedigende, zusammenfassende Darstellung der Orchideenhybriden. Die Züchtung hat hier ein derartiges Ausmaß angenommen, daß die Nennung der Partner bei den einzelnen Gruppen ein ganzes Buch füllen würde. Jährlich werden Hunderte von neuen Hybriden zur Registrierung angemeldet, so daß selbst der Fachmann oft den Überblick verliert. Wir beschränkten uns daher auf die Nennung nur weniger prämierter Sorten, die teilweise den Trend heutiger Zuchtvorstellungen deutlich machen.

Ein monatlicher Arbeitskalender, den einige Leser früherer Auflagen entbehrten, wurde auch diesmal bewußt nicht aufgestellt, da aufgrund der unterschiedlichen Wachstumsverhältnisse bei den einzelnen Kultivateuren keine kalendermäßig gebundenen Empfehlungen gegeben werden können. Verwiesen sei hier auf die von Walter Vöth angeführten Kulturhinweise bei der Beschreibung der Gattungen und Arten. Auch auf einen geschichtlichen Rückblick durfte im Rahmen dieses Buches verzichtet werden. Darüber geben andere Werke der Orchideenkunde genügend Auskunft.

Mein Dank gilt wiederum dem Verlag und dem Lektorat, die geduldig mancherlei Verzögerungen in Kauf nahmen und mit gewohnter Zuverlässigkeit die dritte Auflage des Buches herausbrachten.

Freising, Januar 1995 — Gertrud Fast

Inhaltsverzeichnis

1 Biologie der Orchideen

1.1 Einführung

Die Orchideen sind mit über 20000 Arten (Atwood 1986) die bei weitem größte Familie der Einkeimblättrigen Blütenpflanzen (Monocotyledoneae oder Liliatae). Sie umfassen etwa 10% aller Blütenpflanzenarten auf der Erde. Einen ähnlichen Artenreichtum haben nur noch die Korbblütler (Asteraceae) entwickelt, die die größte Familie der Zweikeimblättrigen Blütenpflanzen (Dicotyledoneae oder Magnoliatae) bilden. Innerhalb der Samenpflanzen (Spermatophyta) werden Ein- und Zweikeimblättrige Blütenpflanzen als Unterabteilung der Bedecktsamer (Angiospermae) zusammengefaßt. Ihre Samenanlagen sind in einen Fruchtknoten eingeschlossen.

Innerhalb der Monokotylen (Übersicht bei Dahlgren et al. 1985) steht die Familie der Orchideen (Orchidaceae) relativ isoliert. Sie wird der Unterklasse der Liliidae zugerechnet und dort meist als eigene Ordnung der Orchidales geführt (vgl. z. B. Cronquist 1988). Die Orchideen gliedern sich in drei natürliche, nicht durch Übergangsformen miteinander verbundene Verwandtschaftsgruppen:

- die altertümlichen Apostasioideae (zwei Gattungen mit wenigen Arten in den asiatischen Tropen) mit noch drei Staubgefäßen;
- die Frauenschuh-Orchideen oder Cypripedioideae (vier Gattungen mit etwa 100 Arten auf der Nordhemisphäre und in den asiatischen und amerikanischen Tropen) mit zwei Staubgefäßen (diandrische Orchideen);
- die formenreichste Gruppe der Orchidoideae (über 20000 Arten, weltweit verbreitet), die am stärksten abgeleitet ist und nur noch ein fertiles Staubgefäß pro Blüte besitzt (monandrische Orchideen).

Ob man die drei Gruppen wie hier als Unterfamilien innerhalb der Familie der Orchidaceae zusammenfaßt oder die beiden ersten als eigene Familien (Apostaciaceae und Cypripediaceae) abtrennt, hängt vom taxonomischen Konzept des jeweiligen Bearbeiters ab. Während die Unterscheidung der drei Großgruppen sehr einfach ist, stößt man bei einer weiteren Gliederung der monandrischen Orchideen auf Probleme: Je nach Bearbeiter werden die Untergruppen als Unterfamilien oder Triben aufgefaßt, z. T. unterschiedlich gegeneinander abgegrenzt und auch verschieden benannt. Die einzelnen Klassifikationsvorschläge im Rahmen dieses Buches vorzustellen, würde zu weit führen. Der Einfachheit halber soll im folgenden die Unterfamilie der Orchidoideae (wie oben umgrenzt) im weitesten Sinne gefaßt und verstanden werden.

Mit Ausnahme der hocharktischen Regionen und der Wüstengebiete kommen Orchideen mit einem ungeheuren Formenreichtum weltweit vor. Ihr Verbreitungsgebiet erstreckt sich in Schweden und Alaska bis über den nördlichen Polarkreis hinaus, im Süden reicht es bis Feuerland. Das weite Areal gibt bereits einen ersten Hinweis auf die große Anpassungsfähigkeit der Familie: Orchideen wachsen und blühen unter den unterschiedlichsten Klimabedingungen, am Äquator ebenso wie in der Nähe der Pole.

Für einzelne geographische Regionen der Erde können dabei bestimmte Verwandtschaftskreise als charakteristisch angesehen werden. In den nördlich gemäßigten Breiten besitzt neben der Frauenschuh-Gattung *Cypripedium* die Tribus der Orchideae ihren ausgesprochenen Verbreitungsschwerpunkt: Aus der heimischen Natur ist uns die Gattung *Orchis* gut vertraut, im Mittelmeerraum findet man besonders viele *Ophrys*-Arten, in Nordamerika dominieren *Platanthera* und die nah verwandten Habenarien. Im außertropischen Australien sind die meisten Arten aus der Tribus der Diurideae beheimatet, die ebenfalls terrestrisch wachsen, *Disa* dagegen ist eine für Südafrika typische Erdorchideen-Gattung. Das Verbreitungsgebiet der Gattungen *Epidendrum, Oncidium* und *Cattleya* beschränkt sich auf die Neue Welt, *Angraecum* kommt fast ausschließlich in den tropischen Regionen Afrikas und vor allem Madagaskars vor, *Dendrobium* ist australasiatisch verbreitet. Andere Gattungen, wie z. B. *Bulbophyllum* oder *Vanilla,* findet man in den tropischen Breiten aller Kontinente. Berücksichtigt man die gute Flugfähigkeit der Orchideensamen, die eine Fernausbreitung scheinbar grundsätzlich begünstigt, ist das Areal der meisten Orchideenarten jedoch überraschend klein.

Abb. 1. *Ophrys holoserica,* Hummel-Ragwurz. Heimische Erdorchidee, die helle, warme, mäßig trockene Standorte besiedelt.

Alle Orchideen sind krautige, ausdauernde Pflanzen. In den gemäßigten und subtropischen Gebieten kommen vor allem Geophyten mit unterirdischen Speicherorganen (z. B. *Orchis*) vor. Zur Gruppe der im Erdboden wurzelnden terrestrischen Orchideen zählen nach Dressler (1981) etwa 25% aller Orchideenarten. Die weitaus meisten Orchideen sind tropische Epiphyten, die ohne Kontakt zum Erdboden in den Baumkronen leben und in bezug auf ihre Wasser- und Mineralstoffversorgung allein auf atmosphärische Feuchtigkeit und das Tropfwasser der Niederschläge angewiesen sind. Neben den Regenwäldern des Tieflandes weisen vor allem die tropischen Bergregenwälder einen großen Artenreichtum an Epiphyten auf. Hier kann man auf kleinster Fläche eine große Zahl verschiedener Orchideenarten finden. Wieviele Orchideenarten es tatsächlich heute gibt, weiß niemand und wird nie jemand erfahren: die Zerstörung tropischer Lebensräume schreitet schneller voran als die Erfassung der dort lebenden Pflanzen und Tiere. Der Ausrottung fallen gut angepaßte Spezialisten, die bei den Orchideen häufig sind, besonders leicht zum Opfer. Mit jeder Art endet eine Entwicklungslinie, die zu Beginn des Tertiärs vor etwa 60 Millionen Jahren begonnen hat. Damals haben sich vermutlich die ersten Orchideen entwickelt (Brieger 1970, Dressler 1981). Die gewaltige Artenvielfalt dürfte seit dem Miozän vor etwa 30 Millionen Jahren entstanden sein.

Die Orchideen haben sämtliche Lebensformen hervorgebracht, die bei einer krautigen, ausdauernden Pflanze denkbar sind. Neben den Geophyten (mit unterschiedlichsten Speicherorganen) und den Epiphyten gibt es

z. B. auch Lianen. Stamm- und blattsukkulente Arten sind in besonderer Weise an trokkene Lebensräume angepaßt. Nur wenige Arten (*Spiranthes cernua* var. *odorata, Habenaria repens,* vgl. Beckner 1972) leben dagegen im oder auf dem Wasser. Einige Orchideen haben ihre Sprosse und Blätter fast vollständig reduziert. Die Assimilation übernehmen hier Luftwurzeln.

Eine ökologische Gemeinsamkeit aller Orchideen ist die Ausbildung mikroskopisch kleiner Samen, die sich nach der Keimung nur mit Hilfe eines „Pilz-Symbionten" weiterentwickeln können. Viele Orchideen leben zeitlebens mit ihrem Pilzpartner zusammen und beziehen Nährstoffe von ihm. Eine kleine Gruppe von „Saprophyten" ernährt sich sogar ausschließlich mycotroph von Wurzelpilzen; diese Orchideen besitzen oft kein Chlorophyll mehr. Die meisten tropischen Epiphyten werden dagegen im Laufe ihrer Jugendentwicklung unabhängig vom Wurzelpilz und halten die Mykorrhiza nur für eine begrenzte Zeit aufrecht.

Wir kultivieren Orchideen vor allem wegen ihrer oft bizarren und farbenprächtigen Blüten, die stets monosymmetrisch sind. Die Formenvielfalt der Orchideenblüten entsteht durch Größen- und Proportionsverschiebungen der einzelnen Blütenorgane. Die drei Unterfamilien unterscheiden sich im Grundbauplan ihrer Blüten durch die Zahl und Lage der fruchtbaren Staubgefäße. Diese verwachsen mehr oder weniger stark mit Griffel und Narbe und bilden so die Säule (Columna, Gynostemium), einen typischen Bestandteil der Orchideenblüte. Der Fruchtknoten ist stets unterständig.

Fast alle Orchideenblüten werden von Tieren bestäubt, wobei häufig eine sehr strenge Bindung an ganz bestimmte Bestäuber zu beobachten ist. Die Evolution hat zahlreiche Orchideenarten hervorgebracht, die nur von einer einzigen Insektenart bestäubt werden. Bemerkenswert hoch ist der Anteil an „Täuschblumen", die den Bestäuber gezielt anlocken, ihm dann aber keinerlei Entlohnung für den Blütenbesuch bieten. Der Umfang der blütenbiologischen Spezialisierung innerhalb der Familie ist einzigartig im Pflanzenreich und hat sicherlich bei der Entstehung der erstaunlichen Formenvielfalt eine sehr wichtige Rolle gespielt.

Abb. 2. *Psygmorchis* spec. Rindenepiphyt, mit Hilfe von Luftwurzeln am Zweig verankert; Ecuador.

Bei der Bestäubung werden nicht einzelne Pollenkörner übertragen: der Inhalt eines jeden Staubgefäßes ist zu einer oder mehreren Transporteinheiten zusammengefaßt, die man Pollinarien nennt. So können von einem Insekt bei einem einzigen Blütenbesuch viele tausend Pollenkörner übernommen werden, die in einer anderen Blüte nach Übertragung auf die Narbe eine entsprechend große Zahl von Samenanlagen befruchten. Dadurch wird die extrem hohe Samenzahl verständlich, die eine einzige Orchideenblüte hervorbringen kann. Die enorme Samenproduktion gleicht die hohen Keimungsverluste und eine oft relativ geringe Bestäubungsrate aus und sichert so ein Überleben der Art.

1.2 Der Bau der Pflanze

Der Körper einer Samenpflanze besteht aus drei Grundorganen: den Wurzeln, den Blättern und den Sproßachsen. Die Gestalt der Pflanze wird durch die spezifische Form und Größe der einzelnen Grundorgane bestimmt. Wird eines der drei Grundorgane extrem reduziert, so müssen seine Aufgaben von einem anderen Grundorgan übernommen werden. Auf diese Weise sind z. B. bei blattlosen Orchideen assimilierende Sprosse und Luftwurzeln entstanden.

Wie bereits erwähnt, haben Orchideen mit Ausnahme von Wasserpflanzen so gut wie alle Lebensformen realisiert, die bei perennierend-krautigen Pflanzen denkbar sind: Rhizom- und Wurzelgeophyten, Epiphyten und Lianen, Blatt- und Sproßsukkulente, „Saprophyten".

Neben den Unterschieden in der Gestalt gibt es bei Orchideen auch beträchtliche Unterschiede in der Größe der Pflanzen. Die kleinste Orchidee dürfte die mittelamerikanische *Platystele jungermannioides* sein. Ihre moosartig aussehenden, nur wenige Millimeter großen Pflänzchen bringen etwa 1 mm große Blüten hervor. Die Bulben von *Bulbophyllum globuliforme* aus Australien und *Bulbophyllum odoardii* aus Borneo sind ausgewachsen ebenfalls nur 1 bis 1,5 mm groß. *Grammatophyllum speciosum* besitzt im Gegensatz dazu einen stammartigen, bis über 4 m hohen Sproß, und diese Länge wird von den Sprossen mancher kletternder Vanillen noch deutlich übertroffen.

1.2.1 Aufbau der Sproßachse

Der Sproß trägt die Blätter und bestimmt entscheidend die Größe der Pflanze. Besonders charakteristisch und weit verbreitet innerhalb der Orchideen sind verdickte, wasserspeichernde Sproßknollen, die als Bulben oder Pseudobulben bezeichnet werden.

Ein gestauchter Sproß führt zur Entstehung einer Rosettenpflanze (z. B. *Ophrys*). Ihr Sproß nimmt in der Regel sein Längenwachstum erst vor der Blüte auf und bildet so den verlängerten Blütenschaft. Einmalig innerhalb des Pflanzenreiches ist die Wuchsform bestimmter blattloser tropischer Epiphyten, die ihren vegetativen Sproß weitestgehend reduziert haben: abgesehen von den Infloreszenzen besteht ihr Pflanzenkörper fast nur noch aus Wurzeln, die die Funktionen der übrigen Grundorgane übernommen haben (z. B. bei *Microcoelia, Taeniophyllum, Chiloschista*).

Ein besonders stark verlängerter Sproß führt bei aufrecht wachsenden krautigen Pflanzen zu Stabilitätsproblemen. Sie können nur mit Hilfe von „Klettergerüsten" in die Höhe wachsen: so entstehen Lianen. Innerhalb der Orchideen finden wir diese Lebensform beispielsweise bei *Vanilla* und *Galeola.* Diese verankern sich mit Hilfe von Kletterwurzeln dauerhaft an Stämmen und Ästen von Holzpflanzen und klettern an diesen empor. Während bei manchen *Vanilla*-Arten die nach rückwärts gekrümmten Blätter einen zusätzlichen Halt bieten, ist das Laub der sproßsukkulenten *Vanilla aphylla* vollständig rückgebildet.

Die Wachstumszone eines Sprosses befindet sich an seiner Spitze. Dort liegt ein sogenanntes **Meristem,** ein undifferenziertes Gewebe aus teilungsfähigen Zellen. Das erste Sproßmeristem wird bereits in der Keimpflanze angelegt. Der daraus hervorgehende Sproß wächst solange weiter, wie das Meristem an seiner Spitze sich teilt. Ein Sproßsystem, das allein durch Wachstum dieses End- oder Spitzenmeristems verlängert wird, nennt man monopodial. **Monopodiale Sprosse** sind beispielsweise für den Verwandtschaftskreis der Vandeae charakteristisch. Orchideen dieses Typs bilden Blütenstände immer in den Achseln der Blätter. Viel häufiger kommen innerhalb der Familie jedoch **sympodiale Sprosse** vor, denen ein anderer Bauplan zugrunde liegt. Hier verliert das Spitzenmeristem nach einer gewissen Zeit – oftmals nach Bildung eines Blütenstandes – seine Teilungsfähigkeit. Nach einer Ruhe-

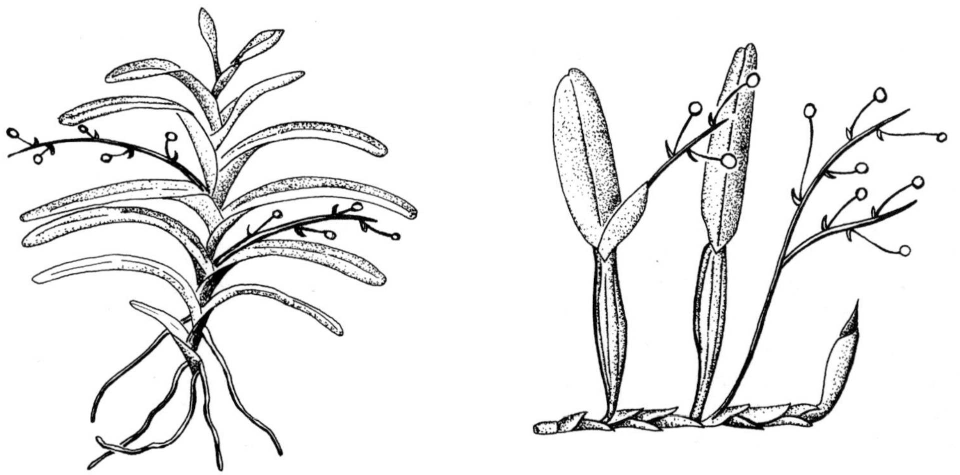

Abb. 3. Aufbau der Sproßachsen, links monopodial *(Vanda)*, rechts sympodial *(Cattleya)*. Beim Monopodium seitliche, beim Sympodium endständige Blütenstände, die bei der Pseudobulbe links akranth (endständig), bei der Pseudobulbe rechts pleuranth (seitenständig) entwickelt sind (nach THOMALE 1954).

phase übernimmt das Meristem einer Seitenknospe das Wachstum. Der Zyklus von Beendigung des Wachstums im Spitzenmeristem und nachfolgendem Austreiben einer Seitenknospe wiederholt sich bei sympodial gebauten Sprossen auch später immer wieder.

Der sympodiale Aufbau erfolgt in vielen Fällen, z. B. bei *Cattleya, Laelia, Schomburgkia,* in der Weise, daß die Sproßachse zu einem parallel zur Unterlage wachsenden, dorsiventral gebauten Rhizom umgewandelt ist. Die ausgetriebene Endknospe strebt nach Ausbildung eines kurzen Internodiums im rechten Winkel empor und bildet dann einen Kurztrieb, der in der Regel verdickt ist und Pseudobulbe genannt wird. Am Ende der Pseudobulbe entstehen zumeist ein oder zwei Blätter. Das Endmeristem des Kurztriebes entwickelt sich entweder nicht weiter oder erzeugt einen Blütenstand. Nach einer gewissen, vom Klima und der jeweiligen Art abhängigen Ruhezeit treibt das am Ende des Rhizoms befindliche Seitenauge wieder aus, und der ganze Vorgang wiederholt sich. Nicht immer ist die Hauptachse rhizomförmig. Sympodialen Aufbau haben z. B. auch die aufrecht wachsenden Sproßsysteme von *Rodriguezia obtusifolia* und *Oncidium flexuosum.*

Die Vielgestaltigkeit der einzelnen Orchideengattungen wird stark durch die Größe der Kurztriebe und vor allem die Länge der Rhizom-Internodien bestimmt. Besonders lange Internodien haben einige *Bulbophyllum*-Arten. Bei *B. uniflorum* können z. B. die Pseudobulben bis zu 20 cm entfernt voneinander stehen. Die Länge der Internodien spielt auch beim monopodialen Typus eine Rolle; so sind sie bei *Phalaenopsis* sehr kurz, bei Vandeen, wie *Vanda teres,* erheblich länger. Bei *Phalaenopsis* kommt hinzu, daß das Sproßsystem an seinem hinteren Ende die Blätter verliert und abstirbt. So bleiben diese Pflanzen immer sehr kurz.

Bei manchen Orchideen erkennt man den genauen Bauplan nicht auf den ersten Blick. Bestimmte *Epidendrum*-Arten (*E. arachnoglossum, E. ellipticum, E. elongatum, E. radicans, E. schomburgkii* u. a.) besitzen beispielsweise ein stark verzweigtes sympodiales Rhizom, dessen Internodien sehr kurz sind. Die an diesem Rhizom entspringenden

Abb. 4. *Oncidium biflorum.* Extremstandort eines Epiphyten: Diese Orchidee wächst in Trockengebieten auf Kakteen; Argentinien.

aufrechten, unverdickten, relativ langen Kurztriebe erwecken fälschlicherweise den Eindruck eines monopodialen Grundbauplans dieser Pflanzen. Sie bilden jedoch an ihrer Spitze Blütenstände, was monopodiale Pflanzen niemals tun.

Wenn die aufrecht wachsenden Triebe an ihrer Basis Seitensprosse bilden, werden die Pflanzen büschelförmig. Ein ganz ähnliches Erscheinungsbild findet man auch bei Orchideen mit stark verzweigten Rhizomen und sehr kurzen Rhizom-Internodien, z. B. bei *Paphiopedilum* und *Dendrobium.*

An jedem Knoten des Orchideensprosses entspringt ein Blatt. Die Blätter aufeinanderfolgender Knoten stehen einander gegenüber, woraus eine zweizeilige (distiche) Blattanordnung resultiert. Durch Drehung der Internodien kann jedoch scheinbar mehrzeilige Beblätterung entstehen.

1.2.2 Pseudobulben

Pseudobulben nennt man die zu Speicherorganen umgebildeten, verdickten Kurzsprosse sympodialer Orchideen. Auch die oft bereits blattlosen Pseudobulben vergangener Vegetationsperioden können wichtige Nährstoff- und Wasserspeicher sein, die den wachsenden Teil des Sprosses mitversorgen (ZIMMERMANN 1990).

Grundsätzlich sind zwei Typen zu unterscheiden: die homoblastischen Pseudobulben und die heteroblastischen Pseudobulben. Die homoblastischen Bulben sind aus vielen kurzen Internodien zusammengesetzt und tragen fast ihrer ganzen Länge nach Blätter. Oft handelt es sich dabei nur um gleichmäßig verdickte Stämme.

Die Infloreszenzen erscheinen in der Regel seitlich, wie bei *Dendrobium.* Bei den Pseudobulben der Catasetinae gibt es zwei Varianten in der Stellung der Infloreszenzen: bei *Cycnoches* stehen sie seitlich, bei *Catasetum* entwickeln sie sich aus einem besonderen Rhizomauge an der Basis. Die heteroblastischen Pseudobulben bestehen aus einem verdickten Internodium mit terminalen Blättern und ggf. Blütenstand. Bei einigen Arten, besonders *Schomburgkia* und *Caularthron* (syn. *Diacrium*) können die heteroblastischen Bulben hohl sein und haben dann an der Basis eine Öffnung. In der Natur werden diese hohlen Bulben gewöhnlich von Ameisen bewohnt. Die Größe der Pseudobulben variiert außerordentlich. Bei im Schatten wachsenden Pflanzen von *Grammatophyllum speciosum* erreichen sie bis zu 2,50 m Länge. Dagegen haben die scheibenförmigen Bulben von *Bulbophyllum globuliferum, B. minutissimum* und *B. odoardi* nur einen Durchmesser von 1 bis 3 mm (DEANE 1969, KERNER V. MARILAUN 1888).

1.2.3 Unterirdische Speicherorgane

Viele unserer Erdorchideen besitzen unterirdische Knollen, mit deren Hilfe sie den Winter überdauern. Diese Speicherorgane haben

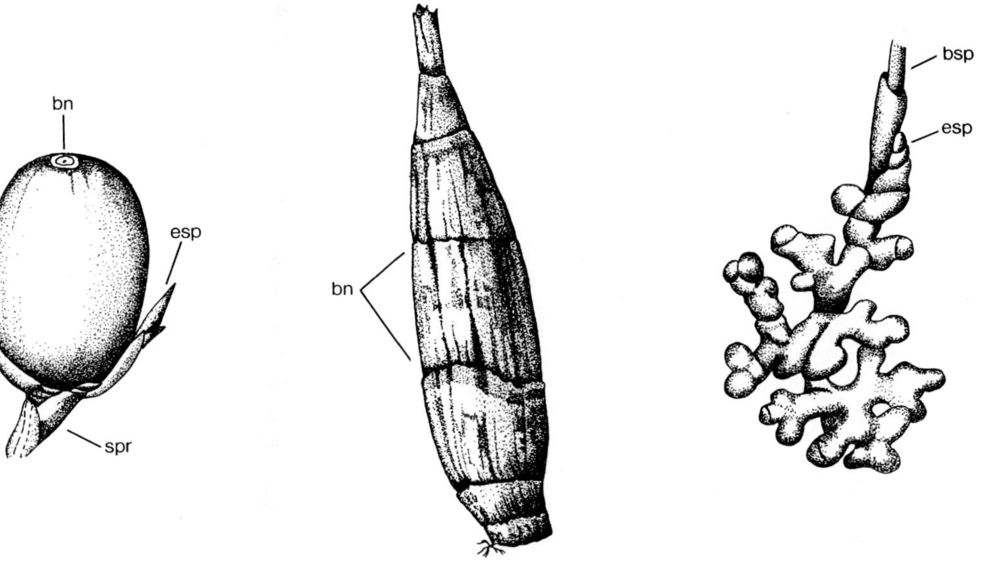

Abb. 5. Pseudobulben, links heteroblastisch *(Coelogyne cristata)*, Mitte homoblastisch *(Catasetum fimbriatum)*; rechts Rhizom von *Corallorhiza trifida* (nach WETTSTEIN 1935);
spr = Sproß, an dessen Ende der Pseudobulbus steht, bsp = blühender Sproß, esp = Erneuerungssproß, bn = Blattnarbe.

oft bei der wissenschaftlichen und volkstümlichen Benennung von Orchideenarten Pate gestanden. Sie sind auch für die Namensgebung der ganzen Familie verantwortlich: Bereits der altgriechische Naturforscher Theophrast bezeichnete die Orchideen nach den paarigen Speicherknollen der Gattung *Orchis* als „Hodenpflanzen" („orchis" bedeutet Hoden), und auch der deutsche Name „Knabenkräuter" gründet sich auf diese Assoziation. Bei anderen Gattungen sind die unterirdischen Speicherorgane anders geformt und haben zu anderen Namen geführt: die botanische Gattungsbezeichnung *Dactylorhiza* geht auf die fingerförmigen Knollen dieser Orchideen zurück, Namen wie Korallenwurz *(Corallorhiza)* und Nestwurz *(Neottia)* sprechen für sich.

Unterirdische Speicherknollen sind besonders charakteristisch für die Tribus der Orchideae. Jede dieser Knollen besitzt einen Wurzel- und einen Sproßpol. Die Verdickung wird vorwiegend von der Wurzel gebildet, die im mächtig entwickelten Rindengewebe Nahrungsreserven speichert. Das Sproßwachstum ist bis zum Austrieb des Blütensprosses weitgehend unterdrückt.

Der Entwicklungszyklus der Knollen läßt sich nur erkennen, wenn man sie ausgräbt. Da alle heimischen Orchideen unter Schutz stehen, sollte man darauf jedoch in jedem Fall verzichten. MÖLLER (1987, 1990) beschreibt die Entwicklung der Knollen verschiedener Arten detailliert und nennt als Zeitraum für die Dauer eines Zyklus etwa 24 Monate. Im Spätsommer besitzt jede Pflanze im Boden drei Knollengenerationen:

1. die bereits im vorletzten Jahr angelegte und nun in Abbau begriffene Knolle, die den Laub- bzw. Blütensproß dieses Jahres hervorgebracht hat;
2. deren im vergangenen Jahr angelegte und inzwischen gut entwickelte Tochterknolle;
3. eine an dieser Tochterknolle entstehende jüngste, noch sehr kleine Knolle. Diese wird im folgenden Jahr zu voller Größe heranwachsen und eine Tochterknolle bil-

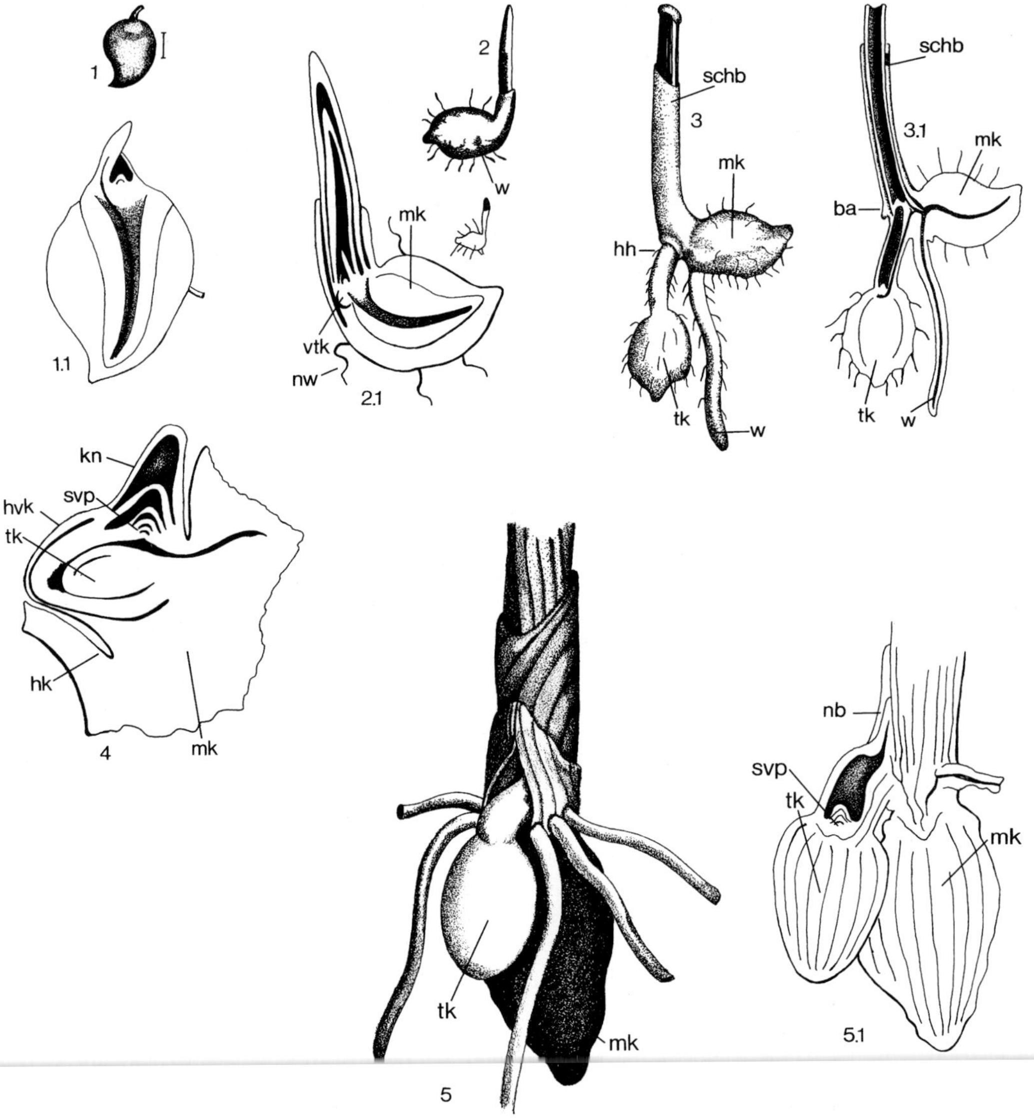

Abb. 6. Knollen von *Orchis militaris* (nach IRMISCH und LUERSSEN 1853 aus WIESNER 1928);
1 = Junge Keimpflanze, Senkrechte daneben: natürliche Größe, 1.1 = Längsschnitt, stärker vergrößert, 2 = ältere Keimpflanze mit hervortretender Wurzel, unten natürliche Größe, oben vergrößert, 2.1 = Längsschnitt, vergrößert, 3 = Keimpflanze im kommenden Frühjahr, 3.1 = Längsschnitt, etwas verkleinert, 4 = Querschnitt durch die Mutterknolle mit Anlage der Tochterknolle an der erwachsenen Pflanze, vergrößert, 5 = Basis der erwachsenen Pflanze im Sommer, natürliche Größe, 5.1 = Längsschnitt, natürliche Größe.
mk = Mutterknolle, tk = Tochterknolle, vtk = Vegetationspunkt der zukünftigen Tochterknolle, w = Wurzel, in Fig. 3 und 3.1 der Mutterknolle, nw = Nebenwurzeln, ba = Blattanlage, schb = Scheidenblatt, svp = Sproßvegetationspunkt, hk = Hüllblatt (Deckblatt) der Mutterknolle im November, hvk = Hüllblatt (Deckschuppe) des Vegetationskegels der Mutterknolle, nb = Niederblatt bzw. Deckschuppe der Tochterknolle, hh = Rest der Hüllhaut der (diesjährigen) Tochterknolle, kn = junge Hauptknospe der Tochterknolle.

den, um dann anschließend im übernächsten Jahr als Laub- oder Blütentrieb die Erde zu durchbrechen. Nach MÖLLER entstehen die jeweiligen Tochterknollen nicht aus Seitenknospen in Blattachseln, sondern endogen, d. h. aus Meristemen im Inneren der Mutterknolle.

Bei tropischen Erdorchideen, die sich möglicherweise von epiphytischen Verwandtschaftskreisen ableiten, können Pseudobulben ganz oder teilweise im Boden verborgen sein und so gewissermaßen als unterirdische Speicherorgane fungieren.

1.2.4 Bau des Blattes

Allgemein haben die Blätter der Orchideen den typischen Aufbau eines Monokotylenblattes: Ihr Blattgrund bildet oft eine die Sproßachse umhüllende Blattscheide; die ganzrandige, meist relativ schmale und langgestreckte Blattspreite zeigt eine deutliche Parallelnervatur. Zwischen Blattgrund und Blattspreite kann sich ein mehr oder weniger verengter bzw. zylindrisch-stielartig verdickter Abschnitt einschieben *(Maxillaria, Gongora, Stanhopea).* Bei der Größe der Familie ist es nicht verwunderlich, daß es zahlreiche Modifizierungen und Abweichungen von diesem Grundbauplan gibt. *Epistephium* und die einheimische *Goodyera repens* besitzen z. B. netznervige Blätter, Frauenschuh-Orchideen aus der Gattung *Cypripedium* breites, fächerförmiges Laub. Das Blatt von *Nervilia* ist nierenförmig, das von *Acianthus bracteatus* tief gelappt rundlich.

Viele Blätter zeigen xeromorphe Merkmale, d. h. sie sind in besonderer Weise an Trockenheit angepaßt. Das gilt für den physiologischen Bereich (CAM-Photosynthese, siehe unten) ebenso, wie für die Gestalt. Verdickte, ledrige Blätter können als Wasserspeicher dienen und besitzen im Vergleich zum Volumen eine verhältnismäßig geringe Oberfläche, was die Einschränkung der Transpiration erleichtert. Bei Verkleinerung der Blattfläche entstehen mehr oder weniger zylindrische Blätter, so bei *Brassavola* und *Vanda teres,* bei denen die Oberseite auf eine schmale, rinnenförmige Vertiefung über dem Hauptnerv beschränkt ist, während die zylindrisch gewordene Unterseite mit ihren Spaltöffnungen erhalten bleibt. Eine Zwischenstellung nehmen die reitenden (equitanten) Blätter, z. B. von *Oberonia* und *Ornithocephalos,* ein. Die Blattbasis ist bei diesen im Querschnitt V-förmig, und nach der Spitze zu tritt eine ständig zunehmende Verschmelzung der einander zugekehrten Blattoberseiten links und rechts vom Mittelnerv ein, ähnlich wie sie bei *Iris* zu beobachten ist. Im Extremfall entsteht so eine senkrecht stehende Blattspreite, deren beide Flächen nur noch aus der in der Mitte nach oben gefalteten Unterseite bestehen.

Zur grünen Grundfarbe des Blattes können Farbzeichnungen und Marmorierungen hinzukommen, wie z. B. bei Arten von *Paphiopedilum, Phalaenopsis, Oncidium, Anoectochilus, Haemaria* und *Macodes.* Zeichnungen entstehen entweder durch große, lufterfüllte Interzellularen, die eine Totalreflexion des Lichtes bewirken, oder durch Anthocyan-Einlagerung in bestimmten Zellen, wodurch eine Rotfärbung hervorgerufen wird.

Die Spaltöffnungen befinden sich auf der Blattunterseite, nur selten in geringer Zahl auch auf der Oberseite. Ein typisches, mit Chloroplasten dicht ausgefülltes Palisadenparenchym wird nicht von allen Orchideen ausgebildet (DE OLIVEIRA 1982). Einen Überblick über die Blatt-Anatomie gibt Abb. 7, aus der man u. a. die Anordnung der Sklerenchymfaserstränge und Gefäßbündel ersehen kann. Diese und die Stärke der Cutinschicht auf den Epidermiszellen entscheiden weithin über die Beschaffenheit der Blätter. Dünne, weiche Blätter wie bei *Calanthe, Catasetum, Lycaste* oder den heimischen Erdorchideen sterben meist am Ende einer Vegetationsperiode ab, die harten Blätter von *Cattleya, Laelia, Schomburgkia* u. a. sind mehrjährig.

Einige Orchideen haben ihre Blätter mehr oder weniger stark reduziert. Auf die blattlose, stammsukkulente *Vanilla aphylla* sowie auf die „Wurzelorchideen" mit rückgebilde-

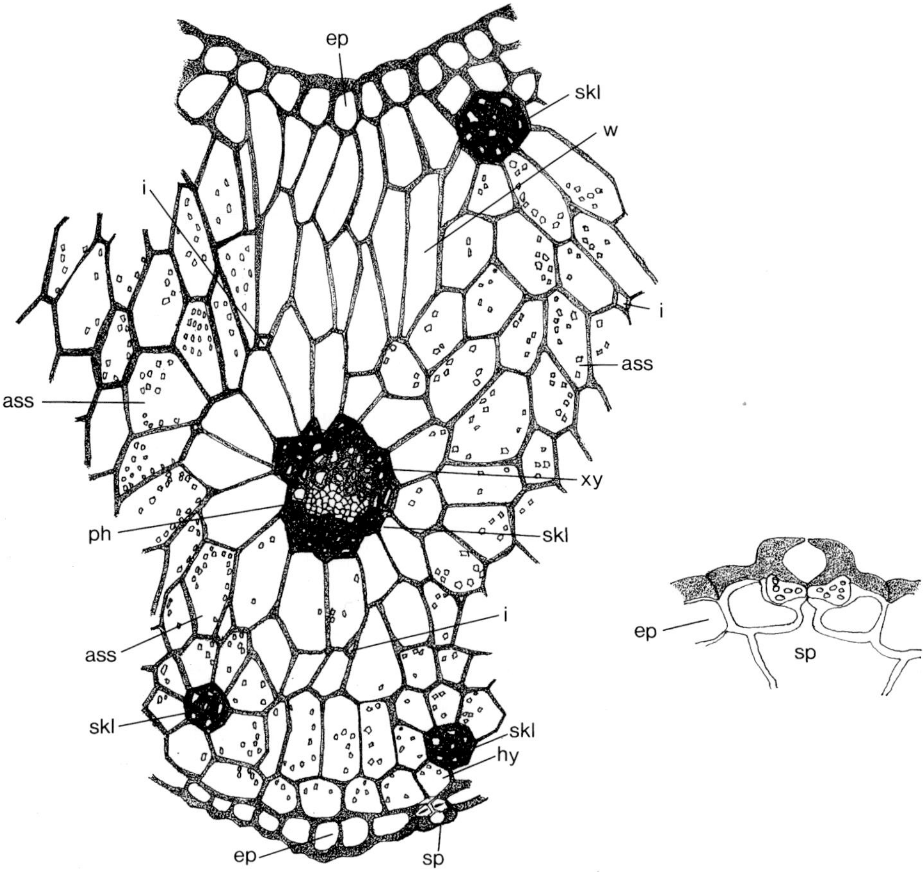

Abb. 7. *Epidendrum ellipticum,* Blattquerschnitt durch die Mittelrippe (nach einer Zeichnung von Gisela Brink);
ep = Epidermis, hy = Hypodermis, i = Interzellularen, xy = Xylem, ph = Phloëm, skl = Sklerenchymfasern, ass = Assimilationsparenchym, w = Wasserspeicher-Parenchym, sp = Spaltöffnung.

ten Blättern und Sprossen wurde bereits hingewiesen. Auch Arten, die sich rein oder fast ausschließlich von ihrem Mykorrhizapilz ernähren (siehe unten), haben meist nur kleine, reduzierte Schuppenblätter. Die Gattung *Nervilia* gibt die mykotrophe Lebensweise nach der ersten Blüte auf und bildet dann ein einziges, oft schön gefärbtes und meist leicht behaartes Laubblatt.

Grundsätzlich sind Haare (Trichome) auf Orchideenblättern selten und dann oft als Drüsenhaare ausgebildet (Withner 1974). In einigen Fällen können sie als Absorptionshaare Wasser und Mineralstoffe aufnehmen (Benzing und Pridgeon 1983). Diese Aufnahme scheint jedoch für die Orchidee keine lebenswichtige Funktion zu besitzen.

1.2.5 Wurzeln

Wie bei anderen Blütenpflanzen dient die Wurzel auch bei Orchideen in erster Linie der Verankerung und der Aufnahme von Wasser und mineralischen Nährstoffen. Besondere Bedeutung hat sie außerdem als Lebensraum der Mykorrhizapilze, die bei vielen Orchideen nicht nur im Keimlingsstadium vorkommen (siehe unten). Wie fast alle Ein-

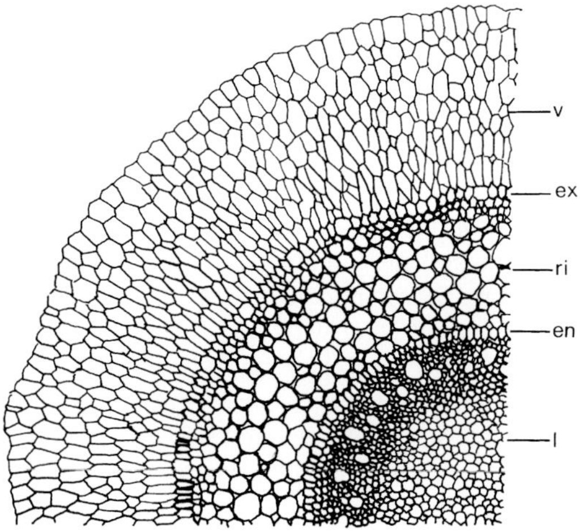

Abb. 8. Querschnitt durch eine Luftwurzel von *Dendrobium nobile* (nach VON DENFFER in STRASBURGER 1978);
v = Velamen radicum, ex = Exodermis mit Durchlaßzellen, ri = Rinde, en = Endodermis mit Gruppen von Durchlaßzellen, l = Zentralzylinder (Leitbündel und Mark).

keimblättrigen Blütenpflanzen besitzen Orchideen nur sproßbürtige Wurzeln ohne sekundäres Dickenwachstum. Die Wurzeln brechen meist an der Sproßbasis hervor, können bei Epiphyten aber auch an höhergelegenen Knoten entspringen. Typische Orchideenwurzeln sind relativ dick und unverzweigt, andererseits ist Verzweigung nicht grundsätzlich ausgeschlossen. Oft beginnt der Neutrieb einer Pflanze mit der Ausbildung junger Wurzeln, und erst später setzt die Sproßentfaltung ein.

Abb. 8 zeigt den Querschnitt durch eine typischc Orchideenwurzel mit all ihren verschiedenen Gewebeschichten. Die äußere Begrenzung der Wurzel besteht bei epiphytischen, aber auch bei manchen terrestrischen Orchideen aus toten Zellen. Sie bilden ein Gewebe, das ähnlich wie ein Schwamm rasch Wasser aufsaugen kann. Dieses **Velamen radicum** kommt in ähnlicher Form sonst nur noch bei einigen Aronstabgewächsen, Amaryllidaceen und Liliaceen vor. Es läßt die Luftwurzeln der Orchideen meist weiß erscheinen, denn wenn seine toten Zellen Luft enthalten, wird auftreffendes Licht total reflektiert. Sobald man die Wurzel befeuchtet, füllen sich die Velamenzellen mit Wasser und lassen die darunterliegende, chloroplastenhaltige Wur-

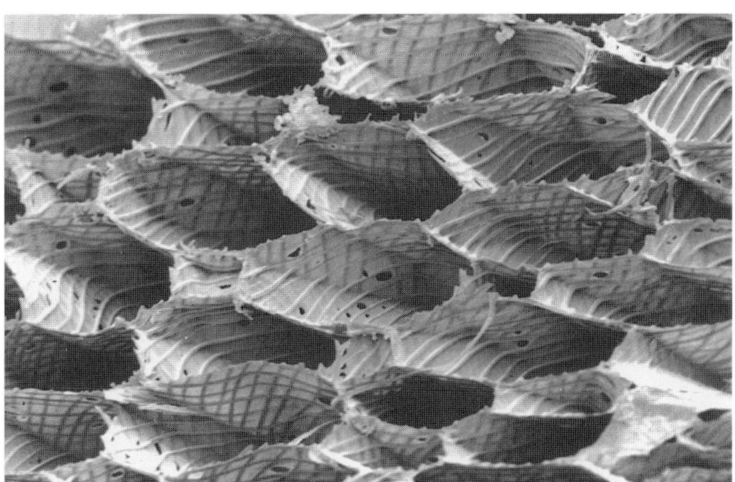

Abb. 9. *Dendrobium superbum*, Velamen radicum. Die toten Zellen des Velamens bilden die äußere Hülle einer Orchideenwurzel (nur in Ausnahmefällen fehlt ein Velamen radicum). Das Gewebe kann schwammartig sehr rasch Wasser aufsaugen. Die stabilisierenden Wandleisten und die Poren in den Wänden der Zellen sind gut zu erkennen.

zelrinde durchscheinen, das heißt die Wurzel wird grün. Die Wasseraufnahme in das Velamen erfolgt kapillar, die Zellen sind im funktionstüchtigen Zustand abgestorben. Zur Aufrechterhaltung der Zellform dienen leistenförmige, in der Regel verholzte Zellwandverdickungen. In den unverdickten Wandbereichen zwischen den aussteifenden Leisten bilden sich bei den meisten Arten Poren. Durch diese kann das Wasser leicht eindringen, sie sind aber keine notwendige Voraussetzung für die Wasseraufnahme (Benzing et al. 1982).

Auch die Zellwände selbst können sich kapillar mit Wasser vollsaugen. An den Innenwänden entstehen dadurch Wasserlamellen, die sich aufgrund ihrer Oberflächenspannung kontrahieren und dabei durch Kohäsion weiteres Wasser von außen nachziehen, bis schließlich das ganze Velamen wassergefüllt ist. Allerdings bleiben immer bestimmte Gewebebereiche innerhalb des Velamens lufterfüllt. Diese als **Pneumathoden** bezeichneten Stellen stehen mit dem Interzellularsystem der Rinde in Verbindung und sichern den Gasaustausch der Wurzel. Im einzelnen unterscheiden sich die Velamina der Orchideen in bezug auf ihre Ausgestaltung und Mächtigkeit, so daß diese Merkmale zur taxonomischen Gliederung der Familie herangezogen werden können (Porembski und Barthlott 1988). *Cyrtopodium palmifrons* besitzt mit etwa 20 Zellschichten Dicke ein besonders mächtiges Velamen.

Unter dem Velamen liegt eine einschichtige Exodermis, die außer Zellen mit stark verdickten Wänden auch dünnwandige Durchlaßzellen enthält, durch die das vom Velamen aufgesogene Wasser ins Wurzelinnere weitertransportiert wird (vgl. z. B. Pridgeon 1987). Bei vielen Orchideen bilden diejenigen Velamenzellen, die an Durchlaßzellen angrenzen, an der gemeinsamen Wand ein System dichtgelagerter Wandvorsprünge, die sogenannten Stabkörper. Diese ziehen Wasser kapillar an und erleichtern so den Transport in die Exodermis (von Guttenberg 1963, Pridgeon et al. 1983).

An die Exodermis schließt sich nach innen die Wurzelrinde an. Sie enthält bei Wurzeln, die dem Licht ausgesetzt sind, photosynthetisch aktive Chloroplasten. Untersuchungen haben gezeigt, daß diese Chloroplasten allein die Orchideenwurzeln nicht ausreichend versorgen können, sondern nur einen Teil der benötigten Energie- und Nährstoffreserven produzieren (Dycus und Knudson 1957, Goh et al. 1983). Der Rest wird durch die assimilierenden Blätter gebildet und von dort in die Wurzeln transportiert. Eine Ausnahme bilden blattlose Epiphyten wie *Microcoelia, Polyrhiza, Sarcochilus, Taeniophyllum* und *Chiloschista.* Bei diesen übernehmen die Luftwurzeln allein die Photosynthese, da der extrem reduzierte Sproß keine Blätter mehr bildet. Sie besitzen relativ dünne Velamina und ein besonders ausgedehntes Interzellularsystem zur möglichst guten Durchlüftung der Wurzel (Benzing et al. 1983).

Aus der Wurzelrinde gelangt das Wasser in die Endodermis, die wie die Exodermis vorwiegend aus Zellen mit verdickten Wänden besteht (tertiäre Endodermis), jedoch wie diese auch dünnwandige Durchlaßzellen besitzt. Innerhalb der Endodermis liegt der Zentralzylinder und in ihm die Leitbündel, die das Wasser schließlich aufnehmen und in der ganzen Pflanze verteilen.

Betrachten wir nun kurz die Orchideenwurzel in ihrem Längsverlauf. An ihrer Spitze findet man ein Meristem, das für das Längenwachstum verantwortlich ist. Es ist bei Erdwurzeln meist durch eine Wurzelhaube (Calyptra) geschützt, die bei Luftwurzeln fehlt, da hier dem Wachstum keine Hindernisse entgegenstehen. Der auf das gelbliche Meristem folgende Teil der Luftwurzelspitze ist grün gefärbt, da das Velamen einige Zeit benötigt, um sich auszudifferenzieren. So bestimmen hier die Chloroplasten der Wurzelrinde die Farbe. Erst dort, wo die Velamenzellen absterben und sich mit Luft füllen, färbt sich die Wurzel weiß.

Wenn man die Luftwurzeln epiphytischer Orchideen genauer betrachtet, fällt manchmal auf, daß nicht alle Wurzeln einer Pflanze gleichwertig sind. Schon in der äußeren Erscheinung, aber auch in der Orientierung und in der Funktion bestehen Unterschiede. Ein solches Wurzelsystem wird als heterorhiz bezeichnet. Bei *Oncidium* und *Vanda* findet man beispielsweise Haftwurzeln, die sich eng an die Baumrinde pressen und die Pflanze dadurch verankern. Sie sind relativ dünn und an der dem Substrat zugewandten Seite abgeplattet, um eine bessere Haftung zu gewährleisten. Die mechanischen Zellen der Endodermis und des Zentralzylinders sind stark entwickelt, damit die Wurzel reißfest wird und ihre Haltefunktion optimal erfüllen kann. Daneben gibt es dickere, runde Wurzeln mit stark ausgeprägtem Velamen, die keinen Kontakt zur Unterlage suchen, sondern positiv phototrop, d. h. dem Licht entgegen, wachsen.

Die biologische Bedeutung dieser Wurzeln ist nicht so einfach zu erkennen. Sie befinden sich oft an der Unterseite schrägstehender Äste und werden dort nicht vom Regen erreicht. WENDT (1930) schloß nach mehrjährigen Beobachtungen auf Java, daß diese Luftwurzeln zunächst das besonders nährsalzreiche Wasser aufnehmen, das zu Beginn eines Regengusses von den Zweigen abtropft. In den Vacuolen ihrer Rindenzellen fand WENDT wasseranziehende Substanzen. Vermutlich können diese Wurzeln Wasser nicht nur kurzfristig im Velamen festhalten, sondern auch dauerhaft speichern.

Das in das Velamen eingedrungene Tropfwasser, darin gelöste Phosphate und andere Mineralstoffe werden bei zahlreichen Orchideen in das Innere der Wurzel weitergeleitet (HAAS 1975, BARTHLOTT und CAPESIUS 1975). WALLACH (1939) wies dabei jahres- und tagesperiodische Intensitätsschwankungen nach: Bei in München kultivierten Pflanzen von *Vanda tricolor* war die Wasseraufnahme in den Wintermonaten Dezember bis Februar am größten und allgemein tagsüber stärker als nachts. Stickstoff dürfte nach Meinung von SANFORD (1974) hauptsächlich in Form von Ammonium-Ionen und weniger in Form von Nitraten aufgenommen werden. Bei Ver-

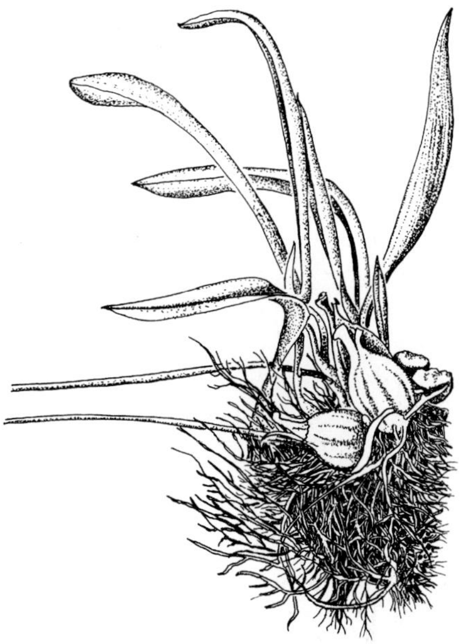

Abb. 10. *Acriopsis javanica* mit Haftwurzeln und abstehenden, positiv phototropischen, später ein Detritus-Nest bildenden Wurzeln (nach WENT 1930).

allgemeinerungen ist jedoch immer Vorsicht geboten. So sind z. B. im Gegensatz zum bisher Gesagten die „Sammelwurzeln“ (siehe unten) von *Ansellia, Catasetum* und *Graphorkis* sowie die Luftwurzeln von *Vanilla planifolia* nicht in der Lage, das vom Velamen aufgenommene Wasser den lebenden Geweben der Pflanze zuzuführen (BARTHLOTT und CAPESIUS 1975).

Als Sammel- oder Nestwurzeln werden kurze, mehr oder weniger aufrecht nach oben wachsende Seitenwurzeln bezeichnet, die bei verschiedenen heterorhizen Orchideen ein dichtes Geflecht an der Sproßbasis bilden. In diesem Netzwerk verfängt sich unter anderem aus dem Kronendach des Baumes herabfallendes Laub. Die bei seiner Verrottung freiwerdenden Mineralstoffe können von der Orchidee aufgenommen und genutzt werden. Die Nestwurzeln sind mechanisch sehr stabil gebaut und besitzen in der Rinde häufig durch Wandleisten versteifte Zellen

Abb. 11. *Chiloschista* spec. Blühende „Wurzelorchidee“: Mit Ausnahme des Blütenstandes besteht der Vegetationskörper nur noch aus Wurzeln, Blätter und Sproß sind extrem stark reduziert; Südostasien.

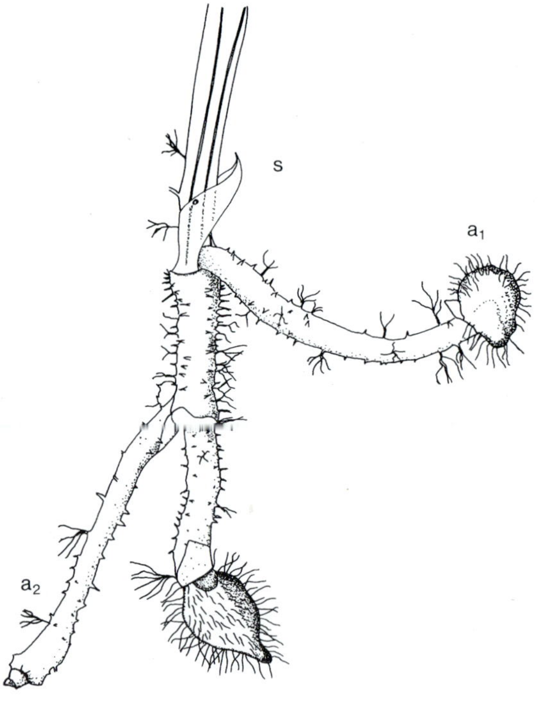

Abb. 12. Junge Pflanze von *Corybas mucronatus* mit Ausläufern a_1 und a_2 aus den Achseln von Niederblättern; bei a_1 junge Knolle angelegt; s = steckengebliebener Terminalsproß (nach Burgeff 1932).

(Burr und Barthlott 1991). Sie üben ihre „Sammeltätigkeit“ auch im abgestorbenen Zustand aus, so daß das Geflecht im Laufe der Jahre immer dichter wird. Nestwurzeln findet man beispielsweise bei *Ansellia, Catasetum, Cyrtopodium, Graphorkis* oder *Grammatophyllum.*

Fleischig verdickte Wurzeln können ähnlich wie Pseudobulben Speicherfunktion übernehmen. Speicherwurzeln kommen z. B. bei *Sobralia* und manchen *Epidendrum*-Arten vor. Auch bei den Knollen vieler Erdorchideen ist die Wurzel das Hauptspeicherorgan (siehe oben).

In Zusammenhang mit der vegetativen Vermehrung kann es bei Erdorchideen aus bestimmten Verwandtschaftskreisen (Neottieae, Diurideae, Orchideae) zur Bildung von Ausläufern (Stolonen) kommen. Diese entstehen entweder aus den Achseln von Niederblättern und besitzen dann von Beginn an Sproßnatur (z. B. bei *Corybas mucronatus*), oder sie stammen von einer Wurzel ab. Abbildung 13 zeigt am Beispiel von *Neottia nidus-avis,* wie sich eine Wurzelspitze zu einem Sproßvegetationspunkt umwandelt, aus dem später eine neue Pflanze hervorgeht. Durch vegetative Vermehrung entstandene Tochterpflanzen unterscheiden sich genetisch nicht von der Mutterpflanze und stehen immer in deren Nähe, da die Stolonen nur eine begrenzte Länge besitzen.

Einen weiteren interessanten ökologischen Aspekt liefert die von Brieger (1970) beschriebene Neubildung von Sproßvegetationspunkten an den Wurzeln des auf Palmen wachsenden *Catasetum fimbriatum.* Die Pflanzen sitzen meist am oberen Ende der glatten Stämme. Die Sproßvegetationspunkte, die an den nach oben wachsenden Wurzeln entstehen, entwickeln sich in wenigen Jahren zu kräftigen Pflanzen, die immer in der Nähe der ebenfalls wachsenden Palmspitze bleiben, während die alten Mutterpflanzen absterben und abfallen. Die Cataseten haben dadurch immer den hohen Lichtgenuß, der für die Ausbildung weiblicher Blüten erforderlich ist.

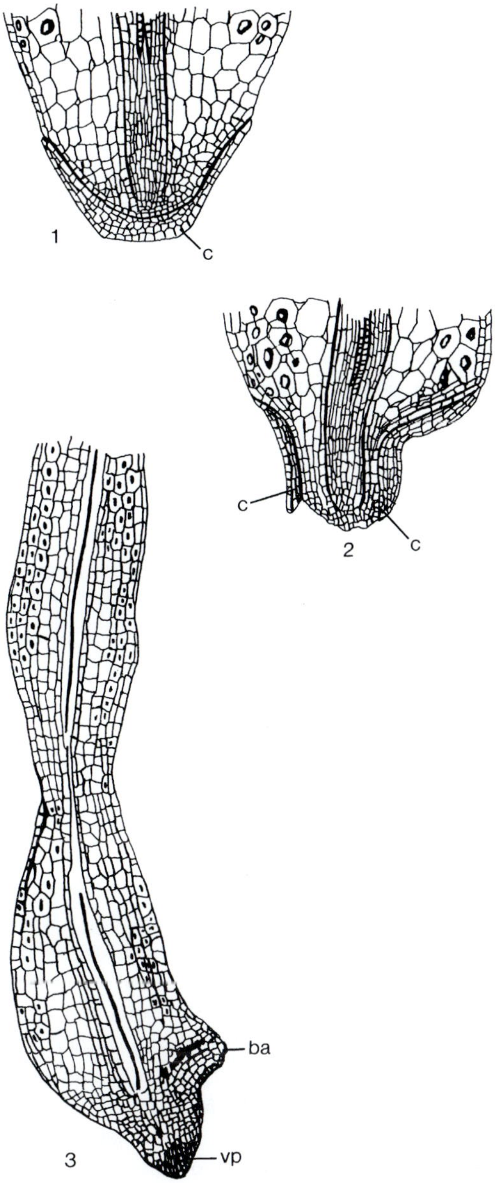

Abb. 13. Umwandlung der Wurzelspitze in einen Sproßvegetationspunkt bei *Neottia nidus-avis* (nach Fuchs und Ziegenspeck 1926, zit. von Brieger in Schlechter 1970);
1 = Normale Wurzelspitze mit Wurzelhaube c, 2 = der Vegetationspunkt durchbricht die Wurzelhaube (c), wodurch sich sein Durchmesser verringert; 3 = Gesamtbild des Wurzelsprosses mit Wurzelanteil oben, der Einschnürung in der Mitte und dem Sproßteil unten mit Vegetationspunkt vp und Blattanlagen ba.

1.2.6 Infloreszenzen

Blütenstände stehen bei monopodialen Orchideen stets seitenständig (lateral), bei sympodialen Orchideen je nach Art seiten- oder endständig (terminal). Nicht immer entspringen laterale Infloreszenzen, wie sonst allgemein üblich, in den Achseln von Blättern: als Metatopien bezeichnete Verwachsungsprozesse können dazu führen, daß Blütenstände, z. B. bei manchen *Saccolabium*-Arten, scheinbar an beliebiger Stelle des Sprosses hervorbrechen.

Meist öffnen sich die untersten Blüten der Infloreszenz zuerst. In anderen Fällen blühen alle Knospen mehr oder weniger synchron auf, und vereinzelt, z. B. bei *Orchis simia,* erfolgt das Aufblühen von oben nach unten. Manchmal entwickeln sich die Blüten

Abb. 14. *Bulbophyllum* spec. Die schwertförmig verbreiterte Blütenstandachse erhöht die Schauwirkung der Infloreszenz.

sehr langsam nacheinander, was beispielsweise bei *Psychopsis kramerianum, P. papilio, Polystachia tayloriana* und *Phalaenopsis* eine über Monate andauernde Blütezeit zur Folge hat.

Grundlage der Orchideeninfloreszenz ist die einfache Traube, bei der die Blüten einzeln gestielt an einer unverzweigten Blütenstands-Hauptachse stehen. Die Blütenanordnung ist ursprünglich wie die Beblätterung zweizeilig. Durch spiralige Drehung der Infloreszenzachse entstehen jedoch meist Blütenstände, deren Blüten nach allen Seiten gerichtet sind. Jede Blüte entspringt in der Achsel eines meist unscheinbaren Tragblattes, eine Endblüte an der Spitze des monopodialen Blütensprosses wird nicht ausgebildet. In der Regel steht der Blütenstand aufrecht, Epiphyten aus der Subtribus der Stanhopeinae besitzen jedoch z. B. oft hängende Trauben.

Die Scheindolden von *Bulbophyllum barbigerum* und verwandten Arten sind dadurch zu erklären, daß die Hauptachse der Traube in diesen Fällen extrem gestaucht bleibt. Dadurch scheinen alle Blüten an einem Punkt zu entspringen. Dieser scheindoldige Blütenstand ähnelt auffallend einer größeren, radiärsymmetrischen Einzelblüte, was für die Anlockung bestimmter Bestäuber bedeutsam sein kann.

Die blattlose, unterirdisch lebende und blühende Orchidee *Rhizanthella gardneri* aus Australien besitzt köpfchenförmige Blütenstände, deren spiralig angeordnete, fleischige Blüten von großen Hochblättern umhüllt sind.

Wenn an der Infloreszenzachse in den Achseln der Tragblätter anstelle der Einzelblüten einfache oder mehrfach verzweigte Teilblütenstände gebildet werden, entsteht eine Blütenrispe. Manche Oncidien besitzen Rispen oder traubige Blütenstände, die sehr lang werden können und sich windend meterweit im Geäst ausbreiten *(Oncidium baueri, O. macranthum).*

Neben besonders vielblütigen Infloreszenzen ist auch das andere Extrem verwirklicht: Bei *Lycaste, Anguloa* oder *Masdevallia* beispielsweise trägt der Blütenschaft nur eine Blüte. Hier wurde die ursprüngliche Vielblütigkeit im Laufe der Entwicklungsgeschichte zunehmend reduziert, bis nur noch eine Einzelblüte pro Blütenstand übriggeblieben war. Einen interessanten Sonderfall bilden die sympodial gebauten Infloreszenzen von *Lockhartia,* die nach Dressler (1981) vermutlich aus einblütigen Vorläufern entstanden sind, bei denen sich die Zahl der Blüten nachträglich wieder erhöht hat.

Bei verschiedenen *Bulbophyllum*-Arten aus der Untergattung *Megaclinium* ist die Blütenstandsachse zu einem schwertförmigen Schauapparat verbreitert (Abb. 14). Solche flächig verbreiterten Blütenstandsachsen kommen außerhalb der Orchideen im Pflanzenbereich kein zweites Mal vor.

In anderen Fällen wird die Schauwirkung des Blütenstandes durch vergrößerte und auffallend gefärbte Tragblätter der Blüten erhöht. Solche Infloreszenzen besitzen z. B. *Isochilus linearis, Stenorrhynchus speciosum* und manche Schomburgkien.

1.2.7 Bau der Blüte

Als Ausgangspunkt für die Entwicklung der Orchideenblüte kann man eine typische, einfache Monokotylenblüte annehmen, wie sie in Abbildung 15 am Beispiel von *Hypoxis* gezeigt ist. Die Blütenorgane stehen in Kreisen zu dreien. Insgesamt sind fünf solcher Kreise vorhanden. Die beiden äußeren bilden die Blütenhülle (außen Kelchblätter = **Sepalen,** innen Kronblätter = **Petalen**). Darauf folgen zwei Kreise von Staubgefäßen **(Stamina)** sowie ein Fruchtknoten, der den innersten Kreis repräsentiert. Er ist aus drei miteinander verwachsenen Fruchtblättern **(Karpellen)** entstanden. Die Blüte ist radiärsymmetrisch, man kann mehrere Symmetrieebenen durch sie legen.

Die drei übrigen Blütendiagramme dieser Abbildung zeigen im Vergleich dazu verschiedene Orchideenblüten. Im Kelch ergeben sich – von Ausnahmen abgesehen – keine auffallenden Veränderungen. Das mittlere Kronblatt hingegen ist bei Orchideen sehr verschieden geformt und fast immer abweichend gestaltet. Es wird Lippe oder **Labellum** genannt. Orchideenblüten sind immer monosymmetrisch. Die einzige Symmetrieebene teilt das Labellum in zwei spiegelbildliche Hälften. Charakteristisch für die Orchideenblüte ist außerdem eine Reduktion der Zahl der Staubgefäße.

Von den ursprünglich sechs Staubgefäßen sind bei den Apostasioideae noch drei erhalten, weshalb man diese Unterfamilie auch als **triandrische** Orchideen bezeichnen könnte. In den Blüten von *Neuwiedia* sind alle drei Stamina noch fertil, bei der verwandten Gattung *Apostasia* produzieren nur noch die beiden Stamina des inneren Kreises Pollen. Da die wenigen Arten dieser Gruppe keinen Schauwert besitzen, findet man sie nur selten in Liebhabersammlungen. Auf ihre genauere Besprechung kann daher an dieser Stelle verzichtet werden.

Die zweite Unterfamilie der **diandrischen** Cypripedioideae oder Frauenschuh-Orchideen besitzt zwei fertile Stamina im inneren Staubblattkreis. Das mittlere Staubblatt des äußeren Kreises ist als unfruchtbares Staminodium erhalten geblieben und schildförmig verbreitert. Der unterständige Fruchtknoten stellt das Verwachsungsprodukt dreier Karpelle dar, die bei *Selenipedium* und *Phragmipedium* noch durch Septen getrennt sind. Die Samenanlagen stehen bei diesen Gattungen im Zentrum des Fruchtknotens. Alle anderen diandrischen Orchideen besitzen einen ungefächerten Fruchtknoten mit wandständigen Samenanlagen. Der „Schuh" der Blüte wird vom Labellum gebildet. Ihm steht als „Fahne" das vergrößerte mittlere Kelchblatt gegenüber. Die beiden seitlichen Kelchblätter sind miteinander verwachsen und liegen hinter dem Labellum.

Allein schon aufgrund der überwältigenden Zahl von über 20000 Arten ist die dritte Unterfamilie, die der Orchidoideae, von besonderer Bedeutung. Bei diesen **monandrischen** Orchideen ist nur noch das mittlere (mediane) Staubblatt des äußeren Kreises

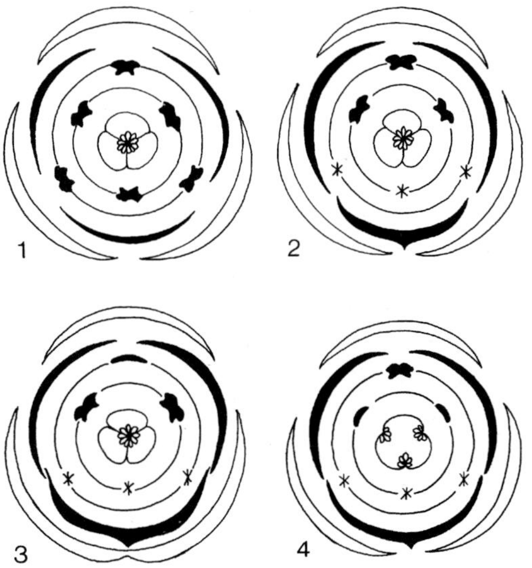

Abb. 15. Blütendiagramme (nach GARAY aus Proceedings 1960);
1 = Hypoxis. 2 = Apostasioideae *(Neuwiedia, Apostasia)*, 3 = Cypripedioideae *(Selenipedium)*, 4 = Orchidoidae.

fertil. Reste der beiden unmittelbar benachbarten Stamina sind manchmal als unfruchtbare Staminodien erhalten, die keinen Pollen mehr produzieren. Die drei unteren Staubgefäße sind meist völlig zurückgebildet, können aber auch zu drüsenartigen Staminodien umgestaltet sein. Der stets ungefächerte Fruchtknoten weist wandständige Samenanlagen auf. Nach oben setzt sich der Fruchtknoten in einen Griffel mit drei Narbenästen fort. Im Blütendiagramm der Orchideen kommt ein typisches Merkmal der Blüte nicht zum Ausdruck: die Verwachsung von Griffel und Narben mit dem Staubgefäß. Das Verwachsungsprodukt nennt man Säule **(Columna, Gynostemium)**. Die Verwachsung ist bei einigen Gruppen innerhalb der Orchidoideae so weit fortgeschritten, daß sich Staubgefäßanteil und Griffelanteil der Säule nicht mehr auf den ersten Blick unterscheiden lassen.

Das allgemeine Grundschema der Orchideenblüten wird insbesondere bei den Orchidoideae durch Veränderung der Proportionen, Ausbildung von Spornen und andere Modifizierungen der Blütenglieder in tausendfacher Weise variiert. So entstehen die vielen unterschiedlichen Blütenformen, die wir von Orchideen kennen. Die folgenden Abbildungen zeigen exemplarisch einige Beispiele. Im folgenden sollen die einzelnen Blütenteile und Möglichkeiten ihrer Ausgestaltung, beginnend mit der Blütenhülle, genauer betrachtet werden.

Sepalen und Petalen (Blütenblätter)

Gegenüber dem Labellum, das als abweichend gestaltetes Kronblatt zunächst ausgeklammert werden soll (siehe unten), ist die Variabilität der übrigen Blütenblätter zwar geringer, aber immerhin noch so groß, daß hier nur wenige Beispiele der Vielfalt gegeben werden können. Grundsätzlich kommen alle Farben vor, wenn auch nicht gleich häufig. *Thelymitra crinita* ist eines der wenigen

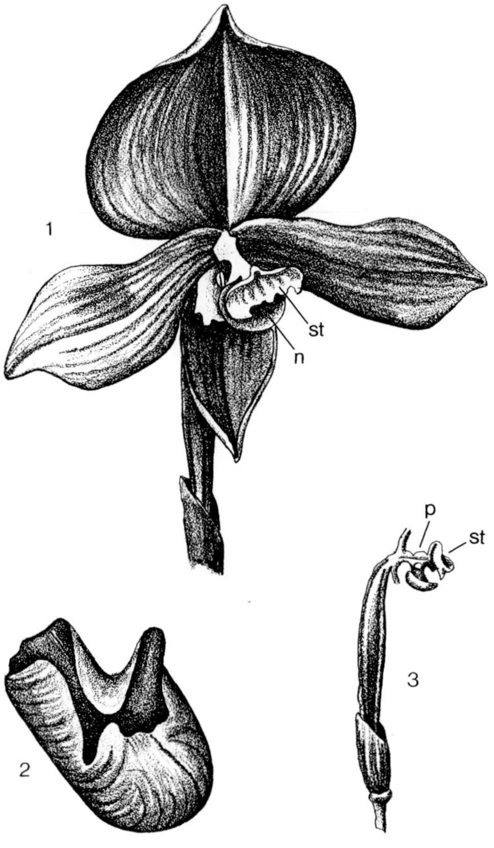

Abb. 16. Blüte von *Paphiopedilum* (nach Schlechter 1915);
1 = Blüte mit abgetrenntem Schuh, 2 = Schuh, 3 = Fruchtknoten;
p = Pollinien, n = Narbe, st = Staminodium (Schildchen).

Abb. 17. Blüte von *Vanda* (nach Schlechter 1915);
1 = Blüte, Anthere abgenommen, 2 = Längsschnitt durch die Blüte;
p = Pollinien,
n = Narbe,
sp = Sporn.

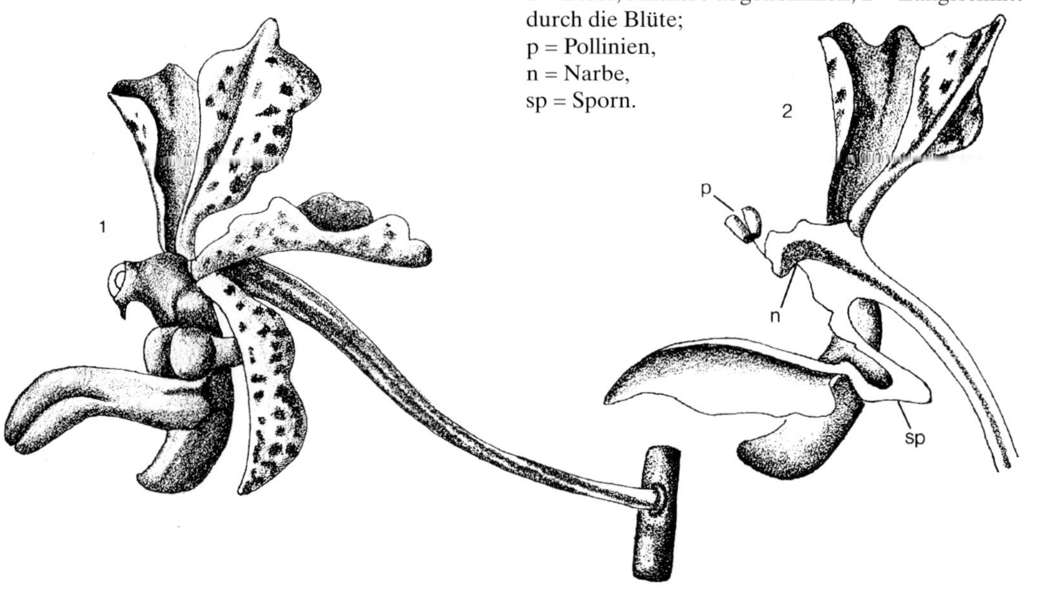

Abb. 18. Blüte von *Cochlioda* (nach SCHLECHTER 1915);
1 = Blüte mit zwei getrennten fertilen Narbenflächen, 2 = Längsschnitt durch die Blüte;
n = Narbe, p = Pollinien.

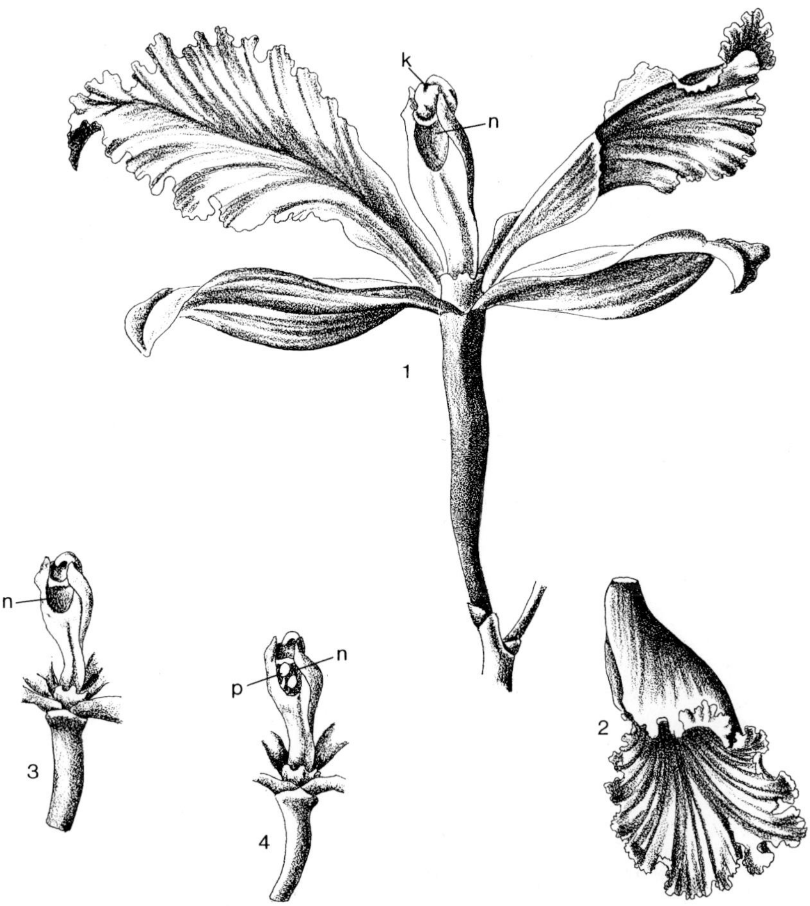

Abb. 19. Blüte von *Cattleya* (nach SCHLECHTER 1915);
1 = Blüte mit abgetrennter Lippe, 2 = Lippe, 3 = Säule mit abgtrennter Antherenkappe (= k)
und abgenommenen Pollinien (= p), die bei 4 auf die Narben gebracht sind, 5 = Fruchtknoten, fünf Wochen nach der Befruchtung.

Beispiele für strahlend blaue Blüten innerhalb der Familie. Besonderheiten im Kelch finden sich bei *Disa,* wo das mittlere Sepalum einen Sporn trägt. Auf Sporne und duftproduzierende Drüsen (Osmophoren) wird weiter unten noch eingegangen. Sie können im Kelch- oder Kronblattbereich vorkommen. Auch Verwachsungen bzw. Verklebungen zwischen mehreren Blütenblättern sind innerhalb beider Kreise möglich: Der Fall einer Vereinigung aller drei Sepalen kommt nur ausnahmsweise vor, z. B. bei *Masdevallia.* Hier sind die Petalen so klein, daß Bestäuber optisch von den Kelchblättern angelockt werden.

Die Lippe ist meist größer und komplexer gebaut als die übrigen Blütenblätter. Sie verwächst nur selten mit diesen, steht aber relativ häufig an der Basis mit der Säule in Verbindung. Oft ist das Labellum dreilappig. Die Möglichkeiten der dreidimensionalen Ausgestaltung und Strukturierung sind vielfältig: Erinnert sei z. B. an die Lippen der *Ophrys*-Blüten, die Zeichnung und Behaarung von Insektenweibchen täuschend genau nachbilden. Auch bei der Bestäubung von *Coryanthes* spielt die Gestalt des Labellums eine entscheidende Rolle (siehe unten). Für besonders komplex gebaute Lippen haben sich die Bezeichnungen „Hypochil", „Mesochil" und „Epichil" für den basalen, mittleren und Spitzenbereich dieses Blütenblattes eingebürgert.

Ein Beispiel für Skulpturierungen der Labellum-Oberfläche sind verschiedene Haarbildungen. Mehlige „Futterhaare" bei den meisten Arten von *Polystachya,* aber auch bei manchen *Eria*- und *Maxillaria*-Arten werden von Insekten als Pollenersatz gefressen. Andere Vertreter der Gattung *Maxillaria* bilden auf dem Labellum Wachs, das ebenfalls von Bienen eingesammelt wird (Porsch 1909, zit. in Dressler 1981).

Eine Besonderheit, die u. a. in den Gattungen *Bulbophyllum, Pterostylis, Drakaea, Arachnanthe* und *Masdevallia* vorkommt, sind bewegliche Lippen. Die Bewegung wird durch Gelenkstrukturen ermöglicht, die sogar „reizbar" sein können: Bei *Pterostylis longifolia* springt das Labellum bei Berührung nach oben gegen den vom medianen Sepalum gebildeten Helm. Bei *Bulbophyllum falcatum* macht die Lippe nach der Entfaltung der Blüte spontan über zwei Tage lang alle 2 bis 4 Minuten Auf- und Abwärtsbewegungen. Bei *Bulbophyllum barbatum* genügt der leiseste Luftzug, um die Lippe zum Schwin-

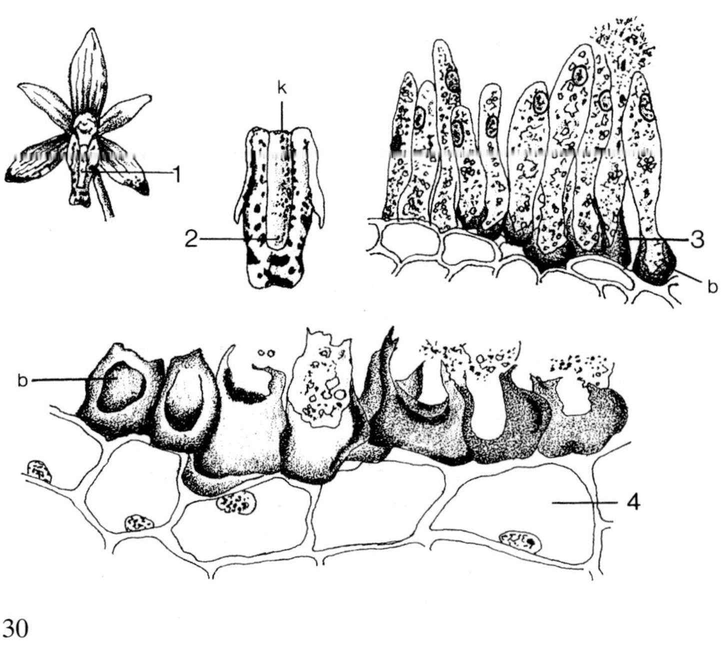

Abb. 20. Haarbildung bei *Maxillaria rufescens* (nach Porsch und Wettstein 1935);
1 = Ganze Blüte, natürliche Größe, 2 = Labellum mit Haarkallus k, etwas vergrößert, 3 = eiweiß- und fettreiche Haare, 4 = Haare abgerieben; 3 und 4 stark vergrößert; k = Kallus, b = basale Wandverdickungen.

gen zu bringen. Bewegungen des Labellums dienen entweder zur Anlockung der Bestäuber oder dazu, ein Insekt in Berührung mit dem Staubgefäß und den Narben zu bringen und dadurch die Bestäubung zu sichern (vgl. Abschnitt 1.7.1).

Resupination

Das Labellum ist in der Blütenanlage nach oben gerichtet. Erst durch eine als Resupination bezeichnete Drehung der älteren Knospe gelangt es bei den meisten Orchideenblüten nach unten. Die Drehung erfaßt die ganze Blüte, äußert sich aber durch die veränderte Stellung der Lippe besonders deutlich. Die Lageveränderung kann durch eine Torsion des gesamten Fruchtknotens oder bestimmter Fruchtknotenbereiche hervorgerufen werden, nach AMES (zit. in WITHNER 1974) wird sie aber am häufigsten durch Drehung im Blütenstiel erreicht. Manche Knospen drehen sich um 360°, wodurch sie ihre ursprüngliche Ausgangslage wiedererlangen.

GOEBEL (1924) konnte experimentell mit Hilfe des Klinostaten zeigen, daß die Resupination vom Einfluß der Schwerkraft abhängig ist. Bestimmte Wuchsstoffe, z. B. die synthetische Naphtylessigsäure, stimulieren im Fruchtknoten oder Blütenstiel die Wiederaufnahme des Wachstums. Werden sie aufgrund der Schwerkraft ungleichmäßig verteilt, führt das Wachstum zu einer Krümmung und dadurch zur Resupination. Durch Entfernen der Säule läßt sich die Resupination bei Orchideenblüten verhindern (GOEBEL 1924). Möglicherweise werden die entscheidenden Wuchsstoffe von den Pollinien gebildet, denn bei den eingeschlechtlichen Blüten mancher *Catasetum*-Arten tritt Resupination nur in den männlichen Blüten auf, während eine Drehung der weiblichen Blüten unterbleibt.

Sporne

Sporne sind lang ausgezogene Ausstülpungen der Blütenblätter, die gewöhnlich Nektar enthalten und im einfachsten Fall taschenförmige Gestalt haben *(Dendrobium)*. Schlankere, aber vergleichsweise kurze Sporne besitzen die heimischen Gattungen *Gymnadenia, Orchis* und *Dactylorhiza*. Die Blüten mancher tropischer Orchideen werden von Nachtschwärmern mit extrem langen Rüsseln besucht. Die Orchidee *Angraecum sesquipedale* aus Madagaskar hat einen schlanken Sporn von etwa 30 cm Länge (vgl. auch Abb. 21). CHARLES DARWIN, der Begründer der Evolutionstheorie, sagte für diese Blüte voraus, es müsse auf der Insel einen Nachtschmetterling mit mindestens ebenso langem Rüssel geben, der den Nektar am Grunde des Sporns ausbeuten und die Blüten dabei bestäuben würde. Dieser Schmetterling existiert tatsächlich: er erhielt nach seiner Entdeckung den Namen *Xanthopan morgani praedicta* – der Vorhergesagte.

Sporne werden meist, aber nicht immer, vom Labellum gebildet. Bei *Disa* entsteht der Sporn aus dem mittleren Sepalum. In der Regel besitzt eine Blüte nur einen einzigen Sporn, bei *Satyrium* bildet das Labellum jedoch zwei getrennte Sporne.

Neben den von außen sichtbaren Spornen kommen, z. B. bei *Brassavola* und *Laelia perrinii*, auch „innere“ Sporne vor, die in Höhlungen des Fruchtknotens hineinragen.

Nektarien

Nektarien, also Nektar (Fructose, Glucose, Saccharose und sogar Raffinose nach JEFFREY und ARDITTI [1969]) erzeugende Zellen ähneln in ihrem Aufbau den Osmophoren. Sie liegen meist in den Spornen, sind teilweise auch in Staminodien lokalisiert oder sonst am Blütengrunde, d. h. an der Spitze des Ovars zu finden. Außerdem werden oftmals an den wachsenden Blütenknospen und Infloreszenzen zuckerhaltige Flüssigkeiten abgesondert, z. B. bei *Catasetum, Cymbidium, Laelia, Schomburgkia*. Diese locken häufig Ameisen an, regeln aber hauptsächlich wohl als „Saftventile“ den Zuckergehalt während der Entwicklung. Bei starker Beleuchtung bzw. Photosynthese und niederen, den Kohlenhydrat-Transport behindernden Temperaturen ist der Vorgang häufiger zu be-

Abb. 21. *Angraecum sesquipedale.* Nachtfalterbestäubte Orchideenblüte aus Madagaskar mit extrem langem Nektarsporn.

obachten. Im übrigen erzeugen die Nektarien nicht nur flüssigen Nektar, sondern können auch ein zuckerhaltiges Futtergewebe ausbilden, wie es im Inneren der kurzen Blütensporne von *Orchis*-Arten vorhanden ist und dort von den Besuchern mit ihren Rüsseln bearbeitet und ausgebeutet wird.

Osmophoren (Duftproduzierende Gewebe)

Osmophoren nennt man bestimmte Bereiche der Blüte, in denen Duftstoffe produziert und freigesetzt werden. Sie können auf den Sepalen, den seitlichen Petalen oder auch auf dem Labellum liegen. Untersuchungen über die Duftproduktion hat u. a. Vogel (1966) angestellt, neuere Forschungsergebnisse liegen insbesondere für die Gattung *Stanhopea* vor (Stern et al. 1987, Curry 1987, Curry et al. 1988). Die Zellen des Osmophorengewebes sind hoch stoffwechselaktiv, worauf u. a. ihr dichtes Zellplasma hinweist. Es enthält kaum Vakuolen, stattdessen aber vermehrt die für die Duftstoffbildung wichtigen Organellen (z. B. Endoplasmatisches Reticulum, Mitochondrien). Auch Stärkekörner als Energie- und Kohlenstoffreserve können reichlich vor-

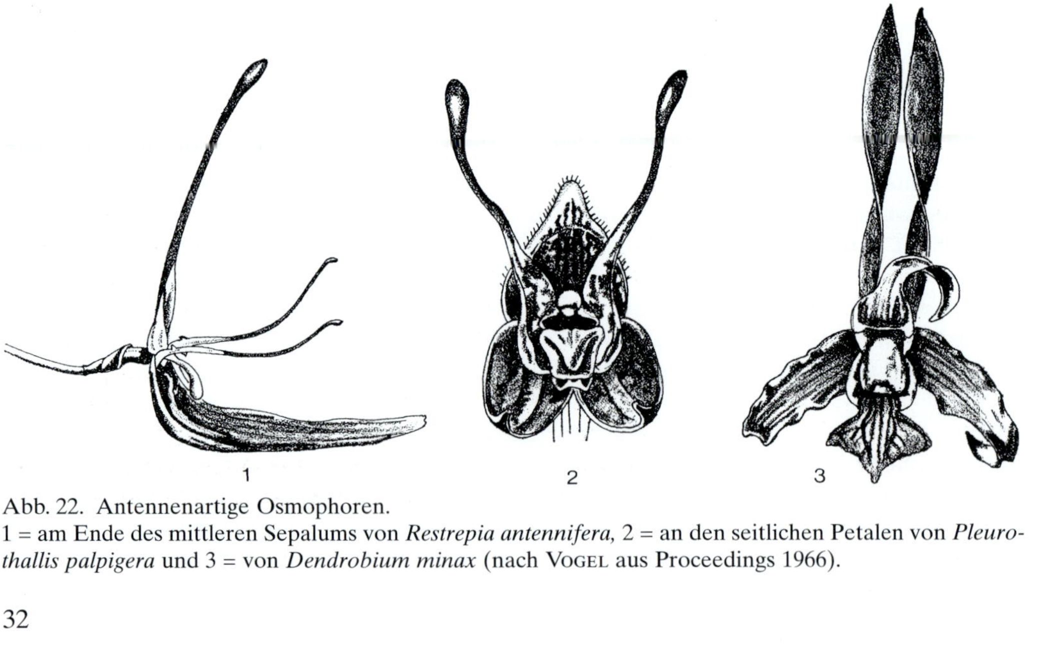

Abb. 22. Antennenartige Osmophoren.
1 = am Ende des mittleren Sepalums von *Restrepia antennifera,* 2 = an den seitlichen Petalen von *Pleurothallis palpigera* und 3 = von *Dendrobium minax* (nach Vogel aus Proceedings 1966).

handen sein. Die synthetisierten Duftstoffe gehören zu den chemischen Stoffklassen der Terpene und Aromate, die auch in ätherischen Ölen vorhanden sind. Man kennt etwa 50 bis 60 verschiedene Substanzen, die von Orchideen im Dienste der Duftproduktion hergestellt werden (DODSON et al. 1969, GREGG 1983, KAISER 1993).

Besonders auffallende Osmophoren findet man u. a. auf dem Hypochil der Lippen der Catasetinae und Gongorinae, z. B. bei *Coryanthes* und *Stanhopea.* Darüber hinaus kommen Osmophoren auf den Labellen zahlreicher anderer Orchideen vor, z. B. bei *Lycaste, Disa* oder *Platanthera.* Auch die keulenförmig verdickten Enden der seitlichen Blütenblätter vieler *Pleurothallis*-Arten produzieren Duftstoffe. In der Regel sind Blüten mit Osmophoren nektarlos. Andererseits können die Duftstoffe selbst für bestimmte Bestäuber (Prachtbienen) als Entlohnung dienen.

Stamina und Staminodien (Staubgefäße und deren Rudimente)

Das Staubgefäß einer Blütenpflanze besteht in der Regel aus dem Staubfaden oder Filament und der pollenproduzierenden Anthere (Staubbeutel). Die Anthere ist ihrerseits in zwei Teileinheiten, die Theken, gegliedert, die über ein steriles Zwischenstück (Konnektiv) miteinander verbunden sind. Jede Theka besitzt zwei Pollensäcke, in denen Pollen gebildet wird. Obwohl diese Gliederung infolge der Verwachsung mit dem Griffel bei Orchideen oft nicht auf den ersten Blick klar zu erkennen ist, sind doch alle Teile des Staubgefäßes in der Orchideenblüte vorhanden. Auf die Anordnung soll bei der Besprechung der Columna detaillierter eingegangen werden (siehe unten).

Die Staminodien (verkümmerte, nicht mehr fertile Staubblätter) sind je nach Art unterschiedlich gestaltet. Sie können zu kleinen Schuppen reduziert sein, wie es innerhalb der monandrischen Orchideen oft bei den beiden seitlichen Staminodien des inneren Staubblattkreises der Fall ist. Bei *Catasetum* dienen diese zwei Staminodien in den männlichen Blüten als Auslöser zum Abschuß der Pollenpakete: sie sind lang ausgezogen und mit der Columna verwachsen, so daß sie bei Berührung als Hebel wirken können. Auch bei den diandrischen Cypripedioideae ist das Staminodium, das in dieser Unterfamilie dem mittleren äußeren Staubblatt entspricht, mit der hier knieförmig gebogenen Säule verwachsen. Es ist gestielt und schildförmig verbreitert. Die fertilen Stamina sind unter dem Schild verborgen. Die Bestäuber werden auf ihrem Weg aus dem Schuh heraus zwangsläufig unter dem Schild und dadurch an den Staubblättern vorbei geleitet: sie verlassen die Blüte mit Pollen beladen.

Die Columna (Säule, Gynostemium)

Die Säule entsteht durch seitliche Verwachsung des Staubblattes bzw. der beiden Staubblätter mit dem Griffel. An der Verwachsung können nur die Filamente beteiligt sein (z. B. bei der kurzen, knieförmig gebogenen Säule der Cypripedioideae), das Staubblatt kann aber auch vollständig in die Säule integriert werden. Zusätzlich können andere Blütenteile partiell mit der Columna verwachsen, z. B. Staminodien. Als **Mentum** oder Säulenfuß bezeichnet man ein Gebilde, das durch stark horizontal gerichtetes Wachstum der Zone zwischen Columna und Labellum entsteht. An seiner Bildung beteiligen sich auch die Basalzonen der beiden seitlichen Sepalen und des Labellums. An der Spitze der Säule liegt immer die Anthere, darunter die Narben.

Filament und Anthere können mit der Säule auf verschiedene Weise verwachsen sein. Dieses Merkmal wird neben anderen zur verwandtschaftlichen Gliederung der monandrischen Orchideen herangezogen (Taxonomie hier entsprechend BRIEGER 1971). Bei der Gruppe der **Basitonae** steht die Anthere aufrecht, ihre Basis ist den Narben zugewendet. Bei den höherentwickelten Verwandtschaftskreisen krümmt sich das Staubgefäß meist innerhalb der Säule, so daß die Anthere überhängt und ihre Spitze den

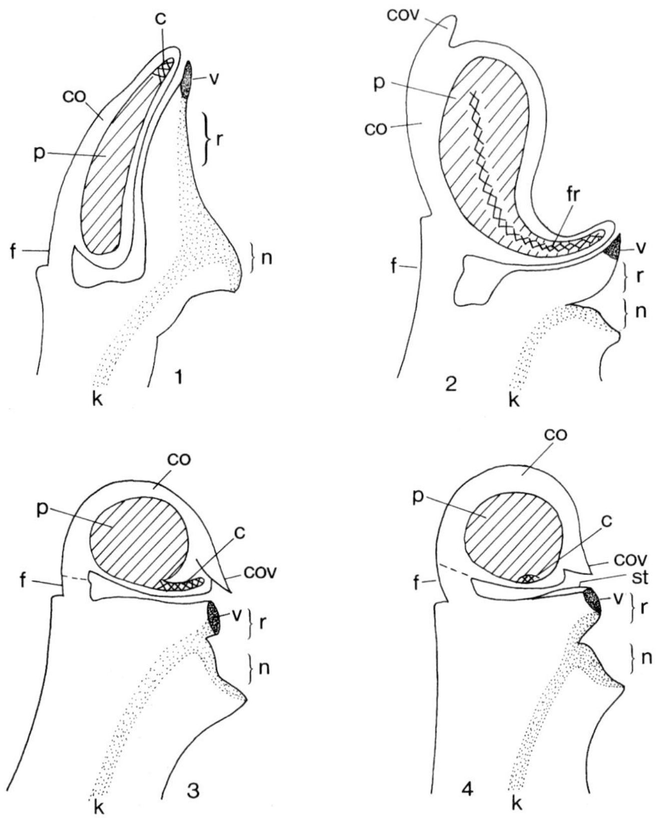

Abb. 23. Schematische Längsschnitte durch das Gynostemium (zit. nach BRIEGER in SCHLECHTER 1970; vgl. dort auch zugrundeliegende Taxonomie);
1 = Neottioidae, 2 = Orchidoideae, 3 = Epidendroideae, 4 = Vandoideae; v = Viscidium, r = Rostellum, n = verschleimte Narbenoberfläche, k = Griffkanal, f = Filament, co = Konnektiv, p = Pollensäcke, c = Caudicula, fr = Freniculum, st = Stipes, cov = vorgezogenes Konnektivende bzw. Antherenspitze.

Narben am nächsten liegt (Gruppe der **Acrotonae**). Die akrotonen Orchideen, die aufgrund einer unterschiedlichen Entwicklungsgeschichte der Säule weiter unterteilt werden können, besitzen außerdem ein stark verbreitertes Konnektiv, das seitlich und an der Spitze über die beiden Theken hinauswächst und diese bedeckt. Der mehr oder weniger große Hohlraum, in den die Anthere an der Spitze der Säule hineinragt, wird als **Klinandrium** bezeichnet. Er fehlt bei den Cypripedioideae und manchen Orchidoideae.

Die Pollenkörner der Orchideen verlassen die Anthere nicht einzeln, sondern sind meist zu Pollenmassen verklebt. Wenn diese Pollenmassen eine klar umrissene Form besitzen, spricht man von **Pollinien.** Im einfachsten Fall wird je Pollensack ein Pollinium gebildet, so daß insgesamt vier Pollinien entstehen. Durch Unterteilung oder Verschmelzung kann die Zahl der Pollinien jedoch auch verringert oder erhöht werden. Beispielsweise lassen sich die äußerlich ähnlichen Blüten von *Cattleya* und *Laelia* dadurch unterscheiden, daß erstere vier, letztere aber acht Pollinien besitzen.

In einem Pollenfach werden nicht immer nur Pollenkörner gebildet. Bei *Orchis* und verwandten Gattungen entwickelt sich z. B. ein dünner, glasklarer, sehr elastischer Strang, der vom oberen Ende des Pollenfachs bis in die Spitzen der basalen Fortsätze reicht und **Freniculum** genannt wird. Bei *Epidendrum, Cattleya* und vielen anderen Vertretern der Acrotonae wird ein Teil des Pollenfachinhaltes zu den sogenannten **Caudiculae** (BLACKMAN und YEUNG 1983 a, b). Mit Hilfe dieser elastisch biegsamen Strukturen sind die Pollinien an ihren Klebkörpern bzw. am Stipes (siehe unten) befestigt.

Den drei Karpellen des Fruchtknotens entsprechend besitzt die Orchideenblüte drei Narbenäste. Bei den monandrischen Orchideen ist der mittlere, dem Labellum gegenüberliegende Narbenast zu einem vergrößerten, ungeteilten oder dreilappigen **Rostellum** umgebildet. Das Rostellum ist allenfalls im basalen Bereich noch fertil und kann die beiden übrigen Narbenäste, die den Pollen aufnehmen, gegen Selbstbestäubung schützen. Außerdem bildet es einen Klebstoff, mit dessen Hilfe die Pollinien am Bestäuber beim Verlassen der Blüte festgeklebt werden. Eine klebrige, verschleimende Gewebezone, die sich später in Brocken ablöst, findet man z. B. bei *Cattleya* und *Sobralia.* Meist liegt die Klebmasse jedoch in Form von ein bis zwei klar differenzierten Klebkörpern vor, die man **Viscidien** nennt. Sie entstehen in Höhlungen des Rostellums, den **Bursiculae.** Die Viscidien sind an ihrem oberen Ende mit den Pollinien verbunden, häufig über flexible Caudiculae. Wenn ihr Klebstoff am Insekt festhaftet, werden so beim Verlassen der Blüte automatisch die Pollinien mit herausgezogen. Bei den Vandeae und verwandten Triben liegt zwischen den Viscidien und den Pollinien meist der **Stipes,** ein vom Rostellum gebildetes, bandförmiges, nicht klebriges Zwischenstück. Die dem Bestäuber aufgeklebte Einheit aus Pollinien, Viscidium und evtl. Caudiculae und Stipes nennt man **Pollinarium.** Der Terminus „Pollinarium" bezeichnet morphologisch sehr unterschiedliche Dinge: wenn z. B. nur ein Klebkörper ausgebildet wird, enthält das Pollinarium den Polleninhalt der ganzen Anthere. Werden dagegen zwei getrennte Viscidien angelegt, so enthält jedes der beiden entstehenden Pollinarien nur den Polleninhalt einer halben Anthere (Hemipollinarium).

Der Fruchtknoten (Ovar)

Der Fruchtknoten ist unterständig und aus drei verwachsenen Karpellen zusammengesetzt (coenocarp), fast immer aber nur einfächerig (paracarp). Ausnahmen bilden die Gattungen *Apostasia, Neuwiedia, Selenipedium* und *Phragmipedium,* bei denen die drei Zwischenwände der Karpelle noch nicht reduziert sind (synkarper Fruchtknoten). Bei diesen Gattungen liegen die Samenanlagen zentralwinkelständig. Bei allen übrigen sind sie parietal, d. h. an den Seitenwänden des Fruchtknotens, in drei doppelten Längsreihen angeordnet.

Oft ist der Fruchtknoten zur Blütezeit noch kaum entwickelt, vor allem viele Epiphyten verwenden zunächst ein Minimum an Energie und Material auf seine Bildung: die

Abb. 24. Querschnitte durch die Fruchtknoten verschiedener Orchideengattungen (nach Garay in Proceedings 1960);
1 = *Apostasia nuda,* 2 = *Selenipedium chica,* 3 = *Phragmipedium longifolium,* 4 = *Limodorum abortivum,* 5 = *Cephalanthera alba.*

Reifung der Samenanlagen wird erst nach erfolgreicher Bestäubung der Blüte eingeleitet. Die Zahl der Samenanlagen ist immens hoch und beträgt im geringsten Fall mehrere tausend. VARESCHI (1980) nennt beispielsweise für eine *Maxillaria* bis zu 1 750 000 Samen pro Frucht. Die Befruchtung dieser vielen Samenanlagen ist nur möglich, weil die von den Bestäubern übertragenen Pollinarien eine entsprechend große Zahl an Pollenkörnern enthalten.

Wenn die Samen reif sind, öffnet sich die aus dem Fruchtknoten entstandene Kapsel. Dies geschieht meist durch Spaltung entlang des Mittelnervs eines jeden Karpells, wobei die drei Spalthälften sich an der Spitze nicht vollständig trennen. Es können auch nur zwei, dann ungleiche Spalthälften entstehen, wie bei einigen *Pleurothallis*-Arten. *Angraecum* und wenige andere Orchideen öffnen ihre Kapseln an nur einer Naht. Ganz vereinzelt kommt es zur Ausbildung mehr oder weniger fleischiger Früchte, wie z. B. bei *Vanilla.*

Viele Orchideenkapseln enthalten neben den winzigen Samen noch hygroskopisch bewegliche Haare, die die Samenmasse auflokkern und die kontinuierliche Samenfreisetzung über einen längeren Zeitraum hinweg gewährleisten. Die Samen sind so leicht, daß sie problemlos vom Wind ergriffen und verbreitet werden können.

1.3 Fortpflanzung und Entwicklung

1.3.1 Befruchtung und Entwicklung der Frucht

Orchideenblüten werden in aller Regel durch Tiere bestäubt (vgl. Abschnitt 1.7.1). Nach der Bestäubung welken sie üblicherweise relativ schnell ab.

Nachdem der Pollen – meist in Form von Pollinien – auf die Narbe übertragen worden ist, beginnt er auszukeimen. Jedes Pollenkorn bildet einen Pollenschlauch. Die Pollenschläuche dringen bis in die Fruchtknotenhöhlung vor und hören dort zunächst auf zu wachsen. Sie sondern Wuchsstoffe ab, die die Weiterentwicklung der anatropen Samenanlagen aus bis dahin nur fadenartigen Vorstufen anregen. Diese Entwicklung läßt sich nicht nur durch Orchideenpollen auslösen: auch Pollenschläuche von *Tulipa* oder Eier und Larven von Gallwespen produzieren die entsprechenden Wuchsstoffe.

Wenn die Samenanlagen fertig ausgebildet sind, sondern sie offensichtlich ihrerseits Wuchsstoffe ab, die das Wachstum der Pollenschläuche wieder anregen (vgl. SÖDING 1952). Diese werden chemotropisch zu winzigen Öffnungen der Samenanlagen, den Mikropylen, geleitet. Durch die Mikropyle kann jeweils ein Pollenschlauch ins Innere einer Samenanlage eindringen. Dort setzt er zwei generative Kerne frei, von denen einer die Eizelle befruchtet und der andere üblicherweise mit dem sogenannten sekundären Embryosackkern der Samenanlage verschmilzt. Aus diesem Verschmelzungsprodukt geht bei den meisten anderen Blütenpflanzen später das Endosperm als Nährgewebe für die Keimpflanze hervor. Orchideensamen besitzen kein Endosperm, da die Verschmelzung entweder gar nicht zustande kommt, oder das Verschmelzungsprodukt nach wenigen Zellteilungen abstirbt und aufgelöst wird.

Je nach Länge der Pause im Wachstum der Pollenschläuche vergeht zwischen Bestäubung und Befruchtung ein Zeitraum von acht Tagen bis 40 Wochen (BRIEGER 1971). Die vollständige Reifung der Frucht kann bei *Cœlogyne* bis zu zwei Jahren dauern.

1.3.2 Samen

Die Samen der Orchideen sind extrem klein und leicht: ein Samenkorn von *Schomburgkia undulata* wiegt nur 0,0003 mg. Das ist möglich, weil der Embryo nur aus wenigen Zellen besteht und die Samenschale ebenfalls extrem leicht gebaut ist.

Der Embryo der Blütenpflanzen entsteht durch Verschmelzung der Eizelle mit einem der beiden generativen Kerne des Pollen-

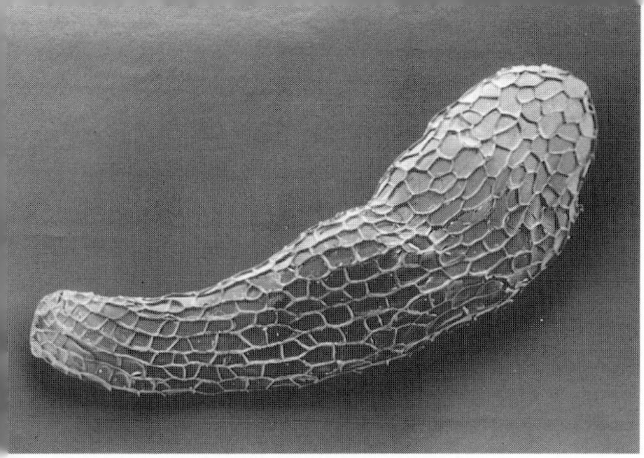

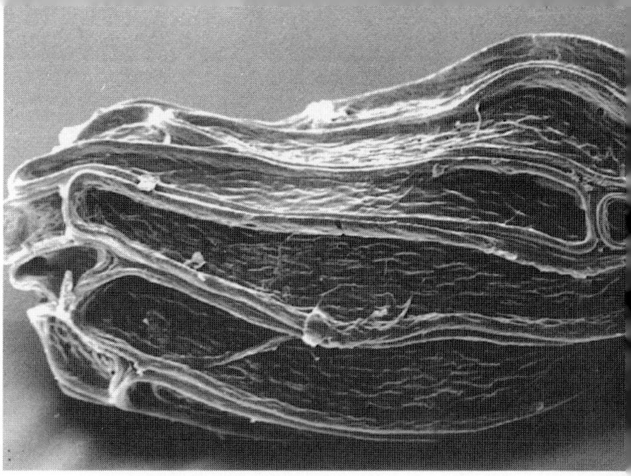

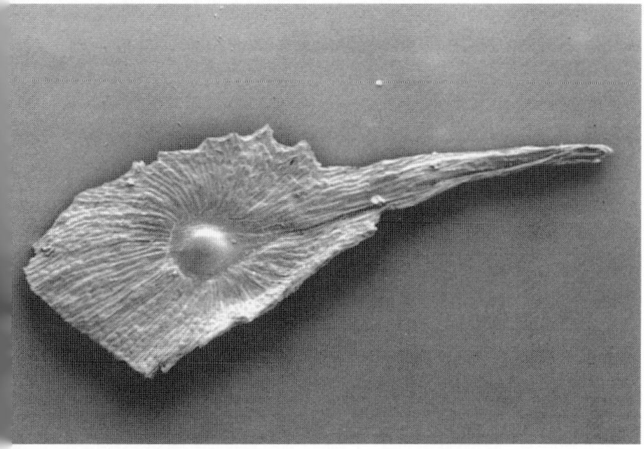

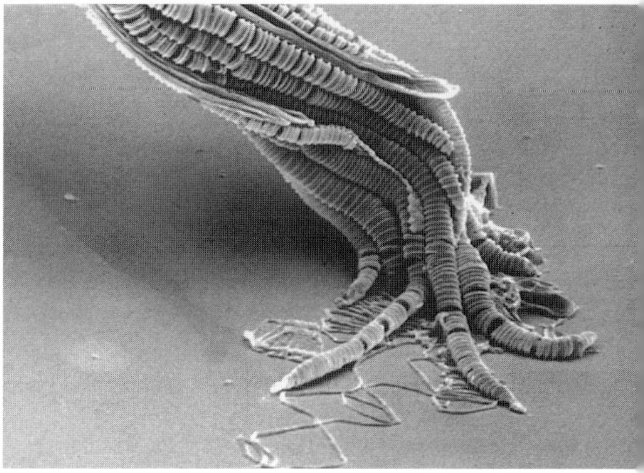

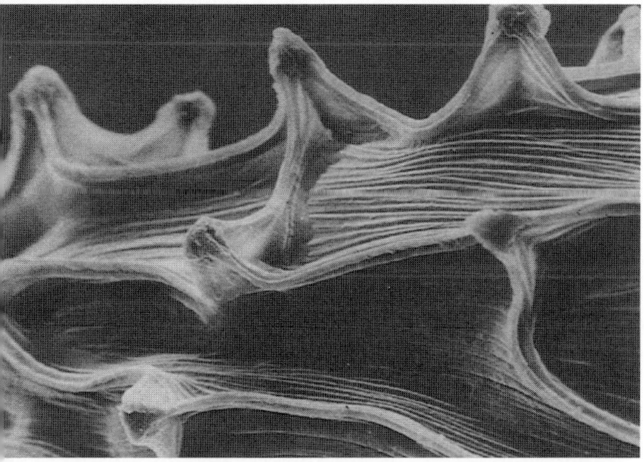

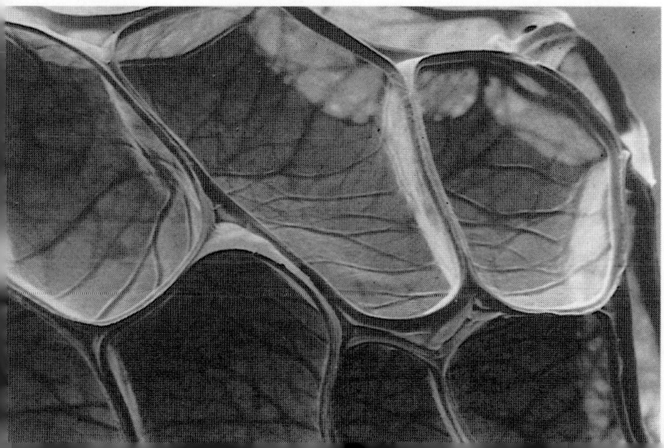

Abb. 25. Orchideensamen.
Oben links: *Limodorum abortivum*. Wie bei allen Neottieae besteht die dünne Samenschale von *Limodorum* aus unstrukturierten Zellen ohne Wandleisten; eine schwache Aufwölbung in der Mitte des Samens läßt die Lage des Embryos erkennen.
Oben rechts: *Dichaea* spec. Der Same ist kaum länger als eine Zelle; die skulpturierten Testa-Zellen stehen an den Kanten leistenartig vor.
Mitte links: *Galeola nudiflora*. Die Samenschale ist zu einem Flugsaum verbreitert.
Mitte rechts: *Chiloschista lunifera*. Testa-Zellen mit spiraligen Wandverdickungsleisten sorgen für die Verankerung des Samens: bei Kontakt mit Wasser entrollen sich die Spiralen und haften am Untergrund fest.
Links: *Clowesia russeliana*. Längsgerichtete Zellwandleisten und erhabene Zellecken kennzeichnen die Samenschale der Catasetinae und einiger nah verwandter Gattungen.
Unten: *Corallorrhiza trifida*. Detail eines Orchideensamens mit netzartigen Wandleisten auf den Testa-Zellen.

schlauches (siehe oben). Im Stadium der Samenreife ist der Embryo der Orchideen ein fast undifferenziertes, längliches Gebilde, das von der aus abgestorbenen Zellen bestehenden, extrem dünnen Samenschale **(Testa)** locker umhüllt wird. Nur selten ist bereits in diesem Stadium ein Keimblatt angelegt, wie z. B. bei *Bletilla, Polystachya, Sobralia* und *Epidendrum vitellinum.* Die Testa-Oberfläche zeigt häufig eine nur mikroskopisch erkennbare komplexe Oberflächenstruktur, die zur Charakterisierung bestimmter Verwandtschaftskreise herangezogen werden kann (Barthlott 1976). Die äußere Zellwand der toten Zellen ist normalerweise kollabiert und liegt der Innenwand an, die Seitenwände bleiben leistenartig stehen. In Verbindung mit der wasserabstoßenden (hydrophoben) chemischen Natur der Zellwände wird durch die Mikrostrukturen die Benetzbarkeit der Samen erschwert, weil sich in den wabenförmigen Vertiefungen Luft hält. Dieser Umstand trägt neben dem geringen Gewicht der Samen zu ihrer guten Flugfähigkeit bei. Close et al. (1978; zit. nach Gandawijaja und Arditti 1983) geben eine Distanz von 2000 km an, die Samen von *Thelymitra* und *Cryptostylis subulata* auf dem Weg von Australien nach Neuseeland im Schwebeflug zurücklegten.

Auch für die Verankerung der Samen auf einem geeigneten Substrat kann die Samenschale von entscheidender Bedeutung sein. Ein erstaunliches Beispiel hierfür sind die Samen von *Chiloschista lunifera,* einer epiphytischen Orchidee aus dem tropischen Asien. Ihre Testa besteht am einen Ende des Samens aus langgestreckten Zellen mit spiraligen Zellwandverdickungen. Dabei sind zwei Zelltypen zu unterscheiden, die abwechselnd nebeneinander liegen. Bei Benetzung richtet sich der Same etwas auf, und ein Teil der Spiralzellen spreizt sich am unteren Ende kranzförmig nach außen ab. Dadurch kommt auch der zweite Zelltyp von Spiralzellen in Kontakt mit dem Wasser. Bei diesen Zellen entrollt sich nun passiv durch geringste Wasserbewegung die spiralige Wandverdickung zu einem bis 4 mm langen Faden aus Cellulose und klebenden Pectinstoffen: Die Wandbereiche zwischen den Leisten verschleimen bei Kontakt mit Wasser, so daß die Spirale freigelegt wird. Nach 15 bis 20 Minuten ist das nur 0,6 mm lange Samenkorn durch einen langen Schweif aus entrollten Spiralfäden relativ sicher verankert (Barthlott und Ziegler 1980).

1.3.3 Keimung und Entwicklung der Keimpflanzen

Vor dem Auskeimen der Samen verstreicht oft eine relativ lange Zeitspanne. Durch die wasserabweisende Oberfläche der Testa und in manchen Fällen durch eine hydrophobe Schicht, die aus der Cuticula des inneren Integumentes der Samenanlage hervorgeht (Veyret 1974), wird die Quellung erschwert. Möglicherweise müssen bei manchen Arten (z. B. *Vanilla*) auch zunächst Hemmstoffe ausgewaschen werden, bevor die Samen keimen können. Die Keimung von *Dactylorhiza* und anderen Orchideen wird durch Mykorrhizapilze stimuliert (vgl. z. B. Rasmussen 1990 und die dort zitierte Literatur).

Die Entwicklung der Keimpflanze erfolgt bei den Orchideen ganz anders als bei allen übrigen Angiospermen. Der undifferenzierte Embryo besitzt keinen typischen Sproß- und Wurzelpol. Da ein Nährgewebe im Samen fehlt und der Keimling zunächst keine unlöslichen Kohlenhydrate spalten kann, ist er bald auf eine Nahrungshilfe von außen angewiesen, die in der Natur durch Mykorrhizapilze gegeben ist.

Bis zur Pilzinfektion verläuft die Entwicklung etwa folgendermaßen: Der an einem geeigneten Platz festgehaltene Same quillt unter Wasseraufnahme, und der zuerst fast durchsichtige Embryo sprengt die Samenschale. Durch wenige Zellteilungen entsteht ein noch immer weitgehend undifferenzierter Körper, der ergrünt und sich mit Hilfe von einzelligen Wurzelhaaren (Rhizoiden) im Untergrund verankert. Dieser Körper wird **Protokorm** genannt. Er kann wie bei

Cattleya und *Vanda* kreiselförmig sein, oder eine andere Gestalt haben (Übersicht bei VEYRET 1974). Während der Keimung wird in den Zellen enthaltenes Öl abgebaut, und es sammelt sich Stärke im Protokorm an. Die junge Orchidee verbleibt bis zu zwei Jahre im Protokorm-Stadium. Nur wenige Gattungen differenzieren sich ohne Kontakt mit einem Mykorrhizapilz weiter. Dazu gehören *Bletilla* und *Sobralia,* bei denen sich bereits das Keimblatt entwickeln kann (VEYRET 1974). Auch bei diesen wachsen jedoch infizierte Keimlinge schneller (HARLEY 1972) als solche ohne Pilz.

Das Protokorm der meisten Orchideen nimmt Wachstum und Differenzierung erst wieder auf, wenn es von den Pilzfäden (Hyphen) eines geeigneten Wurzelpilzes infiziert wird. Die Infektion erfolgt entweder durch die Rhizoide oder durch ein nur im Embryo vorhandenes Organ, den Suspensor, der bei anderen Pflanzen die Stoffaufnahme aus dem Nährgewebe des Samens vermittelt. Unter dem Einfluß bestimmter, vom Pilz synthetisierter Stoffe (Vitamine wie Niacin und Kohlenhydrate wie Trehalose) verbreitert sich das Protokorm und wird scheibenförmig. Der Pilz liefert dem Keimling möglicherweise Substanzen, die dieser benötigt, um seinen eigenen Stoffwechsel zu aktivieren (HADLEY 1982). So wird beispielsweise durch die

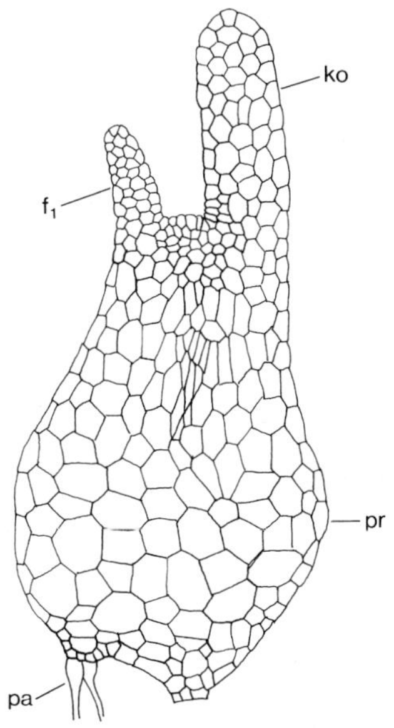

Abb. 26. Keimling von *Bletilla hyacinthia* mit Kotyledon (nach BERNARD aus VEYRET 1974); ko = Kotyledon (Keimblatt), f_1 = erstes Blatt, pr = Protokorm, pa = Rhizoid (absorbierendes Haar).

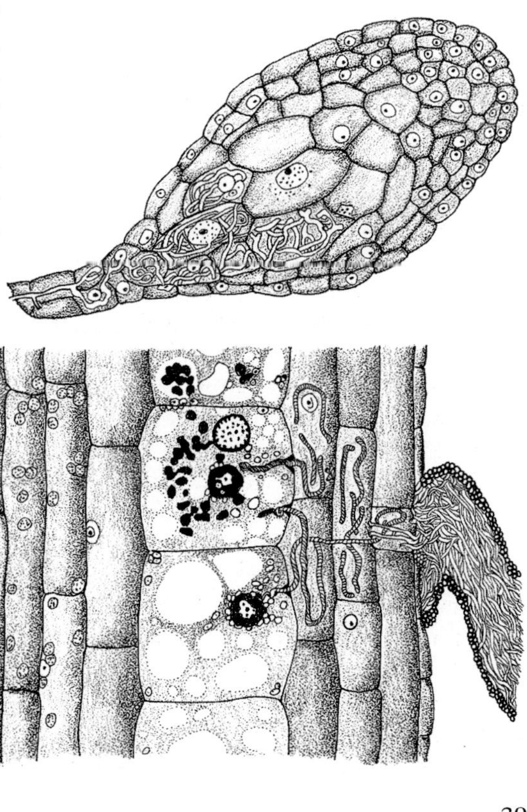

Abb. 27. Pilzinfektion von Orchideen. Oben *Laeliocattleya,* Längsschnitt durch frisch infizierten Keimling. Die Infektion fand durch die toten Suspensorzellen statt; Beginn der Verdauung; noch keine Zellteilungen im oberen Teil des Embryos (nach BURGEFF 1909).
Unten Eintritt von Pilzhyphen durch die Rhizodermis bzw. Exodermis einer Wurzel; Knäuelbildung in der Wirtszone, Eintritt von Hyphen in die Verdauungszone (nach ARDITTI 1969).

Pilzinfektion sehr rasch der Abbau der Reservestärke im Protokorm stimuliert. Als nächster Entwicklungsschritt entsteht ein Spitzenmeristem, dessen Zellen sich schnell teilen. Am jungen Sproß bildet sich das erste Blatt, später folgen weitere Blätter. Das Erscheinen von Wurzeln vervollständigt schließlich die kleine Orchideenpflanze.

Die im Keimlingsstadium vom Pilz übernommenen Zucker und Vitamine, ohne die die Weiterentwicklung des Protokorms stagniert, werden von den Chloroplasten der älteren Orchidee selbst gebildet, so daß diese nicht mehr auf einen Mykorrhizapilz angewiesen ist. Auch von anderen Pflanzen (z. B. *Kalanchoë*) ist bekannt, daß dort in jungen Blättern noch keine Photosynthese stattfindet, obwohl diese bereits grün sind und Chlorophyll enthalten. Offenbar ist in allen diesen Fällen die endgültige Ausdifferenzierung des Photosyntheseapparates erst nach einer gewissen Zeit abgeschlossen.

1.3.4 Mykorrhiza

Der Begriff Mykorrhiza bezeichnet eine Lebensgemeinschaft zwischen Höheren Pflanzen und Pilzen. Im Falle der **ektotrophen Mykorrhiza** bildet der Pilz einen dichten Hüllmantel um die Wurzel. Die Pilzhyphen besiedeln auch die Interzellularräume des Wurzelinneren, dringen aber normalerweise nicht in die Pflanzenzellen ein. Im Gegensatz dazu steht die **endotrophe Mykorrhiza,** bei der immer ein solches Eindringen ins Zellinnere erfolgt. Die bekannteste Form der Endomykorrhiza ist die Vesikulärarbuskuläre Mykorrhiza (VA-Mykorrhiza), die verschiedene Jochpilze (Zygomyceten) mit Pflanzenarten aus fast allen Familien der Blütenpflanzen eingehen können. Auch die Orchideenmykorrhiza stellt eine Form der Endomykorrhiza dar. Der Pilzpartner ist hier jedoch kein Jochpilz, sondern ein Ständerpilz (Basidiomycet).

Die meisten Orchideen-Mykorrhizapilze werden der Formgattung *Rhizoctonia* zugeordnet. Diese stellt keine natürliche Verwandtschaftsgruppe dar, d. h. die als *Rhizoctonia* beschriebenen Pilze sind nicht alle eng miteinander verwandt. Eine Einordnung in natürliche Verwandtschaftsgruppen ist jedoch nur aufgrund von Merkmalen der – oft unbekannten – Pilzfruchtkörper möglich. Synonyme sind bei dieser Art der Namensgebung unvermeidlich: *Rhizoctonia repens* entpuppte sich beispielsweise mit Bekanntwerden der Fruchtkörper als *Tulasnella calospora, Rhizoctonia goodyerae-repentis* als *Ceratobasidium cornigerum* und *Rhizoctonia solani* als *Thanatephorus cucumeris.* Auch andere Arten dieser drei Gattungen können eine Orchideenmykorrhiza eingehen. Weitere Pilzpartner von Orchideen sind u. a. *Hymenochaete crocicreas* (isoliert z. B. aus *Galeola altissima*), *Gymnopilus aculeatus* (isoliert aus *Cattleya* spec.), mindestens eine *Fomes*-Art, *Sebacina vermifera, Marasmius coniatus, Corticium catonii, Pellicularia filamentosa, Xerotus javanicus* und *Armillariella mellea,* der Hallimasch (vgl. z. B. Werner 1987, Hadley 1982).

Tulasnella calospora und *Ceratobasidium cornigerum* scheinen weltweit vorzukommen (Hadley 1982), und auch andere Wurzelpilze sind nicht auf enge Verbreitungsgebiete beschränkt (Milligan und Williams 1985). Die Mykorrhizapilze können saprophytisch auch ohne Verbindung zu einer Orchidee leben. Man findet sie z. B. im Boden oder auf abgestorbenen Pflanzen wachsend. Einige gehen nicht nur mit Orchideen eine Mykorrhiza ein. Warcup (1988) konnte in Versuchen zeigen, daß ein Stamm von *Sebacina vermifera* sowohl mit der Orchidee *Microtis uniflora* eine Endomykorrhiza als auch mit *Melaleuca uncinata,* einer Myrtacee, eine Ektomykorrhiza bilden kann. Andere Stämme dieses Pilzes wurden als Ektomykorrhiza-Pilze bestimmter anderer Kräuter, Sträucher und Bäume (z. B. *Eucalyptus*) isoliert, wieder ein anderer bildet mit *Phyllanthus calycinus,* einem Wolfsmilchgewächs, eine VA-Mykorrhiza. Zwischen der unterirdisch lebenden Orchidee *Rhizanthella gardneri* und *Melaleuca* ist eine enge, durch einen gemeinsamen

Rhizoctonia-Pilzpartner vermittelte Gemeinschaft nachgewiesen (WARCUP 1985).

Manche Orchideen-Mykorrhizapilze verursachen Pflanzenkrankheiten: *Ceratobasidium cereale,* der bei Orchideen die Protokorm-Entwicklung stimuliert, wirkt auf Getreide pathogen (PETERSON und CURRAH 1990). Mykorrhizapilze epiphytischer Orchideen können potentiell Schäden an den Trägerbäumen verursachen (RUINEN 1953, zit. nach HADLEY 1982). Auch die Orchideen selbst müssen durch Produktion pilzhemmender Substanzen ein Übergreifen des Pilzes auf Pflanzenteile und Gewebebereiche verhindern, die bei Infektion durch den Mykorrhizapartner zerstört würden (siehe unten).

Als Saprophyten sind die Mykorrhizapilze in der Lage, organische Bestandsabfälle für ihre eigene Energiegewinnung und ihren Stoffwechsel zu nutzen. Beispielsweise können sie Cellulose als Kohlenstoffquelle verwerten. Manche holzabbauende Vertreter wie *Armillariella, Hymenochaete* und *Fomes* spalten auch Lignin. Bei der Stickstoffversorgung gibt es Unterschiede zwischen den einzelnen Arten: Manche können Nitrate oder Ammonium-Ionen verwerten, andere brauchen organisch gebundenen Stickstoff, wie er z. B. in Form von Aminosäuren beim Abbau von toten Pflanzenteilen freigesetzt wird. Auch bestimmte Vitamine, die sie nicht selbst synthetisieren können, nehmen die Pilze unmittelbar aus der Umgebung auf: HADLEY und ONG (1987) sowie STEPHEN und FUNG (1971 a, b) stellten fest, daß verschiedene Mykorrhizapilze auf Zufuhr von Thiamin (Vit. B_1) und Para-amino-benzoesäure angewiesen sind. In manchen Fällen werden solche Substanzen in gewisser Menge auch von der Orchidee bezogen (HIJNER und ARDITTI 1973); ob das regelmäßig geschieht und welche Bedeutung diesem Transfer zukommt, ist noch umstritten.

Nach dieser kurzen Übersicht über die Mykorrhizapilze interessieren uns nun die Besonderheiten der Lebensgemeinschaft zwischen Orchidee und Pilz. Die Frage nach der Spezifität der beteiligten Organismen kann nicht allgemein beantwortet werden. *Goodyera repens* wächst in der Natur gewöhnlich mit *Ceratobasidium cornigerum.* HADLEY (1970) fand jedoch bei Keimungsversuchen heraus, daß diese Orchidee auch mit anderen Pilzen Mykorrhiza bilden kann, die vielleicht im natürlichen Lebensraum nicht vorkommen. In vielen Fällen scheinen Orchideen nicht an einen bestimmten Wurzelpilz gebunden zu sein. Andererseits gibt es Hinweise, daß zumindest bei manchen Arten eine relativ strenge Kopplung besteht (vgl. HADLEY 1982 und die dort zitierte Literatur). WARCUP (1981), der sich am Beispiel australischer Orchideen intensiver mit dieser Fragestellung beschäftigt hat, betont, daß bei keiner der von ihm untersuchten Orchideenarten die Isolierung eine absolut strenge Bindung an einen einzigen Mykorrhizapilz ergab. Manchmal bauen sogar verschiedene Pilzformen nebeneinander durch Mehrfachinfektion der Wurzel die Mykorrhiza auf.

Die Infizierung des Orchideen-Protokorms und ihre Bedeutung wurde schon weiter oben erwähnt. Bei älteren Orchideen findet man Mykorrhiza in der Wurzelrinde, die ganz oder teilweise pilzinfiziert sein kann, und in den unterirdischen Rhizomen heterotropher (chlorophyllfreier) Arten. Die Infektion dieser Pflanzenteile erfolgt immer von außen, das entsprechende Pilzgewebe steht auch in der Jungpflanze nicht mit dem des Protokorms in Verbindung (HADLEY 1982). Bei unseren heimischen Erdorchideen, deren Mykorrhiza alljährlich durch Neuinfektion regeneriert werden muß, da die alten Wurzeln im Winter absterben, ist meist ein Großteil der Rindenzellen pilzinfiziert. Bei vielen tropischen Orchideen beschränkt sich die Mykorrhiza dagegen auf die äußeren Zellschichten der Wurzelrinde. Speicherwurzeln sowie oberirdische Sprosse und Blätter werden nicht infiziert. Die Infektion chlorophyllhaltiger Wurzelzellen bei Epiphyten ist dagegen nach eigenen Beobachtungen zumindest vorübergehend möglich, was HADLEY und WILLIAMSON (1972) bestätigen. Die Wurzeln der Epiphyten entwickeln nur dort Mykorrhiza, wo sie mit dem Substrat in Kontakt kommen. In frei hängenden Luftwurzeln gibt es daher keine Pilzhyphen.

Das Vordringen des Pilzes innerhalb der Wurzelrinde geschieht folgendermaßen: Aus einer Zelle, die bereits Pilzhyphen enthält, dringt zunächst ein einzelner Pilzfaden in eine noch pilzfreie Nachbarzelle ein. Er verlängert sich dort und windet sich spiralig auf. Anschließend verzweigt sich die Hyphe vielfach, und die Seitenäste verschmelzen an den Stellen, wo sie sich berühren. Dadurch entsteht schließlich ein dichtmaschiges Netz aus Pilzfäden im Inneren der Zelle. Dieses Netzwerk wird **Peloton** genannt. Es ist eine charakteristische Struktur der Orchideenmykorrhiza. In diesem Zusammenhang muß betont werden, daß der Pilz zwar in das Innere der Orchideenzelle eindringt, aber nicht in direkten Kontakt mit dem Zellplasma tritt: Das Plasmalemma, die äußere Abschlußmembran des Plasmas in jeder lebenden Pflanzenzelle, stülpt sich dort, wo die Hyphe eindringt, nach innen und umkleidet diese wie ein Handschuh, ohne vom Pilz durchstoßen zu werden. Die Plasmamassen der Orchidee und des Mykorrhizapilzes bleiben durch das Plasmalemma der Pflanzenzelle und durch die Zellmembran der Pilzhyphe voneinander getrennt.

Die Verdauung des Pilzes kann bei manchen Orchideen in jeder Wirtszelle erfolgen, bei anderen ist sie auf eine bestimmte „Verdauungsschicht" beschränkt, die den innersten Bereich des pilzinfizierten Gewebes einnimmt. Während frisch eingedrungene Pilzfäden ein dichtes Cytoplasma besitzen und im Querschnitt rund oder oval sind, zeigen die Pilzfäden in älteren Stadien, kurz vor der Verdauung, eine stärkere Vakuolisierung des Plasmas und veränderte Form (Hadley et al. 1971). In bezug auf die Zerstörung der Pilzfäden gibt es widerstreitende Hypothesen, ob die Orchidee die entscheidenden Enzyme produziert oder der Pilz selbst durch autolytische Vorgänge seine Zerstörung einleitet, was möglicherweise im Zusammenhang mit der beobachteten Plasma- und Formveränderung stehen könnte. Die Verdauung erfolgt bei den meisten Orchideen auf dem Wege der sogenannten **Tolypophagie**: der Pilz ballt sich im Endstadium der Infektion zu einem Knäuel zusammen und wird abgetötet. Die freigesetzten Zellbestandteile, die die Orchideenzelle für ihren eigenen Stoffwechsel nutzen kann, nimmt sie auf. Hierzu gehören verschiedene Zucker, Eiweiße, Phosphate und Vitamine. Nicht verwertbare Reste kann man später als Klumpen innerhalb der ehemaligen Wirtszelle erkennen. Ob diese Reste tatsächlich von einer Scheide aus Cellulose umgeben werden, wie manche Forscher annehmen, muß nach Peterson und Currah (1990) bezweifelt werden. Sie gehen davon aus, daß die unverdaulichen Reste durch das Plasmalemma und eine zusätzliche Callose-Schicht vom Plasma

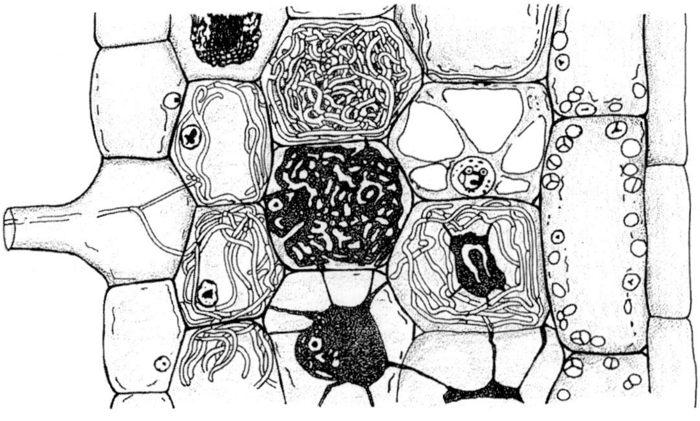

Abb. 28. Tolypophagie in einer Wurzel von *Platanthera chlorantha*. Eintritt der Pilzhyphen durch ein Wurzelhaar; in der Wirtszone Hyphenknäuel, in der Verdauungszone bilden die unverdaulichen Reste der Hyphen kleine Klumpen; unten Speicherzellen mit Reservestoffen (Stärke) (nach Burgeff 1943).

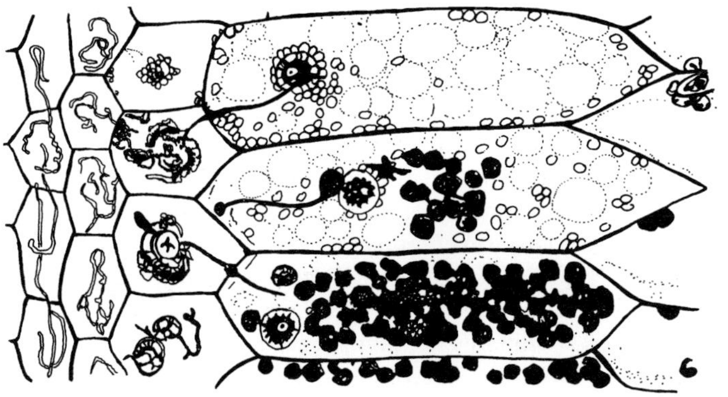

Abb. 29. Ptyophagie in einer Wurzel von *Gastrodia elata,* epidermale Zellagen weggelassen. Links Wirtszone, dann eine Zellschicht, wo sich Celluloseklumpen auf den Pilzhyphen abgelagert haben. In den langen Zellen rechts Ptyophagie; die Reste der „Ptyosomen" (von dünner Membran durch die Zelle umkleidete, von den Pilzhyphen ausgestoßene Plasmaballen) werden abgebaut und schrumpfen zu kleinen unverdaulichen Klümpchen zusammen (nach Burgeff 1943).

der Orchideenzelle getrennt werden. Nach Beendigung der Verdauung oder schon vorher können andere Hyphen in die Orchideenzelle eindringen und diese neu infizieren.

Eine zweite Möglichkeit der Pilzverdauung findet man bei manchen heterotrophen Orchideen, wie z. B. *Galeola* und *Gastrodia.* Bei diesem als **Ptyophagie** bezeichneten Vorgang fehlt die zuvor beschriebene Zusammenballung und Verklumpung des Pilzes. Statt dessen werden beim Eindringen der Pilzfäden in die Zellen der Verdauungsschicht kontinuierlich an den Hyphenenden Plasmamassen (Ptyosomen) vom Pilz freigesetzt, ohne daß dieser abstirbt. Dadurch scheint eine kontinuierliche Versorgung der Zellen mit Nährstoffen gewährleistet zu sein.

Nicht nur in der Pilzhyphe laufen während der Infektion charakteristische Veränderungen ab. Auch die Wurzelrindenzelle der Orchidee reagiert auf den Kontakt mit einem Mykorrhizapilz. Mikroskopisch leicht erkennbar ist eine Vergrößerung des Zellkerns, die man manchmal auch in Nachbarzellen der infizierten Zelle beobachtet. In späteren Infektionsstadien stehen die eingedrungenen Pilzfäden oft in engem Kontakt mit dem Zellkern der Wirtszelle und können diesen sogar durchwachsen (Rasmussen 1990). Außer der Größe verändert sich die innere Struktur der Zellkerne durch Bildung zusätzlicher Kernkörperchen (Nucleoli). Die abgerundete Form der Zellkerne kann zugunsten einer amöboiden Form aufgegeben werden, wie Barroso und Pais (1990) bei *Ophrys lutea* festgestellt haben. Nach dem Eindringen des Pilzes vermehren sich außerdem bestimmte Zellorganellen, wie das Endoplasmatische Reticulum, die Mitochondrien und das Plasmalemma. Diese Prozesse lassen auf eine erhöhte Stoffwechselaktivität der Orchideenzelle nach erfolgter Pilzinfektion schließen.

Als wichtige Reaktion der Orchidee auf die Pilzinfektion muß die Bildung pilzhemmender Stoffe, der sogenannten **Phytoalexine**, gewertet werden. Stoessl und Arditti (1984) geben einen guten Überblick über ihre Struktur und Synthese, ihr Vorkommen und ihre Wirkung. Die Phytoalexine der Orchideen gehören zur Stoffklasse der Phenanthrene, andere Pflanzenfamilien setzen andere Substanzen zur Pilzbekämpfung ein. Drei Phytoalexine (Hircinol, Loroglossol und Orchinol) wurden aus den Knollen europäischer Erdorchideen isoliert, wo sie ein Übergreifen der Mykorrhizapilze auf diese Überdauerungsorgane verhindern. Über Orchideenwurzeln liegen keine Untersuchungen vor, es ist aber anzunehmen, daß die genannten Substanzen auch hier zu finden sind und einer unkontrollierten Ausbreitung des Pilzes entgegenwirken. In Fällen, wo die Kontrolle des Pilzwachstums mißlingt, tritt leicht eine lebensbedrohliche Schädigung der Orchidee ein. Besonders Protokorm-Stadien können leicht von Pilzen getötet werden, wenn die Synthese der Phytoalexine nach der Infektion nicht rasch genug einsetzt. Hierbei muß sich ein äußerst subtiles Gleichgewicht zwischen Pilzhemmung und Pilzwachstum einstellen: Wird der Pilz zu stark unterdrückt und stirbt ab, dann kann – ohne Neuinfektion – auch das Protokorm nicht überleben. Wenn der Pilz aber zu wenig gehemmt wird und sein Wachstum außer Kontrolle gerät, tötet er das Protokorm ebenfalls. Fisch und Mitarbeiter (1973) fanden heraus, daß Orchinol und Hircinol durch einen Hefepilz *(Candida lipolytica)* in einem Zeitraum von mehreren Tagen abgebaut werden können. Offenbar stellt die kontinuierliche Produktion langsam abbaubarer Hemmstoffe für Orchideen den optimalen Kontrollmechanismus über den Wurzelpilz dar. Der Abbau der Phytoalexine könnte nach Salome et al. (1983) auf bestimmte vom Pilz aktivierte Enzyme zurückzuführen sein: diese Polyphenoloxidasen sind in der Lage, die Phytoalexine zu oxidieren und damit möglicherweise ihre pilzhemmende Eigenschaft zu zerstören.

Nicht alle Orchideen besitzen im erwachsenen Zustand eine Mykorrhiza. Innerhalb der Familie läßt sich eine kontinuierliche Reihe von Arten ohne Wurzelpilz über sogenannte mixotrophe Arten hin zu solchen aufstellen, die in ihrer Nährstoffversorgung vollständig von der Mykorrhiza abhängig sind. Die letzteren sind durch Verlust von Chlorophyll oder andere Modifikationen des Photosyntheseapparates nicht mehr in der Lage, CO_2 zu assimilieren (siehe unten). Die mixotrophen Orchideen decken einen Teil ihres Kohlenhydratbedarfes durch Photosynthese, diese reicht jedoch als alleinige Versorgungsgrundlage nicht aus. Ursache hierfür kann beispielsweise eine genetisch festgelegte Reduktion der assimilierenden Blattfläche sein. Auch Orchideen, die im Inneren der Wälder wachsen, sind meist mixotroph, da die ungünstigen Lichtverhältnisse an diesen Standorten oft eine genügend hohe Photosyntheseleistung verhindern. Die Orchideen überleben hier nur, weil sie über den Mykorrhizapilz zusätzlich mit Kohlenhydraten versorgt werden und sich auf diese Weise konkurrenzlos etablieren können.

1.3.5 Heterotrophe Orchideen

Die heterotrophen Orchideen sind hinsichtlich ihrer Ernährung ganz auf die Mykorrhiza angewiesen, denn sie besitzen nur noch sehr wenig oder kein Chlorophyll mehr. Der Photosyntheseapparat ist unterschiedlich stark reduziert: *Corallorhiza* bildet in den Blütentrieben noch Chlorophyll a und b, *Neottia nidus-avis* dagegen nur noch Chlorophyll a. Auch die Menge an Carotinoiden ist stark verringert. Montfort (1940) konnte bei *Neottia* keine Photosynthese mehr nachweisen. Die Blätter heterotropher Orchideen sind also keine Assimilationsorgane mehr und daher meist schuppenförmig verkümmert.

In der Regel ist – wie bei autotrophen Orchideen – die Wurzel der pilzinfizierte Teil der Pflanze. Bei *Epipogium* fehlen die Wurzeln, dafür findet man am pilzinfizierten Rhizom haartragende Papillen oder Warzen. Die Rhizome der durchwegs heterotrophen Gastrodiinae bilden dünne, lange Wurzeln, an denen nach Pilzinfektion Wurzelknollen („Pilzgallen") entstehen. Im inneren Bau sind pilzhaltige und pilzfreie Gewebe, zum Beispiel bei *Gastrodia,* besonders streng getrennt.

Oft werden heterotrophe Orchideen als „Saprophyten" bezeichnet. Saprophyten sind Organismen, die hochmolekulare organische Stoffe aus totem Substrat zersetzen und zur Nährstoffgewinnung nutzen. Dazu ist keine Blütenpflanze in der Lage. Pilze dagegen sind echte Saprophyten. Eine heterotrophe Orchidee überlebt nur in der Lebensgemeinschaft mit dem Mykorrhizapilz, der ihr sozusagen „vorverdaute" Nahrung aus dem Abbau der von ihm aufgeschlossenen organischen Masse liefert. Sie ernährt sich von Teilen des lebenden Pilzmyzels (mykotroph). Strenggenommen handelt es sich dabei um eine besondere Form des Parasitismus, denn die Orchidee lebt vollständig auf Kosten des Pilzes. Aufgrund des empfindlichen Gleichgewichtes zwischen Mykorrhizapilz und mykotropher Orchidee sind alle heterotrophen Orchideen praktisch nicht kultivierbar.

1.4 Sekundäre Inhaltsstoffe der Orchideen

Sekundäre Inhaltsstoffe sind Substanzen, die im Grundstoffwechsel der Zelle keine wichtige Rolle spielen. Oft sind es Ablagerungen nicht mehr verwertbarer Stoffwechselendprodukte. Ein bei Orchideen und anderen Pflanzen häufiger sekundärer Inhaltsstoff ist das Calciumoxalat, das als Monohydrat Ca $(CO_2)_2 \cdot 1H_2O$ dünne Kristallnadeln (Raphiden) bildet. Diese liegen gebündelt in besonderen Zellen, den Kristall-Idioblasten. Wenn das Calciumoxalat in seiner Dihydratform als Ca $(CO_2)_2 \cdot 2H_2O$ vorliegt, entstehen keine Raphiden, sondern stabförmige oder tetragonale Einzelkristalle, wie z. B. in der Blattepidermis von *Vanilla.* Das schwerlösliche Calciumoxalat wird gebildet, um überschüssige Oxalsäure aus dem Stoffwechsel zu entfernen: Diese stellt in höheren Konzentrationen ein Zellgift dar.

Chinone gehören zur chemischen Stoffklasse der Polyphenole. Bei *Cypripedium reginae, C. calceolus* und *Paphiopedilum haynaldianum* sind in Drüsenhaaren Chinone vorhanden, die nach Berührung der Pflanzen zu allergischen Reaktionen führen können (vgl. Hegnauer 1986 und die dort zitierte Literatur).

Viele Orchideen enthalten Alkaloide, also sekundäre Pflanzenstoffe mit heterozyklisch gebundenem, mehr oder weniger basisch reagierendem Stickstoff. Die bevorzugt als Blütenfarbstoffe vorkommenden Anthocyanine gehören zu dieser Gruppe und können von chemotaxonomischem Wert sein, d. h. für eine Gliederung der Familie herangezogen werden. Viele Alkaloide haben eine starke pharmakologische Wirkung auf das Nervensystem des Menschen, wie etwa die Opium-Alkaloide, Coffein und Nicotin. Letzteres ist in geringer Menge bei *Vandopsis lamellata* nachgewiesen worden. Lüning (1974) betont die große Vielfalt der Orchideen-Alkaloide, die verschiedenen Strukturgruppen angehören. Er nennt als besonders alkaloidreich die

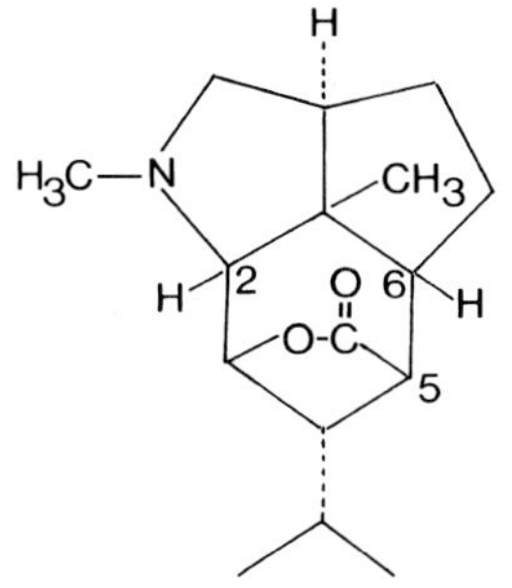

Abb. 30. Strukturformel von Dendrobin (nach Lüning 1974).

Gattung *Dendrobium* (u. a. *D. pierardii*), außerdem *Eria, Liparis, Malaxis* und *Phalaenopsis.* Manche Gattungen, z. B. *Catasetum* und *Mormodes,* bilden Alkaloide vor allem während der Wachstumsphasen. Ein den Alkaloiden ähnlicher Stoff ist das Dendrobin ($C_{16}H_{25}NO_2$), das seinen Namen nach *Dendrobium nobile* trägt: Aus dieser Pflanze wurde es zum ersten Mal isoliert. Es ist in der in China schon seit langem als Tonikum und fiebersenkendes Mittel verwendeten Droge „Chin Shih Hu" enthalten, die aus getrockneten Stämmen von *Dendrobium* hergestellt wird.

Eine mögliche Ursache für die Verwendung von Orchideen als Heilpflanzen ist nach Arditti (1966 b), daß manche von ihnen antibiotische Stoffe enthalten. Er schreibt weiter: „Gewöhnlich sind es Aufkochungen, Brühen, Gebräue von ganzen Pflanzen, Früchten, Blättern oder Pseudobulben, die als Heilmittel verwendet werden, ferner zerstoßene Blätter, ja sogar Blüten. Die hierfür benutzten Arten sind sehr verschieden, u. a. *Acriopsis, Bulbophyllum, Eria, Dendrobium, Eulophia, Grammatophyllum, Hippeophyllum, Nervilia, Oberonia, Plocoglottis, Thrixspermum, Tropidia* ..."

Die Wurzelknollen heimischer Erdorchideen (*Ophrys, Orchis, Dactylorhiza* u. a.) verwendet man heute noch z. B. in bestimmten Regionen des Mittelmeergebietes zur Herstellung von Salep. Dieser Orchideenschleim entsteht aus Stärke und wird von der Pflanze als Reservestoff in großen, rundlichen Schleimzellen der Knolle gebildet, die die Gefäßbündel kranzförmig umgeben. Dem Salep wird mannigfaltige medizinische Wirkung nachgesagt. In Südindien dienen *Habenaria*- und *Eulophia*-Arten zur Salepherstellung.

Abschließend sei noch auf eine wichtige Gewürzpflanze unter den Orchideen hingewiesen: die Vanille. Ihr Hauptaromastoff, ein Phenoletheraldehyd, ist in den frischen Früchten noch an Zuckermoleküle (glykosidisch) gebunden. Zum Zeitpunkt der Ernte sind „Vanilleschoten" daher duftlos. Erst durch das Trocknen und Fermentieren kommt es zur kistallinen Ausscheidung des Vanillins und dadurch zur Entfaltung des Aromas. Die Früchte von *Vanilla planifolia* enthalten im musartigen Fruchtfleisch bis zu 2% Vanillin. Ursprünglich stammt die Vanille aus Mexiko, heute wird sie jedoch in vielen tropischen Gebieten angebaut. Wenn dort keine geeigneten Bestäuber vorkommen, müssen die Blüten von Hand bestäubt werden, denn ohne Bestäubung kommt es nicht zur Fruchtbildung.

1.5 Photosynthese

Während der Photosynthese wird von der grünen Pflanze Kohlendioxid (CO_2) aufgenommen und in einer Kette chemischer Reaktionen in Zucker (Glucose, $C_6H_{12}O_6$) umgewandelt. Die hierfür benötigten 12 Wasserstoff-Atome werden durch Spaltung von Wasser (H_2O) gewonnen; der im Wasser enthaltene Sauerstoff entweicht gasförmig als O_2. Als stark vereinfachte Grundgleichung der Photosynthese-Reaktion ergibt sich:

$$6\,CO_2 + 12\,H_2O \rightarrow C_6H_{12}O_6 + 6\,O_2 + 6\,H_2O$$

In Wirklichkeit besteht die Photosynthese aus einer größeren Zahl komplexer und voneinander abhängiger Teilreaktionen, auf die an dieser Stelle nicht näher eingegangen werden soll. Detaillierte Informationen über die Vorgänge, die während der CO_2-Assimilation in der Zelle ablaufen, findet man in zahlreichen botanischen Lehrbüchern, z. B. bei Sitte et al. (1991), Jakob et al. (1987) oder von Sengbusch (1989).

Ort der Photosynthese-Reaktionen sind die Chloroplasten, wo das Chlorophyll und weitere beteiligte Moleküle in einer streng festgelegten Anordnung in großflächigen Membransystemen, den **Thylakoiden,** eingebettet liegen. Bestimmte Teilschritte der Photosynthese können nicht ohne Energiezufuhr ablaufen: Die nötige Energie liefert das Sonnenlicht.

Man kennt bei Blütenpflanzen drei verschiedene Typen der Photosynthese. Sie unterscheiden sich im Fixierungsmechanismus für das durch die Spaltöffnungen (Stomata) eindringende CO_2, aber nicht in bezug auf die eigentliche Glucose-Synthese. Der häufigste Typ wird als C_3-Photosynthese bezeichnet, da hier als erstes nachweisbares Reaktionsprodukt ein Molekül mit drei Kohlenstoff-Atomen entsteht, das in weiteren Schritten zu Glucose umgebaut wird.

Ein weiterer Photosynthese-Typ, der sogenannte **C**rassulacean-**A**cid-**M**etabolism (CAM), kommt häufig bei Sukkulenten vor. Auch viele epiphytische Orchideen mit verdickten Blättern sind CAM-Pflanzen. Bei diesem Stoffwechselweg sind die Bindung von CO_2 und die Synthese von Glucose zeitlich getrennt. Als erste Reaktionsprodukte nach der CO_2-Aufnahme entstehen Moleküle mit vier Kohlenstoff-Atomen: Oxalessigsäure und Malat. Das Malat wird von jeder einzelnen Zelle zunächst in der Vakuole gespeichert und später wieder abgebaut, wobei das freiwerdende CO_2 der Glucose-Synthese zufließt. Die Malatbildung und -speicherung erfolgt bei geöffneten Spaltöffnungen während der Nacht. Der Malat-Abbau und die Glucose-synthetisierenden Photosyntheseschritte finden dagegen bei geschlossenen Stomata während des Tages statt. Auf diese Weise kann die Verdunstung von Wasser verringert werden: Diese ist am größten, wenn die Pflanze bei Sonneneinstrahlung und hohen Temperaturen ihre Stomata öffnen muß, um CO_2 aufzunehmen. Die nächtliche CO_2-Fixierung wird durch niedrige Nachttemperaturen stark begünstigt: die Optimaltemperatur für diesen Prozeß liegt zwischen 10 und 24 °C (Earnshaw et al. 1987). Aufgrund der periodischen Bildung und des nachfolgenden Abbaus von Äpfelsäure kommt es innerhalb von 24 Stunden zu meßbaren Schwankungen des Säuregehalts innerhalb der Zellen. Dieser sogenannte diurnale Säurerhythmus kennzeichnet alle CAM-Pflanzen.

1.6 Biologische Rhythmen

1.6.1 Allgemeines

Unter biologischen Rhythmen versteht man periodische Erscheinungen, die durch innere und äußere Faktoren verursacht und gesteuert werden. Einem biologischen Rhythmus unterliegen z. B. die Blütenbildung und der Wechsel zwischen Wachstums- und Ruhephase im Leben einer Pflanze. Innere Faktoren sind genetisch festgelegt und bewirken die Fähigkeit einer Orchidee, auf bestimmte Umweltreize in spezieller Weise zu reagieren. So führt beispielsweise Temperaturerhöhung in der Regel zur Beendigung der Ruhezeit, da sie Wachstumsvorgänge fördert. Tiefere Temperaturen wirken dagegen hemmend auf das Wachstum, so daß sie den Eintritt der Pflanze in die Ruhephase begünstigen. Ein anderer äußerer Faktor, der die innere, genetisch festgelegte Periodizität von Wachstums- und Ruhezeiten entscheidend beeinflussen kann, ist die Wasserversorgung der Pflanze: Die mediterranen Erdorchideen wachsen nicht während der warmen, aber trockenen Sommermonate, sondern in der kühleren, aber feuchten Winterzeit.

Eindeutig ist der biologische Jahresrhythmus bei Orchideen, die in gemäßigten Zonen mit verschiedenen Jahreszeiten leben. Unsere mitteleuropäischen Orchideen entwickeln im Frühjahr Blätter und Blüten, verlieren die Blätter einige Zeit nach der Blüte wieder und überdauern den Rest des Jahres unterirdisch.

In den Subtropen und Tropen gibt es ähnliche Jahresrhythmen, die hier aber weniger durch die Temperatur als vielmehr durch den Wechsel zwischen feuchter und trockener Jahreszeit bedingt sind. An solche Wechsel sind die laubabwerfenden Orchideen der wärmeren Zonen angepaßt, wie *Calanthe, Catasetum, Cyrtopodium* u. a. Man kann diese Arten physiologisch mit den infolge von kühlerer Jahreszeit die Blätter abwerfenden Arten vergleichen. Was in beiden Gruppen den Blühtermin betrifft, so tritt dieser gewöhnlich während der eigentlichen Vegetationszeit ein, meistens einige Zeit nach Beginn des Wachstums, nachdem sich die Blätter schon entwickelt haben. In einigen Fällen ist jedoch die Blütenentwicklung mehr oder weniger in die vegetative Ruhezeit verlegt. Beispielsweise blühen die laubabwerfenden *Calanthe*-Arten erst nach dem Absterben der Blätter.

In äquatorialen Gebieten, die nur geringe Temperaturschwankungen im Jahresverlauf zeigen, sind meist gewisse Unterschiede in der jahreszeitlichen Verteilung der Niederschläge vorhanden (vgl. Nuernbergk 1973/74). Sie beruhen auf dem wechselnden Sonnenstand. Die Sonne steht am Äquator nur zur Zeit der Äquinoktien (21. März und 23. September) im Zenit, weicht aber während der übrigen Zeit des Jahres mit ihrem Mittagsstand mehr oder weniger bis zu 23°27' (Schiefe der Ekliptik) nördlich oder südlich davon ab. Ein völlig gleichmäßiges Klima in bezug auf Temperatur und Niederschlagsverteilung ist also mit wenigen, örtlich bedingten Ausnahmen nirgendwo vorhanden. Man kann daher auch für die in relativ gleichmäßigen Klimaten lebenden monopodialen Orchideen wie *Phalaenopsis* oder *Vanda* annehmen, daß ihr theoretisch gleichmäßiger Wachstumsablauf praktisch doch geringe, für die periodische Blütenentwicklung aber wichtige Wachstumsunterbrechungen erleidet.

Wie präzise Umwelteinflüsse die Wachstumsvorgänge mancher Pflanzen steuern und synchronisieren, ist besonders gut an *Dendrobium crumenatum* untersucht. Seine Blütenknospen treten nach Erreichen eines bestimmten Entwicklungsstadiums in eine Ruhephase ein, die wochenlang andauern kann. Erst ein äußerer Reiz – eine Periode mit kühler und feuchter Witterung – bringt alle ruhenden Knospen gleichzeitig dazu, sich weiterzuentwickeln. Die durch den Temperaturreiz hervorgerufene Synchronisation führt dazu, daß alle Blüten einer Population sich neun Tage später in einer Massenblüte innerhalb von nur wenigen Stunden öffnen. Ein ähnliches Verhalten ist auch von anderen Orchideen bekannt, z. B. von *Sobralia, Triphora, Bromheadia, Diplocaulobium* und *Thrixspermum.*

Der biologische Rhythmus einer Orchidee ist genetisch festgelegt. Cattleyen können beispielsweise je nach Art zu Beginn, Mitte und Ende der Wachstumsperiode oder während der Ruhezeit blühen (vgl. NUERNBERGK 1961 a).

1.6.2 Photoperiodismus

Photoperiodische Pflanzen reagieren mit bestimmten Wachstums- und Differenzierungsvorgängen auf die tägliche Beleuchtungsdauer. Bestimmte Farbstoffe, die Phytochrome, spielen dabei für die Lichtwahrnehmung und Erkennung der jeweiligen Lichtphasen die entscheidende Rolle. Bei der photoperiodischen Steuerung der Blütenbildung lassen sich zwei gegensätzliche Typen unterscheiden. *Euphorbia pulcherrima,* der Weihnachtsstern, ist eine typische Kurztagpflanze: er blüht bei uns zur Zeit der längsten Nächte, mitten im Winter. Wird die Dauer der Dunkelperiode beispielsweise durch Zimmerbeleuchtung zu stark gekürzt, wartet man bei Kurztagpflanzen vergeblich auf Blüten. Langtagpflanzen dagegen können nur blühen, wenn die Dunkelperioden kurz und die Tage lang sind. Pflanzen, deren Blütenbildung nicht durch den Einfluß wechselnder Licht- und Dunkelperioden gesteuert wird, bezeichnet man als tagneutral.

Cattleyen, Laelien, viele Dendrobien und andere Orchideen, die während der Wachstumsruhe ihre Blätter behalten, blühen in unseren Gewächshäusern zu unterschiedlichen Zeiten. NUERNBERGK (1961 a, 1973) postuliert aus dieser und verschiedenen anderen Beobachtungen ein tagneutrales Verhalten der Orchideen, zumindest an ihren natürlichen Standorten. In Kultur dagegen können vom natürlichen Klima abweichende Bedingungen bei manchen Arten zu Reaktionen führen, die an Photoperiodismus erinnern. So kann beispielsweise eine vegetativ wachsende *Cattleya* durch tagverlängernde schwache Beleuchtung mit einer Glühlampe dazu veranlaßt werden, nicht in den Ruhezustand überzugehen. Das kommt ihrem natürlichen Wachstumsrhythmus entgegen, denn die Ruhephase in ihrer Heimat ist kürzer als der Winter in unseren gemäßigten Breiten. Umgekehrt können Kurztagbedingungen dazu führen, daß die Vegetationsperiode vorzeitig beendet wird. Ob Phytochrome diese Prozesse steuern, ist bisher unbekannt. In beiden Fällen kommt es zu einer zeitlichen Verschiebung im Wechsel zwischen Wachstums- und Ruhephase, jedoch nicht zur unmittelbaren Aktivierung oder Unterdrückung generativer Meristeme. Eine photoperiodische Regulation der Blütenbildung liegt also nicht vor.

Da der Ansatz der Blüten nicht photoperiodisch gesteuert wird, müssen andere Faktoren hierfür entscheidend sein. In Singapur, wo ganzjährig ein relativ gleichmäßiges, feucht-warmes Klima ohne Trockenzeiten herrscht, müssen bestimmte als Zierpflanzen eingeführte *Cattleya*-Arten durch künstlichen Regenschutz von Zeit zu Zeit trockener gehalten werden, weil sie sonst ständig weiterwachsen, ohne zu blühen. Andere Arten, wie *Cattleya gaskelliana* oder *C. skinneri,* lassen sich ohne solche Maßnahmen zur Blüte bringen: *C. gaskelliana* blüht beispielsweise nach der Ausbildung der jungen Pseudobulben, ohne daß eine vorherige Ruhezeit eingeschaltet wird.

Andere Gattungen müssen bestimmten Temperaturschwankungen unterworfen werden, damit sie blühen: *Dendrobium nobile* benötigt für einige Zeit Temperaturen unter 18,5 °C, um Blüten anzusetzen (ROTOR, zit.

bei NUERNBERGK 1961 a). Eine derartige Steuerung von Wachstums- und Differenzierungsprozessen durch die Temperatur bezeichnet man als Thermoperiodismus.

1.6.3 Thermoperiodismus

Periodische Schwankungen der Temperatur können sich im Laufe des Jahres (annuell) oder im Laufe eines Tages (diurnal) vollziehen. Besonders ausgeprägte diurnale Temperaturdifferenzen findet man in tropischen Gebirgen, annuelle Unterschiede sind uns aus der heimischen Natur gut vertraut. Beide Formen der Temperaturschwankung können einen Einfluß auf die Blütenbildung von Orchideen haben. Obwohl hierüber nur wenige detaillierte Angaben vorliegen, ist doch von verschiedenen Arten bekannt, daß sie während der Ruhezeit herabgesetzte Temperaturen benötigen, wenn sie Blüten bilden sollen. Für *Dendrobium nobile* wurde dieses Verhalten oben schon beschrieben. Es gilt beispielsweise auch für *D. kingianum, D. superbum, D. delicatum, Cuitlaucina pendula* (syn. *Odontoglossum pendulum*) und vor allem für die Epidendren ohne Pseudobulben. Diese wachsen ohne eine Periode herabgesetzter Temperatur ständig vegetativ weiter und bilden keine terminalen Blütenstände. Alle diese Orchideen stammen aus Gebieten, in denen stärkere jahreszeitliche Temperaturschwankungen vorkommen.

Mit diesen annuellen Temperaturschwankungen ist oft ein diurnaler Temperatur-Rhythmus verbunden, und so gibt es eine Anzahl von Arten, die an diesen angepaßt sind. Am bekanntesten davon ist die Gattung *Cymbidium.* Bei *C. lowianum* stellte WENT (1930) fest, daß für die Blütenentwicklung eine Tagestemperatur von 20 °C und eine Nachttemperatur von 10 bis 14 °C notwendig ist. In Verbindung hiermit ist es bemerkenswert, daß die *Cymbidium*-Kultur für Schnittzwecke im Freiland gerade dort erfolgreich betrieben wird, wo das relativ trockene Klima solche Temperaturdifferenzen zwischen Tag und Nacht aufweist, z. B. in Kalifornien oder im südlichen Ostaustralien. Ein anderes Beispiel ist *Phalaenopsis schilleriana,* die an den Blütenstengeln nur dann Blüten erzeugt, wenn die Nachttemperatur während 2 bis 3 Wochen nur etwa 19 °C bis höchstens 21 °C beträgt. Andernfalls werden Adventivpflanzen gebildet (vgl. NUERNBERGK 1973).

1.6.4 Diurnale Rhythmen

Regelmäßige Tagesrhythmen findet man bei der Dufterzeugung verschiedener Blüten. NUERNBERGK beobachtete bei *Cattleya mossiae,* daß die Blüten nur am Vormittag duften. Auch andere Cattleyen, z. B. *C. luteola* tun das. Sie werden nach DODSON (1962) nur morgens zwischen 5.30 h und 5.45 h von ihren Bestäubern besucht. Dagegen duften die Blüten von *Angraecum sesquipedale* nur nachts. Andere diurnale Rhythmen zeigt der CO_2-Stoffwechsel verschiedener Orchideen. Dagegen ist ein diurnales Öffnen und Schließen der Blüte, wie man es bei vielen anderen Pflanzenfamilien, z. B. bei Kakteen und Tulpen findet, für Orchideen bisher nicht beschrieben worden. Voraussetzung dafür sind bestimmte Wachstumszonen an der Basis der Blütenblätter, die bei den dorsiventralen Blüten fehlen.

1.7 Ökologie

Die Ökologie beschäftigt sich mit den Beziehungen zwischen Lebewesen und ihrer Umwelt. Der Begriff „Umwelt“ umfaßt dabei alle Komponenten, die ein Ökosystem in irgendeiner Form beeinflussen. Formal kann man zwischen den abiotischen Einflüssen aus der unbelebten Natur (z. B. Temperatur) und den biotischen Wechselwirkungen unterscheiden, die verschiedene Lebewesen aufeinander ausüben. Auf die Praxis bezogen sind die Verhältnisse aber wesentlich komplizierter, denn abiotische und biotische Faktoren beeinflussen sich in ihrer Wirkung oft gegenseitig. Das Klima spielt z. B. für die Ausbildung bestimmter Pflanzengesellschaften eine wichtige Rolle. Andererseits hat die Vegetation in gewissen Grenzen auch Einfluß auf die klimatischen Gegebenheiten einer Region.

Viele ökologische Aspekte wurden in den bisherigen Ausführungen bereits angesprochen. Abiotische Einflüsse verschiedenster Art stehen z. B. in Zusammenhang mit der Photosyntheseleistung von Orchideen und anderen Pflanzen. Biotische Wechselwirkungen spielen u. a. beim Aufbau einer Mycorrhiza eine wichtige Rolle.

Drei Themenbereiche sollen im folgenden unter ökologischen Gesichtspunkten gesondert betrachtet werden: ein Blick auf die Blütenökologie läßt interessante Beziehungen zwischen Orchideen und ihren Bestäubern erkennen, die beiden letzten Abschnitte zeigen ökologische Zusammenhänge am Beispiel terrestrischer und epiphytischer Orchideenstandorte auf.

1.7.1 Bestäubungsökologie

Orchideenblüten sind in hohem Maß an die Bestäubung durch Tiere angepaßt, viele Arten zeigen in der Blütenökologie eine extrem starke Kopplung an bestimmte Bestäuber. Auch in anderen Pflanzenfamilien gibt es Arten, die nur von einer Tierart bestäubt werden und sich co-evolutiv an ihren spezifischen Bestäuber angepaßt haben, doch kommen solche Fälle nur sehr selten vor. Innerhalb der Orchideen findet man dagegen eine erstaunlich große Zahl von blütenbiologisch extrem spezialisierten Arten, und die Perfektion der Anpassung von Seiten der Blüte scheint manchmal geradezu unübertrefflich.

Die wichtigsten Bestäuber von Orchideenblüten sind die Hautflügler (z. B. Hummeln, Holzbienen, Prachtbienen und Wespen), die etwa 60% aller Orchideenarten besuchen. Außerdem umfaßt das Bestäuberspektrum verschiedene Fliegen (etwa 15%) und Nachtfalter (etwa 8%), mit geringerer Bedeutung Tagfalter und nektarausbeutende Vögel (je etwa 3%) und schließlich eine Reihe anderer

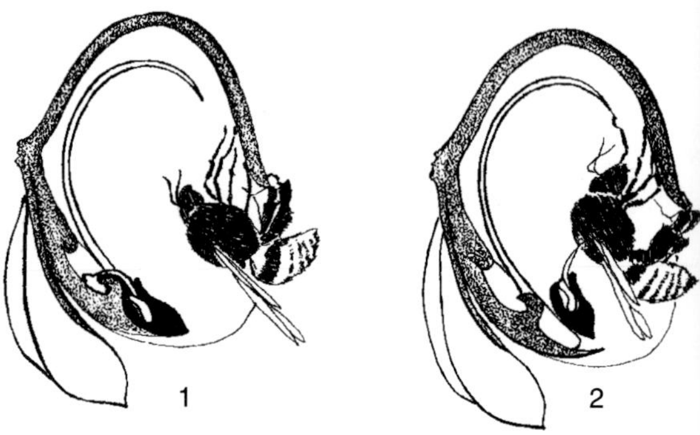

Tiere wie z. B. Ameisen und Käfer. Etwa 3% der Orchideen zeichnen sich durch obligate Selbstbestäubung aus (Angaben nach Dodson und van der Pijl 1969).

Der Vorgang der Pollenübertragung läuft im Falle der tierbestäubten Blüten stets ähnlich ab: Der Bestäuber streift das Rostellum und kommt mit den dort gebildeten Klebstoffen in Kontakt. Diese befestigen die Pollinarien am Körper des Tieres so dauerhaft, daß sie nach dem Verlassen der Blüte lange Zeit am Bestäuber haften. Wenn das Tier auf der nächsten Blüte landet, berühren die mitgebrachten Pollinarien deren Narbe und Pollen wird abgestreift. Dadurch ist die Bestäubung vollzogen. Die Pollenkörner keimen anschließend auf der Narbe aus, dringen in Form von Pollenschläuchen zu den im Fruchtknoten verborgenen Samenanlagen vor und befruchten diese.

Viele Orchideen bieten – wie andere Blüten auch – **Nektar** als Entlohnung für den Bestäuber an. Dieser wird in Nektardrüsen (Nektarien) produziert.

Gelegentlich bilden Orchideenblüten **fette Öle,** die von Weibchen bestimmter Pelzbienen-Arten als Larvenfutter gesammelt werden. Beispiele für diese Art der Verköstigung des Bestäubers liefern u. a. manche *Oncidium*-Arten. Insgesamt gesehen sind solche „Ölblumen" bei Orchideen aber sehr selten.

Blütenstaub wird von Orchideen praktisch niemals als Insektennahrung zur Verfügung gestellt. Die in der einzigen Anthere (bzw. den zwei Antheren der Cypripedioideae) ge-

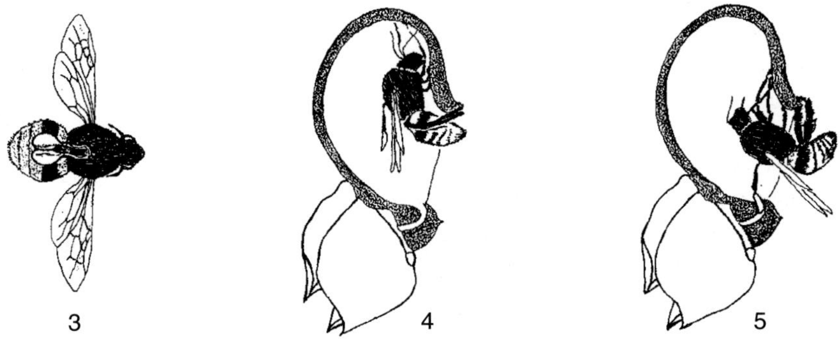

Abb. 31. Bestäubung von *Catasetum macroglossum* durch eine männliche Biene von *Eulaema cigulata* (nach Dodson 1962);
1 = Die Biene dringt in eine männliche Blüte ein. 2 = Sie kratzt auf der Oberfläche der Lippe und berührt dabei die Antenne, so daß das Pollinarium mit dem Viscidium voraus auf ihren Thorax geschleudert wird. 3 = Im Flug mit den Pollinarien, Antherenkappe abgefallen. 4 = Die Biene besucht eine weibliche Blüte und kratzt wieder auf der inneren Oberfläche der Lippe. 5 = Beim Verlassen der Blüte kommen die Pollinien in Berührung mit der klebrigen Narbentasche und bleiben zurück, wenn die Biene sich freigestrampelt hat.

bildeten Pollenkörner dienen ausschließlich zur Befruchtung der Samenanlagen. Als eine Art „Ersatzpollen" können eventuell bestimmte auf der Lippe gebildete Futtergewebe und Futterhaare (siehe oben) gelten, die von Insekten abgefressen werden (Brieger 1971). Sie kommen im Aussehen, in der Konsistenz und im Nährwert dem Pollen nahe.

Nicht immer ist ein Insekt beim Blütenbesuch auf der Suche nach Nahrung: Bei der Gruppe der **„Parfüm-Blumen"** dienen von den Osmophoren produzierte Duftstoffe als Entlohnung für die Bestäuber. Die Männchen der im tropischen Amerika heimischen Prachtbienen (Euglossinen) fliegen jeweils Blüten ganz bestimmter Orchideenarten an und sammeln durch Abschaben mit den Vorderbeinen deren aromatische Öle. Das ätherische Öl wird in Hohlräumen der Hinterbeine gespeichert und spielt für die Bienen offenbar eine wichtige Rolle, die im einzelnen noch nicht genau verstanden ist. Das gesammelte Öl dient zur Markierung der Schwarmbahnen und möglicherweise nach einer chemischen Modifikation auch zur Anlockung der Weibchen, die vom Duft der Blüten selbst nicht angezogen werden. Die Bienenmännchen fliegen ein und dieselbe Blüte mehrmals hintereinander an. Dodson (1969) spricht davon, daß sie im Laufe ihrer Sammeltätigkeit in eine Art Rauschzustand geraten, in dem sie sich leicht fangen lassen. Während das Insekt von den Osmophoren Öl sammelt, werden die Pollinien aufgeklebt, und zwar von jeder Orchideenart an einer ganz bestimmten Stelle des Insektenkörpers. Dadurch ist Kreuzbestäubung zwischen verschiedenen Arten ausgeschlossen, selbst wenn eine Prachtbiene mehrere Orchideenarten nacheinander besucht, was häufig vorkommt. Die Narben der Orchideen nehmen die Pollinien nur an der für sie jeweils artspezifischen Stelle wieder ab. Der Duft von Prachtbienen bestäubter Orchideen lockt manchmal nur eine einzige Bienenart an, manchmal kommen auch wenige verschiedene Bienenarten als Bestäuber in Frage und reagieren auf das Duftsignal. Bei den Orchideen des tropischen Amerika ist Bestäubung durch *Euglossa* und verwandter Bienen nicht selten. Beispielsweise zählen alle Gattungen aus den Subtriben der Catasetinae und Stanhopeinae zu dieser Gruppe. Eine ausführliche Übersicht über die Beziehungen zwischen Prachtbienen und Orchideen und alle damit in Zusammenhang stehenden Fragen gibt WILLIAMS (1982).

Manche *Catasetum*-Arten schießen ihre Pollinarien ab, sobald die bestäubende Prachtbiene die beiden langgezogenen Staminodien der männlichen Blüte berührt. Die Staminodien (Antennen) übertragen die kleinste mechanische Berührung hebelartig auf den Schleudermechanismus der Pollinarien, die bei *Catasetum* aus Viscidium, Stipes und Pollinium bestehen. Vor dem Abschleudern herrscht in den inneren, dem Rostellum zugewandten Zellen des Stipes eine starke, durch Wachstum und Turgordruck hervorgerufene Gewebespannung. Die Richtung der Spannung wird durch einseitig verdickte Außenzellwände vorgegeben, die als Widerlager fungieren. Solange der Stipes sich noch nicht vollständig vom Rostellum getrennt hat, bleibt sein Gewebe elastisch gespannt. Die Berührung der Antennen führt im Trennungsgewebe des Rostellums durch Turgorsenkung zu einer Destabilisierung. Der Gewebeverband vermag nun der Spannung des Stipes nicht mehr standzuhalten, dieser trennt sich ruckartig vom Rostellum, und das Pollinarium wird abgeschleudert. Dabei krümmt sich der Stipes unter Spannungsausgleich nach vorn, so daß das klebrige Viscidium als Spitze des „Geschosses" dem Bestäuber zugekehrt wird (VON GUTTENBERG 1963). Das Pollinarium haftet an der Prachtbiene, bis diese eine weibliche Blüte aufsucht, wo ihre Fracht wieder abgestreift wird. Ähnliche Explosions-Abschleuderung der Pollinarien gibt es bei *Cycnoches* und *Mormodes* (VON GUTTENBERG 1933 und die dort zitierte Literatur; DODSON 1962). Manche Cataseten, z. B. *Catasetum macrocarpum,* besitzen nur eine reizempfindliche Antenne, während die zweite zurückgebogen und gegen Berührungsreize unempfindlich geworden ist. Wieder andere Arten haben gar keine Antennen *(C. russelianum).* Hier wird das Pollinarium nicht fortgeschleudert, aber die Krümmung des Stipes bewirkt nach der Ablösung vom Rostellum, daß das klebrige Viscidium einem eventuellen Besucher zugewendet ist.

Die Gattung *Coryanthes,* die als Vertreterin der Stanhopeinae ebenfalls Parfüm-Blumen besitzt, hat einen anderen Mechanismus entwickelt, um sicherzustellen, daß die Prachtbiene die Blüte nicht ohne Pollinarien verläßt: Links und rechts neben der Säule sondern zwei vom Labellum gebildete Drüsen eine Flüssigkeit ab, die vom wannenartig geformten Mittelteil der Lippe aufgefangen wird (Abb. 32). Angezogen vom Duft der Blüte beginnt das Prachtbienen-Männchen an der Oberkante der Kesselfalle Öl zu sammeln. Dabei rutscht es früher oder später ab und landet in der Flüssigkeit. Durchnäßt und von den ätherischen Ölen berauscht, ist es zunächst flugunfähig. Es gibt nur einen Weg, aus dem Kessel herauszuklettern. Dieser führt an der Narbe vorbei, wo mitgebrachte Pollinien abgestreift werden. Beim Passieren der Anthere bekommt das Insekt anschließend neue Pollinarien aufgeklebt.

Kesselfallenblüten haben sich mehrfach unabhängig voneinander in verschiedenen Verwandtschaftskreisen der Orchideen entwikkelt. Sie charakterisieren neben *Coryanthes* beispielsweise auch die Vertreter aus der Unterfamilie der Cypripedioideae. Auch hier entsteht die Falle durch die besondere Form der Lippe. Der einheimische Frauenschuh, *Cypripedium calceolus,* wird hauptsächlich von Bienen der Gattung *Andrena* bestäubt (DAUMANN 1968). NILSSON (1979) fand bei Studien in Südschweden heraus, daß etwa die Hälfte der gefangenen Bestäuber den Ausgang aus der Falle nach spätestens fünf Minuten gefunden haben. Weitere Kesselfallenblumen gibt es u. a. bei den Pleurothallidinae, bei den Bulbophyllinae und den Vandeae. Prinzipiell funktionieren diese Blüten immer so, daß die Insekten nur durch eine enge Öff-

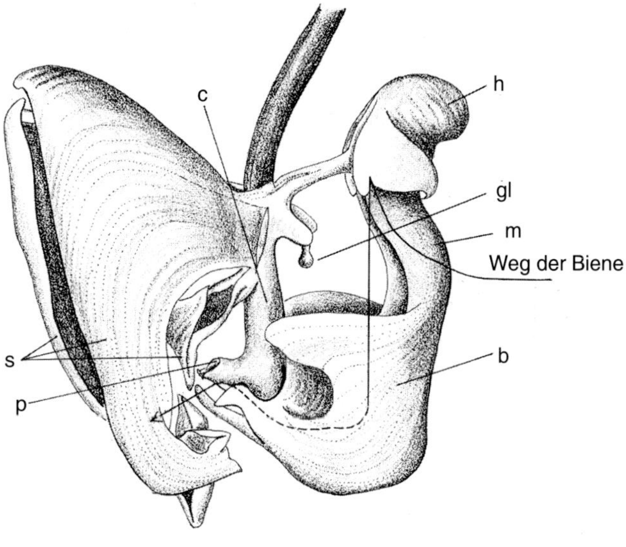

Abb. 32. Bestäubung der Blüte von *Coryanthes speciosa*; Osmophoren des Hypochils nicht sichtbar (nach ARDITTI 1969); — - - — Weg der Biene, c – Columna, s = Sepalen, p = Pollinien, b = Wanne (Epichil), h = Hypochil, gl = Flüssigkeit sezernierende Drüsen, m = Mesochil.

nung in den Kessel hinein oder aus diesem heraus gelangen können. Dieser Weg führt an einem Staubblatt und an der Narbe vorbei. Ein Herausklettern an anderer Stelle wird – beispielsweise durch glatte Innenwände der Falle – verhindert.

Eine Art **„Schnappfallenblumen"** können Blüten mit beweglichem Labellum bilden, wie sie z. B. bei den Bulbophyllinae häufig vorkommen. Hier wird die Lippe ruckartig gegen die Säule gedrückt, wenn sich ein Insekt auf ihr niederläßt. Bei *Phocoglottis lowii* steht die Lippe unter Spannung, die sich nicht entladen kann, weil ein Sepalum das Labellum am Hochschnellen hindert. Ein landendes Insekt entriegelt durch seine Bewegungen den Spannungsmechanismus und wird vom Labellum gegen die Säule geschleudert. Bei *Porroglossum (Masdevallia) echidnum* bildet die auf gleiche Weise hochschnellende Lippe mit den übrigen Blütenblättern und der Säule zusammen einen Hohlraum, in dem die bestäubenden kleinen Fliegen für einige Zeit gefangen werden. Nach etwa einer halben Stunde läßt die Spannung des Labellums allmählich nach, und die Falle öffnet sich wieder.

Eine erstaunlich große Anzahl von Orchideen besitzen weder einen besonderen Fang-

Abb. 33. *Porroglossum (Masdevallia) echidnum* (nach GARAY und DUNSTERVILLE, zit. von BRIEGER in SCHLECHTER 1970);
1 = Blühende Pflanze, 2 = Columna mit den beiden Sepalen und Labellum in Ruhestellung, 3 = Labellum gegen die Säule gelehnt, 4 = Columna mit vorstehendem Rostellum, an dem die beiden Pollinien hängen.

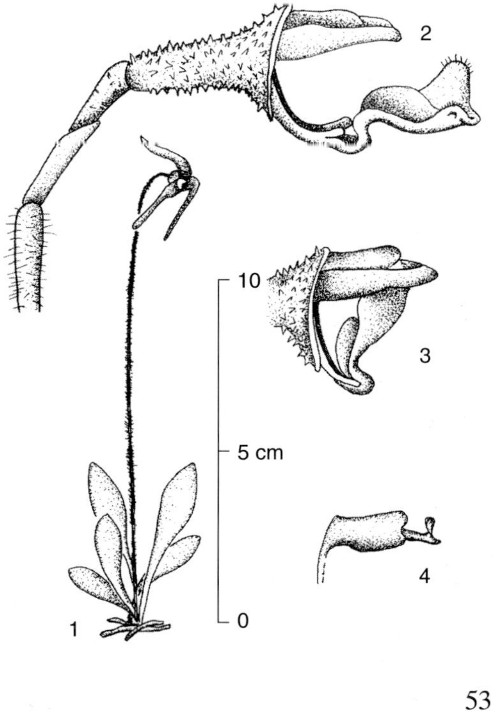

Abb. 34. *Ophrys speculum,* Spiegel-Ragwurz. Die Pseudokopulationsblüte wird von Bienenmännchen bestäubt, die sie mit einem paarungsbereiten Weibchen „verwechseln".

Abb. 35. *Dracula vampyra.* Das Labellum ähnelt einem Hutpilz, die Blüte wird von Pilzmücken bestäubt.

mechanismus für die Bestäuber, noch bieten sie irgendeine Entlohnung für den Blütenbesuch. Es handelt sich in diesen Fällen um **Tauschblumen** (Vogel 1993).

Das bekannteste Beispiel für Sexualtäuschblumen liefert die Gattung *Ophrys* (Paulus und Gack 1990). Sie kommt bei uns mit vier Arten vor, erreicht ihren Verbreitungsschwerpunkt und ihre größte Artenzahl jedoch im Mittelmeerraum. Die Blüten imitieren in Form, Färbung und durch Bildung entsprechender Sexualduftstoffe nahezu perfekt die Weibchen bestimmter Solitärbienen, und zwar jede *Ophrys*-Art eine ganz bestimmte Biene. Die Bestäubung erfolgt durch die Bienenmännchen, die einige Tage vor den Weibchen schlüpfen und sofort ausschwärmen, um sich zu paaren. Da zunächst keine Weibchen vorhanden sind, fliegen sie bereitwillig die genau zu diesem Zeitpunkt blühenden Blüten von *Ophrys* an und sorgen beim Versuch, mit diesen „falschen Weibchen" zu kopulieren, für die Bestäubung. Sexualtäuschblumen gibt es auch bei australischen Diurideen. Im Falle von *Cryptostylis* wurde sogar Spermienabgabe der Bienenmännchen während der Pseudokopulation beobachtet (vgl. Dafni 1984 und die dort zitierte Literatur).

Eine andere Art der Täuschung praktizieren manche *Oncidium*-Arten. *O. hyphaematicum* und *O. planilabre* ahmen Drohnen der Gattung *Centris* nach, andere Arten Schmetterlinge. Die Blüten öffnen sich einzeln an langen, schlanken, leicht im Winde beweglichen Infloreszenzstielen. Sie fordern das Revierverteidigungsverhalten der entsprechenden Insekten heraus: In der Annahme, einen Eindringling vor sich zu haben, wird die Blüte angegriffen und dabei bestäubt.

Im Falle von *Epipactis consimilis* vermuten Ivri und Dafni (1977), daß bestimmte Strukturen auf der Lippe möglicherweise Blattlauskolonien imitieren. Schwebfliegen, deren Larven sich von Blattläusen ernähren, wurden auf den Blüten als Bestäuber und bei der Eiablage beobachtet. Gleiches gilt für *Paphiopedilum rothschildianum* (Atwood 1985), wo ein Staminodium Träger der Blattlaus-Kolonie-Attrappe ist.

Auch die Blüten von *Dracula* werden durch Insekten bestäubt, die auf der Suche nach einem Eiablageplatz sind: das Labellum täuscht einen Hutpilz vor, der Pilzmückenweibchen anlockt.

Orchideenblüten können auch andere Blüten nachahmen. Ein Beispiel hierfür ist die Mimikry von *Epidendrum ibaguense* (Boyden 1980). Seine Blüten bilden keinen Nektar, ähneln aber täuschend den Blüten zweier anderer Pflanzen (*Lantana camara* und *Asclepias curassavica*), die reichlich Nektar produzieren. Diese wachsen in unmittelbarer Nachbarschaft der Orchidee und sind wesentlich häufiger. Der Bestäuber lernt an den nektarhaltigen Pflanzen den Blütentyp als gute Futterpflanze kennen und fliegt später auch die Blüten der Orchidee an. Dort findet er keinen Nektar, doch der Mißerfolg wird an der nächsten Blüte von *Asclepias* oder *Lantana* wieder ausgeglichen, so daß das Tier nicht lernt, die Orchideenblüten zu meiden. Eine ähnliche Mimikry – in Verbindung mit *Asphodelus microcarpus, Bellevalia flexuosa* und *Salvia fruticosa* als nektarproduzierenden Partnern – ist auch von *Orchis caspia* bekannt (Dafni 1983).

Verschiedene *Orchis*-Arten, z. B. *O. spitzelii* (Fritz 1990) und *O. mascula* (Nilsson 1983), besitzen eine auffällige Blütenhülle, die einen Sporn aufweist. Mit diesen Merkmalen sind normalerweise nektarproduzierende Blüten ausgestattet, so daß futtersuchende Hymenopteren und Schmetterlinge sie bevorzugt anfliegen. Im Falle der *Orchis*-Blüten wird jedoch kein Nektar gebildet. Die Pflanze nutzt zur Bestäubung die Unerfahrenheit von Hummel- und Bienenköniginnen aus: diese lernen erst nach mehreren Besuchen, die nektarlose Orchideenblüte von den Blüten nektarproduzierender Futterpflanzen zu unterscheiden. Solange dieser Lernprozeß nicht abgeschlossen ist, bestäuben sie eine genügend große Zahl von *Orchis*-Blüten, um deren Arterhaltung sicherzustellen. Denselben Täuschmechanismus findet man auch bei einer Reihe anderer Orchideen, wie z. B. bei *Calypso bulbosa* (Boyden 1982).

Außer Pflanzen und Tieren werden auch unbelebte Strukturen von Orchideen im Dienste der Bestäuberanlockung imitiert: Die Bestäubung von *Serapias vomeracea* erfolgt in den Abendstunden, wenn sich in den Blüten Männchen von Solitärbienen zum Schlafen einfinden. Sie übernachten normalerweise in kleinen Erdhöhlen oder ähnlichen Hohlräumen und werden von den röhrenförmigen, dunkel gefärbten *Serapias*-Blüten angezogen. Da diese jedoch relativ kurz sind, verlassen die Bienen sie meist bald wieder, um einen besseren Schlafplatz zu suchen. Auf diese Weise werden verschiedene Blüten nacheinander aufgesucht, so daß die Bestäubung der Orchideen mit Fremdpollen sichergestellt ist (Dafni et al. 1981).

1.7.2 Lebensräume terrestrischer Orchideen

Terrestrische Orchideen findet man überall, wo Orchideen überhaupt existieren können, in kälteren wie in warmen Regionen. Neben den klimatischen Faktoren sind vor allem Gegebenheiten des Bodens (edaphische Einflüsse) ausschlaggebend dafür, welche Orchideen in einem Lebensraum wachsen. Man unterscheidet je nach dem Wassergehalt feuchte bis trockene, nach dem pH-Wert saure, neutrale und alkalische Böden. Auch die Bodenstruktur kann von Bedeutung für die Ansiedlung bestimmter Arten sein.

Viele bodenlebende Orchideen sind Geophyten, die ungünstige Jahreszeiten mit Hilfe unterirdischer Organe überdauern, während die oberirdischen Teile der Pflanze absterben. Zu dieser Gruppe gehören alle in gemäßigten und kühlen Klimazonen wachsenden Arten. Verholzte Pflanzenteile können strengem Frost auch außerhalb des Bodens widerstehen, wie unsere Bäume und Sträucher im Winter zeigen. Orchideen sind jedoch, wie fast alle Monokotylen, nicht in der Lage, durch sekundäres Dickenwachstum Holz zu bilden. Alle bei uns heimischen Arten schützen ihre Knospen, indem sie diese während der kalten Jahreszeit mehr oder weniger tief im Boden verbergen.

Der jährliche Wechsel zwischen Wachstums- und Ruhezeit kann bei bestimmten Orchideen unterbrochen werden: Untersuchungen (Wells 1967, Tamm 1972; beide zitiert in Calvo 1990) haben gezeigt, daß Erdorchideen manchmal während einer Vegetationsperiode keine Blätter oder Blütensprosse treiben, sondern in einem unterirdischen Ruhezustand verharren. Calvo (1990) fand bei *Cyclopogon cranichoides* in Südflorida heraus, daß dieses Verhalten bei kräftigen Pflanzen seltener ist, während bei kleinen Exemplaren eine höhere Wahrscheinlichkeit zum unterirdischen Überdauern einer Wachstumsphase besteht. Möglicherweise schützen sich die Orchideen auf diese Weise vor einer weiteren Schwächung, die mit dem Austreiben bei ungünstiger Witterung während der Wachstumszeit verbunden sein könnte. Auch Pflanzen von *Ophrys sphegodes* zeigen nach Hutchings (1987 a, b) einen unregelmäßigen Wechsel zwischen Austriebsjahren und Jahren, in denen sie oberirdisch nicht in Erscheinung treten. Wenige Individuen treiben mehr als dreimal nacheinander aus. Die Wahrscheinlichkeit, nach einem unterirdischen Ruhejahr zu sterben, ist für diese Orchideen signifikant höher, als nach einem Jahr mit Laubaustrieb. Pflanzen, die in drei aufeinander folgenden Jahren nicht austreiben, sind mit hoher Wahrscheinlichkeit tot. Auch aus diesen Beobachtungen kann man schlie-

Abb. 36. Bisekt der Savannen der Llanos in Venezuela (nach Vareschi 1975).
Hf = *Habenaria floribunda,* So = *Spiranthes orchioides,* Hm = *Habenaria monorhiza,* Begleitpflanzen: Dr = *Dioida rosmariniflora,* T = *Trachypogon* spec., Em = *Eragrostis maypurensis,* As = *Aristida Adsensionis,* Bc = *Bulbostylis conifera.*

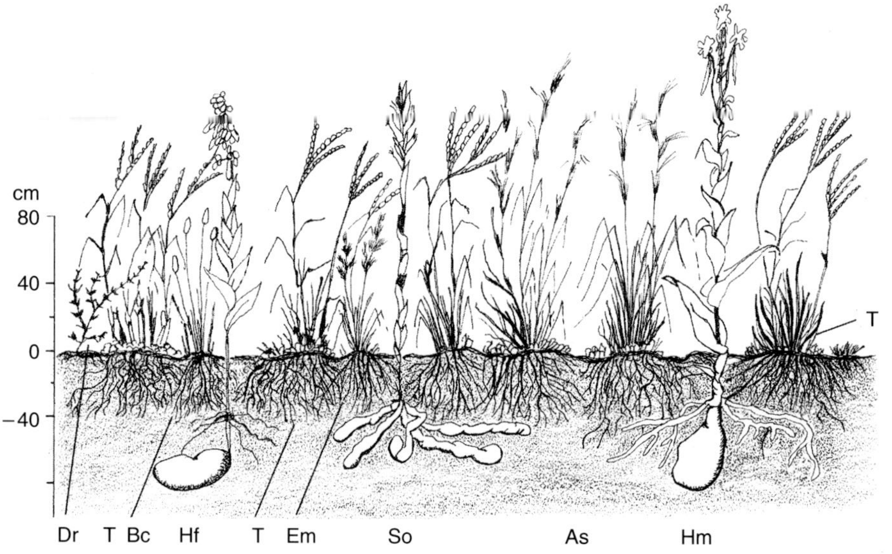

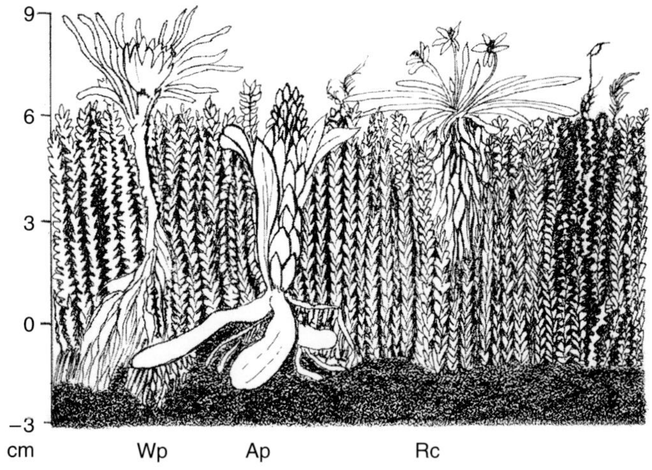

Abb. 37. Halbschematischer Bisekt eines hochandinen Quellmoores (4400 m) (nach VARESCHI 1975).
Ap = *Altensteinia paludosa*, Begleitpflanzen: Moose (Bryaceen, Dicranaceen), Wp = *Werneria pygmaea*, Rc = *Rhizocephallum candollei*.

ßen, daß das unterirdische Überdauern der Vegetationszeit den Pflanzen in günstigen Jahren keinen Vorteil bringt.

Die meisten Erdorchideen wachsen in offenem Gelände, wo ganzjährig ausreichend Licht vorhanden ist. Viele der an schattigen Stellen oder im Wald wachsenden Arten sind in ihrer Ernährung stärker von der Mykorrhiza abhängig (mixotroph). Auf die vollständig mykotrophen Arten wurde an anderer Stelle bereits eingegangen.

Auch in den Tropen und Subtropen gibt es waldfreie Gebiete, in denen terrestrische Orchideen leben. Unsere Abbildung zeigt schematisch einen Ausschnitt aus dem Vegetationsprofil eines südamerikanischen Savannengebietes. Die hier jährlich auftretenden Feuer sind ein entscheidender Selektionsfaktor für die Pflanzendecke. Die vorkommenden Habenarien und *Spiranthes*-Arten können überleben, weil die Hitze des Feuers nicht tiefer als 10 cm in den Boden eindringt. Die tieferliegenden Reserveknollen der Orchideen treiben nach dem Feuer unbeschadet wieder aus. Ähnliche und sogar noch weitergehende Feueranpassung findet man bei der australischen Gattung *Liperanthus* (GEORGE 1969/71, vgl. BLOMBERG 1969/71), die erst nach einem Buschfeuer zur Blüte kommen kann. Ohne Feuereinwirkung bildet sie nur ihr grundständiges Laubblatt aus. Entweder bewirkt die vorübergehend höhere Bodentemperatur oder die nach dem Feuer erhöhte Lichtintensität oder die mit dem Feuer verbundene Pottaschedüngung (Kaliumcarbonat) die Blütenbildung.

Als weiteres Beispiel für die Besiedelung eines Extremstandortes durch terrestrische Orchideen seien die hochandinen Quellmoore der Paramos erwähnt. *Altensteinia*-Arten leben hier auf 3 600 bis 4 400 m über dem Meer in einer immerfeuchten Moosumgebung unter einem extremen tropischen Höhenklima mit ständiger Nachtfrostgefahr. Sie besitzen kräftige, fleischig verdickte Speicherwurzeln, die tief im Inneren der Moosvegetation verborgen sind. Auch in Afrika findet man Erdorchideen bis hinauf in große Höhen. Hier sind es Arten von *Disa, Cynorkis, Roeperocharis, Satyrium* und *Habenaria.* RAUH (1988) gibt für das Gebiet des Kilimandjaro Funde von *Disa stainsii* und *Satyrium* bis in eine Höhe von 3 900 m über NN an.

1.7.3 Lebensräume epiphytischer Orchideen

Der Verbreitungsschwerpunkt der epiphytischen Orchideen liegt in den tropischen und subtropischen Regionen der Erde, nur wenige Arten kommen in warm-gemäßigten

Breiten vor. In Europa sucht man sie vergebens. Wahrscheinlich haben die langen Frostperioden während des Winters in Mittel- und Nordeuropa die Ausbildung epiphytischer Lebensformen innerhalb der Samenpflanzen verhindert. In Südeuropa dagegen, z. B. im westlichen Mittelmeerraum und an den atlantischen Küsten Portugals und Spaniens, herrschen lokal subtropische Temperaturverhältnisse, und die Niederschläge dürften – selbst unter Berücksichtigung einer längeren sommerlichen Trockenzeit – ebenfalls kein Hindernis für das Vorkommen epiphytischer Orchideen sein. *Epidendrum conopseum* wächst in den östlichen USA auf etwa gleicher geographischer Breite wie Südspanien epiphytisch auf Magnolien und anderen Bäumen. Worin liegt also die Ursache für das Fehlen epiphytischer Arten in den entsprechenden Regionen Europas? Eine mögliche Antwort auf diese Frage könnte in den weiten Trockengebieten Arabiens und der Sahara und im angrenzenden Mittelmeer zu suchen sein, die eine Ausbreitung von Epiphyten aus den feuchteren afrikanischen Subtropen nach Norden verhindert haben. Dort, wo epiphytische Orchideen in warm-gemäßigte Zonen vorstoßen, sind solche großflächigen, von Ost nach West verlaufenden Trockengürtel nicht vorhanden. Dadurch kann beispielsweise *Malaxis japonica* in Japan entlang eines sich allmählich verändernden Klimagradienten als Epiphyt weit nach Norden vorstoßen (Czapek 1909).

Die Verbreitungsgrenze einer Art wird u. a. durch verschiedene klimatische Faktoren wie die mittlere Jahrestemperatur, langfristige Temperaturmaxima und -minima, die jährliche Gesamtniederschlagsmenge und monatliche Niederschlagsverteilung bestimmt. Das gilt prinzipiell in gleicher Weise für epiphytische wie für terrestrische Orchideen. Die Wasserversorgung epiphytischer Orchideen in verschiedenen Lebensräumen kann sehr unterschiedlich sein: Krasse Gegensätze bestehen z. B. zwischen den immerfeuchten Nebel- und Wolkenwäldern tropischer Gebirge und den Savannen mit einer mehrmonatigen Trockenzeit, in der nur nächtlicher Taufall den Pflanzen ein wenig Wasser zur Verfügung stellt. Neben dem Großklima spielen auch andere unmittelbar an den Standort geknüpfte abiotische Faktoren eine Rolle bei der Besiedelung eines Baumes durch Epiphyten. Die Lichtintensität ist u. a. abhängig vom jeweiligen Wuchsort innerhalb der Krone, von der Belaubung und der Dichte des Baumbestandes. Es kann für eine epiphytische Orchidee wichtig sein, daß der Trägerbaum zu einer bestimmten Zeit des Jahres sein Laub abwirft, so daß sie temporär stärker besonnt wird. Von den Lichteinflüssen hängt auch nicht unwesentlich die Wasserversorgung eines Epiphytenstandortes ab: *Pholidota ventricosa* wächst an exponierten Stellen nur in großen Humusansammlungen mit einer gewissen Wasserspeicherkapazität, an schattigen Orten dagegen kann diese Orchidee auch mit wenig Humus gedeihen. Die Bildung und Zusammensetzung des Humussubstrates, das beispielsweise in Astgabeln aus dort liegengebliebenem Laub entsteht, wird entscheidend von der Temperatur beeinflußt. Im Bergwald ist die Humusauflage größer und lockerer als im Tieflandwald, da durch die niedrigeren Temperaturen die Umsetzungsprozesse langsamer ablaufen.

Ebenso wichtig wie die abiotischen Faktoren sind die komplexen Beziehungen der verschiedenen Lebewesen einer Epiphytengesellschaft untereinander. Man kann dabei die Wechselwirkungen zwischen Trägerbaum (Phorophyt) und Epiphyt betrachten, aber auch die Einflüsse, die mehrere auf einem Baum wachsende Epiphyten aufeinander ausüben. Allgemein herrscht die Ansicht, daß der Trägerbaum durch seine Epiphyten keinen Schaden erleidet. Es gibt jedoch Beobachtungen, wonach in Einzelfällen der Wurzelpilz einer epiphytischen Orchidee einen geschwächten Phorophyten parasitisch angreifen kann. Das wird dem Pilz besonders durch den engen Kontakt zwischen Orchideenwurzel und Borke des Trägerbaumes erleichtert (vgl. Johansson 1977 und die dort zitierte Literatur). Außerdem können bei übermäßig reichem Epiphytenbewuchs einzelne Äste durch das auf ihnen lastende Gewicht abbrechen. In der Regel stellen die Epiphyten aber keine Gefahr für einen vitalen Baum dar.

Innerhalb der epiphytischen Orchideen lassen sich zwei Großgruppen unterscheiden: Die **Rindenepiphyten,** die sich direkt auf den Ästen und Stämmen mit mehr oder weniger borkiger Rinde ansiedeln, und die **Humusepiphyten,** die überall dort wachsen, wo sich aus herabgefallenem Pflanzenmaterial kleine Ansammlungen von Humus gebildet haben (siehe oben). Besonders die Rindenepiphyten bevorzugen häufig bestimmte Baumarten, die ihnen besonders gute Keimungs- und Lebensbedingungen bieten (SANFORD 1974).

WENT (1930) studierte die Beziehungen zwischen Epiphyten und ihren Trägerbäumen in einem etwa 1 500 m hoch gelegenen tropischen Bergwald nahe Bogor auf Java: In dem zum Nationalpark erklärten Wald von Tjibodas gibt es nach seinen Angaben mindestens 20 verschiedene Gattungen von Orchideen, die zum Epiphytenreichtum von wahrscheinlich über 200 Arten beitragen. Neben Baumarten, die als epiphytenarm bezeichnet werden (z. B. *Altingia excelsa*), stehen andere (z. B. *Castanea argentea*), die einen reichen Besatz an Epiphyten aufweisen. Je nach der Gestaltung des Astwerks können dabei Humus- oder Rindenepiphyten überwiegen. Letzteres gilt z. B. für den bis 60 m hohen Feigenbaum *Ficus involucrata,* der Arten von *Agrostophyllum, Bulbophyllum, Eria* und *Trixspermum* als Rindenepiphyten trägt. In bestimmten Fällen ist es möglich, eine enge Kopplung bestimmter Epiphyten an spezifische Baumarten festzustellen. Auf *Glochidion,* einem relativ kleinen Baum, wachsen regelmäßig *Dendrobium mutabile* und Arten von *Apendicula, Dendrochilum* und *Pholidota,* dagegen fehlen *Eria multiflora* und *Schoenorchis,* die andere Bäume besiedeln. In verschiedenen Fällen beobachtete WENT eine Sukzession der Epiphyten, d. h. junge Bäume trugen andere Arten als ältere. So war beispielsweise das lichtliebende *Saccolabium* häufig auf jungen Bäumen zu finden. Alte Bäume mit einer Vielzahl abgestorbener Äste waren am epiphytenreichsten.

Angaben über die Orchideenflora in verschiedenen Höhenregionen Venezuelas findet man bei VARESCHI (1975). Er beschreibt zwischen der orchideenfreien Meeresstrandwiese und den Paramos auf über 4000 m Seehöhe (siehe oben) elf Biotope und ihre Orchideenvorkommen. Besonders arm an epiphytischen Orchideen ist beispielsweise der Mangrovewald, was möglicherweise mit Keimungsschwierigkeiten in diesem salzreichen Lebensraum zusammenhängt: Außer der Orchidee selbst muß auch ihr Mykorrhizapilz, der die Weiterentwicklung der Jungpflanze

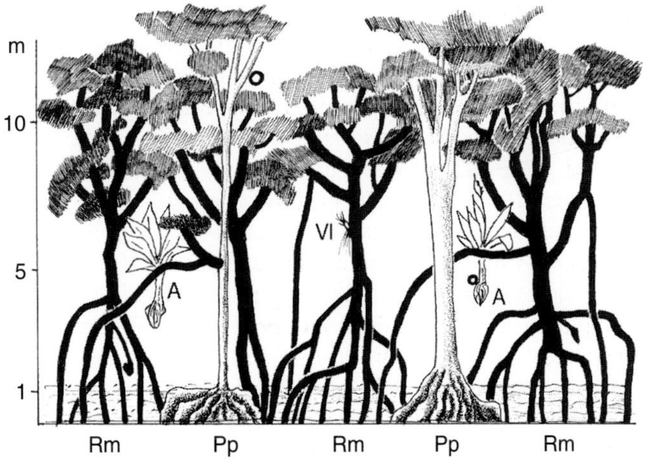

Abb. 38. Halbschematischer Bisekt einer Mangrovevegetation an der Orinoco-Mündung (nach VARESCHI 1975). Rm = *Rhizophora mangle* (Mangrove), Pp = *Pterocarpus podocarpus,* A = *Anthurium* spec., Vl = *Vittaria lineata* (Farn), O = Standorte zweier Orchideen.

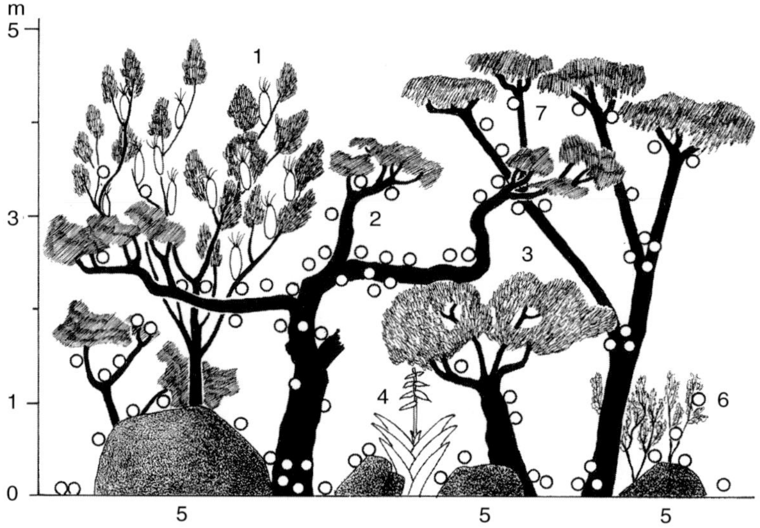

Abb. 39. Krüppelwald der ersten Geländestufe (1100 m) des Tafelberges Auyantepui (2500 m) in Venezolanisch-Guayana (nach VARESCHI 1975).
1 = Apocynaceae-Baum *(Mandevilla)* mit Tillandsia-Epiphyt (als Trägerpflanze für Orchideen nicht günstig); 2, 7 = günstige Trägerpflanzen – Lauracaea, Araliaceae u. a. m. –, bedeckt mit Orchideen und dünner Laubkrone; 3 = Guttifera-Bäumchen *(Clusia pusilla)* mit dichter Laubkrone und Orchideen nur am Stamm; 4 = *Vriesia* (Bromeliaceae), sonst epiphytisch, hier wie auch die Orchidee *Cattleya lawrenciana* auch terrestrisch; 5 = in den Sand eingebettete Granitblöcke; 6 = Humiria (Rosaceae), trotz dünner Ästchen und Strauchform mit Orchideen; O = Orchideenstandorte.

ermöglicht, tolerant gegen Salzeinwirkung sein. Cattleyen und Oncidien, die an der Küste östlich von La Guaira nur etwa 50 m vom Wasser entfernt als Zierpflanzen kultiviert wurden, zeigten üppiges Wachstum und schienen in keiner Weise durch die salzhaltige Seeluft beeinträchtigt zu werden. Nach erfolgreicher Keimung und Pilzinfektion dürfte auch das Überleben der Mangroveorchideen nicht mehr durch den Salzeinfluß bedroht sein.

Den größten Reichtum an epiphytischen Orchideen fand VARESCHI in den sogenannten Tepui-Wäldern, d. h. den verschiedenen Stufen der bis 3 000 m hohen, isolierten Tafelberge von Guayana. Der durch Verwitterung aus einem Sandsteinschild entstandene unfruchtbare, wasserdurchlässige und nährstoffarme Boden läßt dort nur das Wachstum eines nicht über 5 m hohen Krüppelwaldes zu. Epiphytische Orchideen finden im Gegensatz zu den Bäumen günstige Wachstumsbedingungen: reichlichen Licht- und Luftzutritt, geringe Konkurrenz mit anderen Familien aufgrund der schwierigen Wasser- und Nährstoffversorgung und ein warmes Klima mit häufigen Wolkenansammlungen an den Steilhängen und Plateaus, so daß genügend Feuchtigkeit zur Verfügung steht. Abbildung 39 stellt einen schematischen Schnitt durch einen Teil eines solchen Waldes dar und versucht zu vermitteln, wie reichhaltig der Epiphytenbewuchs hier ist. Tatsächlich wachsen Orchideen an größeren Bäumen ebenso wie auf den dünneren Zweigen von Sträuchern.

JOHANSSON (1975, zitiert in DRESSLER 1981) untersuchte die Zonierung epiphytischer Orchideen in den einzelnen Bereichen der Baumstämme und -kronen am Beispiel eines westafrikanischen Regenwaldes. Er fand heraus, daß dort 8,9% aller vorkommenden

Arten an den untersten 3 m der Stämme und 10,9% in höheren Stammregionen vorkamen. Im innersten Drittel der Krone wuchsen 27,7%, in der mittleren Zone 48,5% und im äußeren Kronenbereich 4% der epiphytischen Orchideenarten.

Bäume, deren Borke sich kontinuierlich abschält, sind nicht als Trägerbäume für langlebige Epiphyten geeignet. Auch Bäume, deren Rinde axenische, d. h. pilzhemmende, Substanzen produziert, tragen in der Regel keine epiphytischen Orchideen: Wo sich die Keimlinge wegen des Fehlens von potentiellen Mykorrhizapartnern nicht entwickeln können, findet man später auch keine ausgewachsenen Pflanzen. Allerdings ist auf diesen Bäumen das Wachstum von Humusepiphyten bei genügender Substratdicke unter Umständen möglich. Zu den aufgrund ihrer Oberflächenchemie „epiphytenfeindlichen" Bäumen gehören beispielsweise viele *Eucalyptus*-Arten (Nuernbergk 1974 vgl. auch Blomberg 1971), *Cestrum* (Went 1930) oder bestimmte Eichen mexikanischer Nebelwälder (Frei 1973 a, b).

Wenn ein Baum den Epiphyten gute Lebensbedingungen bietet, ist er oft sehr dicht bewachsen. Dann kommt es zwischen den einzelnen Epiphyten zur Konkurrenz. In den Gebieten der Neuen Welt beobachtet man in solchen Fällen oft, daß auf manchen Bäumen die Bromelien deutlich gegenüber den Orchideen dominieren. Dieses Ungleichgewicht ist auf den Konkurrenzdruck, z. B. um Wasser und Nährstoffe, oder auf die Abscheidung axenischer Stoffe durch bestimmte Bromelien zurückzuführen.

Literaturverzeichnis

Ames, O.: The Orchids. Scientific Studies. J. Wiley and Sons, New York–London–Sydney–Toronto 1974 (zit. nach Withner 1974).

Arditti, J.: The Production of Fungal Growth Compounds by Orchids. Orch. Dig. Sci. Suppl. 30, 88–90, 1966.

Atwood, J. T.: Pollination of *Paphiopedilum rothschildianum:* Brood Site Deception. National Geographic Research, Spring 1985, 247–254.

– The Size of the Orchidaceae and the Systematic Distribution of Epiphytic Orchids. Selbyana 9, 171–186, 1986.

Avadhani, P. N., Goh, C. J., Rao, A. N., Arditti, J.: Carbon Fixation in Orchids. In: Arditti, J. (ed.): Orchid Biology. Reviews and Perspectives II. 173–193, Cornell University Press, Ithaca/New York–London 1982.

Barroso, J., Pais, M. S.: Nuclear Features in Infected Roots of *Ophrys lutea* Cav. (Orchidaceae). New Phytol. 115, 93–98, 1990.

Barthlott, W.: Morphologie der Samen von Orchideen im Hinblick auf taxonomische und funktionelle Aspekte. Proc. 8th World Orch. Conf. Frankfurt/Main, 444–455, 1976.

– Capesius, I.: Mikromorphologische und funktionelle Untersuchungen am Velamen radicum der Orchideen. Ber. dt. bot. Ges. 88, 379–390, 1975.

– Ziegler, B.: Über ausziehbare helicale Zellwandverdickungen als Haft-Apparat der Samenschalen von *Chiloschista lunifera*(Orchidaceae). Ber. dt. bot. Ges. 93, 391–403, 1988.

Benzing, D. H., Friedman, W. E., Peterson, G., Renfrow, A.: Shootlessness, Velamentous Roots, and the Pre-Eminence of Orchidaceae in the Epiphytic Biotope. Amer. J. Bot. 70, 121–133, 1983.

– Ott, D. W., Friedmann, W. E.: Roots of *Sobralia macrantha* (Orchidaceae): Structure und Function of the Velamen-Exodermis Complex. Amer. J. Bot. 69, 608–614, 1982.

– Pridgeon, A. M.: Foliar Trichomes of Pleurothallidinae (Orchidaceae): Functional Significance. Amer. J. Bot. 70, 173–180, 1983.

– Blackman, S. J., Yeung, E. C.: Structural Development of the Caudicle of an Orchid *(Epidendrum)*. Amer. J. Bot. 70, 97–105, 1983 a.

– Yeung, E. C.: Comparative Anatomy of Pollinia and Caudicles of an Orchid *(Epidendrum)*. Bot. Gaz. 144, 331–337, 1983 b.

– Blomberg, A. M.: Aspects in the Ecology of Australian Native Orchids. Proc. 6th World Orch. Conf. Sydney, 13–24, 1969/1971.

Borris, H.: Kohlenstoff-Assimilation und diurnaler Säurerhythmus epiphytischer Orchideen. Orchidee 18, 396–406, 1967.

Boyden, T. C.: Floral Mimicry by *Epidendrum ibaguense* (Orchidaceae) in Panama. Evolution 34, 135–136, 1980.

– The Pollination Biology of *Calypso bulbosa* var. *americana* (Orchidaceae): Initial Deception of Bumblebee Visitors. Oecologia 55, 178–184, 1982.

Brieger, F. G.: Botanische Grundlagen der Orchideenforschung. Taxonomischer Teil z. T. aus R. Schlechter: Die Orchideen, Verlag Paul Parey, Berlin, Hamburg, ab 1970, 3. Aufl.

Burr, B., Barthlott, W.: On a Velamen-Like Tissue in the Root Cortex of Orchids. Flora 185, 313–323, 1991.

Calvo, R. N.: Four-Year Growth and Reproduction of *Cyclopogon cranichoides* (Orchidaceae) in South Florida. Amer. J. Bot. 77, 736–741, 1990.

Close, R. C., Moore, N. T., Tomlinson, A. I., Low, A. D.: Aerial Dispersal of Biological Material from Australia to New Zealand. Internat. J. Biometeorol. 22, 1–19, 1978 (zit. nach Gandawijaja und Arditti 1983).

Cockburn, W., Goh, C. J., Avadhani, P. N.: Photosynthetic Carbon Assimilation in a Shootless Orchid, *Chiloschista usneoides* (Don) Ldl. Plant Physiol. 77, 83–86, 1985.

Cronquist, A.: The Evolution and Classification of Flowering Plants. 2nd. Edition. The New York Botanical Garden, Bronx/New York 1988.

– Stern, W. L., McDowell, L. M.: Osmophore Development in *Stanhopea anfracta* and *S. pulla* (Orchidaceae). Lindleyana 3, 212–220, 1988.

Curry, K. J.: Initiation of Terpenoid Synthesis in Osmophores of *Stanhopea anfracta* (Orchidaceae): A Cytochemical Study. Amer. J. Bot. 74, 1332–1338, 1987.

Czapek, F.: Beiträge zur Morphologie und Physiologie der epiphytischen Orchideen Indiens. Sitzungsber. Akad. Wiss. Wien, math.-naturw. Kl. 118, 1555–1580, 1909.

Dafni, A., Ivry, Y., Brantjes, B. M.: Pollination of Serapias vomeracea Briq. (Orchidaceae) by Imitation of Holes for Sleeping Solitary Male Bees (Hymenoptera). Acta Bot. Neerl. 30, 69–73, 1981.

– Mimicry and Deception in Pollination. Ann. Rev. Ecol. Syst. 15, 259–278, 1984.

– Pollination of *Orchis caspia* – a Nectarless Plant which Deceives the Pollinators of Nectariferous Species from Other Plant Families. J. Ecol. 71, 467–474, 1983.

Dahlgren, R. M. T., Clifford, H. T., Yeo, P. F.: The Families of the Monocotyledons. Structure, Evolution and Taxonomy. Springer-Verlag, Berlin–Heidelberg–New York–Tokyo 1985.

Daumann, E.: Zur Bestäubungsökologie von *Cypripedium calceolus* L. Österr. Bot. Ztschr. 115, 434–446, 1968.

De Oliveira, P. L.: Blattanatomie und CO_2-Gaswechsel epiphytischer Orchideen aus Südbrasilien. Dissertation, Universität Hohenheim 1982.

Dodson, C. H.: Pollination and Variation in the Subtribe Catasetinae (Orchidaceae). Ann. Missour. Gard. 49, 35–56, 1962.

– Dressler, R. L., Hills, H. G., Adams, R. M., Williams, N. H.: Biologically Active Compounds in Orchid Fragrances. Science 164, 1243–1249, 1969.

Dodson, C. H., van der Pijl, L.: Orchid Flowers: Their Pollination and Evolution. Second Printing. University of Miamy Press, Coral Gables, Florida, 1969.

Dressler, R. L.: The Orchids. Natural History and Classification. Harvard University Press, Cambridge/Massachusetts–London 1981 (in deutscher Übersetzung: Verlag Eugen Ulmer, Stuttgart 1987).

DYCUS, A. M., KNUDSON, L.: The Role of The Velamen of the Aerial Roots of Orchids. Bot. Gaz. 119, 78–87, 1957.

EARNSHAW, M. J., WINTER, K., ZIEGLER, H., STICHLER, W., CRUTTWELL, N. E. G., KERENGA, K., CRIBB, P. J., WOOD, J., CROFT, J. R., CARVER, K. A., GUNN, T. C.: Altitudinal Changes in the Incidence of Crassulacean Acid Metabolism in Vascular Epiphytes and Related Life Forms in Papua New Guinea. Oecologia 73, 566–572, 1987.

ESSER, G.. Photosynthesemessung mit dem Uras. Orchidee 24, 12–14, 1973.

FISCH, M. H., FLICK, B. H., ARDITTI, J.: Structure and Antifungal Activity of Hircinol, Loroglossol and Orchinol. Phytochemistry 12, 437–441, 1973.

FRIEMERT, V., HEINIGER, D., KLUGE, M., ZIEGLER, H.: Temperature Effects on Malic-Acid Efflux from the Vacuoles and on the Carboxylation Pathways in Crassulacean-Acid-Metobolism Plants. Planta 174, 453–461, 1988.

FRITZ, A.: Deceit Pollination of *Orchis spitzelii* (Orchidaceae) on the Island of Gotland in the Baltic: A Suboptimal System. Nord. J. Bot. 9, 577–587, 1990.

GANDAWIJAJA, D., ARDITTI, J.: The Orchids of Krakatau: Evidence for a Mode of Transport. Ann. Bot. 52, 127–130, 1983.

GEORGE, A. S.: The Orchids of Australia – The Western Australian Region. Proc. 6th World Orch. Conf. Sydney, 31–33, 1969/1971.

GOEBEL, K.: Die Entfaltungsbewegungen der Pflanzen und deren teleologische Deutung. Gustav Fischer Vlg., Jena 1924, 2. Aufl.

GOH, C. J., KLUGE, M.: Gas Exchange and Water Relations in Epiphytic Orchids. In: LÜTTGE, U. (ed.): Vascular Plants as Epiphytes. Evolution and Ecophysiology. Springer-Verlag, Berlin–Heidelberg–New York 1989.

– ARDITTI, J., AVADHANI, P. N.. Carbon Fixation in Orchid Aerial Roots. New Phytol. 95, 367–374, 1983.

– AVADHANI, P. N., LOH, C. S., HANEGRAAF, C., ARDITTI, J.: Diurnal Stomatal and Acidity Rhythms in Orchid Leaves. New Phytol. 78, 365–372, 1977.

– WARA-ASWAPATI, O., AVADHANI, P. N.: Crassulacean Acid Mechanism in Young Orchid Leaves. New Pytol. 96, 519–526, 1984.

GREGG, K. B.: Variation in Floral Fragrances and Morphology: Incipient Speciation in Cycnoches? Bot. Gaz. 144, 566–576, 1983.

GUTTENBERG VON, H.: Die Reizbarkeit der Catasetiden-Blüten. Planta (Berl.) 21, 292–303, 1933.

– Lehrbuch der allgemeinen Botanik. Akademie-Verlag, Berlin 1963, 6. Aufl.

HAAS, N. F.: Raphiden in Infloreszenzstielen von Orchideen und deren energiedispersive Röntgenanalyse. Orchidee 26, 241–244, 1975.

HADLEY, G., ONG, S. H.: Nutritional Requirements of Orchid Endophytes. New Phytol. 81, 561–569, 1987.

– WILLIAMSON, B.: Features of Mycorrhizal Infection in some Malayan Orchids. New Phytol. 71, 1111–1118, 1972.

– JOHNSON, R. P. C., JOHN, D. A.: Fine Structure of the Host-Fungus Interface in Orchid Mycorrhiza. Planta 100, 191–199, 1971.

– Non-Specifity of Symbiotic Infection in Orchid Mycorrhiza. New Phytol. 69, 1015–1023, 1970.

– Orchid Mycorrhiza. In: ARDITTI, J. (ed.): Orchid Biology. Reviews and Perspectives II. 83–118, Cornell University Press, Ithaca/New York–London 1982.

HARLEY, J. L.: The Biology of Mycorrhiza. Leonhard Hill, London 1972.

HEGNAUER, R.: Chemotaxonomie der Pflanzen. Band VI. Birkhäuser-Verlag, Basel–Boston–Stuttgart 1986.

HIJNER, J. A., ARDITTI, J.: Orchid Mycorrhiza: Vitamin Production and Requirements by the Symbionts. Amer. J. Bot. 60, 829–835, 1973.

HUTCHINGS, M. J.: The Population Biology of the Early Spider Orchid, *Ophrys sphegodes* Mill. I. A Demographic Study from 1975 to 1984. J. Ecol. 75, 711–727, 1987 a.

– M. J.: The Population Biology of the Early Spider Orchid, *Ophrys sphegodes* Mill. II. Temporal Patterns on Behaviour. J. Ecol. 75, 729–742, 1987 b.

IVRY, Y., DAFNI, A.: The Pollination Ecology of *Epipactis consimilis* Don (Orchidaceae) in Israel. New Phytol. 79, 173–177, 1977.

JACOB, F., JÄGER, E. J., OHMANN, E.: Botanik. G. Fischer Vlg., Stuttgart 1987 (UTB 1431).

JEFFREY, D., ARDITTI, J.: The Separation of Sugars in Orchid Nectars by Thin Layer Chromatography. Bull. Amer. Orch. Soc. Oct. 1969, 866–868, 1969.

JOHANSSON, D. R.: Ecology of Epiphytic Orchids in West African Rain Forests. Am. Orch. Soc. Bull. 44, 125–136, 1975. (zit. nach DRESSLER 1981).

JOHANSSON, D. R.: Epiphytic Orchids as Parasites of Their Host Trees. Am. Orch. Soc. Bull. 46, 703–707, 1977.

KAISER, R.: The Scent of Orchids. Editiones Roche, Basel 1993.

KLUGE, M.: Der CO_2-Austausch bei Sukkulenten. Biochemische Grundlagen einer ökologischen Anpassung. Ber. dt. bot. Ges. 84, 417–424, 1971.

– TING, J. P.: Crassulacean Acid Metabolism. Analysis of an Ecological Adaption. Springer-Verlag, Berlin–Heidelberg–New York 1978.

LÜNING, B.: Alkaloids of the Orchidaceae. In: WINTHNER, C. L. (Ed.): The Orchids. Sc. Stud. 349–382, 1974.

LÜTTGE, U.: Carbon Dioxide and Water Demand: Crassulacean Acid Metabolism (CAM), a Versatile Ecological Adaptation Exemplifying the Need for Integration in Ecological Work. New Phytol. 106, 593–629, 1987.

MILLIGAN, M. J., WILLIAMS, P. G.: Orchidaceous Rhizoctonias from Roots of Nonorchids: Mycelial and Cultural Characteristics of Field and Pot Culture Isolates. Can. J. Bot. 65, 598–606, 1985.

MÖLLER, O.: Der Grund für das Ausbleiben der Blüte bei *Ophrys apifera*. Das Anfangsstadium des Knollenwuchses. Orchidee 40, 61–64, 1989.

– Die subterrane Innovation und der Wachstumszyklus einiger Erdorchideen. Orchidee 38, 13–22, 1987.

MONTFORD, C.: Beziehungen zwischen morphologischen und physiologischen Reduktionserscheinungen im Bereich der Licht-Ernährung bei saprophytischen Orchideen. Ber. dt. bot. Ges. 58, 41–48, 1940.

NILSSON, L. A.: Anthecological Studies of the Lady's Slipper, *Cypripedium calceolus* (Orchidaceae). Bot. Notiser 132, 329–347, 1979.

– Anthecology of Orchis mascula (Orchidaceae). Nord. J. Bot. 3, 157–197, 1983.

NUERNBERGK, E. L.. Kunstlicht und Pflanzenkultur. BLV, München–Basel–Wien 1961 a.

– Endogener Rhythmus und CO_2-Stoffwechsel bei Pflanzen mit diurnalem Säurerhythmus. Planta (Berl.) 56, 28–70, 1961 b.

– Temperatur und Kohlendioxid-Stoffwechsel bei *Bryophyllum daigremontianum*(R. Hamet et Perrier) Berg. Portugalia Acta Biologica A VI, 298–358, 1962.

– On the Carbon dioxide Metabolism of Orchids and is Ecological Aspect. Proc. 4th World. Orch. Conf. Singapur, 159–169, 1963.

– Der Temperaturfaktor bei der Blütenbildung von *Phalaenopsis schilleriana* Rchb. f. nach Versuchen von J. T. de Vries. Orchidee 24, 153–160 und 25, 188–190, 1973/74.

– Die Bedeutung der Epiphytose nach RUINEN und anderer Faktoren für die Biologie epiphytischer Orchideen. Orchidee 25, 231–236, 282–288, 1974.

PAIS, M. S. S., BARROSO, J.: Localization of Polyphenyloxydases during the Establishment of *Ophrys lutea* Endomycorrhizas. New Phytol. 95, 219–222, 1983.

PAULUS, H. F., GACK, C.: Pollinators as Prepollinating Isolation Factors: Evolution and Speciation in *Ophrys* (Orchidaceae). Israel J. Bot. 39, 43–79, 1990.

PETERSON, R. L., CURRAH, R. S.: Synthesis of Mycorrhizae between Protocorms of *Goodyera repens* (Orchidaceae) and *Ceratobasidium cereale*. Can. J. Bot. 68, 1117–1125, 1990.

POREMBSKI, S., BARTHLOTT, W.: Velamen Radicum Micromorphology and Classification of Orchidaceae. Nord. J. Bot. 8, 117–137, 1988.

PORSCH, O.: Die Honigersatzmittel der Orchideenblüte. Botanische Wandtafeln, Tafel 92, 111, 496–509, 1909 (zit. nach DRESSLER 1981).

PRIDGEON, A. M., STERN, W. L., BENZING, D. H.: Tilosomes in the Roots of Orchidaceae: Morphology and Systematic Occurrence. Amer. J. Bot. 70, 1365–1377, 1983.

– The Velamen and Exodermis of Orchid Roots. In: ARDITTI, J. (ed.): Orchid Biology. Reviews and Perspectives IV. 139–192, Cornell University Press, Ithaca/New York–London 1987.

RASMUSSEN, H. N.: Cell Differentiation and Mycorrhizal Infection in *Dactylorhiza majalis* (Rchb. f.) Hunt & Summerh. (Orchidaceae) during Germination in vitro. New Phytol. 116, 137–147, 1990.

ROTOR, G. B.: Daylenght and Temperature in Relation to Growth and Flowering of Orchids. Cornell Univ. Agricult. Exp. Stat. Bull. 885, 1–47, 1952.

RUINEN, J.: Epiphytosis: A Second View on Epiphytism. Ann. Bogor. 1, 101–157, 1953 (zit. nach HADLEY, 1982).

SANFORD, W. W.: The Ecology of Orchids. In: WITHNER, C. L. (ed.). The Orchids 1–100, 1974.

SENGBUSCH, P. VON: Botanik. McGraw-Hill Book Company, Hamburg–New York 1989.

SITTE, P., ZIEGLER, H., EHRENDORFER, F., BRESINSKI, A.: Lehrbuch der Botanik für Hochschulen. Gustav Fischer Verlag, Stuttgart–Jena–New York 1991.

SÖDING, H.: Die Wuchsstofflehre. Thieme-Verlag, Stuttgart 1952.

STEPHEN, R. C., FUNG, K. K.. Nitrogen Requirements of the Fungal Endophytes of *Arundina chinensis*. Can. J. Bot. 49, 407–410, 1971 a.

– FUNG, K. K.: Vitamin Requirements of the Fungal Endophytes of *Arundina chinensis*. Can. J. Bot. 49, 411–415, 1971 b.

STERN, W. L., CURRY, K. J., PRIDGEON, A. M.: Osmophores of *Stanhopea* (Orchidaceae). Amer. J. Bot. 74, 1323–1331, 1987.

STOESSL, A., ARDITTI, J.: Orchid Phytoalexins. In: ARDITTI, J.: Orchid Biology. Reviews and Perspectives III. 151–175, Cornell University Press, Ithaca/New York–London 1984.

TAMM, C. O.: Survival and Flowering of some Perennial Herbs. II. The Behavior of some Orchids on Permanent Plots. Oikos 23, 23–28, 1972 (zit. nach CALVO 1990).

VARESCHI, V.: Vegetationsökologie der Tropen. Verlag Eugen Ulmer, Stuttgart 1980.

VEYRET, Y.: Development of the Embryo and the Young Seedling-Stages of Orchids. In: WITHNER, C. L. (ed.), The Orchids 223–265, 1974.

VOGEL, ST.: Scent Organs of Orchid Flowers and their Relation to Insect Pollination. Prosc. 5th World. Orch. Conf. Long Beach, Cal., 253–259, 1966.

VOGEL, ST.: Betrug bei Pflanzen: Die Täuschblumen. Abh. d. Akad. d. Wissensch. u. Literatur, Mainz, Math. Nat. Klasse, 1993 (1).

WALLACH, A.: Beiträge zur Kenntnis der Wasseraufnahme durch die Luftwurzeln tropischer Orchideen. Ztschr. Bot. 33, 434–468, 1939.

WARBURG, O.: Über die Bedeutung der organischen Säuren für den Lebensprozeß der Pflanzen (speziell der sogenannten Fettpflanzen). Unters. Bot. Inst. Tübingen 2, 53–150, 1886 (zit. nach GOH und KLUGE 1989).

WARCUP, J. H.: Mycorrhizal Associations of Isolates of *Sebacina vermifera*. New Phytol. 110 , 227–231, 1988.

– *Rhizanthella gardneri* (Orchidaceae), its Rhizoctonia Endophyte and Close Association with *Melaleuca uncinata* (Myrtaceae) in Western Australia. New Phytol. 99, 273–280, 1985.

– The Mycorrhizal Relationships of Australian Orchids. New Phytol. 87, 371–381, 1981.

WELLS, T. C. E.: Changes in a Population of *Spiranthes spiralis* (L.) Chevall. at Knocking Hoe National Nature Reserve, Bedfordshire, 1962–1965. J. Ecol. 55, 83–99, 1967 (zit. nach Calvo 1990).

Went, F. W.: Over de Biologie van Epiphyten. De Tropische Natuur, No. 1, 1930.

Werner, D.: Pflanzliche und mikrobielle Symbiosen. Thieme-Verlag, Stuttgart–New York 1987.

Williams, N. H.: The Biology of Orchids and Euglossine Bees. In: Arditti, J. (ed.): Orchid Biology. Reviews and Perspectives II. 119–171, Cornell University Press, Ithaca/New York–London 1982.

Withner, C. L. (Ed.): The Orchids. Scientific Studies. J. Wiley and Sons, New York–London–Sydney–Toronto, 1974.

Zimmermann, J. K.: Role of Pseudobulbs in Growth and Flowering of *Catasetum viridiflavum* (Orchidaceae). Amer. J. Bot. 77. 533–542, 1990.

2 Allgemeine Kulturbedingungen

2.1 Überblick über die Wachstumsfaktoren

Wachstum bedeutet Zunahme an Substanz – ein Vorgang, der nicht umkehrbar ist, im Gegensatz etwa zur Quellung, die nur eine Vergrößerung durch Einlagerung von Wasser darstellt. Zum echten Wachstum sind nur lebende Organismen befähigt, die auf Grund komplizierter energetischer Vorgänge körperfremde Stoffe aufnehmen, umwandeln und den körpereigenen angleichen können. Unsere Kenntnisse über den Ablauf der Wachstumsprozesse sind z. T. heute schon ziemlich vollständig, wenn wir auch den Begriff „Leben" selbst nur beschreiben, aber nicht erklären können. Leben und Wachstum sind eng miteinander verknüpft. Organisches Wachstum schließt daher zielgerichtete Entwicklung ebenso wie Gebundenheit an ein ordnendes Prinzip bei gleichzeitig hoher Anpassungsfähigkeit mit ein. Grundvoraussetzung hierfür ist die Zuführung von Energie und Materie, ohne die eine Substanzvermehrung nicht möglich wäre.

Dank ihres Gehaltes an Blattgrün (Chlorophyll) ist die Pflanze als einziger Organismus der Erde imstande, Sonnenenergie unmittelbar aufzunehmen und zu verwerten. Die von der Sonne stammende Energie, von uns als Licht und Wärme empfunden, wandelt die Pflanze in chemische Energie um, mit deren Hilfe sie anorganische Stoffe aufnimmt und assimiliert. Die Sonne als billigster und wirksamster Energielieferant läßt sich natürlich ersetzen durch künstliches Licht und Heizungswärme, doch sind diese Energiequellen relativ unvollkommen und kostspielig. Trotzdem sind wir in unseren Breiten während der Wintermonate häufig darauf angewiesen, das unzureichende Sonnenlicht mit anderen Licht- und Wärmeerzeugern zu ergänzen. Durch Einwirkung dieser Energie entstehen in den Blättern aus Wasser und dem der Luft entnommenen Kohlendioxid Assimilate (energiereiche Kohlenhydrate), die als Grundbausteine der pflanzlichen Substanzbildung anzusehen sind. Weitere Materie wird den Wurzeln in Form von Wasser und darin gelösten Mineralstoffen zugeführt. Mit der Aufnahme und Weiterverarbeitung der Nährelemente ist ein dritter wichtiger Prozeß verknüpft: die Atmung. Diese kann nur unter Anwesenheit von Sauerstoff erfolgen. Die wichtigsten Wachstumsfaktoren sind demnach:

- Licht und Wärme
- Wasser und Nährstoffe
- Kohlendioxid und Sauerstoff.

Aber nicht nur die Bildung organischer Substanz ist von diesen Faktoren abhängig, sondern, im Zusammenwirken mit den Erbanlagen, auch die Art der Ausformung und des allgemeinen Entwicklungsverlaufs.

Die klimatischen und bodeneigenen Faktoren, die auf die Pflanze einwirken, sind in den einzelnen Vegetationsgebieten der Erde außerordentlich unterschiedlich und oft keineswegs für das Wachstum optimal. Dennoch finden viele Pflanzen dank allmählich erworbener morphologischer und physiologischer Anpassungen selbst in ungünstigen Lebensräumen noch ihre Existenz. Im Hinblick auf die tropischen Orchideen müssen wir annehmen, daß der im Laufe ihrer Evolution statt-

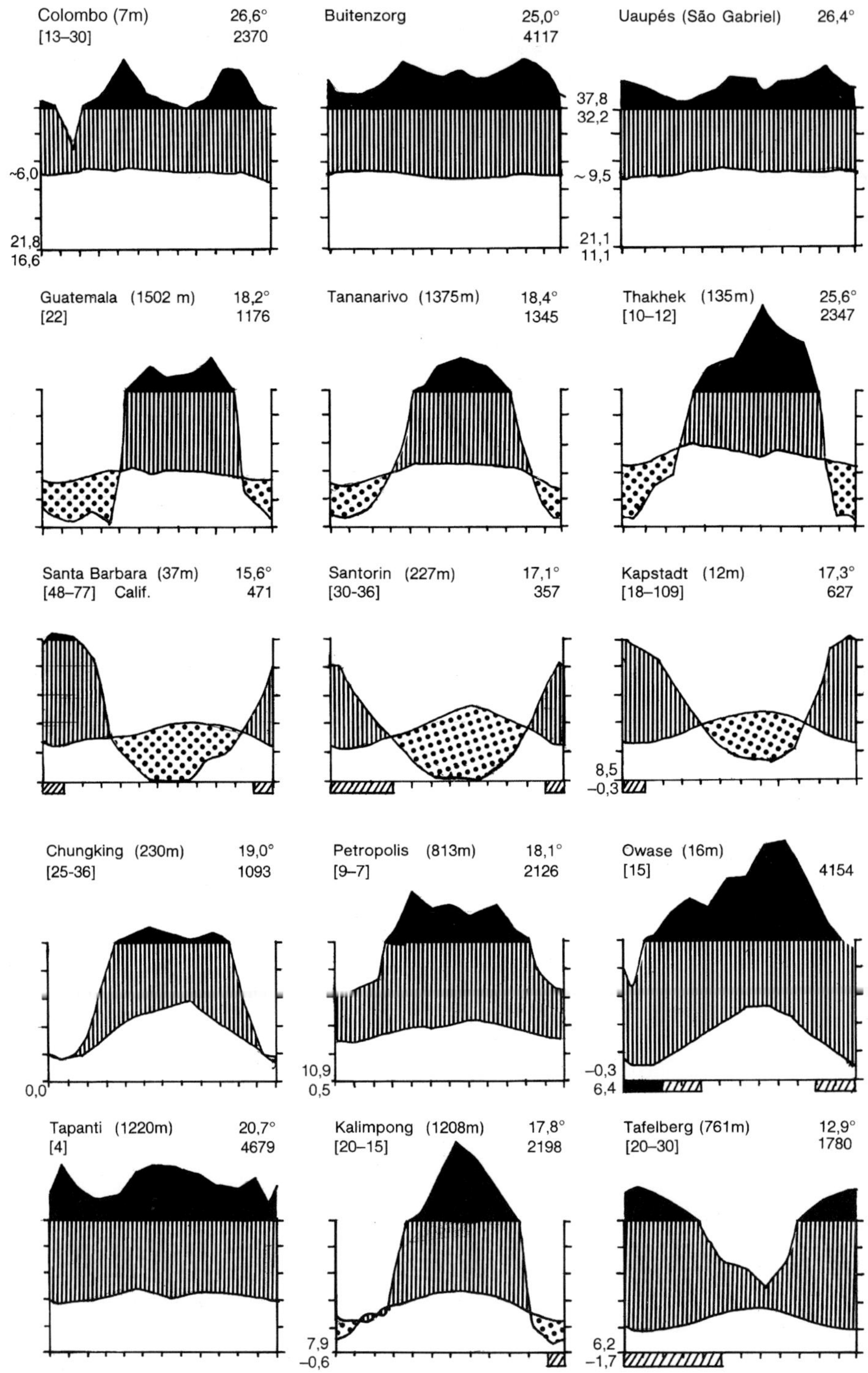
Colombo (7m) 26,6°
[13–30] 2370
~6,0
21,8
16,6
Buitenzorg 25,0°
4117
37,8
32,2
~9,5
21,1
11,1
Uaupés (São Gabriel) 26,4°
Guatemala (1502 m) 18,2°
[22] 1176
Tananarivo (1375m) 18,4°
1345
Thakhek (135m) 25,6°
[10–12] 2347
Santa Barbara (37m) 15,6°
[48–77] Calif. 471
Santorin (227m) 17,1°
[30-36] 357
Kapstadt (12m) 17,3°
[18–109] 627
8,5
–0,3
Chungking (230m) 19,0°
[25-36] 1093
0,0
Petropolis (813m) 18,1°
[9–7] 2126
10,9
0,5
Owase (16m)
[15] 4154
–0,3
6,4
Tapanti (1220m) 20,7°
[4] 4679
Kalimpong (1208m) 17,8°
[20–15] 2198
7,9
–0,6
Tafelberg (761m) 12,9°
[20–30] 1780
6,2
–1,7

gefundene Übergang von terrestrischer zu epiphytischer Lebensweise durch schrittweise Umwandlungen ermöglicht wurde. Diese erlaubten es den Pflanzen, ihren dunklen Standort im Waldesschatten mit jenem der lichteren Baumkronen zu vertauschen.

Unsere Kenntnisse der spezifischen Umweltverhältnisse von Orchideen an den verschiedenen Orten ihres Vorkommens sind leider sehr lückenhaft, da entsprechende Hinweise in der Literatur oft fehlen, schwer zu erhalten oder zu oberflächlich sind. Sofern einigermaßen genaue geographische Angaben vorliegen, lassen sich ökologische Informationen bis zu einem gewissen Grade aus klimatologischen und vegetationskundlichen Werken beziehen, wobei hier besonders auf die Arbeiten von WALTER (1970, 1973) verwiesen sei.

WALTER unterscheidet zehn Klimazonen, von denen hinsichtlich der tropischen und subtropischen Orchideen fünf besondere Bedeutung haben. Innerhalb dieser Klimazonen gibt es jedoch zahlreiche Abweichungen vom Typus, ebenso Übergänge, die eine strenge Klassifizierung oft unmöglich machen. Die betreffenden Klimazonen lassen sich etwa folgendermaßen charakterisieren:

I. Äquatoriale Klimazone zwischen dem nördlichen und südlichen 10. Breitengrad. Durchschnittstemperatur 25 bis 27 °C. Geringe jahreszeitliche, etwas stärkere tageszeitliche Schwankungen. Regelmäßige und hohe Niederschläge, dazwischen stundenweise starke Sonneneinstrahlung, 12-Stunden-Tag. Geringe Höhe über NN. Vegetation: Je nach Bodenverhältnissen mehr oder weniger artenreicher immergrüner Regenwald mit unterschiedlicher Kronenhöhe, zahlreichen Lianen und Epiphyten. Im Waldesinneren Reduktion des Tageslichtes auf 0,1 bis 1%. An Küsten und Flußmündungen Mangrove. Mit zunehmender Meereshöhe geht der immergrüne Regenwald in den Bergwald (montane

Abb. 40. Klimadiagramme nach WALTER und LIETH (1967).
Beobachtungsstationen
Zone I: Colombo (Sri Lanka), Buitenzorg/Bogor (Java), Uaupes (Brasilien)
Zone II: Guatemala (Mittelamerika), Tananarivo (Madagaskar), Thakhek (Hinterindien)
Zone IV: Santa Barbara (Kalifornien), Santorin (Griechenland), Kapstadt (Südafrika)
Zone V: Chungking (China), Petropolis (Brasilien), Owase (Japan)
Zone X: X (I) Tapanti (Mittelamerika), X (II) Kalimpong (Nordindien), X (IV) Tafelberg (Südafrika)
Erläuterung der Klimadiagramme
Angaben ganz oben, von links nach rechts: Beobachtungsstation, Höhe über NN, mittlere Jahrestemperatur in °C, mittlerer Jahresniederschlag in mm. In eckiger Klammer Zahl der Beobachtungsjahre für Temperatur und Niederschlag.
Ordinate: Ein Teilstrich = 10 °C bzw. 20 mm Niederschlag. – Zahlen an der linken Ordinate (sofern vorhanden): oben höchste gemessene Temperatur und mittleres tägliches Maximum des wärmsten Monats, Mitte mittlere tägliche Temperaturschwankung, unten mittleres tägliches Minimum des kältesten Monats und tiefste gemessene Temperatur.
Abszisse: Monatseinteilung. Nordhemisphäre Januar–Dezember, Südhemisphäre Juli–Juni. Schraffiertes Band unter der Abszisse: Monate mit absolutem Minimum unter 0 °C. Schwarzes Band: Monate mit mittlerem Tagesminimum unter 0 °C.
Fläche über der Abszisse: zuunterst Kurve der mittleren Monatstemperatur. Punktierte Fläche: relative Dürrezeit. Senkrecht schraffierte Fläche: relative humide Jahreszeit. Schwarze Fläche: Jahreszeit mit mehr als 100 mm monatlichem Niederschlag (Maßstab auf 1/10 reduziert). Zuoberst: Kurve der mittleren monatlichen Niederschläge.
In trockenen Jahreszeiten liegt die Temperaturkurve über der Niederschlagskurve (z. B. in Santa Barbara von Anfang April bis Ende Oktober), in der feuchten dagegen darunter (in Santa Barbara von November bis März).

Stufe) und schließlich in den Nebel- oder Wolkenwald über (meist zwischen 1000 und 2500 m, je nach Feuchtigkeitsgrad der Luft am Gebirgsfuß). Die Temperatur und Strahlungsintensität nimmt in der Nebelwaldzone deutlich ab, die Luftfeuchtigkeit ist auch bei fehlenden Niederschlägen ganztägig sehr hoch, Aufwinde bewirken eine starke Luftbewegung. Standort zahlreicher epiphytischer Farne, Moose, Bärlappe und Orchideen. Oberhalb der Waldgrenze (ab 3000 bis 4000 m) beginnt die alpine Stufe, die zunehmend artenärmer wird (Páramos).

II. Tropische Klimazone mit Sommerregen zwischen 10. und 30. Breitengrad nördlich und südlich des Äquators. Ausgeprägtere jahreszeitliche Rhythmik in Temperatur und Niederschlag, zumeist starke Sommerregen (Monsunregen in Indien von Südost nach Nordwest abnehmend). Wintermonate trokkener und kühler, aber kein Frost. Vegetation: überwiegend halbimmergrüne oder laubabwerfende Baumarten, in waldarmen Gebieten Savannen und Grasland, an Flußläufen Galeriewälder. In abflußlosen Niederungen ausgebreitete Sümpfe.

IV. Subtropische Zone mit Winterregen, vorwiegend um den 40. Breitengrad. Sommermonate warm und trocken, Winter feucht, regenreich, mit gelegentlichen Frosteinbrüchen. Vegetation: immergrüne Hartlaubgehölze, in waldarmen Gebieten Dornbüsche, Zwergsträucher, Stauden, zahlreiche Geophyten. Ruhezeit im Sommer.

V. Warmtemperierte, feuchte Zone ohne ausgesprochene Kälte- oder Trockenzeit. Zumeist an den Ostküsten der Kontinente mit Monsun- oder Passatregen. Temperatur warm bis gemäßigt. Vegetation: immergrüne Wälder, u. a. mit *Sequoia*, *Eucalyptus*, Baumfarnen.

X. Gebirgszone. In Höhenlagen oberhalb der Baumgrenze, unabhängig vom Breitengrad. An der Luvseite der Gebirge in Wolkenhöhe sehr feucht, sonst zeitweise trocken und mit starker Sonneneinstrahlung. In Äquatornähe Temperaturunterschiede zwischen Tag und Nacht erheblich größer als die jahreszeitlichen Differenzen.

Zur näheren klimatologischen Kennzeichnung der genannten Zonen seien hier einige Beispiele aus dem Klimadiagramm-Weltatlas von Walter und Lieth (1967) angeführt. Die Diagramme zeigen in übersichtlicher Weise den Jahresgang von Temperatur und Niederschlag auf; für die tropischen Gebiete sind auch die täglichen Temperaturdifferenzen angegeben.

Neben den klimatischen Einflüssen bestimmen allerdings auch noch andere Faktoren den Charakter eines bestimmten Standortes: Wechsel der Luftfeuchtigkeit und des Lichteinfalles, Luftbewegung. Art des Trägerbaumes bei Epiphyten, Beschaffenheit der Rinde und der Humusnester, Konkurrenz mit anderen Pflanzen und noch vieles mehr. Hätte man für jede Orchideenspecies diese Angaben zur Hand (was sehr wünschenswert wäre), wüßte man damit allerdings noch nicht, ob all diese Faktoren wirklich optimal für die Pflanzen sind. Der Faktor Wasser beispielsweise gerät ganz offensichtlich in bestimmten Gebieten bei Epiphyten zeitweise ins Minimum, ebenso wahrscheinlich die Nährstoffversorgung und manchmal auch die Wärme. Gewiß, die Pflanzen haben sich angepaßt und ihren Lebensrhythmus auf die jeweiligen Umweltverhältnisse eingestellt. Wenn diese natürlichen Rhythmen auch in der Kultur eingehalten werden müssen, so läßt sich die Wuchs- und Blühleistung durch optimale Gestaltung aller Faktoren und Ausschaltung der Konkurrenz zuweilen doch beträchtlich erhöhen. Ganz besonders gilt dies natürlich für die künstlichen Hybriden, bei denen das erblich fixierte Verhalten bereits weitgehend aufgehoben ist. Die modernen Züchtungsprodukte sind zu Luxusgeschöpfen geworden, anspruchsvoll und entartet, in der freien Natur kaum mehr lebensfähig.

Kultiviert man tropische Orchideen – seien es nun reine Arten oder Hybriden – unter hiesigen Verhältnissen, so ist es relativ leicht, ihre Ansprüche an Wasser, Nahrung und Wärme zu befriedigen. Schwieriger ist das Erreichen einer optimalen Belichtung, beinahe unmöglich eine ausreichende Belüftung. Luftbewegung und Luftaustausch sind Faktoren, deren Einfluß noch kaum untersucht worden ist, deren Bedeutung bisher aber sicherlich oft unterschätzt wurde.

Alle diese Probleme sollten bedacht werden, will man Orchideen fern ihrer natürlichen Heimat die bestmöglichen Voraussetzungen zur Entfaltung geben. Unsere Bemühungen dürfen sich nicht darauf beschränken, ihnen die natürlichen Bedingungen zu ersetzen, sondern wir müssen sie nach Möglichkeit noch verbessern. Dies gelingt uns jedoch nur, wenn wir uns über die gefühls- oder erfahrungsgemäße Pflegekenntnis hinaus bemühen, Einsicht in die physiologischen Abläufe des Pflanzenwachstums zu bekommen.

2.2 Der Pflanzstoff

2.2.1 Beschaffenheit des Substrats am natürlichen Standort

Für Orchideenkultivateure ist die richtige Zusammensetzung des Pflanzstoffes eines der schwierigsten Kapitel. Einesteils möchte man den Verhältnissen in der Natur möglichst nahe kommen, andererseits stehen die in Kultur genommenen Pflanzen unter veränderten Bedingungen, die u. U. auch ein anders geartetes Substrat erfordern.

In welchem Material wachsen Orchideen am natürlichen Standort? Hier muß man zunächst die beiden Gruppen voneinander trennen: Epiphyten und Geophyten. Erstere leben auf Bäumen, letztere am Boden. Zwischen beiden gibt es allerdings Übergänge, d. h., einige epiphytische Arten können, wenn die Lichtverhältnisse es gestatten, auch an felsigem Gestein existieren, während einige Vertreter terrestrischer Gattungen zuweilen auch Baumstämme besiedeln.

Der Baum ist für die Orchideen in erster Linie tragendes Gerüst, kein direkter Nährstofflieferant wie bei den Parasiten. Daß bestimmte Bäume bevorzugt werden, hat wahrscheinlich Gründe vorwiegend mechanischer Art: Bäume mit glatten Rinden bieten einen schlechteren Halt, es sammelt sich weniger Humus an, auffliegende Samenkörner finden keine Vertiefungen für eine ungestörte, meistens sehr langsam verlaufende Jugendentwicklung. In welchem Ausmaß die Zersetzungsprodukte der Rinde eine Keimung fördern oder hemmen bzw. das Gedeihen des pilzlichen Partners beeinflussen, ist bisher noch wenig untersucht worden. Nach Angaben von Frey (1973) bewirken Zusätze der Rinde von *Ficus aurea, Fraxinus carolina* und *Annona glabra* eine Hemmung der Keimung von *Encyclia tampensis* auf Knudsons Nährboden. *Ficus* und *Fraxinus* werden in Florida nur spärlich von Orchideen besiedelt, *Annona* dagegen reichlich. Auch *Eucalyptus* scheint als Trägerbaum ungeeignet zu sein, während z. B. Vertreter der Casuarinen, Palmen, Papilionaceen, Myrtaceen, Bignoniaceen, Verbenaceen, Boraginaceen und vieler anderer Familien gewöhnlich dicht mit Epiphyten besetzt sind. Nach Sanford (1974) besteht wahrscheinlich nur in wenigen Fällen eine enge Beziehung zwischen der Baumart und ihrem Besiedler; nachgewiesen wurde sie vor allem für die beiden madegassischen *Cymbidiella*-Arten, *C. humblotii* (auf *Raffia ruffia*) und *C. pardolina* (auf *Platycerium madagascariense*).

Die **epiphytisch** wachsenden Orchideen entziehen die für ihren Aufbau notwendigen Stoffe in erster Linie dem humosen Material, das sich in den Rissen der Borke, auf waagerechten Ästen oder in den Verzweigungen des Baumes ansammelt. Durch die ungeheuer rasche Zersetzung der organischen Substanz in den Tropen werden fortwährend gebundene Nährstoffe wieder freigesetzt, so daß der Pflanze – wenn auch in geringer Konzentration – ständig neue Baustoffe zufließen. Will man das Substrat, das ihr zur Verfügung steht, näher definieren, so muß vor allem die starke Durchsetzung mit Kleinlebewesen hervorgehoben werden, ferner die durchlässige Struktur und der Reichtum an organischen Verbindungen, die teilweise wuchsstoffähnlichen Charakter haben dürften. Bezüglich des Nährstoffgehaltes überwiegen sicherlich die stickstoffhaltigen Produkte aus dem Eiweißabbau. Die vielfältige und immer wieder wechselnde Zusammensetzung des Materials aus Staubteilchen, Blatt- und Rindenausscheidungen, Resten abgestorbener Flechten, Moose, Farne und anderer benachbarter Epiphyten erschweren eine genaue Analyse, so daß über den Nährstoffhaushalt der Orchideen am Naturstandort nur ungefähre Angaben zu machen sind.

Bei den **terrestrischen** Orchideen, die im Boden wurzeln, sind die Verhältnisse noch differenzierter. Die Skala der Standorte reicht hier vom humusreichen Waldboden über lehmhaltiges Grasland bis zum kargen Geröll. Für den Kultivateur sind dementsprechend Angaben über die Bodenbeschaffenheit unentbehrlich, wenn er die speziellen Ansprüche einzelner Arten an das Substrat befriedigen will. Ein humusreicher Waldboden, meist über durchlässigem Untergrund, ist der bevorzugte Platz vieler Paphiopedilen und Cypripedien; er ähnelt in seinen Eigenschaften weitgehend dem lockeren Zersetzungsmaterial im Wurzelbereich der Epiphyten. Säuregrad und Nährstoffgehalt werden von der umgebenden Vegetation, der Niederschlagshöhe und der mineralischen Zusammensetzung des Unterbodens bestimmt, der in der Regel basischer Natur ist. Ähnliches gilt für die Böden der Geophyten im offenen Grasland, doch ist hier der Lehmanteil im allgemeinen höher, die Struktur weniger lokker, der Basengehalt verstärkt. Viele terrestrische Orchideen des südlichen Himalaja gedeihen auf derartigen Böden, ebenso zahlreiche Erdorchideen europäischer, afrikanischer und amerikanischer Wiesen und Matten. In niederschlagsreichen Gebieten mit weniger durchlässigem Untergrund gehen diese Wiesen in Moore und Sümpfe über, deren Humus noch weitgehend unzersetzt, arm an mineralischen Bestandteilen und sauer ist. Die meisten der nordamerikanischen *Cypripedium*-Arten bevorzugen gerade derartige Moore. Schließlich seien noch die humusarmen Rohböden in höheren Gebirgslagen genannt, auf denen nur wenige Orchideen noch ihr Fortkommen finden. Sie überstehen die extremen Temperatur- und Feuchtigkeitsschwankungen, denen sie ausgesetzt sind, nur dank ihres ausgesprochen xeromorphen Baues, wie wir ihn z. B. bei *Oncidium splendidum* vorfinden.

Überblickt man die verschiedenen Substrate, in denen Orchideen zu gedeihen vermögen, so läßt sich folgende Reihenfolge mit abnehmendem Humusgehalt aufstellen:
- Humusnester auf Bäumen
- humoser Waldboden
- feuchte Moore und Wiesen
- trockene Steppen (Savannen) und Weinbergsböden
- Geröllböden und Fels.

Bei der Zubereitung der Kultursubstrate sollten die natürlichen Standortverhältnisse der in Pflege genommenen Arten bis zu einem gewissen Grade berücksichtigt werden.

2.2.2 Beschaffenheit des Kultursubstrats

Allerdings läßt sich die Vielfalt der in der Natur anzutreffenden Zersetzungs- und Verwitterungsprodukte niemals künstlich herstellen. Früher versuchte man, durch möglichst komplizierte Mischungen, die oft mit dem Schleier des Geheimnisses umgeben wurden, der belebten Natur einigermaßen nahe zu kommen – heute hingegen besteht eher die Tendenz, durch Verwendung einheitlicher steriler Materialien den Pflanzstoff zu standardisieren. Man hat erkannt, daß in erster Linie die physikalischen Eigenschaften ausschlaggebend für die Eignung eines Substrats sind, sekundär erst die chemischen und biologischen. Ganz allgemein sollten folgende Grundbedingungen erfüllt sein:
- große Porenräume zur Gewährleistung einer ausreichenden Durchlüftung des Wurzelraumes,
- stabile Struktur durch geringe Zersetzbarkeit,
- gutes Haltevermögen für Wasser und Nährstoffe,

– Freisein von schädlichen Stoffen und Krankheitserregern.

Die heute gebräuchlichen, nachfolgend angeführten Grundstoffe zur Herstellung von Orchideensubstraten erfüllen diese Forderungen in der Regel nur zum Teil, häufig fehlt ihnen die eine oder andere der gewünschten Eigenschaften (vgl. Abb. 33). Man kombiniert daher zumeist zwei oder drei Stoffe, die sich gegenseitig ergänzen. Ein ideales Einheitssubstrat wird es wohl nie geben, da die Ansprüche der einzelnen Orchideengruppen unterschiedlich sind, doch wird man immer mehr bestrebt sein, die Anzahl der Varianten stark einzuschränken. Jeder Pflanzstoff verlangt eine andere Art der Kulturführung, so daß der Kultivateur überlegen sollte, welches Material mit seinen räumlichen und technischen Einrichtungen am besten in Einklang zu bringen ist. Auch der Kaufpreis und die Lieferungsmöglichkeit spielen bei der Wahl eine Rolle.

Im Laufe der letzten Jahre wurde eine große Zahl von natürlichen und synthetischen Stoffen auf ihre Eignung für Orchideen geprüft. Man suchte vor allem nach einem Ersatz für *Osmunda*-Wurzeln und *Sphagnum*, die früher als unentbehrliche Bestandteile des Substrats galten, nach allmählicher Ausrottung aber knapp und kostspielig geworden sind. In den Vordergrund traten dafür aufbereitete Nadelholzrinden, Torfprodukte und aufgeschäumtes Polystyrol. Durch unterschiedliche Körnung und variierte Mischungsverhältnisse lassen sich aus diesen oder anderen Grundstoffen gut angepaßte und relativ preiswerte Substrate herstellen, die jedoch teilweise noch immer zu wenig strukturstabil sind, so daß man in Zukunft wohl noch mehr zu reinen Kunststoffen übergehen wird. Die gebräuchlichsten Substanzen, die bei Orchideensubstraten Verwendung finden, sind in der folgenden Übersicht aufgeführt und charakterisiert.

Materialien zur Herstellung von Orchideensubstraten

Alle in der Tabelle mit Sternchen versehenen Materialien sollten aus Gründen des Naturschutzes oder zunehmender Verknappung nur noch in geringen Mengen verwendet werden.

Moose und Torfe

Bezeichnung:	Sumpfmoos *(Sphagnum)**
Abkunft:	Breitblättrige Arten *(S. squarrosum, S.cuspidatum)*
Merkmale:	Sauer (pH 3,5–4,5), hohe Wasserkapazität, bakterizid und fungizid wirkend, evtl. Abgabe von Wuchsstoffen.
Eignung:	In lebendem Zustand besonders zum Pikieren von Erdorchideen *(Disa!)*, zur Bewurzelung von Rückbulben, zur Kultur wenig wüchsiger Paphiopedilen. Frisch oder getrocknet auch als Zusatzstoff zu Materialien mit geringer Wasserhaltefähigkeit.
Zu beachten:	Empfindlich gegen hohe Temperaturen, stagnierende Luft, Mineraldüngung, kalkhaltiges Wasser. Rasche Zersetzung, so daß häufige Erneuerung notwendig. Wird gern von Moosfliegen (Trauermücken) aufgesucht, die Schäden an den Orchideenwurzeln verursachen.

Bezeichnung:	Waldmoos*
Abkunft:	Arten von *Thuidium* und *Hypnum*
Merkmale:	Weniger sauer und geringere Wasseraufnahmefähigkeit als bei *Sphagnum*, sonst ähnliche Wirkung.
Eignung:	Bei Mangel an *Sphagnum* hin und wieder als Zusatzstoff.

Materialien zur Herstellung von Orchideensubstraten (Fortsetzung)

Bezeichnung: Floratorf*
Abkunft: Norddeutscher Weißtorf (Hochmoortorf)
Merkmale: Stark sauer (pH 3,0–3,5), hohe Wasserkapazität und -haltekraft, nahezu keimfrei, nährstoffarm, relativ strukturstabil.
Eignung: Mit Kalk und Mineraldüngern versehen, hervorragender Zusatzstoff zu Materialien mit geringerer Adsorptionsfähigkeit und Wasserhaltung. In grobbrockiger Form auch allein verwendbar.
Zu beachten: In feinerem Torf ist bei Übernässung Sauerstoffmangel möglich. Nach Austrocknung schwere Benetzbarkeit. Es darf nicht zu fest getopft werden.

Bezeichnung: TKS 1
Abkunft: Mit Kalk und Volldünger aufbereiteter Floratorf
Merkmale: Wie bei Torf; pH-Wert um 5; Salzgehalt 1,5 g/Liter.
Eignung: Für nährstoffbedürftige Kulturen, am besten in Verbindung mit Styromull (1:1).

Bezeichnung: Orchideentorf*
Abkunft: Getrockneter Schwarztorf (Brenntorf)
Merkmale: Stark sauer (pH 3,5), strukturstabil, in trockenem Zustand schwer benetzbar, gute Luftführung, aber geringe wasserhaltende Kraft.
Eignung: Für epiphytische Orchideen, wenn Kalk, Nährstoffe und etwas Fasertorf oder *Sphagnum* zugefügt werden.
Zu beachten: Um Salzanreicherungen an der Oberfläche der Granulate zu vermeiden, darf das Substrat nicht zu trocken gehalten werden. Der pH-Wert sinkt leicht ab (Nachkalkung erforderlich!).

Farne

Bezeichnung: *Osmunda**
Abkunft: Wurzeln des Königsfarnes *(Osmunda regalis)*
Merkmale: Schwach sauer (pH um 5,0), nährstoffhaltig, ziemlich strukturstabil, gute Luftführung. Verfilzt leicht und läßt sich daher schwer verarbeiten.
Eignung: Für alle Orchideen.

Bezeichnung: *Polypodium**
Abkunft: Wurzeln und getrocknete Wedel des Tüpfelfarnes und anderer Vertreter der Familie der Polypodiaceen
Merkmale: Gut wasserhaltend, aber Neigung zu Verdichtung. Geringe Haltbarkeit.
Eignung: Nur in geringen Mengen als Zuschlagstoff für Epiphyten mit feineren Wurzeln.

Bezeichnung: Mexifern, Xaxim*
Abkunft: Südamerikanischer Baumfarn
Merkmale: Schwach sauer (pH 5,3), harte Struktur, in langfaseriger Form gut dränierend, leichter bearbeitbar als *Osmunda.*

Materialien zur Herstellung von Orchideensubstraten (Fortsetzung)

Eignung:	In Plattenform für kleinwüchsige, polsterbildende Orchideen, sonst hauptsächlich als Zusatzstoff anstelle von *Osmunda.*

Bezeichnung:	Hapuu*
Abkunft:	Baumfarnarten von Hawaii *(Cibotium)*
Merkmale:	Ähnlich wie Mexifern
Eignung:	Ähnlich wie Mexifern

Baumstoffe

Bezeichnung:	Kiefernborke
Abkunft:	Borke von *Pinus silvestris, P. maritima*
Merkmale:	Gute Luftführung, wenig adsorptionsfähig, nährstoffarm. In der Kultur rasche Zersetzung durch pilzliche Organismen.
Eignung:	Preiswerter Zuschlagstoff zu Torf oder *Sphagnum.* Empfehlenswert ist nur sortiertes, sauberes, entharztes Material.
Zu beachten:	Alle Holz- und Borkensubstrate müssen häufiger gewässert und gedüngt werden. Besonders Stickstoff und Phosphorsäure werden teilweise von holzzersetzenden Mikroorganismen verbraucht.

Bezeichnung:	Kork
Abkunft:	Borke der Korkeiche *(Quercus suber)*
Merkmale:	Gut luftführend, keimfrei, besonders wurzelverträglich.
Eignung:	Im Handel als Platten oder gekörnt. Zur Erhöhung der Wasserhaltekraft ist ein Zusatz von Kokosnußfasern oder *Sphagnum* anzuraten.

Bezeichnung:	Silva bark, Orchid bark
Abkunft:	Borke der Douglastanne *(Pseudotsuga douglasii, P. menziesii)*
Merkmale:	Ein durch Reinigung, Entharzung und Erhitzung sehr sauberes Material, sortiert nach Korngrößen. Sauer (pH 3,7–4,0), geringer Nährstoffgehalt, optimale Luftführung, aber geringe Haftfähigkeit für Wasser und Nährstoffe. Leicht bearbeitbar, Zersetzung nach 2 bis 3 Jahren.
Eignung:	Bewährter, aber relativ kostspieliger Pflanzstoff für alle epiphytischen Orchideen, besonders wenn 10 bis 20% Faserstoff oder Torf zugesetzt werden.

Bezeichnung:	Redwood fiber (Palcowool), Orchid fiber
Abkunft:	Holzfasern des Mammutbaumes *(Sequoia sempervirens)* bzw. der Douglastanne *(Pseudotsuga douglasii)*
Merkmale:	Schwach sauer (pH-Wert um 5,5), gutes Wasserhaltevermögen, Neigung zu Dichtlagerung. Bei der Herstellung wird in der Regel Stickstoff in Form von Harnstoff zugesetzt.
Eignung:	Als Zusatz (10 bis 30%) zu grobkörnigen Borken. Als fertige Mischung im Handel als „Orchid potting mix".

Materialien zur Herstellung von Orchideensubstraten (Fortsetzung)

Bezeichnung: Holzfaserstoff (Cultifibre, Torbella, Toresa)
Abkunft: Sägereststoffe verschiedener Hölzer; die in Extrudern mechanisch aufgefasert werden.
Merkmale: Schwach sauer (pH 5,3–5,9), gut lufthaltig, Wasserkapazität 35–45%vol, „Imprägnierte" Handelsprodukte enthalten zugesetzte Nährstoffe und haben einen etwas niedrigeren pH-Wert.
Eignung: Nach vorläufigen Versuchen an der FH Weihenstephan gut geeignet als Zusatzstoff (20 bis 30%) zu Torf bei der Kultur von *Phalaenopsis*. Begünstigt das Wurzelwachstum.
Zu beachten: Bei ansteigendem pH-Wert kann Chlorose durch Festlegung von Eisen auftreten. Einer durch holzzersetzende Pilze bewirkten N-Immobilisierung muß durch verstärkte Stickstoffdüngung Rechnung getragen werden. Zur Zeit fehlen noch Qualitätsnormen und der Preis ist relativ hoch.

Sonstige organische Zuschlagstoffe

Bezeichnung: Holzkohle
Abkunft: Harthölzer
Merkmale: Strukturstabil, in grober Körnung gut lockernd, sanitäre Wirkung durch Adsorption toxischer Stoffe.
Eignung: Als Zusatz (20%) zum Substrat für terrestrische Orchideen, in feiner Körnung für Sämlinge.
Zu beachten: Durch Adsorption von Spurenelementen (besonders Fe) kann u. U. Mangel auftreten.

Bezeichnung: Meranti*
Abkunft: Holzspäne südostasiatischer Dipterocarpaceen
Merkmale: Relativ strukturstabil und wasserhaltend, leicht sauer.
Eignung: Wird besonders für Miltonien, *Odontoglossum* und verwandte Gattungen empfohlen. Lieferung in unterschiedlichen Stärken.

Bezeichnung: Kokosnußfasern (Husky Fiber)
Abkunft: Fasern reifer Kokosnüsse
Merkmale: Wasserkapazität abhängig von der Faserlänge. Je nach Aufbereitung sind die Fasern mehr oder weniger salzreich, schwer zersetzbar; pH 4,4–5,9; reich an Kali und Phosphor.
Eignung: Bei einwandfreier Qualität gut als Substrat bzw. als Substratbestandteil für Orchideen geeignet.

Bezeichnung: Reisspelzen
Abkunft: Spelzen aus italienischer Reisernte
Merkmale: Verbessert die Luftführung, geringe Leitfähigkeit, spurenelementreich, langsamer Abbau durch hohen Siliciumgehalt.

Materialien zur Herstellung von Orchideensubstraten (Fortsetzung)

Eignung: Guter Zuschlagstoff bei Torfkultur.
Zu beachten: Nur sauberes, hitzesterilisiertes Material ist verwendbar, andernfalls treten Schimmel und unerwünschte Reiskeimlinge auf.

Bezeichnung: Buchenlaub
Merkmale: Im Herbst gesammeltes Laub ist nährstoffreich, schwach sauer bis neutral, leicht zersetzbar.
Eignung: Als Beigabe (20%) für Erdorchideen.
Zu beachten: Gefahr der Einschleppung von Krankheitserregern.

Gesteine und Mineralien

Bezeichnung: Kies und Quarzsand
Abkunft: Quarzgestein
Merkmale: Unveränderliches (inertes) Material, in grober Körnung gut luftführend, aber kaum wasserhaltend, je nach Herkunft neutral bis leicht sauer, nach gründlicher Wässerung und Erhitzung keimfrei.
Eignung: Grober Kies geeignet für Hydrokultur. Sand als Komponente zu Sämlingssubstraten.

Bezeichnung: Ziegelsplitt
Abkunft: Bruchstücke von gebranntem Ton
Merkmale: Strukturstabil, porös, zumeist alkalisch (bis pH 8), wasserhaltende Kraft besser als bei Quarzkies.
Eignung: Als Dränagematerial oder Zusatz zu dicht lagernden Humussstoffen.
Zu beachten: Anfänglich besteht die Gefahr der Festlegung von Nährstoffen (besonders P_2O_5), daher am besten vor Gebrauch mit verdünnter Phosphorsäure tränken. Bei starker Verdunstung bilden sich leicht Salzkrusten an der Substratoberfläche.

Bezeichnung: Blähton (Lecaton, Claylit)
Abkunft: Expandierte, poröse Tonkügelchen
Merkmale: Gute Wasserkapazität und Luftführung; manche Herkünfte mit zu hohem Kalk- oder Fluorgehalt.
Eignung: Für Hydrokultur und zur Dränage.

Bezeichnung: Blähschiefer (Berwilit)
Abkunft: Devonischer Schiefer aus dem Rheinischen Schiefergebirge
Merkmale: Durch Erhitzung auf 1200 °C geblähte Granulate mit unterschiedlichem Durchmesser, porös, leicht alkalisch, gute Wasser- und Luftführung.
Eignung: Für Hydrokultur und zur Dränage.
Zu beachten: Nicht qualitätsgeprüfte Herkünfte weisen einen zu hohen Kalk- und Salzgehalt auf.

Materialien zur Herstellung von Orchideensubstraten (Fortsetzung)

Bezeichnung:	Bimskies
Abkunft:	Vulkanisches Gestein
Merkmale:	Leicht, porös, strukturstabil, neutral bis alkalisch (pH 7–8), gute Wasseradsorption und Luftführung.
Eignung:	In Verbindung mit Humusstoffen (Torf) gut geeignet für Epiphyten.
Zu beachten:	Phosphorsäure und Spurenelemente werden anfänglich festgelegt, daher mit Volldüngerlösung (Flory 9, 0,05%ig) vorbehandeln.

Bezeichnung:	Perlite (Purperl)
Abkunft:	Vulkanisches Gestein glasartiger Struktur, durch Erhitzen porosiert und expandiert
Merkmale:	Strukturstabil, alkalisch (pH 7,5–8,0), relativ gutes Festhaltevermögen für Wasser und Nährstoffe. Lieferung in feiner oder grober Körnung.
Eignung:	Als Zusatz zu sauren, humosen Grundstoffen; feinkörnige Form nur für Sämlingssubstrate; regt die Wurzelbildung an.

Bezeichnung:	Vermiculit
Abkunft:	Magnesiumhaltige Glimmerart
Merkmale:	Porös, gute Wasserhaltekraft, Reaktion alkalisch.
Eignung:	Infolge der Feinkörnigkeit nur als Zuschlagstoff für wenig wasserhaltende Substratherkünfte geeignet.

Bezeichnung:	Steinwolle (Grodan)
Abkunft:	Diabas vulkanischen Ursprungs. Herstellung durch Erhitzen unter Zugabe von Koks und Kalk
Merkmale:	Nährstoffarm, Reaktion alkalisch; kommt in geschnittenen Blöcken oder geflockt in den Handel. Blaue Flocken grobfaserig, wasserabstoßend. Grüne Flocken feinfaserig, wasseraufnehmend. Keimfrei, nicht puffernd.
Eignung:	Bei guter Nährstoffüberwachung besonders geeignet für die Cymbidienkultur.
Zu beachten:	Staubteilchen greifen die Haut an, man sollte daher mit Handschuhen und Gesichtsmaske arbeiten. Schwer abbaubar, daher in größeren Mengen nicht umweltfreundlich.

Bezeichnung:	Lehm und Löß
Abkunft:	Böden aus abgelagertem, verwittertem Gestein
Merkmale:	Neutral bis schwach alkalisch, nährstoffhaltig, gut puffernd, verdichtend.
Eignung:	In geringen Mengen (10 bis 15%) als Zuschlag im Substrat für Erdorchideen.

Materialien zur Herstellung von Orchideensubstraten (Fortsetzung)

Kunststoffe

Bezeichnung:	Styropor, Styromull (BASF)
Abkunft:	Aufgeschäumtes Polystyrol
Merkmale:	Keimfrei, beständig, sehr leicht, mit geschlossenen Poren, daher kein Wasserhaltevermögen. Im Handel als Platten, Flocken oder Kugeln.
Eignung:	Gute Ergänzung zu dichtlagernden, wasserhaltenden Substanzen, besonders zu Torf (50%).
Zu beachten:	Bei Verwendung von Styroporplatten müssen die Pflanzen häufig befeuchtet und gedüngt werden. Styroporflocken verwehen leicht und geben der Pflanze wenig Halt.

Bezeichnung:	Orchid chips
Abkunft:	Polystyrolspäne mit aufgerauhter Oberfläche
Merkmale:	Wie Styropor, mit geringfügig verbesserter Wasseraufnahme. Sehr gute Luftführung.
Eignung:	Mit oder ohne Humusbeigabe für alle Epiphyten. Bei alleiniger Verwendung muß mindestens bei jedem zweiten oder dritten Gießen eine schwache Düngerlösung (0,02 bis 0,05%) verabreicht werden.

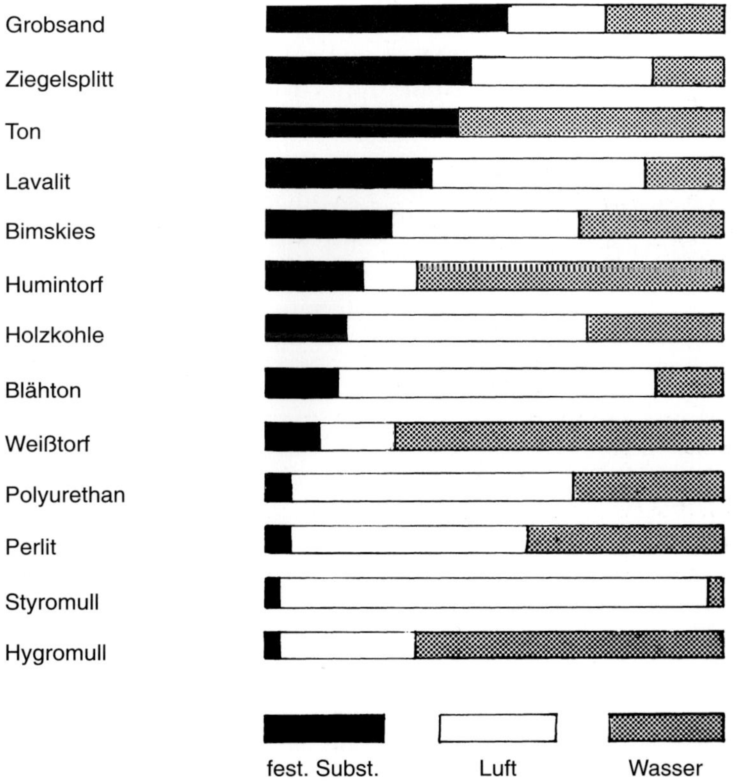

Abb. 41. Anteil an fester Substanz, Luft und Wasser in verschiedenen Materialien bei Wassersättigung (nach PENNINGSFELD 1976).

Unter den zahlreichen Rezepten zur Herstellung von Pflanzstoffgemischen haben sich einige besonders bewährt und Eingang in die gärtnerische Praxis gefunden. Im allgemeinen modifiziert jedoch ein Kultivateur diese Rezepte mehr oder weniger, um dadurch allmählich das für seine speziellen Verhältnisse günstigste Substrat herauszufinden.

Einige Beispiele für empfohlene Pflanzstoffkombinationen

1. Basis Osmunda

a) *Osmunda* + *Sphagnum* + Buchenlaub, Verh. 4:2:1
Keine Düngerbeigabe. Geeignet für Epiphyten.

b) *Osmunda* + *Sphagnum* + Buchenlaub + *Polypodium*, Verh. 2:2:1:1
Keine Düngerbeigabe. Geeignet für Geophyten.

2. Basis Torf

a) Floratorf + Styromull, Verh. 1:1 (Weihenstephaner Mischung)
Grunddüngung: je Liter Torf 3–6 g Calciumcarbonat
0,5–2 g Volldünger
1 ml Gabi Micro T
Geeignet für die meisten Orchideen.

b) Gemahlener Brenntorf + 20% Fasertorf
Grunddüngung: je Liter Substrat
2–3 g Calciumcarbonat
0,25–0,5 g Volldünger
0,5 ml Gabi Micro T
Bedingt geeignet für Epiphyten.

c) TKS 1 + Styromull, Verh. 1:1
Grunddüngung: keine
Geeignet für starkwüchsige Epiphyten.

3. Basis Nadelholzrinden

a) Douglastanne + brockiger Torf + Redwood fiber + grobkörniges Perlite Verh. 7:1:1:1 (Rutgers Mix)
Grunddüngung: je Liter Substrat
3–5 g Calciumcarbonat
5 g Knochenmehl
0,8 g Volldünger
Geeignet für Cattleyen und andere Epiphyten.

b) Douglastanne (grobkörnig) + 10–20% Redwoodfiber oder Fasertorf (Mischung Münz)
Grunddüngung: je Liter Rinde 3–4 g Hornmehl
1–2 g Guano
2 g Dolomitkalk
Geeignet besonders für *Phalaenopsis*.

c) 85% Douglastanne (feinkörnig) + 15% Flußsand (U. C. Mix)
Grunddüngung: je Liter Substrat
2,5 g Calciumcarbonat
1,5 g Hornmehl
0,3 g Kaliumsulfat
Geeignet für *Paphiopedilum*.

d) Kiefernrinde (grob) + *Sphagnum* + Holzkohle, Verh. 16:1:1 (Mischung Ratcliffe)
Grunddüngung: wie bei c.
Geeignet für *Paphiopedilum*.

Außer den hier angeführten Rezepten gibt es natürlich noch viele andere Kombinationsmöglichkeiten, die u. U. den gleichen Erfolg bringen. Grundsätzlich sollte beachtet werden, daß Epiphyten mit dicken, fleischigen Wurzeln ein grobkörniges Substrat (∅ 0,5 bis 2,0 cm) mit geringem Fasernanteil (10 bis 20%) bevorzugen. Solche mit feineren Wurzeln verlangen hingegen mittelgrobe Körnung (∅ 0,3 bis 1,0 cm) und einen höheren Faserzuschlag (20 bis 30%). Terrestrische Orchideen, vor allem die kalkliebenden Paphiopedilen, vertragen die Beigabe von etwas bindigerem Material (10 bis 15% kalkhaltiger Lehm). Da sie teilweise salzempfindlicher sind, ersetzt man die Düngesalze gern durch fein zerriebenen getrockneten Kuhmist oder ähnliches. Europäische Geophyten verlangen je nach Herkunft spezielle Erdmischungen, die bei der Kulturbeschreibung angegeben sind.

Alle Grundstoffe zur **Herstellung von Orchideensubstraten** müssen sauber, kühl und trocken aufbewahrt werden. Ein Sterilisieren ist im allgemeinen überflüssig; man nimmt es höchstens dann vor, wenn besonders empfindliche Sämlinge pikiert werden sollen. Ehe die einzelnen Materialien gemischt werden, siebt man alle zu feinen Teilchen ab, Sand und Kies wäscht man unter fließendem Wasser aus. Torf muß gesondert aufgekalkt (3 bis 6 g kohlensaurer Kalk/Liter) und dann angefeuchtet werden. Nadelholzrinden und poröse Gesteinsarten (z. B. Bimskies, Ziegelsplitt, Koks) sollte man vor Verwendung 24 Stunden in einer 0,05 bis 0,1%igen Volldüngerlösung einweichen. Die vorgesehenen Düngermengen (Makro- und Mikronährstoffe) werden trocken oder – falls man lösliche Salze bevorzugt – in Wasser aufgelöst über das Substrat verteilt und gründlich mit diesem vermischt (bei größeren Mengen ist dabei mindestens ein fünf- bis sechsmaliges Umschaufeln notwendig, falls man keine Mischmaschine hat). Das fertige Substrat soll eine möglichst einheitliche, angenehm feuchte, jedoch nicht nasse Beschaffenheit aufweisen.

Abb. 42. Das Epiflor-Verfahren (nach Bomba 1975).

Will man Orchideen nicht in Töpfen oder ausgepflanzt kultivieren, sondern als „Aufsitzer" an Epiphytenstämmen bzw. aufgehängten Platten, so benötigt man nur sehr wenig Substrat. Meistens genügt es, wenn man die basalen Teile mit etwas Moos oder Farnwurzeln umhüllt und das Ganze dann mit Nylonbändern (in Streifen geschnittene alte Strümpfe) an einem Ast oder Korkstück festbindet. Beliebt sind auch die im Handel erhältlichen Baumfarnbretter, an denen die Pflanzen mit Kupfer- oder Aluminiumhaken angeheftet werden. Diese Platten, die entweder mit senkrechtem oder waagerechtem Verlauf der Farnwurzeln aufgehängt werden, sind besonders für kleinwüchsige, polsterartig wachsende Arten zu empfehlen, da sie sich auf diesen Unterlagen ungehindert nach allen Seiten ausbreiten können und weniger unter Fäulnis leiden als in Töpfen. Diese Platten werden gelegentlich getaucht und halten die Feuchtigkeit mehrere Tage. Anders wird beim sogenannten **Epiflor-Verfahren** (Bomba 1975) kultiviert. Die Pflanzen werden hier ohne Wurzelumhüllung an senkrecht stehenden Styroporbrettern befestigt und jede Nacht automatisch zu vorgewählten Zeiten durch eine Sprühanlage befeuchtet. Am Tage sind Pflanzen und Bretter trocken. Von hier aus ist es dann nur noch ein Schritt zur „Aerokultur" (von Stetten 1976), bei der die Pflanzen in freier Luft aufgehängt werden und Wasser wie Nährstoffe nur noch durch Sprühen erhalten. Das ist für Arten, die auch in der Natur vorwiegend frei herabhängende Luftwurzeln ausbilden (z. B. einige *Vanda, Arachnis, Oncidium*) sicherlich keine schlechte Methode, erfordert aber bei der Pflege viel Sorgfalt bzw. technischen Aufwand.

Das Gleiche gilt mit Einschränkung auch für die **Hydrokultur**, die vorwiegend für Or-

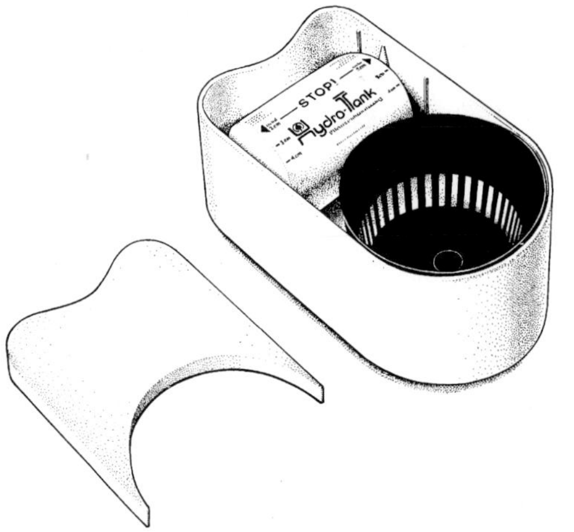

Abb. 43. Der Dr. Blaicher-Hydro-Tank – ein für Orchideen besonders geeignetes Kultursystem.

chideen ohne Ruhezeit geeignet ist. Bei dem heutigen System stehen die Wurzeln der Pflanzen nicht mehr im Wasser, sondern in einem keimfreien, inerten Substrat (Blähton, Blähschiefer, Oasis oder Grodan), in dem die Nährlösung von unten nach oben geleitet wird. Für Blähton und Blähschiefer hat sich eine Körnung von 4 bis 8 mm und eine Anstauhöhe von 0,5 bis 2 cm als günstig erwiesen. Die Nährlösung, die sich in einem Übertopf mit Wasserstandsanzeiger befindet, muß ständig auf ihre Leitfähigkeit (500 bis 1 000 µS) und ihren pH-Wert (5 bis 6,5) überprüft werden. Als Nährsalze sind alle leicht löslichen Volldünger geeignet, speziell auf Hydrokultur abgestimmt sind Flory 9 Hydro (15–7–22–6) und Flory 9 Hydrobasisdünger (2–11–39–5). Die 0,05 bis 0,1%igen Lösungen müssen alls 3 bis 4 Wochen erneuert werden. Langzeitdünger in Form von Batterien oder gekörnt sind Lewatit HD 5 für hartes Wasser und Lewatit S 30 für weiches Wasser. Bei Gaben von etwa 25 ml je Pflanze braucht die Nährlösung nur ungefähr alle 6 Monate ersetzt zu werden. In der Zwischenzeit muß man allerdings die Verdunstungsmenge mit reinem Wasser auffüllen. Als besonders geeignet für Orchideen hat sich das Tanksystem von Dr. Blaicher erwiesen, da hier mit größerer Sicherheit auch ein sehr niedriger Wasserstand (0,5 cm) einstellbar ist. Es ist vorteilhaft, die Pflanzen in möglichst hohen, mit Schlitzen versehenen Spezialtöpfen zu kultivieren, damit der Abstand zwischen den Wurzeln und der Wasseroberfläche mindestens 2 cm beträgt. An warmen Tagen sollte man das Substrat öfter mit reinem Wasser übersprühen, um die Bildung von Salzkrusten an der Oberfläche zu verhindern. Die Vorteile der Hydrokultur liegen in der gleichmäßigen Nährstoffversorgung, der guten Sauerstoffzuführung und in der geminderten Infektionsgefahr über den Boden. Nachteilig kann ein Versalzen der Substratoberfläche sein sowie eine verringerte Standfestigkeit der Pflanze und mangelnde Pufferung der Nährlösung. Hohe Luftfeuchtigkeit, zusätzliche Belichtung und CO_2-Begasung wirken sich bei Hydrokultur besonders günstig aus.

Ein speziell für Hydrokulturen entwickeltes Pflanzenschutzmittel ist „Systemschutz D", das der Nährlösung zur Bekämpfung von saugenden Insekten (0,1%ig) zugesetzt wird.

Hersteller von Meßgeräten für die Hydrokultur

pH-Meter und Leitfähigkeitsmeßgeräte:

WTW Wissenschaftlich-Technische Werkstätten, 82362 Weilheim
Firma Dr. A. Kuntze, GmbH, Vierfeerstr. 11, 40549 Düsseldorf
Firma Hoelzle & Chelius, Hugenottenallee 150, 63263 Neu-Isenburg
Firma Volmatic, Maindorf-Michael-Str. 12 a, 53757 St. Augustin

Schnelltests:

Firma E. Merck, Frankfurter Str. 250, 64293 Darmstadt
Acilit-Indikatorstäbchen, nichtblutend, pH 0 bis 6
Neutralit-Indikatorstäbchen, nichtblutend, pH 5 bis 10
Gesamthärte-Test Aquamerck
Carbonathärte-Test Aquamerck
Nitrat-Test Merckoquant
Ammonium-Test Merckoquant
Eisentest Aquaquant-Fe

Welchem Material und welcher Kulturmethode man den Vorzug gibt, hängt weitgehend von der Einstellung und den finanziellen Möglichkeiten des Kultivateurs ab. Mit nahezu jedem Substrat kann man, sofern die Grundvoraussetzungen erfüllt sind, zum Erfolg kommen, doch erfordert die Anpassung der Pflegemaßnahmen an die speziellen Eigenschaften des Pflanzstoffes in jedem Falle Fingerspitzengefühl und gute Beobachtung.

2.3 Die Nährstoffe

2.3.1 Aufnahme der Nährelemente und ihre Funktion in der Pflanze

Für das Leben der Pflanze sind eine Reihe von Elementen unentbehrlich. Zu ihnen gehören der nichtmineralische Kohlenstoff (C), Sauerstoff (O) und Wasserstoff (H), die dem pflanzlichen Organismus größtenteils mit der Luft und dem Wasser zugeführt werden, und dreizehn mineralische Elemente, die aus dem Boden stammen. Der Zellsaft der Wurzeln übt durch die in ihm enthaltenen osmotisch wirksamen Stoffe eine gewisse Saugkraft auf die zumeist niedriger konzentrierte Bodenlösung aus, wodurch auf passivem Wege ein Teil der Nährstoffe in die Zellen eindringt. Orchideen haben jedoch, ähnlich wie die meisten anderen Epiphyten und Humusbewohner, eine relativ geringe Saugkraft, so daß bei zu hohen Düngesalzgaben sehr bald der umgekehrte Vorgang eintritt: Wasser wird aus der Pflanze herausgesogen, sie welkt und vertrocknet.

Für die Ernährung bedeutungsvoller als das passive Einströmen von Nährelementen ist die aktive Aufnahme von Ionen im Austausch gegen die bei der Atmung frei werdenden Kationen (H+) und Anionen (HCO_3–), wobei die Pflanze in begrenztem Ausmaß ein Selektionsvermögen besitzt. Lebenswichtig sind für sie hauptsächlich die Nichtmetalle N, P, S, Cl, B sowie die Metalle K, Ca, Mg, Fe, Mn, Zn, Cu und Mo.

In erster Linie braucht die Pflanze **Stickstoff** (N), der ein wesentlicher Bestandteil des Zellplasmas, Zellkernes, Chlorophylls und vieler anderer Substanzen ist. Daneben hat das Element **Phosphor** (P) als Baustein der im Zellkern wirksamen Nucleinsäuren und als wichtigster Faktor bei den Atmungs- und Assimilationsvorgängen größte Bedeutung für das Wachstum. Auch **Schwefel** (S) ist an diesen Prozessen beteiligt, wenn auch in geringerem Umfang. **Kalium** (K) wird im Gegensatz zu Stickstoff und den meisten anderen Elementen nicht in pflanzeneigene Verbindungen eingebaut. Es bleibt nach der Aufnahme gelöst im Zellsaft erhalten und beeinflußt das Quellungsvermögen des Plasmas, den osmotischen Wert (und damit die Wasseraufnahme) sowie die Photosyntheseleistung. **Calcium** (Ca) gilt als Gegenspieler oder Antagonist zum Kalium. Dieses Erdalkalimetall wirkt einer übermäßigen Plasmaquellung und einem zu starken Wasserverbrauch entgegen; es festigt die Zellwände, unterstützt die Bildung eines leistungsfähigen Wurzelsystems und bindet innerhalb der Pflanzenzelle schädliche Säuren. Ebenfalls zu den Erdalkalimetallen gehört das **Magnesium** (Mg), das als zentrales Element im Chlorophyllmolekül enthalten ist und bei der Aktivierung bestimmter Enzyme eine Rolle spielt. Das Schwermetall **Eisen** (Fe) findet man hingegen nicht im Chlorophyll, obgleich es für dessen Synthese notwendig ist. Darüber hinaus fungiert Eisen auf Grund seines leichten Valenzwechsels als wichtiger Energieüberträger bei der Atmung und Photosynthese. Eine ähnliche Aufgabe erfüllen auch die anderen Schwermetalle **Mangan** (Mn), **Kupfer** (Cu) und **Zink** (Zn), die zwar nur in Spuren aufgenommen weden, aber als Bestandteil oder Anreger von Enzymen am Stoffwechselgeschehen beteiligt sind. Auch **Molybdän** (Mo) ist an Enzyme gekoppelt und mitverantwortlich für die Umwandlung des von der Pflanze aufgenommenen Nitratstickstoffs in seine reduzierte Form. **Chlor** (Cl) und **Bor** (B) haben vorwiegend eine regulative Wirkung auf den Quellungszustand des Plasmas, doch wird

Bor auch organisch gebunden und beeinflußt den Wuchsstoffhaushalt und die Differenzierung der Zelle.

Außer den genannten anorganischen Stoffen werden von der Pflanze aber auch organische Verbindungen aufgenommen, die in der Rhizosphäre durch die Tätigkeit der Mikroorganismen entstehen. Von diesen in kleinsten Mengen wirksamen Substanzen haben wahrscheinlich bestimmte Vitamine, Enzyme, Phytohormone und Antibiotika einen beträchtlichen Einfluß auf die pflanzliche Entwicklung. Da Orchideen an ihrem natürlichen Standort in einem stark mit Kleinlebewesen durchsetzten Substrat wurzeln, ist anzunehmen, daß ihnen derartige Biostoffe in reichem Ausmaß zur Verfügung stehen. Die in Kultur herangezogenen Pflanzen umgibt dagegen oft ein mehr oder weniger steriles Milieu, in dem sich eine Mikroflora nur sehr langsam entwickeln kann. Die höhere Pflanze ist zwar befähigt, diese Wirkstoffe auch selbst zu produzieren, doch wissen wir nicht, ob nicht gerade Orchideen in manchen Fällen auf eine Ergänzung von außen angewiesen sind.

Verstärkte Bedeutung bekamen im Zierpflanzenanbau während der letzten Jahrzehnte bestimmte synthetische Hemmstoffe, die einen gedrungeneren Wuchs von Topfpflanzen bewirken und sie damit für den Käufer attraktiver erscheinen lassen. Auch bei Topf-*Phalaenopsis* kann die Verkürzung des Blütenstieles verkaufsfördernd wirken, da das Verhältnis von Pflanzenbreite zu Stiellänge harmonischer anmuted. Nach holländischen Untersuchungen (VAN OS 1986) führt der Hemmstoff Reducymol[1] in einer Konzentration von 100 bis 200 ml je Liter schon nach einmaliger Gabe zu einer deutlichen Reduzierung der Stiellänge. Das Mittel sollte so früh wie möglich, d. h. bei einer Stiellänge von etwa 2 cm, durch Besprühen aufgebracht werden.

[1] Reducymol ist in Deutschland nicht zugelassen. Statt dessen Basacel.

2.3.2 Die stoffliche Zusammensetzung des Pflanzenkörpers

Einen gewissen Aufschluß über den speziellen Bedarf der Orchideen an Nährstoffen liefert uns die Pflanzenanalyse. Die frische Pflanzensubstanz enthält etwa 85 bis 90% Wasser und 10 bis 15% Trockenmasse. Letztere besteht aus den bei der Verbrennung flüchtigen Elemente, C, O, H, N und den nicht verbrennbaren mineralischen Bestandteilen, die als Asche zurückbleiben. Die Trokkensubstanz von Orchideen hat einen Gehalt von etwa 5 bis 10% Asche, die sich aus zahlreichen Elementen zusammensetzt, von denen jedoch nur eine begrenzte Zahl als lebenswichtig anzusehen ist. Bei der Anführung von pflanzlichen Aschenanalysen finden gewöhnlich nur diese unentbehrlichen Stoffe Berücksichtigung. Ihre Menge und ihr Verhältnis zueinander ist teils artbedingt, teils abhängig vom Alter der Pflanze, vom Substrat, von Licht- und Klimaverhältnissen, nicht zuletzt aber auch von ihrer Ernährung. Zieht man Pflanzen der gleichen Art unter vergleichbaren Bedingungen heran und variiert nur den Faktor Düngung, so lassen sich aus den Analysenwerten der bestentwickelten Individuen einige Rückschlüsse auf den Nährstoffbedarf ziehen. Die in Tab. 1 aufgeführten Werte erhielt man von Orchideen, die in Weihenstephaner Düngungsversuchen unter annähernd gleichen Umweltverhältnissen kultiviert wurden. Als Substrat diente hier in allen Fällen reiner Hochmoortorf oder ein Torf-Styromull-Gemisch. Vergleicht man die Analysenbefunde von verschiedenen Gattungen, so fällt auf, daß besonders der Stickstoffgehalt sehr variabel ist, wobei *Phalaenopsis* erwartungsgemäß die höchsten Werte aufweist, *Dendrobium* die geringsten. Bei *Phalaenopsis* und *Cattleya* überraschen die relativ hohen Anteile von Calcium und Magnesium.

Bei der Beurteilung von Analysenergebnissen ist zu beachten, daß sich die mineralische Zusammensetzung einer Pflanze im Laufe ihrer Entwicklung ändert und daß die Vertei-

Tab. 1. Analysenbefund bei verschiedenen Gattungen[1)]

Gattung	Pflanzenteil	g in 100 g TS				
		N	P_2O_5	K_2O	CaO	MgO
Cattleya-Hybride	Blätter	0,77	0,26	1,50	2,85	0,51
Cymbidium-Hybride	Blätter	1,19	0,29	1,15	1,37	0,43
Dendrobium phalaenopsis	Blätter + Bulben	0,45	0,83	1,16	1,31	0,27
Paphiopedilum callosum	Sproß	0,82	0,28	1,45	1,96	0,21
Phalaenopsis-Hybride	Sproß	2,05	0,88	3,02	5,53	0,59

1) Kultur der Pflanzen in Torf/Styromull 1:1 NPK-Verhältnis bei der Düngung 1:0,8:1,5
Nach Untersuchungen des Instituts für Bodenkunde und Pflanzenernährung der FH Weihenstephan (PENNINGSFELD 1971).

Tab. 2. Analysenbefund bei verschiedenen Pflanzenteilen[1)]

Gattung Pflanzenteil	g in 100 g TS					mg in 1000 g TS			
	N	P	K	Ca	Mg	Fe	Mn	Zn	Cu
Laeliocattleya Culminant									
Blatt, unreif	2,50	0,12	2,41	0,31	0,31	93	42	95	40
Blatt, einjährig	2,00	0,10	1,35	0,71	0,49	124	74	100	38
Blatt, dreijährig	2,00	0,11	1,00	1,86	0,77	120	359	143	42
Blatt, sechsjährig	1,60	0,29	0,54	2,55	0,59	190	450	155	68
Bulbe, unreif	2,10	0,09	1,80	0,43	0,35	90	44	100	40
Bulbe, einjährig	1,80	0,20	1,29	0,41	0,45	86	23	107	38
Bulbe, dreijährig	2,40	0,26	0,48	0,52	0,66	112	21	163	36
Bulbe, sechsjährig	3,80	0,38	0,29	0,16	0,40	88	50	175	64
Blütenscheide	1,50	0,05	1,45	0,69	0,45	127	73	100	38
Petalen u. Sepalen	2,80	0,13	2,54	0,30	0,28	117	55	103	41
Säule u. Fruchtkn.	3,30	0,14	2,09	0,39	0,46	62	48	98	43
Phalaenopsis Dos Pueblos									
jüngstes Blatt	3,20	0,28	5,27	1,53	0,74	130	253	78	30
drittes Blatt	2,23	0,14	4,50	2,52	0,74	160	370	58	25
fünftes Blatt	2,20	0,12	3,40	2,12	0,66	163	220	85	28
siebtes Blatt	2,60	0,08	3,80	1,70	0,90	170	135	110	20
Stamm	1,90	0,25	2,00	1,58	0,59	177	90	98	30
Blütenstiel	1,41	0,09	0,93	0,26	0,12	73	40	71	33
Blüte	2,02	0,21	5,12	0,53	0,41	94	112	82	23
Wurzel i. Substrat	2,93	0,31	1,73	0,53	0,71	383	40	162	40
Luftwurzel	3,30	0,54	2,93	0,40	0,57	160	50	105	25

1) Kultur der Pflanzen in Nadelholzrinde/Perlite/Torf *(Cattleya)*, Nadelholzrinde/Baumfarnfasern *(Phalaenopsis)*
NPK-Verhältnis bei der Düngung: alternierend 30:10:10 und 18:18:18.
Nach Untersuchungen von POOLE und SHEEHAN (1973, 1974).

lung der Nährstoffe in den einzelnen Organen unterschiedlich ist. POOLE und SHEEHAN (1973, 1974) untersuchten an *Cattleya* und *Phalaenopsis* Blätter verschiedener Altersstadien und fanden in den jüngeren mehr Stickstoff und Kali als in den älteren, bei denen dafür der Gehalt an Calcium und Magnesium angestiegen war. Wie aus Tab. 2 hervorgeht, besteht bei älteren Cattleyenblättern auch die Tendenz, in zunehmendem Maße Spurenelemente zu speichern. POOLE und SHEEHAN empfehlen auf Grund ihrer Ergebnisse, bei Blattanalysen, die der Nährstoffkontrolle dienen sollen, bestimmte Altersstufen zu bevorzugen. Als am besten geeignet erwiesen sich bei Cattleyen gut ausgereifte ein- bis zweijährige Blätter, bei *Phalaenopsis* das viert- bis fünftjüngste Blatt. Wie stark die mineralische Zusammensetzung der Pflanze von der Art der Nährstoffversorgung beeinflußt wird, zeigt Tab. 3. Die Analysenwerte spiegeln deutlich die Staffelung im Angebot der einzelnen Nährelemente wieder, wobei auch bestimmte Korrelationen in Erscheinung treten. Diese bestehen offensichtlich zwischen N und K, Ca und Mg sowie zwischen Ca und den Schwermetallen Fe, Mn. Auch K und Mg beeinflussen sich gegenseitig, indem mit steigender Kaligabe der Magnesiumgehalt in der Trockensubstanz absinkt. Ein maximaler Gehalt an Mineralstoffen ist jedoch nicht unbedingt mit maximaler Blütenproduktion gekoppelt; in dem wiedergegebenen Düngungsversuch zu Cymbidien wurde der höchste Blütenertrag bei einem verabreichten Nährstoffverhältnis von 1:0,8:2:0,2 erzielt.

Tab. 3. Analyse von *Cymbidium*-Hybriden bei variierter Nährstoffversorgung (Laub + Pseudobulben)[1)]

Nährstoffverhältnis bei der Düngung	g in 100 g TS					mg in 100 g TS	
$N:P_2O_5:K_2O:MgO$	N	P_2O_5	K_2O	CaO	MgO	Fe	Mn
1:0,8:1:0,2 (St.)	0,87	0,33	1,17	1,55	0,22	11,0	3,4
0:0,8:1:0,2	0,59	0,36	2,10	1,41	0,18	14,8	3,8
2:0,8:1:0,2	1,51	0,47	1,18	1,75	0,22	11,5	4,4
1:0 :1:0,2	1,13	0,17	2,09	1,41	0,21	12,3	3,6
1:1,6:1:0,2	1,11	0,54	1,37	1,71	0,21	13,1	4,8
1:0,8:0:0,2	1,40	0,54	0,42	1,90	0,29	9,6	4,0
1:0,8:2:0,2	0,96	0,46	2,07	1,51	0,16	10,9	4,0
1:0,8:1:0	0,87	0,36	1,08	1,87	0,23	14,3	5,3
1:0,8:1:0,4	1,10	0,43	1,37	1,58	0,23	10,5	4,0
St + 0 g/l $CaCO_3$	1,56	0,80	1,74	0,52	0,29	10,4	7,9
St + 2 g/l $CaCO_3$	0,87	0,33	1,17	1,55	0,22	11,0	3,4
St + 4 g/l $CaCO_3$	1,07	0,46	1,78	1,82	0,16	8,6	1,4

[1)] Kultur der Pflanzen in Torf/Styromull 1:1
Nährstoffgabe in der Standardreihe (St.): 1 g Düngesalz je Liter Substrat.
Nach Untersuchungen des Instituts für Bodenkunde und Pflanzenernährung der FH Weihenstephan (PENNINGSFELD 1976).

2.3.3 Grundlagen der Nährstoffversorgung

Um Hinweise für eine angemessene Nährstoffversorgung von Orchideen zu bekommen, sind für den Praktiker neben den Analysenbefunden vor allem die Ergebnisse exakter Düngungsversuche von größtem Wert. Sofern diese Versuche in einem nahezu inerten Substrat durchgeführt werden (z. B. in Sand, Torf, Kunststoffen) und die Zahl der verwendeten möglichst einheitlichen Pflanzen groß genug ist, um eine statistische Auswertung zu erlauben, geben die Resultate eine recht gute Auskunft über den speziellen Bedarf einzelner Gattungen. Leider liegen bisher nur wenige derartige Untersuchungen vor. Die in Weihenstephan planmäßig angelegten Versuche in Torfkultur dienten zunächst der Feststellung der optimalen Düngungshöhe und des Kalkbedarfs bei den gärtnerisch wichtigsten Orchideenarten, weiter der Prüfung des Einflusses variierter Gaben von Makro- und Mikronährstoffen (PENNINGSFELD 1971, 1976).

Salzverträglichkeit und optimale Düngungshöhe

In früheren Jahren herrschte die Ansicht vor, daß Orchideen auf Grund ihrer epiphytischen Lebensweise keinerlei Düngung in Salzform vertrügen. Diese Meinung hat man jetzt weitgehend revidiert, besonders seit mehr und mehr Substrate in Aufnahme kamen, die keine eigenen Nährstoffe mehr freisetzen. Zudem hat man erkannt, daß die modernen Hybriden hinsichtlich ihrer Wüchsigkeit und ihres Blütenertrags weitaus leistungsfähiger sind, wenn ihnen genügend leicht aufnehmbare Nährstoffe zur Verfügung stehen. Allerdings gehören Orchideen nicht zu den starkzehrenden Gewächsen wie manche schnellwüchsigen Zierpflanzen, und ihre Nährstoffaufnahme unterliegt ebenso wie ihr Wachstum gewissen Rhythmen. Die zuträgliche Düngungshöhe liegt in der Regel zwischen 0,5 und 3 g Nährsalz je Liter Pflanzstoff bzw. je Liter Düngerlösung. Sie richtet sich einerseits nach der Art des verwendeten Pflanzstoffes, andererseits nach den Ansprüchen der Pflanzen. Substrate, die bereits einen natürlichen Nährstoffvorrat besitzen, wie *Osmunda* oder Komposte mit Laub- und Rasenerdezusatz, benötigen anfänglich keine Zugabe von Düngesalzen. Dagegen sind Nadelholzrinden, Hochmoortorf, Kies, Perlite, Ziegelsplitt und alle Arten von Kunststoffen so nährstoffarm, daß die Beifügung organischer oder anorganischer Düngemittel unbedingt erforderlich ist. Bei empfindlichen Kulturen, beispielsweise *Paphiopedilum* spec. oder *Dendrobium phalaenopsis* sollte die Salzgabe allerdings 0,5 g je Liter nicht übersteigen, da die Pflanzen erst nach vollständiger Einwurzelung höhere Konzentrationen vertragen.

Mit Einsetzen der Flüssigdüngung (meistens 4 bis 6 Wochen nach dem Umtopfen) muß die Konzentration auf die Sorptionskraft des Substrats und den jeweiligen Bedarf der Pflanze abgestimmt werden. Extrem durchlässige Pflanzstoffe verlangen eine häufige Nachdüngung (alternierend mit der Bewässerung) mit niedrig konzentrierten Lösungen (0,01 bis 0,03%). In Pflanzstoffen mit hohem Faserstoff- oder Torfanteil genügt hingegen eine ein- bis zweimalige Flüssigdüngung im Monat, wobei die Salzkonzentration je nach Wüchsigkeit der Kultur zwischen 0,05 und 0,2% liegen darf (im Ausnahmefall bis 0,3%). Pflanzen, die in relativ kurzer Zeit große Blattmassen oder Bulben bilden, wie beispielsweise *Calanthe, Cymbidium, Phajus*, benötigen während dieser Phase naturgemäß mehr Dünger als kleinwüchsige und langsam sich entwickelnde Arten. Diesem zeitweilig erhöhten Bedarf muß man durch häufige (einmal wöchentlich) oder stärker konzentrierte (0,2%) Lösungen nachkommen. Um der Gefahr einer Versalzung oder einseitigen Nährstoffanreicherung zu begegnen, muß das Substrat in regelmäßigen Abständen mit reinem Wasser durchgespült werden. Auch vor jeder Düngung muß der Pflanzstoff gut durchfeuchtet sein. Zur Kontrolle des Salzgehaltes wird das Filtrat mit Hilfe elektrischer Leitfähigkeitsmeßgeräte überprüft.

Abb. 44. Auswirkung gestaffelter Düngungshöhe bei *Cymbidium*. Links: ungedüngt, Mitte: 1 g Volldünger, rechts: 3 g Volldünger je Liter Substrat.

Abb. 45. Stickstoffüberdüngung bei *Paphiopedilum callosum*. Pflanze oben geschädigt durch zu hohe N-Gaben: Wurzeln abfaulend, gleichzeitig Bildung zahlreicher, teilweise verkrümmter Neutriebe. Pflanze unten durch ausgewogene Düngung normal entwickelt.

Bei Überschreitung der verträglichen Düngungsgabe leiden zuerst die Wurzeln. Ihre Zahl und Länge nimmt ab; sie beginnen zu faulen, und die oberen Pflanzenteile welken infolge zu geringer Wasseraufnahme. Daneben können in Extremfällen typische Verbrennungserscheinungen an den Blättern auftreten, wobei meistens zuerst die Ränder absterben. In weniger krassen Fällen zeigt die Pflanze kräftigen, aber gestauchten Wuchs und verringerte Blühwilligkeit.

Umgekehrt ist bei mangelhafter Nährstoffversorgung das Wurzelsystem reich an langen, dünnen, gesunden Aufnahmeorganen; der Sproß ist hingegen schwach, besetzt mit langen, schmalen, hellgrünen Blättern. Blüten werden kaum entwickelt oder sind schlecht in der Qualität. Tab. 4 gibt die Ergebnisse eines Düngungsversuches zu Cymbidien in Torf wieder, bei dem die Nährsalzgabe (Mairol) von 0 bis zu 3 g je Liter gesteigert und mit zwei Kalkungsstufen kombiniert wurde. Die Pflanzen entwickelten sich am kräftigsten bei einer Salzkonzentration von 0,2% und 3 g $CaCO_3$ je Liter Torf. Jedoch trat bereits bei dieser Düngungshöhe vereinzelt eine Schwarzspitzigkeit der Blätter auf, und der Blütenertrag ließ im Vergleich zu 0,1% erheblich nach. Auf der höheren Kalkungsstufe wurden 2 g Salz von den Pflanzen noch gut vertragen, und erst bei 3 g beobachtete man stärkere Schädigungen. Salzkonzentrationen, die über 0,2% hinausgehen, sind also höchstens kurzfristig zur Zeit der stärksten Triebentwicklung bei der Flüssigdüngung empfehlenswert.

Für Orchideen, die in einem Torf-Styromull-Gemisch kultiviert werden, können auf Grund der Weihenstephaner Versuchsergebnisse[1] folgende Zugaben an Nährsalz je Liter Substrat empfohlen werden:

Paphiopedilum	0,5 g
Dendrobium phalaenopsis	0,5 bis 1,0 g
Phalaenopsis	0,5 bis 1,0 g
Cattleya	1,0 g
Cymbidium (großblütig)	1,0 bis 1,5 g

[1] Düngungsversuche zu Orchideen an der Versuchsanstalt für Gartenbau in Freising-Weihenstephan, Institut für Bodenkunde und Pflanzenernährung unter Leitung von Prof. Dr. F. PENNINGSFELD.

Diese Werte gelten für gesunde, blühfähige Pflanzen mit gut ausgebildetem Wurzelsystem. Für einen geschwächten oder noch sehr jungen Bestand müssen die Gaben etwa um die Hälfte herabgesetzt werden.

Die Kalkversorgung

Wie der dargestellte Cymbidienversuch zeigt, ist die Salzempfindlichkeit der Pflanzen sehr von der Kalkversorgung abhängig. Bei Verwendung von saurem Hochmoortorf als Hauptbestandteil des Substrats sollte der pH-Wert durch Zugabe von 3 bis 5 g kohlensaurem Kalk ($CaCO_3$) je Liter auf pH 5,0 bis 5,5 angehoben werden; auch die meisten Nadelholzrinden müssen aufgekalkt werden. Anstelle von kohlensaurem Kalk läßt sich auch feinstvermahlener Dolomitkalk verwenden, der neben $CaCO_3$ noch etwa 15% $MgCO_3$ enthält. Steht eine Kultur länger als ein Jahr im gleichen Substrat und wird kalkfreies Regen- oder Austauscherwasser be-

Tab. 4. Wuchsleistung und Blütenertrag von *Cymbidium*-Hybriden bei gestaffelter Düngungshöhe und Kalkung[1]

g je Liter Mairol	Torf $CaCO_3$	g Frischgew. je Pflanze	Pseudobulben je Pflanze	Blattzahl je Pflanze	Blütenstiele je Pflanze	Einzelblüten je Stiel	Blütenqualität
0	3	1408,0	5,7	36,7	1,7	6,1	4,3
1	3	6406,7	12,2	104,2	7,9	11,7	4,7
2	3	7554,7	17,4	141,4	5,6	10,3	4,7
3	3	6750,1	15,1	123,4	2,7	9,8	4,6
0	6	1047,2	5,5	27,7	1,1	5,5	4,0
1	6	4291,6	10,7	89,5	6,5	11,2	4,4
2	6	5997,4	13,7	119,4	7,2	12,3	4,4
3	6	6141,9	15,5	123,7	3,5	12,6	4,9

[1] Meriklone der Hybride Voodoo Bianchis × Balkis „Del Mar"
Substrat: Floratorf
Versuchsdauer: 5 Jahre
Mittelwerte aus 21 Pflanzen je Düngungsreihe
Qualität: 5 = sehr gut, 1 = sehr schlecht
Versuchsansteller: Institut für Bodenkunde und Pflanzenernährung der FH Weihenstephan (PENNINGSFELD 1974)

nutzt, so tritt teils durch Auswaschung, teils durch Entzug häufig eine Verarmung an Kalk ein, und der pH-Wert sinkt entsprechend ab. Umgekehrt kann sehr hartes Wasser eine unerwünschte pH-Erhöhung bewirken. Auch bestimmte Düngesalze, bei denen entweder der Basen- oder der Säureanteil bevorzugt von der Pflanze aufgenommen wird, verändern u. U. die Reaktion. Eine Kontrolle über den Säuregrad im Pflanzstoff erhält man durch regelmäßige Messung mittels Indikatoren oder elektrometrischer Meßgeräte. Bei Benutzung von Indikatorpapier muß die größere Ungenauigkeit (Abweichungen vom richtigen Wert oft um mehr als 1,0 pH) berücksichtigt werden. Erweist sich das Substrat als zu sauer, so kann der pH-Wert durch oberflächliches Einarbeiten kleinerer Calciumcarbonatmengen oder durch gelegentliches Gießen mit Kalkhydratlösung (1 g $Ca(OH)_2$ in 1 l Wasser) allmählich wieder angehoben werden.

Der Kalkbedarf der meisten Orchideen ist zwar nicht sehr groß, doch gibt es einige Arten, besonders unter den Paphiopedilen, die ausgesprochen kalkliebend sind. Kalkmangel äußert sich zumeist in mangelhafter Wurzelbildung, aber auch schwarze Blattspitzen oder eine Weichfäule der oberen Blatteile können ihre Ursache in mangelhafter Kalkversorgung haben. Auf der anderen Seite bewirken zu hohe Kalkgaben leicht eine Festlegung von Spurenelementen bzw. ein Mißverhältnis zu anderen Nährstoffen, wodurch die allgemeine Wuchsfreudigkeit nachläßt und Blattvergilbungen (Chlorosen) in Erscheinung treten. Die Chlorosen sind vor allem auf eine Festlegung von Eisen zurückzuführen, die sich durch Verabreichung von Eisenchelat (Fe-EDDHA in Flory 72 oder Basafer) beheben lassen. Es enthält 6% Fe und wird am besten aufgelöst in Wasser (0,25 bis 0,5 g je Liter) mehrmals in wöchentlichen Abständen im Gieß- oder Spritzverfahren auf die Pflanzen ausgebracht.

Menge und Verhältnis einzelner Nährstoffe

Die Wirkung einer Düngung ist nicht allein abhängig von der Gesamtmenge an Nährsalzen, sondern auch von der richtigen Dosierung der einzelnen Elemente. Ihr Verhältnis zueinander muß innerhalb einer bestimmten Größenordnung liegen, um einerseits dem speziellen Bedarf der Pflanze entgegenzukommen, andererseits ein physiologisches Gleichgewicht aufrechtzuerhalten. Disharmonische Nährstoffverhältnisse beeinträchtigen das Wachstum durch absoluten oder relativen Mangel bzw. durch die toxische Wirkung einzelner überdosierter Elemente.

Als grundlegend für den normalen Entwicklungsgang der Pflanze hat sich vor allem die Relation der drei **Kernnährstoffe** Stickstoff (N), Phosphorsäure (P_2O_5) und Kali (K_2O) erwiesen, was abgekürzt zumeist als NPK-Verhältnis bezeichnet wird. Welches Verhältnis man bei der Düngung wählt, richtet sich nach den Ansprüchen der Kultur und der Entwicklungsphase. Gewöhnlich wird während des rein vegetativen Wachstums mehr Stickstoff, bei der Umstellung auf die Blütenbildung mehr Phosphor und Kali benötigt. Für Orchideen wird in der Regel zur Ausbildung kräftiger Jahrestriebe während der Hauptwachstumszeit ein NPK-Verhältnis von 2:1:1 empfohlen, das im Spätsommer zur Initiierung von Blütenanlagen in 1:1:1 oder 1:1:2 abgewandelt wird. Auch bei der Winterdüngung vermeidet man eine zu starke Betonung der Stickstoffkomponente. Dieser an bestimmte Jahreszeiten und Entwicklungsstufen gebundene Wechsel des Nährstoffverhältnisses hat vor allem dort besondere Bedeutung, wo man die Pflanzen in

Abb. 46. N zu *Cattleya*: links Mangel, Mitte ausreichend, rechts überhöht (Blüte welkt vorzeitig).

Abb. 47. P zu *Cymbidium*: links Mangel (Wachstum sehr gehemmt), Mitte Standard, rechts verdoppelt.

N
0
1
2

5
2
6

Tab. 5. Wuchsleistung und Blütenertrag von *Paphiopedilum callosum* bei variiertem Nährstoffverhältnis[1)]

NPK-Verhältnis bei der Düngung	g Frischgew. je Pflanze ohne Wurzel	Zahl der Triebe je Pflanze	Zahl der Blätter je Pflanze	Zahl der Blüten je Pflanze u. Jahr	Blütenqualität
0:0:0	28,3	2,7	9,3	1,0	4,4
1:0,8:1 (St.)	83,0	5,5	19,6	2,1	4,5
0:0,8:1	41,4	3,0	9,1	1,7	4,5
2:0,8:1	51,5	5,5	21,2	1,2	4,7
1:0:1	44,1	4,0	14,6	1,4	4,5
1:1,6:1	69,2	4,6	16,6	2,3	4,5
1:0,8:0	70,7	4,1	15,4	1,7	4,5
1:0,8:2	85,9	4,5	16,6	2,4	4,7
St. mit CaO_3	83,0	5,5	19,6	2,1	4,5
St. ohne CaO_3	29,8	3,5	13,3	0,6	4,3

1) Standardverhältnis (St.) $N:P_2O_5:K_2O:MgO$ = 1:0,8:1:0,2
Nährstoffgabe in der Standardreihe je Liter Torf (= 2 Liter Substrat) 134 mg N, 106 mg P_2O_5, 134 mg K_2O, 27 mg MgO, 2243 mg CaO + Spurenelemente
Substrat: Torf/Styromull 1:1
Versuchsdauer: 4 Jahre
Mittelwerte aus 30 Pflanzen je Düngungsreihe
Blütenqualität: 5 = sehr gut, 1 = sehr schlecht
Versuchsansteller: Institut für Bodenkunde und Pflanzenernährung der FH Weihenstephan (PENNINGSFELD)

Materialien kultiviert, die infolge ihrer geringen Haltefähigkeit keinerlei Nährstoffe speichern. Bei Verwendung von Rindensubstraten muß überdies der hohe N-Bedarf der holzzersetzenden Organismen berücksichtigt werden, weshalb man in diesem Falle für die vegetative Phase ein NPK-Verhältnis von 3:1:1 oder sogar 6:1:1 bevorzugt.

Substrate auf Torfbasis haben andere Eigenschaften, vor allem ist ihre Sorptionskraft wesentlich stärker. Vergleichende Versuche in Weihenstephan zeigten, daß hier eine Variierung des NPK-Verhältnisses nicht unbedingt notwendig ist, um die Blühwilligkeit zu unterstützen. Die meisten der geprüften Gattungen brachten bei einem ganzjährig eingehaltenen Verhältnis von 1:0,8:1–2 befriedigende Erträge (siehe hierzu Tab. 5). Betonte N-Düngung bewirkt zwar u. U. einen noch üppigeren Wuchs (besonders bei *Cattleya* und *Phalaenopsis*), doch geht dies häufig auf Kosten eines gesunden Wurzelsystems und der allgemeinen Widerstandsfähigkeit. Das Verhältnis 2:0,8:1 ist eher für Jungpflanzen anzuraten, die unter optimal gestalteten Wachstumsbedingungen eine möglichst rasche Entwicklung durchlaufen sollen. Eine kalibetonte Düngung (1:0,8:2) begünstigt die Blütenbildung von Cymbidien und beugt dem Steckenbleiben von Cattleyenblüten während der Wintermonate vor. Auch bei *Phalaenopsis* wirkte sich nach SCHUM und FISCHER (1985) ein N: K_2O-Verhältnis von 1:2 oder 1:3 positiv auf das vegetative Wachstum und den Blütenertrag aus.

Mit der Gesamtgabe von 1 bis 2 g Volldünger je Liter Substrat verabreicht man der Pflanze eine bestimmte Menge an Reinnährstoffen, die von der Zusammensetzung des Düngemittels abhängig ist. Beispielsweise sind in 1 g Mairol 140 mg N, 120 mg P_2O_5 und 140 mg K_2O enthalten, was einer Relation von 1 : 0,85 : 1 entspricht. Nach Angaben von PENNINGSFELD (1976) liegen die optimalen Reinnährstoffgaben bei Verwendung von Torf-Styromull-Substraten in folgendem Bereich:

N	67–135 mg/l
P_2O_5	53–106 mg/l
K_2O	67–135 mg/l
MgO	14– 28 mg/l
Fe	2,5 mg/l
Mn	1,0 mg/l
Cu	0,75 mg/l
Mo	0,4 mg/l
B	0,2–0,4 mg/l
Zn	0,05–0,1 mg/l

Hierbei gelten die niedrigeren Werte im allgemeinen für die salzempfindlichen Kulturen, die höheren Werte für besonders starkwüchsige Gattungen, bei denen vorübergehend der Spiegel für N und K_2O sogar bis zu 300 mg/l gesteigert werden kann.

Die Bedeutung einer ausgewogenen **Spurenelementversorgung** geht aus Tab. 6 hervor. Da hier der optimale Bereich in relativ engen Grenzen liegt, wirken sich sowohl Unter- wie Überdosierung oft wesentlich eher und schwerwiegender aus als bei entsprechenden Schwankungen der Hauptnährstoffe. Bezüglich des Bedarfs an bestimmten Mikroelementen bestehen bei den einzelnen Orchideengattungen erhebliche Unterschiede, wie aus der Übersicht „Kennzeichen von Nährstoffmangel und -überdüngung“ (siehe Übersicht Seite 96) hervorgeht. Cattleyen sind offensichtlich borbedürftig und empfindlich gegenüber zu hohen Kupfergaben. Inwieweit

Abb. 48. K-Mangel bei *Cymbidium*: geschwächtes Wachstum, Blätter und Bulben sterben vorzeitig ab.

Tab. 6. Wuchsleistung und Blütenertrag von *Laeliocattleya* bei unterschiedlicher Spurenelementversorgung[1)]

Spurenelementgabe	g Frischgew. je Pflanze	Zahl der Blätter je Pflanze	Längstes Blatt in cm	Blütenzahl pro Jahr u. Pflanze	Mangelsymptome
Standard	115,6	7,1	20,8	1,9	keine
ohne Fe	111,8	6,7	20,6	1,3	Blatt hell
doppelt Fe	108,3	6,6	20,3	1,6	
ohne Cu	127,9	7,3	22,3	0,9	keine
doppelt Cu	119,9	6,8	23,4	1,5	
ohne B	62,6	6,3	15,7	0,1	Blattschäden
doppelt B	111,7	7,0	21,7	1,6	
ohne Mo	124,1	7,5	23,3	0,9	keine
doppelt Mo	105,2	7,4	20,9	0,9	

[1)] Substrat: Torf/Styromull 1:1
Spurenelementzugabe in der Standardreihe (mg/l Torf): 5,0 Fe, 2,0 Mn, 1,5 Cu, 0,1 Zn, 0,8 Mo, 0,4 B
Versuchsdauer: 7 Jahre
Mittelwerte aus 8 Pflanzen je Düngungsreihe
Versuchsansteller: Institut für Bodenkunde und Pflanzenernährung der FH Weihenstephan (PENNINGSFELD)

auch noch andere als die angegebenen Elemente Bedeutung für Orchideen haben, müßte durch weitere Untersuchungen festgestellt werden. Für die Herkünfte aus küstennahen Gebieten können u. U. auch die in Spuren verabreichten Halogene eine wachstumsfördernde Wirkung ausüben.

2.3.4 Die Düngemittel

Die benötigten Nährstoffe können der Pflanze in mannigfacher Form dargeboten werden. Am leichtesten aufnehmbar sind für sie die wasserlöslichen Salze, deren Ionen in das Pflanzeninnere wandern und dort verarbeitet werden. Organisch gebundene Nährstoffe brauchen erst eine Zeit der Umsetzung, ehe sie ihre Wirksamkeit voll entfalten. Der Wert eines Düngemittels wird weitgehend von seinem Gehalt an Reinnährstoffen bestimmt: je höher der Nährstoffgehalt, desto niedriger läßt sich die Salzkonzentration halten. Man düngt heute in der Regel nicht mehr mit einer selbsthergestellten Kombination von Einzelsalzen, sondern mit kompletten Volldüngern, die außer sämtlichen Makronährstoffen (mit Ausnahme von Calcium) meistens auch noch Spurenelemente in zuträglicher Dosierung enthalten. Häufig sind auch noch Vitamine, Wuchsstoffe, Biostoffe oder derartiges hinzugefügt, doch sind die Angaben darüber schwer kontrollierbar und halten oft nicht das, was sie versprechen. Aus dem umfangreichen Angebot der Düngemittelindustrie, das hier im einzelnen nicht besprochen werden kann, seien nur einige Gruppen genannt und charakterisiert. Zu unterscheiden sind hauptsächlich die leicht aufnehmbaren anorganischen Nährsalze in fester oder aufgelöster Form, die langsam wirkenden Depotdünger und die teils rasch, teils langsam in Aktion tretenden organisch-mineralischen Mischdünger bzw. rein organischen Produkte. Welcher dieser Gruppen man den Vorzug gibt, ist eine Frage der persönlichen Neigung; richtig angewandt, lassen sich bei

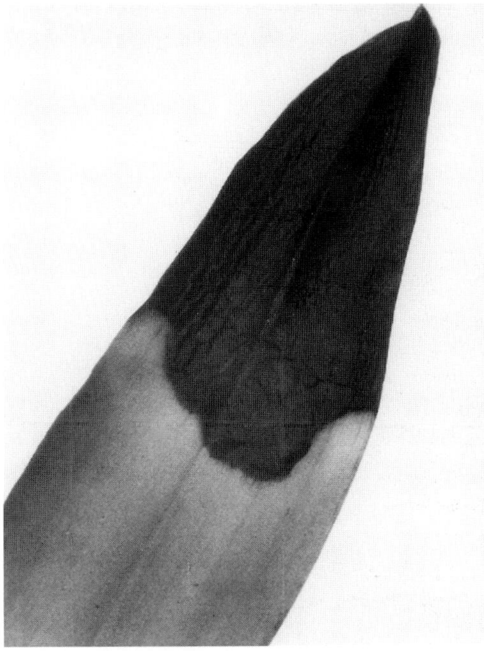

Abb. 49. Schwarze Blattspitzen bei *Paphiopedilum* (oben links), *Cattleya* (oben rechts), *Cymbidium* (rechts). Die Ursache der nichtparasitären, von der Spitze zur Basis fortschreitenden Schwärzung der Blätter ist teils in Kalkmangel, teils in einem Zusammenwirken von Überdüngung mit ungünstigen Klimafaktoren zu suchen. Bei Cymbidien ist die Neigung zu Schwarzspitzigkeit sortenabhängig.

Kennzeichen von Nährstoffmangel und Überdüngung bei Orchideen

Nährstoff	Mangelsymptome	Überdüngungssymptome
Gesamte Nährstoffversorgung	Schwacher Wuchs. Blätter klein, hellgrün. Kaum Blüten. Pseudobulben schwach, aber nicht geschrumpft. Wurzeln gesund.	Kräftiger, gedrungener Wuchs. Neigung zu Blattnekrosen oder Deformationen. Verminderte Blühwilligkeit. Wurzeln kurz, häufig absterbend. Bei *Paphiopedilum* Bildung zahlreicher schwacher Neutriebe. Bei Cattleyen Absterben junger Triebe.
Stickstoff	Laub starr, hellgrün und schmal. Ältere Blätter vorzeitig vergilbend. Wenige und geringwertige Blüten. Lange, dünne Wurzeln.	Viele dunkelgrüne, etwas weiche Blätter. Anfällig gegen Krankheiten. Pseudobulben sehr dick. Blütenansatz gering. Ausgebildete Blüten qualitativ gut, aber oft verspätet und von geringer Haltbarkeit. Wurzeln oft geschädigt.
Phosphor	Starke Wuchsdepression. Pflanzen nur wenige, fahlgrüne Blätter bildend, zuweilen rot überlaufen. Kaum Blüten.	Selten. Nach Poole and Sheehan (1973) manchmal Schwarzspitzigkeit von Cattleyenblättern durch Festlegung von Kalk.
Kalium	Laub dunkelgrün, teilweise mit Randnekrosen oder braunen Flecken, bei Cymbidien vorzeitig absterbend.	Selten. Blätter heller grün durch relativen N-Mangel.
Calcium	Relativ selten. An *Paphiopedilum callosum* faulen einzelne Blätter von der Spitze zur Basis fortschreitend ab. Bei Cattleyen in Verbindung mit hohen Temperaturen Schwarzspitzigkeit der Blätter.	Bei epiphytischen Gattungen z. T. verringerte Wüchsigkeit und Aufhellung der Blätter durch Festlegung von Spurenelementen.
Magnesium	Weniger ausgeprägt, aber teilweise geminderter Blütenertrag *(Phalaenopsis, Dendrobium phalaenopsis)*.	Selten. Kann u. U. Kalimangel induzieren.
Eisen	Aufhellung oder Vergilbung des Laubes (an den jüngsten Blättern beginnend), besonders auffallend bei *Huntleya, Paphiopedilum callosum, Dendrobium phalaenopsis*.	Keine besonderen Kennzeichen, aber manchmal verminderte Wüchsigkeit und abnehmender Blütenertrag, besonders bei *Phalaenopsis* und *Cattleya*.

Kennzeichen von Nährstoffmangel und Überdüngung bei Orchideen (Fortsetzung)

Nährstoff	Mangelsymptome	Überdüngungssymptome
Kupfer	Teilweise Wuchsminderung. Bei *Phalaenopsis* deutliche Verschmälerung und Rotfärbung der Blätter. Später Eingehen der ganzen Pflanze.	Allgemeiner Rückgang der Wüchsigkeit. Empfindlich gegen Cu-Überdüngung sind vor allem *Paphiopedilum callosum* und *Dendrobium phalaenopsis*.
Mangan	Noch nicht beobachtet.	Evtl. leichte Chlorose bei Mißverhältnis zur Eisengabe.
Zink	Selten. Bei *Dendrobium, Phalaenopsis* und Cymbidien leichtes Nachlassen der Blühfreudigkeit.	Wachstumsstörungen, Chlorose, Blattflecken. Zinkvergiftung kann durch Tropfenfall von verzinkten Rohren hervorgerufen werden.
Molybdän	Noch nicht beobachtet.	Bei Cattleyen etwas geringeres Wachstum.
Bor	An Cattleyen Aufhellung und Fleckung der Blätter, geschwächter, sukkulenter Wuchs	Wachstumsrückgang. Empfindlich sind besonders *Cymbidium* und *Dendrobium phalaenopsis*.

ausreichendem Nährstoffangebot mit diesen wie mit jenen gute Resultate erzielen.

Leicht aufnehmbare Nährsalze

Die meisten der heute im Zierpflanzenbau gebräuchlichen Volldünger setzen sich aus wasserlöslichen, keine oder nur wenig Rückstände hinterlassenden Salzen zusammen. Da sie leicht aufnehmbar sind, kann man sie termingerecht einsetzen. Bei Überdosierung verursachen diese Salze allerdings infolge ihres hohen osmotischen Wertes Verbrennungen an der Pflanze, was bei den langsam wirkenden organischen Düngemitteln weniger zu befürchten ist. Die meisten Düngemittelhersteller bieten Fabrikate mit unterschiedlichem Nährstoffverhältnis an, um damit dem Kultivateur die Anpassung der Düngung an den Bedarf der Pflanze zu erleichtern. Für die vegetative Phase werden häufig stickstoffbetonte Nährsalzkombinationen bevorzugt, beispielsweise mit dem Reinnährstoffgehalt 20–5–10 (NPK-Verhältnis 4:1:2), zur Blüteninduktion hingegen solche mit erhöhtem PK-Gehalt, z. B. 8–15–20 (= 1:1,8:2,5) oder 8–14–18 (= 1:1,7:2,2). Die Abwandlung eines gegebenen NPK-Verhältnisses läßt sich aber auch durch Zusatz von Einzelsalzen zu einem beliebigen Volldünger erreichen. Die Berechnung sei an einem Beispiel deutlich gemacht:

Volldünger X mit einem Reinnährstoffgehalt von 14–12–14 enthält in 1 Gramm 140 mg N, 120 mg P_2O_5 und 140 mg K_2O.
Das NPK-Verhältnis ist demnach 1:0,86:1.
Gewünscht wird das Verhältnis 2:0,86:1.

Um dies zu erreichen, ergänzt man den Volldünger mit einem Stickstoffsalz, z. B. Ammonnitrat (NH_4NO_3) mit 35,5% N. 1 g N = 2,82 g Ammonnitrat, 140 mg N = rund 400 mg NH_4NO_3.

Abb. 50. Fe-Mangel bei *Huntleya*: Blattvergilbung, an den jüngsten Blättern beginnend.

1 g Volldünger X + 0,4 g NH_4NO_3 = 280 mg N, 120 mg P_2O_5, 140 mg K_2O.
$N:P_2O_5:K_2O = 2:0{,}86:1$.

Will man anstelle von 1,4 g Gesamtsalz nur 1 g geben (etwa zur Herstellung einer 0,1%igen Düngerlösung), so muß man durch 1,4 dividieren. In 1 g Salz sind dann enthalten: 0,71 g Volldünger X + 0,29 g Ammonnitrat = 202,4 mg N, 85,2 mg P_2O_5, 99,4 mg K_2O.

Möchte man statt des Stickstoffanteils den Kaligehalt erhöhen, so läßt sich das Düngesalz Kaliumsulfat (K_2SO_4) mit rund 50% K_2O zusetzen. Es sind dann:
1 g K_2O = 2,00 g K_2SO_4, 140 mg K_2O = 280 mg K_2SO_4.

1 g Volldünger X + 0,280 g K_2SO_4 = 140 mg N, 120 mg P_2O_5, 280 mg K_2O.
$N:P_2O_5:K_2O = 1:0{,}86:2$.

Durch Division mit 1,28 kann man auch hier die Gesamtsalzmenge auf 1 g umrechnen, was man allerdings in der Praxis kaum tun wird, da die Differenz zu gering ist.

Eine dritte und einfachere Möglichkeit, den Pflanzen zeitweise bestimmte Nährstoffe bevorzugt anzubieten, besteht darin, nicht ständig Volldünger zu verwenden, sondern bei speziellem Bedarf mit Zwei- oder Einsalzdüngern abzuwechseln.

Abb. 51. Cu-Mangel bei *Phalaenopsis*: oben normale Pflanze, darunter zwei durch Cu-Mangel geschwächte Pflanzen.

Abb. 52. B-Mangel bei *Cattleya*: Wachstum gehemmt; Pflanze rechts normal versorgt und entwikkelt.

oB
B

Obgleich die meisten mineralischen Volldünger neben den drei Kernnährstoffen Stickstoff, Phosphor, Kali auch noch Magnesium und Spurenelemente enthalten, kann u. U. trotzdem noch eine Ergänzung mit diesen Stoffen notwendig werden. Magnesium verabreicht man in der Regel als Magnesiumsulfat ($MgSO_4 \cdot 7\,H_2O$), die Schwermetalle als Sulfat oder in organischer Bindung als Chelat, Bor als Natriumborat oder Borsäure, Molybdän als Natrium- oder Ammoniummolybdat. Sofern bei den Mikronährstoffen kein deutlicher Mangel an einem bestimmten Element auftritt, nimmt man auch gern fertige Gemische, wie etwa Gabi Micro T oder den Metalldünger Radigen.

Die häufig angebotenen **Flüssigdünger** stellen Nährstoffkonzentrate dar, die in flüssiger Form gehandelt werden. Sie sind teilweise chelatisiert, um eine Ausfällung von Salzen zu verhindern. Flüssigdünger bieten den Vorteil, arbeitssparend und bequem in der Anwendung zu sein, so daß sie sich in der Praxis gut eingeführt haben. Sie sind allerdings teurer als die festen Salze und verleiten leicht zur Überdosierung.

Depot- oder Langzeitdünger sind im Gegensatz zu den sofort löslichen und daher auch eher auswaschbaren Düngesalzen eine langsam fließende Nährstoffquelle, die die Pflanze über einen längeren Zeitraum hin versorgt. Man erspart sich bei ihrem Gebrauch zum mindesten während der ersten 4 bis 5 Monate nach dem Umtopfen die flüssige Nachdüngung und hat trotz der relativ hohen Aufwandmenge kaum Verbrennungen zu befürchten. Nachteilig ist höchstens die schlechte Steuerungsmöglichkeit des Nährstoffangebotes, d. h. die Freigabe der Nährstoffe erfolgt manchmal zum falschen Zeitpunkt, und das NPK-Verhältnis läßt sich weniger gut beeinflussen. Die Depotwirkung wird bei den einzelnen Fabrikaten auf verschiedenem Wege erreicht: entweder durch Verwendung von Verbindungen, die schwer löslich sind bzw. erst Umsetzungsprozesse durchmachen müssen, oder durch Anlagerung von Nährstoffen an Ionenaustauscher (Kunstharze) oder durch Umhüllung der Düngepartikel mit osmotisch durchlässigen Kunststoffhäuten. Diese Produkte sind z. Z. noch stark in der Entwicklung begriffen und bedürfen im Hinblick auf ihre Verwertbarkeit speziell zu Orchideen noch einer weiteren Überprüfung. Sie haben sich in der Praxis jedoch z. T. schon gut eingeführt und scheinen bei richtiger Anwendung durchaus empfehlenswert zu sein.

Auch bei den **Düngemitteln organischer** oder **organisch-mineralischer Herkunft** kann man von einer gewissen Langzeitwirkung sprechen. Sie rufen ebenfalls seltener Überdüngungungsschäden hervor und sind teilweise reich an Begleitstoffen, die manchmal einen wachstumsanregenden Effekt haben. Rein organische Dünger enthalten meistens nur einen oder höchstens zwei Nährstoffe (z. B. Blutmehl etwa 10% N, Hornmehl 10 bis 13% N, Knochenmehl 20 bis 30% P_2O_5), so daß man sie vielfach mit Mineralsalzen ergänzt. Diese Gemische – z. B. Manna Spezial (6–10–9) oder Hornoska Spezial (8–7–10–1,5) – werden gerade Orchideensubstraten gern als Grunddüngung zugefügt, da sie wenig aggressiv sind und durch ihre allmähliche Umsetzung über eine verhältnismäßig lange Zeit immer wieder Nährstoffe freigeben. Voraussetzung ist allerdings die Verwendung eines mikrobiell belebten, humushaltigen Substrats, das die erforderlichen Umsetzungsvorgänge ermöglicht.

Organische Düngemittel fördern im allgemeinen die Vermehrung der Mikroorganismen; dadurch wird allerdings auch der Pflanzstoff schneller abgebaut. Wenig aufbereitete Naturprodukte sind manchmal in hygienischer Hinsicht nicht ganz unbedenklich oder durch ihren unangenehmen Geruch für Pflanzen in Wohnräumen nicht geeignet. In der Orchideenkultur gut bewährt haben sich vor allem die an Spuren- und Wirkstoffen reiche Fischemulsion (5–1–1) und der in fester oder flüssiger Form gehandelte Peruguano (6–12–2), besonders, wenn sie mit einer kalireicheren Mineraldüngung ergänzt werden.

2.3.5 Praktische Durchführung der Düngung

Die Düngemittel können der Pflanze auf verschiedene Weise zugeführt werden: entweder durch Anreicherung des Substrats mit Nährstoffen (Grunddüngung) oder durch regelmäßige Verabreichung von Nährlösungen (Folgedüngung). Meistens kombiniert man beides, d. h., dem Pflanzstoff werden in geringen Quantitäten Dünger beigefügt, die nach Verlust durch Auswaschung oder Entzug mittels flüssiger Nachdüngungen ersetzt werden.

Die Grunddüngung
Sofern keine Pflanzstoffe Verwendung finden, die von Natur aus Nährstoffe mitbringen (wie z. B. *Osmunda*) oder die bereits Düngemittel enthalten (wie TKS), muß man die benötigten Nährelemente zusetzen. Anzustreben ist dabei ein pH-Wert von 5,0 bis 5,5 sowie ein Gehalt an löslichen Salzen von 0,05 bis 0,1%. Welche Düngemittel man hierzu wählt, ist bis zu einem gewissen Grade abhängig von der Art des Substrats, aber natürlich auch von der Art der Kulturführung und der persönlichen Vorliebe für diese oder jene Nährstoff-Form. Nach Erfahrungen, die in Weihenstephan mit Torf-Styromull-Gemischen gewonnen wurden, bewährte sich folgende Methode: Man mißt zunächst die erforderliche Liter- oder Kubikmetermenge Torf ab und mischt 3 bis 5 g bzw. kg kohlensauren Kalk unter. Am nächsten Tag werden die übrigen Nährstoffe hinzugefügt und gründlich eingearbeitet. Alle löslichen Salze werden dabei am besten vorher in Wasser aufgelöst und mit einer Brause über den ausgebreiteten Torf verteilt. Bei Verwendung von Mineraldüngern, die wenig oder gar keine Spurenelemente enthalten, vervollständigt man die Nährstoffgabe zweckmäßigerweise noch mit einer Spurenelementkombination, etwa mit Gabi Micro T (1 ml/l) oder Radigen (100 ml/l). Styromull, in der gleichen Raummenge wie Torf, wird erst zum Schluß dazugegeben, ohne vorherige Düngerbeigabe. Das fertige, gut durchfeuchtete, aber nicht nasse Substrat enthält dann annähernd je Liter 1,5 bis 2,5 g Kalk und 0,5 bis 1,0 g Salz, wenn der Torf mit 1 bis 2 g Volldünger versehen wurde.

Torf ist ein Material mit verhältnismäßig guter Haltekraft, so daß auch die leicht löslichen Mineralsalze nicht sofort ausgewaschen werden. Anders liegen die Verhältnisse bei den wenig adsorptionsfähigen Rinden oder anorganischen Pflanzstoffen. Hier ist meistens neben der benötigten Aufkalkung die Anwendung organisch-mineralischer Düngemittel empfehlenswert (siehe vorne). Reine Kunststoffe erhalten überhaupt keine Grunddüngung, sondern werden nur laufend mit Nährlösungen versehen.

Die Nachdüngung
Gewöhnlich erfolgt das Umtopfen der Pflanzen in ein neues, mit Nährstoffen angereichertes Substrat im Frühjahr zur Zeit des beginnenden Neuaustriebs. Da das Wurzelsystem zunächst geschwächt und der Nährstoffverbrauch entsprechend gering ist, braucht die Nachdüngung erst nach 1 bis 2 Monaten, also etwa ab April einzusetzen. Je nach Haltevermögen des Substrats muß diese in längeren oder kürzeren Abständen erfolgen. Bei Torf-Styromull-Gemischen genügt normalerweise eine ein- bis zweimalige Flüssigdüngung im Monat, während bei stark durchlässigen Pflanzstoffen mit jedem zweiten oder dritten Wässern gleichzeitig Nährstoffe verabreicht werden müssen. Je höher man die Salzkonzentration wählt (maximal 0,3%) und je häufiger man düngt, desto notwendiger sind zwischengeschaltete gründliche Durchspülungen des Substrats mit reinem Wasser, um Salzanreicherungen und Überdüngung vorzubeugen. Unbedingt zu vermeiden ist auch eine Düngung auf trocken gewordenen Pflanzstoff oder Wurzelballen. Die Zubereitung und Ausbringung der Lösungen wird im Kleinbetrieb meistens mit Kannen vorgenommen, im Erwerbsbetrieb mit automatisch arbeitenden, regulierbaren Düngegeräten. Im allgemeinen benutzt man zur Nachdüngung die gleichen Salze bzw. Flüssigdünger wie bei der Grunddüngung, wenn auch u. U. mit ab-

geändertem NPK-Verhältnis. Die Düngesalze werden in möglichst kalkarmem Wasser aufgelöst und die konzentrierte Stammlösung dann so weit verdünnt, daß die Gießlösung nicht mehr als 1 bis 2 g Dünger je Liter enthält. Die aufgelösten Düngemittel beeinflussen den pH-Wert der Lösung, und zwar meistens nach der sauren Seite hin, so daß es ratsam ist, gelegentlich den Säuregrad des Substrats zu überprüfen. Ein Aufstreuen fester Düngerpartikel auf die Substratoberfläche ist kaum üblich; in Ausnahmefällen lassen sich höchstens Kalk oder einige Depotdünger (z. B. Osmocote) ohne Schaden oberflächlich einarbeiten.

Mit Beginn der Ruhezeit wird die Flüssigdüngung eingeschränkt oder – bei strenger Ruhe – sogar vollständig eingestellt. Wenn die Ruhezeit weniger durch endogene als durch exogene Faktoren (hauptsächlich ungünstige Lichtverhältnisse) bedingt ist, kann durch Einhaltung optimaler Wachstumsbedingungen (u. a. Zusatzbelichtung) die Düngung u. U. das ganze Jahr über in gleicher Weise fortgesetzt werden. Vor allem bei Jungpflanzen, aber auch bei blühfähigen *Phalaenopsis* und vielen Paphiopedilen ist dies ohnehin üblich. Im übrigen muß die Häufigkeit der Nachdüngung, die Stärke der Salzkonzentration und die Länge der Düngungsperiode weitgehend auf die individuellen Bedürfnisse der Pflanze eingestellt werden, d. h. auf ihre Wüchsigkeit, ihren Gesundheitszustand und ihre Entwicklungsphase. Bei Orchideen liegen die Zeiten besonders hohen Bedarfs vorwiegend im Frühsommer, wenn der Jungtrieb bereits Wurzeln ausgebildet hat, und dann nochmals etwas später, wenn die Blüte in voller Entwicklung begriffen ist.

Die Laubdüngung

Als Laubdüngung bezeichnet man eine Düngung über das Blatt. Sie ist vorwiegend dann angebracht, wenn die Wurzeln nach dem Umtopfen oder durch schädigende Einflüsse stark vermindert sind und dadurch die Nährstoffaufnahme zu gering ist. In diesem Fall wird eine niedrig konzentrierte Nährlösung (0,1 bis 0,3 g Nährsalz je Liter Wasser) jeden zweiten oder dritten Tag mit Hilfe einer feinen Brause oder eines Verneblers abends oder in den frühen Morgenstunden über das Laub versprüht. Die Nährstoffe dringen dann teils durch die Spaltöffnungen, teils auch durch die Cuticula in das Blatt ein und werden dort assimiliert. Zur besseren Haftung auf der oft sehr glatten Blattoberfläche kann man der Lösung einige Tropfen eines Netzmittels (z. B. Citowett) zufügen. Mit der Laubdüngung allein läßt sich bei größeren Pflanzen allerdings niemals der Bedarf an Makronährstoffen vollständig decken, sie stellt immer nur eine Übergangslösung dar. Größere Bedeutung hat die Laubdüngung jedoch für die Versorgung mit Mikronährelementen und Wirkstoffen, die schon in kleinsten Mengen einen Effekt ausüben. Hier kann sogar die Verabreichung über das Blatt nutzbringender sein als über das Substrat, da die Wurzeln diese Stoffe teilweise schlecht weiterleiten oder inaktivieren. Wenn auch bisher noch keine exakten Versuche hinsichtlich einer stimulierenden Wirkung von Wuchsstoffapplikationen bei Orchideen vorliegen (abgesehen von der In-vitro-Kultur), gibt es doch zahlreiche Mitteilungen und Beobachtungen, die auf einen günstigen Einfluß hindeuten. In Ostasien besprüht man das Laub von Jungpflanzen zeitweise mit Bier (Verdünnung mit Wasser 1:40), das reich an Enzymen und Vitaminen der B-Gruppe ist und dadurch das Wachstum anregen soll. Ferner wird über die positive Reaktion auf Laubspritzungen mit Lösungen von Fischemulsion (0,025%ig), pulverisierten Meeresalgen (10 g/l), Kokosnußwasser (20 ml/l) oder Indolylessigsäure (0,5 ppm) berichtet. Ohne Zweifel sind Jungpflanzen, die noch in der Entwicklung begriffen sind und deren Hormonhaushalt vielleicht noch nicht voll funktionsfähig ist, am empfänglichsten für eine Unterstützung des Wachstums durch stimulierende Substanzen.

2.4 Das Wasser

2.4.1 Beschaffenheit des Wassers

Da Orchideenpflanzen zu 75 bis 90% aus Wasser bestehen, kommt diesem Wachstumsfaktor erhebliche Bedeutung zu. Dabei spielt neben der **Quantität**, die der Pflanze zur Verfügung gestellt wird, die **Qualität** eine entscheidende Rolle für den Kulturerfolg. Nicht jedes Wasser ist von vornherein brauchbar. Kriterien für die Eignung des Wassers zur Orchideenkultur sind in erster Linie dessen Sauberkeit, Härtegrad und pH-Wert sowie der Gehalt an organischen und anorganischen Bestandteilen. Vor der Verwendung eines betriebseigenen Grund- oder Oberflächenwassers empfiehlt sich daher auf alle Fälle die Anforderung einer Wasseranalyse.

Die **Sauberkeit** des Wassers ist im allgemeinen nur in städtischem Leitungswasser einwandfrei, da zur Trinkwasserversorgung Verunreinigungen durch Mikroorganismen oder organische Abfallstoffe gesetzlich auf ein Minimum reduziert sein müssen. Anders ist es bei Brunnen-, Teich- oder Regenwasser, die u. U. beträchtlich verschmutzt sein können, so daß eine gründliche Filterung über Kohle oder feinkörnigen Sand erforderlich ist.

Der **Härtegrad** ergibt sich aus dem Gehalt des Wassers an Calcium- und Magnesiumsalzen, wobei die temporäre (vorübergehende) Härte vor allem durch das im Wasser gelöste Calcium- und Magnesiumhydrogencarbonat bestimmt wird, die permanente oder bleibende Härte dagegen durch Sulfate, Nitrate oder Chloride von Ca und Mg. Carbonatreiches Wasser ist besonders in den kalksteinreichen Gebieten Süd- und Mitteldeutschlands weit verbreitet, während in Norddeutschland weiches Wasser überwiegt. Die Härte des Wassers wird in Graden gemessen, und zwar entsprechen 10 mg CaO bzw. 7,18 mg MgO je Liter einem Grad deutscher Härte (1 °dH). Bei Vorhandensein von Magnesiumcarbonat wird MgO gewöhnlich in CaO umgerechnet, um die Härte mit nur einer Zahl wiedergeben zu können. Will man die Härtegrade in Milliäquivalent (mval) ausdrücken, so dividiert man sie mit dem Faktor 2,8. Ein Wasser mit 0 bis 4 °dH ist sehr weich, 4 bis 8 weich, 8 bis 12 mittelhart, 12 bis 18 etwas hart, 18 bis 30 hart, über 30 sehr hart. Für Orchideen eignet sich hartes Wasser nicht, aber auch sehr weiches (demineraliertes) Wasser ist auf die Dauer unzuträglich. Je nach Art des Pflanzstoffes bevorzugt man weiches bis etwas hartes Wasser, letzteres nur bei Verwendung saurer Torfsubstrate.

Der **pH-Wert** als Ausdruck der im Wasser vorhandenen freien Wasserstoffionen ist weitgehend abhängig vom Härtegrad, d. h., je höher der Anteil an gelösten basischen Stoffen ist, desto mehr liegt auch der pH-Wert über dem Neutralpunkt (pH 7). Weihenstephaner Leitungswasser beispielsweise weist eine Gesamthärte von 22 bis 26 °dH und einen pH-Wert von 7,0 bis 7,5 auf; es gilt also als hart, ist aber für Orchideen in Torfkultur noch tragbar. Für wenig gepufferte Substrate empfiehlt man im allgemeinen ein Gießwasser mit pH-Werten zwischen 5,0 und 5,5. Auf Anfrage teilen einem die regionalen Wasserwirtschaftsämter sowohl den Härtegrad wie den pH-Wert mit, andernfalls muß man ihn elektrometrisch oder mit Hilfe von Indikatorpapier messen. Liegt der pH-Wert zu hoch, so läßt sich eine teilweise oder vollständige Enthärtung des Wassers durch folgende Maßnahmen erreichen:

Abkochen: Dabei wird ein Teil der Bicarbonate als Carbonat (Kesselstein) ausgefällt.

Torffiltration: Ein Ballen Norddeutscher Weißtorf auf 1 m³ Wasser enthärtet um 15 bis 20 °dH. Im Kleinbetrieb lassen sich Torfsäckchen über Nacht in einen Eimer mit Wasser hängen.

Zusatz von Oxalsäure: Man rechnet 22,5 g Oxalsäure je m³ Wasser zur Herabsetzung um 1 °dH. Dabei fällt Calciumoxalat aus und bildet einen Niederschlag, der beseitigt werden muß.

Zusatz von 23,5 g Ammoniumoxalat je m³ Wasser. Auch hier bildet sich Calciumoxalat und fällt als Schlamm aus.

Zusatz von konzentrierter Schwefelsäure: 10 cm^3 konzentrierte Schwefelsäure je m^3 Wasser vermindern die temporäre Härte um 1 °dH. Es bildet sich ein Niederschlag von Gips.

Teilentsalzung durch Kationenaustausch: Bindung von Basen an Kunstharze im Austausch gegen H-Ionen. Die Kunstharze müssen bei beginnendem Farbumschlag mit verdünnten Säuren regeneriert werden.

Der **Salzgehalt** des Wassers wird ebenso wie der Härtegrad von der wasserführenden Schicht des geologischen Untergrundes beeinflußt. Erstes Anzeichen einer zu hohen Salzkonzentration (meistens hervorgerufen durch die zusätzliche Verabreichung von Düngesalzen) sind sich bräunende, schlaffe Wurzeln, deren schwarze Spitzen wie verbrannt aussehen. Bei Verdacht auf Übersalzung läßt man eine Wasserprobe analysieren oder nimmt selbst mit Hilfe eines Leitfähigkeitsmeßgerätes die Überprüfung vor. Die auf einer Skala abgelesenen Werte in Mikrosiemens (μS) können durch Multiplikation mit dem Faktor 0,625 annähernd in mg Salz je Liter umgerechnet werden.

Erwünschte Gießwasserqualität für Orchideenkulturen

pH-Wert	5,5–6,5
Karbonathärte	5 °dH
Gesamthärte	10 °dH
Leitfähigkeit	480 μS
Salzgehalt	200 mg/l
Calcium	100 mg/l
Magnesium	20 mg/l
Kalium	10 mg/l
Nitrat	5 mg/l
Sulfat	80 mg/l
Natrium	30 mg/l
Chlorid	30 mg/l
Eisen	0,5 mg/l
Mangan	0,2 mg/l
Bor	0,1 mg/l
Zink	0,05 mg/l

Eine Vollentsalzung des Wassers ist durch Destillation, Umkehrosmose oder Ionenaustauscheranlagen (für Kationen und Anionen) möglich. Eine Destillation schaltet im allgemeinen wegen der zu hohen Kosten aus, während die preiswerteren Austauscher mit Mischbett heute schon vielfach gebräuchlich sind. In der Regel wird das gereinigte Wasser nur zum Verdünnen genommen, da ein vollständig salzfreies (entionisiertes) Wasser nicht nur zu teuer, sondern auch zu arm an möglicherweise fördernden Begleitstoffen (Spurenelemente!) ist. Das vielgepriesene Regenwasser, das in früheren Jahren gern als Gießwasser verwendet wurde, hat bei uns in Mittteleuropa leider viel von seiner einstigen Qualität eingebüßt. In Industriegebieten oder in Stadtnähe geht die Verschmutzung durch Abgase und Staub oft so weit über das zuträgliche Maß hinaus, daß es für Orchideen nicht mehr benutzbar ist. Hat man jedoch einwandfreies Regenwasser zur Verfügung, so speichert man den Dachablauf am besten in Becken, die durch übergespannte Netze bzw. lichtundurchlässige Folie vor Verunreinigung und Veralgung geschützt sind. Keinesfalls darf das Ablaufwasser der Pflanzen in diese Becken gelangen, da hierdurch infektiöse Erkrankungen die rascheste Ausbreitung finden würden. Frisches Regenwasser enthält zumeist einen hohen Anteil an Kohlensäure, wodurch es „aggressiv" wird, d. h. ausgefällte Carbonate wieder in lösliche Bicarbonate überführt, was im allgemeinen unerwünscht ist. Durch längeres Stehenlassen an der Luft und gelegentliches Umrühren vermindert sich mit der Zeit der Gehalt an freier Kohlensäure.

In kalkarmen Böden enthält das Grund- oder Quellwasser häufig **Eisen**, und es treten an der Luft braune Verfärbungen auf. Übersteigt der Eisengehalt 1 mg je Liter, ist eine Enteisenung durch Belüftung und anschließende Filtration des Wassers anzuraten. Das giftige, zweiwertige Eisenbicarbonat wird dadurch als dreiwertiges Eisenhydroxid ausgefällt. Eisensulfate und -chloride lassen sich durch Zusatz von Phosphaten binden. Eisenhumate, die sich oft in Moorwässern bilden, beseitigt man durch Ätzkalk.

Gechlortes Leitungswasser, das sich durch unangenehmen Geschmack und Geruch „auszeichnet", ist für Pflanzen nur dann schädlich, wenn es in frischem Zustand verwendet wird. Das Chlorgas entweicht oder bildet weniger schädliche Chloride, wenn das Wasser der Luft und dem Licht ausgesetzt wird oder wenn man es über Aktivkohle leitet.

Die **Temperatur** des Wassers muß jener des Raumes angeglichen werden. Frisches Leitungs- und Brunnenwasser ist meistens zu kalt für die Pflanzen und verursacht dann Schädigungen. Bekannt geworden ist vor allem die Empfindlichkeit von *Phalaenopsis* gegen zu kaltes Gießwasser; die Pflanzen reagieren darauf mit narbenartigem Einsinken der Epidermis an der Unterseite der Blätter. Eine Erwärmung des Wassers auf 18 bis 20 °C erreicht man durch Zugabe von heißem Wasser oder durch Stehenlassen in Vorratsbekken des Gewächshauses. Stehendes Wasser verarmt allerdings leicht an Sauerstoff, so daß vor dem Gebrauch ein gründliches Umrühren oder Einblasen von Luft anzuraten ist.

2.4.2 Wassermenge im Substrat

Die Quantität an Wasser, die man der Pflanze zuführt, richtet sich nach der Art des Substrats, dem Bedarf der Kultur und der Verdunstung. Da die einzelnen Pflanzstoffe hinsichtlich ihres Aufnahme-, Festhalte- und Abgabevermögens außerordentlich variieren, ist es schwer, genaue Angaben über die Zeitintervalle beim Gießen zu machen. Abb. 33 verdeutlicht, wie sich die drei Komponenten feste Substanz/Luft/Wasser in einigen Substraten bei Wassersättigung verhalten. Je geringer der Luftanteil ist, desto eher besteht die Gefahr einer Beeinträchtigung der Wurzelatmung und damit der Pflanzengesundheit. In Blähton oder Orchid Chips kultivierte Orchideen sind dieser Gefahr selbst bei täglichem Gießen kaum ausgesetzt, wohl aber solche, die in Gemischen aus Torf und Ton oder Torf und Sand stehen. Gut adsorbierendes oder poröses Material (z. B. Torf, Bimskies, Perlite) vermag das Wasser besser zu speichern als Substanzen mit relativ glatter Oberfläche und großem Porenvolumen (z. B. grober Kies, Styroporkugeln, größere Rindenstücke). In Töpfen ist oft der Kern noch feucht genug, die Oberfläche dagegen schon trocken. Zur Beurteilung, inwieweit die Feuchte für die Pflanze noch ausreichend ist, vergleicht man mit einem unbepflanzten Topf, dessen Gewicht man bei verschiedenen Feuchtigkeitsgraden festgestellt hat. Addiert man dazu das ungefähre Gewicht der Pflanze, so läßt sich daraus ein Anhaltspunkt für den richtigen Zeitpunkt des Gießens gewinnen. Nach einiger Übung wird diese Prozedur gar nicht mehr notwendig sein; man hat dann durch bloßes Anheben des bepflanzten Topfes schon ein Gefühl für dessen Feuchtigkeitsgrad. Bei umfangreicheren Kulturen, die automatisch bewässert werden, bedient man sich zur Messung der Bodenfeuchte häufig elektronischer Gräte, die mit Fühlern ausgestattet sind. Speziell für Kulturen in Orchid Chips entwickelte HAASE (1975) ein Modell, mit dem die Beregnung nach Bedarf selbsttätig gesteuert werden kann.

Der Bedarf der Pflanze wird vor allem durch ihren Transpirationsverlust, aber auch durch ihre Wachstumsaktivität bestimmt. In Zeiten der Ruhe oder des gerade beginnenden Neutriebs müssen die Wassergaben auf ein Minimum eingeschränkt werden, dagegen verstärkt man sie während der Hauptwachstumsperiode. In allen Fällen, auch bei Pflanzen, die keine eigentliche Ruhezeit kennen *(Phalaenopsis, Paphiopedilum)* schadet ein gelegentliches, kurzzeitiges Trockenwerden des Pflanzstoffes durchaus nicht, sondern regt eher die Bildung neuer Wurzeln an. Bei längerfristiger Austrocknung findet freilich eine vorzeitige Abkapselung der Wurzelspitzen und damit eine Wachstumsstockung statt. Die Geschwindigkeit des Trockenwerdens hängt zum Teil auch von der Art des Pflanzenbehälters ab. Am schnellsten trocknen Lattenkörbe oder Gittertöpfe aus, dann folgen Tontöpfe, und verhältnismäßig am längsten hält sich die Feuchtigkeit in Plastiktöpfen. In Gefäßen, die ständig nur leicht besprüht oder oberflächlich gegossen werden, reichern sich manchmal Düngesalze oder toxische Wurzelausscheidungen an, so daß man gut daran tut, sie wenigstens ein Mal im Monat gründlich durchzuspülen.

2.4.3 Feuchtigkeitsgehalt der Luft

Die meisten Orchideen lieben eine hohe Luftfeuchtigkeit, besonders jene des tropischen Regenwaldes, der Küsten und der kühlen Nebelwaldzone. Man strebt in der Kultur eine relative Feuchte von 50 bis 80% an, was sich in Wohnräumen allerdings nicht immer einhalten läßt. Feuchte Luft erzeugt man durch Installation von Wasserzerstäubern oder -verneblern, durch Abspritzen von Wänden und Wegen, durch Aufstellung der Pflanzen über wassergefüllten Wannen, feuchten Kiesbetten oder wassergetränkten Kunststoffvliesen. Je nach Umfang der Kultur wird man diese oder jene Einrichtung bevorzugen. Wichtig ist nur, daß kein Waschküchenklima entsteht, sondern durch gleichzeitige Tätigkeit von Ventilatoren eine frische, bewegte Feuchtluft vorherrscht. Dies läßt sich meistens im Sommer eher erreichen als im Winter, wenn Frost die Frischluftzufuhr einschränkt. Ein Besprühen der Pflanzen ist nicht immer vorteilhaft, da hierdurch die Infektionsgefahr beträchtlich erhöht wird. In Zeiten geringer Wurzelaktivität kann jedoch das leichte Befeuchten der Blätter und Bulben durchaus angebracht sein, um ein zu starkes Schrumpfen zu verhindern. Stehendes Wasser in Blattachseln oder sich entfaltenden Sprossen muß besonders über Nacht auf alle Fälle vermieden werden, da die jungen Triebe sonst unweigerlich abfaulen. Auch die Blüten sollten nach Möglichkeit nicht bespritzt werden, um eine Fleckenbildung durch Befall mit *Botrytis* zu vermeiden. Ein Nachahmen der nächtlichen Taubildung, die in der Natur eine Benetzung des Laubes kurz vor Sonnenaufgang bewirkt, ist nur dort angebracht, wo Ventilatoren für rasche Abtrocknung sorgen und wo durch Verwendung steriler, wenig wasserhaltender Substrate weder Übernässung noch starke Vermehrung von phytopathogenen Organismen zu befürchten ist.

Zu geringe Luftfeuchtigkeit hat u. U. ein Verkleben der Blüten durch übermäßige Nektarproduktion zur Folge. Man beobachtet diesen Vorgang häufig bei *Phalaenopsis, Dendrobium* und *Laelia*. Auch die ziehharmonikaähnliche Faltung junger Laubblätter *(Oncidium, Huntleya)* deutet manchmal auf trockene Luft hin. Umgekehrt behindert eine zu hohe Luftfeuchtigkeit die Transpiration und damit die Aufnahme von Wasser und Nährstoffen durch die Wurzeln. Es gibt heute jedoch genügend Geräte auf dem Markt, die die relative Feuchte automatisch auf konstanten Werten halten. Nachts und im Winter soll die Luft etwas trockener sein als tagsüber und während der Vegetationsperiode.

2.5 Das Licht

Die Pflanze hat dank ihres Blattgrüns die Fähigkeit, elektromagnetische Energie (Lichtstrahlen) aufzunehmen, umzuwandeln und in organischen Stoffen chemisch zu binden. Licht ist neben Wasser und Kohlendioxid die Grundlage der pflanzlichen Stoffproduktion (Photosynthese) und damit des Wachstums. Darüber hinaus wirkt das Licht formend auf die Pflanze ein (Morphogenese) und beeinflußt mit seiner Periodizität Entwicklungsverlauf und Blütenbildung.

Unsere Kenntnisse über den speziellen Lichtbedarf der einzelnen Orchideenarten sind mangels ausreichender experimenteller Untersuchungen leider noch sehr lückenhaft, so daß die vorhandenen Angaben zum Teil recht widerspruchsvoll sind. Eine Zusammenfassung bisheriger Versuchsergebnisse brachten vor allem Nuernbergk (1961) Schoser (1966) und Rünger (1976).

Den Praktiker interessiert in erster Linie, ob, wann, wie lange und womit er seine Pflanzen belichten muß, um zu einem auch in ökonomischer Hinsicht befriedigenden Kulturerfolg zu kommen. Da das Licht in unseren Breiten für Orchideen während der Wintermonate als Mangelfaktor gelten muß, ist eine Zusatzbelichtung auf jeden Fall anzuraten, für eine Zimmer- oder Kellerkultur ist sie sogar unerläßlich. Die Effektivität des gegebenen Lichtes wird bestimmt von seiner Intensität (Beleuchtungsstärke), seiner Qualität (Wellenlänge) und der Dauer der Einwirkung (Photoperiode). Außerdem ist sie natürlich abhängig von den übrigen Wachstumsfaktoren, vor allem der Temperatur.

2.5.1 Die Beleuchtungsstärke

Die Helligkeit, die eine Pflanze empfängt, ergibt sich aus der Stärke des Lichtstromes (Lumen, lm), der von einer Lichtquelle auf sie ausgestrahlt wird. Wird 1 Quadratmeter gleichmäßig von 1 Lumen erleuchtet, dann beträgt die Beleuchtungsstärke 1 Lux (lx). In den USA benutzt man anstelle von Lux meistens die Einheit foot candle (fc); 1 fc = 10,76 lx. Zum Messen der Helligkeit einer bestrahlten Fläche dient ein im Handel erhältliches Luxmeter oder behelfsmäßig auch der Belichtungsmesser eines Fotoapparates. Nach STOLZE (1972) läßt sich die ungefähre Beleuchtungsstärke auf folgende Weise ermitteln: Einstellung der Filmempfindlichkeitsskala auf 18 °DIN, 1/30 Sekunde Belichtungszeit, dann entspricht die abgelesene Blende einer bestimmten Luxzahl.

Blende	Luxzahl
2	500
2,8	1000
4	2000
5,6–8	5000
8–11	10000
11–16	20000
22	50000

In Mitteleuropa beträgt die natürliche Beleuchtungsstärke im Freien während der hellsten Monate mittags etwa 100000 lx (im Schatten 10000 lx); im Frühjahr und Herbst geht sie auf 30000 bis 25000 lx zurück, im Dezember bis auf 10000 lx und darunter. Unter Glas liegen die Werte bedeutend niedriger, doch reichen sie gewöhnlich in Gewächshäusern auch während des Winters gerade noch aus, um den Pflanzen einen geringen Assimilationsüberschuß zu sichern. Anders ist es in Wohnräumen, wo selbst am Fenster infolge des ungünstigen Lichteinfalles häufig Beleuchtungsstärken gemessen werden, die weit unter dem Minimum liegen.

Genaue Angaben über die optimale Lichtintensität für Orchideen sind bisher kaum aufzufinden; man beschränkt sich zumeist auf die pauschale Einteilung in „lichtliebende" und „schattenliebende" Arten, wobei man annimmt – sofern auch der morphogenetische Effekt des Lichtes mitberücksichtigt wird –, daß die Ansprüche der ersteren etwa zwischen 20000 und 50000 lx liegen, die der letzteren zwischen 5000 und 15000 lx. Messungen am natürlichen Standort sind leider außerordentlich schwierig, da nicht nur die quantitativen, sondern auch die qualitativen Schwankungen im Laufe des Jahres oft beträchtlich sind. In Waldgebieten „wandert" zudem das Licht, so daß die Belichtungsstärke keine konstante Größe ist. Unter Kulturbedingungen ist eine experimentelle Ermittlung der für die Substanzproduktion optimalen Beleuchtung durch Messung der Photosyntheseleistung unter variierter Lichtzufuhr möglich, wie ESSER (1973) bei *Odontioda* gezeigt hat. Er fand für diese Hybride bei einer Temperatur von 15 °C den günstigsten Lichtbereich zwischen 5000 und 10000 lx.

Der Kompensationspunkt, d. h. jene Grenze, an der Stoffgewinn durch Assimilation und Stoffverbrauch durch Atmung sich gegenseitig aufheben, dürfte für die meisten Gattungen je nach Temperatur bei einer Beleuchtungsstärke zwischen 500 und 2000 lx liegen. Der Sättigungspunkt hingegen, über den hinaus keine weitere Steigerung der Assimilationsleistung mehr zu erwarten ist, wird je nach Lichtverträglichkeit der Art wahrscheinlich zwischen 15000 und 20000 lx erreicht. In der Kultur wird daher im allgemeinen für ausgesprochen lichtbedürftige Orchideen eine Beleuchtungsstärke von 10000 bis 20000 lx empfohlen, für schattenliebende 5000 bis 10000 lx. Dies bedeutet, daß die Pflanzen im Sommer, sofern man sie nicht im Freien oder in Großraumhäusern aufstellen kann, zeitweise schattiert werden müssen, um den mit höherer Lichtintensität verbundenen starken Temperaturanstieg zu vermeiden. Im Winter dagegen muß Zusatzlicht gegeben werden, wenn die genannten Luxwerte erlangt werden sollen. Aus wirtschaftlichen Gründen kann man allerdings nicht immer die optimalen Beleuchtungsstärken einhalten.

Eine Förderung des Wachstums durch Zusatzbelichtung im Winterhalbjahr ist vor allem bei der **Anzucht** von Orchideen wichtig und auch rentabel, weil hier nur relativ kleine Flächen zu belichten sind. Da sich die Blätter der Jungpflanzen noch nicht so stark gegenseitig beschatten, genügt im allgemeinen eine Beleuchtungsstärke von 2000 bis 4000 lx. Auch für *Paphiopedilum,* das ja hauptsächlich im Winter seine Neutriebe weiterentwikkelt, ist an trüben Tagen zusätzliche Belichtung anzuraten.

2.5.2 Die Lichtqualität

Das unserem Auge weiß erscheinende Tageslicht setzt sich aus Strahlungen verschiedener Wellenlänge zusammen, die von festen Körpern in unterschiedlicher Stärke absorbiert werden. Die grünen und roten Pigmente des Blattes (Chlorophylle und Karotinoide) nehmen in besonders hohem Maße die Strahlen des roten bzw. blauvioletten Spektralbereiches auf, d. h. die Wellenlängen 600 bis 760 nm und 380 bis 480 nm. Die Schwerpunkte liegen etwa bei 430 und 660 nm. Lichtquellen, die vorwiegend diese Wellenlängen ausstrahlen, sind daher für Pflanzen wertvoller als Licht, das einen hohen Gelb- oder Grünanteil hat. Der Menge der absorbierten Energie entspricht die photosynthetische Leistung; ihr Gipfel liegt in den gleichen Spektralbereichen. Künstliches Licht mit reichlicher Blau- und Rotstrahlung empfindet unser Auge, das überwiegend auf Grün und Gelb reagiert, als ziemlich dunkel. Auch die Selenphotozelle, deren Helligkeitswahrnehmung unserem Auge angepaßt ist, zeigt im Rot-Blau-Bereich geringere Lichtwerte an. Es ist daher notwendig, in diesem Falle zur Beurteilung der effektiven Beleuchtungsstärke die gemessenen Luxwerte mit einem bestimmten Faktor zu multiplizieren, z. B. bei Verwendung der Leuchtstofflampe Osram „Fluora“ mit dem Faktor 6 (Schoser 1966). Nur so läßt sich die Wirkung des Tageslichtes (das für die Pflanze nicht voll nutzbar ist) mit dem scheinbar dunkleren, aber besser absorbierbaren Licht der Speziallampe vergleichen.

2.5.3 Die Belichtungsdauer

Die Effektivität des Lichtes ist nicht nur eine Frage der Intensität und Qualität, sondern auch der Zeit. Die natürliche Belichtungsdauer beträgt in äquatornahen Ländern nicht mehr als 12 Stunden; trotzdem ist die Summe des empfangenen Lichtes (lx · h) an besonnten Standorten relativ hoch. In der Kultur hat sich eine Belichtungszeit von 14 bis 16 Stunden im allgemeinen am besten bewährt, bei Sämlings- oder Meristemkulturen kann sie u. U. bis auf 20 Stunden ausgedehnt werden. Die Abhängigkeit der Blütenbildung von der Tageslänge (Photoperiodismus) ist bei Orchideen kaum ausgeprägt, sie sind überwiegend tagneutral. Die während der Sommermonate angelegten Blüten von Cymbidien, vielen Dendrobien, Laelien, Miltonien und Odontoglossen sind mehr ein Resultat verstärkter Assimilationstätigkeit als einer bestimmten Hell-Dunkel-Periode. Vorwiegend im Kurztag (weniger als 12 Stunden Licht), unterstützt durch niedere Nachttemperaturen, entwickeln sich die Blüten von *Phalaenopsis,*

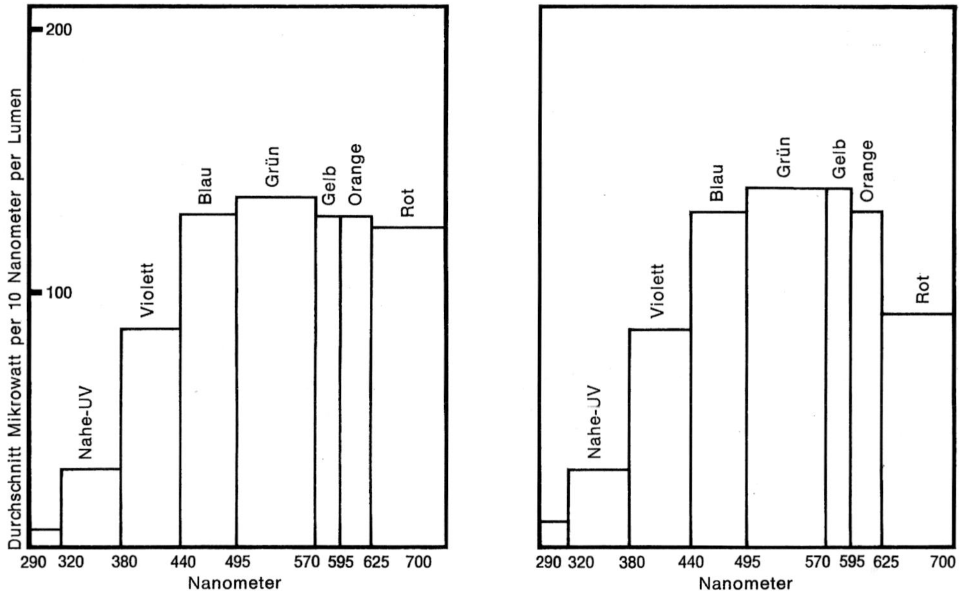

Abb. 53. Spektralanalyse von natürlichem Tageslicht und True-Lite-Leuchtstofflampen.

Dendrobium phalaenopsis sowie vielen *Paphiopedilum*- und *Cattleya*-Arten.

2.5.4 Lampentypen für künstliche Belichtung

Das Angebot an Beleuchtungskörpern zur Pflanzenbelichtung hat sich während der letzten Jahre sehr vergrößert. Welche Wahl man unter der Vielzahl der Typen trifft, hängt weitgehend vom vorgesehenen Zweck sowie von der Größe des Raumes und des Pflanzenbestandes ab. Pflanzen, die *ausschließlich* unter Kunstlicht kultiviert werden sollen, verlangen zur Ermöglichung einer ausreichenden Photosynthese besonders hohe Beleuchtungsstärken. Für Pflanzen hingegen, die Tageslicht empfangen, aber zu dessen Verstärkung bzw. deren zeitlichen Verlängerung *zusätzlich* Kunstlicht erhalten sollen, genügen etwas weniger leistungsstarke Lampen. Nachfolgend seien die gebräuchlichsten Lampentypen kurz charakterisiert:

Glühlampen: Sie geben ein verhältnismäßig schwaches Licht (50 bis 100 lx), das durch seinen geringen Blau-Anteil und die starke Wärmeabstrahlung (Infrarot) qualitativ ungünstig ist. Glühlampen eignen sich höchstens als Ergänzung zu anderen Lampen oder zur Erzielung eines photoperiodischen Effektes (Tageslichtverlängerung). Als Assimilationslicht sind nur Nieder- und Hochdruckentladungslampen geeignet, die von den Firmen Sylvania, Philips und Osram in den verschiedensten Typen angeboten werden.

Niederdruck-Leuchtstofflampen: Die früher gebräuchlichen Fluora- oder Gro-Lux-Lampen wurden in den letzten Jahren zu Energiespar-Leuchtstofflampen mit verbesserten Farbwiedergabe-Eigenschaften weiterentwikkelt. Die 3- oder 5-Banden-Leuchtstoffröhren mit Reflektor werden 20 bis 50 cm über den Pflanzen aufgehängt, sie haben eine Lebensdauer von etwa 6000 Stunden. Bevorzugt wird im allgemeinen die Lichtfarbe Weiß-Warmton De Luxe oder auch Tageslicht-Vollspektrum. Für größere Flächen benötigt man Lampenaggregate, die nur den Nachteil haben, daß dadurch die Pflanzen weitgehend vom Tageslicht abgeschirmt sind.

In größeren Gewächshäusern bevorzugt man daher die leistungsstärkeren, in größerer Höhe hängenden Punktleuchten.

Quecksilberdampf-Hochdrucklampen: Die in ellipsoider oder runder Form angebotenen Lampen sind besonders mit der Lichtfarbe Warmweiß für den Wohnbereich empfehlenswert. Je nach Wattzahl sollten sie in 0,5 bis 1,5 m Höhe über den Pflanzen aufgehängt werden. Bei einer Aufhängungshöhe von 0,5 m (50 W) kann eine Oberfläche von 0,7 m Durchmesser mit 1800 Lux ausgeleuchtet werden; bei größeren Flächen müssen auch hier mehrere Lampen nebeneinander geschaltet werden.

Metallhalogendampf-Hochdrucklampen: Für die Verwendung als Assimilationslicht wird auch hier die Lichtfarbe Warmweiß De Luxe angeboten. Diese Lampen, deren Mindestabstand von der Pflanze 1 m betragen muß, zeichnen sich durch eine relativ hohe Lichtausbeute im Verhältnis zur aufgenommenen Energie aus. Der Blauanteil in ihrem Spektrum bewirkt einen gedrungenen Wuchs der Pflanzen.

Natriumdampf-Hochdrucklampen haben hingegen einen sehr geringen Blau- und höheren Gelbanteil in ihrem Spektrum, so daß sie nur bei zusätzlichem Tageslicht eingesetzt werden sollten. Bei Orchideen wurden gute Erfahrungen mit diesen Lampen gemacht, mit 75 bis 100 lm/W weisen sie eine hohe Lichtausbeute auf.

Die Lebensdauer der Hochdruckdampflampen beträgt je nach Häufigkeit des Ein- und Abschaltens durchschnittlich 6000 bis 8000 Stunden. Zu beachten ist jedoch, daß die Lichtleistung kontinuierlich abnimmt, so daß empfohlen wird, die Lampen spätestens nach 18 Monaten auszuwechseln. Für Orchideen, die ausschließlich unter Kunstlicht kultiviert werden (Kellerkultur) sind variierte Belichtungszeiten angebracht: während des Sommers 16 Stunden, im Herbst und Frühjahr 14, im Winter 12 Stunden. Pflanzen, die unter Glas oder während des Sommers auch im Freien stehen und nur im Winterhalbjahr (Oktober bis Februar) Zusatzlicht bekommen sollen, müssen zu Beginn erst sehr allmählich daran gewöhnt werden. Vergilbungen oder Knospenfall treten meistens nur dann auf, wenn die Veränderung zu abrupt erfolgt oder wenn durch Benutzung von Lampentypen mit starker Infrarotstrahlung eine zu große Erwärmung des Pflanzengewebes eintritt. Licht- bzw. Wärmeschäden (Chlorophylldefekte, Verbrennungen) können auch durch übermäßige Sonneneinstrahlung bewirkt werden, besonders im Frühjahr, wenn noch nicht genügend gelüftet wird.

2.5.5 Die Schattierung

Gefährlich für die meisten Orchideen sind vor allem die nach der winterlichen Dunkelperiode plötzlich einsetzenden hohen Strahlungsintensitäten im Februar bis März. Pflanzen, die dicht am Glas stehen, verlangen in dieser Zeit unbedingt eine Abschirmung. Die von der Industrie angebotenen Schattiereinrichtungen sind sowohl hinsichtlich des Materials wie der technischen Handhabung außerordentlich mannigfaltig, so daß die Entscheidung, welches System vorzuziehen sei, oft schwerfällt.

Am preiswertesten ist das Aufspritzen von Schattierfarbe auf das Glas oder das Auflegen von Lattenrosten. Kostspieliger, aber weniger arbeitsaufwendig und besser regulierbar sind die von Hand oder automatisch bedienten aufrollbaren Schattierungen, die inner- oder außerhalb des Gewächshauses angebracht sein können. Außenrollos mit vertikal gestellten Latten haben den großen Vorteil, daß sich im Haus kein Wärmestau bildet und das Licht, ähnlich wie im Urwald, „wandert“. Länger haltbar und meistens auch einfacher zu bedienen sind jedoch Innenschattierungen aus Kunststoffbahnen, die in Längs- oder Querrichtung zusammengezogen werden können. Die Lichtminderung der ausgebreiteten Bahnen beträgt je nach Material und Dichte 30 bis 50%. Zahlreiche Angaben über die Schattierungsmöglichkeiten von Kleingewächshäusern finden sich bei Walter (1977).

2.6 Die Temperatur

Die Temperatur steht in ihrer Wirkung in engem Zusammenhang mit dem Licht. Wellenlängen von 800 bis 6000 nm, die wir als Wärmestrahlung bezeichnen, versetzen die Moleküle von Körpern, die diese elektromagnetische Energie aufnehmen, in Schwingungen, wodurch sich die Materie erwärmt. Zum Ablauf der meisten Stoffwechselprozesse, wie sie sich im Inneren der Pflanzen abspielen, wird Energie in Form von Wärme benötigt, sonst steht das Leben still. Jedoch werden die einzelnen Teilprozesse im Stoffwechselgeschehen nicht alle von der gleichen Temperatur zur höchsten Aktivität angeregt, oft wirken auch stärkere Schwankungen als Reiz, der notwendig ist, um eine neue Entwicklungsphase auszulösen.

Bei Orchideen tropischer Herkunft liegt das Temperaturoptimum für die vegetative Entwicklung je nach Höhenlage des natürlichen Standortes im allgemeinen zwischen 17 und 27 °C, das Minimum bei 8 bis 10 °C, das Maximum bei 40 bis 45 °C. Temperaturen über 40 °C können immer nur kurze Zeit ertragen werden, andernfalls zersetzt sich das eiweißhaltige Zellplasma, und die betroffenen Sproßteile sterben ab. Da das Blatt die Wärmestrahlen u. U. zu 100% absorbiert, liegt die Blattemperatur gewöhnlich am Tage über derjenigen des Luftraumes, was besonders bei Aufstellung der Pflanzen in Fensternähe zu beachten ist. Die Wärmeaufnahme des Blattes hängt aber auch von seiner Stellung zum Licht, seiner Dicke, seiner Oberhautbeschaffenheit und Transpirationsrate ab. Orchideen, die aus Höhenlagen von über 1000 m stammen, sind meistens weitgehend dem oft beträchtlichen Temperaturgefälle zwischen Tag und Nacht angepaßt; einige von ihnen, wie bestimmte Arten von *Laelia, Epidendrum* oder *Dendrobium*, überstehen in der Natur sogar leichten Frost.

2.6.1 Temperatur des Kulturraumes

In der Praxis hat es sich eingebürgert, von kalten, temperierten und warmen Gewächshäusern zu sprechen und damit drei Klimazonen zu schaffen, die dem unterschiedlichen Wärmebedürfnis der einzelnen Orchideenarten einigermaßen entsprechen. Die Tagestemperatur des Kalthauses soll im Sommer etwa zwischen 16 und 20 °C liegen, im Winter zwischen 13 und 16 °C. Temperiertes Haus: So 18 bis 24 °C, Wi 16 bis 18 °C. Warmhaus: So 21 bis 27 °C, Wi 21 bis 24 °C. Die Nachttemperatur muß grundsätzlich 3 bis 5 °C unter der des Tages gehalten werden, da während der Dunkelheit die Photosynthese aufhört, die Atmung (also der Verbrauch von Assimilaten) aber weitergeht und durch höhere Temperaturen noch gefördert wird. Selbst wärmebedürftige Arten sollten nachts nicht mehr als höchstens 20 °C erhalten. Ein vorübergehendes Absinken der Temperatur unter den optimalen Bereich wirkt sich meistens nur dann verhängnisvoll aus, wenn die Pflanzen zu feucht und auch tagsüber zu dunkel stehen. Da das Wurzelsystem gegen Kälte noch empfindlicher ist als der oberirdische Sproß, gibt man getopften Pflanzen gern einen „warmen Fuß", zumal dann auch während der Wintermonate eher einmal Frischluft von außen zugeführt werden kann. Orchideen, die eine strenge Ruhezeit verlangen, hält man im Winter nicht nur kühler, sondern auch trockener und heller.

2.6.2 Einfluß von Temperatur und Licht auf die Blütenentwicklung

Häufig ist die Ruhezeit, die in warmen Ländern zumeist durch eine Trockenperiode ausgelöst wird, mit der Anlage oder Entwicklung des Blütensprosses verknüpft. Wenn wir auch leider noch keinen näheren Einblick in die physiologischen Vorgänge haben, die bei dieser „Umstimmung" von der vegetativen in die generative Phase stattfinden, so haben experimentelle Untersuchungen doch gezeigt, daß die Blütezeit einiger Orchideen durch bestimmte Temperatur- und Lichteinflüsse bis zu einem gewissen Grade steuerbar ist.

Cattleya: Die Blüten entwickeln sich bei einigen Arten am wachsenden, bei anderen am bereits ausgereiften Trieb. Der Vorgang wird teils von der Tageslänge, teils von der Temperatur, teils von beidem beeinflußt. Kurztag (d. h. eine mehr als zwölfstündige tägliche Dunkelperiode) fördert nach ROTOR (1952), dessen Angaben jedoch teilweise in Frage gestellt werden, die Blütenbildung von *C. labiata, C. percivaliana* und *C. trianae*; Kurztag in Verbindung mit niederer Temperatur (etwa 13 °C) jene von *C. gaskelliana, C. warscewiczii* und *C. mossiae*. Eine Steuerung der Blütezeit ist durch entsprechende Einstellung der Kulturbedingungen 2 bis 3 Monate vor dem erwünschten Blühtermin möglich. Zum Beispiel läßt sich bei *C. labiata* eine Weihnachtsblüte durch Kurztagbehandlung ab Anfang Oktober erzielen. Bei Hybriden mit ihrem vielfältig zusammengesetzten Erbgut ist hingegen eine Terminisierung der Blüte wesentlich schwieriger, auch kann hier die Reaktion auf eine bestimmte Behandlung von Pflanze zu Pflanze und von Jahr zu Jahr sehr unterschiedlich sein.

Cymbidium: Die Blütenknospen der frühen und mittelfrühen Sorten werden bereits im Mai bis Juni in den Blattachseln der Pseudobulben angelegt. Die Weiterentwicklung hängt von den Lichtverhältnissen des Sommers und den nächtlichen Temperaturen im August bis September ab. Wirken 5 bis 6 Wochen Nachttemperaturen von etwa 14 °C auf die Pflanzen ein, so öffnen sich die ersten Blüten nach 3 bis 4 Monaten ab Beginn der Kühlperiode. Auch mäßiges Gießen und Einschränkung der Stickstoffgaben fördern das Erscheinen der Blütentriebe. Nach holländischen Untersuchungen bewirken niedere Nachttemperaturen nicht nur eine Verfrühung, sondern auch eine qualitative Verbesserung der Blüte sowie die Ausbildung längerer Rispen. Während des Winters sollen im Gewächshaus tagsüber etwa 17 °C, nachts weiterhin 14 °C eingehalten werden. Mehr Wärme verursacht in Verbindung mit dem winterlichen Lichtmangel leicht Knospenfall, während zu geringe Wärmegrade das Wurzelsystem schädigen.

Dendrobium: Bei *D. phalaenopsis* fällt die Blütezeit normalerweise in den Kurztag, unabhängig von der Temperatur. Die Blüteninduktion kann aber auch im Langtag erfolgen, wenn die Nachttemperatur auf ungefähr 16 °C gesenkt wird. Langtag mit dauernd hoher Temperatur begünstigt die Aufsitzerbildung. *D. nobile* blüht im Frühjahr an ausgereiften Pseudobulben. Die Blüte wird durch eine dreimonatige Kühlhaltung bei 10 bis 12 °C induziert. Nach erfolgter Induktion beschleunigen höhere Temperaturen, ebenso wie bei *D. phalaenopsis*, die Weiterentwicklung zur fertigen Blüte.

Paphiopedilum: *P. insigne* verhält sich tagneutral, doch wird auch hier die Blütenanlage durch Temperaturabsenkung initiiert. Zur Sicherung der Weihnachtsblüte gibt man im Mai bis Juni eine vierwöchige Kühlbehandlung bei 10 bis 12 °C. Für die wärmebedürftigeren Hybriden scheint neben gutem Kulturzustand auch der Empfang einer bestimmten Lichtsumme (100 000 lx) ausschlaggebend für die Blütenbildung zu sein. In Holland durchgeführte Versuche zum Einfluß der Temperatur auf den Blütenertrag von *Paphiopedilum* (VAN OS 1993) zeigten, daß bei King Arthur 'Bourgogne' die meisten Blüten bei 15 und 17 °C gebildet werden. Niedrige Temperaturen verzögern die Blütenentwicklung und verkürzen den Blütenstiel. Höhere Temperaturen beschleunigen hingegen die Blütenentwicklung, verlängern den Blütenstiel und fördern die Neutriebbildung, die in der nachfolgenden Saison zu vermehrter Blüte führt. Amerikanische Hybriden verlangen eine etwas höhere Temperatur (19 °C); die meisten Blüten wurden bei einer Tag-Nacht-Temperatur von 21/13 °C gebildet.

Phalaenopsis: Die Gattung blüht am reichlichsten im Kurztag, doch kommt sie auch unabhängig von der Tageslänge zur Blüte, wenn die Nachttemperatur nicht über 19 °C ansteigt. Nach Davidson (1978) soll man die Nachttemperatur am besten auf 13 bis 15 °C absenken. Die Blütezeit beginnt gewöhnlich 3 bis 4 Monate nach Einleitung der 4- bis 6wöchigen Kühlperiode; sie läßt sich verlängern, wenn ein Teil der mit Knospen besetzten Triebe auf ein bis zwei Augen zurückgeschnitten wird. Die neu durchtreibenden Seitenzweige sind dann nach 75 bis 80 Tagen schnittreif.

Eine Herabsetzung zu hoher Tagestemperaturen ist während der Sommermonate nicht immer einfach. Bei Cymbidien verbietet der hohe Lichtbedarf eine intensive Schattierung, so daß eine Abkühlung nur durch Einsatz von Ventilatoren, Sprühnebel oder Berieselungsanlagen erreicht werden kann. Teilweise hat sich in der Praxis auch die Mattenkühlung eingeführt, wobei auf der einen Seite des Gewächshauses der von außen kommende Luftstrom über wasserberieselte Matten geführt und auf der entgegengesetzten Seite wieder abgesaugt wird.

Im Winter besteht dagegen das Problem, den Pflanzen die notwendige Wärme zu geben und dabei die übrigen Klimabedingungen optimal zu halten. Zur Heizkostenersparnis bespannt man heute während der kältesten Zeit meistens die Glashäuser innen mit Kunststoffolien, wenn dadurch auch der Lichteinfall verringert wird.

2.7 Die Luft

Unsere erdnahe Atmosphäre ist ein Gasgemisch, das sich aus rund 78% vol Stickstoff (N_2), 21 %vol Sauerstoff (O_2), 0,03 %vol Kohlendioxid (CO_2), 0,01 %vol Wasserstoff (H_2) und knapp 1 %vol Edelgasen zusammensetzt. Von diesen Gasen verwerten die höheren Pflanzen in der Regel nur den Sauerstoff und das Kohlendioxid, leider nicht den Stickstoff, der ihnen mit der Luft so reichlich angeboten wird. Die Bestandteile der Luft unterliegen allerdings je nach Tages- und Jahreszeit und den örtlichen Gegebenheiten mehr oder weniger großen Schwankungen. So ist der für die Assimilation so wichtige CO_2-Gehalt meistens dort etwas höher, wo lebhafte mikrobielle Umsetzungen stattfinden (Humusböden, Laubwälder), oder wo durch Verbrennungen CO_2 frei wird (Industrieanlagen, Wohngebiete).

2.7.1 Die Kohlendioxidversorgung

CO_2 wird von der Pflanze über das Blatt aufgenommen, durch Assimilation in organische Stoffe eingebaut und teilweise bei der Dissimilation (Atmung) wieder freigesetzt. Stehen viele Pflanzen in einem Raum, wie es in Gewächshäusern der Fall ist, so verringert sich am Tage zur Zeit der stärksten Photosynthese der CO_2-Gehalt der Luft manchmal auf ein Drittel des Normalwertes. Damit ist aber bereits das Minimum erreicht, bei dem die Substanzbildung erheblich nachläßt. Um das Niveau auf gleichbleibender Höhe zu halten, muß entweder genügend Frischluft von außen oder künstlich erzeugtes CO_2 zugeführt werden. Eine Verarmung an Kohlendioxid ist besonders während der Wintermonate zu befürchten, weil dann Frost den Austausch mit der Außenluft weitgehend verbietet.

Zwar ist infolge des Lichtmangels dann auch die Assimilation stark eingeschränkt, doch hat sich erwiesen, daß zusätzliche CO_2-Begasung gerade im Winter gut genutzt wird und die Blühwilligkeit bedeutend zu steigern vermag. Die besten Ergebnisse erreicht man im allgemeinen mit einer Erhöhung des CO_2-Spiegels auf 0,1 %vol, also etwa einer Verdreifachung des normalen Gehaltes. Sehr positiv reagieren auch Jungpflanzen auf eine erhöhte CO_2-Konzentration, insbesondere, wenn auch die Belichtungs- und Ernährungsverhältnisse optimal gestaltet werden. Das Wachstum ist dann gedrungener und kräftiger als bei unbegasten Pflanzen, und die Entwicklung wird deutlich beschleunigt.

Eine Anreicherung der Luft mit Kohlendioxid läßt sich mit den verschiedensten Mitteln erreichen. In kleineren Liebhabergewächshäusern genügt häufig schon das Ausbreiten einer gedüngten feuchten Torfschicht unterhalb der Stellflächen oder das Aufstellen von Schälchen mit Marmorstücken, die mit Salzsäure übergossen werden. Ebenso läßt sich durch Verbrennen von Methanol oder Aceton CO_2 entwickeln, wenn man nicht Trockeneis bzw. gasförmiges CO_2 aus der Flasche benutzen will. Im Erwerbsgartenbau verbrennt man zumeist in Spezialbrennern Propangas, wobei die richtige Dosierung mit Meßgeräten kontrolliert werden muß. Nach Gut (1966) sind zur Erzeugung von 3000 ml gasförmigem CO_2 notwendig: 5 ml Methanol, 3 ml Aceton, 5,5 g Trockeneis oder 1000 ml Propangas. Je nach Größe des Raumes rechnet man bei Nutzung einer ergiebigen CO_2-Quelle im allgemeinen mit einer viertel- bis halbstündigen Begasung vormittags gegen 9 und nachmittags gegen 13 Uhr. Die Verteilung des Gases, das anderthalbmal schwerer als die Luft ist, muß durch Ventilatoren unterstützt werden. In manchen Betrieben benutzt man auch perforierte Kunststoffschläuche, die entweder oberhalb des Bestandes aufgehängt oder zwischen den Pflanzen ausgelegt werden. Letzteres hat den Vorteil, daß das Gas unmittelbar an die Blattunterseiten herangebracht wird, wo die Aufnahme durch die Spaltöffnungen erfolgt. Voraussetzung für eine gute Ausnutzung ist allerdings eine einwandfreie Abdichtung der Häuser. Niedrige Stellflächen oder die Anbringung von Ventilatoren unterhalb der Tische bewirken ebenfalls eine verbesserte Ausbeute. Die Toxizitätsgrenze für CO_2 liegt bei 2 bis 3 %vol, doch können schon unterhalb dieser Grenze Schäden auftreten, wenn sich die Pflanzen in einer empfindlichen Phase befinden. Mit Eintritt der Blütezeit sollte man die Begasung vorsichtshalber einstellen.

2.7.2 Die Sauerstoffversorgung

Sauerstoff braucht die Pflanze zur Atmung, die ununterbrochen, Tag und Nacht, vor sich geht. Die Pflanze atmet mit allen Teilen, einschließlich der Wurzeln, so daß auch die Bodenluft reich an Sauerstoff sein muß. Bei der Atmung wird Kohlendioxid ausgeschieden, das aber von den Wurzeln, im Gegensatz zum Sproß, assimilatorisch nicht wieder genutzt werden kann. Infolgedessen reichert sich – meistens unter Mitwirkung ebenfalls atmender Mikroorganismen – Kohlendioxid auf Kosten des Sauerstoffs im Wurzelbereich an und führt zu Vergiftungen.

Da Orchideenwurzeln ausgesprochen atmungsaktiv sind, ist eine ständige Lufterneuerung innerhalb des Substrats die wichtigste Voraussetzung für das Gedeihen der Pflanzen. Der notwendige Luftaustausch wird erleichtert durch brockige, strukturstabile Pflanzstoffe, gute Dränage, genügend große Abzugslöcher im Topf, nicht zu festes Einpflanzen, luftigen Stand auf Drahtgitterunterlagen oder Lattenrosten sowie einen Wechsel von Feucht- und leichter Trockenhaltung bei der Kultur. Eine künstliche Aerifizierung des Substrats durch Einblasen von Sauerstoff wurde bisher noch nicht erprobt, doch könnte sie, besonders bei Beetbepflanzung, u. U. erfolgreich sein. Der Einbau von Ventilatoren im Gewächshaus begünstigt zwar den Austausch zwischen der CO_2-reicheren Luft der bodennahen Schicht und der sauerstoffreicheren Atmosphäre im First, doch hat dies kaum einen Einfluß auf die Luftverhältnisse in der Rhizosphäre. Eine Ableitung von Sauerstoff innerhalb der Pflanze vom Sproß hinab zur Wurzel findet nicht statt. Das Problem einer ausreichenden O_2-Versorgung besteht vor allem bei größeren Hydrokulturanlagen, da in Nährlösungen mit einer Temperatur um 20 °C nur noch wenig Sauerstoff gelöst ist. Durch Verwendung von porösem Blähton als luftführendes Substrat und durch regelmäßige Belüftung der Lösung mittels Pumpen läßt sich diese Schwierigkeit jedoch beheben.

2.7.3 Die Wirkung anderer Gase

Wenn auch der elementare Stickstoff der Luft von der Pflanze nicht verwertet werden kann, so gilt dies nicht für die N-haltigen gasförmigen Verbindungen. Das Gas NH_3 (Ammoniak) wirkt zwar in höheren Konzentrationen toxisch, in Spuren hat es aber einen günstigen Effekt, wenn es in Verbindung mit dem Bodenwasser der Pflanze als NH_4-Ion zugeführt wird. Man machte sich das früher gern zunutze, indem man abends verdünnte Jauche oder aufgelösten Kuhdung auf die Wege des Gewächshauses versprühte, wodurch sich Ammoniak bildete. Zweifellos spielt auch in den gewitterreichen Tropen die Umwandlung des Luftstickstoffs in eine pflanzenaufnehmbare Form eine nicht zu unterschätzende Rolle.

Ausgesprochen schädigende Wirkung haben hingegen eine Reihe von Abgasen, vor allem Schwefeldioxid und Ethylen. Die Gefahr der Luftverunreinigung besteht besonders an stark befahrenen Straßen, in der Nähe von Industrieanlagen und innerhalb dichtbesiedelter Wohngebiete. Aber auch im Gewächshaus selbst können durch undichte oder unsachgemäß installierte Heizungen derartige Gase erzeugt werden. Manchmal scheiden auch größere Bestände blühender Pflanzen oder lagerndes Obst Ethylengas aus und verursachen damit ein vorzeitiges Welken und Abstoßen gerade sich öffnender Blumen. Besonders *Phalaenopsis, Cattleya* und *Dendrobium phalaenopsis* reagieren darauf sehr empfindlich. Auch andere Pflanzen, wie beispielsweise Farne, Gesneriaceen und Begonien, beginnen in solchen Fällen, die Blätter abzuwerfen, so daß sie im Zweifelsfall gute Testpflanzen zur Bestätigung der vermuteten Ursache darstellen. Liegt das Gewächshaus an einer sehr befahrenen Straße, so muß die Lüftung eingeschränkt und die Luftfeuchtigkeit herabgesetzt werden. Auch nasses Substrat und reichliche Stickstoffdüngung erhöhen die Schadwirkungen des Ethylengases. Vielfach rät man dazu, pulverisierte Holzkohle (Aktivkohle) in Schalen oder durchlässigen Säckchen oberhalb der Pflanzen anzubringen und damit die Gase zu adsorbieren. Das Kohlepulver muß dabei von Zeit zu Zeit durch mehrstündiges Erhitzen bei 250 °C reaktiviert werden. Pflanzeneigenes Ethylen bildet sich auch nach einer Verletzung oder Bestäubung der Blüten. Bei größeren Beständen an blühenden Cymbidien sollte daher das Eindringen von Hummeln durch Abdichten der Lüftungsfenster mit Gaze verhindert werden. Bestäubte Blüten welken vorzeitig.

2.7.4 Die Luftzirkulation

Am natürlichen Standort der Epiphyten findet in der Regel eine sehr lebhafte Luftbewegung und damit ein dauernder Luftaustausch statt. In der Kultur stehen dagegen die Pflanzen häufig in einer mehr oder weniger stagnierenden Atmosphäre, vor allem während der Wintermonate. Das kann ungünstige Folgen haben: Abgesehen von der zeitweiligen Verarmung an CO_2 im Sproßbereich oder an O_2 im Wurzelraum besteht die Gefahr einer übermäßigen Erhitzung bei intensiver Sonneneinstrahlung oder – in zu feuchter, stickiger Luft – rasch sich ausbreitender Infektionen. Blühende Cymbidienbestände können auf diese Art durch *Botrytis*-Befall über Nacht wertlos werden. Ein „Waschküchenklima“ mindert nicht nur die Widerstandskraft der Pflanzen und die Haltbarkeit der Blüten, sondern schränkt auch die Transpiration und damit die Nährstoffaufnahme erheblich ein. Aus diesem Grunde sollte man schon vor dem Bau eines Gewächshauses genügend Lüftungsmöglichkeiten (auch unterhalb der Tische) mit einplanen. Die Anbringung eines einzigen Ventilators am First oder an einer der Giebelseiten ist schon bei mittelgroßen Gewächshäusern kaum ausreichend. Im Erwerbsgartenbau sieht man hin und wieder die Methode, durch Einblasen von Luft in aufgehängte, perforierte Plastikschläuche die Zirkulation zu unterstützen. Ist die Luft zu trokken, so wird damit allerdings die Ausbreitung von Spinnmilben noch gefördert.

2.8 Die gegenseitige Beeinflussung der Wachstumsfaktoren

Maßgeblicher für das Gedeihen der Pflanzen als die optimale Gestaltung eines einzelnen Umweltfaktors ist das harmonische Aufeinanderabstimmen aller das Wachstum lenkenden Bedingungen. Dabei müssen in der Regel jene Außeneinflüsse am meisten berücksichtigt werden, die dem Idealzustand am wenigsten entsprechen. **Lichtmangel,** dieser bei uns im Winter überwiegend begrenzende Faktor, verlangt eine Herabsetzung der Nährstoffgabe, der Bewässerungshöhe und auch der Temperatur. Andernfalls kommt es infolge der geringen Assimilationstätigkeit zu Salzakkumulationen und Wurzelschäden, die ein Schrumpfen der Pseudobulben, schwarze Blattspitzen und geminderte Blühwilligkeit zur Folge haben. Ein gewisser Ausgleich für das fehlende Licht läßt sich durch kalibetonte Düngung und CO_2-Begasung erreichen. **Suboptimale Temperaturen,** ein ebenfalls häufiger Mangelfaktor (oft sogar eher im Sommer als im Winter), bedingen desgleichen eine gebremste Nährstoffversorgung und Bewässerung. Umgekehrt muß bei hohen Wärmegraden der verstärkten Transpiration der Pflanzen durch öfteres Gießen und Spritzen Rechnung getragen werden, wodurch gleichzeitig – zumindest während der Hauptwachstumszeit – auch die Nährstoffe vermehrt angeboten werden müssen. Daneben spielt natürlich der Gesundheitszustand der Pflanzen selbst ebenfalls eine Rolle: Alle kränkelnden oder in Ruhe befindlichen Exemplare sollten weder gedüngt noch zu naß gehalten werden; allenfalls steigert man die Luftfeuchtigkeit etwas.

Auf Grund der individuellen Ansprüche der Pflanzen lassen sich nur schwer allgemeine Regeln für das Zusammenspiel der einzelnen Wachstumsfaktoren geben. Durch ständige Beobachtung und Fingerspitzengefühl lernt man, die Kulturführung den jeweiligen Gegebenheiten am besten anzupassen.

2.9 Begleitpflanzen

Für den Liebhabergärtner, der sein Gewächshaus oder Blumenfenster nicht ausschließlich mit Orchideen ausstatten will, sondern durch eine entsprechende Begleitflora ein möglichst „natürliches" Vegetationsbild erreichen möchte, bietet sich eine Reihe von Warmhauspflanzen an, die durch ihre Wuchsform und ihre Lebensansprüche recht gut mit den Orchideen harmonieren. Encke (1987) beschreibt eine Fülle kulturwürdiger tropischer und subtropischer Zierpflanzen, aus der sich sowohl nach ökologischen wie nach ästhetischen Gesichtspunkten eine Auswahl treffen läßt. Zur Anregung seien einige Beispiele hier genannt.

a) Niedrige, schattenverträgliche Bodendecker

Calathea makoyana (Marantaceae)
Coleus pumilus (Labiatae)
Cryptanthus zonatus (Bromeliaceae)
Episcia cupreata (Gesneriaceae)
Fittonia verschaffeltii 'Argyroneura' (Acanthaceae)
Soleirolia (Helxine) soleirolii (Urticaceae)
Impatiens walleriana (Balsaminaceae)
Maranta bicolor (Marantaceae)
Pellionia pulchra (Urticaceae)
Peperomia caperata, P. velutina (Piperaceae)
Pilea cadierei (Urticaceae)
Saintpaulia ionantha (Gesneriaceae)
Selaginella martensii (Selaginellaceae)
Tradescantia fluminensis (Commelinaceae)
Zebrina (Tradescantia) pendula (Commelinaceae)

b) Höhere, großblättrige Warmhauspflanzen

Adiantum raddianum (Polypodiaceae)
Anthurium andreanum, A. crystallinum (Araceae)
Begonia-Rex-Hybriden (Begoniaceae)
Caladium bicolor (Araceae)
Codiaeum variegatum var. *pictum* (Euphorbiaceae)

Coleus-Blumei-Hybriden (Labiatae)
Dieffenbachia maculata (Araceae)
Heliconia bicolor (Musaceae)
Hibiscus rosa-sinensis (Malvaceae)
Microcoelum (Cocos) weddelianum (Palmae)
Monstera deliciosa (Araceae)
Nephrolepis exaltata (Polypodiaceae)
Pteris cretica (Polypodiaceae)
Streptocarpus-Hybr. (Gesneriaceae)

c) Kletternde (↑) und hängende (↓) Gewächse

Allamanda cathartica (Apocynaceae)↑
Anthurium scandens (Araceae)↑
Asparagus plumosus, A. scandens (Liliaceae)↑
Begonia foliosa (Begoniaceae)↓
Bougainvillea glabra (Nyctaginaceae)↑
Ceropegia woodii (Asclepiadaceae)↓
Cissus discolor (Vitaceae)↑
Chlorophytum comosum (Liliaceae)↓
Columnea microphylla (Gesneriaceae)↓
Ficus pumila (F. repens) (Moraceae)↑
Gloriosa rothschildiana (Liliaceae)↑
Passiflora racemosa, P. raddiana (Passifloraceae)↑
Raphidophora (Scindapsus) aurea (Araceae)↑
Saxifraga stolonifera (Saxifragaceae)↓

d) Epiphyten

Bromeliaceae (Arten von *Aechmea, Guzmania, Neoregelia, Nidularium, Tillandsia, Vriesea* u. a.)
Cactaceae (Arten von *Epiphyllum, Rhipsalis, Rhipsalidopsis, Schlumbergera* u. a.)
Polypodiaceae (Arten von *Davallia, Drymoglossum, Platycerium, Polypodium* u. a.)

e) Pflanzen mit biologisch interessanten Eigenarten

Insektenfangende Blätter:
Dionaea muscipula (Droseraceae)
Drosera indica (Droseraceae)
Drosophyllum lusitanicum (Droseraceae)
Nepenthes-Hybr. (Nepenthaceae)
Pinguicula caudata (Lentibulariaceae)
Sarracenia purpurea (Sarraceniaceae)
Reizbare, bewegliche Blätter:
Biophytum sensitivum (Oxalidaceae)
Desmodium gyrans (Leguminosae)
Mimosa pudica (Leguminosae)
Brutblätter:
Asplenium bulbiferum, A. daucifolium (Polypodiaceae)
Begonia phyllomaniaca (Begoniaceae)
Kalanchoë (Bryophyllum) daigremontiana, K. tubiflora (Crassulaceae)
Tolmiea menziesii (Saxifragaceae)

Literaturverzeichnis

Bomba, G.: Das Epiflor Verfahren, ein neuer Weg in der Anzucht epiphytisch wachsender Orchideen. Der Palmengarten, 39, 24–29, 1975.

Davidson, O. W.: Question Box. Amer. Orch. Soc. Bull. 47, 998, 1978.

Dickob, Dierend, Hölscher: Planungshilfen für den Einsatz elektrischer Verbraucher im Unterglasgartenbau. AEL-Bericht 13, 1989.

Domke, O.: Bewährte CO_2-Technik wiederentdeckt. Deutscher Gartenbau 38, 1622–1624, 1984.

Dressler, R.: Die Orchideen – Biologie und Systematik der Orchidaceae. Verlag Eugen Ulmer, Stuttgart 1987.

Encke, F.: Kalt- und Warmhauspflanzen. Verlag Eugen Ulmer, Stuttgart 1987, 2. Auflage.

Esser, G.: Photosynthesemessung mit dem URAS. Die Orchidee 24, 12–14, 1973.

Feldmann, R.: Orchideen als Zimmerpflanzen. Verlag Eugen Ulmer, Stuttgart 1988.

Frey, J. K.: Effect of Bark Substrate on Germination and Early Growth of Encyclia tampensis Seeds. Amer. Orch. Soc. Bull. 42, 701–708, 1973.

Gut, J.: Anmerkungen zur Verwendung von Kohlendioxid in Kleingewächshäusern. Orchidee 17, 33–35, 1966.

Haase, P.: Ein weiterer Schritt zur vollautomatischen Orchideenkultur. Orchidee 26, 181–183, 1975.

Hanselmann, E.: Hydrokultur. Verlag Eugen Ulmer, Stuttgart 1986.

JANSEN, D.: Licht und Pflanze. Deutscher Gartenbau 28, 1808–1811, 1990.

LUCKE, E.: Orchideenkultur für alle. Lehrmeister-Bücherei Nr. 463, Albrecht Philler Verlag, Minden 1975.

NUERNBERGK, E. L.: Kunstlicht und Pflanzenkultur. Bayerischer Landwirtschaftsverlag, München–Bonn–Wien 1961.

PENNINGSFELD, F.: Die Ernährung der Orchideen. Orchidee 22, 443–452, 1971.

– Orchideensubstrate und Orchideenernährung. Tagungsber. 8. Welt-Orchideenkonf. Frankfurt 1976.

– Blähschiefer-Eignung für Hydrokultur und als Substratzuschlag. Gb + Gw 80, Nr. 51/52, 1132–1134, 1980.

POOLE, H. A., SHEEHAN, T J.: Chemical Composition of Plant Parts of *Cattleya* Orchids. Amer. Orch. Soc. Bull. 42, 889–895, 1973.

– Leaf-tip Die-back of *Cattleya* – What's the Real Cause? Amer. Orch. Soc. Bull. 42, 227–230, 1973.

– Chemical Composition of Plant Parts of *Phalaenopsis* Orchids. Amer. Orch. Soc. Bull. 43, 242–246, 1974.

RICHTER, W.: Das Orchideenjahr. Neumann-Verlag, Leipzig–Radebeul 1987.

RÖBER, R., SCHALLER K.: Pflanzenernährung im Gartenbau. Verlag Eugen Ulmer, Stuttgart 1985, 3. Aufl.

RÖLLKE, L.: Das praktische Orchideenbuch. Verlag Eugen Ulmer, Stuttgart 1993.

RÖTH, J.: Orchideen. Deutscher Landwirtschaftsverlag, Berlin 1983, 2. Aufl.

ROTOR, G. B.: Daylenght and Temperature in Relation to Growth and Flowering of Orchids. Cornell Univ. Exp. Stat. Bull. 885, 1952.

RÜNGER, W.: Licht und Temperatur im Zierpflanzenbau. Verlag Paul Parey, Berlin–Hamburg 1976. 3. Aufl.

SANFORD, W. W.: The Ecology of Orchids. In: WITHNER, C.: The Orchids. Scientific Studies. Verlag John Wiley & Sons, New York, 1–100, 1974.

SCHLECHTER, R.: Die Orchideen. Bd. II. Verlag Paul Parey, Berlin–Hamburg 1985, 3. Aufl.

SCHOSER, G.: Pflanzenkultur mit dem Pflanzenstrahler OSRAM-L-„Fluora". OSRAM-Selbstverlag, München–Berlin 1966.

SCHUBERT, M., BLAICHER, W.: 1×1 der Hydrokultur. BLV-Verlagsgesellschaft, München–Wien–Zürich 1985, 3. Aufl.

SCHUM, A., FISCHER, P.: Das N : K_2O-Verhältnis bei *Phalaenopsis*. Deutscher Gartenbau 36, 1704–1706, 1985.

– FISCHER, P.: Kupfer-Ernährung bei *Phalaenopsis*. Deutscher Gartenbau 39, 1839–1841, 1985.

STETTEN, O. VON: Aerokultur von Orchideen. Orchidee 27, 125, 1976.

STOLZE, L. R., ESSER, G.: Orchideen für Ihre Fensterbank. Lemförde 1972.

TRESCH, W.: Orchideen in Hydrokultur. Zierpflanzenbau und Gartenbautechnik (zb) 17, 662–663, 1977.

VAN OS, P. C., VAN MOURIC, N. M.: Temperatuureffect bij *Paphiopedilum* in kaart gebracht. Vakblad voor de Bloemisterij 31, 38–39, 1992.

VAN OS, P. C., VAN DE WERKEN, E.: Bloemstengel van pot-*Phalaenopsis* kan korter. Vakblad voor de Bloemisterij 19, 35, 1986.

VAN OS, P. C., VAN MOURIC, N.: Temperatur-Effekte bei *Paphiopedilum*. Gärtnerbörse-Gartenwelt, 93, 114–116, 1993.

VOTTELER, W.: Hydrokultur in Blähton. Arbeitshefte für die Gartenpraxis Nr. 12. Obst- und Gartenbauverlag, München 1974.

WALTER, H.: Vegetation und Klimazonen. UTB 14. Verlag Eugen Ulmer, Stuttgart 1990, 6. Aufl.

– Die Vegetation der Erde, Bd. I: Die tropischen und subtropischen Zonen. Verlag Gustav Fischer, Stuttgart 1973, 3. Aufl.

– LIETH, H.: Klimadiagramm-Weltatlas. VEB Verlag Gustav Fischer, Jena 1967.

WALTER, M.: Das Kleingewächshausbuch. Verlag Eugen Ulmer, Stuttgart 1977.

3 Praktische Kulturtechnik für den Orchideenliebhaber

Auf den folgenden Seiten sollen die heutigen technischen Möglichkeiten und Hilfsmittel aufgezeigt werden, die es dem Liebhaber erlauben, Orchideen erfolgreich und dauerhaft zu kultivieren und zur Blüte zu bringen. Wo Anregungen gegeben werden, beschränken sie sich bewußt auf praxisnahe Vorschläge, die sich über Jahre bewährt haben. Übertechnisierte Lösungen, die letztlich den Menschen überflüssig werden lassen, sollen ebensowenig empfohlen werden wie Geräte, die im Handel nicht erhältlich oder zu unsicher sind.

Der angehende Orchideengärtner aus Leidenschaft sollte unbedingt gute Fachliteratur studieren und den persönlichen Kontakt zu qualifizierten Orchideen-Gärtnern pflegen, die dem Verband Deutscher Orchideen-Betriebe (VDOB e. V.) angehören.

In der Deutschen Orchideengesellschaft (DOG e. V.) und in der Vereinigung Deutscher Orchideenfreunde (VDOF e. V.) haben sich Orchideenliebhaber, Gärtner und Wissenschaftler zusammengeschlossen. In vielen Städten gibt es darüber hinaus freie Arbeitsgruppen von engagierten Orchideenliebhabern, die keinem Verein angehören. Das Studium der Vereinspublikationen und die Teilnahme an Zusammenkünften und Besichtigungen bieten die beste Möglichkeit, sich laufend über Neuheiten zu informieren und Erfahrungen auszutauschen.

3.1 Orchideenkultur auf der offenen Fensterbank

Allgemeines

Die meisten Anfänger beginnen mit der Fensterbankkultur, und viele haben hier die einzige Möglichkeit, eine mehr oder weniger große Orchideensammlung zu pflegen. Dabei bietet sich die offene Fensterbank, fast immer über dem Heizkörper angeordnet, auf den ersten Blick als der ungünstigste Platz für die Orchideenkultur an. Die aufsteigende Heizungsluft von etwa 40 °C und die dadurch bedingt niedrige relative Feuchte von 10% oder weniger erscheint eher für die Kultur von Wüstenbewohnern wie Kakteen und Sukkulenten geeignet, als für die Kultur von Orchideen aus feuchtwarmen tropischen Gebieten.

Glücklicherweise bedarf es aber nur eines geringen Aufwandes, um auf der Fensterbank viele Orchideen dauerhaft zu kultivieren und regelmäßig zur Blüte zu bringen. Gewählt wird möglichst ein Fenster in heller, aber nicht vollsonniger Lage. Die Tiefe der Fensterbank sollte möglichst auf 30 bis 40 cm vergrößert werden. Dadurch wird mehr Kulturfläche geschaffen und die Heizungsluft teilweise zum Raum hin abgeleitet.

Befeuchtung

Die aufsteigende trockene Heizungsluft schadet nicht nur den Orchideen. Sie ist auch unserer eigenen Gesundheit nicht besonders zuträglich. Deshalb sollte die Raumfeuchte zunächst auf einen für Mensch und Pflanze angenehmen Wert von 50 bis 60% relativer Feuchte erhöht werden.

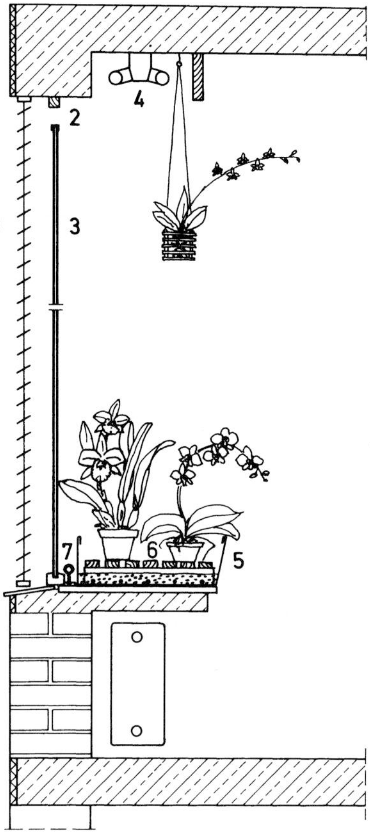

Abb. 54. Orchideen auf der offenen Fensterbank. 1 = Außenschattierung, 2 = Entlüftung, 3 = Außenscheibe (möglichst Isolierglas), 4 = Zusatzbelichtung, 5 = Pflanzwanne mit Elektro-Bodenheizkabel, 6 = Lattenrost, 7 = Elektroheizkörper.

Dazu bieten Industrie und Handel Luftbefeuchter an, die nach dem Verdunstungs- oder Zerstäuberprinzip arbeiten. Es gibt einfache Verdunstungsgefäße, die direkt an den Heizkörpern angebracht werden, außerdem Elektroluftbefeuchter, die je nach Ausführung die Luft nicht nur befeuchten, sondern auch noch von Staub, Gerüchen und Krankheitskeimen befreien. Bei den Verdunstungsgeräten wird Luft durch sogenannte Befeuchtermatten geblasen, die die Luft dann gleichzeitig filtern. Die Verdunstungsleistung ist von der Raumfeuchte und der Raumtemperatur abhängig. Zerstäubergeräte erzeugen durch Zentrifugalschleuderung einen feinen Wasserstaub, der sofort, ohne zu netzen, in reine Luftfeuchtigkeit übergeht. Alle Geräte haben einen Vorratsbehälter mit Wasserstandsanzeiger, der in Abständen von einigen Tagen nachgefüllt wird. Die stündliche Zerstäuberleistung liegt je nach Gerättyp zwischen 0,4 und 0,8 Liter/Stunde. Die gelegentlich angebotenen Luftbefeuchter nach dem Verdampfungsprinzip sind, nicht zuletzt wegen ihres hohen Stromverbrauches, nicht geeignet. Der Grad der Befeuchtung wird mit einem guten Feuchtemesser (Hygrometer) kontrolliert. Die automatische Feuchteregelung erfolgt über einen Feuchteregler (Hygrostaten).

Das Kleinklima über der Fensterbank wird weiter verbessert, indem man dort flache, mit feuchtem Blähton oder Bimskies gefüllte Schalen aufstellt, auf denen dann die Orchideen stehen.

Heizung

Eine wünschenswerte milde Unterwärme und eine Erhöhung der Verdunstung läßt sich durch ein eingelegtes Bodenheizkabel schaffen, sofern nicht bereits die Wärme des Heizkörpers ausreicht. Für das Heizkabel genügt eine Leistung von 100 Watt/m^2 Schalenfläche. Ein Bodentemperaturregler ist normalerweise nicht erforderlich.

Wegen der hohen Energieersparnis und Beschlagfreiheit sind Isolierverglasungen unbedingt empfehlenswert. Bei einer Einfachverglasung muß im Winter die von außen eindringende Kälte abgefangen werden. Gut eignen sich Elektro-Rohrheizkörper, aufgestellt zwischen Pflanzen und Außenscheibe. Der Temperaturregler (Thermostat) wird in Kopfhöhe und Fensternähe so montiert, daß ihn keine direkte Sonnenbestrahlung erreicht.

Orchideen werden oft besprüht, und deshalb sollte man aus Sicherheitsgründen nur Regelgeräte in wassergeschützter Ausführung wählen.

Abb. 55. Elektro-Luftbefeuchter L 505 (Zerstäubergerät), für Blumenfenster.

Für die Fensterbankkultur bieten sich in erster Linie Orchideen aus dem temperiert-warmen Bereich an. Die Einstellung des Raumthermostaten muß deshalb bei 14 bis 16 °C liegen. Das ist die Temperatur, die nachts nicht unterschritten werden soll.

Pro Quadratmeter Außenfläche sind etwa 220 Watt erforderlich, um bei –15 °C Außentemperatur +15 °C im Blumenfenster zu halten. Bei Isolierverglasungen wird dieser Wert um 40% reduziert.

Schattierung und Lüftung

In voller Südlage, die aber möglichst vermieden werden sollte, ist gegen zu starke Sonneneinstrahlung und die dadurch bedingte Gefahr von Überhitzung und Verbrennungen ein Lamellenstore als Außenschattierung anzubringen.

Eine gute Lüftung verringert ebenfalls eine Überhitzung des Fensters und entspricht außerdem dem großen Frischluftbedürfnis der Orchideen. Fensterflügel und Oberlichter sollten deshalb bis +12 °C Außentemperatur so oft wie möglich geöffnet werden.

Belichtung

Orchideen wünschen und vertragen fast alle viel mehr Licht, als oft angenommen wird. Hinter der Fensterscheibe stehen aber nur etwa 25% oder weniger des einfallenden Tageslichtes zur Verfügung. Eine zusätzliche Belichtung, besonders für die lichtarmen Wintermonate, ist also unbedingt notwendig.

Mit bestem Erfolg werden hier die besonders wirtschaftlichen Leuchtstofflampen eingesetzt, deren Lichtausbeute bei gleichem Stromverbrauch etwa das 6fache normaler Glühlampen beträgt. Von den angebotenen Leuchtstofflampen sollte man die Type L 31 LumiLux Warmton (Osram) auswählen, die die Pflanzen in angenehmem Licht erscheinen lassen und außerdem eine gute wachstumsfördernde Wirkung haben. Für die Belichtung von offenen Orchideenfenstern eignen sich ebenfalls die sehr wirtschaftlichen Quecksilber-Dampflampen vom Typ HQL 125 DeLux in Verbindung mit entsprechenden Reflektorleuchten!

Zur dekorativen Ausleuchtung und Zusatzbelichtung genügen bei normaler Fenstertiefe Doppelschienenleuchten, die in Normlängen von 66, 126 und 156 cm handelsüblich sind. Sie enthalten bereits die erforderlichen Vorschaltgeräte und Starter. Durch einen zusätzlichen Reflektor läßt sich die nutzbare Beleuchtungsstärke vergrößern.

Die Befestigung an der Decke wird möglichst so vorgenommen, daß mit Hilfe von Ketten oder Kunststoffpendeln der Abstand zwischen Leuchten und Pflanzen bis auf 50 cm verringert werden kann.

Die Dauer der Belichtung im Winter beträgt etwa 12 Stunden.

Hydrokultur

Die Hydrokultur von Zierpflanzen hat in den letzten Jahren einen außerordentlichen Aufschwung genommen. Das Angebot an Kulturgefäßen und geeigneten Nährsalzen ist im Fachhandel entsprechend umfangreich. Als neuere Entwicklung ist die Nährstoffversorgung nach dem Ionenaustauscherprinzip (Lewatit HD 5 der Firma Bayer) zu nennen, die sich besonders gut auch für die Hydrokultur von Orchideen eignet. Eine Nährstoffbatterie mit Ionenaustauscherharz Lewatit HD 500 reicht aus, um die Nährstoffversorgung unabhängig von der Wasserqualität für etwa 6 Monate zu sichern.

Zur Umstellung auf Hydrokultur werden Orchideen von allem Pflanzstoff befreit und mit Blähton, der als Füllsubstrat verwendet wird, in einen dränierten Einsatztopf aus Kunststoff gepflanzt. Dieser wiederum wird in ein Mantelgefäß mit Nährlösung und Wasserstandsanzeiger eingesetzt.

Sicher bietet die Hydrokultur Möglichkeiten, um geeignete Orchideen in Zukunft mit geringem Pflegeaufwand zu kultivieren. Dabei ist es nach den bisherigen Erfahrungen wichtig, das Wasser auf 22 bis 24 °C zu temperieren. Dies kann bei größeren Gefäßen mit Kleinheizkabeln oder Heizmatten geschehen, die in die Nährlösung eingelegt werden. Mehrere Einzelgefäße lassen sich aber auch in flache Wannen stellen, die mit einem thermostatisch geregelten Heizkabel ausgerüstet sind. Wer sich ernsthaft für die Hydrokultur von Orchideen interessiert, dem sei das Buch von Margot Schubert „Mehr Blumenfreude durch Hydrokultur" empfohlen. Von ihr stammt auch die nachfolgende Empfehlung von Orchideen, die sich für die Hydrokultur besonders gut eignen.

Für Hydrokultur geeignete Orchideen (natürliche Blütezeiten in Klammern):

Brassia caudata (II–III)
B. verrucosa (IV–VI)
Cattleya skinneri und Hybriden (III–V)
Coelogyne cristata (I–II)
Cymbidium lowianum-Hybride (II–VI); braucht tiefes Gefäß
Dendrobium chrysotoxum (III–IV)
D. nobile (III–VI)
D. thyrsiflorum (III–VI)
Epidendrum alatum/(neuer botanischer Name *Encyclia alata)* (V–X)
Encyclia cochleata (XI–II)
E. radicans (XII–V)
Lycaste aromatica (IV–VI)
L. skinneri (jetzt *L. virginalis*) (IX–III)
Lemboglossum bictoniense (IX–X)
Rossioglossum grande (IX–III)
Phalaenopsis-Hybriden (I–XII)
Paphiopedilum-Hybriden

3.2 Das ausgebaute, geschlossene Orchideenfenster

Wesentlich bessere Kulturmöglichkeiten als die offene Fensterbank bietet ein geschlossenes Orchideenfenster, das durch Glasschiebetüren vom Wohnraum abgetrennt ist. Bei richtigem Gebrauch der heute zur Verfügung

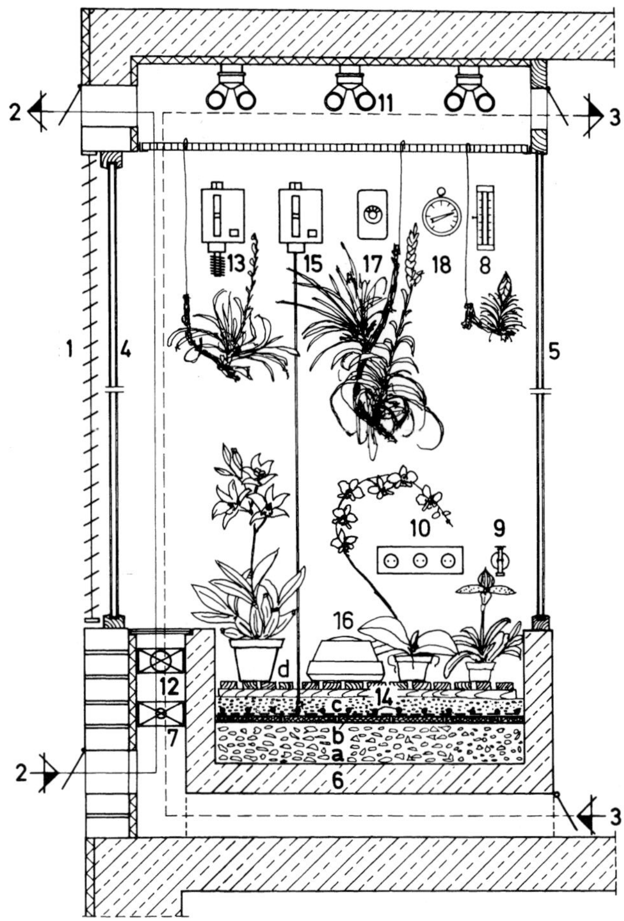

Abb. 56. Ausgebautes, geschlossenes Orchideenfenster.
1 = Außenschattierung, 2 = Be- und Entlüftung für Sommerbetrieb, 3 = Be- und Entlüftung für Winterbetrieb, 4 = Isolierglasscheibe, 5 = Schiebefenster, 6 = Pflanzwanne: a = Kiesdränage, b = Styrodur-Isolierung gelocht, c = Sandabdeckung des Heizkabels, 5 cm stark, d = Lattenrost, 7 = Heizungskonvektor, 8 = Maximum-Minimun-Thermometer, 9 = Wasserhahn, 10 = Steckdosen, wassergeschützt, 11 = Zusatzbelichtung, 12 = Elektro-Zusatzheizung, 13 = Raumthermostat, 14 = Bodenheizkabel, 15 = Bodenthermostat, 16 = Elektro-Luftbefeuchter, 17 = Feuchteregler (Hygrostat), 18 = Hygrometer.

stehenden technischen Hilfsmittel läßt sich hier ein Kleinklima schaffen, das den Ansprüchen vieler Orchideen gerecht wird. Wichtigste Voraussetzung ist eine Pflanzwanne von 40 bis 80 cm Breite und 20 bis 30 cm Tiefe. Diese steht erhöht auf dem Boden und hat zur Außenwand hin einen Abstand von etwa 10 bis 15 cm. So wird ein Schacht gebildet, in dem sich unauffällig die Heizung unterbringen läßt. Die Pflanzwanne kann an Ort und Stelle betoniert oder gemauert werden, wobei innen eine gute Isolierung gegen Feuchtigkeit zu schaffen ist. Möglich sind auch Einsätze aus Kunststoff, Eternit oder Metall. Aus kochfestem Sperrholz läßt sich leicht eine Holzwanne herstellen. Sie wird innen mit stabiler Kunststoffolie ausgekleidet.

Wie beim offenen Blumenfenster ist Isolierverglasung und eine außenliegende Schattierung wichtig. Die Schiebetüren sollten aus Spiegelglas sein, um Verzerrungen beim Durchblick zu vermeiden. Eine Blendwirkung der erforderlichen intensiven Beleuchtungsanlage kann vermieden werden, indem man zum Wohnraum hin eine Schürze herunterzieht und dort einen Raster aus Kunststoff oder Metall auflegt. Die in Abbildung 56 angedeuteten Lüftungsöffnungen sichern die unerläßliche Luftzirkulation bei Sommer- und Winterbetrieb.

Für die Bepflanzung bieten sich zwei Möglichkeiten an. Die dekorativste ist, die Wanne zunächst mit Bodendeckern zu bepflanzen, die in eine Torfschicht oder in Blähton einge-

Abb. 57. Epiphytenstamm.
1 = Rohrgerüst, 2 = Korkeiche, 3 = Kunststoffeimer, 4 = Beton.

senkt werden. Dazwischen stehen auf kleinen Steinplatten die Orchideen. Weitere können an einem Epiphytenstamm untergebracht werden oder von der Decke und den Seitenwänden herabhängen. Wesentlich mehr Orchideen lassen sich unterbringen, wenn man auf eine Grundbepflanzung der Wanne verzichtet. In diesem Falle wird über der bodenbeheizten Sandschicht im unteren Bereich der Pflanzwanne ein Lattenrost eingelegt. Hierauf lassen sich eine Menge Pflanzen aufstellen, die dann sehr luftig stehen und gleichzeitig eine erwünschte milde Unterwärme erhalten.

Orchideen an Epiphytenstämmen, zusammen mit Begleitpflanzen, sehen immer sehr hübsch aus. Ein dauerhafter Epiphytenstamm läßt sich leicht aus einem stabilen Rohrgerüst herstellen, das außen mit Korkeichenrinde verkleidet wird. Ein betongefüllter Eimer dient als standfester Fuß. Ein Korkeichenstamm hat für Orchideen den großen Vorteil, daß man abgeblühte Pflanzen leicht auswechseln oder zur Pflege herausnehmen kann. Für die direkte Bepflanzung eignen sich besonders gut bizarr geformte Äste von Eichen und Robinien. Die Pflege dieser Epiphytenstämme ist jedoch schwieriger als oft angenommen wird. Sie müssen regelmäßig, möglichst mit einer Sprühdüse, befeuchtet werden, da ausgetrocknete Wurzelballen nur schwer Wasser annehmen. Für Kleinstorchideen und Tillandsien eignen sich besonders gut alte Weinknorren, an denen die Pflanzen in der Regel mit wenig Pflanzstoff befestigt werden.

Für das Anbinden haben sich dünne, elastische Bänder aus Perlonstrümpfen bestens bewährt, die lange halten und farblich kaum auffallen. Von einem alten Perlonstrumpf werden einfach etwa 3 cm breite Ringe abgeschnitten, gestreckt, durchgeschnitten und fertig ist das elastische Befestigungsband. Die so geschaffenen Mini-Epiphytenstämme sehen sehr hübsch aus. Sie werden an Haken in der Decke des Blumenfensters möglichst hell aufgehängt und lassen sich durch Ansprühen oder Tauchen leicht pflegen.

Heizung

Bei der Beheizung eines Orchideenfensters muß unterschieden werden zwischen der Raumbeheizung, d. h. der Beheizung des Luftraumes, und einer evtl. Unterheizung. Die Raumheizung sollte möglichst an die Warmwasser-Zentralheizung des Wohnraumes angeschlossen werden. Der Konvektor liegt dann nicht sichtbar im Schacht zwischen Pflanzwanne und Außenmauer. Die Temperaturregelung erfolgt über ein Thermostatventil mit Temperaturfernfühler. Wird die Wohnhaustemperatur über Nacht stark abgesenkt, dann muß zusätzlich ein thermostatisch geregelter Elektroheizkörper montiert werden. Der Raumtemperaturregler befindet sich normalerweise in Kopfhöhe in der Nähe der Außenscheibe. Die Befestigung er-

Abb. 58. Geschlossenes Orchideenfenster mit dekorativer Grundbepflanzung.

folgt so, daß er nicht von der Sonneneinstrahlung getroffen wird. Das gilt auch für den Feuchteregler, das Hygrometer und das Maximum-Minimum-Thermometer. Moderne, elektronische Universal-Temperaturregler lassen sich auch außerhalb des Blumenfensters unterbringen. Bei diesen Reglern wird dann nur eine kaum sichtbare Fühlerleitung ins Blumenfenster verlegt. Unbedingt empfehlenswert ist eine automatische Nachtabsenkung, deren Bedeutung noch bei der Heizungsregelung des Kleingewächshauses besprochen wird. Hierzu sind zwei Thermostate mit der jeweiligen Einstellung auf die gewünschten Tag- und Nachttemperaturen erforderlich. Eine zusätzliche Schaltuhr schaltet am Abend den Thermostaten ein, der auf den niedrigen Nachtwert eingestellt ist. Am Morgen erfolgt die Umschaltung auf den Thermostaten mit der höheren Einstellung für die Tagtemperaturen.

Als modernste Lösung stehen jetzt auch elektronische Temperaturregler mit eingebauter Photozelle zur Verfügung. Diese reduzieren automatisch bei Dunkelheit, d. h. bei Wegfall von Tageslicht oder Zusatzbeleuchtung, die vorherige Temperatur um einen einstellbaren Wert von 0 bis 8 °C.

Die Einstellung der Raumtemperaturregler kann wie folgt vorgenommen werden:

	Tagtemperatur	Nachttemperatur
Kühles Fenster	15–20 °C	10 °C
Temperiertes Fenster	20 °C	15 °C
Warmes Fenster	23 °C	18 °C

Für die Unterheizung werden Bodenheizkabel eingebracht und mit 5 cm Sand abgedeckt. Pro Quadratmeter Bodenfläche ist eine Leistung von etwa 100 Watt notwendig. Zur Regelung dient ein Bodenthermostat, dessen Fühler in die Sandabdeckung eingelegt wird. Die Einstellung des Thermostaten liegt je nach Kultur bei 20 bis 25 °C.

Die erforderliche Heizleistung (in Watt) für ein Blumenfester läßt sich leicht errechnen, indem man die Außenglasfläche (in m²) mit der Temperaturdifferenz zwischen der Blumenfenstertemperatur und der niedrigsten zu erwartenden Außentemperatur (in °C) und dem Faktor k = 4,6 multipliziert. Für ein Blumenfenster von 2 m² Glasfläche mit einer Nachttemperatur von +15 °C bei einer minimalen Außentemperatur von –15 °C ergibt sich danach folgende Rechnung: $2 \cdot 30 \cdot 4{,}6$ = 276 Watt. Es wird also eine Elektroheizung von mindestens 500 Watt gewählt bzw. der Konvektor der Warmwasserheizung entsprechend ausgelegt.

Befeuchtung

Ein geschlossenes Orchideenfenster hat den Vorteil, daß die dort vorhandene Luftfeuchtigkeit nicht in den Wohnraum abfließen kann. Die oft gewünschte automatische Luftbefeuchtung läßt sich leicht mit den bereits erwähnten, hygrostatisch gesteuerten Elektroluftbefeuchtern erreichen, die nach dem Zerstäuberprinzip arbeiten.

Sehr praktisch sind Befeuchter mit automatischen Schwimmerventilen, die das zerstäubte Wasser automatisch ergänzen. Für diese Geräte, die besonders in der Urlaubszeit von großem Nutzen sind, ist ein Druckwasseranschluß erforderlich. Wie später bei der Gewächshausbefeuchtung geschildert, lassen sich auch die kleinen Elektroluftbefeuchter zur Vernebelung eines Orchideenfensters verwenden.

Die Einstellung des Feuchtereglers erfolgt auf 60 bis 70%. Die Dauer der Vernebelung liegt zwischen 15 und 30 Minuten. Sie wird je nach Fenstergröße durch einige Versuche genau ermittelt.

Belichtung

Die Beleuchtungsanlage eines Blumenfensters hat zwei Aufgaben zu erfüllen. Sie soll einmal dafür sorgen, daß auch am Abend die Pflanzen in hellem und natürlichem Licht betrachtet werden können. Darüber hinaus müssen die Bestrahlungsstärken so hoch liegen, daß eine wirkungsvolle Wachstumsförderung erfolgt. Auch in geschlossenen Orchideenfenstern sind Leuchtstoffröhren die beste und wirtschaftlichste Lösung. Aus Sicherheitsgründen müssen unbedingt feuchtigkeitsgeschützte Schienenleuchten, möglichst mit Reflektor, verwendet werden. Wegen der großen Abstände zwischen Leuchten und Pflanzen empfiehlt sich eine Anschlußleistung von etwa 300 Watt/m² Grundfläche. Bei Anschluß in Serienschaltung besteht die Möglichkeit, einen Teil der Leuchten dann abzuschalten, wenn die große Helligkeit einmal stören sollte.

Als zusätzliche Effektbeleuchtung mit Tageslichtcharakter sind Halogen-Metalldampflampen in Reflektorausführung sehr gut geeignet.

Schattierung

Die Gefahr einer Überhitzung bei Südlage ist in einem geschlossenen Orchideenfenster sehr groß. Eine Schattierung vor der Außenscheibe sollte deshalb immer dann vorgesehen werden, wenn mit einer starken Sonneneinstrahlung zu rechnen ist. Der einschlägige Fachhandel liefert auch vollautomatisch arbeitende Schattieranlagen.

Lüftung

Das große Frischluftbedürfnis der Orchideen ist bereits erwähnt worden. Auch ein geschlossenes Orchideenfenster muß deshalb mit ausreichenden Vorrichtungen für die Entlüftung und die Zufuhr von Frischluft ausgestattet werden. Bei der skizzierten Lösung für ein ausgebautes, geschlossenes Orchideenfenster (siehe vorne) kann Zuluft von außen her oder vom Wohnraum in das Fenster einströmen. In der Übergangszeit wird die Außenluft innerhalb des Heizungsschachtes erwärmt, während die Entlüftung zum Raum hin oder nach außen erfolgt. In kalten Wintermonaten steht Zuluft nur vom Wohnraum her zur Verfügung. Es ist erforderlich, dann dort gut zu lüften, um indirekt Frischluft in das Fenster zu bringen. Bei gut gelüfteten Wohnräumen können evtl. die Glasschiebetüren zum Wohnraum auch weggelassen werden. Das Fenster eignet sich dann mehr für die Kultur von Orchideen, die nicht zu hohe Ansprüche an die Luftfeuchtigkeit stellen.

3.3 Pflanzenvitrinen

Die Kultur von Orchideen in Vitrinen wird in der Regel aus dekorativen Gründen angestrebt oder dann, wenn die Einrichtung eines Blumenfensters oder eines Gewächshauses nicht möglich ist. Vor allem in Mietwohnungen bieten mobile Zimmergewächshäuser oft die einzige Möglichkeit, eine kleine Orchideensammlung zu pflegen. Von der Industrie werden nur wenige Modelle angeboten, die für eine erfolgreiche und dauerhafte Kultur wirklich geeignet sind. Es muß daher kritisch ausgewählt werden. Entscheidend sind eine leistungsstarke und betriebssichere Beleuchtung, gute Lüftungsmöglichkeiten und absolute Feuchtigkeitsbeständigkeit der Konstruktion. Die Beleuchtungsstärke im Bereich der Pflanzwanne sollte mindestens bei 2500 lx liegen; dazu sind pro Quadratmeter etwa 400 Watt Anschlußleistung, bezogen auf Leuchtstoffröhren, erforderlich.

Für die Klimatisierung gelten im wesentlichen die gleichen Voraussetzungen wie für das ausgebaute geschlossene Blumenfenster. Die Belichtung sollte aber grundsätzlich über eine Schaltuhr gesteuert werden, wobei die Belichtungsdauer von 12 Stunden im Winter bis auf 16 Stunden im Sommer gesteigert wird. Beim Selbstbau einer Vitrine ist darauf zu achten, daß die vorgesehene Länge den Maßen der handelsüblichen Normleuchten angepaßt wird. Diese liegen bei etwa 66, 126 und 156 cm. Es ist auch möglich, im Deckenbereich nur wassergeschützte Fassungen zu montieren und die Drossel unter der Bodenplatte anzubringen. Ihre Wärmeentwicklung läßt sich dann für die Bodenbeheizung der Pflanzwanne ausnutzen. Im allgemeinen ist eine Bodenbeheizung durch Heizkabel empfehlenswert, während die zusätzliche Raumheizung in beheizten Räumen entfallen kann.

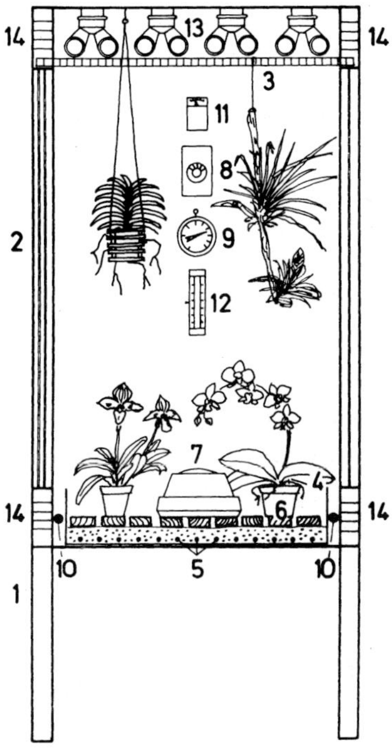

Abb. 59. Orchideen-Zimmervitrine.
1 = Vitrine, 2 = Schiebefenster, 3 = Kunststoffraster, 4 = Pflanzwanne, 5 = Bodenheizkabel, 6 = Holzrost o. ä., 7 = Elektro-Luftbefeuchter, 8 = Feuchteregler (Hygrostat), 9 = Hygrometer, 10 = Elektro-Raumheizung, 11 = Raumthermostat, 12 = Maximum-Minimum-Thermometer, 13 = Schienenleuchten, wassergeschützt, 14 = Schieberlüftungen.

Es soll nicht verschwiegen werden, daß die Orchideenkultur in Pflanzenvitrinen, besonders wenn diese in schlecht belüfteten Räumen stehen, schwieriger ist als im Blumenfenster oder Kleingewächshaus. Auch die Pflanzenauswahl wird sich überwiegend auf den temperiert-warmen Bereich beschränken müssen bei Verzicht auf extrem lichthungrige

Orchideen. Generell wird man Pflanzen aussuchen, deren Ansprüche im Bereich von *Phalaenopsis* und *Paphiopedilum* liegen. Zusätzlich lassen sich aber viele Kleinorchideen und Tillandsien mit großem Lichtbedürfnis dicht unter den Leuchten kultivieren.

3.4 Kunstlichtkultur im Keller

Die neuen Halogen-Metalldampflampen erweitern die Möglichkeit einer reinen Kunstlichtkultur in Kellerräumen, die bisher schon erfolgreich mit Leuchtstoffröhren praktiziert wurden. Es eignen sich alle für den Bereich Blumenfenster und Kleingewächshaus genannten Beleuchtungseinrichtungen. Es sollten aber unbedingt Beleuchtungsstärken von 5000 bis 10000 lx angestrebt werden. Zur Kontrolle dient ein gutes Luxmeter, z. B. „PANLUX elektronic" der Firma Gossen. Metalldampflampen montiert man wegen der größeren Wärmeabstrahlung an der Decke, Leuchtstoffröhren dagegen etwa 30 cm über den Pflanzen. Dabei ist zu beachten, daß die Orchideen, vor allen Dingen Jungpflanzen, erst langsam an die gesteigerten Beleuchtungsstärken gewöhnt werden. Dieses geschieht, indem man die Abstände zwischen Leuchten und Pflanzen allmählich verringert.

Geeignet sind Kellerräume, die möglichst kühl sein sollten und sich gut belüften lassen. Eine gute Luftumwälzung ist genauso wichtig wie eine Senkung der Nachttemperaturen um mindestens 5 °C. Diese Absenkung läßt sich in vielen Fällen erreichen, indem man nachts durch einen Ventilator frische Außenluft in den Keller einbläst. Am Tage wird dann entsprechend höher aufgeheizt, wobei sich die Wahl der geeigneten Heizung nach den jeweiligen Gegebenheiten richten wird. Die Orchideen können, wie im Kleingewächshaus, auf Tischen kultiviert werden, bei Belichtung mit Leuchtstoffröhren sogar in mehreren Etagen. Die Klimatisierung wird wie im Kleingewächshaus vorgenommen, doch liegt hier noch ein weites und interessantes Feld für eigene Experimente. Wenn eben möglich, sollte man die Orchideen des kühlen und temperierten Bereiches während der Sommermonate halbschattig im Freien, d. h. auf dem Balkon oder im Garten, halten.

3.5 Orchideen im Kleingewächshaus

3.5.1 Bau, Konstruktion, Einrichtung

Die besten Möglichkeiten hat der Orchideenliebhaber in einem guten Kleingewächshaus mit zweckmäßiger Inneneinrichtung und Klimatisierung, abgestimmt auf die vorgesehenen Orchideenkulturen. Bei der Auswahl ist die Qualität und Stabilität des verwendeten Konstruktionsmaterials ebenso zu beachten, wie die durch die Konstruktion selbst gegebenen Nutzungsmöglichkeiten. Das Gewächshaus muß darüber hinaus absolut dicht sein und sollte im Hinblick auf unsere hohen Energiepreise mit einer Isolierverglasung ausgestattet werden können.

Aufgabe einer richtigen automatischen Klimatisierung ist es, auch während der Abwesenheit des Liebhabers andauernd gute Wachstumsbedingungen zu sichern. Wenn die wichtigsten Klimafaktoren – Wärme, Licht, Luft und Feuchtigkeit – optimal geschaffen und aufeinander abgestimmt werden, dann fällt es auch dem Anfänger nicht schwer, gute Kulturerfolge zu erzielen.

Die nachfolgenden Ausführungen sollen besonders dem Anfänger eine Entscheidungshilfe bieten. Darüber hinaus wird der Rat von erfahrenen Orchideenliebhabern und sachkundigen Kleingewächshauslieferanten bestimmt eine Unterstützung sein.

Lage

Wenn eben möglich, sollte der sonnigste Platz für das Orchideengewächshaus gewählt werden. Die Sonnenstrahlung ist unsere billigste Energiequelle, die unbedingt genutzt werden muß. Es ist nicht schwierig, im Sommer ein Kleingewächshaus mit guter Lüftung, zweckmäßiger Isolierverglasung und Außenschattierung vor zu großer Hitze zu schützen. Im Winter hilft aber jeder verfügbare Sonnenstrahl, die Heizkosten zu senken und auch in dieser Jahreszeit das optimal mögliche Wachstum zu sichern. Deshalb wird man möglichst den Schatten von Nadelbäumen meiden und daran denken, daß im Winter auch niedrige Gebäude lange Schatten werfen. Laubbäume dagegen können im Sommer eine wünschenswerte Schattierung schaffen. Falls kein sonniger Platz zur Verfügung steht, bietet ein Anlehngewächshaus an der Nordseite immer noch bessere Kulturmöglichkeiten für *Paphiopedilum* und *Phalaenopsis* als ein dunkles Blumenfenster oder eine Vitrine. Das Gewächshaus sollte nicht zu weit vom Wohnraum entfernt stehen. Im Winter und im Alter weiß man kurze Wege zu schätzen, und kurze Versorgungsleitungen kosten weniger Geld.

Die Aufstellung eines Kleingewächshauses in Nord-Süd-Lage sichert eine weitgehend gleichmäßige Belichtung des gesamten Gewächshauses über den ganzen Tag hinweg. Diese Lösung kann dann interessant sein, wenn überwiegend Orchideen mit gleichen Lichtansprüchen kultiviert werden. In der Praxis sieht es jedoch so aus, daß sehr viele Orchideen bei gleichen Temperaturen unterschiedliche Ansprüche an das Licht stellen. Eine Aufstellung in West-Ost-Richtung ist deshalb in den meisten Fällen die bessere Lösung, da die sonnige Südseite und die dunklere Nordseite dann Vorteile bieten.

Bauformen

Kleingewächshäuser werden in den verschiedensten Bauformen angeboten. Wegen ihrer besonderen Vorteile können das Anlehngewächshaus mit Pultdach, das freistehende Satteldachhaus und das Solarhaus (Satteldachhaus mit vergrößerter Süd-Dachfläche) besonders empfohlen werden.

Wenn man mit seinen Orchideen leben möchte und sie auch noch direkt vom Wohnraum aus sehen und erreichen will, dann ist das Anlehngewächshaus das richtige. Es wird normalerweise an eine 2,5 bis 2,7 m hohe feste Hauswand angebaut. Falls nicht genügend Höhe zum Anbau zur Verfügung steht, kann man das Gewächshaus auch in der Höhe entsprechend niedriger halten und dafür den Gewächshausboden absenken. So wird trotzdem eine ausreichende Innenhöhe erreicht. Auch Garagenwände bieten oft die Möglichkeit, ein Anlehngewächshaus zu errichten. Die Dachneigung sollte möglichst nicht unter 18° liegen, da flache Dächer wenig stabil sind und außerdem zu Tropfwasserbildung neigen. Infolge der geringen Glasfläche und der dahinter liegenden beheizten Räume ist ein Anlehnhaus sehr wirtschaftlich zu beheizen, und alle Versorgungsleitungen lassen sich leicht kostensparend heranführen.

Als ideale Lösung bietet ein frei und sonnig aufgestelltes Satteldachhaus optimale Kulturmöglichkeiten bei bester Raumausnutzung. Voraussetzung ist jedoch, daß das Gewächshaus ausreichend hohe, gerade und bis unten verglaste Stehwände hat. Ein solches Kleingewächshaus ist praktisch in vier Ebenen nutzbar: einmal auf den Kulturtischen, die eine Höhe von 70 bis 80 cm haben sollten, außerdem auf Hängekulturtischen, die im Traufenbereich angebracht werden und so leicht eingesehen werden können; weitere Orchideen und Begleitpflanzen lassen sich an Spanndrähten oder Aluminiumrohren im Dachbereich aufhängen.

Zusätzlich läßt sich auch noch der Bodenbereich nutzen. Bei Aufzählung dieser Möglichkeiten wird klar, daß nicht die Grundfläche eines Gewächshauses für die optimale Nutzung entscheidend ist, sondern der darüber befindliche Luftraum. Es kann jedoch auch Situationen geben, in denen ein hohes Gewächshaus seinen Besitzer oder den Nachbarn stören würde. In diesen Fällen wählt man eine Konstruktion mit 1 m Stehwandhöhe und senkt den Gewächshausboden um 60 bis 80 cm ab. Bei dieser Lösung entfällt zwar die Nutzungsmöglichkeit unter den Tischen, dafür sind aber die Kosten für die Beheizung geringer.

Abb. 60. Freistehendes Satteldachhaus, Dachneigung 26°, mit Außenschattierung auf Führungskonstruktion.

Fundament und Sockel

Das normalerweise frosttief betonierte Gewächshausfundament liegt im Boden und hat die Aufgabe, auch bei Sturm, Frost und schlechten Bodenverhältnissen einen sicheren Stand zu schaffen. Es verhindert in isolierter Ausführung das Eindringen von Kälte (besonders bei Bodenheizung wichtig) und hält Schädlinge, wie Mäuse, fern. Beim Bau eines Gewächshauses sollte man daher auf ein dauerhaftes Fundament in der Regel nicht verzichten. Lediglich für kleinste Gewächshäuser bei Übergangslösungen oder auf Pachtgrundstücken können Leichtbaufundamente aus Betondielen, Stahlprofilen oder imprägnierten Balkenrahmen verwendet werden. Der gemauerte oder betonierte Gewächshaussockel bietet die Möglichkeit, Geländeunterschiede auszugleichen und den nutzbaren Raum des Gewächshauses in der Höhe weiter zu vergrößern.

Die Herstellung von Fundament und Sockel ist zwangsläufig mit Erdbewegungen und Schmutz verbunden, und sie ist schwierig, wenn das Gelände schwer zugänglich ist. Es ist deshalb zweckmäßig und kostensparend, wenn diese Arbeiten bei einem Neubau sofort ausgeführt werden, auch wenn der Bau des Gewächshauses selbst erst später erfolgt. Für evtl. Erweiterungen kann das Fundament gleich mit erstellt werden und zunächst als Blumenbeet dienen.

In der Hauswand sollte der Durchbruch für Heizung, Strom und Wasser sowie ein 80 cm tiefer Graben für die Versorgungsleitungen zwischen Hauswand und Gewächshaus gleich vorgesehen werden.

Größe und Material

Es ist ein immer wiederkehrender Fehler, vor allem von unerfahrenen Anfängern, daß Gewächshäuser zu klein gekauft werden. Tatsache ist jedoch, daß die Pflege von Orchideen in einem zu kleinen und deshalb eng bepflanzten Haus viel schwieriger ist, da die Übersicht fehlt. Schädlinge breiten sich dann unbemerkt und schnell aus. Auch die Klimatisierung zu kleiner Kulturräume bereitet Schwierigkeiten und erfordert relativ hohe Kosten. Die Beheizung wird außerdem unwirtschaftlicher, da das Verhältnis von wärmeabstrahlender Glasfläche zum Nutzraum mit zunehmender Verkleinerung immer ungünstiger wird.

Die ideale Größe eines Orchideengewächshauses, das man in seiner Freizeit auch noch gut betreuen kann, liegt bei 2,5 bis 3,2 m Breite und 4 bis 10 m Länge. Bei diesen Abmessungen hat man die Möglichkeit, auch zwei oder drei unterschiedlich klimatisierte Kulturräume zu schaffen. Praktisch ist ein separater Arbeitsraum, der evtl. auch den Heizkessel und den Pflanztisch aufnimmt. Ein elektrisch beheiztes Kleingewächshaus, eine gute Isolierverglasung vorausgesetzt, sollte nicht länger als 5 m sein, da sonst die Anschlußwerte und die Heizkosten zu hoch werden.

Für den Bau von Kleingewächshäusern werden wegen der Wartungsfreiheit überwiegend nur noch Profile aus Aluminiumlegierungen verwendet. Holzkonstruktionen sind wegen der Pflegebedürftigkeit heute kaum noch üblich; bei unverzinkten Stahlkonstruktionen muß mit immer wiederkehrenden Pflegearbeiten gerechnet werden.

Der Eigenbau von Kleingewächshäusern lohnt im allgemeinen nicht mehr, da heute sehr viele vorgefertigte Konstruktionen preiswert als Selbstbausätze auf dem Markt angeboten werden.

Verglasung

Von den für Kleingewächshäuser zur Verfügung stehenden Bedeckungsmaterialien ist Silicat-Glas auf Grund seiner vielen Vorzüge immer noch am besten geeignet. Es hat eine hohe Lichtdurchlässigkeit von rund 92%, und die glatten Oberflächen lassen sich leicht und schnell reinigen. Um Verschmutzungen und Wärmeverluste zu vermeiden, sollte die

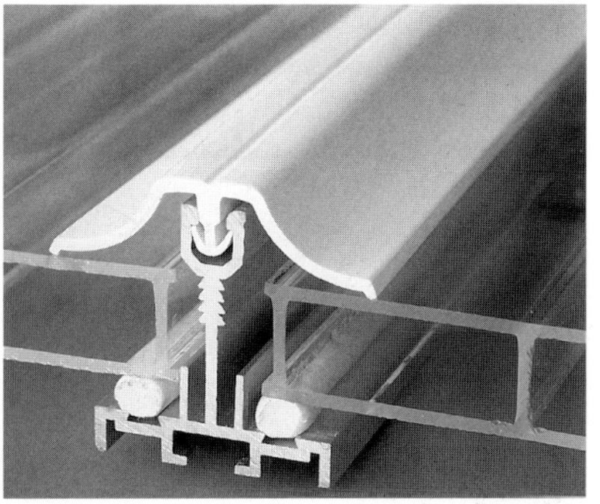

Abb. 61. Isolierverglasung mit 16-mm-Stegdoppelplatten und wärmedämmenden Abdeckhauben.

Verlegung immer in durchgehenden Scheiben erfolgen. Die bei Leichtbaukonstruktionen oft vorhandene Schindelverglasung aus vielen überlappenden Einzelscheiben ist nicht günstig.

Silicat-Glas für Kleingewächshäuser ist handelsüblich in den Ausführungen „Gartenblankglas“, in einer Dicke von 3,8 mm (DD), das voll durchsichtig ist und eine gute optische Verbindung von Kleingewächshausbepflanzung und Garten ermöglicht, sowie „Gartenklarglas genörpelt“, in 4 mm Stärke, das durch seine Nörpelung eine Streuung der durchgehenden Strahlung bewirkt, staubunempfindlich ist (besonders interessant im Dachbereich) und keine freie Durchsicht erlaubt. Die vorstehenden Glassorten werden auch in Stärken von 3 mm angeboten. Diese sind aber wegen der höheren Bruchempfindlichkeit (Hagelschlag) nur bedingt empfehlenswert.

Isolierverglasung mit Stegdoppelplatten

Eine optimale Isolierverglasung für Orchideengewächshäuser sind 16 mm starke Stegdoppelplatten aus Plexiglas SDP NoDrop. Für Lichtdurchlässigkeit, Steifigkeit und Festigkeit gibt die Herstellerfirma Röhm eine Garantie von 10 Jahren.

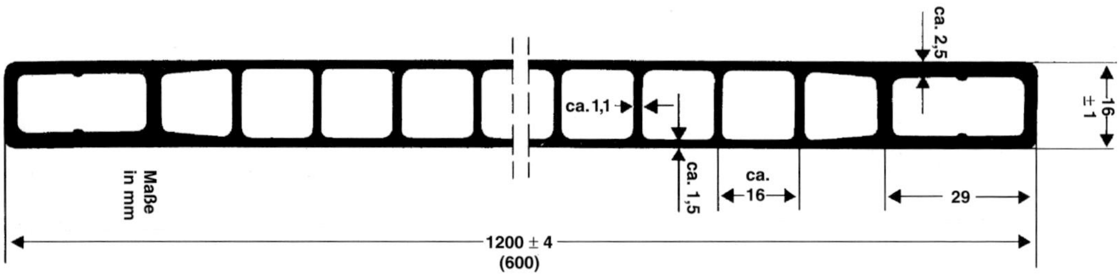

Abb. 62. Querschnitt der Stegdoppelplatte mit verstärkten Randzellen 16 mm.

Plexiglas SDP NoDrop ist UV-durchlässig, ballwurffest, unübertroffen witterungsbeständig und vergilbt nicht! Die NoDropschicht verhindert, nach innen verlegt, Kondenswasserbeschlag an der Oberfläche. Das kondensierte Wasser zerfließt zu einem Wasserfilm. Dadurch erhöht sich die Lichtdurchlässigkeit bis zu 15%, da einfallendes Licht nicht durch Wassertropfen reflektiert wird. Das Pflanzenwachstum wird so gefördert und schädlicher Tropfenfall verhindert.

Der höhere Anschaffungspreis amortisiert sich innerhalb weniger Jahre durch die erzielte Heizkostenersparnis von 40%, die durch zusätzliche Wärmedämmung noch vergrößert werden kann.

Es ist ein großer Vorteil, daß Orchideengewächshäuser mit Stegdoppelplatten aus Plexiglas im allgemeinen geringer schattiert werden müssen, mit Ausnahme ausgesprochen schattenliebender Pflanzen. Voraussetzung dafür ist jedoch eine optimale Be- und Entlüftung durch ausreichend dimensionierte Seiten- und Dachfenster, möglichst mit automatischen Fensteröffnern.

Nach den bisher vorliegenden Erfahrungen lassen sich Orchideen unter Stegdoppelplatten mit mehr Licht, Luft, Wärme und Düngung als unter Glas kultivieren, und die Kulturergebnisse sind, auch wegen der UV-Durchlässigkeit, dementsprechend gut.

Möglichkeiten der Heizkosteneinsparung

Erhöhte Heizkosten bei Kleingewächshäusern entstehen vorwiegend durch folgende Faktoren:

1. Undichtigkeiten im Bereich von Fenstern, Türen und Verglasung.
   Diese Kosten lassen sich durch Auswahl eines guten Gewächshauses mit dichter Verglasung vermeiden.
2. Ungenaue Heizungsregelung.
   1 °C zuviel an Heiztemperatur erhöht bereits die Heizkosten um 5 bis 7%! Eine zuverlässige und genaue Heizungsregelung hilft bis zu 30% an Heizkosten sparen. Die beste Kontrollmöglichkeit bietet ein Thermo-Hygrograph (Temperatur- und Feuchteschreiber).
3. Wärmeverluste bei Einfachverglasung.
   Diese lassen sich reduzieren durch folgende Isoliermaßnahmen:
   a) Zusätzliche Bespannung mit Folie und Luftzwischenraum (innen oder außen). Kurzlebige Lösung, Ersparnis etwa 30%.
   b) Zusätzliche Bespannung mit Noppenfolie.
   Kurzlebige Lösung, Ersparnis etwa 34% (mit Luftzwischenraum 39%).
   c) Isolierverglasung mit zwei verklebten oder verlöteten Glasscheiben aus industrieller Fertigung. Überwiegend im Großgewächshausbau üblich. Für Kleingewächshäuser bestehen Schwierigkeiten bei der Beschaffung, der Ersatzbeschaffung und beim Versand infolge Bruchgefahr und großer Unterschiede in den Abmessungen. Ersparnis etwa 43%.
   d) Isolierverglasung mit der „Stegdoppelplatte Plexiglas 16 mm". Beste und wirt-

schaftlichste Lösung für Kleingewächshäuser, mit einer für die Verlegung geeigneten Konstruktion mit einer Scheibennormbreite von 60 oder 98 cm. Ersparnis etwa 45%.

f) Zusätzliche Wärmedämmung mit Styroporplatten.
Auf 100 cm Höhe im Bereich der Steh- und Giebelwände bei einfach- und doppelverglasten Gewächshäusern. Einsparung etwa 60% bei 1 cm starkem Styropor, bezogen auf die isolierte Fläche! (siehe Tab. 7).

Inneneinrichtung
Ein Orchideengewächshaus bietet bestimmt dann den schönsten Anblick, wenn es als tropischer Wintergarten eingerichtet wird. In großen Pflanzgefäßen mit Blähton, die noch die unschönen Heizkörper verdecken, wächst üppig eine dekorative Grundbepflanzung aus Maranten, Fittonien, Farnen, Bromelien und vielen anderen Begleitpflanzen. Sie verdecken die nicht immer schönen Blätter und Bulben der Orchideen, und nur die Blüten leuchten aus dem Grün hervor. In die Nischen des Epiphytenstammes werden Töpfe mit blühenden *Phalaenopsis*, Dendrobien und Oncidien eingesetzt. An den Dachsprossen hängen hunderte von Kleinorchideen und Tillandsien. Und inmitten all dieser Herrlichkeit wird morgens das Frühstück eingenommen und abends eine gute Flasche Wein getrunken. Ein Traum, zu schön, um wahr zu sein?

Bestimmt nicht, wenn man sich in der Auswahl der Orchideen einige Beschränkungen auferlegt und auch berücksichtigt, daß viele Orchideen außerhalb der Blütezeit nicht besonders dekorativ sind und während der Ruhezeit eine andere Behandlung erfordern. Ideal wäre eine anschließende zweite Gewächshausabteilung, ganz auf optimale Kulturbedingungen und beste Raumausnutzung ausgerichtet.

Zwischen diesen beiden Polen gibt es eine Fülle von Gestaltungs- und Einrichtungsmöglichkeiten.

Abb. 63. Zusätzliche Wärmedämmung mit Hilfe von Styroporplatten.

Der Pflanzenbestand eines engagierten Orchideenliebhabers wächst immer schneller als erwartet, und man wird deshalb vorwiegend auf eine gute Raumausnutzung Wert legen müssen.

Als Stellflächen bieten sich zunächst Kulturtische an, die eine Höhe von 70 bis 80 cm haben sollten. Bei Festlegung der Tiefe muß an die Heizkörper gedacht werden, die normalerweise im Bereich der Außenscheiben montiert werden. Zu nahes Heranrücken der Kulturtische an die Heizkörper führt zu einem Austrocknen der Pflanzen im hinteren Bereich.

Starke Profile aus gut verzinktem Stahl oder wartungsfreiem Aluminium sind das beste Material für Gewächshaustische, die möglichst lange halten sollen. Als Tischbelag haben sich Wellgitter aus den gleichen Materialien bewährt. Sie entsprechen dem Luftbedürfnis der Orchideen und sichern der Untertischbepflanzung noch zusätzlich etwas Kopflicht. Etagentische bieten eine gute Übersicht auch bei engem Stand der Pflanzen.

Zur Ausweitung der Stellflächen bieten sich Hängekulturtische an, die im Bereich der Traufe befestigt werden. Die Anbringung

Tab. 7. Jährliche Heizkosten für ein Orchideengewächshaus sowie Einsparungen durch Isolierverglasung mit Stegdoppelplatten 16 mm und durch zusätzliche Wärmedämmung[1] (Preisstand 1991)

	Elektroheizung 0,24 DM/kWh							**Ölheizung** 0,40 DM/l					
	Innentemperatur °C	Wärmeverbr. einschalig kWh	Heizkosten einschalig DM	Heizkosten SDP DM	Einsparungen SDP ~40% DM	Heizkosten SDP + zusätzl. Wärmedämmg. DM	Einsparungen SDP + zusätzl. Wärmedämmg. ~60% DM	Ölverbr. einschalig l	Heizkosten einschalig DM	Heizkosten SDP DM	Einsparungen SDP ~40% DM	Heizkosten SDP + zusätzl. Wärmedämmg. DM	Einsparungen SDP + zusätzl. Wärmedämmg. ~60% DM
Gewächshaus 1	5	1440	344,–	206,–	138,–	137,–	207,–	200	80,–	48,–	32,–	32,–	48,–
Breite 207 cm	10	4130	990,–	594,–	396,–	396,–	594,–	574	229,–	138,–	92,–	91,–	138,–
Länge 255 cm	15	8050	2040,–	1440,–	600,–	816,–	1224,–	1118	447,–	268,–	179,–	179,–	268,–
Glasfläche	20	12970	3112,–	1867,–	1245,–	1244,–	1868,–	1802	720,–	432,–	288,–	288,–	432,–
ca. 21 m²	25	18310	4394,–	2636,–	1758,–	1757,–	2637,–	2543	1017,–	610,–	407,–	407,–	610,–
Gewächshaus 2	5	3928	942,–	565,–	377,–	376,–	556,–	546	218,–	130,–	88,–	88,–	130,–
Breite 320 cm	10	11244	2698,–	1618,–	1080,–	1079,–	2158,–	1562	624,–	374,–	250,–	250,–	374,–
Länge 623 cm	15	21921	5260,–	3156,–	2104,–	2104,–	3156,–	3045	1218,–	730,–	488,–	448,–	730,–
Glasfläche	20	35325	8478,–	5086,–	3992,–	3391,–	5087,–	4906	1962,–	1177,–	785,–	785,–	1177,–
ca. 57 m²	25	49868	11968,–	7180,–	4788,–	4787,–	7181,–	6926	2770,–	1662,–	1108,–	1108,–	1662,–

[1] Nach Berechnung von Dr. Kolbe, Röhm GmbH, Chemische Fabrik, Darmstadt.
Die Angaben über den Wärmeverbrauch wurden nach Vickermann (1969) umgerechnet, wobei der Wärmeverbrauchskoeffizient und das Verhältnis Oberfläche zu Grundfläche berücksichtigt wurden. Der Wärmeverbrauch gilt für ein mittleres Klima von Kassel, umgerechnet auf Meereshöhe. Bei der Ölheizung wurde ein unterer Heizungswert von 10 kWh/l, ein Kesselwirkungsgrad von 80% und 10% Netzverluste berücksichtigt. Der Wirkungsgrad der Elektroheizung wurde mit 100% angenommen.

muß etwa 160 cm über dem Wegeniveau erfolgen, damit die Töpfe beobachtet werden können. Bei einer Tiefe von 35 bis 40 cm lassen sich auch gut handelsübliche Pikierschalen und Pflanzkästen aufsetzen. Als Belag sind ebenfalls Wellgitter geeignet. Bei nässeempfindlichen Kulturen auf den darunterliegenden Stellflächen ist dagegen Glasbelag empfehlenswert.

Der Dachbereich läßt sich durch Spanndrähte und Aluminiumrohre nutzen, die von Giebelwand zu Giebelwand gespannt werden. Um ein Durchbiegen zu vermeiden, erfolgt zu jeder Sprosse hin eine zusätzliche Befestigung mit kunststoffüberzogenem Draht. Mit diesen einfachen Vorrichtungen lassen sich viele weitere Orchideen, besonders kleinwachsende und lichtliebende Arten, unterbringen.

Auch für die Untertischkultur bieten sich eine ganze Reihe von geeigneten Orchideen mit geringen Lichtansprüchen an, z. B. Masdevallien. Sie werden zweckmäßigerweise in Pikierkästen mit gelochtem Boden aufgestellt und lassen sich so zur näheren Inspektion schnell einmal hochheben. Ganz geschickte Bastler schaffen sich unter ihren Kulturtischen in 20 bis 30 cm Höhe eine zweite Stellfläche. Diese wird schubladenähnlich in den Wegebereich hineingezogen und bietet Aufstellmöglichkeiten für viele weitere Pflanzen. Eine solche Lösung zur äußersten Raumausnutzung wird man dann wählen, wenn der Bau eines größeren Gewächshauses nicht möglich ist. Auch ein Pflanztisch mit festem Belag und Zwischenablage sollte in keinem Orchideengewächshaus fehlen.

3.5.2 Regulierung des Gewächshausklimas

Wärmebedarf

Orchideengewächshäuser müssen in unserem rauhen Klima beheizt werden. Vor Festlegung der Heizungsanlage ist zunächst der stündliche Wärmebedarf Q (in Watt) zu ermitteln. Dieser ist abhängig vom Wärmedurchgangskoeffizienten k (für normal verglaste Gewächshäuser ist k = 7,6 bei Berücksichtigung der zusätzlichen Wärmeverluste an Sockel, Sprossen, Türen und Fenstern), der Größe der Außenglasfläche in m^2 sowie der Temperaturdifferenz zwischen der geforderten Gewächshaustemperatur und der niedrigsten Außentemperatur (in normalen Lagen –15 °C). Der Wärmebedarf (in Watt) wird nach einem vereinfachten Verfahren errechnet, indem man die Außenglasfläche (in m^2) mit der Temperaturdifferenz (in °C) und

Abb. 64. Orchideen-Kultur auf Etagentischen.

dem Faktor k = 7,6 multipliziert (vgl. Kapitel 3.2, Heizung).

Für ein Orchideengewächshaus von 3,2 m Breite, 4,4 m Länge und 45 m² Glasfläche mit einer Nachttemperatur von +15 °C bei minimaler Außentemperatur von −15 °C ergibt sich danach folgende Rechnung: $45 \cdot 30 \cdot 7{,}6 =$ 10260 Watt oder 10,26 kW.

Für Gewächshäuser aus Wellkunststoff wird die vergrößerte Glasfläche um etwa 30% höher angesetzt. Bei Isolierverglasungen ist der Wärmebedarf um etwa 40% zu reduzieren, bei zusätzlicher Wärmedämmung entsprechend höher.

Ölheizungs-Anschluß an die Hausheizung

Wie wird nun ein Orchideengewächshaus zweckmäßig beheizt? Die wirtschaftlichste Lösung, der Anschluß an die ölbefeuerte Warmwasserzentralheizung des Wohnhauses über einen eigenen Regelkreis, ist in der Abbildung 66 mit einer Alternative dargestellt.

Nach Lösung A wird möglichst schon beim Neubau am Heizkessel ein zweites Mischventil montiert, das unabhängig vom Wohnhauskreislauf ist. Von diesem führt eine separate Vor- und Rücklaufleitung über die zweite Umwälzpumpe gut isoliert zum Gewächs-

Abb. 65 a. Einrichtung und Klimatisierung im freistehenden Gewächshaus mit Satteldach. Einzelheiten siehe Erläuterung zu Abb. 65 a + b.

Erläuterung zu Abb. 65 a + b: Einrichtungen und Klimatisierung von Orchideengewächshäusern. 1 = Dachfenster (Entlüftung), 2 = Seitenfenster (Frischluftzufuhr), 3 = Heizungsvorlauf, 3 a = Heizungsrohre, 3 b = Heizungskonvektor, 3 c = Unterheizung, 3 d = Bodenheizung, 4 und 5 = wassergeschützte Schienenleuchten, 4 = als Allgemeinbeleuchtung, 5 = mit Reflektor als wachstumsfördernde Zusatzbeleuchtung, 6 a, 6 b = Gewächshaus-Luftbefeuchter, 7 = Alumiumrohr zum Aufhängen von Pflanzen, 8 = Hängekulturtische, 9 = Kulturtisch mit Wellgitterbelag, 10 = Plattenweg, 75 cm breit, 11 = Düsenanlagen, 12 = automatischer Fensteröffner, 13 = Außenschattierung, 14 = Gießwasserbecken mit Deckel, 15 = Luftumwälzer, 16 = automatische Zwangsentlüftung.

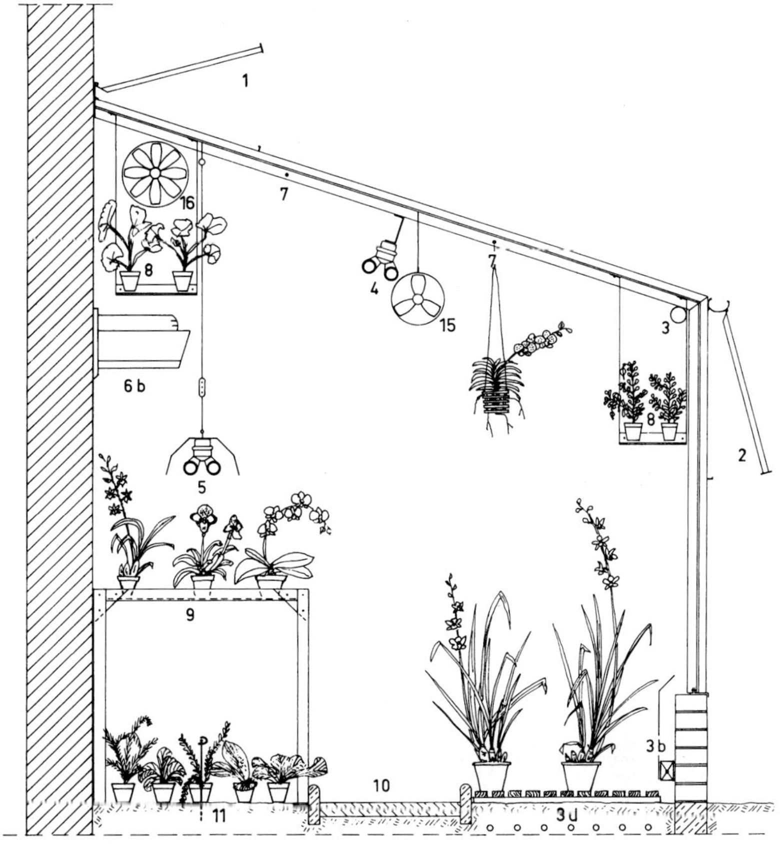

Abb. 65 b. Einrichtung und Klimatisierung im Anbaugewächshaus mit Pultdach. Einzelheiten siehe Erläuterungen zu Abb. 65 a + b.

haus. Ein im Gewächshaus installierter wassergeschützter Raumthermostat steuert die Umwälzpumpe P 2 und somit die Gewächshaustemperatur. Am Mischer wird je nach Jahreszeit die entsprechende Vorlauftemperatur von Hand vorgewählt. Bei dieser Lösung haben die Gewächshausheizkörper in der Übergangszeit eine mildere Wärmeabgabe als bei extrem niedrigen Außentemperaturen.

Die nicht sehr aufwendige Lösung A kann nachträglich leicht zu einer vollelektronischen Raumtemperaturregelung nach Lösung B ausgebaut werden. Die Pumpe P 2 läuft dabei ständig. Das elektronisch arbeitende Zentra-Regelgerät ZG ermittelt über den Gewächshausfühler GF und den Vorlauffühler VF genau die richtige Vorlauftemperatur des Heizungswassers, die der Stellmotor dann automatisch am Mischventil einstellt. Die im Regelgerät eingebaute Schaltuhr ermöglicht zusätzlich eine beliebig einstellbare automatische Nachtabsenkung. Weitere Gewächshausabteilungen lassen sich leicht über Zonenventile und Raumthermostate mit Nachtabsenkung getrennt regeln. Der Gewächshausfühler des Zentra-Regelgerätes wird dabei immer in der wärmsten Gewächs-

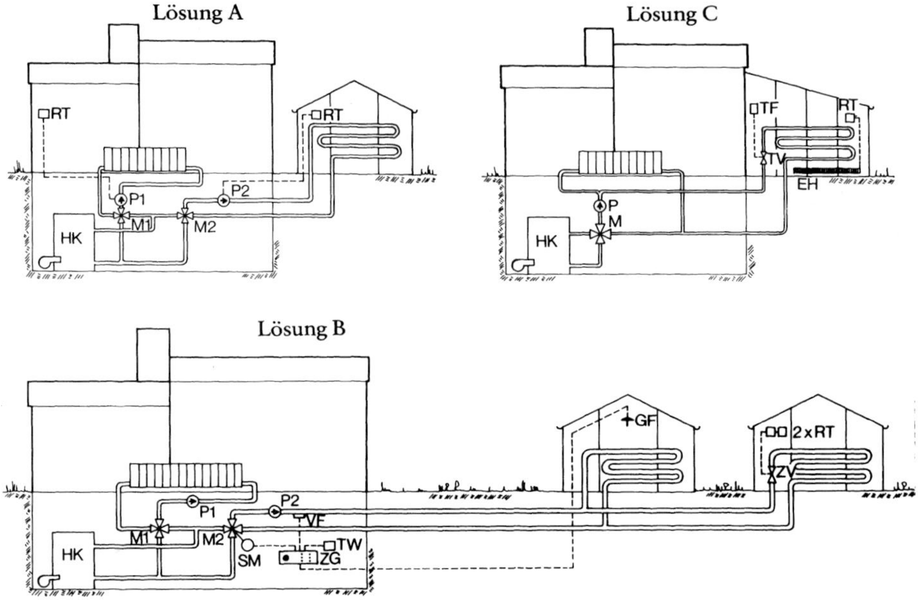

Abb. 66. Anschluß an die Hausheizung.
P = Umwälzpumpe, HK = Heizkessel, M = Mischer, SM = Stellmotor, ZG = Zentra-Regelgerät mit Nachtabsenkung, VF = Vorlauffühler, GF = Gewächshausfühler, EH = Elektro-Zusatzheizung, ZV = Zonenventil, RT = Raumtemperaturregler, TV = Thermostatventil, TF = Temperaturfernfühler zum Thermostatventil, TW = Temperaturwähler.

Abb. 67. Warmwasserheizkessel mit Ölbrenner, Ausdehnungsgefäß und Umwälzpumpe.

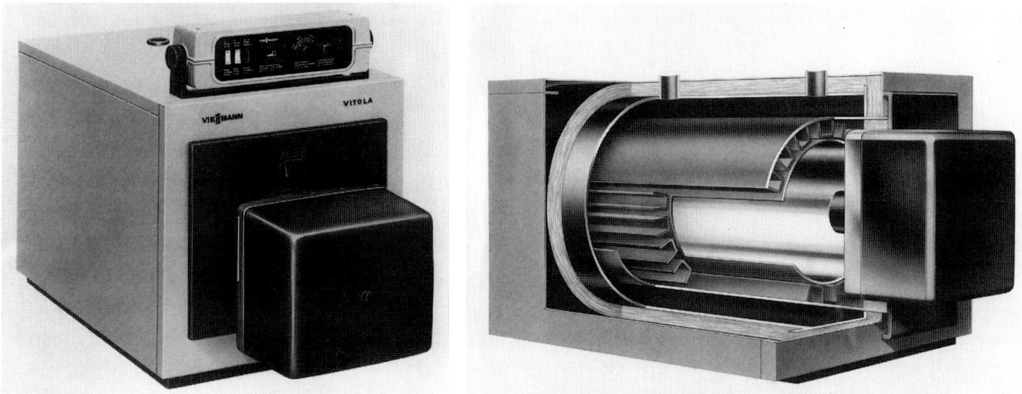

Abb. 68. Öl/Gas-Spezialkessel „Vitola" der Firma Viessmann. – Lieferbare Nennleistungsbereiche 11,6–36 kW.

hausabteilung montiert. Eine Gewächshausregelung nach Lösung B mit ihrer hohen Genauigkeit ist trotz höherer Anschaffungskosten auf Dauer die wirtschaftlichste Lösung und spart bis zu 30% Heizungskosten.

Immer sollte beachtet werden: Nur 1 °C zuviel an Heiztemperatur erhöht bereits die Heizungskosten um 5 bis 7%.

Nur wenn kein direkter Anschluß an den Heizkessel möglich ist, dann sollte der Anschluß nach Lösung C vorgenommen werden. Er erfolgt dann in der Regel an einem der nahegelegenen Heizkörper des Wohnhauses oder der Garage. Die Temperaturregelung übernimmt ein am Gewächshausheizkörper befindliches Thermostatventil mit Fernfühler. Bei dieser Lösung kann es erforderlich sein, die für die Wohnraumheizung bemessene Umwälzpumpe gegen ein leistungsstärkeres Modell auszutauschen. Der nächtliche Wärmebedarf des Wohnhauses ist in der Regel geringer als der des Gewächshauses. Die Heizungstemperaturen werden deshalb, nicht zuletzt aus wirtschaftlichen Gründen, in der Nacht abgesenkt. Unter Berücksichtigung dieser Situation empfiehlt sich für das Gewächshaus eine großzügige Auslegung der Heizflächen sowie eine zusätzliche, thermostatisch geregelte Elektroheizung, die als Sicherheitsheizung dient.

Nachtabsenkung

Von den Standorten vieler Orchideen wissen wir, daß dort die Tag- und Nachttemperaturen teilweise große Unterschiede aufweisen. Auch die Erfahrungen in der gärtnerischen Kultur zeigen, daß abgesenkte Nachttemperaturen für ein gutes Wachstum und oft auch für die Blütenbildung und Haltbarkeit der Blüten sehr wichtig sind. Hinzu kommt der Vorteil einer erheblichen Heizkostenersparnis. In der Regel sollten daher die Nachttemperaturen um etwa 5 °C abgesenkt werden. *Odontoglossum crispum*- und *Odontioda*-Hybriden z. B. sowie viele Oncidien vertragen und wünschen sogar nach hohen Tagestemperaturen um etwa 30 °C Absenkungen bis zu 20 °C. Bei elektronisch gesteuerter Vorlaufregelung ist die Möglichkeit einer variablen Nachtabsenkung bereits im Zentra-Regelgerät vorgesehen und an einer Schaltuhr einstellbar.

Bei thermostatischer Regelung sind zwei Thermostate und eine Schaltuhr zur Umschaltung der Regler erforderlich. Ein Thermostat wird dabei auf die Nachttemperatur eingestellt, die nicht unterschritten werden darf (bei *Phalaenopsis* z. B. 18 °C), der zweite Thermostat auf die Temperatur, bis zu der am Tage geheizt werden soll (bei unserem Beispiel 23 °C).

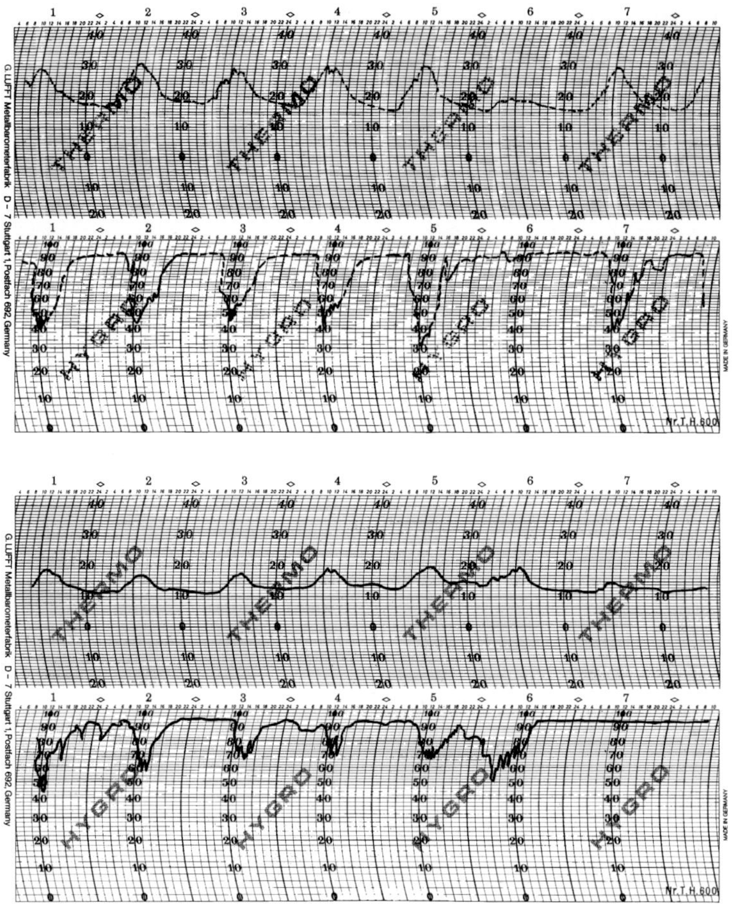

Abb. 69. Temperatur- und Feuchteverlauf im Monat August 1977: im temperierten Orchideengewächshaus des Verfassers (gestrichelt) und auf dem Berg Sā Joāo im Orgelgebirge, Brasilien (ausgezogene Linie), aufgezeichnet in 1500 m (Gipfel 1850 m), 3 m über Grund, 30 cm unter einem *Oncidium gardneri.* Gelände: 20° steiler SO-Hang (beste Orchideenlage, da Hauptwindseite), lichter Wald, 15 m hoch. Unterwuchs Sumpfpflanzen, bis 2 m hoch.
Typische Orchideen im Umkreis von 100 m: *Oncidium forbesii, O. gardneri, O. raniferum, O. sphegiferum, Scuticaria strictifolia, Sophronitis coccinea, Grobya amherstiae, Gomesa recurva, Maxillaria picta* und andere, *Epidendrum vespa* und sonstige Arten, *Bifrenaria racemosa* (Syn. *Stenocoryne racemosa*) sowie diverse *Pleurothailis* und *Stelis. Laelia crispa* und andere Arten sowie *Oncidium crispum* wachsen noch recht häufig etwa bei 1300 m oder 2 °C wärmer.
Das Thermo-Hygrogramm entspricht sehr gut dem durchschnittlichen Winterwetter. Vom 24. 8. bis 27. 8. herrschte dort Nebel und Regen. Durchschnittliche Minimum-Maximum-Temperatur bzw. rel. Feuchte:

		Winter (August)	Sommer (Februar)
Orgelgebirge	1500 m NN	11–19 °C, 60-95%	15–25 °C, 95–60%
Rio de Janeiro	0 m NN	15–30 °C, 50-95%	22–40 °C, 95%

Durch Sonneneinstrahlung wird darüber hinaus ein weiterer wünschenswerter Anstieg der Temperatur erreicht, der keine Heizenergie mehr erfordert.

Die Begrenzung nach oben (auf 28 bis 30 °C) erfolgt durch manuelle Lüftung oder durch eine automatische Entlüftung.

In stark besonnten Gewächshäusern kann daher unter Umständen der Tag-Thermostat entfallen, da eine Temperaturerhöhung mit wachsender Sonneneinstrahlung zwangsläufig erfolgt und somit auch der gesteigerten Assimilation entspricht. Demgemäß läßt sich auch eine helligkeitsabhängige Temperatursteuerung mit Hilfe eines Dämmerungsschalters vornehmen. Bei dieser besonders wirtschaftlichen Regelung gibt die Heizung dann keine Wärme mehr ab, wenn sie von den Orchideen mangels ausreichenden Lichtes nicht mehr genutzt werden kann. Es gibt auch elektronische Temperaturregler mit eingebauter Photozelle, die bei Dunkelheit die Temperatur automatisch um 1 bis 8 °C niedriger schalten.

Kultur- und Heizbereiche

Von den Temperaturansprüchen her gesehen, können wir ein Orchideengewächshaus nach den vier wichtigsten Leit-Kulturen unterteilen:

1. Das *Odontoglossum*-Haus mit Nachttemperaturen von 5 bis 10 °C und Tagtemperaturen bis zu 25 °C bei optimaler Lüftung.
2. Das *Paphiopedilum*-Haus mit Nachttemperaturen von 15 bis 18 °C und Tagtemperaturen von 25 bis 28 °C.
3. Das *Phalaenopsis*-Haus mit Nachttemperaturen von 18 bis 20 °C und Tagtemperaturen von 25 bis 28 °C.
4. Das Vermehrungs- und Anzuchthaus mit Nachttemperaturen von 23 bis 25 °C und Tagtemperaturen von 25 bis 28 °C.

In jedem Haus bilden sich dabei je nach Höhe und Lage der Kulturflächen Bereiche mit unterschiedlicher Temperatur und Helligkeit. So lassen sich leicht Orchideen mit verschiedenen Ansprüchen innerhalb eines Leit-Klimas in der jeweiligen Gewächshausabteilung kultivieren (z. B. Cattleyen im hellsten Bereich des *Paphiopedilum*-Hauses und Vandeen im hellsten Bereich des *Phalaenopsis*-Hauses). Die alten Begriffe Kalthaus, temperiertes Haus und Warmhaus beziehen sich in erster Linie auf die minimalen Nacht- und Heizungstemperaturen. Die optimalen Temperaturwerte können in Anpassung an die Ansprüche einzelner Orchideengruppen unter Berücksichtigung von Lichteinfall, Luftfeuchte sowie Lüftung und Luftumwälzung eingeengt oder ausgedehnt werden. Dieses geschieht durch entsprechende Einstellung der Regelorgane und die Wahl der richtigen Stellfläche innerhalb des Gewächshauses.

Für beste Kulturführung und wirtschaftlichste Beheizung ist es notwendig, einen Überblick über die jeweiligen Tag- und Nachttemperaturen zu haben. Als zuverlässiges und einfaches Kontrollinstrument zeigt ein Maximum-Minimum-Thermometer die momentane Temperatur an sowie die äußersten Tag- und Nachtwerte.

Den besten Überblick über den Temperatur- und Luftfeuchteverlauf von 24 Stunden oder 7 Tagen mit all den sich daraus ergebenden Korrekturmöglichkeiten bietet ein Temperatur-Feuchte-Schreiber (Thermo-Hygrograph, der u. a. von der Firma Lufft hergestellt wird).

Heizkörper

Die für die Kleingewächshausbeheizung geeigneten Heizkörper und ihre Lage sind in Abb. 66 zu sehen.

Registerheizkörper aus Stahl- oder Kupferrohren lassen sich leicht entlang der Außenwände montieren und fangen sozusagen die Kälte dort ab, wo sie eindringt. Als milde Unterheizung montiert, fördern sie besonders die schnelle Bewurzelung von frisch getopften Pflanzen. Stehwand- und Unterheizung sollten getrennt absperrbar sein.

Eine wünschenswerte, besonders milde Wärmeabgabe läßt sich durch eine Überdimensionierung der Heizungsrohre erreichen, indem man z. B. trotz Isolierverglasung ihre Länge nicht um etwa 40% reduziert. Dies

Abb. 70. Isolierverglastes Kleingewächshaus mit Rohr-Registerheizkörper, isolierter Zuleitung, Absperrschiebern, Entlüftungstöpfen und Zonenventil.

setzt aber unbedingt eine automatische Regelung der Vorlauftemperatur voraus (siehe Lösung B in Abb. 66).

Konvektoren in feuerverzinkter Ausführung benötigen im Gegensatz zu Stahlrohren keinen zusätzlichen Anstrich. Sie haben infolge ihrer durch Lamellen vergrößerten Oberfläche pro Meter Länge eine große Wärmeabgabe. Gegenüber Heizungsrohren treten keine Wärmeverluste durch Strahlung auf, und die Heizkosten liegen, dadurch bedingt, etwa 5% niedriger. Um ihre Leistung voll auszunutzen, müssen sie in einem Schacht montiert werden. Dieser wird bei einigen Fabrikaten, zum Beispiel GEA, gleich in rostfreier Aluminiumausführung mitgeliefert.

Die aus dem Konvektorschacht und an den Heizrohren aufsteigende Warmluft ist relativ trocken. Um diesen Nachteil auszugleichen, ist es empfehlenswert, den Gewächshausboden mit Hilfe von Sprühdüsen feucht zu halten.

Die Vorlaufrohre zu den Heizkörpern sollten, wie skizziert, entlang der Traufe verlegt werden. Die an den Dachflächen hochsteigende Warmluft verhindert das Auftreten von Tropfwasser und fördert das Abtauen bei starkem Schneefall. Nach Festlegung des Wärmebedarfes können die erforderlichen Rohrlängen bzw. Konvektortypen leicht den Tabellen 8 und 9 entnommen werden.

Die vorstehend beschriebenen Warmwasser-Heizsysteme lassen sich auch an speziell für das Gewächshaus installierte Kleinheizkessel anschließen. Dabei spielt es, von den Heizkosten einmal abgesehen, keine Rolle, ob diese Kessel mit Öl, Flüssiggas oder Stadtgas befeuert werden. Zu beachten ist aber, das Gewächshäuser mit eigener, offener Feuerstelle in der Regel baugenehmigungspflichtig werden.

Tab. 8. Wärmeabgaben von GEA-Konvektoren K 66 in Watt bei einer mittleren Wassertemperatur von 80 °C

Konvektor Länge (in mm)	Bautiefe (Breite) 100 mm						Bautiefe (Breite) 150 mm					
	Verkleidungshöhe (in mm)						Verkleidungshöhe (in mm)					
	300			600			300			600		
	Haustemperatur			Haustemperatur			Haustemperatur			Haustemperatur		
	15 °C	10 °C	5 °C	15 °C	10 °C	5 °C	15 °C	10 °C	5 °C	15 °C	10 °C	5 °C
1000	1017	1134	1233	1308	1459	1593	1564	1744	1895	1953	2180	2372
1500	1576	1762	1913	2105	2349	2558	2430	2709	2948	3041	3395	3692
2000	1919	2401	2610	2860	3192	3471	3302	3686	4012	4128	4610	5012
2500	2709	3023	3291	3605	4029	4378	4167	4651	5058	5215	5820	6331
	Wärmeleistung pro Meter berippter Länge											
	1134	1267	1372	1506	1680	1826	1733	1936	2105	2174	2430	2640

Tab. 9. Wärmeabgaben von Heizungsrohren in Watt pro Meter Rohr bei einer mittleren Wassertemperatur von 80 °C (nach TANTAU 1975)

Rohr-Außendurchmesser (in mm)	Innentemperatur (°C) 6	8	10	12	14	16	18	20	22
	Einfach verglastes Gewächshaus:								
38	125	123	120	117	115	112	109	107	104
42,4	138	135	132	129	126	124	121	118	115
44,5	144	141	138	135	132	129	126	123	120
48,3	155	152	148	145	142	139	135	132	129
51	163	159	156	152	149	146	142	139	135
57	179	176	172	168	165	161	157	153	150
60,3	189	185	181	177	173	169	165	161	157
	Doppelt verglastes Gewächshaus:								
38	123	121	118	115	112	109	106	103	100
42,4	136	133	130	126	123	120	117	114	110
44,5	142	139	135	132	129	125	122	119	115
48,3	152	149	145	142	138	135	131	128	124
51	160	156	153	149	145	141	138	134	130
57	177	172	168	164	160	156	152	148	144
60,3	186	181	177	173	168	164	160	155	151

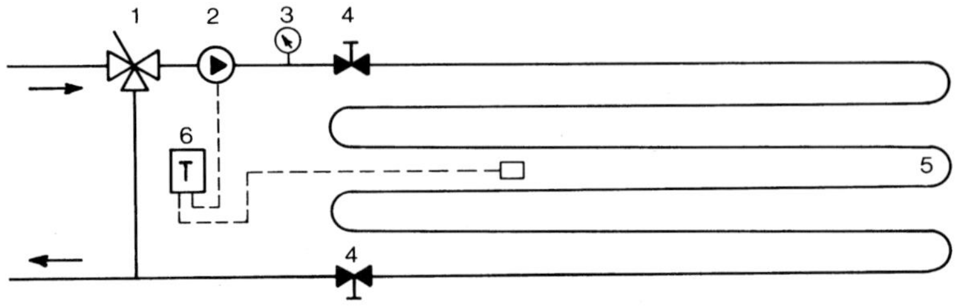

Abb. 71. Kunststoffrohr-Bodenheizung.
1 = Dreiwegemischer, 2 = Umwälzpumpe, 3 = Thermometer, 4 = Absperrventile, 5 = Kunststoffrohr, 6 = Thermostat mit Bodenfühler.

Bodenheizung

Eine Bodenheizung ist da von Vorteil, wo Orchideen auf oder dicht über dem Gewächshausboden kultiviert werden. Durch bodenbeheizte Untertischkulturen von Grünpflanzen mit entsprechender Bewässerung und Düngung läßt sich infolge der erhöhten Verdunstung und CO_2-Produktion das Gewächshausklima erheblich verbessern.

Verlegt werden 3/4″-Kunststoffrohre in etwa 30 cm Tiefe und mit 30 cm Abstand. Die maximale Wassertemperatur in den Rohren darf 40 °C nicht überschreiten. Es ist deshalb eine Temperaturbegrenzung und Regelung vorzusehen, bestehend aus Handmischer, Thermometer, Umwälzpumpe und Bodenthermostat. Diese aufwendige Lösung ist für größere Gewächshäuser interessant.

Für kleinere Flächen eignen sich besser schutzgeerdete Bodenheizkabel mit thermostatischer Regelung, wobei der Anschlußwert pro Quadratmeter Fläche etwa 150 bis 200 Watt beträgt.

Eine gute Isolierung der Fundament-Innenseiten mit 5 cm starken Styrodurplatten ist zur Heizkostenersparnis empfehlenswert.

Gießwasser-Temperierung

Erfahrene Gärtner gießen ihre Orchideen mit temperiertem Wasser von 20 bis 25 °C. Erwärmt wird das Gießwasser durch eine im Becken verlegte Kupferschlange, die über Absperrventile an Vor- und Rücklauf der Warmwasserheizung angeschlossen ist. Die Temperaturregelung erfolgt über ein thermostatisches Heizkörperventil mit Temperatur-Fernfühler. Die Beheizung mit einem Elektro-Heizkabel ist ebenfalls möglich.

In den Boden eingelassene Becken sollten unbedingt gut isoliert und abgedeckt werden, um Wärmeverluste zu vermeiden.

Gasheizung

Die Beheizung mit Stadt- oder Erdgas erfordert zwar keine Aufwendungen für die Brennstofflagerung. Zum Energiepreis von etwa DM 0,50 pro m^3 fallen aber zusätzlich Grundgebühren an, die erheblich sein können.

Die Kosten für Propangas betragen bei Tanklagerung etwa DM 0,60 pro Liter. Die Tankmiete für einen 2100 Kilotank beträgt etwa DM 550,–. Flaschengas in 33 kg- und 11 kg-Flaschen kostet pro Liter etwa DM 1,50.

Der Energievorrat in Gasflaschen ist nicht sehr groß und der Energiepreis auch nicht besonders günstig. Flaschengas dürfte sich daher in erster Linie als Notlösung anbieten, da, wie bereits erwähnt, eine Elektroheizung trotz höherer Energiekosten doch erhebliche Vorteile bietet.

Grundsätzlich kann die Auswahl nur nach wirtschaftlichen Überlegungen und in Übereinstimmung mit den örtlich gegebenen Möglichkeiten getroffen werden. Ein Heizungsfachmann ist hier der beste Gesprächspartner.

Gasbefeuerte Heizkessel werden vom örtlichen Fachhandel in Ausführungen mit Kaminanschluß geliefert. Außerdem gibt es Gas-Durchlauferhitzer für Wandmontage. Bei diesen Anlagen sind für Abgase und Frischluft-

Abb. 72. Gas-Durchlauferhitzer mit Ausdehnungsgefäß, links daneben Elektroschaltschrank für Klimasteuerung.

zuführungen nur Wandgitter erforderlich. Diese Geräte nehmen im Gewächshaus wenig Platz in Anspruch. Die Montage muß unter Berücksichtigung der Hauptwindrichtung so erfolgen, daß die Abgase vom Gewächshaus weggeweht werden.

Übergangsheizungen
Für den Betrieb mit Öl oder Gas gibt es Einzelöfen, die hinsichtlich der Abgasführung nicht immer ganz problemlos sind. Die meist konzentriert abgegebene Wärme muß mit Hilfe eines Ventilators im Gewächshaus verteilt werden. Kleinheizgeräte für Flaschengas oder Petroleum können infolge der hohen Heizkosten nur als Übergangslösung oder stromlos arbeitende Notheizung in Erwägung gezogen werden. Bei kaminlosen Geräten wurden trotz gegenteiliger Behauptung der Hersteller abgasbedingte Schäden in Orchideenkulturen beobachtet. Die bei diesen Geräten erforderliche Frischluftversorgung macht wärmedämmende Maßnahmen illusorisch. Die als Vorteil genannte CO_2-Düngung erscheint zweifelhaft, da die Beheizung und die damit verbundene CO_2-Abgabe vorwiegend in den licht- und vegetationsarmen Wintermonaten erfolgt.

Eine richtige Planung und Ausführung ist entscheidend für die Wirtschaftlichkeit und Betriebssicherheit der Heizungsanlage. Aus diesem Grunde sollte immer, das gilt ebenso für die Elektroinstallation, ein Fachmann zu Rate gezogen werden, der später bei evtl. Störungen auch den Kundendienst übernimmt.

Elektroheizung
Wirkungsvolle Isolierverglasungen und zusätzliche Wärmedämmung ermöglichen heute auch eine wirtschaftliche Elektrobeheizung von Orchideengewächshäusern, sofern sie nicht zu groß sind. Die reinen Heizkosten sind zwar laut Tab. 7 höher als bei einer Ölheizung. Die Kosten für eine Elektroheizung und den erforderlichen Anschluß nebst Regelung liegen aber in der Regel erheblich niedriger als bei einem Anschluß an eine mit Öl oder Gas betriebene Zentralheizung. Neue

Erkenntnisse zeigen außerdem, daß viele Orchideen bei geringeren Temperaturen und somit auch niedrigeren Heizungskosten genauso gut und oft sogar besser kultiviert werden können.

Für die Elektrobeheizung werden als zuverlässigste Lösung vorwiegend rostfreie Edelstahl-Rippenrohrheizkörper in Feuchtraumausführung eingesetzt. Sie sind in Längen bis zu 3 m handelsüblich bei Leistungen von 1000 oder 2000 Watt pro m Länge. Ausführungen mit einer Leistung von 2000 Watt pro m Länge haben sehr hohe Oberflächentemperaturen und eine dadurch bedingte starke Wärmestrahlung. Um Verbrennungen zu vermeiden, ist ein entsprechend großer Abstand zu den Pflanzen erforderlich. Bei einer Leistung von nur 1000 Watt pro m Länge ist dieser Nachteil nicht gegeben, und in Kleingewächshäusern sollte man daher diese Ausführung vorziehen.

Die Anbringung erfolgt im Bereich der Außenwände. Für die Temperaturregelung ist ein wassergeschützter Raum- oder Universal-Thermostat, möglichst mit Nachtabsenkung erforderlich. Der Temperaturfühler wird in Kopfhöhe über den Pflanzen montiert.

Anschlußwerte über 2000 Watt erfordern ein zusätzliches Leistungsschütz, da Thermostate normalerweise nur bis 2000 Watt direkt schalten.

Auch Heizlüfter können eingesetzt werden, sofern sie sicherheitstechnisch für den Betrieb in feuchten Gewächshäusern geeignet und zugelassen sind.

Nachtspeicheröfen sind trotz günstiger Sondertarife für die Gewächshausbeheizung ungeeignet. Es wird z. Z. kein Fabrikat angeboten, das für den Betrieb in Feuchträumen geeignet ist.

Elektrischer Strom in feuchten Gewächshäusern ist besonders gefährlich! Bei Auswahl und Anschluß von Elektrogeräten sollte deshalb immer ein Fachmann befragt werden.

Elektroheizkabel lassen sich bei Jungpflanzenkulturen gut als Untertisch- oder Bodenheizung einsetzen.

Für die Kultur von Sämlingen in Flaschen und Gemeinschaftstöpfen sowie das Antrei-

Abb. 73. Magnetventil für die Steuerung von Düsenanlagen.

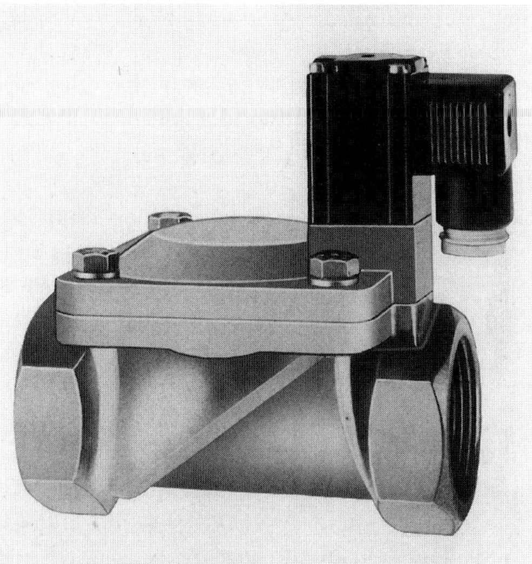

Abb. 74. Automatischer Feuchteregler H 100 (= Kontakthygrometer für 24 Volt Niederspannung); dazugehöriges Kontaktschutzrelais nicht abgebildet.

Abb. 75. Gewächshaus-Hochleistungsluftbefeuchter GL 3500. Zerstäuberleistung maximal 3,5 Liter pro Stunde.

Abb. 76. Gewächshaus-Hochleistungsluftbefeuchter GL 7000. Zerstäuberleistung maximal 7 Liter pro Stunde.

ben von Rückbulben und Importen bieten Vermehrungsbeete mit thermostatisch geregelter Bodenheizung die besten Möglichkeiten.

In Vermehrungsbeeten mit Bodenheizung und Abdeckhaube läßt sich selbst in einem Kalthaus auf wirtschaftliche Weise jede gewünschte Vermehrungstemperatur erreichen.

Befeuchtung

Die einfachste Art der Luftbefeuchtung ist das Besprühen der Tisch- und Bodenfläche von Hand. Es gibt heute eine Vielzahl von Spritzen sowie Gieß- und Sprühgeräten, auf die feinzerstäubende Düsen aufgesetzt werden können. Mit Düsenanlagen, die eine Druckwasserversorgung benötigen, läßt sich die Bodenfläche auch vollautomatisch besprühen und somit eine Anhebung der Luftfeuchte im Gewächshaus erreichen. Erforderlich sind geeignete Düsen, z. B. von der Firma Tegtmeier, die an Rohren oder Lanzen etwa 40 cm über dem Boden montiert werden. Die automatische Steuerung erfolgt über ein Magnetventil, das von einem Benetzungsregler angesteuert wird. Es ist auch eine zeitabhängige Steuerung durch Schaltuhr möglich, oder die Regelung über einen Feuchteregler (Hygrostat). Die verwendeten Wasserschläuche müssen lichtundurchlässig sein, damit eine Algenbildung und die dadurch entstehende Verstopfungsgefahr für die Düsen vermieden wird.

Eine Untertischbefeuchtung hat den Nachteil, daß sehr viel Wasser verbraucht und eine genaue Feuchteregelung selten erreicht wird. Sie eignet sich jedoch gut zur Erhöhung der Grundfeuchte, besonders bei Gewächshäusern mit großem Luftraum.

Elektroluftbefeuchter mit hoher Zerstäuberleistung sind für die wirkungsvolle Befeuchtung von Orchideengewächshäusern am besten geeignet. Bei geringem Stromverbrauch erzeugen diese Geräte durch Zentrifugalschleuderung einen feinen Wasserstaub, der sofort ohne zu netzen in reine Luftfeuchtigkeit übergeht. Dabei sorgt der automatische Feuchteregler (Hygrostat oder Kontakthygrometer) dafür, daß die gewünschte relative Luftfeuchte von normalerweise 60 bis 80% nicht unterschritten wird. Ein eingebauter automatischer Wasserzufluß durch Schwimmerventil sichert eine wartungslose Frischwasserversorgung entweder aus dem Leitungsnetz (nur bis zu einer maximalen Härte von 10 °dH) oder über einen Gießwasser-Pumpautomaten. Als sicherste Feuchteregelung kann ein Kontakthygrometer empfohlen werden, das mit einer gefahrlosen Niederspannung von 24 Volt arbeitet. Dieses Instrument zeigt die momentane relative Luftfeuchte an und schließt einen Kontakt, wenn die an einem zweiten Zeiger eingestellte Luftfeuchte unterschritten wird. Der Kontakt wiederum betätigt ein Verzögerungsrelais, durch das der Luftbefeuchter eingeschaltet wird.

In Nachahmung der Verhältnisse am natürlichen Standort kann den Orchideen durch einen einfachen Schaltungstrick eine morgendliche Vernebelung geboten werden. Dazu werden die Kontakte des Hygrostaten für die Dauer von 15 bis 60 Minuten (je nach Gewächshausgröße) überbrückt. Der Luftbefeuchter läuft dann ungeachtet der vorhandenen Feuchte im Dauerbetrieb. Schon nach kurzer Zeit wird eine Sättigung der Gewächshausluft und eine dadurch bedingte Taubildung an den Pflanzen erreicht. Diese Vernebelung und die damit verbundene Verdunstungskühlung ist besonders für Orchideen des kühlen Nebelwaldes empfehlenswert.

Über die notwendige Zerstäuberleistung von Gewächshaus-Luftbefeuchtern bestehen oft falsche Vorstellungen: Bei Festlegung der erforderlichen Zerstäuberleistung ist zu berücksichtigen, daß gegenüber geschlossenen Räumen in einem Gewächshaus ein zehn- bis zwanzigfacher Luftwechsel stattfindet und somit sehr viel Luftfeuchtigkeit verlorengeht.

Welche Zerstäuberleistungen erforderlich sind, um eine ausreichende Luftfeuchtigkeit zu schaffen, soll daher folgendes Beispiel zeigen: Bei 20 °C und 30% relativer Feuchte enthält 1 m³ Luft 5 g Wasser; bei 20 °C und 60% relativer Feuchte muß die Luft bereits 10,5 g Wasser aufnehmen. Es fehlen also pro m³ 5,5 g Wasser.

Für 100 m³ müssen pro Stunde demnach 0,55 l Wasser zugeführt werden, da in normalen Räumen stündlich ein einfacher Luftwechsel stattfindet. In einem Gewächshaus mit zehnfachem Luftwechsel sind bereits 5,5 l pro Stunde, in einem Gewächshaus mit zwanzigfachem Luftwechsel 11 l pro Stunde für 100 m³ erforderlich. Dieses Beispiel und Tab. 10 zeigen, daß für Kleingewächshäuser nur Elektroluftbefeuchter mit entsprechend hoher Zerstäuberleistung eingesetzt werden können.

Wasserversorgung

Zum Betrieb von Luftbefeuchtern und Düsenanlagen sowie zum Gießen und Düngen ist Wasser von einwandfreier Beschaffenheit und in ausreichender Menge unerläßlich. In einem Orchideengewächshaus darf deshalb ein großzügig bemessenes Gießwasserbekken nicht fehlen. Noch besser sind zwei Bek-

Tab. 10. Technische Daten von Gewächshaus-Hochleistungs-Luftbefeuchtern

Typ	Maximale Zerstäuberleistung	Wasserfüllung	Luftumwälzung	Raumkapazität m³				Stromaufnahme	Nettogewicht	Abmessungen Breite/Tiefe/Höhe
				Wohnräume, Büros, Krankenzimmer	Gewächshäuser[3] bei 20fachem Luftwechsel und Temperatur von					
	ca. l/h	l	m³/h		14 °C	20 °C	30 °C	W	ca. kg	∅ mm
L 505	0,8	5	85	150	11	7,6	4,4	45	3,5	360 ∅ 230
L 505 S[1]	0,8	5	85	150	11	7,6	4,4	45	3,5	360 ∅ 230
GL 3500	3,5	[2]	300	–	55	38	22	ca. 60	4,5	450 ∅ 225
GL 7000	7	[2]	300	–	83	57	33	ca. 200	10,5	620 ∅ 320

1) wie L 505, jedoch mit automatischem Wasserzufluß.
2) nur mit automatischem Wasserzufluß; 3) zur Erhöhung der relativen Luftfeuchte um 30%.

ken, wobei das nicht immer saubere Regenwasser im ersten Becken vorgeklärt wird und dann ins zweite Becken überläuft. Schmutzablagerungen vom Gewächshausdach geraten nicht ins Becken, wenn man nach längerer Trockenheit das erste Wasser mit Hilfe einer Umlenkklappe zunächst ableitet. Ein Bodenablauf mit Standrohr dient als Sicherheitsüberlauf und erleichtert die Reinigung der Becken. Auf die wichtige Temperierung des Gießwassers wurde bereits hingewiesen.

Gießwasserbecken sollten unbedingt abgedeckt werden, um den Rückfluß von mit Pilzsporen infiziertem Gießwasser sowie Algenbildung zu vermeiden. Zum Gießen geeignetes Leitungswasser oder durch Teil- oder Vollentsalzung aufbereitetes Gießwasser wird nicht direkt aus der Wasserleitung verwendet, sondern zuerst ins Gießwasserbecken eingespült und dort temperiert. Dabei entweichen dann auch gleich die Chloranteile des Leitungswassers. Die Möglichkeiten der Aufbereitung von Gießwasser werden von WALTER (1977) ausführlich beschrieben.

Orchideengewächshäuser, die in mehreren Ebenen genutzt werden, lassen sich nur schwer oder gar nicht mit der Gießkanne gießen. Es sind deshalb Gießgeräte mit langem Rohr und auswechselbaren Brausen und Sprühdüsen erforderlich. Wichtig sind auch geeignete Pumpen für die Gießwasserversorgung. Normalerweise werden diese Einrichtungen ebenfalls für die Düngung und Schädlingsbekämpfung eingesetzt. Am besten geeignet sind selbstansaugende Kreiselpumpen, die von der Industrie in verschiedenen bewährten Ausführungen angeboten werden. Die Motorleistungen liegen je nach Modell bei 500 oder 900 Watt. Die in der Praxis erreichbaren Druckerhöhungen betragen je nach Fördermenge 1 bis 3,5 bar. Diese Pumpen müssen von Hand ein- und ausgeschaltet werden.

Abb. 77. Druckwasserautomat zur vollautomatischen Wasserversorgung von Gießgeräten und Luftbefeuchtern.

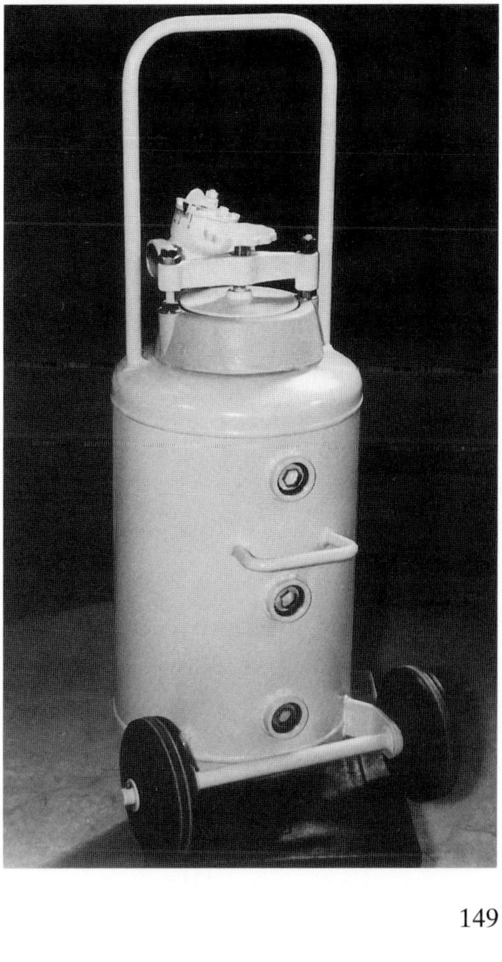

Abb. 78. Düngemischer LF 25.

Abb. 79. Kleingewächshaus mit Zusatzbelichtung.

Zur vollautomatischen Wasserversorgung von Luftbefeuchtern und Düsenanlagen gibt es sogenannte Druckwasserautomaten, die mit einem Klein-Druckkessel und zusätzlichem Druckwächter ausgestattet sind. Sie schalten sich automatisch dann ein, wenn an ihrer Ausgangsseite Wasser entnommen wird und der Druck dadurch abfällt. Beim Schließen des Handventils am Gießgerät steigt der Ausgangsdruck wieder an und bewirkt eine automatische Abschaltung der Pumpe. Dies funktioniert auch bei der Versorgung von Schwimmerventilen in Luftbefeuchtern und Magnetventilen in Düsenanlagen. Um Verstopfungen durch Pflanzstoffreste und dergleichen zu vermeiden, ist ein Saugkorb mit feinem Sieb erforderlich. Bei Düsenanlagen empfiehlt sich in der Ausgangsleitung zusätzlich ein Feinfilter, der regelmäßig gereinigt wird.

Lösungen für die Düngung und Schädlingsbekämpfung werden nach Vorschrift des Herstellers in entsprechend großen Behältern angesetzt. Das Ausbringen mit der vorhandenen Pumpanlage ist möglich, indem man den Saugkorb in den Düngerbehälter umlegt.

Wesentlich einfacher und zeitsparender zu handhaben ist ein Düngermischer, dessen Anschaffung bei größeren Gewächshäusern unbedingt in Erwägung gezogen werden sollte. Am zweckmäßigsten ist der „GEWA-Düngemischer LF 25“, der in großer Zahl im Erwerbsgartenbau verwendet wird. Dieses Gerät, das einfach in die Druckwasserleitung eingekoppelt wird, arbeitet nach dem Verdrängungsprinzip. In den Druckbehälter ist ein flexibler Kunststoffsack (Membrane) eingehängt, der die konzentrierte Düngerlösung (Stammlösung) aufnimmt. Das beim Betrieb zwischen Behälterwand und Kunststoffsack einströmende Wasser drückt die Lösung aus der Membrane zum Mischventil, wo sie dem durchfließenden Frischwasser zudosiert wird. Auf einfachste Weise läßt sich an der Skala des Mischventils die gewünschte Düngerkonzentration (bei Gießdüngung normalerweise 0,5‰, bei Blattdüngung 2‰) einstellen oder abschalten. Das Gerät verursacht kaum Druckverluste und bleibt immer in die Leitung eingeschaltet.

Beleuchtung

Bei der Beleuchtung von Orchideengewächshäusern wird unterschieden zwischen der allgemeinen Beleuchtung und einer wachstumsfördernden Zusatzbeleuchtung. Dabei hat die Allgemeinbeleuchtung die Aufgabe, dem Orchideengärtner auch während der dunklen Tageszeiten ein Arbeiten im Gewächshaus und ein Betrachten der Pflanzen bei möglichst naturgetreuem Licht zu ermöglichen. Dazu werden, wie auch aus der Abb. 65 ersichtlich, Leuchtstoffröhren in wassergeschützten, möglichst hoch montierten Schienenleuchten eingesetzt. Um eine naturgetreue Farbwiedergabe zu erreichen, wählt man z. B. von Osram die Lichtfarben „25 Universal weiß“, oder „11 Lumilux-Tageslicht“.

Die wachstumsfördernde Beleuchtung, vornehmlich in den Wintermonaten eingesetzt, soll bei wirtschaftlichen Betriebskosten das Tageslicht ergänzen und verlängern. Für

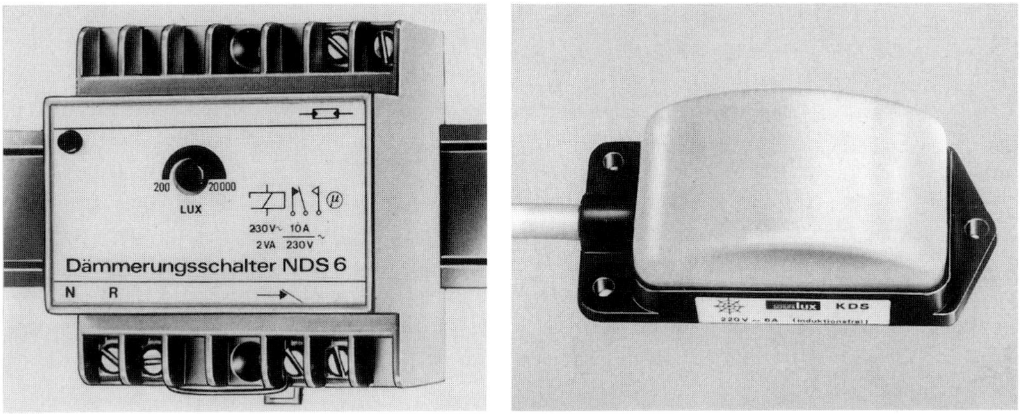

Abb. 80 a + b. Automatischer Dämmerungsschalter mit separatem Lichtfänger. Regelbereich 200–20 000 lx.

eine wirksame Wachstumssteigerung sind Bestrahlungsstärken von 2 000 bis 5 000 lx und eine Bestrahlungsdauer von 12 Stunden erforderlich. Voraussetzung für den Erfolg ist, daß auch die übrigen das Wachstum bestimmenden Faktoren, die Wärme, Luft, Feuchtigkeit und Nährstoffe, ausreichend und im richtigen Verhältnis vorhanden sind.

Als wirtschaftlichste Lösung bieten sich auch hier feuchtigkeitsgeschützte Doppelleuchten mit Leuchtstoffröhren an. Die Anschlußleistung pro Quadratmeter Tischfläche liegt bei 100 bis 200 Watt. Durch zusätzliche Reflektoren läßt sich die nutzbare Beleuchtungsstärke fast verdoppeln. Die Leuchten werden an Ketten oder verstellbaren Kunststoffpendeln so aufgehängt, daß sich der Abstand zu den Pflanzen zwischen 30 cm und 60 cm variieren läßt. So kann man die Beleuchtungsstärke den jeweiligen Kulturen leicht anpassen.

Zur automatischen Steuerung der Belichtungsdauer dient eine Schaltuhr, normalerweise eingestellt auf 12 Stunden. Ein zusätzlicher Dämmerungsschalter unterbricht die Beleuchtung immer dann, wenn ausreichend Tageslicht zur Verfügung steht. So wird ein besonders wirtschaftlicher Betrieb erreicht.

Die vorstehend genannten Leuchtstoffröhren werden auch für die wachstumsfördernde Zusatzbeleuchtung eingesetzt.

Spezielle Pflanzenstrahler stehen in Form der „Fluora-Lampen“ zur Verfügung, die auch kombiniert mit anderen Leuchtstoffröhren eingesetzt werden können. Sie haben bei

Abb. 81. Floratherm Pflanzenleuchte 400 W mit Natriumdampf-Hochdrucklampe.

geringer Wärmestrahlung eine für das Pflanzenwachstum besonders günstige und intensive Abstrahlung im Bereich Blau-Rot.

Als neuere Entwicklung sind Natriumdampf-Hochdrucklampen zu nennen, die eine große Bedeutung für die Pflanzenbestrahlung haben. Bei hoher Wirtschaftlichkeit bieten sie eine sehr hohe Lichtausbeute, z. B. NAVT 400-Super mit bis zu 128 lm · W. Für den Kleingewächshausbereich kommen in erster Linie Lampen von 250 Watt und 400 Watt in Frage. Die Montage erfolgt in speziellen Leuchten, die in der Regel auch die erforderlichen Drosseln und Zündgeräte enthalten. Es ist ein großer Vorteil, daß diese Leuchten weniger Schatten werfen als Schienenleuchten mit Leuchtstoffröhren. Die Mindestabstände zu den Pflanzen liegen je nach Ausstrahlungswinkel und Lampenleistung zwischen 80 cm und 150 cm. Auch bei Natriumdampf-Hochdrucklampen sollte eine variable Aufhängung erfolgen, um stufenweise eine Steigerung der Beleuchtungsstärken zu ermöglichen. Durch richtigen Einsatz einer geeigneten Zusatzbeleuchtung ist es möglich, das Wachstum von Orchideen auch in der lichtarmen Zeit erheblich zu verbessern. Besonders wirtschaftlich ist die Intensivbeleuchtung von Jungpflanzen, die in großer Zahl auf kleinen Flächen kultiviert werden. Intensiv belichtete Orchideen beginnen vorzeitig mit dem Neutrieb und lassen sich dadurch problemlos auch in den Wintermonaten verpflanzen.

Schattierung

Um Verbrennungen zu vermeiden, müssen die meisten Orchideen bei den heute üblichen Kulturbedingungen ab Ende Februar schattiert werden. Für ein Kleingewächshaus ist nur eine Außenschattieranlage geeignet. Die Montage sollte mit genügendem Abstand über der Glasfläche erfolgen, damit ein isolierender Luftzwischenraum entsteht und

Abb. 82. Jungpflanzenanzucht in Vermehrungsbeeten mit vollautomatisch geregelter Bodenheizung und Zusatzbelichtung.

sich die Dachfenster vollständig öffnen lassen. Eine Innenschattierung ist ungeeignet, da sie nicht die Aufheizung der Glasflächen und die dadurch bedingte Überhitzung des Gewächshauses verhindert. Sie stört außerdem, wenn viele Pflanzen im Dachbereich aufgehängt werden. Für eine wirkungsvolle Außenschattierung werden heute Matten aus Kunststoffröhrchen und Aluminium-Lamellen in verschiedenen Ausführungen angeboten. Sie rollen normalerweise auf einer Führungskonstruktion oder auf dem Dach durch ihr Eigengewicht herunter und lassen sich durch ein Seil mit Umlenkrolle leicht hochziehen. Stark verbreitet sind auch Schattiergewebe aus haltbaren Kunststoffmaterialien. Sie werden in der Regel an Tragdrähten befestigt, die im Abstand von etwa 30 cm parallel oder senkrecht zur Firstrichtung verlaufen. Mit Hilfe von Zugseilen kann das Gewebe dann gerafft oder auseinandergezogen werden.

Automatische Schattieranlagen konnten sich bisher im Kleingewächshausbereich kaum durchsetzen, da ihre Kosten relativ hoch sind. Die Verwendung von Schattierfarbe kann nur als Not- oder Übergangslösung angesehen werden. Sie sollte im Bereich der Steh- und Giebelwände nur da erfolgen, wo später eine leichte Entfernung von Hand möglich ist.

Für schattenliebende Orchideen, z. B. *Phalaenopsis* und *Paphiopedilum*, werden in der Regel Schattierwerte um 70% gewählt. Für lichtliebende Orchideen (z. B. *Cattleya*) genügt ein Schattierwert von etwa 50%. Dieser kann bei guter Lüftung und Verglasung mit Stegdoppelplatten evtl. bis auf 30% reduziert werden. Bei der Kultur unter Stegdoppelplatten läßt sich die Schattierung generell um mindestens 20% vermindern.

Luftumwälzung

In einem geschlossenen Gewächshaus bilden sich bei stehender Luft Zonen unterschiedlicher Wärme und Feuchte. In Bodennähe lagert außerdem das für die Assimilation wichtige CO_2, während die Orchideen meist erhöht auf Kulturtischen stehen. Es ist deshalb erforderlich, durch eine ausreichende Luft-

Tab. 11. Technische Daten der im Kleingewächshaus einsetzbaren Maico-Ventilatoren für Luftumwälzung (Wechselstrom 220 V, 50 Hz)

Typ	Flügelraddurchmesser mm	Drehzahl U/min	Fördervolumen m^3/h	Verbrauch W	max. Strom bei Drehzahlsteuerung A	Schallpegel L_A dB (A)	Masse kg	Elektron. Drehzahlsteller[1]) für stufenlose Drehzahlsteuerung
EFG 20	200	1400	540	35	0,30	42	3,9	ST 2,5
EFG 25	250	1350	840	40	0,30	48	4,2	ST 2,5
EFG 30	300	1200	1080	45	0,35	53	4,5	ST 2,5
EFG 35	350	1100	1680	75	0,50	55	6,4	ST 2,5
EFG 40	400	1000	1980	80	0,55	57	6,6	ST 2,5
EZG 30/4	305	1425	1855	90	0,85	56	10,2	ST 2,5
EZG 35/4	355	1425	2925	140	1,10	60	11,0	ST 2,5
EZG 40/4	405	1425	4345	230	1,60	64	11,8	ST 2,5

1) Typ ST 2,5 hat Schutzart JP 54

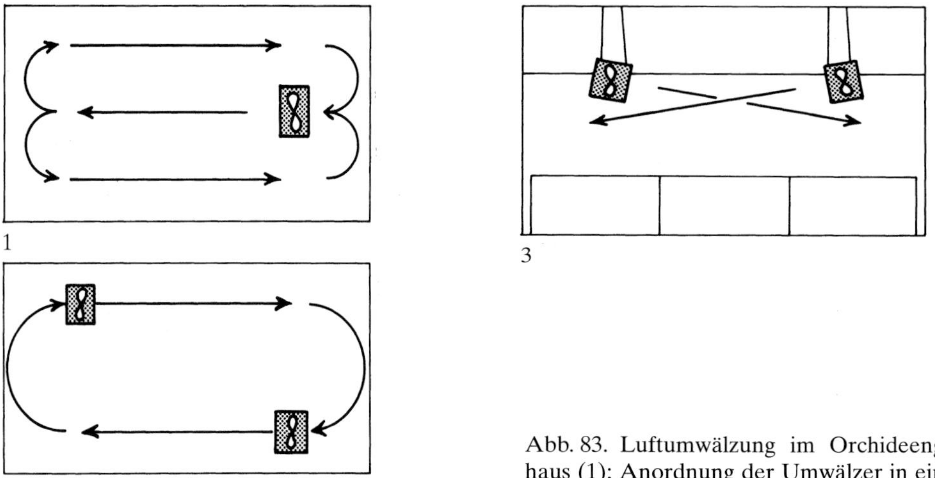

1 2 3

Abb. 83. Luftumwälzung im Orchideengewächshaus (1); Anordnung der Umwälzer in einem größeren Haus (2 und 3).

umwälzung diese Unterschiede auszugleichen und so die Wachstumsbedingungen zu verbessern. Luftumwälzung reduziert oder verhindert außerdem Pilzbefall und Fäulnisschäden sowie unerwünschte Tropfwasser- und Taubildung.

In Orchideen-Kleingewächshäusern mit starker Luftumwälzung können die Nachttemperaturen ohne Fäulnisgefahr für Pflanzen und Jungtriebe um 2 bis 3 °C niedriger gewählt werden. Den niedrigen Stromkosten für die Ventilatoren stehen auf der anderen Seite interessante Einsparungen bei den Heizkosten gegenüber.

Bisher wurde eine 20- bis 30fache Umwälzung der Gewächshausluft bei den meisten Kulturen für ausreichend gehalten. Neue Erfahrungen zeigen jedoch, daß eine bis zu 60fache Luftumwälzung noch weitere Vorteile bringt. Das gilt besonders für dicht bestandene und sehr kühl gehaltene Gewächshäuser. Pflanzen und Blüten sollen sich in der Umluft sichtbar bewegen, wie es in der Regel ja auch in der freien Natur der Fall ist.

Gewächshaus-Luftumwälzer sind in verschiedenen Größen handelsüblich. Die notwendige Förderleistung in m^3/h und damit der richtige Ventilatortyp läßt sich leicht errechnen, indem man den Luftraum des Gewächshauses mit einem Faktor von 30 bis 60 multipliziert. Für ein Kleingewächshaus von 33 m^3 Luftraum mit einer angestrebten 60fachen Luftbewegung ergibt sich demnach die erforderliche Leistung von $33 \cdot 60 = 1980$ m^3/h. Bei nur 30facher Umwälzung genügt ein Ventilator mit einem Fördervolumen von 900 m^3/h.

Luftumwälzer werden normalerweise kurz über Kopfhöhe und etwa 60 cm von der Giebelwand mit Neigung nach unten aufgehängt. Die Neigung ist wichtig, damit der Luftstrom auch den Bodenbereich gut erfaßt. Ab 3 m Gewächshausbreite sind oft zwei Ventilatoren mit halber Leistung günstiger und geräuschärmer. Einer wird dann z. B. 60 bis 80 cm über den Pflanzen vorn rechts montiert und der zweite mit entgegengesetzter Blasrichtung hinten links. So ergibt sich ein geschlossener Kreislauf. Bei Gewächshausanlagen bis zu 6 m Länge ist es auch möglich, beide Ventilatoren von einer Giebelwand gegen die andere blasen zu lassen. Der Rückfluß der Luft erfolgt dann in der mittleren Gewächshauszone.

Luftumwälzer sollen möglichst immer in Betrieb sein. Wenn Geräusch und Luftbewegung beim Aufenthalt im Gewächshaus stören, läßt sich die Motordrehzahl mit einem elektronischen Drehzahlsteller reduzieren.

Abb. 84. Automatischer Fensteröffner „Autovent MK7“ für Dach- und Seitenlüftungen bis 7 kg.

Abb. 85. Automatischer Fensteröffner „Autovent MK7 Super“ für schwere Dach- und Seitenlüftungen bis 25 kg.

Lüftung

In gut belüfteten und somit ausreichend mit Frischluft und CO_2 versorgten Gewächshäusern wachsen Orchideen wesentlich besser als in feuchtwarmen geschlossenen Kulturräumen. Orchideengewächshäuser müssen deshalb mit großzügig bemessenen Vorrichtungen für die Be- und Entlüftung ausgestattet sein. In der Regel genügen große Lüftungsklappen im Bereich des Firstes und der Stehwände. Pro Kubikmeter Gewächshausraum sollten möglichst 0,3 m^2 Lüftungsfläche vorhanden sein, bei *Odontoglossum*-Häusern das doppelte oder mehr. Die Lüftungsfenster werden in der Regel von Hand betätigt und können in mehreren Stellungen eingerastet werden.

Für ein selbsttätiges, temperaturabhängiges Öffnen und Schließen der Fenster gibt es auch stromlos arbeitende, vollautomatische Fensteröffner. Sie erfüllen ihre Funktion zuverlässig in Abhängigkeit von der Sonneneinstrahlung und der dadurch bedingten Erwärmung. Zu hohe und schädliche Temperaturen werden ebenso sicher vermieden wie eine Auskühlung des Hauses, die die Heizkosten unnötig in die Höhe treiben würde. Als Antrieb dient ein Druckzylinder, der mit einem Spezialwachs gefüllt ist. Die bei Erwärmung auftretende starke Ausdehnung überträgt sich auf ein Gestänge, das das Fenster bei ansteigenden Temperaturen öffnet. Bei Auskühlung bewirkt eine Rückholfeder ein sicheres Schließen auch bei Seitenfenstern. Der Beginn des Lüftens kann stufenlos an einer Stellschraube oder einem Gestänge eingestellt werden.

Eine ideale automatische Entlüftung läßt sich mit thermostatisch gesteuerten achtflügeligen Hochleistungsventilatoren erreichen. Bei diesem System, auch Zwangsentlüftung genannt, saugt der in der Giebelwand montierte Ventilator die Warmluft des Gewächshauses immer dann ab, wenn der am Thermostaten eingestellte Wert überschritten wird. Ein selbsttätiger Lamellenverschluß verhindert das unerwünschte Eindringen von Außenluft. Je nach Orchideenkultur wird der Thermostat auf 25 bis 30 °C eingestellt, also auf die Temperatur, die im Gewächshaus nicht überschritten werden soll. Im Gegensatz zu einem Heizungsthermostaten schließt also der Lüftungsthermostat seine Kontakte bei steigenden Temperaturen! Die Einstellung der Seitenfenster erfolgt im Bereich von etwa 15 bis 20 °C.

Die automatische Entlüftung eines *Phalaenopsis*-Hauses kann z. B. folgendermaßen ab-

Tab. 12. Technische Daten der im Kleingewächshaus einsetzbaren Maico-Hochleistungsventilatoren für Zwangslüftung (Typ EZQ bedeutet, daß die Geräte mit einer quadratischen Düsenwandplatte versehen sind)

Typ	Flügelraddurchmesser mm	Drehzahl U/min	Fördervolumen[1] m^3/h	Verbrauch W	Max. Strom bei Drehzahlsteuerung A	Schallpegel L_A dB (A)	Masse kg	Typ des erforderl. Stellwiderstandes oder des stufenlosen elektron. Drehzahlstellers	
EZQ 20/4	205	1425	565	40	0,35	45	3,3	R 2	ST 2,5
EZQ 20/2	205	2850	1130	120	0,5	59	5,3		ST 2,5
EZQ 25/4	255	1425	1085	70	0,55	51	5,1	R 1	ST 2,5
EZQ 25/2	255	2850	2170	190	1,6	64	7,5	R 4	ST 2,5
EZQ 30/6	305	930	1205	60	0,4	49	8,5	R 3	ST 2,5
EZQ 30/4	305	1425	1855	90	0,85	56	8,5	R 3	ST 2,5
EZQ 35/6	355	930	1910	70	0,45	51	10,1	R 3	ST 2,5
EZQ 35/4	355	1425	2925	140	1,10	60	10,1	R 1	ST 2,5
EZQ 40/6	405	930	2825	110	0,65	55	12,1	R 2	ST 2,5
EZQ 40/4	405	1425	4345	230	1,60	64	12,3	R 4	ST 2,5

[1] Das Fördervolumen wurde bei einer Druckdifferenz von ΔP_{st} (= 50 Pa) = O zwischen Ein- und Auslauf gemessen. Es vermindert sich in Abhängigkeit vom Strömungswiderstand.

Tab. 13. Vorwahltabelle: Fördervolumen in Abhängigkeit vom statischen Druck für Maico-Hochleistungsventilatoren

Typ	Flügelraddurchmesser mm	Drehzahl U/min	Verfügbare statische Druckdifferenz (mm WS) bezogen auf eine Luftdichte von $\varrho_{Luft} = 1{,}2\ kg/m^3$: 0	1	2	3	4	6	8
EZQ 20/4	205	1425	565	480	250	200	140		
EZQ 20/2	205	2850	1130	1070	1050	1000	980	880	500
EZQ 25/4	255	1425	1085	990	890	500	450	300	130
EZQ 25/2	255	2850	2170	2135	2100	2050	1900	1820	1780
EZQ 30/6	305	930	1205	1040	490	440			
EZQ 30/4	305	1425	1855	1750	1650	1520	890	730	525
EZQ 35/6	355	930	1910	1750	1400	800	650	300	
EZQ 35/4	355	1425	2925	2800	2740	2600	2350	1350	1200
EZQ 40/6	405	930	2825	2630	2350	1350	1180	830	490
EZQ 40/4	405	1425	4345	4250	4080	3920	3750	3350	2000

Fördervolumen (m^3/h)

Abb. 86. Zwangsentlüftung in einem Orchideengewächshaus.

laufen: Durch die Heizung findet eine Erwärmung auf 20 °C statt, die, bedingt durch ein Ansteigen der Tagestemperaturen oder durch Sonneneinstrahlung, bei geschlossenen Fenstern auf 25 °C ansteigt. Bei diesen Temperaturen beginnen die Seitenfenster sich zu öffnen und bewirken einen gewissen Luftaustausch, der sich bis zu einer Innentemperatur von 30 °C noch steigert. Ab 30 °C wird der Hochleistungsventilator im First automatisch eingeschaltet, die Warmluft ausgeblasen und somit ein Ansteigen der Innentemperatur vermieden.

Bei der Zwangsentlüftung ist ein Fördervolumen erforderlich, das einem 30fachen Austausch der Luft des Gewächshauses pro Stunde entspricht. Die entsprechende Leistung wird aus den Herstellertabellen entnommen unter Berücksichtigung einer statischen Druckdifferenz von 2 mm Wassersäule. Diese ist dann gegeben, wenn der freie Querschnitt der Frischluftöffnungen mindestens viermal so groß ist wie der Ventilatorquerschnitt. Für die Zwangsentlüftung sind in der Regel nur Hochleistungsventilatoren mit achtflügeligen Lüfterrädern geeignet. Die Drehzahl sollte bei etwa 1400 Umdrehungen pro Minute liegen. Für ein Gewächshaus mit einem Innenraum von 30 m^3 und einem angestrebten 30fachen Luftwechsel ist ein Hochleistungsventilator erforderlich, der ein Fördervolumen von 900 m^3/h hat. Unter Berücksichtigung der Strömungswiderstände in der Verschlußklappe und in den Zuluftöffnungen wird die endgültige Leistung um 20 bis 30% höher angesetzt. Dieses entspricht in der Praxis einem Ventilator mit einer Förderleistung von etwa 1200 m^3/h, bezogen auf drucklosen Betrieb.

Neben der sicheren Betriebsweise bietet eine automatische Zwangsentlüftung auch noch den Vorteil einer gewissen Heizkosteneinsparung. Es erfolgt nämlich eine stärkere Aufheizung durch die Sonne, da das Gewächshaus bis zum Erreichen der gewünschten Temperaturen weitgehend geschlossen ist.

Kühlmatten-Klimatisierung

Der Einsatz besonders leistungsstarker Entlüftungs-Ventilatoren in Verbindung mit einer Kühlung und Befeuchtung der zuströmenden Frischluft ist die Voraussetzung für ein ausgesprochen erfolgreiches Kulturverfahren, das bei Orchideen bisher kaum ange-

Abb. 87. Automatische Zwangsentlüftung in der Giebelwand eines Gewächshauses.

wandt wurde. Diese sogenannte Kühlmatten-Klimatisierung ermöglicht u. a. die Kultur von als schattenliebend geltenden *Odontoglossum crispum*- und *Odontioda*-Hybriden in voller Sonne ohne die geringste Schattierung. Vegetativer Zuwachs und Blühwilligkeit sind dabei wesentlich besser als in einem konventionellen Kalthaus.

Das Kühlmatten-Orchideengewächshaus bietet die Möglichkeit, viele Orchideenarten naturgemäßer und besser zu kultivieren, d. h. mit mehr Wärme, Licht, Luft, Feuchtigkeit und Nährstoffen. Dieses ist erreichbar mit geringerem Pflegeaufwand und niedrigeren Heizungskosten.

Die Einrichtung eines solchen Gewächshauses, vom Verfasser seit vielen Jahren genutzt, soll deshalb als Anregung für eigene Versuche und Beobachtungen hier beschrieben werden:

Das Gewächshaus ist 3,2 m breit, 5 m lang; es hat einen Luftraum von 33 m^3 und eine Glasfläche von 49 m^2.

Um Verbrennungen an den Pflanzen zu vermeiden und um eine Elektrobeheizung zu ermöglichen, wurde für die Bedeckung eine Isolierverglasung aus Stegdoppelplatten 16 mm gewählt. Zur zusätzlichen Wärmedämmung sind im Winter Steh- und Giebelwände bis auf 1 m Höhe mit 2 cm starken Styroporplatten verkleidet. Die nördliche Stehwand wird voll mit Styropor isoliert.

Eine Schattierung des Hauses erfolgte trotz vollsonnigem Stand zu keinem Zeitpunkt! Der in der Giebelwand über der Tür eingebaute Hochleistungsventilator von 35 cm Flügeldurchmesser hat bei 1,425 Umdrehungen pro Minute freiblasend eine Leistung von 2 900 m^3/h. Unter Berücksichtigung einer Druckdifferenz von 4 bis 5 mm WS ergibt sich eine tatsächliche Fördermenge von etwa 2 000 m^3/h. Diese ermöglicht den angestrebten 60fachen Luftwechsel pro Stunde.

In die gegenüberliegende Giebelwand sind in Höhe der Kulturtische zwei Kühlmatten von jeweils 100 cm Breite und 70 cm Höhe

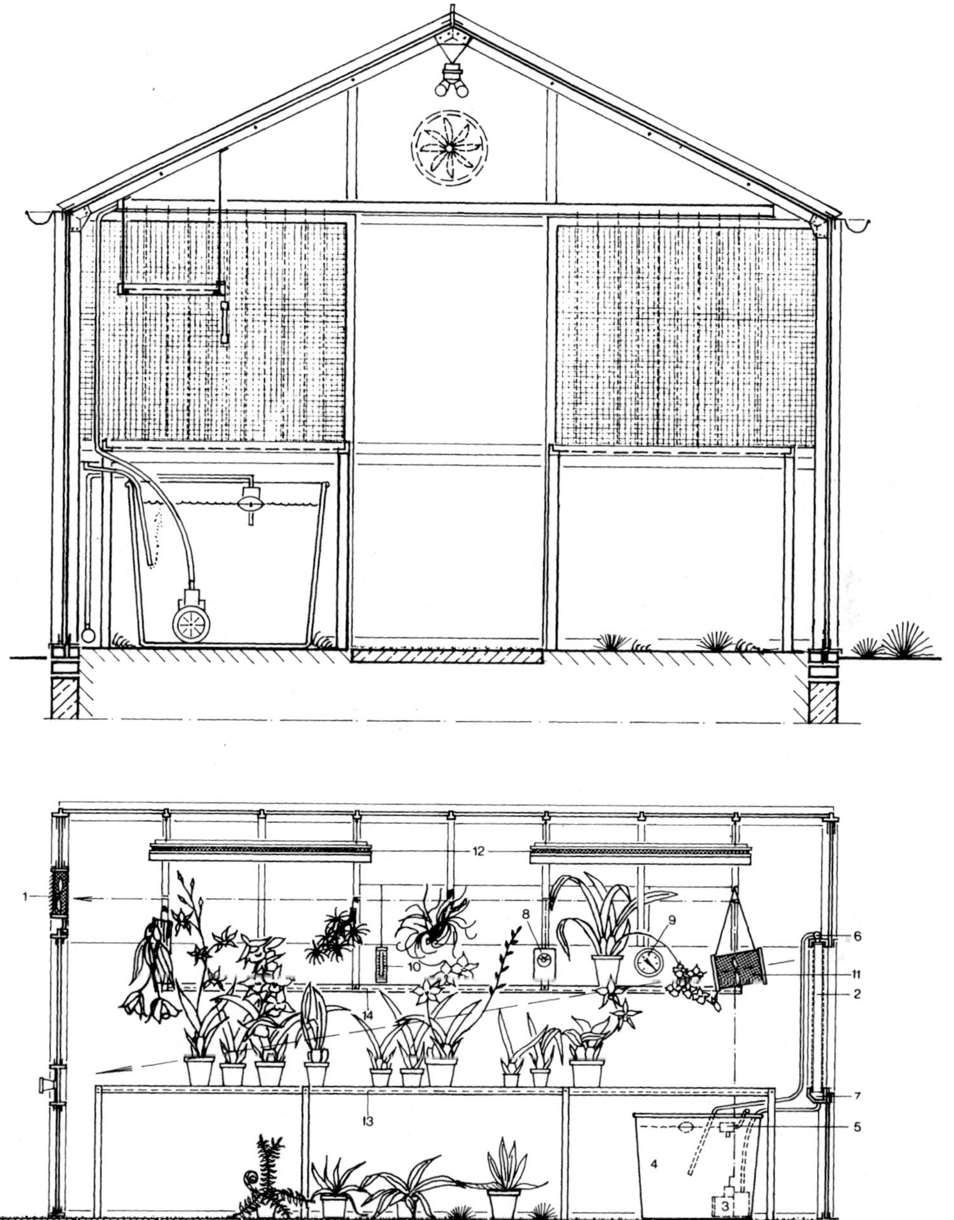

Abb. 88. Orchideengewächshaus mit Kühlmatten-Klimatisierung.
1 = Zwangsentlüftung mit Hochleistungsventilator, 2 = Kühlmatten, 3 = Pumpe, 4 = Wasserbecken, 5 = Schwimmerventil, 6 = Rieselrohr, 7 = Rücklauf, 8 = Raumthermostat, 9 = Hygrometer, 10 = Maximum-Minimum-Thermometer, 11 = Luftumwälzer für Winterbetrieb, 12 = Beleuchtung, 13 = Kulturtische, 14 = Hängekulturtisch.

Abb. 89. Kühlmattenklimatisiertes Gewächshaus. Blick auf die hintere Giebelwand mit Kühlmatten, Luftumwälzer, Wasserbecken und Thermo-Hygrograph.

eingebaut. Diese Matten bestehen aus zwei Aluminium-Wellgittern mit einer lockeren, 5 cm starken Füllung aus Holzwolle.

Über den Matten ist ein Kunststoff-Rieselrohr angebracht. Die Matten selbst stehen in einer waagerechten Ablaufrinne mit Rückflußrohr zum Wasserbecken. Das abgedeckte Wasserbecken mit einem Fassungsvermögen von 550 l befindet sich unter einem Kulturtisch, könnte aber auch in den Boden eingelassen werden. Die durch Verdunstung entstehenden Wasserverluste werden automatisch durch ein Schwimmerventil ausgeglichen. Der Deckel verhindert ein Veralgen und Verschmutzen des Beckens.

Eine auf dem Beckengrund stehende Unterwasserpumpe ist durch einen Schlauch mit dem Rieselrohr verbunden und elektrisch dem Ventilator parallel geschaltet. Wie bei einer normalen Zwangsentlüftung wird nach Anstieg der Gewächshaustemperatur auf 25 bis 30 °C der Ventilator durch den Thermostaten automatisch in Betrieb gesetzt. Die gleichzeitig arbeitende Pumpe berieselt die Matten und kühlt und befeuchtet dadurch die einströmende Außenluft.

Der Ventilator hat keine Verschlußklappe. Es findet deshalb ständig ein schwacher Luftaustausch statt. Bei Frostbeginn wird die Ventilatoröffnung fest verschlossen. Je nach Außentemperatur und Feuchte sinkt die Gewächshaustemperatur hinter den Matten um etwa 8 °C ab und steigt dann in Richtung Ventilator wieder an. Es war deshalb naheliegend, im Bereich des Frischlufteintritts vorwiegend Odontoglossen, Masdevallien und Oncidien aufzustellen. Im wieder wärmeren Bereich dagegen Cattleyen, Dendrobien, Vandeen und u. a. auch *Paphiopedilum bellatulum* und *P. philippinense*! Grundsätzlich kann gesagt werden, daß sich fast alle lichtliebenden Orchideen unter diesen Bedingungen, d. h. mit mehr Licht, Luft, Wärme und entsprechend stärkerer Düngung, besser kultivieren lassen, als in einem konventionellen Kleingewächshaus. Die Pflanzen hatten durchweg einen bedeutend stärkeren Zuwachs. Sie blühten reichlicher und die Haltbarkeit der Blüten war länger als normal.

Da die Elektroheizung nur für Nachttemperaturen von 8 bis 10 °C vorgesehen war, wurden auf Dauer gesehen überwiegend Odontoglossen und *Odontioda*-Hybriden nebst diversen Naturformen kultiviert. Trotz fehlender Schattierung und Beleuchtungsstärken um 70 000 lx traten an abgehärteten

Pflanzen niemals Verbrennungen auf, da die starke Luftbewegung die Blattemperaturen unter der kritischen Grenze hielt. Bei gedrungenem Wuchs waren die Bulben dick und prall und die Blätter violettrot gefärbt. Selbst Jungpflanzen blühten vielfach an zwei Rispen und brachten gleichzeitig noch einen Neutrieb.

In den Sommermonaten wurde bei warmer und heller Witterung einmal wöchentlich mit 0,5‰ eines stickstoffbetonten Düngers gegossen und zwei- bis dreimal wöchentlich mit 2‰ eine Blattdüngung vorgenommen. Der starke Substanzzuwachs im Sommer machte es möglich, die Pflanzen im Winter mit nur 7 bis 8 °C Heiztemperatur zu kultivieren. In dieser Zeit erfolgte im Gewächshaus eine 60fache Luftumwälzung mit Hilfe von zwei Ventilatoren. Dabei ruhte das Wachstum kaum und die Triebentwicklung begann früher als gewohnt. Man kann hier also auch von einer gewissen Energieeinsparung sprechen. Die im Sommer angesammelte Substanz ermöglicht ein geringes Heizen im Winter bei gleichzeitig besserem Wachstum. Die Kühlmatten-Klimatisierung läßt sich sicher mit Erfolg bei vielen Orchideen anwenden. Es ist jedoch darauf zu achten, daß die nächtlichen Heiztemperaturen in den einzelnen Abteilungen den kultivierten Pflanzen angepaßt werden. Ein automatisches Gießen der Pflanzen mit Sprühanlagen wird möglich sein, wenn man Pflanzstoffe mit größerer Durchlässigkeit verwendet. Es hat sich außerdem gezeigt, daß hohe Luftfeuchtigkeit bei Nacht und niedrige Temperaturen um 5 °C dann gut vertragen werden, wenn durch Luftumwälzung die Gewächshausluft etwa 60mal pro Stunde umgewälzt wird.

Abb. 90. Freikultur von *Odontoglossum*-Hybriden unter 50% Schattiergewebe.

3.6 Kultur im Freien

Sehr gute Kulturerfolge lassen sich bei den vorstehend genannten Orchideen auch bei einer Kultur im Freiland erzielen. Dabei werden die Pflanzen ab Ende Mai herausgebracht. Die Aufstellung erfolgt unter 30%igem Schattiergewebe oder in leichtem Baumschatten. Morgen- und Abendsonne sollten voll einstrahlen können. Ab Ende August erhalten die Pflanzen einen vollsonnigen Stand, der das Ausreifen der Bulben und die Blütenbildung fördert.

Wie bei der Kühlmattenkultur kann auch hier wesentlich mehr gegossen und gedüngt werden. Das Einräumen der Pflanzen erfolgt kurz vor den ersten Nachtfrösten. Es hat sich gezeigt, daß Temperaturen knapp über 0 °C ohne Schäden überstanden wurden, wenn die Pflanzen nicht zu naß waren.

Literaturverzeichnis

Bohn, R.: Die Technik im Gartenbau. Teil 1 und Teil 2. Verlag Eugen Ulmer, Stuttgart 1971 und 1973.

Hanisch, K. H.: Sonntagsgärtner unter Glas. Droemersche Verlagsanstalt Th. Knaur Nachf., München 1971.

Kleingewächshäuser mit Stegdoppelplatten aus Plexiglas sdp. Röhm, GmbH, Darmstadt 1977.

Mackroht, K.: Ventilatoren im Kleingewächshaus. Gartenpraxis 6, 1977.

Schubert, M.: Mehr Blumenfreude durch Hydrokultur. BLV-Verlagsges., München 1976.

Tantau, H.-J.: Doppelbedachung. Wärmeverbrauch, Klima, Lichtdurchlässigkeit, Institut f. Technik in Gartenbau und Landwirtschaft. TU Hannover 1976.

Tantau, H.-J.: Heizungssysteme im Gewächshaus. Berechnung, Auslegung, Konstruktion. Institut f. Technik in Gartenbau und Landwirtschaft. TU Hannover 1975.

Vickermann, E.: Die Kalkulation der Heizmaterialkosten für Gewächshäuser unter Einbeziehung der Globalstrahlung für die Betriebsnachkontrolle und Betriebsplanung im Gartenbau. Inst. f. gärtnerische Betriebslehre u. Marktforschung d. TH Hannover, Forsch.-Ber. 4, 1969.

Walter, M.: Das Kleingewächshausbuch. Verlag Eugen Ulmer, Stuttgart 1977.

4 Orchideen im Erwerbsgartenbau

4.1 Stand und Aussichten des gärtnerischen Orchideenanbaues

Als nach dem Zweiten Weltkrieg der Wiederaufbau des deutschen Zierpflanzenanbaues begann, wurde auch die Kultur von Orchideen neu in Angriff genommen. Bis dahin hatten sich nur verhältnismäßig wenige deutsche Betriebe damit beschäftigt, wobei als Pioniere vor allem Ansorge (Hamburg), Hennis (Hildesheim), Münz (Waiblingen), Nikolai (Coswig), Richter (Crimmitschau) und Wichmann (Celle) genannt seien. Nach der Stunde X waren anfänglich die wenigsten imstande, das neueste und damals sehr teure Zuchtmaterial aus England, Belgien oder den Vereinigten Staaten zu erwerben, um damit gezielt weiterzuzüchten. Häufig hielt auch Unkenntnis der modernen Anbaumethoden den Erwerbsgärtner davon ab, die Orchideenkultur aufzunehmen.

Einen großen Fortschritt bedeuteten damals die von Prof. Dr. PENNINGSFELD (Weihenstephan) veröffentlichten ersten Versuchsberichte über die Möglichkeit, bei entsprechender Düngung Orchideen auch in Torf zu kultivieren. Damit war sowohl eine Vereinfachung der Kulturführung wie eine Herabsetzung der Betriebskosten erreicht. Eine weitere bahnbrechende Neuerung war die von Prof. MOREL (Versailles) eingeführte Methode, Orchideen vegetativ durch Gewe-

Abb. 91. Bestand von *Cymbidium* Lilian Stewart 'Lady Rose'. Einfache Halterung der Blütentriebe mit Schnüren. Oben links der im Cymbidienhaus unentbehrliche Ventilator.

Abb. 92. *Phalaenopsis*-Haus mit Schattieranlage. Die Pflanzen bringen nach dem ersten Schnitt einen zweiten und dritten Flor am gleichen Blütenstiel, wenn man die basalen Augen stehen und austreiben läßt.

bestücke (Meristeme) zu vermehren und dadurch Neuzüchtungen in kürzester Zeit in den Handel bringen zu können.

Damit waren allerdings noch längst nicht alle Probleme gelöst; vor allem war noch keine Käuferschaft vorhanden, die gewillt war, Orchideen als Schnittblumen abzunehmen. So war sehr viel Werbung notwendig, z. B. durch Ausstellungen oder floristische Demonstrationen, um die Orchideen populär zu machen. Unterstützt wurde die Neuaufnahme dieser Kultur durch die Blumengroßmärkte und Versteigerungen, ferner durch allmählich erworbene bessere Erfahrungen bei den Anbaumethoden, die ein wirtschaftlicheres Arbeiten ermöglichten. Im Gegensatz zu anderen Wirtschaftsgütern wurden die Orchideen auf diese Weise immer preiswerter. Der Bezug von Jungpflanzen konnte nach einigen Anlaufschwierigkeiten wieder im eigenen Lande getätigt werden, so daß heute die deutsche Blumenproduktion derartig angestiegen ist, daß ganzjährig genügend Ware zur Verfügung steht.

Zur deutschen bzw. europäischen Anzucht kamen Importe, vor allem aus den südostasiatischen Ländern. Auch hier hatte man im Blick auf den europäischen Markt mit dem Anbau von Orchideen auf großen Flächen begonnen. Anfängliche Transport- und Verpakkungsschwierigkeiten waren bald behoben, so daß diese relativ preiswerten Orchideen, die heute aus dem Handel nicht mehr wegzudenken sind, ebenfalls mitgeholfen haben, die Orchidee als Schnittblume bekannt werden zu lassen. Auch die Deutsche Orchideengesellschaft (DOG) hat an der Vertiefung des Interesses für diese edle Pflanze großen Anteil gehabt.

Einige Zahlen über die heutigen Anbauflächen in westeuropäischen Ländern sollen die Bedeutung der Orchideen für den Erwerbsgartenbau verdeutlichen.

Land	Produktion in ha
Deutschland (West)	40 bis 50
Belgien	4 bis 5
Dänemark	3
Frankreich	3
Italien	34
Niederlande	250 bis 300

Die Masse der Erzeugerware konzentriert sich jedoch auf nur wenige Gattungen, deren Marktanteil sich ungefähr wie folgt verteilt:

Cymbidium 35%
Phalaenopsis 50%
Paphiopedilum 7%
Cattleya 1%
Miltonia 2%
Sonstige 5%

Die Produktion von *Paphiopedilum* als Schnittblume oder Topfpflanze hat sich von Dänemark neuerdings mehr nach Holland und Italien verlagert, wobei der Anteil großblumiger Hybriden stark zugenommen hat. Die Hauptproduktion aller Schnittorchideen fällt in die Wintermonate mit einer Lieferspitze zu Weihnachten und später noch einmal zum Muttertag.

Aus Südostasien importiert werden hauptsächlich Dendrobien (deren Kultur sich deshalb bei uns nicht mehr lohnt), *Arachnis, Aranda, Ascocenda* und *Vanda,* deren Qualität sich durch neue Züchtungen erheblich verbessert hat. Die Einfuhrmenge betrug 1976 etwa 900 t mit einem Wert von 36,8 Mio. DM. Inzwischen dürfte sich der Import in die Bundesrepublik weiter erhöht haben. Einfuhren aus anderen Ländern wie Brasilien, Kolumbien, Australien u. a. lassen sich zahlenmäßig nicht ermitteln, da keine Einfuhrstatistik vorliegt.

Die Preise für Schnittorchideen gehen allgemein langsam, aber stetig zurück. Bisher konnte diese Einbuße bei den inländischen Erzeugnissen durch den Anbau ertragreicherer Sorten aufgefangen werden. Wie dieses Problem aber künftig, vor allem im Hinblick auf die steigenden Lohn- und Energiekosten, bewältigt werden soll, ist noch völlig offen. Immerhin läßt sich sagen, daß ein Betrieb, der nach neuzeitlichen Methoden einwandfrei geführt wird, heute noch rentabel ist. Voraussetzung ist allerdings eine Produktion in hervorragender Qualität!

4.2 Technische Ausrüstung und Rationalisierungsmaßnahmen

Eine Orchideengärtnerei stellt grundsätzlich keine anderen Anforderungen an die Technik als andere Zierpflanzenbetriebe. Bezüglich des Gewächshaustyps gibt man auch hier dem Großraumhaus den Vorzug, d. h., man beginnt zumeist mit dem 6-m-Haus und geht dann auf die 9- bis 16-m-Typen über. Auch die preiswerte holländische Bauweise (Venlotypen mit 3 m Spannweiten) ist zur Kultur geeignet, soweit sie über genügend Stehwandhöhe und ausreichende Lüftung verfügt. Als Baumaterialien werden in zunehmendem Maße verzinktem Eisen und Aluminium (letzteres in der Dachhaut) der Vorzug gegenüber der Holzbauweise gegeben. Bei der Verglasung ist auf Grund der steigenden Heizkostenpreise zu überlegen, ob Doppelverglasung oder Doppelkunststoffeindeckung gewählt werden sollte. Erstere, die bis zu 40% Heizkosten erspart, kommt vor allem für die sehr wärmebedürftigen Kulturen wie *Phalaenopsis, Paphiopedilum*-Hybriden und einige *Cattleya*-Hybriden in Frage. Für *Cymbidium* zur Schnittblumengewinnung ist das helle, luftige Großraumhaus wegen der besseren Klima- und Lichtverhältnisse unbedingt zu bevorzugen.

Die Heizung der Orchideenhäuser erfolgt zumeist mit flüssigen (Leichtölen) oder gasförmigen Brennstoffen. Eine automatische Kohle- oder Koksheizung ist je nach Ölpreis u. U. noch billiger. Die Steuerung der Anlagen und die automatische Nachtabsenkung der Temperatur geschieht mittels Wärmefühlern und Elektronik. Schattiert wird am zweckmäßigsten von außen, um zu hohe Wärmestauungen in der heißen Jahreszeit zu vermeiden. Außenschattieranlagen sind jedoch kostspielig, windempfindlich und verlangen viel Wartung, so daß u. U. der Gebrauch von Schattierfarbe nutzbringender ist. Dem hohen Sauerstoffbedürfnis der Orchideen muß durch ausreichende Lüftungseinrichtungen

Rechnung getragen werden, was insbesondere bei der Cymbidienkultur Beachtung finden muß.

Zunehmende Bedeutung gewinnt heute im Erwerbsbetrieb der Faktor Gießwasser, speziell bei Orchideen. Da Leitungs-, Brunnen- oder Oberflächenwasser häufig ungeeignet sind, verwendet man meistens Regenwasser, das in Betonbecken oder mit Folie ausgelegten Gruben gesammelt wird. Will man eine Algenbildung verhindern, so deckt man die Becken mit schwarzer Folie ab oder setzt einige Goldorfen ein, die das Wasser sauber halten. Vergiftungserscheinungen durch Zink (Ausspülungen bei feuerverzinkten Gewächshauskonstruktionen) lassen sich durch Überstreichen der Sprossen mit pflanzenunschädlicher schwarzer Teerfarbe, wie sie auch bei der Isolierung von Futtermittelsilos verwendet wird, vermeiden. Ein Vorwärmen des Gießwassers mittels entsprechender Batterien ist vor allem für die wärmebedürftigen Orchideen unbedingt anzuraten. Bewässerung und Düngung der Kulturen werden nach den im Zierpflanzenbau allgemein üblichen Methoden vorgenommen. Eine Anstaubewässerung ist bei Orchideen z. T. noch problematisch, aber heute bereits machbar.

Ein Wort noch zur CO_2-Begasung von Orchideen. In zunehmendem Maße wird besonders in den Niederlanden und in Dänemark damit gearbeitet, wobei man das CO_2 den mit Erdgas gespeisten Feuerungsanlagen im oberen Kaminteil entnimmt und in die Kulturräume leitet.

Wesentlich für die Rentabilität eines Orchideenbetriebes sind alle Maßnahmen, die eine Vereinfachung und Beschleunigung des Arbeitsablaufes gestatten. Vergleichende Untersuchungen in dieser Hinsicht werden vor allem vom „Verband Deutscher Orchideenbetriebe“ angestellt, der seine Mitglieder über die Resultate seiner Erhebungen ständig informiert. (Anschrift: Verband Deutscher Orchideenbetriebe, 44379 Dortmund, Germaniastr. 53). Bezüglich der Substrate wurde bereits eine weitgehende Vereinheitlichung erreicht, indem in den meisten Fällen als Grundsubstanz Torf (Weiß- oder Schwarztorf) genommen wird, dem je nach Anspruch der Kultur bestimmte Zuschläge (Rinde, Bimskies, Agrofoam, Lecaton u. a.) beigefügt werden, außerdem natürlich nach Bedarf Kalk und Düngemittel. Ein weiterer wesentlicher Punkt, der nur durch Erfahrungsaustausch vollständig zu klären ist, ist die Steuerung der Blütezeit. Diese spielt vor allem bei *Cymbidium* und *Phalaenopsis* eine große Rolle, um termingerecht, also etwa zu Weihnachten oder zum Muttertag, auf den Markt kommen zu können. Teils erreicht man dies durch die Wahl bestimmter Sorten, teils durch Absenkung der Nachttemperatur während der Sommermonate. Bei *Phalaenopsis* bewirkt die nächtliche Temperaturerniedrigung auf etwa 17 °C Ende Juni/Anfang Juli die Ausbildung eines reichen Weihnachtsflors. Unter 17 °C sollte die Temperatur allerdings nicht sinken, da ansonsten zu wenige Knospen an den Rispen ausgebildet werden. Man kann bei dieser Kultur mit 100 bis 500 Blüten je Jahr pro Quadratmeter rechnen; bei einer Erntemenge unter 200 Blüten ist sie schon nicht mehr rentabel. Auch bei vielen *Paphiopedilum*-Hybriden läßt sich durch eine Temperaturabsenkung im Juni die Blütezeit in die Weihnachtstage verlegen.

4.3 Betriebsformen und Sortenwahl

Die meisten heutigen Orchideenbetriebe sind aus allgemeinen Zierpflanzenbetrieben hervorgegangen und haben sich erst mit der Zeit ganz auf die Orchideenkultur spezialisiert. Ausschlaggebend für die Aufnahme anderer Kulturen ist vor allem der sehr hohe Kapitalaufwand, den die Errichtung einer Orchideengärtnerei anfänglich erfordert. Grundsätzlich zu unterscheiden sind vor allem zwei Betriebsformen: der Jungpflanzenbetrieb, der in der Regel auch züchterisch arbeitet, und der Schnittblumenbetrieb, der teilweise auch Topfpflanzen kultiviert.

Über die optimale Größe eines Orchideenbetriebes lassen sich nur schwer verbindliche Angaben machen, da die Voraussetzungen je nach Marktlage und Wahl der Kulturen zu unterschiedlich sind. Für einen Schnittblumenbetrieb, der ganzjährig ein bestimmtes Liefersoll erfüllen muß, ist eine Anbaufläche von 6000 m^2 aber wohl das mindeste. Bezüglich des Personalbedarfs je Flächeneinheit sind ebenfalls je nach Art der Kultur und der Betriebsausstattung große Schwankungen möglich. Bei reinen Schnittblumenkulturen ist etwa eine gelernte Arbeitskraft auf 2000 bis 2500 m^2 vertretbar; dazu kommen kurzfristige Aushilfen bei Arbeitsspitzen, z. B. während der Haupterntezeit oder beim Verpflanzen.

Der Jungpflanzenbetrieb

Der Züchter und Erzeuger von Jungpflanzen muß in erster Linie über ein entsprechendes Maß an Kenntnissen und über hervorragendes Ausgangsmaterial verfügen. Außerdem ist er gezwungen, einen Teil seiner Neuzüchtungen bis zur Blüte weiterzukultivieren, um auf Grund der beobachteten Eigenschaften seiner Pflanzen selektionieren zu können. Deshalb ist es notwendig, daß etwa die Hälfte der benötigten Fläche für Fertigpflanzen reserviert bleibt. Die hierbei anfallenden Schnittblumen, die nicht der Samenproduktion dienen, müssen vermarktet werden, was entweder über ein dem Betrieb angeschlossenes Blumengeschäft, einen in der Nähe liegenden Markt oder eine Versteigerung abgewickelt werden kann. Auch die aussortierten, nicht zur Weiterzucht benutzten Topfpflanzen sind auf diese Weise abzusetzen, um damit die Wirtschaftlichkeit des Betriebes zu heben. Mit einzukalkulieren ist die sehr lange Zeitspanne, die bei der Orchideenzüchtung benötigt wird. Eine relativ schnell wachsende *Phalaenopsis* braucht im Minimum 3 bis 4 Jahre, bis man das Ergebnis einer Kreuzung zum ersten Mal erkennen kann. Um auch den Ertrag beurteilen zu können, müssen nochmals 2 Jahre vergehen. Bei *Cymbidium, Paphiopedilum* und *Cattleya* dauert es meist doppelt so lange, und diese Zeit muß finanziert werden. Trotz dieser Schwierigkeiten gelang es deutschen Gärtnern, eine nicht unerhebliche Anzahl hochwertiger neuer Sorten herauszubringen, die internationale Anerkennung fanden.

Der Schnittblumenbetrieb

Die Auswahl der Kulturen für den Schnitt wird hauptsächlich von den Wünschen der Käuferschaft bestimmt, die diese Ware abnimmt. Gute Absatzmöglichkeiten sind auch der Grund für eine gewisse Zentralisierung im deutschen Orchideenanbau. Ein Beispiel hierfür ist das niederrheinische Anbaugebiet, das erst in den letzten 20 Jahren entstanden ist und heute auf 50000 m^2 Orchideen stehen hat. Die Versteigerung in Straelen bzw. in Neuß und Wesel übernimmt hier die Aufgabe des Verteilers, der die Produkte überwiegend in das dicht besiedelte rheinische Industriezentrum bringt, aber auch in den neuen Bundesländern verteilt. Wie bereits erwähnt, liegt hierbei das Schwergewicht auf den Gattungen *Cymbidium, Phalaenopsis, Paphiopedilum* und *Miltonia.* Es ist jedoch denkbar, daß auf Grund geringerer Wärmeansprüche in Zukunft auch die Neuzüchtungen von *Oncidium, Odontoglossum* und ihrer Hybriden eine größere Bedeutung bekommen.

Sorten von Cymbidium

Das Sortenangebot ist bei dieser Gattung außerordentlich groß, doch kann man eine verläßliche Auswahl nur nach jahrelanger Beobachtung der Bestände treffen. Entscheidend für den Wert einer Sorte ist die Qualität und die Höhe des Ertrages. Außerdem muß natürlich die Blütezeit beachtet werden, die man in drei Phasen unterteilt:

1. Frühe Sorten: Blüte von September bis einschließlich Weihnachten.
2. Mittelfrühe Sorten: Blüte von Anfang Januar bis Ende März.
3. Späte Sorten: Blüte von März bis Mitte Mai (Muttertag).

Wichtig ist, daß bei diesen drei Angebotszeiten alle Farben vertreten sind, da auch beim

Kauf nur weniger Stiele Verschiedenfarbigkeit gewünscht wird. Empfehlenswerte Sorten sind u. a.:

Frühblühend:

Beauty Fred: weiß und hellrosa
Christmas Beauty 'St. Francis': hellrosa (Massenproduzent)
Flory Pink 'Fione': rosa
Isle Glendora: lindgrün, sehr großblumig
Arkadian Sunrise: gelb
Red Beauty: hell- bis dunkelrosa
Solana Beach: rot
Via vista 'Golden Vlies': grün
Vanguard 'Christmas Beauty': hellgrün mit roter Lippe
Winter Sunrise: gelb

Mittelfrühe Sorten:

Alaska: weiß mit roter Lippe
Allegria 'St. Lita': rosa
Arabian Nights 'Cooksbridge': hellrosa mit roter Lippe
Cooksbridge: gelb
Eliot Rogers: rot
Forty-Niner 'Alice Anderson': grün
Gymer 'Nederhorst': gelb
Lillian Stewart 'Spartan Rose': dunkelrosa

Spätblühend:

Bartolme 'Ferrello': silberweiß
California 'Cascade': weiß
Eliot Rogers B 290: rosa
Lagoon 'St. Veda': grün mit roter Lippe
Lloyd Hawkinson: grün
Madrid 'Forest King': grün
Madrigal: rosa
Marquesa Prescott: rosa
San Francisco 'Peggy': rosa

Miniaturcymbidien

Die kleinblumigen Miniaturcymbidien, die entweder als Schnitt oder im Topf verkauft werden, haben während der letzten Jahre einen großen Aufschwung genommen, und die Sortenzahl hat sich stark vermehrt. Einige bewährte, überwiegend früh blühende Sorten (siehe untenstehende Übersicht):

Sorten von Phalaenopsis

Angebaut werden in erster Linie weiße Sorten, die man auch einfärben kann und die in ihrem Ertrag wie ihrer Wuchsleistung etwas über den lilarosa Sorten liegen. Ausgangsmaterial für die heutigen hochgezüchteten Hybriden waren besonders die Kreuzungen von Shaffer, dessen Grace Palm den entscheidenden Fortschritt brachte. Aber auch die französischen Neuzüchtungen aus dem Betrieb Vacherot & Lecoufle brachten erhebliche Verbesserungen. Die heute bei uns angebotenen weißen Sorten sind in ihrer Form, Größe und Gleichmäßigkeit kaum mehr zu überbieten; sie bringen hervorragende Schnittblumen auf drahtigen Stielen mit guter Haltbarkeit. Empfehlenswerte Sorten sind Schneewittchen, Sensation, Schöne von Unna, Schöne von Celle, Opaline, Antarktik.

Evening Star 'Bethlehem': rosa	Dezember
Excalibur 'Gallahad': cremefarben	Januar
Igryne: grün	Dezember bis Januar
Ivy Fung 'Sultan': rot	Oktober bis Januar
Kiwi Redstar: rot	Juli bis August
Kiwi Sunrise: rosa	Juli bis August
Mary Pinchess 'Del Rey': gelb	September bis November
Rincon 'Fairy Pink Perfection': rosa	November bis Januar
Showgirl 'Anna': grün	Dezember bis Januar
Showgirl 'Ballerina': gelb – weiß	Januar bis Februar
Starbright 'Capella': rosa	September bis Dezember
Ulfius: braun	Oktober bis Dezember

Die Ausgangsform der violetten Hybriden war hauptsächlich *Phalaenopsis* Zada. Sorten wie Lipperose, Lippezauber, Comtesse Bettina, Zauberrose sind wichtige Vertreter dieser Gruppe, bei denen gute Form, Farbintensität und Ausgeglichenheit gewährleistet ist. Durch die in den letzten Jahren verstärkte Einkreuzung von *Doritis* erhielt man tiefviolette *Doritaenopsis* mit guter Blütenstruktur und besonders langer Haltbarkeit. *Doritaenopsis* Mme. Clarence Schubert war 1965 eine der ersten erfolgreichen Kreuzungen zwischen *Doritis pulcherrima* und einer *Phalaenopsis*-Hybride, der bis heute noch viele weitere Verbesserungen folgten. Durch den zumeist aufrechten Blütenstand, die etwas zierlicheren Blüten und die leuchtende Farbe sind die *Doritaenopsis*-Sorten besonders für die Topfkultur geeignet. Zunehmender Beliebtheit erfreuen sich auch die neuen gelben, grünen und orangefarbenen Sorten, die einfarbig, gepunktet oder gestreift sein können und aus Einkreuzungen mit anderen Arten hervorgingen. Wenn sie auch meistens etwas kleinblütiger und weniger vollkommen in der Form sind, so ist das Farbenspiel doch so reizvoll, daß sie vom Liebhaber als Pflanze gern gekauft werden. Genannt seien aus der Vielzahl dieser neuen Sorten die gelbblühenden Golden Sand's, Barbara Mohler, Wunderbarbara und Rigoletto. Gepunktet sind Mouchette, Hokuspokus, Günther Dankmeyer, Elsa Münz. Gestreift: Jelou, Milva, Firedance. Weiß mit roter Lippe: Mad Hatter.

Sorten von Paphiopedilum

Die Züchtung langstieliger, großblumiger Paphiopedilen ist noch sehr in der Entwicklung begriffen. Gute Ausgangsformen sind hier beispielsweise die Sorten Winston Churchill, Sandra Mary, Milmoore, Farnmoore, Mildred Hunter, Golden Acres, Bit O'Sunshine, Matcheck Mars, Amanda, Peter Black, Pacific Ocean und Orchilla. Zu diesen modernen Hybriden kommt eine Vielzahl älterer, ertragreicher Sorten mit mittelgroßer Blüte, die auch heute noch in Kultur sind. Zu nennen wäre dabei u. a. *Paphiopedilum* King Arthur, Maudiae, Bingleyense, Capablanca. Durch ständige Teilung der Pflanzen sind die Bestände häufig sehr umfangreich, gleichmäßig und durch Steuerung der Kulturbedingungen termingerecht zur Blüte zu bringen.

Sorten von Cattleya und verwandter Gattungen

Zu empfehlen sind hier vor allem die von deutschen Züchtern herausgebrachten Hybriden, da sie unserem Klima und unseren Lichtverhältnissen am besten angepaßt sind. Der Käufer verlangt bei uns vorwiegend dunkelviolette Cattleyen, teilweise aber auch weiße mit violetter Lippe oder reinweiße, wie sie in den USA besonders beliebt sind. Das Angebot sollte gut über das ganze Jahr verteilt werden, was sich durch die entsprechende Sortenwahl leicht ermöglichen läßt. Hybriden mit Blut von *C. labiata* oder *C. trianae* blühen zumeist im Winter, während *C. mossiae* die späte Frühjahrsblüte (Muttertag) vererbt.

a) Weihnachtsblüher:

C. labiata Goliath: lilarosa, haltbar, sicherer Blüher
Lc. Bonanza: mittel- bis dunkellila
Blc. Franz Wichmann: Kreuzung aus Bonanza
Blc. Mem. Crispin Rosales: dunkellila, großblumig, guter Ertrag

b) Frühjahrsblüher:

Lc. Celler Ruhm: lilarosa, gute Form, ertragreich
Lc. Irene Finney: lilarosa, gute Form, ertragreich, kommt zum Muttertag
C. Irene Holguin: lilarosa, gute Form, ertragreich, kommt zum Muttertag
Blc. Wacholderpark: lilarosa, gute Form, ertragreich
Blc. Niedersachsen: lilarosa, gute Form, ertragreich
Lc. Moneymaker: rosalila, reichblühend, kommt zum Muttertag
C. Sonja Altenburg: weiß mit violetter Lippe, ertragreich
Blc. Allergarten: lila, großblumig, kommt zum Muttertag

c) Sommerblüher:
Blc. Stilles Gedenken: lila, großblütig, reichblühend
C. Comet: lila, großblütig, reichblühend
Lc. Amoret: lila, großblütig, reichblühend
Blc. Osterberg: lila, großblütig, reichblühend
Lc. Alma Wichmann: goldgelb mit lila Lippe

d) Herbst und Frühwinter:
Blc. Sterntaler: dunkellila, großblütig, ertragreich
Blc. Norman's Bay und deren Hybriden: dunkellila, wuchs- und blühfreudig

Der Schnitt von Cattleyenblüten sollte am besten 4 bis 5 Tage nach dem Aufblühen erfolgen, wenn die Blüte voll ausgereift und fest ist. Das gleiche gilt für Paphiopedilen. Die Rispen von Cymbidien und Phalaenopsen sollen nach Möglichkeit voll erblüht sein, doch schadet es auch nichts, wenn die oberste Blüte noch knospig ist. Bei Odontoglossen, Odontioden und ähnlichen Hybriden, deren Haltbarkeit z. T. sehr begrenzt ist, muß die oberste Blüte bereits 5 Tage geöffnet sein; ihre wirtschaftliche Bedeutung als Schnittblume ist auf Grund der geringen Haltbarkeit nur mäßig.

Die Blühdauer ist zudem stark abhängig von der Ernährung der Pflanze, dem Gewächshausklima, der Belichtung und noch manchen anderen Faktoren. Ein Übermaß an Stickstoffdüngung und zuviel Wärme bringen erfahrungsgemäß Blüten mit zu weichen Stielen und schlechter Haltbarkeit.

4.4 Ertrag, Vermarktung und Vertrieb

Bei Cymbidien muß man je nach Sorte und Kulturführung mit einem Ertrag von 80 bis 200 Blüten je Nettoquadratmeter rechnen. Die Höchstzahl läßt sich nur bei sehr produktiven Sorten und unter besten Wachstumsbedingungen erreichen; der Durchschnitt liegt heute im allgemeinen bei 120 bis 150 Blüten pro m^2. Die Ertragszahlen von *Phalaenopsis* schwanken noch stärker; sie liegen bei guten Sorten zwischen 200 und 500 Blüten je Nettoquadratmeter, im Durchschnitt bei 250. Bei *Paphiopedilum* ist zwischen den ertragsreicheren alten Sorten mit mittlerer Blumengröße und den ertragsärmeren, aber besser bezahlten großblumigen Sorten anglo-amerikanischer Herkunft zu unterscheiden. Die häufig noch angebauten *P.* Leeanum und *P.* Lathamianum bringen bis zu 100 Stück je Quadratmeter und Jahr, während man von *P.* Capablanca, King Arthur und ähnlichen Sorten höchstens 60 bis 80 Blüten erwarten darf. Noch niedriger sind die Erträge mit 30 bis 50 Stück pro m^2 bei den großblütigen, amerikanischen Hybriden, wobei die grünen Sorten mehr Blumen liefern als die roten. Die Spitzenerträge für Cattleyen liegen bei etwa 80 Blüten pro m^2, meistens werden bei uns jedoch nur 50 Stück pro m^2 erreicht.

Der bei Versteigerungen erzielte Erlös je Blüte bzw. Rispe beträgt nach Informationsberichten von Neuß (NBV), Straelen (UGA) und Wesel im Mittel:
Cymbidium, großblumig 0,40 bis 0,80 DM
Minicymbidien, Rispe 3 bis 4 DM
Phalaenopsis, Blüte 0,50 DM
Cattleya 1,00 bis 2,50 DM
Paphiopedilum,
  mittlere Größe 1,50 bis 3,00 DM
  großblumig 3,00 bis 5,00 DM
Es handelt sich hierbei jedoch um Mindestpreise. Betriebe, die auf Grund bester Kulturkenntnisse imstande sind, den Blühtermin zu steuern, so daß der Hauptertrag in die Zeiten größten Bedarfs fällt, können auch mit höheren Preisen rechnen. Auch wenn der Absatz nicht über Versteigerungen, sondern über Großmärkte getätigt wird, steigen die Erlöse. Der Durchschnittspreis für die Einzelblüte großblumiger Cymbidien beträgt hier etwa bis 1,00 DM, für *Phalaenopsis* 0,80 DM, *Paphiopedilum* je nach Größe 3 bis 7 DM und Cattleyen 3 bis 4 DM.

Bei Rentabilitätsberechnungen muß davon ausgegangen werden, daß die Einnahmen je Bruttoquadratmeter grundsätzlich

Abb. 93. Vorbereitung zur Versteigerung. Zwei bis drei Blütentriebe verschiedener Sorten werden mit den Stielenden in wassergefüllte Kunststoffröhrchen gesteckt und in Klarsichtkartons verpackt.

nicht unter 70–80 DM liegen dürfen, da infolge der hohen Kapitalinvestitionen sonst keine Kostendeckung mehr gewährleistet ist.

Die Vermarktung von Orchideen ist normalerweise die gleiche wie bei anderen Schnittblumen. Es gibt in Deutschland drei Vermarktungsarten, die hier kurz dargestellt werden sollen.

Absatz über eine Versteigerung

Im nordwestdeutschen Raum finden Blumenversteigerungen statt in Straelen (UGA, Niederrheinische Blumenversteigerung), Neuß/Bottrop (NBV) und Wesel. Hier wird die Ware entweder abgeholt, oder sie wird vom Erzeuger in Kartons verpackt angeliefert. Die Kartons erhält man bei der betreffenden Absatzorganisation, die sie dem Käufer in Rechnung stellt. Vorgeschrieben sind Kartons mit Klarsichtfolie, damit die Blumen gesehen und beurteilt werden können. Die Vermarktungskosten betragen bei der Versteigerung 5 bis 8%. Kunden sind in erster Linie der Schnittblumengroßhandel, der die Verteilung der Ware übernimmt, aber auch Blumengeschäfte, also der Fachhandel. Im allgemeinen kennt der potentielle Käufer die Lieferanten der verschiedenen Anlieferernummern und ist daher über die Qualität des Produktes bereits im Bilde. Erzeuger, deren Ware stets von gleich guter Beschaffenheit ist, erzielen daher auch die Spitzenpreise.

Absatz über einen Blumengroßmarkt

Die Orchideen werden vom Erzeuger angeliefert und auf einem eigenen Stand durch ihn selbst oder einen firmeneigenen Verkäufer vertrieben. Die Ware wird entweder vorverpackt, ähnlich wie bei der Versteigerung, oder aber frei aus der Vase verkauft. Der Kunde hat hier die Möglichkeit, auch Vorbestellungen zu machen oder individuelle Wünsche zu äußern (z. B. bestimmte Blumen für Brautsträuße und dergleichen). Die Vermarktungskosten belaufen sich bei dieser Absatzweise auf etwa 20%, doch kann auch der Verkaufserlös u. U. wesentlich höher sein als bei der Versteigerung. Zwischen dem Produzenten und dem Kunden (Blumengeschäft) besteht, anders als bei der Versteigerung, eine persönliche Verbindung, was beide Teile oft als angenehm empfinden.

Absatz durch Verkaufsfahrer

Hier bekommt der Kunde die Ware direkt ins Haus geliefert, wofür er natürlich auch etwas höhere Preise zahlen muß. Da der Käufer bei diesem Verfahren die wenigsten Vergleichsmöglichkeiten hat, muß von vornherein ein gewisses Vertrauensverhältnis bestehen. Die Kosten dieses Verkaufs liegen bei mindestens 25%, doch wird dies auch hier weitgehend von höherem Erlös wettgemacht.

Im allgemeinen haben sich bei uns die Erwerbsbetriebe, die Orchideen kultivieren, recht gut auf die für sie vorteilhafteste Vermarktungsart eingestellt. Für den Verbraucher wird dadurch ein Optimum an Frische und Haltbarkeit der Blüten gewährleistet, was neben der besseren Qualität ein großer Vorteil gegenüber den meist billigeren Importen ist.

4.5 Die Kultur von Orchideen als Topfpflanzen

Mittlerweile sind Orchideen ganzjährig als Topfpflanzen auf dem Markt. Vor allem in Holland, aber auch bei uns haben sich Betriebe ganz oder teilweise auf diese Topfpflanzenkultur spezialisiert.

Größere Einheiten von Topforchideen erfolgreich anzubauen, erfordert einen hohen Technisierungsgrad, d. h. Temperatur, Schattierung, Bewässerung und Düngung müssen in den Betrieben automatisch geregelt werden können. Sowohl für die Düngung als auch für die Bewässerung wurden zwei technisierte Verfahren entwickelt, die hier vorgestellt werden sollen:

1. das Anstauverfahren,
2. die Tröpfchenbewässerung.

Dem Anstauverfahren, bei dem regelmäßig bei jeder Bewässerung schwache Düngegaben beigegeben werden, wird in der Praxis der Vorzug gegeben. Die Konzentration der laufenden Düngegaben sollte dabei 0,40‰ in keinem Falle überschreiten. Beim Anstauverfahren ist es außerdem sehr wichtig, daß die gesamte Anstauzeit (pro Anstaufläche) 12 Minuten nicht übersteigt:

5 Minuten Einlaufzeit
2 Minuten Standzeit
5 Minuten Ablaufzeit.

In jedem Falle muß noch genügend Luft im Substrat bleiben, und auch die Einfluß- und Ablaufrohre müssen entsprechend der Beetgröße ausreichend groß gewählt werden. Als Substrat für diese Kulturform hat sich eine Mischung von 1/2 Torf, 1/4 Aggrofoam und 1/4 Rinde (auch Oxigrow-Polyurethan-Schaum) bewährt. Bei Schnittkulturen wird z. T. auch mit einer Mischung von Oasis und Aggrofoam gearbeitet. Der pH-Wert des Substrates sollte bei etwa 5,5 liegen.

Die Temperaturen sind etwas höher einzustellen. Bei *Phalaenopsis* dürften etwa 23 °C zweckmäßig sein (Einjahreskultur). Um in den Sommermonaten im Temperaturbereich nicht extrem hoch zu kommen, kann eine Wasservernebelung über den Kulturen angebracht sein.

Bei den Topforchideen sind vor allem *Phalaenopsis* von Bedeutung, wobei vielblütige Hybriden, wie sie aus zweiter Generation mit *Ph. stuartiana, Ph. schilleriana, Ph. lindenii* oder *Ph. equestris* entstehen können, zu bevorzugen sind. Früh- und Vielblütigkeit sowie gute Blattzeichnung sind hierbei Zuchtziele.

Von den kleinwüchsigen Miniaturcattleyen, die sich für eine Kultur auf dem Fensterbrett eignen, sind vorwiegend die rotblühenden Sorten empfehlenswert, wie beispielsweise *Slc.* Hazel Boyd, *Slc.* Jewel Box, *Slc.* Madge Fordice und *Slc.* Paprika.

Bei *Paphiopedilum* sind Primärkreuzungen von reinen Arten mit großblumigen Hybriden zu bevorzugen. Miltonien sowie *Vuylstekeara, Odontocidium* sind ebenfalls als Topfpflanzen am Markt vertreten. Minicymbidien in allen Farben runden im Augenblick das Topfpflanzenangebot ab.

Bei der Tröpfchenbewässerung sind die Anlagekosten etwas höher. Auch hier ist es zweckmäßig, mit Bewässerungsdüngung zu arbeiten. Die Häufigkeit der Gaben hängt dabei von der Pflanzengröße und vom Wetter ab. Meistens genügen einmal wöchentliche Gaben oder noch weniger.

Die ersten Wochen nach dem Topfen ist es sinnvoll, von oben zu sprühen, bis die Wurzeln angefaßt haben. Bei beiden automatischen Bewässerungsmethoden sind genaueste Beobachtungen der Pflanzen und ihrer Bewurzelung notwendig. Die Pflanzenhygiene muß mehr Beachtung finden als bei normaler Gießkultur, da sich Pilze und Bakte-

Abb. 94. Topfpflanze Nr. 1 ist in jedem Falle die *Phalaenopsis*, wobei vielblütige Hybriden, wie sie aus Kreuzungen mit *Ph. stuartiana, schilleriana, lindenii* oder *equestris* entstehen können, zu bevorzugen sind. Früh- und Vielblütigkeit sowie gute Blattzeichnung sind hierbei Zuchtziele.

rien wesentlich schneller ausbreiten können. Der Zusatz von Fungiziden (Fonganil Neu: 100 ml je m³) im Kultursubstrat dürfte dabei eine große Hilfe sein.

Von der Kostenseite her ist jede Automatisierung zu vertreten. Wer jedoch glaubt, daß damit der Kultivateur, oder besser gesagt: die Hand des Gärtners, unnötig wird, der irrt. Je mehr automatische Regelung, desto mehr müssen die Bestände beobachtet und kontrolliert werden. Gleichmäßige Pflanzenbestände, gleichmäßige Topfgrößen und ein lockeres Substrat sind Grundlagen für eine erfolgreiche Kulturführung.

Auch eine am Absatzmarkt orientierte Kultursteuerung ist heute möglich. Soll beispielsweise *Phalaenopsis* an Weihnachten blühen, muß mit der Temperaturbehandlung bereits im August begonnen werden. Voraussetzung ist, daß die Pflanzen groß genug sind. Ein Durchmesser von mindestens 20 cm dürfte angebracht sein. Die Kühlphase sollte etwa 4 bis 6 Wochen betragen. Ein Absenken während dieser Zeit unter 17 °C bringt zu wenige Blüten je Stiel und ist deshalb nicht ratsam. Soll die Blütezeit zu Muttertag erfolgen, muß ab Anfang Dezember gekühlt werden.

Bei Schnittkulturen sollte man mit der Kühlphase bereits 4 Wochen früher beginnen, da die größeren Rispen erfahrungsgemäß längere Zeit zu ihrer Entwicklung benötigen. Diese Steuerung ist heute für jeden Betrieb schon aus Rentabilitätsgründen von sehr großer Bedeutung. Die Preisgestaltung, die heute an den großen Absatzmärkten in Holland festgelegt wird, zwingt jeden Kultivateur dazu, dies zu beachten, denn Preisspannen bis zu 100% und mehr sind für die Rentabilität von sehr großer Bedeutung.

Der Einsatz von Meristempflanzen, speziell bei der Kultur von Topfphalaenopsis, sichert ebenfalls den Kulturerfolg. In diesem

Fall sind die Bestände nach einem Kulturjahr etwa zu 90% zu räumen. Bei Sämlingspflanzen rechnet man im Durchschnitt nur mit einer Räumung von 60 bis 70%. Trotzdem sollten wir auch züchterisch weiterarbeiten, denn gerade die Orchidee als Topfpflanze hat auch in weiterer Zukunft sehr gute Aussichten.

Die Berechnungsgrundlage bei der Kultur von Topfphalaenopsis hängt in erster Linie von der Kulturführung ab. Nur erstklassige Pflanzen mit allen Blättern und genügend Blüten pro Rispe sind für einen angemessenen Preis absetzbar. Die Topfgröße sollte bei der Einjahreskultur bei 12 cm liegen. Dies ergibt pro m^2 55 Pflanzen (Brutto-m^2).

Die Gestehungskosten belaufen sich bei **Sämlingen** nach Berechnungen der Gartenbauversuchsanstalt Wolbeck auf rund 7,– DM. Bei **Meristempflanzen,** die im Einkauf bei 2,50 DM liegen (Sämlinge 2,00 DM), liegen die Gestehungskosten bei etwa 7,20 DM. Diese Differenz zeigt, daß in Zukunft der Meristempflanze trotz höherem Einstandspreis der Vorzug zu geben ist.

Inwieweit ein buntes Farbenspiel im Angebot eine Rolle spielt, bleibt abzuwarten.

Bei *Paphiopedilum* sind Topfsorten im Vergleich zu *Phalaenopsis* noch relativ selten. Aber auch hier werden Primärhybriden von Arten wie *P. callosum, P. lawrenceanum, P. sukhakulii, P. wardii, P. chamberlainianum* etc. mit vorhandenen großblumigen Hybriden auf Dauer zum Erfolg führen.

Eine Vermehrung durch Gewebekultur ist auf breiter Basis noch nicht in Sicht. Unser Wissen im Bereich der Orchideenkultur ist in den letzten Jahren zwar größer geworden. Noch ist es in mancher Hinsicht aber nicht groß genug, um allen Anforderungen gerecht zu werden. Und so zwingt gerade der relativ hohe Einsatz von Produktionsmitteln zu genauester Kalkulation, denn Ausfälle durch falsche Kulturführung können innerhalb kürzester Zeit die Liquidität eines Betriebes in Frage stellen.

5 Vermehrung und Anzucht

5.1 Die generative Vermehrung

Die meisten Orchideen, besonders die epiphytisch wachsenden, haben eine lange Lebensdauer. Der jährliche Zuwachs an der sympodialen oder monopodialen Sproßachse bedeutet für die Pflanze eine immerwährende Erneuerung, durch die ihre Vitalität über Jahrzehnte hinweg erhalten bleibt. Neben diesem perennierenden Charakter weisen Orchideen aber auch eine außerordentlich hohe Samenproduktion auf, um damit die Erhaltung und Verbreitung der Art zu sichern. Eine *Cattleya*-Kapsel enthält bis zu mehreren Millionen Samen, die Frucht von *Cypripedium acaule* etwa 54000. Diese Menge würde genügen, um unter optimalen Keimbedingungen und bei fehlender Konkurrenz mit anderen Pflanzen ganze Landschaftsareale allein mit Orchideen zu bedecken. Doch in der Natur ist die Keimung des staubfeinen Samens an die Ammendienste eines Pilzes gebunden, und nur unter günstigsten Umweltverhältnissen kommt es nach Vollzug der Partnerschaft zur ungestörten Entwicklung der Sämlinge. So ist trotz des Überflusses an potentieller Nachkommenschaft die Vermehrungsrate nur beschränkt, und das Gleichgewicht innerhalb der jeweiligen Pflanzengesellschaft bleibt erhalten.

Dem Kultivateur, der seine Orchideen durch Aussaat vermehren will, kommt die hohe Samenproduktion allerdings zugute. Voll ausgebildeter Samen von Eltern, die in ihrem Erbgut harmonieren, keimt auf geeigneten Nährböden oft nahezu hundertprozentig, so daß die Anzahl an Sämlingen den Bedarf meist weit übersteigt. Da wir es in der Kultur jedoch seltener mit reinen Arten als mit genetisch uneinheitlichen Hybriden zu tun haben, verlaufen Befruchtung, Ausbildung und Weiterentwicklung des Embryos oft gestört, und die Anzahl lebensfähiger Nachkommen ist entsprechend geringer.

5.1.1 Bestäubung und Befruchtung

Jeder Samengewinnung gehen Bestäubung und Befruchtung voraus. Das heißt also, daß die Pollinien einer Blüte herausgelöst und auf die Narbe übertragen werden müssen. Der Anfänger wird sich dabei zunächst mit dem Blütenbau der einzelnen Orchideenarten vertraut machen müssen. Mit der Hilfe einer Pinzette oder eines zugespitzten Stäbchens entnimmt man die Pollenpakete den Fächern im oberen Teil der Blüte und heftet sie mit leichtem Druck auf den meist nach unten weisenden Narbenlappen in der Narbenhöhle. Die kolben- oder scheibenförmigen Pollinien haben zumeist eine feste, wachsartige Konsistenz, nur bei *Paphiopedilum* ist der Inhalt der beiden seitlich der Narbe sitzenden Antheren mehr klebrig-breiig. Die Blüte sollte bei der Bestäubung voll entwikkelt und bereits einige Tage geöffnet sein; am besten geeignet zur Übertragung des Pollens sind die späten Vormittagsstunden. Einige Arten lassen sich gut selbsten (z. B. *Oncidium papilio, Laelia cinnabarina, Cattleya aurantiaca,* manche *Dendrobium* spec.), andere setzen besser nach Geschwisterkreuzung (verschiedene Blüten der gleichen Rispe) oder Fremdbestäubung an. Um die Eigen-

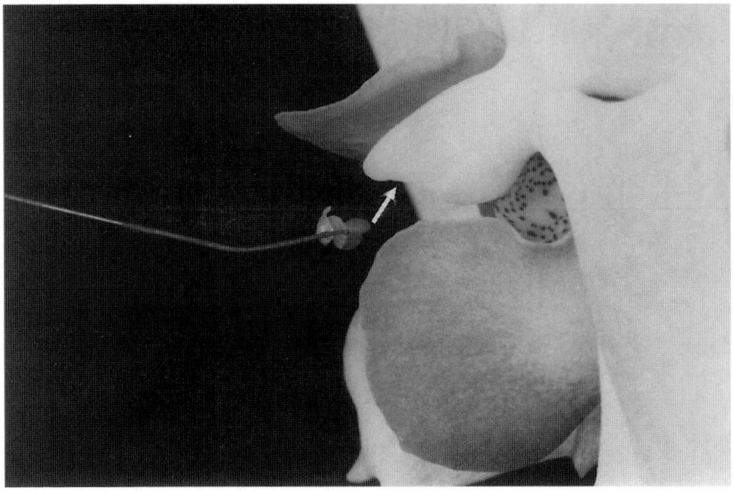

Abb. 95. Bestäubung einer *Phalaenopsis*-Blüte.

schaften verschiedener Individuen zu vereinigen, wird man überwiegend die Fremdbestäubung wählen, die auch in der Natur vorherrscht. Will man nicht nur Angehörige der gleichen Art, sondern auch verschiedene Arten oder gar verschiedene Gattungen kreuzen, so sollte man sich vorher über die genetischen Verhältnisse informieren, da man sonst mit Mißerfolgen rechnen muß. Je weiter entfernt der Verwandtschaftsgrad beider Partner liegt und je größer die morphologischen und genetischen Differenzen sind, desto geringer sind naturgemäß die Aussichten auf eine Befruchtung.

An längeren Rispen sind meistens die unteren, zuerst entwickelten Blüten besser zur Bestäubung geeignet als die oberen; gewöhnlich nimmt man die zweite oder dritte, die sich öffnet. Um die Mutterpflanze nicht zu sehr zu schwächen, lasse man nie mehr als eine Frucht an ihr reifen. Wünscht man eine Kreuzung von Arten, die zu verschiedenen Zeiten blühen, so läßt sich der Pollen durch kühle und dunkle Aufbewahrung in verschließbaren Behältern über Calciumchlorid mehrere Monate konservieren. Vor Verwendung derart gelagerten Pollens ist eine Keimprobe in 1- bis 5%iger Zuckerlösung empfehlenswert, wozu man allerdings ein Mikroskop braucht, um die Pollenschläuche erkennen zu können. Verläuft die Probe negativ, so ist damit aber noch nicht mit Sicherheit gesagt, ob nicht auf dem spezifisch zusammengesetzten natürlichen Narbensekret trotzdem eine Pollenkeimung möglich wäre.

Nach erfolgter Übertragung des hormonhaltigen Blütenstaubes auf die Narbe beginnt sehr bald der Ablauf komplizierter Stoffwechselprozesse (Arditti et al. 1971), die oft schon nach Stunden zu einem Farbwechsel oder Welken der Blüte führen. Nach einigen Tagen oder Wochen beobachtet man ein Anschwellen des Fruchtknotens, wobei die Blütenblätter entweder abgeworfen werden oder im vergrünten Zustand bis zur Fruchtreife persistieren.

Während die Pollenschläuche im Inneren der Säule zum Fruchtknoten herunterwachsen, differenzieren sich dort die an den Leisten befindlichen Samenanlagen mit den weiblichen Eizellen. Bis es zur Verschmelzung der männlichen und weiblichen Zellkerne – also der eigentlichen Befruchtung – kommt, vergehen bei den epiphytischen Orchideen mehrere Monate. Bleibt trotz anfänglichen Pollenwachstums und anschwellender Fruchtknoten die Befruchtung aus bzw. sind die befruchteten Eizellen nicht lebensfähig, so schrumpft und vergilbt die Kapsel entweder vorzeitig oder sie entwickelt sich scheinbar normal, bildet aber im Inneren keine Samen aus.

5.1.2 Frucht und Samen

Befruchtete Samenanlagen benötigen bis zur fertigen Entwickung nochmals einige Wochen oder Monate, wie aus den Angaben im speziellen Teil zu ersehen ist. Verhältnismäßig rasch reifen die Samen unserer einheimischen Orchideen (bei *Cypripedium* in etwa 3 Monaten), besonders viel Zeit brauchen sie hingegen bei den meisten tropischen Gattungen (z. B. *Vanda* und *Paphiopedilum* bis zu 15 Monate).

Der Kultivateur, der das Warten auf das Ergebnis seiner Kreuzung gern abkürzen möchte, wird in der Regel nicht ausharren, bis die Frucht ihren vollständigen Reifegrad erreicht hat und aufplatzt, sondern er wird den Samen in einem bestimmten Stadium der noch grünen und geschlossenen Kapsel entnehmen. Er spart damit sowohl Zeit als auch die Notwendigkeit, den Samen zu desinfizieren; außerdem liegt die Keimrate bei nicht vollständig ausgereiftem Saatgut teilweise sogar höher als bei reifem. Der optimale Zeitpunkt zur Entnahme des Samens ist je nach Art unterschiedlich, pauschal gerechnet etwa nach Ablauf von 4/5 der normalen Reifezeit.

5.1.3 Embryokultur

In manchen Fällen können die jungen Embryonen auch schon in einem noch früheren Stadium der unreifen Kapsel entnommen und auf speziellen Nährböden zur Weiterentwicklung gebracht werden, doch ist dann die Aufzucht mit vermehrtem Risiko verbunden. Angaben über den frühestmöglichen Termin zur Isolierung der Embryonen machen SAGAWA und VALMAYOR (1966), von denen einige in der Übersicht auf Seite 178 wiedergegeben sind.

5.1.4 Gewinnung und Desinfektion reifer Samen

Will man die Kapsel ausreifen lassen, so muß die unterschiedliche Entwicklung der Samen innerhalb des Fruchtknotens berücksichtigt werden. Gewöhnlich sind die Körnchen am Narbenende der Frucht früher und besser ausgebildet als jene am Stielende. Die ungleiche Reifedauer ist bei manchen Orchideen, z. B. bei *Bulbophyllum* (VÖTH 1969), besonders ausgeprägt. Das Aufplatzen der Kapsel, das sich meistens durch vorherige Verfärbung ins Gelbliche oder Bräunliche, auch

Abb. 96. Samenkapsel von Orchideen. Links *Paphiopedilum hybridum,* Mitte *Cymbidium tracyanum,* rechts *Vanda tricolor.*

Gattung und Art	Anzahl der Tage von der Bestäubung bis zur Befruchtung	zum frühesten Kulturtermin
Brassavola nodosa	65–70	70–75
Cattleya bowringiana	60–65	75–80
Dendrobium nobile	75–80	80–85
Doritis pulcherrima	55–60	65–70
Epidendrum atropurpureum	120–130	150–160
Oncidium ampliatum	45–50	55–60
Phalaenopsis Doris	70–75	75–80
Vanda Burgeffii	65–70	70–75

durch zunehmende Verhärtung ankündigt, hat zur Folge, daß der Inhalt mit der Luft in Berührung kommt und nun nicht mehr steril ist. Schon der kleinste, kaum sichtbare Riß der Kapsel bewirkt eine Infektion des Samens mit den in der Luft enthaltenen Sporen. Wird die Kapsel nicht rechtzeitig abgenommen oder mit Papiertüten umhüllt, so fällt der Samen in trockener Luft bald heraus und verstreut sich infolge seiner Leichtigkeit in alle Richtungen. Eine zufallsbedingte Keimung in unmittelbarer Nähe der Mutterpflanze ist im Gewächshaus nur selten zu beobachten, obgleich Wurzeln und Substrat die Anwesenheit von Mykorrhizapilzen zeigen. In den meisten Fällen werden wohl die jungen Protokorme, falls es zur Keimung kommt, ein Opfer der zahlreich vorhandenen pathogenen Angreifer.

Orchideensamen bleibt nur eine sehr begrenzte Zeit keimfähig. Bereits nach einigen Wochen verringert sich gewöhnlich die Keimrate, nach einem halben bis einem Jahr ist sie bei den meisten Gattungen beträchtlich abgesunken. Durch trockene und kühle Aufbewahrung (5 bis 8 °C) läßt sich, ähnlich wie beim Blütenstaub, die Keimfähigkeit etwas länger erhalten, bei –20 °C teilweise sogar über Jahre.

Zur Keimfreimachung des Samens behandelt man ihn mit einem Desinfektionsmittel. Am gebräuchlichsten ist die von WILSON (1915) empfohlene Chlorkalklösung (10 g Calciumchlorid auf 140 ml Wasser), doch ist

Abb. 97. Samendesinfektion. Rechts Gefäß mit Samen in Desinfektionslösung, links mit Glastrichter und Rundfilter zum Abgießen des desinfizierten Samens.

hierbei zu beachten, daß nur wirklich frischer, luftdicht verschlossener Chlorkalk Verwendung findet. Bei der Zubereitung der Lösung füllt man das abgewogene Pulver in eine Flasche, gibt die erforderliche Menge Wasser zu und verschließt mit Gummistopfen. Dann schüttelt man ein paarmal kräftig durch, läßt absitzen und filtriert nach einigen Stunden die überstehende Lösung durch ein Faltenfilter ab. Die Flasche mit der filtrierten Lösung muß sofort wieder verschlossen, dunkel gestellt und möglichst am gleichen Tage verbraucht werden. Auf der keimtötenden Wirkung des sich entwickelnden Chlorgases beruht auch die Eignung von Bleichlauge (Natriumhypochloritlösung). Die käufliche hochkonzentrierte Bleichlauge (mit 150 g aktivem Chlor je Liter), die sich bei Kühlschrankaufbewahrung ziemlich lange hält, wird kurz vor Gebrauch auf etwa 0,3% verdünnt (0,3 ml Lauge in 97 ml Wasser). Das in amerikanischen Arbeiten häufig angegebene Desinfektionsmittel „Clorox" ist eine Bleichlauge mit nur 5,25% aktivem Chlor; die Verdünnung muß entsprechend geringer sein.

Außer diesen chlorhaltigen Mitteln läßt sich auch Wasserstoffperoxid (H_2O_2) zur Keimabtötung verwenden, doch ist die Wirkung meist etwas schwächer. Die in Apotheken erhältliche Lösung ist 30%ig, man verdünnt sie auf 3 bis 6%. Wasserstoffperoxid hinterläßt keine Rückstände und ist deshalb für besonders empfindliche, wenig verunreinigte Samen geeignet. UV-Licht als Desinfiziens ist im allgemeinen weniger tauglich, da die Samenoberfläche meistens nicht von allen Seiten gleichmäßig getroffen wird. Manche Samen halten die Luft in den Vertiefungen ihrer unebenen Oberfläche fest und sind daher schwer benetzbar. Die Wirksamkeit der Desinfektionslösung wird in diesem Falle erhöht, wenn man einige Tropfen Alkohol oder Haushaltsnetzmittel (z. B. Pril) zusetzt. Um Schädigungen zu vermeiden, darf die Beigabe von Detergentien jedoch 100 ppm nicht überschreiten.

Ehe der Samen desinfiziert wird, sollte man ihn durch leichtes Schütteln auf einem weißen Blatt Papier von Nebenbestandteilen befreien. Mit der Pinzette entfernt man evtl. vorhandene Reste der Samenkapsel, Stengelstücke usw. und gibt dann einen Teil der Samenmenge in ein Gläschen. Macht das gesamte Saatgut den Eindruck mangelnder Fertilität, so sollte unter dem Mikroskop geprüft werden, wie hoch der Anteil an Samen mit normal ausgebildetem Embryo ist, um später die Saatdichte entsprechend zu regulieren.

Zu dem im Glas befindlichen Samen setzt man so viel Desinfektionslösung zu, daß er in mindestens 10facher Höhe von Flüssigkeit bedeckt ist. Am besten eignen sich kleine, 25 ml fassende Erlenmeyerkölbchen, die mit einem Gummistopfen verschlossen werden. Die Gläschen sollen vor Gebrauch sauber ausgewaschen sein, müssen aber nicht unbedingt steril gemacht werden. Der Samen wird 10 bis 15 Minuten in der Lösung belassen, wobei man ihn etwa alle 3 Minuten kräftig durchschüttelt. Meistens tritt nach einer gewissen Zeit eine Bleichung ein, besonders bei Verwendung von NaOCl-Lösung. Nach Ablauf der Einwirkungszeit schüttet man die Desinfektionslösung ab, indem man den gesamten Inhalt des Gläschens unter leichtem Schwenken auf einen mit sterilem Filterpapier ausgekleideten Trichter gießt. Sofort nach dem Durchlaufen der Lösung kann man mit sterilem reinem Wasser nachspülen, was aber nicht immer unbedingt erforderlich ist. Sehr häufig ist der Orchideensamen, auch der gut ausgebildete, leichter als die Lösung und schwimmt obenauf. Das Gewicht allein ist also kein Kennzeichen für fehlende oder vorhandene Fertilität. Einen genaueren Nachweis über die Keimfähigkeit des desinfizierten Samens erhält man durch Anwendung der Tetrazolium-Methode (van Waes 1984, Lucke 1985, Weinert 1992). In diesem Falle überführt man einen geringen Teil des mit NaOCl desinfizierten Samens nach gründlicher Auswaschung mit sterilem aqua dest. in eine 1%ige TTC-Lösung, die man 2 bis 5 Tage im Dunkeln bei 25 °C einwirken läßt. Anschließend stellt man unter dem Mikroskop fest, wie hoch der Anteil an rot bis

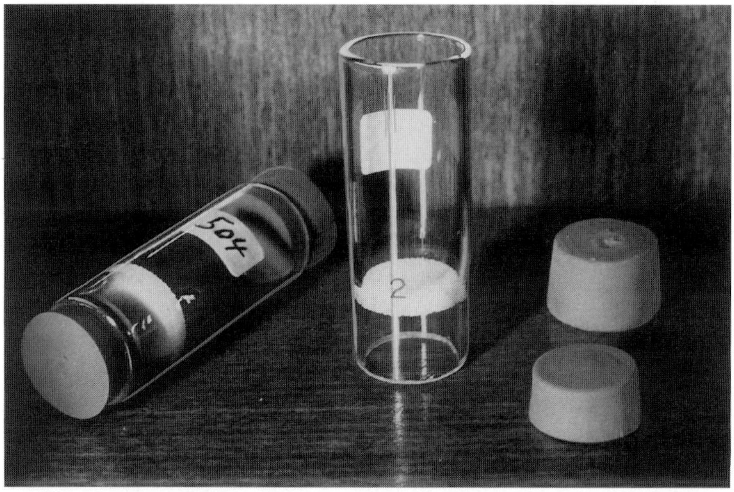

Abb. 98. Desinfektionsröhrchen mit Glasfritte nach LUCKE.

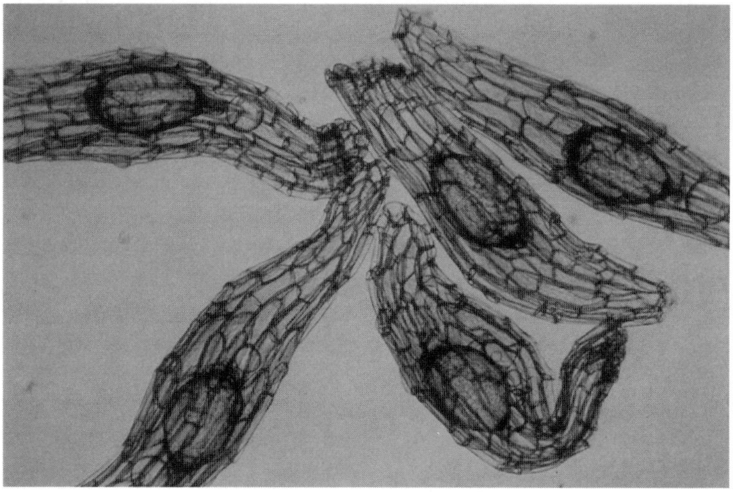

Abb. 99. Samen von *Cypripedium calceolus* mit deutlich sichtbarer innerer Hülle, die den Embryo umgibt.

orange gefärbten Embryonen zu den ungefärbten ist. Nur die gefärbten sind aktiv und keimfähig. Diese Methode erlaubt auch die Auffindung der optimalen Natriumhypochlorit-Konzentration und die für das jeweilige Saatgut günstigste Einwirkungszeit. Nach MALMGREN (1992) wird bei den europäischen Orchideen die Keimfähigkeit verbessert, wenn der Samen zuerst für 5 bis 10 Minuten mit einer 0,5 bis 1,0%igen Schwefelsäurelösung behandelt wird und anschließend daran mit 0,3%iger Natriumhypochloritlösung. Die Dauer der Einwirkung von letzterer schwankt je nach Gattung und Herkunft zwischen 5 bis 60 Minuten.

Die geschilderte Handhabung der Samendesinfektion kann natürlich vielfach abgewandelt werden. Manche benutzen gern medizinische Injektionensspritzen, andere bevorzugen das von LUCKE (1975) entwickelte Verfahren, bei dem ein Glasröhrchen mit eingeschmolzenem Fritteboden ein Abfließen der Desinfektionslösung ohne Umgießen und Luftzutritt erlaubt.

Die Regel, daß man möglichst nicht den gesamten zur Verfügung stehenden Samen bei der ersten Aussaat verbrauchen sollte, dient vor allem der Sicherheit. Besonders bei offen gelagertem, stark infiziertem Saatgut aus tropischen Ländern kann es vorkommen, daß die einmalige Desinfektion nicht ausreicht und die Keimlinge verpilzen. Man muß in solchen Fällen die Aussaat wiederholen und dann die Hypochloritlösung etwas länger einwirken lassen. Man kann auch den Samen über Nacht in Wasser mit ein wenig Honig vorquellen und ihn danach erst mit Chlorkalk behandeln. Die anhaftenden Pilzsporen werden dadurch in einer empfindlicheren Phase getroffen und gehen leichter zugrunde.

Eine Desinfektion erübrigt sich, wenn der Samen der geschlossenen Kapsel entnommen wird. Hier genügt es, wenn man die gesamte Frucht, an der vertrocknete Narben- und Blütenblattreste sorgfältig entfernt wurden, kurz in Alkohol taucht, für Sekunden durch eine Flamme zieht und im Aussaatkasten auf ein mit Chlorkalklösung getränktes steriles Filtrierpapier legt, wo sie mit einem sterilen Skalpell geöffnet wird.

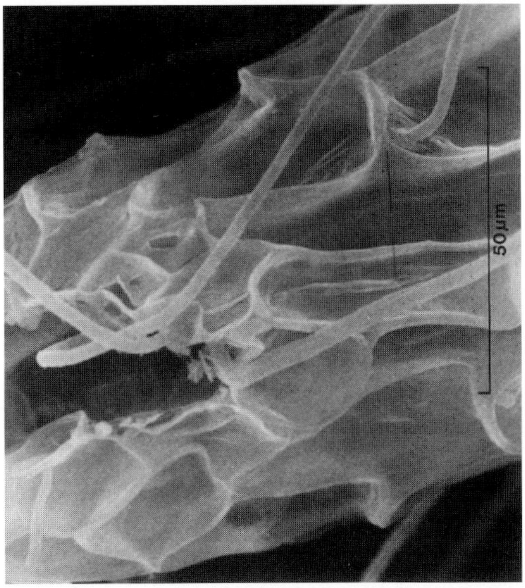

Abb. 100. Symbiotische Anzucht. Samen von *Spiranthes spiralis* zehn Tage nach der Aussaat. Pilzfäden dringen durch die geöffnete Testa und zwischen den Testazellen in das Sameninnere ein. Pilzreinkultur aus *Dactylorhiza majalis*.

5.1.5 Orchideenanzucht mit Pilz (symbiotische Methode)

Bei Beginn der Orchideenanzucht gegen Mitte des vorigen Jahrhunderts waren die Aussaaterfolge zunächst gering. Etwas später fand man auf empirischem Wege, daß sich das Ergebnis verbessern ließ, wenn der Samen in unmittelbarer Nähe der Mutterpflanze ausgestreut wurde und die Kulturen in alten, schon jahrelang von Orchideen genutzten Glashäusern standen. Diese einfache Methode wendet man heute bei tropischen Orchideen im allgemeinen nicht mehr an, da die Anzahl der aufwachsenden Keimlinge zu gering ist. Eine gewisse Bedeutung hat sie allenfalls noch für die Aufzucht von Erdorchideen der nördlichen Klimazone, da hier die aseptische Aussaat nicht immer befriedigende Ergebnisse bringt.

Wirkungsvoller als das Ausstreuen des Saatgutes auf natürliches Substrat ist das von Burgeff (1936) ausführlich geschilderte Verfahren einer Kombination von Pilz und Orchideensamen auf aseptischem Wege. Hier setzt man einem sterilen Keimsubstrat Reinkulturen eines Orchideenpilzes zu, der das Auflaufen und die Weiterentwicklung der Sämlinge anregt. Nachteilig bei dieser Methode ist der verhältnismäßig hohe Arbeitsaufwand und die Schwierigkeit, den richtigen Stamm und optimalen Aktivitätsgrad des Pilzes aufzufinden. Für tropische Orchideen kommt die symbiotische Anzucht heute kaum mehr in Frage, doch hat sie für die schwer vermehrbaren europäischen Erdorchideen nach wie vor eine gewisse Bedeutung, wie Seitz (1976) mit seinen Untersuchungen gezeigt hat. In neuerer Zeit haben sich vorwiegend australische, englische, kanadische und auch deutsche Versuchsansteller eingehender mit der Mykorrhizierung schwer keimender Erdorchideen beschäftigt, wobei zunächst die Frage geklärt werden mußte, inwieweit die einzelnen Orchideenarten mit einem spezifischen Pilz verge-

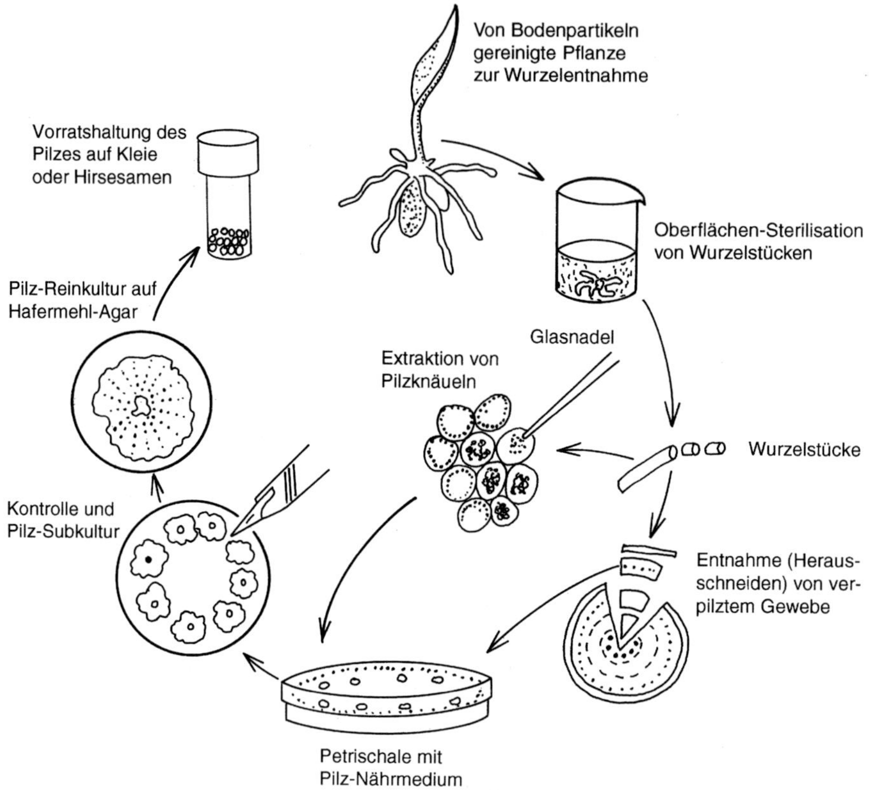

Abb. 101. Arbeitsablauf bei der Herstellung von Reinkulturen eines Mykorrhizapilzes aus dem Gewebe von Erdorchideen (nach DIXON 1989).

sellschaftet sind. Im allgemeinen handelt es sich um *Fungi imperfecti* mit dem Sammelnamen *Rhizoctonia,* die sich in zahlreiche Arten, Varietäten und Stämme aufteilen. Bisher konnte erst bei relativ wenigen Mykorrhizapilzen eine sexuale Phase beobachtet und damit ihre Klassifizierung ermöglicht werden (HADLEY 1982). Eine Infektion des Orchideenkeimlings mit dem passenden Pilz bewirkt in vielen Fällen nicht nur eine bessere Keimung und schnellere Entwicklung, sondern vor allem auch ein leichteres und ungestörteres Fortkommen der jungen Sämlinge nach dem Auspflanzen in unsteriles Substrat.

Zur Isolierung des Wurzelpilzes einer Orchidee und Aufbau einer Pilzreinkultur geht man folgendermaßen vor: Kurz vor der Blütezeit der Pflanze entnimmt man ein kleines Wurzelstück aus der oberflächennahen Bodenschicht, reinigt es unter fließendem Wasser und desinfiziert kurz mit einer 0,5%igen Natriumhypochloritlösung. Sodann zerschneidet man unter dem Mikroskop das Wurzelstück in dünne Scheiben, entnimmt der pilzführenden Schicht kleine Gewebestücke oder Hyphenknäuel und überträgt sie auf einen sterilen Agar-Nährboden in Petrischalen. Die beimpften Schalen werden bei etwa 20 °C im Dunkeln aufgestellt. Haben sich die Hyphen ausgebreitet, so legt man Subkulturen in einem neuen, nährstoffärmeren Hafermehl-Agar an. Für einen Langzeitvorrat kann der Pilz auch auf angefeuchtete, sterile Hirsekörner übertragen werden, die in verschlossenen Gläsern bei 4 °C gelagert werden (siehe hierzu die beiden Zeichnun-

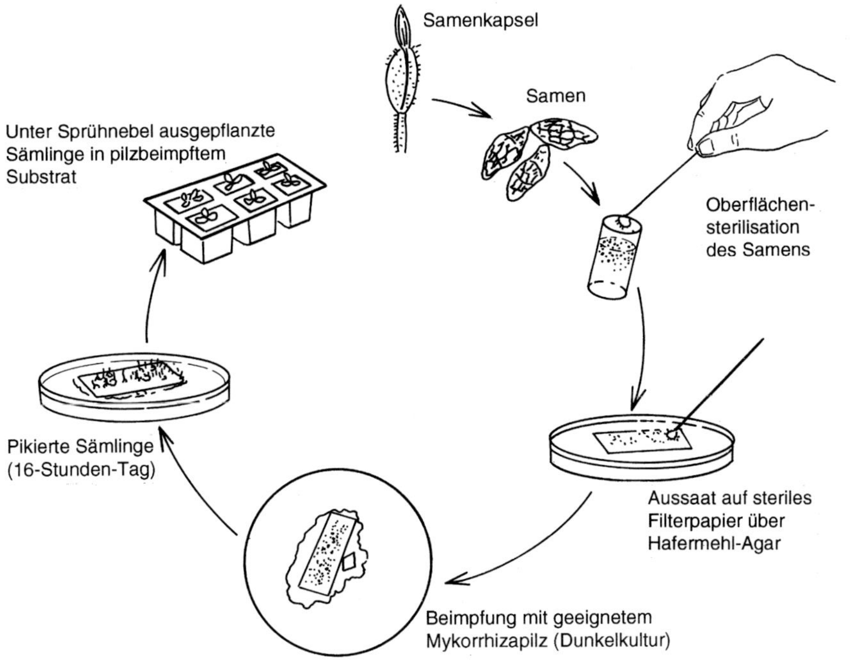

Abb. 102. Anzuchtmethode von Erdorchideen mit Hilfe des Symbiosepilzes (nach DIXON 1989).

gen nach DIXON 1989). Eine andere Methode der Bevorratung von Pilzreinkulturen beschreiben BEYRLE et al. (1987, 1989). Hier benutzt man feinkörnigen Blähton (1,5 bis 6,0 mm) als Trägersubstanz. Er wird mit Nährlösung getränkt, autoklaviert, mit der Pilzreinkultur beimpft und bei 20 °C im Brutschrank aufgestellt. Nach etwa 12 Wochen haben sich an den Blähtonpartikeln Pilzdauerkörper (Sklerotien) gebildet, die luftgetrocknet über einen längeren Zeitraum hin gelagert und später als Substratzusatz benutzt werden können. Die Mykorrhizierung der Orchideensämlinge kann entweder in einem sehr frühen Stadium erfolgen, wenn man schon bei der Aussaat ein kleines Stück der auf Agar gezogenen Pilzreinkultur zufügt oder man wartet damit bis zum Umlegen der Protokorme bzw. bis zum Auspflanzen asymbiotisch herangezogener, bereits bewurzelter Pflänzchen. Aus den genannten Versuchen von BEYRLE et al. geht hervor, daß eine Substratmischung aus 90%vol Einheitserde 0 oder TKS 1 mit 10%vol Blähtoninokulat bei den Sämlingen verschiedener *Dactylorhiza*-Arten eine rasche Mykorrhizierung bewirkte. Schon bald nach der Pflanzung kann das Wachstum durch regelmäßige Düngung mit schwach konzentrierten, stickstoffarmen Nährlösungen gefördert werden. Wie weit sich die hauptsächlich bei der Gattung *Dactylorhiza* gewonnenen Ergebnisse auch auf andere, schwieriger kultivierbare europäische Erdorchideen übertragen lassen, ist allerdings noch offen. Zu bedenken ist dabei, daß neben der Zusammensetzung des Nährmediums und der Wirkung des Symbiosepilzes noch zahlreiche andere Faktoren Keimung und Wachstum beeinflussen. So verlangen manche Arten in bestimmten Stadien eine mehrwöchige Kälteruhe bei 4 bis 10 °C. RASMUSSEN et al. (1990) stellten fest, daß die Keimrate von *Dactylorhiza majalis* erhöht werden kann, wenn man die Aussaaten zunächst 14 Tage dem Licht aussetzt (16-Stunden-Tag) und danach 35 Tage dunkel kultiviert. Sämlinge, die vom sterilen Agarmedium in natürliches Substrat überführt werden, müssen sehr luftig, halbschattig und bei hoher Luftfeuchtigkeit gehalten werden.

5.1.6 Orchideenanzucht ohne Pilz (asymbiotische Methode)

Bei der Anzucht tropischer Orchideen wird man in der Regel auf ein Zwischenschalten eines Mykorrhiza-Stadiums verzichten und allein die asymbiotische Methode anwenden, die am einfachsten und rationellsten ist. Einer der ersten, der auf wissenschaftlicher Grundlage eine geeignete Nährstoffkombination für Orchideenaussaaten ohne Pilz entwickelte, war der amerikanische Botaniker Knudson (1922). Auf seinen Angaben beruhen auch heute noch – allerdings vielfach variiert und vervollständigt – die gebräuchlichsten Rezepte. Bahnbrechend war vor allem die Erkenntnis, daß neben bestimmten Mineralstoffen die Anwesenheit von Zucker zur Keimesentwicklung notwendig ist. In der Natur vermittelt der Pilz dem Embryo, der zunächst zu eigener Stoffsynthese nicht befähigt ist, lösliche Kohlenhydrate und wahrscheinlich auch noch andere organische Verbindungen, bis sich dann später ein gegenseitiger Stoffaustausch zwischen der Orchidee und ihrem Symbionten herausbildet.

5.1.7 Die Nährmedien

Das Keimsubstrat setzt sich bei der asymbiotischen Kultur aus einer Reihe lebenswichtiger anorganischer und organischer Aufbaustoffe zusammen. An Nährelementen werden vor allem benötigt: Stickstoff, Phosphor, Kalium, Calcium, Magnesium und Eisen. **Stickstoff** kann von den Keimlingen sowohl als Nitrat- wie als Ammoniumion aufgenommen werden, doch hat sich erwiesen, daß einige Gattungen (z. B. *Cattleya*) den Nitrat-Stickstoff erst nach Erreichen einer bestimmten Größe auszunutzen vermögen, da den jungen Sämlingen anfangs das zur Nitratreduktion erforderliche Enzym fehlt. Auch die Dunkelkeimer (europäische Erdorchideen) sowie einige Paphiopedilen keimen besser auf Nährböden, die vorwiegend Ammonium-N enthalten. **Phosphor** wird zumeist in Form des leicht löslichen Monokaliumphosphats angeboten, aber auch als Natrium- oder Tricalciumphosphat. Zur **Kalium**-Versorgung finden neben Kaliumnitrat und Kaliumphosphat auch Kaliumsulfat und Kaliumchlorid Verwendung. Ebenso kann **Calcium** an Salpeter-, Phosphor- oder Salzsäure gebunden sein. **Magnesium** gibt man hauptsächlich als Sulfat, seltener als Nitrat. **Eisen** wird heute kaum mehr in rein anorganischer Form beigefügt, sondern in organischer Bindung, die eine vorzeitige Ausfällung verhindert. Gebräuchlich sind vor allem Chelate, d. h. komplexe Verbindungen von Eisensulfat und Ethylendiamintetraessigsäure (EDTA), wie Fetrilon. Eisenchelate haben zudem einen wuchsstoffähnlichen Effekt, der ihren Wert noch erhöht. Sie müssen jedoch gut geschützt vor Licht- und Luftzutritt gelagert werden, um ein Unwirksamwerden zu verhindern. **Spurenelemente,** soweit sie für die Ernährung der Keimlinge Bedeutung haben, sind gewöhnlich bereits im Agar ausreichend vorhanden, andernfalls gibt man von einer kompletten „Stammlösung" (z. B. nach Heller 1953 oder nach Nitsch 1951) wenige Milliliter dem Nährmedium zu.

Eine Nährstoffkombination, wie sie in „Knudson C" vorliegt, bringt in den meisten Fällen ein befriedigendes Keimergebnis, wenn man von den spezifischen Ansprüchen einiger Erdorchideen absieht. Der Salzgehalt beträgt in dieser Lösung etwa 2 g/l, das Verhältnis von N : P_2O_5 : K_2O : CaO : MgO liegt bei 1 : 0,58 : 0,39 : 1,06 : 0,18. Die angegebene Salzmenge erscheint relativ hoch, wenn man an die Empfindlichkeit der Orchideenwurzeln gegenüber zu stark konzentrierten Düngerlösungen denkt. Die Verhältnisse sind im feuchtigkeitsgesättigten Aussaatkolben jedoch grundlegend anders als bei der späteren Kultur im offenen Raum. Eine Herabsetzung der Salzkonzentration auf etwa $1/10$ ist nur bei *Vanilla,* einigen Paphiopedilen und unseren heimischen Orchideen anzuraten.

Von den organischen Zusätzen zum Keimmedium hat **Zucker** die größte Bedeutung. Orchideen können sowohl Di- wie Monosaccharide verwerten, von letzteren aber nur die rechtsdrehenden. Im allgemeinen nimmt man entweder Rohrzucker (Saccharose, Sucrose), der beim Autoklavieren teilweise in die beiden Monosaccharide Glucose und Fructose zerfällt, oder man bevorzugt eine Mischung aus Traubenzucker (Dextrose, Glucose) und Fruchtzucker (Laevulose, Fructose). Die Höhe der Zugabe je Liter Nährboden schwankt zwischen 10 und 30 g. Anstelle von Zucker benutzen manche Kultivateure auch Honig (30 g/l). Entbehrlicher als der Zucker, aber in einigen Fällen keimfördernd sind die Beigaben von **Eiweißstoffen** oder deren Bausteinen. Zu nennen wären hier beispielsweise **Pepton, Trypton** und **Edamin,** die zahlreiche **Aminosäuren** enthalten und gewöhnlich in einer Menge von 1 bis 2 g/l dem Nährboden zugefügt werden. Aminosäuren sind häufig die Vorstufen zu bestimmten **Vitaminen, Enzymen** oder **Wuchshormonen,** die ebenfalls einzeln oder in bestimmten Kombinationen die Keimesentwicklung u. U. unterstützen können. Wirksam sind insbesondere die Vitamine der B-Gruppe, nach Untersuchungen von ARDITTI (1967) in erster Linie die Nicotinsäure (Niacin). Reich an B-Vitaminen ist frische Bierhefe, von der man 5 bis 10 g/l beigibt. Wachstumsregulierende Phytohormone, zu denen die Auxine, Kinine und Gibberelline zählen, fördern dagegen weniger den Keimvorgang als die spätere Entwicklung der Protokorme, so daß man sie besser erst beim Transplantieren der Sämlinge hinzufügt. Derartige Wuchsstoffe, zumeist in hitzestabiler Form, sind im Saft unreifer Kokosnüsse, in Bananen, Ananas, Äpfeln und Tomaten enthalten, doch ist ihre Wirkung stark von der Sorte, dem Alter und der Vorbehandlung der Früchte abhängig. Bei Banane und Kokosnuß scheinen die wachstumsanregenden Stoffe mit zunehmender Reife abgebaut zu werden, so daß man möglichst grüne Früchte verwendet (50 bis 100 g/l).

Agar-Agar sind aufbereitete und getrocknete ostasiatische Meeresalgen, die in fädiger oder pulverisierter Beschaffenheit in den Handel kommen. Durch ihren hohen Gehalt an gelierenden Substanzen, die sich beim Erhitzen in Wasser lösen und beim Erkalten wieder erstarren, ist Agar ein ideales Mittel zur Herstellung halbfester Nährmedien. Der Erstarrungspunkt liegt bei etwa 40 °C, die Zusatzmenge beträgt 8 bis 10 g/l. Da Agar-Agar ein pflanzliches Produkt ist, besitzt er eine Reihe von organischen und anorganischen Verbindungen, die die Zusammensetzung des Nährmediums beinflussen. Bei einer Analyse von ungereinigten Agarfäden fand man in 100 g Trockensubstanz: 0,86 g SiO_2, 0,10 g N, 0,02 g P_2O_5, 0,08 g K_2O, 0,05 g Na_2O, 1,04 g CaO, 0,04 g MgO. Außerdem die Spurenelemente in mg je 1000 g TS: 103,6 Fe, 19,7 Mn, 230,0 Cl, 106,0 B, 0,92 Cu, 0,06 Mo.

Der **Säuregrad** (pH-Wert) des Nährmediums wird von der Konzentration der freien Wasserstoffionen bestimmt. Wie für die Kultur erwachsener Pflanzen ist auch bei der Aussaat ein saures Substrat (pH 4,8 bis 5,5) am günstigsten. Die meisten Nährböden haben nach der Zubereitung einen pH-Wert, der annähernd im optimalen Bereich liegt, doch kann sich dieser durch Zugabe organischer Stoffe oder während des Erhitzens erheblich ändern, so daß eine anschließende Kontrolle notwendig ist. Auch im Verlauf der Keimesentwicklung verschiebt sich durch Aufnahme bestimmter Nährionen die Reaktion, und zwar zumeist nach der sauren Seite. Die untere Verträglichkeitsgrenze der Sämlinge liegt je nach Art zwischen pH 3 und 4, die obere gewöhnlich bei pH-Werten über 6,5. Abweichungen vom optimalen Bereich werden am wenigsten während der Keimphase vertragen. Die Lösung „Knudson C" ist relativ wenig gepuffert, besser ist dies bei den von BURGEFF (1936) und VACIN und WENT (1949) empfohlenen Zusammensetzungen der Fall. Auch die Zugabe von Holzkohlepulver (1 bis 2 g/l) stabilisiert den pH-Wert etwas.

Auf den folgenden Seiten sind einige Rezepte zur Herstellung von Nährmedien angeführt (alle Angaben in Gramm je Liter destilliertes Wasser, wenn nicht anders vermerkt). Für die Anzucht von Orchideen tropischer Herkunft sind im allgemeinen die Nährböden „Knudson C“ oder „Vacin und Went“ am gebräuchlichsten, wobei man die Stickstoffmenge und Eisenform manchmal modifiziert und hinsichtlich der Spurenelemente und organischen Wirkstoffe noch Ergänzungen vornimmt. Mehr und mehr geht man auch dazu über, bei der Aussaat und beim Transplantieren unterschiedliche Wirkstoffe zuzusetzen, um dadurch den wechselnden Ansprüchen der sich entwickelnden Keimlinge Rechnung zu tragen. Eine besondere Rolle spielt diese Anpassung an den jeweiligen Bedarf bei der „green pod“-Kultur, da man hier die Ammendienste der Fruchtblätter ersetzen muß. Nach Angaben von Valmayor (1974) wird die Keimung der Embryonen aus vorzeitig geernteten *Phalaenopsis-*, *Dendrobium-* und *Vanda*-Früchten durch eine Zugabe von 20% Kokosnußsaft, 5% Tomatensaft und 0,3% Pepton gefördert. Die Protokormdifferenzierung verläuft hingegen besser, wenn der Knudson-Nährboden mit 5 bis 15% Bananenpulpe angereichert wird.

Spezielle Ansprüche an das Keimmedium stellen vor allem die Paphiopedilen und die Erdorchideen des gemäßigten Klimas. Für erstere haben sich teilweise die Nährböden „GD“ und „N 3 f“ gut bewährt. Man vervollständigt sie meistens noch mit Spurenelementen, Vitaminen des B-Komplexes, Pepton oder Trypton, Kokosnußsaft oder Indolylbuttersäure. Nach Lucke (1969) wirkt vor allem Biotin fördernd auf das Ergrünen und die Weiterentwicklung der Protokorme ein. Die europäischen Erdorchideen sind bei der Keimung wesentlich salzempfindlicher als die tropischen Orchideen, auch scheinen sie stärker abhängig von der Gegenwart teilweise noch unbekannter organischer Wirkstoffe zu sein. Nach Beobachtungen von Borriss und Albrecht (1969) und Vöth (1975, 1976) keimen einige Gattungen auf Nährböden, die nur organische Verbindungen (Agar, Zukker, Hefe, Pepton, Kokosnußsaft), aber keinerlei Salze enthalten. Harvais (1973) hatte gute Erfolge mit einem Zusatz von10% Kartoffelextrakt (200 g Kartoffeln kochen in 1 l Wasser und durchseihen). Selbst bei guter Keimung der Erdorchideen gerät die Weiterentwicklung der Protokorme aber häufig ins Stocken, und der Agar verfärbt sich, so daß man relativ häufig umlegen muß. Hier fehlen uns offensichtlich noch einige Kenntnisse bezüglich der besonderen Ansprüche während der ersten mykotrophen Phase. Zusammenfassende Berichte über das Keimverhalten von Erdorchideen der nördlichen gemäßigten Zone auf unterschiedlichen Nährmedien finden sich u. a. bei Arditti (1982), Fast (1978), Hadley (1982), Lindén (1980) und Stoutamire (1974).

Die Herstellung steriler Keimsubstrate ist mit Zeit- und Materialaufwand verbunden, so daß mancher Kultivateur es vorzieht, mit Fertignährböden zu arbeiten. Diese werden von bestimmten Firmen nach bewährten Rezepten dem Verwendungszweck entsprechend zubereitet und als „Instant-Produkt“ in den Handel gebracht. An der guten Qualität bestehen kaum Zweifel, doch bieten natürlich die selbstzusammengestellten Substrate mehr Möglichkeiten, durch Variationen der einzelnen Komponenten u. U. zu noch besseren Ergebnissen zu kommen.

Die benötigten Zutaten werden am besten bei einer der bekannten Chemikalienfirmen bezogen (siehe Bezugsquellennachweis). Für Amateure ist es jedoch oft ärgerlich, daß die verschiedenen Substanzen nur in größeren Mengen lieferbar sind, die voraussichtlich niemals aufgebraucht werden. Hier hilft nur ein Zusammenschluß mehrerer Interessenten, falls nicht Apotheken oder staatliche Institute zur Abgabe kleinerer Mengen bereit sind. Ein anderer Punkt, der bedacht werden muß, ist die Schwierigkeit, ohne analytische Waage kleinste Quantitäten abzuwiegen. Falls man nur eine gute Briefwaage zur Verfügung hat, kann man sich durch die Herstellung konzentrierter „Stammlösungen“ helfen, von denen man bei Bedarf die benötigten Mengen abpipettiert. Spurenelement-Stammlösungen sind bei dunkler und kühler Aufbewahrung auch lange haltbar, während Lösungen, die Makronährelemente oder organische Bestandteile enthalten, schneller der Zersetzung anheimfallen. Auch fertige Nährböden kann man sich natürlich auf Vorrat herstellen, doch müssen diese vor dem Umfüllen in das Aussaatgefäß durch Erwärmen erst verflüssigt und dann nochmals sterilisiert werden, was manchmal die Gelierfähigkeit des Agars beeinträchtigt.

Bei der Zubereitung eines Nährmediums sollten die Salze stets einzeln in destilliertem Wasser aufgelöst und danach in einem Literbecher vereinigt werden. Calciumsalze gibt man am besten zuletzt hinzu, die Fäden von Agar-Agar zerschneidet man in etwa 1 cm lange Stücke. Bei Verwendung von Banane oder anderen Fruchtpulpen werden die Früchte geschält, und das Innere homogenisiert man mit einem Teil der Nährlösung im Mixer. Sind alle Zutaten vereinigt, muß vor dem Aufkochen zunächst der pH-Wert überprüft werden; am genauesten erfolgt dies elektrometrisch mit einem pH-Meßgerät. Preiswerter, aber auch wesentlich ungenauer sind Indikatorpapiere (z. B. Merck Universalindikator mit speziellen Bereichen). Falls der Nährboden zu sauer ist, alkalisiert man die Lösung durch tropfenweise Zugabe von Natronlauge; liegt der pH-Wert zu hoch, so gibt man Citronensäure oder verdünnte Schwefelsäure hinzu.

Das Aufkochen des Nährbodens wird am besten in einem gewöhnlichen Emailkochtopf mit Ausgießschneppe vorgenommen. Während des Erhitzens muß hin und wieder mit einem Glasstab, an dem vorn ein Gummispachtel befestigt ist, umgerührt werden, um ein Ansetzen des Agars zu verhindern. Die eigentliche Kochzeit ist so kurz wie möglich zu bemessen, doch müssen die Agarfäden vollständig aufgelöst sein. Der heiße Nährboden wird sodann mit einem Trichter in die Kulturgefäße gefüllt, und zwar so, daß die Wandung des Glases nicht benetzt wird. Die Menge richtet sich nach Form und Größe des Gefäßes; beim Schräglegen nach dem Autoklavieren darf das Nährmedium den oberen Rand und Verschluß nicht berühren. Für einen 100-ml-Erlenmeyerkolben rechnet man etwa 30 ml Nährmedium.

Rezepte zur Herstellung von Nährmedien
Alle Angaben in Gramm je Liter destilliertes Wasser, wenn nicht anders vermerkt.

a) Nährmedien zur symbiotischen Anzucht von Erdorchideen (g/l)

<u>Für Pilz-Reinkulturen:</u>		
– Burgeff (1936)		
Dikaliumphosphat	K_2HPO_4	0,350
Monokalium-phosphat	KH_2PO_4	0,150
Magnesiumsulfat	$MgSO_4 \cdot 7H_2O$	0,250
Calciumchlorid	$CaCl_2$	0,100
Eisensulfat	$FeSO_4 \cdot 7H_2O$	0,020
Agar		10,00
Kartoffelstärke		10,00
– Warcup (1973)		
Natriumnitrat	$Ca(NO_4)_2$	0,300
Monokaliumphosphat	KH_2PO_4	0,200
Magnesiumsulfat	$MgSO_4 \cdot 7H_2O$	0,100
Kaliumchlorid	KCl	0,100
Agar		10,00
Cellulosepuder		10,00
– Beyrle et al. (1989)		
Calciumnitrat	$Ca(NO_3)_2 \cdot 4H_2O$	0,080
Monokalium-phosphat	KH_2PO_4	0,080
Kaliumchlorid	KCl	0,160
Magnesiumsulfat	$MgSO_4 \cdot 7H_2O$	0,080
Eisenchelat	NaFe EDTA	0,025
Agar		10,00
Lösliche Stärke		10,00
<u>Für die Aussaat:</u>		
– Clements (1982)		
zermahlene Haferflocken		3,50
Hefeextrakt		0,10
Agar		10,00

b) Nährmedien zur asymbiotischen Anzucht von Erdorchideen

– HARBECK (1963) „Chang modifiz.“

1 1/2 Teelöffel Fischemulsion	(etwa 6 ml)
9 gestrichene Teelöffel Agar	(etwa 12 g)
1 gestrichener Teelöffel Pepton	(etwa 2 g)
5 1/2 Teelöffel Rohrzucker	(etwa 20 g)

– BORRISS und ALBRECHT (1969) „ZAK“

Rohrzucker	10,00
Agar	15,00
Kokosnußmilch	20 ml

– FAST (1974) „Fa“

Calciumnitrat	$Ca(NO_3)_2 \cdot 4H_2O$	0,100
Ammoniumnitrat	NH_4NO_3	0,200
Kaliumchlorid	KCl	0,200
Monokalium-phosphat	KH_2PO_4	0,100
Magnesiumsulfat	$MgSO_4 \cdot 7H_2O$	0,100
Eisenchelat		0,020
Spurenelementlösung a nach NITSCH (1951)		1 ml
Agar		10,00
Saccharose		14,00
Fructose		6,00
Pepton		2,00
frische Bierhefe		10,00
Nicotinsäure		0,12 mg
Biotin		0,012 mg
Aqua dest.		1200 ml

c) Nährmedien zur asymbiotischen Anzucht epiphytischer Orchideen (g/l)

– KNUDSON (1946) „Knudson C“

Calciumnitrat	$Ca(NO_3)_2 \cdot 4H_2O$	1,00
Ammoniumsulfat	$(NH_4)_2SO_4$	0,500
Monokalium-phosphat	KH_2PO_4	0,250
Magnesiumsulfat	$MgSO_4 \cdot 7H_2O$	0,250
Eisensulfat	$FeSO_4 \cdot 7H_2O$	0,025
Mangansulfat	$MnSO_4 \cdot 4H_2O$	0,0075
Agar		15,00
Saccharose		20,00

– VACIN und WENT (1949)

Kaliumnitrat	KNO_3	0,525
Ammoniumsulfat	$(NH_4)_2SO_4$	0,500
Monokalium-phosphat	KH_2PO_4	0,250
Magnesiumsulfat	$MgSO_4 \cdot 7H_2O$	0,250
Tricalcium-phosphat[1]	$Ca_3(PO_4)_2$	0,200
Eisentartrat	$Fe_2(C_4H_4O_6) \cdot H_2O$	0,028
Mangansulfat	$MnSO_4 \cdot 4H_2O$	0,0075
Agar		8,00
Saccharose		20,00

[1] Tricalciumphosphat in etwas verdünnter Salzsäure auflösen.

– BURGEFF (1936)

I	Calciumnitrat	$Ca(NO_3)_2 \cdot 4H_2O$	1,000
	Ammonium-sulfat	$(NH_4)_2SO_4$	0,250
	Magnesium-sulfat	$MgSO_4 \cdot 7H_2O$	0,250
	Eisensulfat	$FeSO_4 \cdot 7H_2O$	0,020
II	Dikalium-phosphat	K_2HPO_4	0,250
	Monokalium-phosphat	KH_2PO_4	0,250
	Agar		10,00
	Saccharose		10,00
	Fructose		10,00

Lösung I und II in je 500 ml Aqua dest. auflösen, zusammenschütten, dann Zucker und Agar zugeben.

– THOMALE (1954) „GD“, besonders geeignet für *Paphiopedilum*

Kaliumnitrat	KNO_3	0,400
Ammoniumsulfat	$(NH_4)_2SO_4$	0,060
Ammoniumnitrat	NH_4NH_3	0,370
Monokalium-phosphat	KH_2PO_4	0,300
Magnesiumnitrat	$Mg(NO_3)_2 \cdot 6H_2O$	0,110
Eisensulfat	$FeSO_4 \cdot 7H_2O$	0,020
Agar		16,00
Glucose		5,00
Fructose		15,00
Wuchsstoff „66 f“		0,1 ml

d) Stammlösungen zur Spurenelementversorgung (g/l)

HELLER (1953) „Heller“

a)	Zinksulfat	$ZnSO_4 \cdot 7H_2O$	1,000
	Borsäure	H_3BO_3	1,000

	Mangansulfat	$MnSO_4 \cdot 4H_2O$	0,100
	Kupfersulfat	$CuSO_4 \cdot 5H_2O$	0,030
	Aluminiumchlorid	$AlCl_3$	0,030
	Nickelchlorid	$NiCl_2 \cdot 6H_2O$	0,030
	Kaliumjodid	KJ	0,010
b)	Eisenchlorid	$FeCl_3 \cdot 6H_2O$	1,000

– Nitsch (1951) „Nitsch"

a)	Mangansulfat	$MnSO_4 \cdot 4H_2O$	3,000
	Zinksulfat	$ZnSO_4 \cdot 7H_2O$	0,500
	Borsäure	H_3BO_3	0,500
	Kupfersulfat	$CuSO_4 \cdot 5H_2O$	0,025
	Natriummolybdat	$Na_2MoO_4 \cdot 2H_2O$	0,025
b)	Eisencitrat	$FeC_6H_5O_7 \cdot 3H_2O$	10,000

Die Stammlösungen a und b werden getrennt in je 1 Liter Aqua dest. aufgelöst. Von beiden Stammlösungen nimmt man je 1 ml auf 1000 ml Nährmedium. Die Lösungen a sind bei kühler und dunkler Aufbewahrung nahezu unbegrenzt haltbar, Eisenlösungen dürfen dagegen erst kurz vor Gebrauch angesetzt werden. Anstelle von Eisenchlorid oder -citrat nimmt man heute gewöhnlich ein Chelat (20 bis 25 mg je Liter Nährmedium), da es besser vor Ausfällung geschützt ist.

5.1.8 Die Kulturgefäße

Die Wahl des Aussaatgefäßes hängt weitgehend vom Umfang der beabsichtigten Anzuchten und von den zur Verfügung stehenden finanziellen Mitteln ab. Hauptererfordernis sind Durchsichtigkeit und Kochfestigkeit; Form und Größe sind weniger wichtig. Bei zu kleinen Gefäßen besteht die Gefahr, daß sich die Nährböden zu schnell erschöpfen oder austrocknen, bei zu großen, daß bei evtl. auftretenden Infektionen die Verluste gleich beträchtlich sind. Am handlichsten zur Aussaat sind 100-ml-Erlenmeyer-Weithalskolben, aber es eignen sich auch Petrischalen, Reagenzgläser, medizinische Durchstichflaschen, Milchflaschen, Konservengläser und noch vieles andere. Zum Umlegen bereits aufgelaufener Sämlinge nimmt man gern etwas größere Flaschen als zur Aussaat. Man verschließt sie entweder mit gerollten Wattepfropfen, die mit Aluminiumfolie gegen eindringende Feuchtigkeit geschützt werden, oder man benutzt Gummistopfen, die durchbohrt und mit einem gebogenen Glasrohr versehen sind. Konservengläser lassen sich auch mit dem zugehörigen Schraubdeckel abdichten, wenn man hier ebenfalls durch ein eingeführtes kleines Glasrohr für den notwendigen Luftaustausch sorgt. Für die Reinigung der Aussaatkolben und Stopfen genügt im allgemeinen heißes Wasser mit etwas Prilzusatz, zum Nachspülen nimmt man abgekochtes kalkfreies oder destilliertes Wasser. Man wische die Gläser nicht mit Tüchern aus, sondern lasse sie umgestülpt auf einem Ablaufrost austrocknen. Eine gründliche Desinfektion der leeren Kulturgefäße unter Heißluft (60 Minuten bei 150 °C) ist nur dann notwendig, wenn man das Keimsubstrat unter sterilen Bedingungen einfüllen und nicht mehr autoklavieren will.

5.1.9 Sterilisation des Nährmediums

Es gibt verschiedene Möglichkeiten zur Keimfreimachung des Nährmilieus; am gebräuchlichsten und einfachsten ist die Hitzebehandlung. Hat man einen Dampfdrucktopf (Autoklaven) zur Verfügung, so genügt ein einmaliges Erhitzen auf 121 °C für 15 bis 20 Minuten. In gewöhnlichen Dampftöpfen (Einmachkesseln) müssen die Flaschen dagegen an drei aufeinanderfolgenden Tagen 20 bis 25 Minuten unter strömendem Dampf (100 °C) gehalten werden, da bei dieser Temperatur immer nur die auskeimenden Sporen vernichtet werden. Unmittelbar nach Beendigung des Sterilisationsvorganges werden die noch heißen Kulturgefäße herausgenommen und mit dem Hals auf Latten gelegt, so daß der Nährboden in leicht schräger Lage erstarrt. Es ist darauf zu achten, daß zwischen der Flüssigkeit und dem unteren Stopfenrand mindestens 1 cm frei bleibt.

Hohe Temperaturen, wie sie bei der Hitzesterilisation notwendig sind, inaktivieren bestimmte organische Komponenten des Nähr-

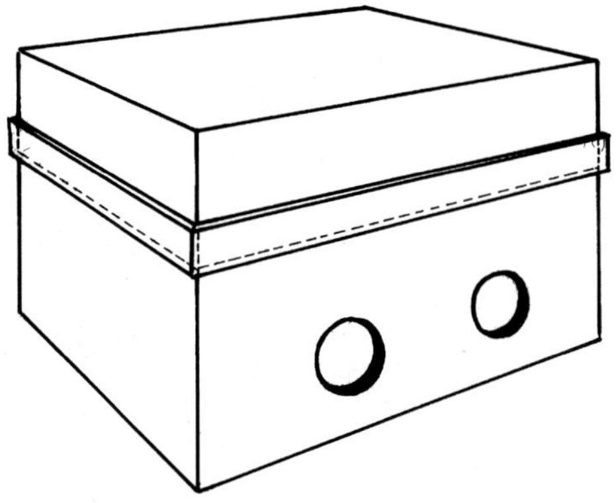

Abb. 103. Impfkasten nach SAULEDA (1970): zwei Kunststoffkästen, von denen der obere mit seiner Basis in einer mit Desinfektionslösung gefüllten Rinne steht, die dem Rand der unteren Einheit aufgeschweißt ist.

mediums, besonders einige Aminosäuren, Hormone und Vitamine. Möchte man deren Wirksamkeit erhalten, so muß man sie in gelöstem Zustand mittels Kaltsterilisation dem Nährboden in den Kulturgefäßen kurz vor der Erstarrung des Agars zufügen. Man benutzt hierzu bakterienundurchlässige Filter (z. B. Millex Sterilfilter) mit einer Porenweite von 0,22 µm, die dem unteren Ende einer Kunststoffspritze aufgesetzt werden. Durch kurzes Anheben des Stopfens führt man dann die Kanüle in den Aussaatkolben ein und gibt die benötigte Lösungsmenge hinzu. Dieses Verfahren geht nach einiger Übung sehr schnell, doch gibt es auch noch eine andere Möglichkeit. Löst man die hitzeempfindlichen Zusätze mit etwas reinem Alkohol (Ethanol 95%) in sterilen Gläschen auf, so kann diese Lösung dem autoklavierten Nährmedium vor dem Erstarren des Agars zugefügt werden. Man schüttle gut um und fülle dann den fertigen Nährboden innerhalb des Impfkastens in die vorher keimfrei gemachten Kulturgefäße.

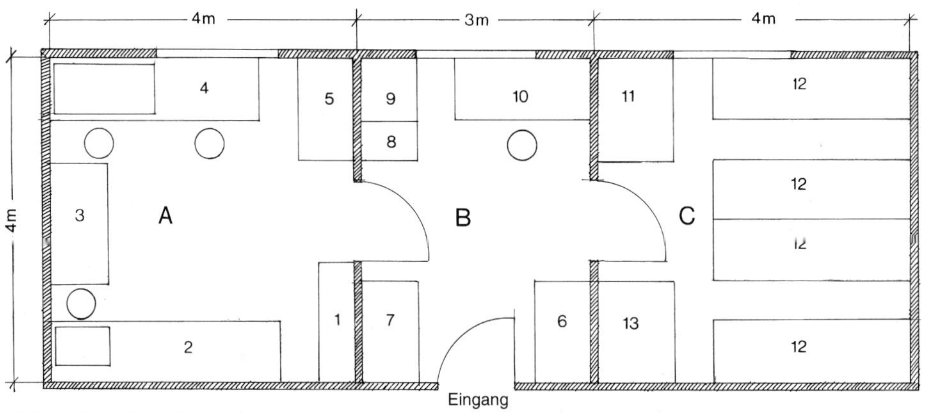

Abb. 104. Plan eines Betriebslabors.
Grundkonzeption: Arbeitstrakt mit drei Räumen, Gesamtlänge etwa 11 m, Breite 4 m. Fenster nur an der Nordseite, Eingang nur zum mittleren Raum, dem Vorbereitungsraum.
A = Arbeitsraum: 1 = Bücherschrank, 2 = halbhohe Schränke mit Resopalplatte. Analysenwaage. 3 = Chemikalienschrank, 4 = Arbeitstisch. Impfkasten bzw. Reine Werkbank. 5 = Autoklav und Spülbecken.
B = Vorbereitungsraum: 6 = Kühlschrank, 7 = Trockenschrank, 8 = Wasseraufbereitung, 9 = Spültisch mit Durchlauferhitzer, 10 = Abstelltisch.
C = Kulturraum: 11 = Rotationsapparat, 12 = Gestelle mit Etageren zur Lagerung der Kulturgefäße. Zusätzliche Belichtungseinrichtungen. 13 = Abstelltisch, im unteren Teil als Dunkelschrank. Zusatzlicht.
In allen Räumen Anschlüsse für Gas, Wasser und elektrischen Strom. Säurefeste Spülbecken.

5.1.10 Der Arbeitsraum

Der Raum, in dem man die Aussaaten vornimmt, sollte möglichst sauber, nicht zu groß und mit wenig Mobiliar ausgestattet sein. Falls man nicht die Möglichkeit hat, sich ein kleines Labor einzurichten, eignen sich zur Not auch Badezimmer, Waschhäuser oder Küchen, die man zeitweise „unter Dampf" setzen kann. Durch die feinen Wassertröpfchen, die sich bei ausströmendem Dampf niederschlagen, wird bereits ein Teil der in der Luft enthaltenen Keime mitgerissen und dadurch eliminiert. In dieser vorgereinigten Luft führt man die Aussaat entweder direkt über einem Topf mit sprudelndem Wasser aus (LUCKE 1974), oder man benutzt einen sogenannten Impfkasten, den man sich aus Latten und durchsichtiger Folie leicht selbst bauen kann. Die Luft in diesem nicht verschließbaren Impfkasten wird ebenfalls durch halbstündiges Einströmenlassen von Wasserdampf keimarm gemacht. Auch halbstündiges Bestrahlen der trockenen Luft mit einer in dem Kasten (Glaswände!) angebrachten UV-Licht-Röhre vermindert die Infektionsgefahr. Während des Arbeitens kann man die UV-Lampe brennen lassen, wenn man für einen Sichtschutz sorgt (schwarze Folie) und mit Handschuhen arbeitet. In der Bakteriologie benutzt man die an den vorderen Öffnungen des Kastens eingepaßten Gummihandschuhe, um die Luft im Inneren steril zu halten. Bei Serienaussaaten oder beim Transplantieren ist dies weniger praktisch, da man nur eine begrenzte Menge von Kulturgefäßen im Impfkasten unterbringen kann. Wer vorsichtig und rasch arbeitet, wird auch ohne Gebrauch von Gummihandschuhen nicht allzuviele Infektionen befürchten müssen. Für größere Betriebe, die neben regelmäßigen Aussaaten auch die Klonvermehrung durch Triebspitzenkultur in größerem Umfang durchführen, sind sterile Impfräume oder Werkbänke, die von gefilterter Luft durchströmt werden (Laminar-flow-box), am idealsten, freilich auch am kostspieligsten in der Anschaffung und Unterhaltung.

Abb. 105. Sterilluft-Werkbank (Laminar-Airflow-System). Gefilterte Luft strömt horizontal von hinten nach vorn über die Arbeitsfläche und verhindert die Kontamination mit Fremdorganismen. Aufstellfläche 804 × 685 mm, Höhe 860 mm. (LF Reine Werkbank, Typ C 220 H der Firma Ceag-Schirp Reinraumtechnik.)

5.1.11 Einrichtung und Gerätschaften

Wünschenswert für den Arbeitsraum sind Gas-, Wasser- und Stromanschluß. Neben dem bereits erwähnten Dampftopf und Impfkasten vervollständigen ein langer Tisch mit einer abwaschbaren Platte, verschließbare Schränke und Borde sowie ein Spülbecken die Einrichtung. Der Raum sollte hell beleuchtbar, aber nicht der direkten Sonneneinstrahlung ausgesetzt sein. An Gerätschaften sind erforderlich: eine Feinwaage, Bunsenbrenner mit Dreifuß oder Spiritusbrenner, Mikroskop oder starke Lupe, verschiedene Skalpelle, Spachtel, Nadeln und Pinzetten, eine platinisierte Impföse mit Halter, Meßzylinder, Glastrichter, Petrischalen, Flaschen verschiedener Größe, Kochtopf, Rührer, Fil-

Abb. 106. Einfache Ausstattung eines Anzuchtlabors. Von links nach rechts: Dampftopf mit Einsätzen, Exsikkator zur Samenaufbewahrung, Binokular, Impfkasten, Bunsenbrenner mit Dreifuß, Glaskolben, aus dem das verdampfende Wasser mit einem Gummischlauch in den Impfkasten geleitet wird; daneben Emailkochtopf, Chemikalien, Meßzylinder, Latte mit schräggelegten Aussaatkolben.

Abb. 107. Werkzeuge: Skalpelle, Pinzetten, Nadeln, Impföse.

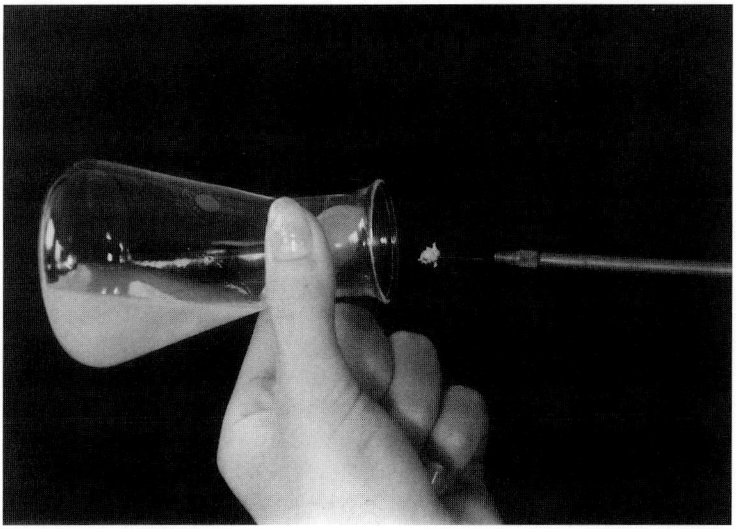

Abb. 108. Haltung des Erlenmeyerkolbens bei der Aussaat.

trierpapier, Rundfilter, saubere Leinentücher, Abfallschalen, Fettstifte, wasserfeste Filzschreiber, Tabletts und Holzlatten zum Schräglegen der Kulturgefäße. Destilliertes oder entionisiertes Wasser kann man fertig beziehen, wenn man es sich nicht selbst herstellen will. Alle verderblichen Chemikalien sollten im Kühlschrank aufbewahrt werden.

5.1.12 Die Aussaattechnik

Für die Ausbringung des Samens auf den Nährboden gibt es zahlreiche Methoden, die bei einiger Übung alle zum Erfolg führen. Wichtig ist vor allem, daß der Vorgang nicht zu viel Zeit in Anspruch nimmt und Infektionsmöglichkeiten ausgeschaltet werden. Hat man einen Impfkasten zur Verfügung, so führt man nach gründlicher Reinigung von Händen und Armen am besten alle Handhabungen in dessen Inneren aus. Rechts außerhalb des Kastens stehen Bunsenbrenner und die Flaschen mit dem Nährboden, links ein Gefäß mit vergälltem Alkohol, im Kasten selbst ein kleines Gestell mit Impföse, Skalpell und Pinzette. Recht praktisch zur wiederholten Keimfreimachung der Gerätschaften ist die Aufstellung eines Heißsterilisators (z. B. Steri 250) innerhalb des Impfkastens oder der Reinen Werkbank. Der zylinderförmige Apparat ist mit Glasperlen gefüllt, die nach Anschluß an die elektrische Leitung auf 250 °C erhitzt werden. Die eingestellten Skalpelle, Nadeln, Impfösen, Pinzetten oder Scheren sind nach 10 bis 20 Sekunden steril. Ist die Desinfektion des Samens beendet, so schüttet man ihn innerhalb des Kastens unter leichtem Schwenken auf einen mit sterilem Rundfilter ausgekleideten Glastrichter, so daß die Flüssigkeit ablaufen kann. Sodann taucht man die Impföse mitsamt dem unteren Ende des Halters in den vergällten Alkohol, zieht sie kurz durch die Flamme des Bunsenbrenners und legt sie im Kasten auf das Gestell. In die linke Hand nimmt man nun in waagerechter Lage das Aussaatgefäß, wobei Daumen und Zeigefinger den oberen Teil des Glases von unten her umgreifen. Mit der rechten Hand zieht man den Stopfen ab, legt diesen entweder in eine mit sterilem Filterpapier ausgekleidete Petrischale oder hält ihn am oberen Ende zwischen Mittel- und Ringfinger der linken Hand fest. Die rechte Hand führt die Impfnadel, entnimmt mit der Öse eine Portion Samen und verstreicht diese auf der Oberfläche des Agarnährbodens, wobei das meist vorhandene Kondenswasser die Verteilung erleichtert. Je nach Größe der Fläche genügen im allgemeinen zwei bis drei Ösen voller Samen je Gefäß. Enthält das

Abb. 109. Glasschrank zur Aufstellung der Aussaatgefäße.

Saatgut viele taube Körner oder ist aus anderen Gründen mit geringerer Keimbereitschaft zu rechnen, so sollte man sehr dicht säen, im Normallfall aber eher zu dünn als zu dicht.

Nach Aufbringung des Samens wird das Gefäß sofort wieder geschlossen und schräg auf Latten gelegt. Hat man Saatgut von verschiedenen Arten oder Hybriden, so ist es ratsam, die Gläser nach Abschluß einer Serie sofort zu beschriften, um Verwechslungen zu vermeiden. Man kennzeichnet sie entweder durch fortlaufende Numerierung (sowohl für den Nährboden wie für die Samenart), die im Tagebuch näher erläutert wird, oder man gibt in abgekürzter Form die wichtigsten Daten auch auf dem Aussaatkolben an. Letzteres erfordert bei der späteren Reinigung der Gläser etwas mehr Zeit, hat jedoch den Vorteil, daß man bei der Beobachtung des Keimverlaufs schneller im Bilde ist. Tagebucheintragungen, auch über die Herkunft und Beschaffenheit des Samens, sind in jedem Fall unerläßlich, um die Kontrolle über die verschiedenen Anzuchten zu behalten und bei Erfolgen wie Mißerfolgen die ursächlichen Zusammenhänge rekonstruieren zu können.

Muß man sich ohne Impfkasten behelfen, so sät man über dem strömenden Dampf eines Topfes mit kochendem Wasser aus. In diesem Falle ist es zweckmäßiger, den desinfizierten Samen nicht auf einen offenstehenden Trichter zu schütten, sondern entweder die Frittengläser nach Lucke (1975) zu benutzen oder den Samen mit Hilfe ausgekochter medizinischer Spritzen auf den Nährboden zu bringen.

Am wenigsten Risiko bietet die Aussaat aus geschlossenen Kapseln, da der Samen dann mit Sicherheit keimfrei ist. Bevor man den noch nicht ganz reifen Samen oder die gerade befruchteten Samenanlagen der Frucht entnimmt, muß diese äußerlich gesäubert, in vergällten Alkohol getaucht und kurz durch die Flamme gezogen werden. Die brennende Kapsel legt man innerhalb des Impfkastens in eine Schale auf ein mit Desinfektionslösung angefeuchtetes steriles Filtrierpapier. Man öffnet sie mit einem abgeflammten Skalpell durch zwei parallele Längsschnitte, wobei man die Frucht am Stielende mit einer Pinzette festhält. Nach Abheben des Deckels dreht man die Frucht etwas zur Seite, so daß keine Sporen von oben hineinfallen können, und entnimmt mit der Spitze des Skalpells oder der Impföse portionsweise den Samen. Sehr junge Samenanlagen kann man auch mitsamt den Leisten, an denen sie befestigt sind, ablösen und auf den Nährboden übertragen.

Ist die Aussaat beendet, so sollte nicht versäumt werden, sofort sämtliche Gerätschaften und auch den Impfkasten gründlichst mit Alkohol zu säubern und aufzuräumen, denn nur peinlichste Ordnung und Sauberkeit können vor unliebsamen Überraschungen schützen.

5.1.13 Aufstellung der Aussaaten

Der Aufstellungsraum muß möglichst sauber und staubfrei sein. Gut geeignet sind Glasschränke, die in einem Nordzimmer Aufstellung finden, oder die abgetrennte Abteilung eines Gewächshauses. Die optimale Temperatur liegt in der Regel zwischen 20 und 24 °C. Die meisten Orchideen, vor allem die Epiphyten, keimen am besten unter Lichteinwirkung, wenn auch direkte Sonneneinstrahlung zu vermeiden ist. In Räumen, die genügend Tageslicht empfangen, kann zumindest im Sommerhalbjahr auf Zusatzbeleuchtung verzichtet werden; nur bei zu dunklem Standort und während der Wintermonate muß mit Hilfe von Leuchtstoffröhren (Gro Lux oder Osram Fluora + Cool White) die Belichtungsstärke auf etwa 1000 bis 2000 lx angehoben werden.

Einige Paphiopedilen und besonders die große Anzahl von Erdorchideen des gemäßigten Klimas keimen hingegen besser im Dunkeln. Man muß sie also zunächst in lichtgeschützten Räumen oder Schränken (letztere mit Belüftungsmöglichkeit) lagern. Zu den obligaten Dunkelkeimern zählen nach STOUTAMIRE (1974) beispielsweise: alle *Cypripedium*-Arten, *Barlia longibracteata, Coeloglossum viride, Dactylorhiza papilionacea, Gymnadenia conopsea, Orchis militaris* und *Platanthera hyperborea.* Nach Erfahrungen von VÖTH (1976) und FAST (1976) keimen aber auch viele andere Wildorchideen im Dunkeln besser. Zum Ergrünen der Protokorme ist jedoch Tageslicht und in manchen Fällen auch eine Temperatursenkung auf 10 °C erforderlich (HADLEY 1970).

5.1.14 Keimung und Sämlingsentwicklung

Der Keimvorgang unterteilt sich in verschiedene Phasen. Mikroskopische Untersuchungen zeigen, daß der junge Embryo, im Gegensatz zu anderen Blütenpflanzen, bei den Orchideen zur Zeit der Samenreife noch kaum entwickelt ist und die eigentliche Differenzierung erst nach Durchlaufen eines Vorsproß- oder Protokormstadiums beginnt. Die meist kreiselförmigen Protokorme erscheinen bei den epiphytischen Orchideen gewöhnlich 2 bis 4 Wochen nach der Aussaat. Sie sind zunächst farblos und kaum stecknadelkopfgroß, schwellen dann aber ziemlich rasch an und ergrünen. Ist der Saataufgang sehr dicht und wird nicht rechtzeitig umgelegt, so behindern sich die Protokorme gegenseitig und stellen allmählich ihr Wachstum ein. Bei normaler Entwicklung bilden sie jedoch nach Erreichen einer gewissen Größe in ihrem unteren Drittel haarige Gebilde (Papillen, Rhizoiden) aus, die wurzelähnliche Funktion haben, während sich am oberen Scheitel allmählich der Sproß formt. Erst nach Ausbildung des ersten Blättchens erscheint meistens auch die erste seitenständige echte Wurzel. Von nun an verläuft die Weiterentwicklung rascher, besonders wenn die Pflänzchen in ein wuchsstoffhaltiges Medium übertragen

Abb. 110. Sämlingsentwicklung von *Paphiopedilum* Maudiae auf verschiedenen Nährböden, links auf „Knudson C“ ohne Zusatz, rechts mit Zusatz von 10% Bananenpulpe.

werden. Dabei geht dann das zunächst monopodiale Wachstum bei den meisten Gattungen in ein sympodiales über, d. h. die Länge des Sprosses wird mehr und mehr von seitenständigen Trieben fortgesetzt.

Manche Sämlinge, besonders von terrestrischen Orchideen, neigen dazu, bestimmte Stoffe auszuscheiden, die eine allmähliche Bräunung des Nährbodens bewirken und das Wachstum beeinträchtigen. In derartigen Fällen hilft nur häufiges Umlegen, manchmal auch die Zugabe reduzierender oder adsorbierender Substanzen (z. B. Ananassaft, Aktivkohle) zum Nährmedium. Eine andere unliebsame Erscheinung ist das gelegentliche Ausbleichen von Protokormen oder bereits beblätterter junger Pflanzen. Die Ursache ist oft nicht klar. Sie kann in einem zu starken Absinken des pH-Wertes liegen, im Fehlen eines lebenswichtigen Wirkstoffes, in unzulänglichen Belüftungsverhältnissen, zu hohen Temperaturen oder noch anderen Faktoren. Die Übertragung auf ein neues, evtl. etwas abgeändertes Nährsubstrat läßt die Pflanzen meistens wieder gesunden, sofern der Chlorophyllverlust noch nicht zu weit fortgeschritten ist. Auch die sogenannte Stärkestauung, von Burgeff (1936) bei *Odontoglossum* beobachtet, ist eine nicht selten auftretende Anomalität. Die Protokorme vergrößern sich hierbei übermäßig, bilden aber kaum Chlorophyll und differenzieren sich nur mangelhaft. Die Ursache liegt wahrscheinlich in einem für die betreffende Art zu reichen Nährstoffangebot, insbesondere an Kohlenhydraten. Auf Überernährung oder zu hohen Auxingaben soll auch die Fasziation, d. h. die Bildung gebündelter Achsen, bei Protokormen beruhen. Dies kann wünschenswert sein, wenn man nur wenige Keimlinge hat, die sich dann durch Teilung weitervermehren lassen. *Paphiopedilum*-Sämlinge, die zuerst gesund und wüchsig aussehen, stellen den Kultivateur von einem bestimmten Zeitpunkt an häufig vor Probleme, wenn einzelne Blättchen oder später ganze Pflanzen plötzlich ohne erkennbare Ursache braun werden und absterben. Man vermutet, daß die Sämlinge dann evtl. einen etwas höheren pH-Wert beanspruchen oder einen vermehrten Bedarf an Vitaminen der B-Gruppe haben.

5.1.15 Das Transplantieren

Durch mehrmaliges Umlegen der jungen Keimlinge auf einen neuen Nährboden wird ihre Entwicklungsgeschwindigkeit wesentlich gefördert. Bestimmte wuchsstoffhaltige Zusätze, die oft bei der Keimung eher einen hemmenden Einfluß ausüben, vermögen in späteren Stadien das Wachstum zuweilen in erstaunlicher Weise zu stimulieren. Bekanntgeworden ist vor allem die günstige Wirkung von Bananenbrei, 100 g/l. Die Übertragung der Protokorme oder jungen Pflänzchen nimmt man am besten ebenso wie die Aussaat in einem Impfkasten vor, unter Beachtung der angegebenen Kautelen. Den Aussaatkolben legt man dabei etwas erhöht in eine sterile Petrischale; in die linke Hand nimmt man das Gefäß mit dem neuen Substrat, mit der rechten holt man mittels Impfnadel oder Pinzette die Keimlinge heraus und legt sie auf das frische Medium. In der Regel wird man zweimal pikieren: das erste Mal möglichst bald nach dem Auflaufen der Saat, das zweite Mal bei beginnender Wurzelbildung. Auch hier muß wieder an die sorgfältige Kennzeichnung der Gläser gedacht werden.

Zum Schluß des Kapitels „Aussaat“ noch ein Wort zum Sinn und Zweck dieser Vermehrungsmethode. Die während der letzten Jahre sehr in Aufnahme gekommene Klonvermehrung durch die sogenannte Meristemkultur legt die Frage nahe, inwieweit eine Anzucht aus Samen überhaupt noch notwendig ist. Sie wird überall dort ihre Bedeutung behalten, wo man züchterisch arbeitet, d. h. durch Kreuzung verschiedener Arten oder Gattungen zu morphologisch und physiologisch neuen Formen gelangen will. Ferner strebt man an, durch die Anlage von Samenbanken in aller Welt die vom Aussterben bedrohten Wildarten zu erhalten. Nachdem die Bundesrepublik Deutschland 1975 durch Gesetz der „Washingtoner Konvention zum Schutz gefährdeter Pflanzen- und Tierarten" zugestimmt hat, ist der Import dieser Wildorchideen offiziell verboten oder unterliegt zumindest sehr strengen Bestimmungen, so daß künftig nur noch in Anzuchtbetrieben herangezogene Pflanzen in den Handel kommen dürfen (KÜNKELE 1976). Um den Austausch von Saatgut zu erleichtern, unterhält die Deutsche Orchideengesellschaft seit einigen Jahren eine Samen-, Pollen- und Meristemtauschzentrale, die z. Z. von Herrn Peter HAASE, 34212 Melsungen, Breslauer Str. 10, geführt wird.

5.2 Die vegetative Vermehrung durch Explantate

Explantate sind Teile, die man einer Pflanze entnommen hat, um sie in einem geeigneten Medium zur Regeneration zu veranlassen. Diese Teile können ganze Organe, Gewebe oder auch einzelne Zellen sein, aus denen je nach Wiederherstellungsvermögen der Pflanze neue Individuen entstehen, die in ihrem Aussehen und ihren Eigenschaften völlig mit dem Ausgangsobjekt übereinstimmen. Infolge dieser genetischen Einheitlichkeit spricht man daher von „Klonen".

Von der Fähigkeit der Pflanze, an abgetrennten Sprossen neue Wurzeln zu bilden, macht man im Gartenbau bei der Stecklingsvermehrung schon seit langem Gebrauch, doch ist hierbei die Anzahl der Nachkommen innerhalb eines kürzeren Zeitraumes sehr begrenzt. Wesentlich bessere Aussichten für eine rasche Klonvermehrung bietet die In-vitro-Methode, bei der man von relativ kleinen Organ- oder Gewebestücken ausgeht, die zunächst auf sterilen Nährböden vorkultiviert werden müssen.

Gewebekultur bei Pflanzen wurde früher nur zu rein wissenschaftlichen Zwecken betrieben. Verhältnismäßig neu und in erster Linie den grundlegenden Arbeiten von MOREL (1960) zu verdanken ist die Einführung dieser Methode in die Praxis, speziell in die Anzuchtbetriebe von Orchideen. Daß sich gerade bei dieser Pflanzengruppe die „Meristemkultur" so schnell durchsetzen konnte, hängt z. T. mit der Besonderheit ihres Entwicklungsverlaufs zusammen. Sowohl bei der Samenkeimung wie bei der Regeneration aus Gewebestücken bilden sich als erstes die mehr oder weniger undifferenzierten rundlichen Körperchen, die unter bestimmten Bedingungen zu fortwährender Sprossung (Proliferation) befähigt sind. Die aus teilungsfähigen Zellen hervorgegangenen protokormähnlichen Knöllchen der Explantate können abgetrennt, geteilt und so zu immer wieder neuer Sprossung veranlaßt werden.

Die Vorzüge dieser Art von Klonvermehrung liegen auf der Hand: Neuzüchtungen, deren Erbgut meist sehr heterogen ist, würden bei der Anzucht aus Samen durch Aufspaltung viele minderwertige Nachkommen liefern; bei der Anzucht aus Körpergewebe kann dagegen keine Aufspaltung stattfinden, alle Tochterpflanzen stimmen – wenn nicht Mutationen eintreten – mit der Mutterpflanze überein. Für Züchter ist dies Vor- und Nachteil zugleich. Vorteilhaft ist die rasche Vermehrbarkeit gelungener Kreuzungen, nachteilig das damit verbundene Absinken der Preise für Neuheiten und der oft fehlende Schutz gegen unberechtigte Vermehrung durch andere Kultivateure. Trotz dieser Gefahr, die sich nur durch gesetzlichen Züchterschutz eindämmen läßt, bedeutet, im ganzen gesehen, die Klonvermehrung für die Orchideenkultur einen erheblichen Fortschritt.

Der eigentliche Anlaß für MORELS Versuche war der Gedanke, durch Herausoperieren gesunden, meristematischen Gewebes aus den jüngsten Teilen virusinfizierter Pflanzen wieder einen unverseuchten Bestand aufbauen zu können. Diese Hoffnung erfüllte sich bei Orchideen allerdings nur zum Teil, da es nicht nur schwierig ist, die infizierten von noch nicht infizierten Zellen zu trennen, sondern weil auch die Anwachsrate der winzigen Gewebestückchen, die wirklich nur Bildungsgewebe (Meristem) enthalten, äußerst

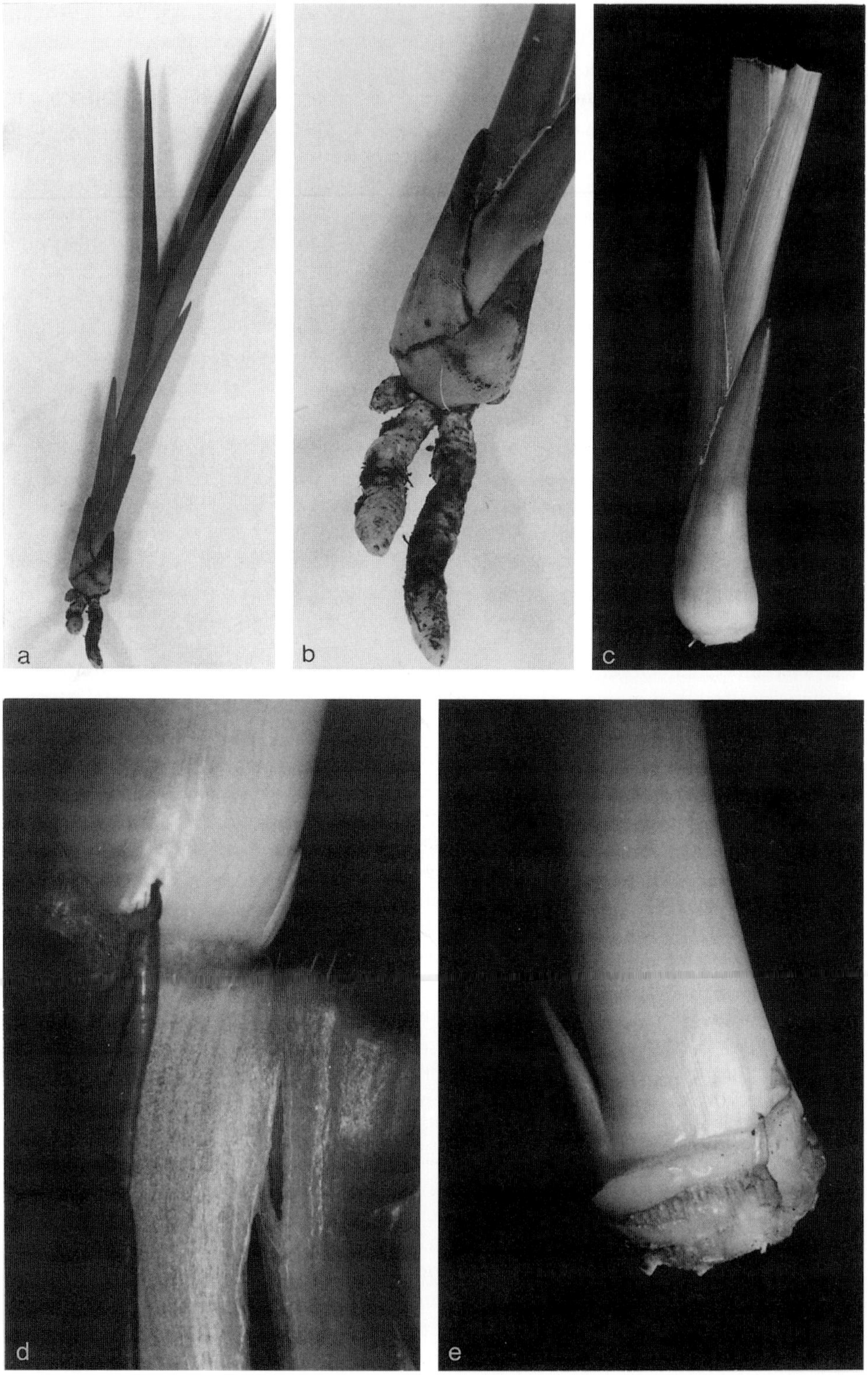
a
b
c
d
e

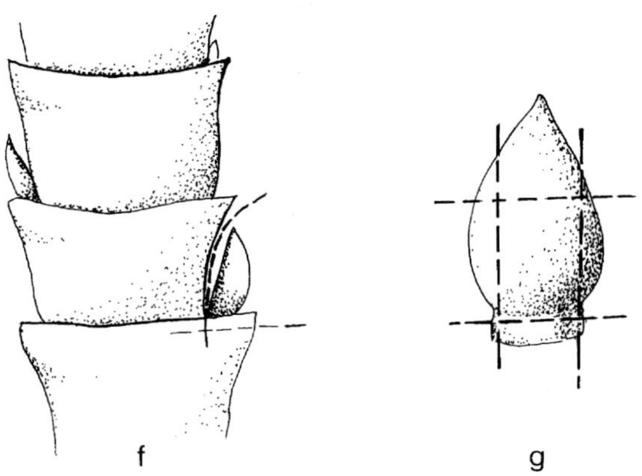

Abb. 111 a–g. Sproßspitzenvermehrung bei Cymbidien.
a = Von der Mutterpflanze abgetrennter Neutrieb, b = basaler Teil des Neutriebes mit Wurzeln und Niederblättern, c = zur Knospenisolierung vorbereiteter Trieb, d, e = Trieb mit freigelegter Achselknospe, f = Schnittführung beim Herausschneiden der Achselknospe, g = abgetrennte Knospe und ihre Verkleinerung zum fertigen Explantat.

gering ist. Die Bezeichnung „Meristemkultur" trifft, strenggenommen, nur dann zu, wenn man sich auf die wenigen noch undifferenzierten Zellen eines Vegetationspunktes beschränkt, das Explantat also im Umfang nur den Bruchteil eines Millimeters mißt. Im allgemeinen entnimmt man aber größere Teile, oft ganze Knospen, da in diesem Falle eine Weiterentwicklung sehr viel leichter zu erreichen ist. Man sollte daher korrekterweise lieber von Triebspitzen- oder Knospenkultur sprechen, sofern das Ausgangsmaterial nicht ein anderer Pflanzenteil ist.

Dem Anfänger, der sich mit dieser Methode vertraut machen möchte, sei zur Einführung das Buch von Hess (1992), „Biotechnologie der Pflanzen", empfohlen.

Die Durchführung der Triebspitzenvermehrung verlangt ähnliche technische Einrichtungen wie die asymbiotische Aussaat. Will man die Kulturen in flüssigem Nährmedium halten, benötigt man zusätzlich einen Rotations- oder Schüttelapparat.

Die Entwicklung vom einzelnen Explantat zu einer Vielzahl daraus hervorgehender Klonpflanzen verläuft in mehreren Etappen, die eine unterschiedliche Behandlung erfordern:

1. Die Zellen des isolierten Gewebestückes oder pflanzlichen Organs müssen erneut teilungsfähig werden.
2. Durch fortgesetzte Verwundungen (Schnitte) proliferieren die Neubildungen.
3. Die Gewebe differenzieren sich, wenn nicht weiter geteilt und auf einen anders zusammengesetzten Nährboden übertragen wird.

Am leichtesten läßt sich die Triebspitzenkultur bei *Cymbidium* durchführen, die daher auch als Beispiel bei der Schilderung des Ablaufs der einzelnen Handhabungen gewählt wird.

5.2.1 Gewinnung der Explantate

Der günstigste Zeitpunkt zur Knospenisolierung ist dann gegeben, wenn die jungen Triebe eine Länge von 10 bis 15 cm erreicht haben und die obersten Blätter gerade zu spreizen beginnen. Man schneidet den Trieb einer ausgewählten, gesunden Mutterpflanze mit einem scharfen Messer unmittelbar am Ort seiner Entstehung so ab, daß die Sproßbasis möglichst wenig verletzt wird. Im Arbeitsraum wird der Trieb zunächst von allen anhaftenden Erdteilchen, Wurzelansätzen und abgestorbenen Blattschuppen befreit, dann unter fließendem Wasser mit dem unteren Ende nach oben gründlich abgewaschen, mit sauberem Filtrierpapier abgetrocknet und in eine Petrischale gelegt. Die dann folgende Entnahme der Achselknospen kann außerhalb des Impfkastens vorgenommen werden, wenn der Arbeitsplatz entsprechend hergerichtet wurde. Hierzu hat man den Tisch mit einer Glasplatte bedeckt, die mit vergälltem

Alkohol abgerieben wird. Rechts stellt man einen Bunsen- oder Spiritusbrenner auf, links eine Flasche mit Alkohol, in der Mitte eine größere Serie zugestöpselter Fläschchen, die steriles destilliertes Wasser und Natriumhypochloritlösung in unterschiedlichen Verdünnungen (3,0-1,5-0,5 ml konzentrierte Bleichlauge je 100 ml Wasser) enthalten. In Griffnähe befinden sich weiter Filtrierpapier, saubere Leinentücher, Petrischalen sowie auf einem kleinen Gestell die benötigten Nadeln, Skalpelle und Pinzetten. Im allgemeinen kommt man mit drei Skalpellen verschiedener Größe aus, das kleinste davon sollte ziemlich spitz, etwas nach innen gebogen und sehr scharf sein. Notfalls läßt sich auch mit Stücken von Rasierklingen arbeiten, die an einem Halter befestigt werden. Sämtliche Instrumente müssen während des Gebrauchs ständig in Alkohol getaucht und abgeflammt werden, auch wenn die Schärfe etwas darunter leidet.

Ehe man mit der Arbeit beginnt, müssen auch die Hände unter fließendem Wasser mit einer desinfizierenden Seife gründlich gewaschen und gebürstet, danach mit einem in Sagrotan oder Alkohol getauchten Tuch abgerieben werden. Von den bereitliegenden Pflanzentrieben schneidet man sodann das obere Drittel ab, taucht das verbliebene Stück kurz in Alkohol, zieht durch die Flamme und löscht mit 5%iger Bleichlauge. Danach beginnt das Freilegen und Herausschneiden der Knospen. Von unten nach oben fortschreitend löst man die Blätter, in deren Achsel die Knospen sitzen, vorsichtig von der Basis ab, wobei man die Spreite am besten vorher von oben nach unten spaltet. Die ersten Seitenknospen, die sichtbar werden, sind bleich, aber ziemlich groß und von einer harten Außenschuppe umhüllt. Höher am Trieb werden die Knospen immer zarter und kleiner, bis sie mit bloßem Auge kaum mehr erkennbar sind. Gewöhnlich entnimmt man nur die untersten drei Knospen und evtl. noch die Endknospe, die besonders sorgsam von den umgebenden Laubblättern befreit werden muß. Beim Herauslösen der Knospen zieht man das Skalpell zuerst hinter der Knospe durch, führt dann zwei kurze Schnitte rechts und links der Ansatzstelle aus, zuletzt 1 bis 2 mm unterhalb der Basis. Mit diesem letzten waagerechten Schnitt wird das mit einem kleinen Sockel versehene Auge abgetrennt und sofort in ein Gläschen mit Desinfektionslösung geworfen, wobei man für die unteren, kräftigen Knospen die 3%ige Lösung nimmt, für die oberen, zarten die 1,5%ige. Man beläßt die Explantate etwa 10 Minuten in der Lösung, nimmt sie dann wieder heraus und verkleinert die größeren von ihnen. Dies geschieht auf einem sterilen kleinen Glasplättchen (Objektträger), auf das man die Knospe mit der Außenseite nach unten legt. Mit einer Nadel hält man sie am Sockel fest, während man mit dem feinsten Skalpell je ein Viertel rechts und links abschneidet und den verbliebenen Rest aus der harten Außenschale heraushebt. Zum Schluß wird vom Sockel noch so viel weggeschnitten, daß davon nur noch etwa 1/2 mm verbleibt. Das ganze Stück hat dann nur noch eine Größe von 3 bis 4 mm. Die jüngeren, kleineren Knospen kann man ziemlich unversehrt lassen; man nimmt höchstens die Spitze und einen Teil des Sockels weg. Sofort nach dem Zuschnitt kommen die fertigen Augen nochmals für einige Minuten in die 0,5%ige Desinfektionslösung, danach in ein Fläschchen mit sterilem destilliertem Wasser, wo sie so lange verbleiben können, bis man eine Serie fertig hat. Die Übertragung der fertigen Explantate in das Nährmedium geschieht dann im Impfkasten. Hier nimmt man die einzelnen Stücke mit einer abgeflammten Pinzette aus der Flasche heraus und legt sie mit dem Sockel nach unten auf die Oberfläche des Agar-Nährbodens, sofern man nicht von Anfang an flüssiges Substrat in Reagenzgläsern benutzt. Um das Infektionsrisiko zu verringern, wird jedes Gefäß nur mit einer Knospe beschickt.

Abb. 112. Rotationsapparat zur Bewegung der Flüssigkultur.

5.2.2 Protokormbildung und -teilung

Die explantierten Knospen brauchen in der Regel 4 bis 8 Wochen, ehe man deutliche Veränderungen an ihnen wahrnimmt. Zumeist haben die epidermalen Zellen zwischen den Blattprimordien oder an der Basis junger Blattanlagen ihre Teilungstätigkeit aufgenommen und neues, noch undifferenziertes Gewebe (Kallus) oder bereits die Anlagen zu kleinen Adventivknospen (protokormähnliche Körper) gebildet. Diese rundlichen Körperchen, die anfangs bleich, später grün gefärbt sind und in Ein- oder Mehrzahl erscheinen, müssen nun abgetrennt, geteilt und in ein neues Medium übertragen werden. Durch die Ablösung von der Mutterknospe wird die Ausdifferenzierung gehemmt; es entstehen wiederum Wundflächen, aus denen weitere Adventivknospen hervorgehen. Bei Wiederholung der Prozedur im Abstand von 3 bis 4 Wochen können aus einem einzigen Cymbidienexplantat innerhalb eines Jahres mehrere Millionen erbgleicher Nachkommen erzeugt werden.

Arbeitstechnisch geht man bei den Teilungen folgendermaßen vor: Die Gläser mit den proliferierten Knospen werden in den Impfkasten gebracht, dort unter den üblichen Vorsichtsmaßnahmen geöffnet und der Inhalt

mit einer sterilen Pinzette in Reagenzgläser übertragen. Dabei legt man das Explantat mit den Protokormen zunächst in den oberen Teil des nun mit flüssigem Nährmedium gefüllten Glases, schneidet die Neubildungen ab, teilt sie je nach Größe ein- bis zweimal der Länge nach, entfernt das übriggebliebene alte Gewebestück, verschließt das Reagenzglas wieder und befördert die Teilstücke unter leichtem Schwenken der Flüssigkeit nach unten. Die Weiterkultur erfolgt auf dem Rotationsapparat, wo durch die langsame Drehung des Rades die Nährlösung mit Sauerstoff versorgt wird, und die Differenzierung der Protokorme sich verlangsamt. Zunächst geht die Proliferation der Protokorme nur zögernd vor sich, nach der dritten bis vierten Teilung dann immer schneller. Bei Cymbidien bilden sich dabei mehr oder weniger große Klumpen von blumenkohlähnlichem Aussehen, die man bei den monatlich durchgeführten Teilungen willkürlich, d. h. nach allen Richtungen, zerschneidet. Hat man große Mengen zu bearbeiten, so nimmt man das Zerkleinern am besten in sterilen Petrischalen oder Glastrichtern vor, die mit einem Rundfilter ausgekleidet werden. In jedes Kulturröhrchen überträgt man dann drei bis zehn Teilstücke. Um Infektionen beim Ausschütten der Gläser vorzubeugen, spritzt man deren oberen Rand vor dem Öffnen mit Desinfektionslösung ab, sofern man ihn nicht durch Überstülpung einer Kappe aus Aluminiumfolie vor Verschmutzung geschützt hatte. Trotzdem wird es vorkommen, daß in einzelne Gläser Fremdorganismen eindringen, doch lassen sich die Protokorme meistens retten, wenn man sie wiederholt mit 3%iger Bleichlauge behandelt.

Man setzt die Teilungen so lange fort, bis man die gewünschte Menge an Nachkommen erhalten hat. Sodann beginnt die dritte Phase, in der man wieder zu einem mit Agar verfestigten Nährmedium zurückkehrt.

5.2.3 Differenzierung der Protokorme

Teilweise beginnt die Weiterentwicklung der Protokorme zu beblätterten Pflänzchen bereits während der Flüssigkultur im Reagenzglas, doch geht sie auf festen Nährböden wesentlich schneller vonstatten. Vor der Übertragung in das neue Milieu zerschneidet man die Protokormklumpen nochmals in kleinere Stücke, die man dann wie beim Pikieren von Sämlingen mit der Impföse gleichmäßig auf der Oberfläche verteilt. Um ein späteres nochmaliges Umlegen zu sparen, nimmt man gern größere Erlenmeyerkolben (300 bis 500 ml Inhalt), in denen die Protokorme nicht zu dicht liegen sollten. Schon bald nach

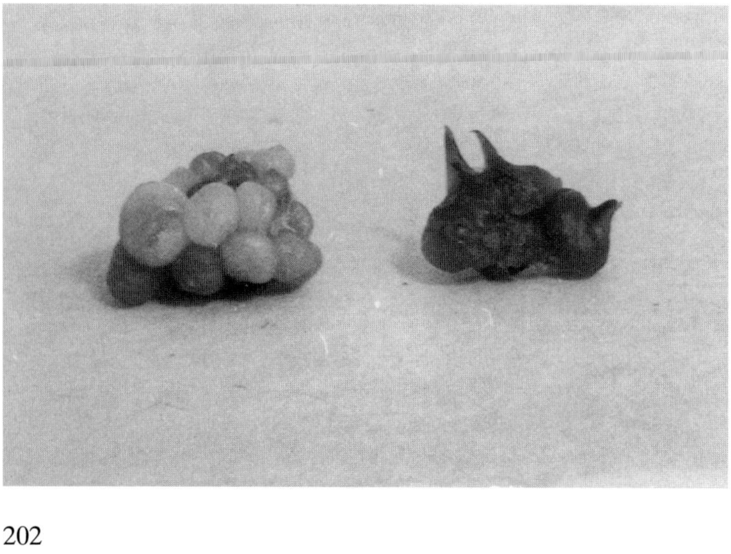

Abb. 113. Beginnende Differenzierung von Protokormen.

der Überführung entstehen an den alten und neuen Adventivsprossen in großer Zahl haarige Gebilde, die eine ähnliche Funktion wie Wurzelhaare ausüben. An der sich streckenden Sproßspitze entfalten sich allmählich Blättchen, und bald darauf bemerkt man auch das Hervorbrechen der ersten Wurzel. Sobald diese eine Länge von 2 bis 3 cm hat, kann man die Pflänzchen in der gleichen Art wie Sämlinge in unsteriles Substrat umpikieren.

Die hier dargestellte Arbeitsmethode zur Klonvermehrung von Cymbidien läßt sich in ähnlicher Weise auch bei den meisten anderen sympodialen Gattungen anwenden, wenn die Entwicklung auch teilweise etwas langsamer verläuft. Bei *Cattleya* und den nahestehenden Genera nimmt man vorwiegend ebenfalls junge Triebe als Ausgangsmaterial, doch haben hier die mittleren Knospen den besten Anwachserfolg. Die oft störende rasche Bräunung der Gewebe läßt sich vermindern, wenn man das Verkleinern der Knospen in einer mit sterilem Wasser oder verdünntem Kokosnußwasser gefüllten Petrischale vornimmt. Auch legt man hier das frische Explantat sofort in ein flüssiges Medium, nicht erst auf einen Agarnährboden. Sowohl bei *Cattleya* wie bei *Epidendrum* bilden auch junge Blattspitzen auf geeigneten Substraten Kallus bzw. Protokorme. Ähnlich wie die vorgenannten Gattungen werden *Dendrobium phalaenopsis, Miltonia, Odontioda, Vuylstekeara* u. a. vermehrt.

Bei *Oncidium papilio* eignen sich zur Organentnahme sehr junge Blütenknospen, die man der Spitze des Infloreszenztriebes entnimmt, desinfiziert und zunächst auf einen Agarnährboden legt (Fast 1973). Das gleiche gilt für *Phragmipedium* (Fast 1979). Auch bei einigen monopodial wachsenden Orchideen kann man aus noch unentwickelten apikalen Blütenknospen Protokormbildung erreichen. *Phalaenopsis* macht zuweilen noch Schwierigkeiten, weil nicht alle Hybriden leicht regenerierbare Sproß- oder Blütenknospen besitzen. Benutzt man zur vegetativen Vermehrung die basalen, ruhenden Augen blühender Infloreszenzen, so treiben diese auf festen Nährböden meist willig aus und bilden bei Einhaltung hoher Anfangstemperaturen (26 bis 28 °C) eine neue Pflanze. Um die Protokormentwicklung anzuregen, muß man das Auge verletzen und dem Nährmedium bestimmte Phytohormone zugeben. Zimmer und Pieper (1977 a) zerbrechen die ausgetriebenen, etwa 2 cm großen Pflänzchen in kleine Teile und kultivieren sie auf einem modifizierten „Knudson-C“-Medium, dem 10%vol Birkenblutungssaft, 0,3 ppm Kalium-Naphthylacetat und 2,0 ppm 6-Benzylaminopurin (BAP) beigefügt sind. Die Kultur wird zunächst 2 Wochen dunkel bei 25 bis 26 °C gehalten, danach hell bei 22 °C. An den Bruchstellen bilden sich Protokorme, die sich auf dem gleichen Medium, aber ohne BAP, nach 8 bis 10 Wochen zu Pflänzchen entwickeln, die wiederum zerbrochen und auf die geschilderte Art weitervermehrt werden können. Tanaka und Sakanishi (1977) zerbrechen nicht die Pflänzchen,

Abb. 114. Nodienvermehrung von *Phalaenopsis*. Ausgewachsener, bewurzelter Sproß.

sondern entnehmen den jungen Blättchen 8×8 mm große Segmente, die auf einem Nährboden nach Murashige/Skoog mit Zusatz von 10 ppm Benzyladenin, 1 ppm Naphthylessigsäure und 10 ppm Adenin weiterkultiviert werden.

Bei *Vanda* sind die Seitenknospen in den Blattachseln verwendbar, doch sind diese nur wenig vorgebildet und müssen durch einen Kegelschnitt herausgelöst werden. Auch hier setzt die Protokormbildung verstärkt ein, wenn nach einem Monat Kulturdauer die Knospenspitze und die Blattprimordien entfernt werden.

In der Unterfamilie der Cypripedioideae gibt es bisher noch die größten Probleme. Zwar ist die Triebspitzenvermehrung sowohl bei *Paphiopedilum* wie bei *Phragmipedium* in einzelnen Fällen schon gelungen, doch ist sie mit vielen Risiken behaftet und daher jetzt noch unwirtschaftlich. Ohne Zweifel werden aber auch bei diesen Gattungen in absehbarer Zeit durch neuartige Methoden bessere Ergebnisse zu erzielen sein. Die *Cypripedium*-Arten des Freilandes, bei denen eine Klonvermehrung in größerem Maßstab ebenfalls interessant wäre, sind im Keimlingsstadium unbegrenzt teilbar (Fast 1974), während die Gewebe erwachsener Pflanzen nicht so leicht in vitro zu ziehen sind. Champagnat und Morel (1972) gelang die Gewebekultur bei *Ophrys*-Arten, wenn als Ausgangsmaterial das Parenchym einjähriger Knollen verwendet wurde. Stokes (1974) berichtet über die Bildung von Protokormen bei *Dactylorchis fuchsii* aus ruhenden Blütentrieben.

Alle bisher gewonnenen Ergebnisse bei der Gewebekultur von Orchideen wurden von Arditti (1977, 1993) zusammenfassend dargestellt.

5.2.4 Nährmedien

Die Zusammensetzung der Nährlösung ist bei der Triebspitzenkultur ähnlich wie für Aussaaten, nur wird der Agar je nach Methode und Entwicklungsphase teils zugegeben, teils fortgelassen. Den pH-Wert stellt man auf 5,0 bis 5,5 ein. Auch hier hat sich „Knudson-C“ in vielen Fällen gut bewährt, doch gibt es eine große Zahl weiterer Rezepte, von denen die gebräuchlichsten genannt seien.

Zusammenstellung von Nährmedien für Gewebekultur (alle Angaben in Gramm je Liter destilliertes Wasser, wenn nicht anders vermerkt)

– Morel und Muller (1964)		
Calciumnitrat	$Ca(NO_3)_2 \cdot 4H_2O$	0,500
Ammoniumsulfat	$(NH_4)_2SO_4$	1,000
Kaliumchlorid	KCl	1,000
Monokalium-phosphat	KH_2PO_4	0,125
Magnesiumsulfat	$MgSO_4 \cdot 7H_2O$	0,125
Spurenelementlösung nach Heller (1953)		1 ml
Agar		6,0
Saccharose		20,0

– Morel und Muller (1974)		
Calciumnitrat	$Ca(NO_3)_2 \cdot 4H_2O$	0,500
Ammoniumsulfat	$(NH_4)_2SO_4$	1,000
Kaliumchlorid	KCl	1,000
Monokalium-phosphat	$KH2PO_4$	0,125
Magnesiumsulfat	$MgSO_4 \cdot 7H_2O$	0,125
Harnstoff		0,500
Spurenelementlösung nach Heller (1953)		1 ml
Saccharose		20,0
Citronensäure		0,125
Naphthylessigsäure		0,001
Kokosnußwasser		100 ml

– Heller (1953)		
Natriumnitrat	$NaNO_3$	0,600
Kaliumchlorid	KCl	0,750
Mononatrium-phosphat	$NaH_2PO_4 \cdot H_2O$	0,125
Magnesiumsulfat	$MgSO_4 \cdot 7H_2O$	0,250
Calciumchlorid	$CaCl_2 \cdot 2H_2O$	0,075
Eisenchlorid	$FeCl_3 \cdot 6H_2O$	0,001
Borsäure	H_3BO_3	0,001
Zinksulfat	$ZnSO_4 \cdot 7H_2O$	0,001
Mangansulfat	$MnSO_4 \cdot 4H_2O$	0,0001
Kupfersulfat	$CuSO_4 \cdot 5H_2O$	0,00003

Aluminiumchlorid	$AlCl_3$	0,00003
Nickelchlorid	$NiCl_2 \cdot 6H_2O$	0,00003
Kaliumjodid	KJ	0,00001
Agar		7,0
Saccharose		20,0

– WIMBER nach TSUCHIYA (1963)

Kaliumnitrat	KNO_3	0,525
Ammoniumsulfat	$(NH_4)_2SO_4$	0,500
Monokalium-phosphat	KH_2PO_4	0,250
Dicalciumphosphat	$CaHPO_4$	0,200
Magnesiumsulfat	$MgSO_4 \cdot 7H_2O$	0,250
Eisentartrat	$Fe_2(C_4H_4O_6)_3 \cdot H_2O$	0,030
Agar		12,0
Saccharose		20,0
Trypton		2,0

– REINERT und MOHR (1967)

Calciumnitrat	$Ca(NO_3)_2 \cdot 4H_2O$	1,000
Ammoniumsulfat	$(NH_4)_2SO_4$	0,400
Kaliumchlorid	KCl	0,500
Monokalium-phosphat	KH_2PO_4	0,250
Magnesiumsulfat	$MgSO_4 \cdot 7H_2O$	0,400
Ferrosulfat[1]	$Fe_2(SO_4)_3$	0,01067
Mangansulfat	$MnSO_4 \cdot H_2O$	0,00750
Zinksulfat	$ZnSO_4 \cdot 7H_2O$	0,00003
Borsäure	H_3BO_3	0,00003
Kupfersulfat	$CuSO_4 \cdot 5H_2O$	0,000001
Saccharose[2]		20,0
Citronensäure		0,150
Glycin		2,0 mg
Nicotinsäure		0,5 mg
Pyridoxin-HCl		0,5 mg
Thiamin-HCl		0,1 mg
Indolylbuttersäure (IBS)		1,75 mg
Naphthylessig-säure (NES)		1,75 mg

[1] Gebunden als Chelat (22,4 mg/l EDTA)
[2] In der Originalarbeit nicht angegeben

– VAJRABHAYA und VAJRABHAYA (1970)

Calciumnitrat	$Ca(NO_3)_2 \cdot 4H_2O$	0,500
Ammoniumsulfat	$(NH_4)_2SO_4$	0,500
Kaliumchlorid	KCl	0,250
Monokalium-phosphat	KH_2PO_4	0,250
Magnesiumsulfat	$MgSO_4 \cdot 7H_2O$	0,250
Eisenchelat	Fe-EDTA	0,050
Manganchlorid	$MnCl_2 \cdot 4H_2O$	0,002
Borsäure	H_3BO_3	0,001
Zinksulfat	$ZnSO_4 \cdot 7H_2O$	0,0001
Natriummolybdat	$Na_2MoO_4 \cdot 2H_2O$	0,00002
Kobaltchlorid	$CoCl_2 \cdot 6H_2O$	0,00002
Kupferchlorid	$CuCl_2 \cdot 2H_2O$	0,00001
Agar		6,0
Saccharose		20,0
Nicotinsäure		1,25 mg
Calciumpanto-thenat		0,25 mg
Pyridoxin-HCl		0,25 mg
Thiamin-HCl		0,25 mg
Glycin		7,50 mg
Trypton		500,0 mg
Kokosnußwasser		100,0 ml
Naphthylessig-säure (NES)		0,1 mg

– MURASHIGE und SKOOG (1962)

Kaliumnitrat	KNO_3	1,900
Ammoniumnitrat	NH_4NO_3	1,650
Calciumchlorid	$CaCl_2 \cdot 2H_2O$	0,440
Monokalium-phosphat	KH_2PO_4	0,170
Magnesiumsulfat	$MgSO_4 \cdot 7H_2O$	0,370
Eisensulfat	$FeSO_4 \cdot 7H_2O$	0,0278
Mangansulfat	$MnSO_4 \cdot 4H_2O$	0,0223
Zinksulfat	$ZnSO_4 \cdot 7H_2O$	0,0086
Borsäure	H_3BO_3	0,0062
Kaliumjodid	KJ	0,00083
Natriummolybdat	$Na_2MoO_4 \cdot 2H_2O$	0,00025
Kupfersulfat	$CuSO_4 \cdot 5H_2O$	0,000025
Kobaltchlorid	$CoCl_2 \cdot 6H_2O$	0,000025
Agar		10,0
Saccharose		30,0
Edamin		1,0
myo-Inositol		0,100
Glycin		2,0 mg
Nicotinsäure		0,5 mg
Pyridoxin-HCl		0,5 mg
Thiamin-HCl		0,1 mg
Indolylessigsäure (IES)		1–30 mg
Kinetin (Kin)		0,04–10 mg

5.2.5 Eignung der Nährmedien für die einzelnen Gattungen

Nach Angaben verschiedener Versuchsansteller wirkten sich die nachfolgenden Kombinationen besonders günstig auf die Vermehrungsrate bestimmter Gattungen aus. Sofern das Medium während der Entwicklungsphasen variiert wurde, bedeutet:

- A. Nährmedium für explantierte Knospen
- B. Zur Protokormvermehrung
- C. Zur Sproß- und Wurzelbildung

Cattleya und nahestehende Gattungen oder Hybriden

SCULLY (1967): „Vacin und Went" + 25% Kokosnußwasser
A. flüssig, B./C. mit 8 g/l Agar

REINERT und MOHR (1967): „Reinert und Mohr"
A. flüssig, B./C. mit 6 g/l Agar und 10% Kokosnußwasser oder 100 mg Inositol + 1 mg Kinetin

LINDEMANN et al. (1970): „Morel und Muller"
A. flüssig, je Liter 0,5 g Saccharose, 0,1 mg NES, 0,2 mg Kinetin, 150 ml Kokosnußsaft
B. flüssig, je Liter 20 g Saccharose, 0,186 mg NES, 0,215 mg Kinetin, 0,346 mg GA_3, 150 ml Kokosnußsaft (oder 100 mg Caseinhydrolysat), 0,476 mg Ca-Pantothenat, 0,205 mg Pyridoxin-HCl, 18,016 mg m-Inositol, 4,414 mg Folinsäure, 0,338 mg Thiamin HCl, 0,024 mg Biotin, 1,231 mg Nicotinsäure, 14,70 mg Glutaminsäure, 13,20 mg Asparagin, 181,60 mg Guanylinsäure, 161,60 mg Cytidilinsäure
C. wie B. aber mit 6 g Agar je Liter, 30 g Saccharose, 0,186 mg NES, 0,020 mg Kinetin, 0,173 mg GA_3. Kein Kokosnußsaft

MOREL (1974): „Morel und Muller", modifiziert
A. flüssig
B. mit 8 g/l Agar
C. wie B, aber anstelle Kokosnußwasser 40 g grüne Banane, 200 ml ungesüßten Ananassaft, 0,5 g Fischemulsion je Liter

Cymbidium

MOREL (1974): A. „Knudson C"
B. „Morel und Muller"
C. wie B., mit zusätzlich 40 g/l grüne Banane

Dendrobium

MOREL (1974): wie *Cattleya*

SAGAWA and SHOJI (1967): „Knudson C" mit zusätzlich 25% Kokosnußsaft oder 1 mg/l NES (für A, B, C)

INTUWONG and SAGAWA (1975): „Vacin und Went"
A. ohne Agar, mit 15% Kokosnußwasser
B. wie A, aber ohne Zucker
C. wie A, aber mit 50 g/l Banane, 9 g/l Agar

Miltonia

MOREL (1974): wie *Cymbidium*

Odontoglossum

MOREL (1974): wie *Cymbidium*

Oncidium

FAST (1973): *O. papilio,* apikale Blütenknospen
A. „Knudson C"
B. „Murashige und Skoog", modifiziert (ohne Agar, Salze in halber Konzentration), je Liter 20 g Saccharose, 1 g Pepton, 1 mg Nicotinsäure, 0,5 mg Thiamin-HCl, 0,5 mg Pyridoxin-HCl, 0,5 mg NES, 0,05 mg Kinetin
C. „Murashige und Skoog", modifiziert (mit 10 g/l Agar, Salze in halber Konzentration), je Liter 20 g Saccharose, ohne Pepton, Vitamine und Wuchsstoffe, aber mit 10% Banane

Paphiopedilum

MOREL (1974): „GD Thomale"
A./B. mit Zusatz von 1 mg/l 2,4-D*
C. ohne 2,4-D

HOLDGATE (1977): „Murashige und Skoog", modifiziert, mit Zusatz von 0,5 mg BAP und 1 mg NES je Liter

* Zur Zeit nicht zugelassen.

Phalaenopsis

TIN YAU TSE et al. (1971): Basale Blütenstielknospen auf „Murashige und Skoog" mit 10 g Agar und 2 mg NES je Liter (A, B, C)

KOCH (1974): Basale Blütenstielknospen auf „Knudson C" mod.
A. mit 30 g/l Zucker (15 g Saccharose + 15 g Glucose) 1 g Agar, 2 mg BAP, 1 mg KNA
B. mit 24 g/l Zucker (12 g Saccharose + 12 g Glucose), 0,5 mg Pantothensäure, 0,2 mg Nicotinsäure, 0,2 mg Pyridoxin-HCl, 5 mg Glycin, 1 g Agar

INTUWONG und SAGAWA (1974): Sproßknospen auf „Vacin und Went"
A. ohne Agar, mit 15% Kokosnußwasser
B./C. mit 9 g/l Agar, ohne Zucker, mit 15% Kokosnußwasser

Rhynchostylis

VAJRABHAYA (1970): „Vajrabhaya" (A, B, C)

Sarcanthinae
(Ascofinetia, Neostylis, Vascostylis)

INTUWONG und SAGAWA (1973): junge Blütenknospen auf „Vacin und Went"
A. ohne Agar, aber mit 15% Kokosnußsaft
B. wie A, aber ohne Zucker
C. wie B, aber mit 9 g/l Agar, 100 g Banane, Extrakt aus 100 g geschälten Kartoffeln, die 5 Minuten in 200 ml Wasser gekocht sind

Vanda

MOREL (1974): wie *Cattleya*

KUNISAKI et al. (1972): „Vacin und Went"
A. mit 8 g/l Agar und 15% Kokosnußsaft
B. wie A., aber ohne Agar und Zucker
C. wie A

TEO et al. (1973): „Vacin und Went"
A. ohne Agar, mit 15% Kokosnußwasser
B. ohne Agar und Zucker, mit 15% Kokosnußwasser
C. mit Agar und 10 bis 20 g/l Zucker, ohne Kokosnußwasser

Überblickt man die angegebenen Rezepte, so wird deutlich, daß die Wirkstoffzusätze zum Nährmedium während der ersten beiden Entwicklungsphasen hauptsächlich auf eine Anregung der Zellteilung abgestimmt sind. Dies läßt sich durch verschiedene Kombinationen von Auxinen, Cytokininen, Inositol und Adenin erreichen oder durch die Beigabe von Naturstoffen, die derartige Substanzen enthalten, wie z. B. der im März aufgefangene Blutungssaft der Weißbirke (ZIMMER und PIEPER 1976) oder der Saft unreifer Kokosnüsse. Das Proliferieren und Ergrünen der Protokorme wird außerdem unterstützt durch Vitamine und Aminosäuren, teilweise auch durch Reduzieren der Zuckergabe. Für die Weiterentwicklung der Protokorme zu fertigen Pflänzchen muß dagegen die Zufügung cytokininhaltiger Stoffe unterbleiben oder zumindest stark eingeschränkt werden, da sie die Wurzelbildung hemmen. Fördernd auf die Bewurzelung wirken hingegen Naphthylessigsäure und nach WERCKMEISTER (1970) auch die Zugabe von Tierkohle (2 g/l). Allgemein bewährt für die rasche Entwicklung von Sproß und Wurzeln hat sich vor allem pürierte Banane.

5.2.6 Kulturgefäße

Die Art der Behälter, in die man das Nährmedium einfüllt, richtet sich nach der Kulturmethode. Für feste Substrate eignen sich auch hier Erlenmeyer-Weithalskolben am besten. Bei Verwendung von flüssigen Medien müssen die Gefäße dem vorhandenen Rotations- oder Schüttelapparat angepaßt werden. Reagenzgläser füllt man zu etwa 1/5 mit Nährlösung und verschließt sie entweder nach der konventionellen Methode mit gedrehten Steristops bzw. durchbohrten Gummistopfen oder – einfacher – mit Alufolie, Parafilm, Nescofilm, lichtdurchlässigen Kunststoffkappen u. a. Die Verschlüsse müssen in erster Linie hitzebeständig, möglichst unzerreißbar, leicht zu handhaben und preiswert sein; außerdem sollen sie tunlichst den oberen Glasrand vor Verschmutzung schützen und einen Luftaustausch ermöglichen. Die Sterilisation der Gläser erfolgt in der üblichen Weise. Ein neuartiges Verfahren wurde am Institut für

Zierpflanzenbau der TU in Hannover entwikkelt (Koch 1974, Zimmer und Pieper 1977b). Hier benutzt man größere Glaszylinder oder Rundkolben, in denen die Lösung nicht durch Bewegen der Gefäße, sondern durch Einleiten von Druckluft mit Sauerstoff versorgt wird. Das größere Fassungsvermögen dieser Behälter (400 bzw. 1500 ml) erspart die häufigen Passagen des sich rasch vermehrenden Gewebes. Für kommerzielle Betriebe werden in zunehmendem Maße arbeitssparende Methoden angestrebt. Tisserat und Vandercook (1986) entwickelten ein Modell, bei dem durch Mikrocomputer gesteuert ein automatisches Auswechseln der Nährlösung möglich ist.

5.2.7 Umweltbedingungen

Die Räume, in denen die Kulturen Aufstellung finden, sollten möglichst staubfrei, warm bis temperiert (22 bis 27 °C) und ohne direkte Sonneneinstrahlung sein. Die Lichtverhältnisse lassen sich am besten in Klimakammern oder Kellerräumen steuern, doch sind auch Räume mit normalem Tageslicht brauchbar. Die Empfehlungen für die zuträglichste Beleuchtungsstärke bewegen sich zwischen 1000 und 20000 lx. Am gebräuchlichsten sind 2000 lx, wobei als Lichtquelle neben dem Tageslicht vor allem Leuchtstoffröhren dienen (Sylvania Gro Lux, Osram Fluora, Philips TL 40/33 + 40/54 und andere). Als Belichtungsdauer halten viele Versuchsansteller 16 Stunden für optimal, andere geben auch 12 oder 24 Stunden an, doch fehlen hierfür noch exakte Vergleichsversuche. Ebenso differieren die Aussagen über die Umdrehungsgeschwindigkeit der Rotationsapparate. Im allgemeinen bevorzugt man bei uns ein langsames Rotieren (1- bis 5mal je Minute), in Übersee arbeitet man aber auch teilweise mit 160 bis 200 U · min^{-1}. Für Schüttelapparate werden 60 bis 130 Oszillationen je Minute genannt. Die stärkere Belüftung bei schneller Bewegung der Kulturen scheint allerdings bei phenolreichen Geweben (z. B. von Cattleyen) deren Bräunung zu fördern, so daß hier zumindest anfänglich langsame Umdrehungen zu bevorzugen sind. Die Gewebebräunung läßt sich nach Morel (1970, mündl. Mitt.) auch durch Zusatz von Polyvinylpyrrolidon (1 bis 5 g/l) zur Nährlösung vermindern.

Ein Temperaturgefälle zwischen Tag und Nacht ist nach den bisherigen Beobachtungen nicht notwendig. Zu viel Wärme (über 30 °C) hemmt das Wachstum und die Chlorophyllbildung; die Protokorme bleichen dann leicht aus. Die Vergilbung kann allerdings auch andere Ursachen haben, beispielsweise zu stark abgesunkener pH-Wert, zu hohe Konzentration an Salzen oder Zucker, auch Überdosierung an Wuchsstoffen. Die Chlorose läßt sich durch Wechsel der Außenbedingungen und Übertragung in ein anderes Medium meistens wieder rückgängig machen. Ein Glasigwerden der Kulturen auf Agarnährböden (Vitrifikation) ist zumeist eine Folge mangelhaften Luftaustausches und zu hoher Luftfeuchtigkeit in den Gefäßen.

5.2.8 Auftreten von erblichen und nichterblichen Abweichungen

Ein anderes Problem bei der Anzucht von Meriklonen ist das gelegentliche Auftreten von Anomalien. Obgleich theoretisch alle aus somatischem Gewebe erzeugten Nachkommen der Mutterpflanze sich völlig gleichen müßten, beobachtet man doch hin und wieder Abweichungen, die teils auf Mutation, teils auf Entmischungsvorgänge genetisch verschiedener Gewebeschichten zurückzuführen sind. Die Ursachen wurden experimentell noch wenig untersucht, doch vermutet man sie vor allem in der langfristigen Einwirkung von Wuchsstoffen (hauptsächlich Cytokininen) und in zu lange ausgedehnten Teilungen, wodurch das physiologische Gleichgewicht gestört wird.

Sofern man bewußt erbliche Veränderungen anstrebt, d. h. durch eine Vermehrung des Chromosomensatzes (Polyploidie) großblütige Sorten erhalten möchte, kann man die Protokorme mit Colchicinlösungen oder radioaktiver Strahlung behandeln. SANGUTHAJ et al. (1973) erzielten durch 5tägige Einwirkung einer 0,10%igen Colchicinlösung auf die Protokorme von *Dendrobium*-Hybriden teilweise eine Verdoppelung des Chromosomensatzes. WIMBER und VAN COTT (1966) erhielten etwa 40% tetraploide Cymbidienprotokorme, nachdem man sie 10 bis 21 Tage in flüssigem Medium kultiviert hatte, dem auf 50 ml 1 ml einer sterilen 2,5%igen Colchicinlösung beigegeben worden war. LUCKE (1977) berichtet über Versuche mit Zusatzmengen von 50 bis 150 ppm Colchicin zum Nährboden. CHANGYAWL (1970) empfiehlt zur Bestrahlung gut entwickelter Cymbidienprotokorme eine Dosis von 30 bis 40 J/kg.

5.3 Die Weiterkultur der Jungpflanzen

Wenn die Sämlinge oder Klonpflanzen eine ausreichende Größe erlangt haben, d. h. zwei bis drei Blätter und einige gut entwickelte Wurzeln aufweisen, müssen sie aus den Flaschen herausgenommen und in unsteriles Substrat übertragen werden. Dies ist für die jungen Pflänzchen eine kritische Zeit, denn ehe sie sich in der neuen Umgebung voll eingewöhnt haben, ist ihre natürliche Widerstandskraft sehr gering. Durch hygienische Maßnahmen lassen sich jedoch Angriffe von außen weitgehend einschränken, besonders wenn man eine abgeschlossene Anzuchtabteilung im Gewächshaus hat, die mit den anderen Kulturräumen nicht in unmittelbarer Verbindung steht.

5.3.1 Behälter

Man zieht die den Flaschen entnommene Pflänzchen zunächst am besten in Gemeinschaftstöpfen weiter, wo sie sich schneller entwickeln als im Einzelstand. Geeignet sind schalenartige flache Gefäße aus Ton oder Kunststoffmaterial, nicht zu groß, mit Abzugslöchern versehen. Vor Gebrauch wäscht man sie sauber aus und desinfiziert mit Chinosollösung oder kochendem Wasser. Luftdurchlässige Hauben aus Kunststoffolie oder Gazestoff schützen vor zu starker Verdunstung und Trauermückeninvasion, doch darf kein Tropfenfall entstehen, und die Sämlinge müssen genug Licht erhalten.

Abb. 115. Auspikierte Sämlinge von *Dendrobium phalaenopsis* im Gemeinschaftstopf.

5.3.2 Substrat

Der Pflanzstoff kann sich aus den verschiedensten Materialien zusammensetzen, er soll jedoch möglichst keimarm, strukturstabil, humos und frei von schädlichen Stoffen sein. Diese Anforderungen werden am leichtesten von Torf erfüllt, dem man zur Verbesserung der Durchlüftung 50% Styroporflocken zusetzt, nachdem man den Torf mit 3 bis 5 g kohlensaurem Kalk und 0,25 bis 0,50 g Volldünger je Liter angereichert hat. Fast alle Jungpflanzen entwickeln sich sehr gut in diesem Substrat, nur sind die Styroporflocken beim Hineinsetzen der kleinen Orchideen etwas hinderlich. Manche Kultivateure bevorzugen ein Gemisch aus Torf oder zerkleinertem *Sphagnum* mit Sand und Holzkohle im Verhältnis 2:1:1. Holzkohle macht das Substrat nicht nur luftdurchlässiger, sondern infolge ihrer adsorbierenden Eigenschaften auch fäulnisresistenter. Zur Verbesserung des Wasserabzugs legt man auf den Boden des Gefäßes eine Dränageschicht aus groben Styroporflocken oder Scherben. Alle Materialien müssen vor Staubteilchen befreit und sauber sein.

5.3.3 Das Pikieren

Nach dem Öffnen der Glaskolben nimmt man die Pflänzchen mit Hilfe einer Pinzette oder eines Stöckchens vorsichtig heraus und legt sie in eine Schale mit lauwarmem Wasser, um sie von Agarresten zu befreien. Nach dem Abspülen badet man sie 10 bis 15 Minuten in einer 0,05%igen Chinosol- oder Albisallösung, überführt sie danach in einen mit feuchtem Filtrierpapier ausgekleideten Behälter und beginnt dann mit dem Pikieren. Hierzu bedient man sich am besten eines zugespitzten Holzstäbchens, mit dem man ein kleines Loch in das Substrat bohrt, in das die Wurzeln ohne Umknicken versenkt werden. Die Sämlinge dürfen keinesfalls zu tief stehen, das Herz muß auf jeden Fall frei bleiben. Je nach Größe der Pflanzen und der Schale pikiert man 30 bis 50 Stück in ein Gemeinschaftsgefäß, die Abstände von Pflanze zu Pflanze betragen etwa 1,5 bis 2,0 cm. Hat man es mit außergewöhnlich kräftig entwickelten Pflanzen zu tun, so kann man sie auch gleich in kleine Töpfe oder Multiplatten setzen. Nach dem Pikieren überbraust man die Schalen nochmals kurz mit einer 0,05%igen Albisallösung und stellt sie dann bei 22 bis 25° C an einem sonnengeschützten Platz über Latten oder Drahtgitter auf, so daß die Luft von allen Seiten Zutritt hat.

5.3.4 Die weitere Pflege

Die Überwachung beschränkt sich in der Hauptsache auf Erhaltung der Feuchtigkeit im Substrat, gelegentliche schwache Nachdüngung und das Fernhalten von Schädlingen. Von einem zu häufigen Überbrausen der Schalen ist unbedingt abzuraten, da damit die Gefahr einer Infektion mit Fäulniserregern erhöht wird. Besser, wenn auch etwas mühsamer, ist das regelmäßige Einstellen der Schalen in flache, wassergefüllte Wannen, so daß die Feuchtigkeit von unten her aufsteigen kann. Wann und wie oft man die Schalen taucht, richtet sich nach der Höhe des Wasserverlustes, den man am besten durch Prüfung des Schalengewichtes feststellen kann. Auf keinen Fall darf das Tauchen erfolgen, wenn das Substrat vielleicht an der Oberfläche trocken erscheint, im Wurzelbereich aber noch naß genug ist. Zum Befeuchten sollte man – zumindest in den ersten Wochen nach dem Pikieren – abgekochtes Leitungs- oder Regenwasser nehmen. Je nach Wüchsigkeit der Jungpflanzen gibt man im Abstand von 8 bis 14 Tagen auch schwache Düngerlösungen (0,25 bis 0,50 g Volldünger je Liter Wasser), um damit Nährstoffverluste im Substrat zu ergänzen. Auf die u. U. wirksamen Zusätze organischer Herkunft wurde bereits im Kapitel „Pflanzenernährung“ hingewiesen. Sehr entscheidend für eine flotte Weiterentwicklung ist vor allem eine optimale Belichtung, d. h. eine Tageslänge von etwa 16 Stunden und eine Beleuchtungsstärke von 6000 bis 8000 lx für die lichtbedürftigen, von 1000 bis 2000 lx für die schattenliebenden

Arten. Durch zusätzliche CO_2-Begasung (bis zu 0,1% vol) kann der Belichtungseffekt noch erhöht werden. Während der ersten 1 oder 2 Jahre setzt man die Pflänzchen möglichst oft (jeden 3. bis 4. Monat) um, da das Wachstum dann wesentlich schneller vonstatten geht. Beobachtet man einen auffallenden Wachstumsstillstand, krankhafte Veränderungen oder gar ein Absterben der Sämlinge, so muß sofort das Substrat gewechselt und dem Zustand der Wurzeln besondere Beachtung geschenkt werden.

5.3.5 Krankheiten und Schädlinge

Das gefürchtete Sämlingssterben, hervorgerufen durch verschiedene pilzliche Erreger, ist meistens eine Folge geschwächter Vitalität. Durch strenge Hygiene und gute Pflege lassen sich die Infektionen zwar einschränken, trotzdem wird man ohne vorbeugenden Pflanzenschutz mit systemisch wirkenden Fungiziden nicht auskommen. Gefährlich für die jungen Pflänzchen sind auch die Larven der Trauermücken und andere im Boden lebende Kleininsekten, die mit Vorliebe die zarten Wurzeln zerstören. Sehr wirksam gegen Trauermücken und absolut ungiftig sind beleimte Gelbtafeln, die über den Pflanzenschalen aufgehängt werden und die Insekten anlocken. Störend kann auch die oberflächliche Veralgung oder Vermoosung in den Schalen sein, die sich besonders bei regelmäßiger Düngung mit der Zeit einstellt. Hier hilft nur wiederholtes Auflockern der Oberfläche oder das Umpflanzen in neues Substrat.

5.3.6 Das Topfen

Sobald das Wurzelsystem der mehrfach umpikierten Pflanzen genügend erstarkt ist, beginnt man mit dem Eintopfen. Die Töpfe dürfen jedoch auf keinen Fall zu groß bemessen werden, da alle Orchideen, mit Ausnahme vielleicht der schnellwüchsigen Cymbidien, empfindlich gegen zu große Gefäße sind. Die Zusammensetzung des Substrats kann man allmählich jenem der erwachsenen Pflanzen anpassen, auch die Nährstoffgabe wird nach und nach erhöht. Bei Einhaltung optimaler Umweltbedingungen wachsen die meisten Jungpflanzen das ganze Jahr über weiter und können dementsprechend bei Bedarf auch jederzeit umgetopft werden. Um möglichst bald blühfähige Pflanzen zu bekommen, lohnt sich in vielen Fällen, auch weiterhin während der Wintermonate Zusatzlicht zu geben und den CO_2-Spiegel zu erhöhen. Die Blühreife tritt unter diesen Voraussetzungen bei *Disa* nach 1½ bis 2 Jahren ein, bei *Phalaenopsis* nach 2 bis 3, *Paphiopedilum* und *Dendrobium* 3 bis 5, *Cattleya* 5 bis 6, *Cymbidium* 6 bis 7 Jahren. Sofern die erste Blüte an einer noch relativ kleinen Pflanze erscheint, schwächt sie diese allerdings und ist auch qualitativ meist nicht befriedigend.

5.4 Die Vermehrung durch Teilung und Ableger

Liebhabern, die nicht an einer Massenanzucht von Orchideen interessiert sind, aber dennoch diese oder jene Pflanze ihres Bestandes gern vermehren möchten, bietet sich die traditionelle Methode der Teilung an, die früher auch in Gärtnereien allgemein üblich war. Durch das „fortschreitende" Wachstum der sympodialen Gattungen bilden sich an einer Pflanze im Laufe der Zeit eine Reihe von hintereinanderstehenden Trieben, von denen meistens nur die jüngsten Blüten hervorbringen. Da sich am Grunde jedes Sprosses neben dem austreibenden noch schlafende Augen befinden, ist es möglich, auch ältere Teile, die ihre Entwicklung schon abgeschlossen haben, nach einer Abtrennung erneut zur Hervorbringung eines Seitensprosses anzuregen.

Bei *Cattleya* und ähnlich gestalteten Pflanzen bereitet man die Abtrennung der Rückbulben am besten ½ Jahr vor dem Umtopfen vor, indem man am waagerechten Rhizom hinter der dritten oder vierten Vorderbulbe einen leichten Einschnitt anbringt, wodurch

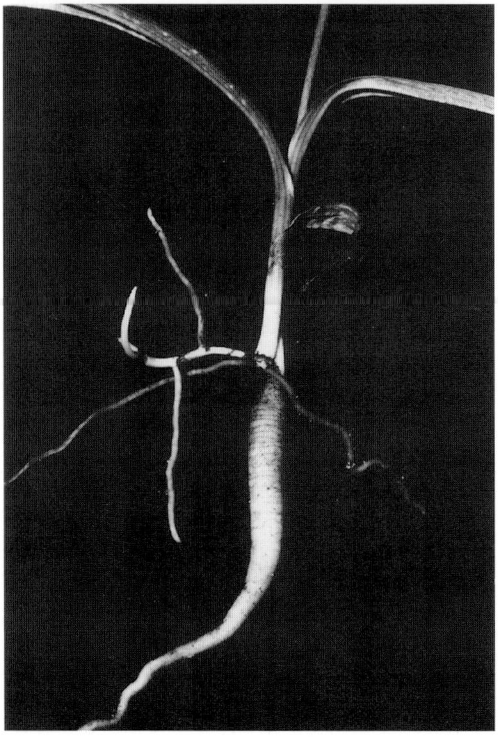

Abb. 116. (oben links). Keiki bei *Dendrobium phalaenopsis*.

Abb. 117. (oben rechts). Abmoosen bei *Vanda tricolor*.

Abb. 118. (links). Ausläuferbildung bei *Dactylorhiza iberica*.

das Austreiben der ruhenden Ersatzknospe gefördert wird. Im Frühjahr, zur Verpflanzzeit, nimmt man dann die älteren Teile ab, befreit sie von abgestorbenen Wurzeln, pudert die Schnittstellen mit Holzkohlenstaub ein und steckt sie mit dem unteren Ende in frisches *Sphagnum*-Moos, Torf oder auch Oasis-Blumensteckmaterial. Als Behälter dienen Töpfe, Handkisten oder mit Löchern versehene Plastikbeutel. Man hält die Rückbulben zunächst in „gespannter" Luft, d. h. warmfeucht und schattig, aber nicht zu naß.

Ältere, zu groß gewordene *Cymbidium*-Pflanzen lassen sich in ähnlicher Weise verjüngen. Man steckt die abgetrennten blattlosen Pseudobulben zu 1/3 in feuchten Sand oder Torf. Bei den laubabwerfenden *Calanthe* nimmt man nach der winterlichen Ruhezeit die Bulben auseinander und pflanzt sie einzeln in Töpfe, wonach jede Bulbe eine neue Pflanze bildet. Die mehrgliedrigen langen Stammstücke von *Thunia, Dendrobium nobile* und einigen *Epidendrum* spec. können ebenfalls, in Teilstücke zerlegt und mit Drahthaken in horizontaler Lage auf Sand gesteckt, zum Austreiben gebracht werden. Manche Arten von *Phalaenopsis, Pleione, Epidendrum* und *Dendrobium phalaenopsis* bilden am Bulbenende oder am Blütenstiel auch spontan bewurzelte Adventivpflänzchen (Keikis) aus, die eingetopft verhältnismäßig schnell zur Blüte kommen. Orchideen, die zum rosetten- oder polsterartigen Wuchs neigen, lassen sich beim Umtopfen sehr bequem in mehrere Stücke zerlegen (z. B. viele *Pleurothallis, Masdevallia, Paphiopedilum* usw.), doch ist zu beachten, daß eine zu starke Teilung die Pflanzen schwächt und die Blütenzahl erheblich vermindert.

Monopodiale Gattungen, die normalerweise nur einen Haupttrieb haben, können manchmal durch Einkürzen dieses Triebes zur Ausbildung von Seitensprossen gezwungen werden. Bei *Vanda* umwickelt man den oberen Teil des Stammes vorher mit Moos und trennt ihn ab, wenn einige Luftwurzeln hineingewachsen sind. Am verbleibenden basalen Stammstück treiben dann ein oder zwei ruhende Achselsprosse aus. Ähnlich lassen sich *Renanthera, Angraecum* und *Aërides* vermehren. Bei *Ascocenda* ermöglicht auch das Besprühen der ganzen Pflanze mit einer cytokininhaltigen Lösung (1 ppm BAP) den Durchbruch basaler Nebentriebe ohne vorherige Einkürzung des Hauptstammes (KUNISAKI 1975).

Die Neigung, aus den unteren Augen des Blütenstieles Adventivpflanzen zu bilden, nutzt man vor allem bei *Phaius* und *Phalaenopsis*. Bei *Phaius* treiben die Stengelstücke, die man zwischen den Knoten zerschneidet, meistens befriedigend aus, wenn man sie auf Moos legt und einige Zeit in gespannter Luft hält. *Phalaenopsis*-Klone bekommt man dagegen sicherer, wenn man die einzelnen Nodien aseptisch auf Agarnährböden kultiviert. Man geht dabei folgendermaßen vor: Von gerade voll erblühten Infloreszenzen schneidet man den unteren Teil des Stieles ab, säubert ihn unter fließendem Wasser und zerschneidet ihn zwischen den Knoten. Die einzelnen Abschnitte werden dann so zugeschnitten, daß unter dem Auge ein etwas längeres Stielende verbleibt (1,0 bis 1,5 cm) als darüber (0,5 cm). Die harte Deckschuppe löst man mit einem feinen Skalpell vorsichtig ab. Sodann ergreift man die Teilstücke (gewöhnlich sind es drei bis vier) mit einer Pinzette, taucht sie kurz in Alkohol, zieht sie durch die Flamme und wirft sie brennend in eine bereitstehende Flasche mit 5%iger Chlorkalklösung. Nach 10 Minuten Einwirkungszeit nimmt man das Stengelstück heraus und steckt es, ohne nochmaliges Abspülen oder Zurückschneiden, innerhalb des Impfkastens mit dem unteren, langen Ende schräg in den Agarnährboden („Knudson C"), und zwar so tief, daß das nach oben stehende Auge gerade noch frei bleibt. Dieses wird im Erfolgsfalle nach einigen Wochen oder Monaten austreiben und zunächst Blätter, später auch Wurzeln entwickeln, so daß man die neue Pflanze in unsteriles Substrat überführen kann. Diese Fähigkeit, aus ruhenden basalen Blütenstielknospen Adventivpflanzen zu bilden, ist allerdings nicht bei allen *Phalaenopsis*-Arten gleich gut ausgeprägt, auch manche Hybriden versagen bei dieser Methode. Nach Arditti (1976) wird das Austreiben der Knospen durch Zusatz von 1,48 mg trans-Zimtsäure, 13,2 mg Isoleucin, 0,4 mg Thiamin-HCl, 2,0 mg Benzylaminopurin und 100 mg Inositol je Liter Nährmedium gefördert. Haas (1977) entwickelte ein Gel (Orchid Keiki Fix), das man bei Belassung der Blütenstiele an der Pflanze auf die von den Hüllschuppen befreiten Augen aufträgt. Wird die Prozedur mindestens jeden zweiten Tag wiederholt, so treiben die Knospen nach einigen Wochen aus und bilden Keikis.

Unsere heimischen Erdorchideen besitzen häufig ein unterirdisch verlaufendes System von Rhizomen, Ausläufern oder Knollen, die nach Abtrennung des gegen Vegetationsende fertig vorgebildeten Erneuerungsprozesses ebenfalls aus ruhenden Knospen austreiben. Muik (1977) beschreibt ein Verfahren, mit dessen Hilfe es möglich ist, Cypripedien entweder durch Aussaat in verpilzte, unsterile Nadellauberde oder durch Teilung der mit Triebknospen versehenen Rhizome zu vermehren. Auch ohne menschliches Zutun besteht bei Cypripedien die Tendenz, größere Horste zu bilden und dadurch die Art zu verbreiten.

5.5 Chemikalien für Nährmedien

Übersicht über die gebräuchlichsten anorganischen und organischen Bestandteile von Nährmedien.

a) Makronährstoffe

Bezeichnung	chem. Formel	Reinnährstoffgehalt (%)[1]
Ammoniumnitrat[2]	NH_4NO_3	35 N
Ammoniumsulfat	$(NH_4)_2SO_4$	21 N
Calciumcarbonat[3]	$CaCO_3$	56 CaO
Calciumchlorid[2]	$CaCl_2 \cdot 2H_2O$	38 CaO
Calciumhydroxid	$Ca(OH)_2$	75 CaO
Calciumnitrat[2]	$Ca(NO_3)_2 \cdot 4H_2O$	24 CaO, 12 N
Calciumphosphat (prim.)	$Ca(H_2PO_4)_2 \cdot H_2O$	22 CaO, 56 P_2O_5
Calciumphosphat (tert.)[3]	$Ca_3(PO_4)_2$	54 CaO, 46 P_2O_5
Harnstoff	$CO(NH_2)_2$	46 N
Kaliumchlorid[2]	KCl	60 K_2O
Kaliumnitrat[2]	KNO_3	46 K_2O, 14 N
Kaliumphosphat (prim.)	KH_2PO_4	34 K_2O, 52 P_2O_5
Kaliumphosphat (sek.)	K_2HPO_4	54 K_2O, 41 P_2O_5
Kaliumsulfat	K_2SO_4	54 K_2O
Magnesiumnitrat[2]	$Mg(NO_3)_2 \cdot 6H_2O$	16 MgO, 11 N
Magnesiumsulfat	$MgSO_4 \cdot 7H_2O$	16 MgO
Natriumphosphat (prim.)	$NaH_2PO_4 \cdot 2H_2O$	35 Na_2O, 45 P_2O_5

b) Mikronährstoffe

Bezeichnung	chem. Formel	Reinnährstoffgehalt (%)[1]
Borax	$Na_2B_4O_7 \cdot 10H_2O$	11,3 B
Borsäure	H_3BO_3	17,5 B
Eisenchelat (Fetrilon®)[4]	Fe-EDTA	5,0 Fe
Eisenchlorid	$FeCl_3 \cdot 6H_2O$	20,7 Fe
Eisenphosphat	$Fe_3(PO_4)_2$	46,8 Fe
Eisensulfat	$FeSO_4 \cdot 7H_2O$	20,1 Fe
Eisencitrat	$FeC_6H_5O_7 \cdot 3H_2O$	18,7 Fe
Kupfersulfat	$CuSO_4 \cdot 5H_2O$	25,4 Cu
Manganchlorid	$MnCl_2 \cdot 4H_2O$	27,7 Mn
Mangansulfat	$MnSO_4 \cdot 4H_2O$	24,6 Mn
Natriummolybdat	$Na_2MoO_4 \cdot 2H_2O$	39,6 Mo
Zinksulfat	$ZnSO_4 \cdot 7H_2O$	22,7 Zn

[1] Abgerundete Werte. Werden Salze mit anderem Kristallwassergehalt verwendet, so muß der Reinnährstoffgehalt aus dem Molekulargewicht errechnet werden.
[2] Stark hygroskopisch. Salz trocken und kühl aufbewahren!
[3] In reinem Wasser unlöslich.
[4] Komplexe Verbindung mit Dinatrium-ethylendiamintetraessigsäure.
® Reg. Warenzeichen BASF.

c) Aminosäuren und andere N-haltige organische Verbindungen

Bezeichnung	chem. Formel
Adenin	$C_5H_5N_5$
Arginin	$C_6H_{14}N_4O_2$
Asparagin	$C_4H_8N_2O_3 \cdot H_2O$
Glutamin	$C_5H_{10}N_2O_3$
Glycin	H_2NCH_2COOH
Caseinhydrolysat (Edamin)	
Hefeextrakt	
Natriumnucleinat	
Pepton	
Trypton	

d) Vitamine und Biostoffe

Bezeichnung	chem. Formel
D(+)Biotin (Bios II, Vitamin H)	$C_{10}H_{16}N_2O_3S$
Calcium-D(+)pantothenat	$C_{18}H_{32}CaN_2O_{10}$
meso-Inosit (myo-Inositol, Bios I)	$C_6H_{12}O_6$
Nicotinsäure (Niacin)	$C_6H_5NO_2$

Pyridoxin-Hydrochlorid (Vitamin B_6)	$C_8H_{12}ClNO_3$
Thiamin-Hydrochlorid (Vitamin B_1)	$C_{12}H_{18}Cl_2N_4OS \cdot xH_2O$

e) Phytohormone und Wachstumsregulatoren

Bezeichnung	chem. Formel
Auxine:	
2,4-Dichlorphenoxyessigsäure (2,4-D)	$C_8H_6Cl_2O_3$
3-Indolessigsäure (IES, IAA)	$C_{10}H_9NO_2$
3-Indolbuttersäure (IBS, IBA)	$C_{12}H_{13}NO_2$
Naphthyl-(1)-essigsäure (NES, NAA)	$C_{12}H_{10}O_2$
Cytokinine:	
6-Benzylaminopurin (6-Benzyladenin, BAP)	$C_{12}H_{11}N_5$
6-Furfurylaminopurin (Kinetin)	$C_{10}H_9N_5O$
Zeatin	$C_{10}H_{13}N_5O$
Gibberelline:	
Gibberellinsäure (GA_3)	$C_{19}H_{22}O_6$

f) Kohlenhydrate

Bezeichnung	chem. Formel
Fructose	$C_6H_{12}O_6$
Glucose	$C_6H_{12}O_6$
Sucrose (Saccharose)	$C_{12}H_{22}O_{11}$
Stärke	$C_6H_{10}O_5$

Anmerkung: Einige Aminosäuren verursachen in Verbindung mit Monosacchariden beim Erhitzen eine Bräunung des Nährmediums. Außerdem sind sie teilweise, ebenso wie die Vitamine, nicht hitzestabil, so daß man sie besser kalt sterilisiert (mittels Ultrafilter) zusetzt. Von den Wachstumsregulatoren scheint vor allem GA_3 empfindlich gegen hohe Temperaturen zu sein, weniger die Auxine und Kinine. Einige Stoffe lösen sich nicht in Wasser, dafür in einigen Tropfen abs. Alkohol (IES, NES, 2,4-D, Biotin) oder Natronlauge (Kinetin, BAP).

5.6 Anschriften und Bezugsquellen

Die nachfolgend angegebenen Bezugsquellen stellen nur eine kleine, rein zufällig getroffene Auswahl dar, um damit vor allem dem Anfänger einige Hinweise zu geben. Selbstverständlich liefern auch andere als die genannten Firmen bestimmte Bedarfsartikel; ihre Anschriften sind am besten dem Branchenverzeichnis der Fernsprechbücher zu entnehmen.

Bodenuntersuchung
Privates Bodenuntersuchungsinstitut Koldingen, 30982 Pattensen
Staatliche Landwirtschaftliche Untersuchungs- und Forschungsanstalten (LUFA), z. B. LUFA Augustenberg, Neßlerstr. 23, 76227 Karlsruhe-Durlach

Chemikalien
E. Merck, Frankfurter Str. 250, 64293 Darmstadt
Serva, Karl-Benz-Str. 7, 69115 Heidelberg

Fertignährböden und Aussaatzubehör
„Floricultura", Postfach 17, 2100 AA Heemstede/Holland
Manfred Meyer, Samen- und Gartenbaubedarf, Samlandweg 31, 61118 Bad Vilbel

Kulturbedarf (Substrate, Düngemittel, Gefäße, Geräte usw.)
Ernst Bormann, Neudorfer Str. 199, 47057 Duisburg
Manfred Meyer, Samen- und Gartenbaubedarf, Samlandweg 31, 61118 Bad Vilbel
Maria Santner, Ringstr. 112, 76356 Weingarten/Baden

Laborbedarf
a) Analysewaagen:
Mettlerwaagen, Mettler-Toledo GmbH, Okkerweg 3, 35396 Gießen
Sartoriuswaagen, Sartorius AG, Weender Landstr. 94–108, 37075 Göttingen

b) Ausstattung (Mobiliar, Autoklaven, Glaswaren, Geräte):
Bender und Hobein, Lindwurmstr. 71, 80337 München
Heißsterilisator „Steri 250":
S. Keller, Lyssachstr. 83, CH 3400 Burgdorf/Schweiz.
Millipore-Membranfilter
Hauptstr. 87, 65760 Eschborn
Schüttelapparate:
B. Braun-Melsungen AG
Postfach 110, 34209 Melsungen
Stanniolfolien-Rundschnitte:
Fa. Süsse und Schmidt
Dornierstr. 5, 82110 Germering
Steristops (Cellulosestopfen):
Kleinfeld-Labortechnik
Leisewitzstr. 47, 30175 Hannover

c) Sterilluft-Werkbänke:
Flow Laboratories GmbH
Mühlgrabenstr. 10, 67149 Meckenheim
Laflow – Reine Arbeitsplätze:
Ingenieurbüro für Labortechnik
Friedrich & Hofmann, Irmenfriedstr. 25 a, 82166 Gräfelfing
Reinraumtechnik Ceag-Schirp:
Xaver Beer, Behringstr. 10, 82152 Planegg

Pflanzen
a) Bestimmung
Orchid Identification Center at the Marie Selby Bot. Gardens, 8 South Palm Avenue, Sarasota, Florida 33577, USA
Hans Fessel, Hopfengartenstr. 15, 63457 Hanau, Tel. (06181) 52701
Emil Lückel, Bornemannstr. 2, 60599 Frankfurt/M., Tel. (069) 615102, Fax (069) 623564
Jürgen Röth, Angelungstr. 2, 99986 Flarchheim, Tel. (036028) 30597

Bitte senden Sie Unterlagen, wie Blüten, Bilder etc. erst nach Rücksprache mit einem der Vorgenannten und Erhalt eines entsprechend auszufüllenden Formulares ein. Bei allen Anfragen, auch bei Überweisung der Kostenbeteiligung in Höhe von 30,– DM, immer als Stichwort den oder die Cultivarnamen oder später die Registriernummer verwenden.

b) Bewertung
DOG Gerd Röllke, V.-Möller-Straße 25, 33649 Bielefeld

c) Bezug
Anzuchtbetriebe und Orchideenbörsen (siehe Inserate in „Die Orchidee")
Anschriftenverzeichnis der im „Verband deutscher Orchideengärtner" zusammengeschlossenen Betriebe in der Erinnerungsbroschüre der 8. Welt-Orchideenkonferenz, Frankfurt 1975

d) Registrierung
Royal Horticultural Society (RHS), Vincent Square, London SW 1 P 2PE, England
DOG Evelyn Röllke, V.-Möller-Str. 25, 33649 Bielefeld

Orchideen-Gesellschaften
(deutschsprachig)
Deutsche Orchideengesellschaft (DOG), Geschäftsstelle, L. Thielmann, Arndtstr. 8, 27367 Sottrum
Österreichische Orchideengesellschaft, Postfach 300, A-1222 Wien
Schweizerische Orchideengesellschaft, W. Huber, Gattikonerstr. 52, CH-8136 Gattikon

Orchideen-Zeitschriften
- Die Orchidee, Brücke-Verlag Kurt Schmersow, Arnekenstr. 22, 31134 Hildesheim
- The Orchid Review, New Gate Farm, Scotchey Lane, Stour Provost, Gillingham/Dorset, England SP 8 5 LT
- American Orchid Society Bulletin, 6000 South Olive Avenue, West Palm Beach, Florida 33405, USA
- The Orchid Digest, P.O.Box 916, Carmichael, California 95608, USA
- Schlechteriana. Unabhängige Zeitschrift für Orchideenkunde, Schlechteriana-Verlag, Austraße 14, 35633 Lahnau-Waldgirmes

Literaturverzeichnis

ARDITTI, J.: Factors Affecting the Germination of Orchid Seeds. Bot.Rev. 33, 1–97, 1967.
– Klonale Vermehrung von *Phalaenopsis* durch Kultivierung von Blütenstammodien. Orchidee 27, 212–216, 1976.
– Clonal Propagation of Orchids by Means of Tissue Culture. In: Orchid Biology – Reviews and Perspectives I. Cornell University Press, Ithaca-London, 209–293, 1977.
– Orchid Seed Germination and Seedling Culture. In: Orchid Biology – Reviews and Perspectives II, Cornell University Press, Ithaca-London, 245–370, 1982.
– FLICK, B., JEFFREY, D.: Post Pollination Phenomena in Orchid Flowers. New Phytology 70, 333–341, 1125–1141, 1971.
– ERNST, R.: Micropropagation of Orchids. Verlag J. Wiley & Sons, New York 1993.
– et al.: Orchid Biology. Reviews and Perspektives. Vol. I–V, 1977–1990.
BEYRLE, H., PENNINGSFELD, F., HOCK, B.: Die gärtnerische Aufzucht von feuchtigkeitsliebenden *Dactylorhiza*-Arten. Orchidee 38, 302–306, 1987.
– PENNINGSFELD, F., HOCK, B.: Mykorrhiza-Synthese in gärtnerischen Kultursubstraten und in natürlichen Böden. Orchidee 40, 173–177, 1989.
BORRIS, H., ALBRECHT, L.: Rationelle Samenvermehrung und Anzucht europäischer Erdorchideen. Gartenwelt 69, 511–513, 1969.
– VOIGT, T.: Symbiontische und asymbiontische Samenkeimung von *Orchis mascula* – Ein Beitrag zum Problem der Spezifität der Mykorrhizapilze. Orchidee 37, 222–226, 1986.
BURGEFF, H.: Samenkeimung der Orchideen. Verlag Gustav Fischer, Jena 1936.
– Samenkeimung und Kultur europäischer Erdorchideen. Verlag Gustav Fischer, Stuttgart 1954.
CHAMPAGNAT, M., MOREL, G.: La culture in vitro des tissus de tubercules d'*Ophrys*. Compt. Rend. Acad. Sci. Paris 274, 3379–3380, 1972.
CHANGYAWL, H.: Radiosensitivity of *Cymbidium* Protocorms. Am. Orch. Soc. Bull. 39, 499–505, 1970.
CLEMENTS, M. A.: The Culture of Australian Terrestrial Orchids. Amer. Orch. Soc. Bull. 46, 984–989, 1977.
– Developments in the Symbiotic Germination of Australian Terrestrial Orchids. Proceedings of the 10th World Orchid Conference, 269–273, 1982.
DIXON, K.: Seed Propagation of Ground Orchids. In: Orchids of Western Australia (ed. by DIXON, K., BURCHELL, B., COLLINS, M.), 18–26, 1989.
FAST, G.: Die Vermehrung von *Oncidium papilio* durch Triebspitzen-Kultur und Besprechung einiger Nährmedien. Orchidee 24, 239–246, 1973.
– Über eine Methode der kombinierten generativen-vegetativen Vermehrung von *Cypripedium calceolus* L. Orchidee 25, 125–129, 1974.

– Möglichkeiten zur Massenvermehrung von *Cypripedium calceolus* und anderen europäischen Wildorchideen. Tagungsber. der 8. Welt-Orch.-Konf., 359–363, 1976.

– Über das Keimverhalten europäischer Orchideen bei asymbiotischer Aussaat. Orchidee 29, 270–274, 1978.

– Klonvermehrung von *Phragmipedium* Sedenii und *Phalaenopsis* hybr. aus Blütenknospen. Orchidee 30, 241–244, 1979.

FROSCH, W.: Beseitigung der durch die innere Hülle bedingten Keimhemmung bei europäischen Orchideen. Orchidee 33, 145–146, 1982.

– Asymbiotische Vermehrung von *Orchis morio* mit der ersten Blüte nach 23 Monaten. Sonderheft der Orchidee: Probleme der Taxonomie, Verbreitung und Vermehrung europäischer und mediterraner Orchideen, 101–104, 1983.

– Asymbiotische Vermehrung von *Cypripedium reginae* mit Blüten drei Jahre nach der Aussaat. Orchidee 36, 30–32, 1985.

HAAS, N. F.: Orchid Keiki Fix – eine neue Methode zur Erzeugung von Kindel an Blütenstielen von *Phalaenopsis*. Orchidee 28, 109–111, 1977.

HADLEY, G.: The Interaction of Kinetin, Auxin and Other Factors in the Development of North Temperate Orchids. New Phyt. 69, 549–555, 1970.

– Orchid Mycorrhiza. In: ARDITTI, J.: Orchid Biology, Reviews and Perspectives II, 83–118 und 326–329, 1982.

HARBECK, M.: Einige Beobachtungen bei der Aussaat verschiedener europäischer Erdorchideen auf sterilem Nährboden. Orchidee 14, 58–65, 1963.

HARVAIS, G.: Growth Requirements and Development of *Cypripedium reginae* in Axenic Culture. Canad. J. Bot. 51, 327–332, 1973.

HELLER, R.: Recherches sur la nutrition minérale des tissus végétaux cultivés in vitro. Ann. Sci. Nat., Bot. Biol. Vég. 14, 1–223, 1953.

HESS, D.: Biotechnologie der Pflanzen. Verlag Eugen Ulmer, Stuttgart 1992.

HOLDGATE, D. P.: Propagation of Ornamentals by Tissue Culture, in: REINERT, J., and BAIAI, G. P. S.: Applied and Fundamental Aspects of Plant Cell, Tissue, and Organ Culture.Verlag Springer, Berlin–Heidelberg–New York 1977.

INTUWONG, O., SAGAWA, Y.: Clonal Propagation of Sarcanthine Orchids by Aseptic Culture of Inflorescences. Am. Orch. Soc. Bull. 42, 209–215, 1973.

– – Clonal Propagation of *Phalaenopsis* by Shoot Tip Culture. Am. Orch. Soc. Bull. 43, 893–895, 1974.

– – Clonal Propagation of *Dendrobium*Golden Wave and other Nobile Types. Amer. Orch. Soc. Bull. 44, 319–322, 1975.

KOCH, L.: Vergleich zweier Verfahren zur Vermehrung von *Cymbidium*-Protocormen. Gartenbauwiss. 38, 419–426, 1973.

– Untersuchungen zur vegetativen Vermehrung bei *Phalaenopsis* in vitro. Diss. TU Hannover, Fak. f. Gartenbau u. Landeskultur, 1–169, 1974.

KNUDSON, L.: Non-Symbiotic Germination of Orchid Seeds. Bot. Gaz. 73, 1–25, 1922.

– A New Nutrient Solution for Germination of Orchid Seed. Am. Orch. Soc. Bull. 15, 214–217, 1946.

KUNISAKI, J. F., SAGAWA, Y.: Shoot-Tip Culture of *Vanda*. Am. Orch. Soc. Bull. 41, 435–439, 1972.

– Induction of Keikis on Ascocendas by Cytokinin. Am. Orch. Soc. Bull. 44, 1066–1067, 1975.

KÜNKELE, S.: Die Washingtoner Artenschutz-Konvention und ihre Konsequenzen. Dt. Gartenbau 16, 563–565, 1976.

LINDEMANN, E. G. P., GUNCKEL, J. E., DAVIDSON, O. W.: Meristem Culture of *Cattleya*. Am. Orch. Soc. Bull. 39, 1002–1004, 1970.

LINDÉN, B.: Aseptic Germination of Seeds of Northern Terrestrial Orchids. Ann. Bot. Fennici 17, 174–182, 1980.

LUCKE, E.: Biotin als Wirkstoff bei der Samenkeimung von *Paphiopedilum*. Orchidee 20, 270–271, 1969.

– Orchideenaussaaten – leicht gemacht. Orchidee 25, 76–83, 1974.

– Die Desinfektionsfritte für Orchideensamen. Orchidee 26, 280–282, 1975.
– Colchicin-Behandlung von Orchideen. Orchidee 28, 38, 1977.
– Samenstruktur und Samenkeimung europäischer Orchideen nach VEYRET sowie weitere Untersuchungen. Orchidee 32, 182–188, 1981; 33, 8–16 und 108–115, 1982; 35, 13–20 und 153–158, 1984.

MALMGREN, S.: Ein neues Samenbehandlungsprinzip. Orchidee 43, 284–287, 1992.
– Zur Lagerung und Vitalitätsprüfung von Orchideensamen. Orchidee 36, 111–112, 1985.

MOREL, G.: Producing Virus-Free, Cymbidiums. Am. Orch. Soc. Bull. 29, 495–497, 1960.
– Eine neue Methode erbgleicher Vermehrung: Die Kultur von Triebspitzen-Meristemen. Orchidee 16, 165–176, 1965.
– Clonal Multiplication of Orchids. In WITHNER, C. L.: The Orchids – Scientific Studies. 169–222. John Wiley & Sons, New York 1974.
– MULLER, J. F.: La culture in vitro du méristème apical de la pomme de terre. Compt. Rend. Acad. Sci. Paris 258, 5250–5252, 1964.

MUIK, F.: Zur Vermehrung von *Cypripedium* aus Samen. Orchidee 28, 116–118, 1977.

MURASHIGE, T., SKOOG, F.: A Revised Medium for Rapid Growth and Bio-Assays with Tobacco Tissue Cultures. Physiol. Plant. 15, 473–497, 1962.

NITSCH, J. P. (1951) zit. in STREET, H. E.: Plant Tissue and Cell Culture. Blackwell Scient. Publ. Oxford, London, Edinburgh, Melbourne 1973.

PIERIK, R. L. M.: In vitro culture of Higher Plants. Martinus Nijhoff Publishers, Dordrecht–Boston–Lancaster 1987.

RASMUSSEN, H., ANDERSEN, T. F., JOHANSEN, B.: Light Stimulation and Darkness Requirement for the Symbiotic Germination of *Dactylorhiza majalis* in vitro. Physiol. Plantarum 79, 226–230, 1990.

REINERT, R. A., MOHR, H. C.: Propagation of *Cattleya* by Tissue Culture of Lateral Bud Meristems. Proc. Am. Soc. Hort. Sci. 91, 664–671, 1967.

SAGAWA, Y., VALMAYOR, H. L.. Embryo Culture of Orchids. Proc. 5th World Orch. Conf., 99–101, 1966.
– SHOJI, T.: Clonal Propagation of Dendrobiums through Shoot Meristem Culture. Am. Orch. Soc. Bull. 36, 856–859, 1967.

SANGUTHAI, O., SANGUTHAI, S., KAMEMOTO, H.: Chromosome Doubling of a *Dendrobium* Hybrid with Colchicine in Meristem Culture. J. Ser. Nr. 1594 of the Hawaii Agric. Exp. Stat., 12–16, 1973.

SAULEDA, R. P.: An Aseptic Transfer Case Based on a Liquid Seal. Am. Orch. Soc. Bull. 39, 515–516, 1970.

SCULLY, R. M.: Aspects of Meristem Culture in the *Cattleya* Alliance. Am. Orch. Soc. Bull, 36, 103–108, 1967.

SEITZ, H. M.: Symbiotische Samenkeimung bei europäischen Orchideen. Tagungsbericht der 8. Welt-Orch.-Konf., 343–350, 1976.

SEITZ, H. U., SEITZ, U., ALFERMANN, W.: Pflanzliche Gewebekultur. Ein Praktikum. Verlag Gustav Fischer, Stuttgart–New York 1985.

STOKES, M. J.: The in-vitro Propagation of *Dactylorchis fuchsii* (Druce) Vermeul. The Orch. Rev. 82, 62–65, 1974.

STOUTAMIRE, W.: Terrestrial Orchid Seedlings. In: WITHNER, C.: The Orchids.-Scientific Studies. 101–128. John Wiley and Sons, New York 1974.

TANAKA, M., SAKANISHI, Y.: Clonal Propagation of *Phalaenopsis* by Leaf Tissue Culture. Amer. Orch. Soc. Bull. 46, 733–737, 1977.

TEO, Ch. K. H., KUNISAKI, J. T., SAGAWA, Y.: Clonal Propagation of Strap-Leafed *Vanda* by Shoot-Tip Culture. Am. Orch. Soc. Bull. 42, 402–405, 1973.

THOMALE, H.: Die Orchideen. Verlag Eugen Ulmer, Stuttgart 1954.

TIN-YAU TSE, A., SMITH, R. J., HACKETT, W. P.: Adventitious Shoot Formation on *Phalaenopsis* Nodes. Am. Orch. Soc. Bull. 40, 807–810, 1971.

TISSERAT, B., VANDERCOOK, C. E.: Computerized Long-Term Tissue Culture for Orchids. Amer. Orch. Soc. Bull. 55, 35–42, 1986.

VACIN, E. F., WENT, F. W.: Some pH-Changes in Nutrient Solutions. Bot. Gaz. 110, 605–613, 1949.

VAJRABHAYA, M., VAJRABHAYA, T.: Tissue Culture of *Rhynchostylis gigantea*, a Monopodial Orchid. Am. Orch. Soc. Bull. 39, 907–910, 1970.

VALMAYOR, H.: Further Investigations into Nutrient Media. Proc. 7th World Orch. Conf., 211–221, 1974.

VAN WAES, J. M., DEBERGH, P. C.: Adaption of the tetrazolium method for testing the seed viability, and scanning electron microscopy study of some Western European orchids. Physiol. Plant. 66, 435–442, 1986.

VÖTH, W.: Über Aussaat und Sämlinge einiger *Bulbophyllum*- und *Cirrhopetalum*-Arten. Orchidee 20, 272–277, 1969.

– Asymbiotische Aussaat und Jungpflanzenentwicklung von *Orchis sancta*, *O. coriophora* ssp. *fragrans* und *O.* × *kallithea*.Gärtn.-Bot. Brief Nr. 45 d. Arbeitsgem. Techn. Leiter Bot. Gärten, 1492–1499, 1975.

– Aussaat und Kultur von *Serapias parviflora* und *S. orientalis*. Tagungsber. d. 8. Welt-Orch.-Konf., 351–358, 1976.

WARCUP, J. H.: Symbiotic Germination of some Australian Terrestrial Orchids. New Phytol. 72, 387–392, 1973.

– The Mycorrhizal Relationships of Australian Orchids. New Phytol. 87, 371–381, 1981.

WEINERT, M.: Keimungsfördernde Faktoren bei schwerkeimenden europäischen Orchideen. Orchidee 44, 150–153, 1993.

WERCKMEISTER, P.: Die Steuerung von Vermehrung (Proliferation) und Wachstum in der Meristemkultur von *Cymbidium* und die Verwendung eines Kohle-Nährmediums. Orchidee 21, 126–131, 1970.

WILSON, G.: Calcium Hypochlorite as a Seed Sterilizer. The Orch. Rev. 14, 154–155, 1915.

WIMBER, D. E.: Clonal Multiplication of Cymbidiums through Tissue Culture of the Shoot Meristem. Am. Orch. Soc. Bull. 32, 105–107, 1963.

– and van COTT, A.: Artificially Induced Polyploidy in Cymbidiums. Proc. 5th World Orch. Conf., 27–32, 1966.

WITHNER, C. L.: The Orchids. A Scientific Survey. The Ronald Press Co., New York 1959.

– The Orchids. Scientific Studies. John Wiley and Sons, New York 1974.

ZIMMER, K., PIEPER, W.: Zur Wirkung von Blutungssaft der Weißbirke auf das Wachstum von Geweben in vitro. Orchidee 27, 267–271, 1976.

– Zur vegetativen Vermehrung von *Phalaenopsis* in vitro. Orchidee 28, 118–122, 1977 a.

– Über einige Probleme bei der Gewebekultur. Die Orchidee 28, 191–194, 1977 b.

6 Züchtung und Vererbung*

6.1 Cytologie und Genetik

6.1.1 Die Zahl der Chromosomen

Die Eigenschaften einer Pflanze werden weitgehend von ihrem mütterlichen und väterlichen Erbgut bestimmt, das in den Chromosomen der Zellkerne lokalisiert ist. Jedes Chromosom trägt eine Vielzahl von Erbanlagen (Genen), die in stärkerem oder schwächerem Maße das Erscheinungsbild des Individuums prägen. Für den Taxonomen und Züchter ist die Kenntnis der Chromosomenzahl u. U. von größter Wichtigkeit, um Aufschluß über die verwandtschaftlichen Beziehungen innerhalb einer bestimmten Gruppe zu bekommen und Möglichkeiten der Hybridisation zu erkennen.

Die Anzahl der Chromosomen wird zumeist mit n oder 2n angegeben, n findet sich in den haploiden Geschlechtszellen (Gameten), nachdem sich die homologen Chromosomen während der Reduktionsteilung (Meiose) getrennt haben. Man spricht in diesem Falle daher auch von meiotischen Chromosomen. 2n weisen dagegen die diploiden Körperzellen (Soma) der Pflanze auf, da während der normalen Zellteilung (Mitose) die Chromosomenpaare vereint weitergegeben werden. Man bezeichnet sie als somatische oder mitotische Chromosomen.

Die Frage nach der Chromosomenzahl einer bestimmten Orchideenart kann häufig beantwortet werden, wenn man die Verzeichnisse von TANAKA und KAMEMOTO in WITHNER (1974) zu Rate zieht, in denen von etwa 1000 Arten n oder 2n angeführt sind. In einer früheren Ausgabe von WITHNER (1959) nennt DUNCAN die Zahl der Chromosomen von mehr als 300 Arten und Hybriden. In den Tabellen von TANAKA und KAMEMOTO erschienen die Gattungen in alphabetischer Reihenfolge: DUNCAN ordnet sie nach dem SCHLECHTERschen System. Das Verfahren DUNCANS, bei dem man mit dem taxonomischen System vertraut sein muß, bietet den Vorteil, daß man rasch einen Eindruck von den Chromosomenverhältnissen einer bestimmten taxonomischen Gruppe gewinnt. Als Beispiel einer derartigen Gruppe wird hier die Subtribus Sarcanthinae gewählt, von der in der Abbildung die Anzahl der aufgefundenen somatischen Chromosomen bei den einzelnen Gattungen wiedergegeben ist. Abgesehen davon, daß bei den Sarcanthinae noch nicht alle Arten untersucht worden sind, kommt es vor, daß einzelne Sippen niedrigeren Ranges eine abweichende Chromosomenzahl aufweisen. Die Hinzufügung von „(i. s.)“ in Abbildung 119 kennzeichnet eine intraspezifische Sippe, wobei außer Betracht gelassen wird, welche Rangordnung ihr gegeben werden könnte.

Betrachten wir die Anzahl der Chromosomen, so fällt sogleich auf, daß die Mehrzahl der Arten der aufgeführten Gattungen 2n = 38 Chromosomen aufweist. In einigen Fällen sind davon abweichende Zahlen wahrgenommen worden, wie 2n = 40, 2 n = 76 und 2n = 116. Bezüglich der Zahl 2n = 40 kann angenommen werden, daß hier die Zahl der Chro-

* Die Übersetzung aus dem Niederländischen besorgte freundlicherweise Herr H. TUINMAN, Veghel/Niederlande.

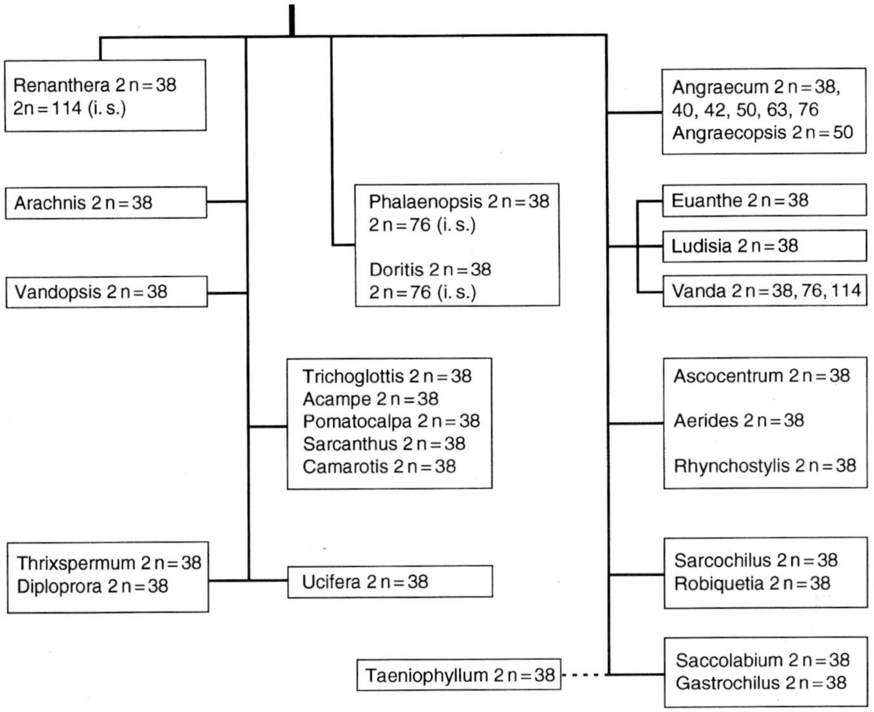

Abb. 119. Somatische Chromsomenzahlen in *Vanda*-ähnlichen Orchideen (Sarcanthinae sensu Schltr.). Die Beifügung „(i. s.)" deutet auf eine Zahl, die bei intraspezifischen Sippen (Unterart, Varietät) gefunden wurde; die weiteren Zahlen sind an Arten bestimmt. Einordnung der Gattungen nach R. E. Holttum 1959.

mosomen an einem Individuum (Pflanze) bestimmt worden ist, das einige Chromosomen mehr hat, als für die Art typisch ist. In solchen Fällen spricht man von „Aneuploidie" im Gegensatz zu „Euploidie", wenn die Zahl der Chromosomen eine genaue Vielfalt der sog. Basiszahl (oder Grundzahl) ist.

Aneuploide Zahlen sind z. B. 2n = 36, 37, 39 und 40. Eine andere Erklärung für die Angabe 2n = 40 kann gegeben werden, wenn man annimmt, daß es sich um eine Fehlinterpretation der untersuchten Zellen handelt. Kommen wir nochmals auf die Basis- oder Grundzahl zurück: sie stellt die niedrigste haploide Zahl dar, die in einer Gruppe wahrgenommen worden ist; im Falle der Sarcanthinae ist die Grundzahl (×) also 19.

Die bei den Gattungen *Phalaenopsis, Doritis, Renanthera* und *Vanda* festgestellten Zahlen 2n = 76 und 2n = 114 sind höhere Vielfache von × = 19; die daraus sich ergebenden Zahlen 4× = 76 und 6× = 114 bilden mit 2× = 38 eine polyploide Reihe. Das Phänomen der Polyploidie wird eigens erörtert werden.

Aus der Abbildung geht aber auch hervor, daß unsere Folgerung, die Grundzahl für die Sarcanthinae sei × = 19, nicht genau zutrifft für die angraecoiden Orchideen, die rechts oben als *Angraecum* und *Angraecopsis* aufgenommen sind. Diese angraecoiden Orchideen kommen auf dem afrikanischen Festland und auf Madagaskar vor, während die Mehrzahl der Sippen der Sarcanthinae in Südostasien und im Indomalaiischen Archipel gefunden wird. Neue Untersuchungen (Arends und van der Laan 1986) zeigen, daß die Basiszahl innerhalb der angraecoiden Orchideen von × = 17 bis zu 19 und von

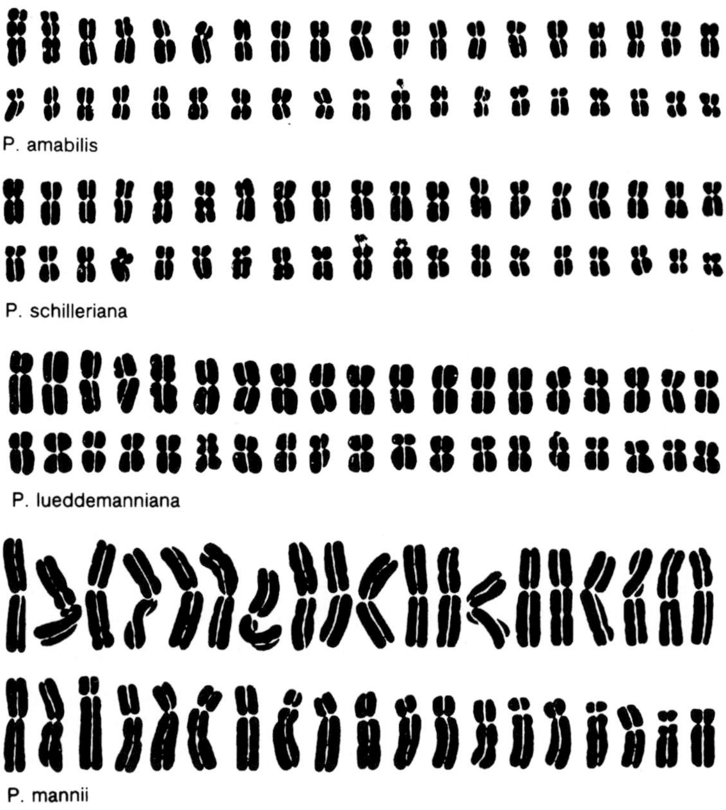

Abb. 120. Karyotypen von vier Arten der Gattung *Phalaenopsis* ($2n = 38$), 2000×. Nach SHINDO und KAMEMOTO 1963.

$x = 21$ bis zu 27 variiert. Zur Zeit verteilt man die angraecoiden Gattungen über zwei Subtriben, namentlich die Angraecinae und Aerangidinae. Die Zahlen $x = 17$ bis 19 charakterisieren die Angraecinae, während die Aerangidinae von den Zahlen $x = 21$ bis 27 charakterisiert werden.

6.1.2 Der Karyotyp

Während für eine größere Anzahl Arten die Zahl der Chromosomen bekannt ist, kann ein weitergehendes Studium insbesondere der somatischen Chromosomen zu einer sog. Karyotyp-Analyse führen.

Wir haben schon gesehen, daß innerhalb der Gruppe der Sarcanthinae die Zahl der Chromosomen für die meisten untersuchten Arten $2n = 38$ ist. Der Karyotyp einer Art aus dieser Gruppe ist deshalb an erster Stelle durch die Zahl 38 charakterisiert. Jedes Chromosom ist aber wieder durch seine Länge und die Stelle der primären Einschnürung (oder Centromer) gekennzeichnet, einige Chromosomen überdies durch eine sekundäre Einschnürung, wodurch sie einen Satelliten tragen. Innerhalb gegebener Karyotypen unterscheiden die Chromosomen sich oft untereinander durch ihre Länge. Die beobachteten Chromosomen können fotografisch oder durch Zeichnungen dargestellt werden. In diesem Fall werden sie oft nach abnehmender Länge geordnet. Aus einer karyotypischen Analyse kann man mittels Messungen und Berechnungen Folgerungen für die taxonomische Stellung der analysierten Sippen ziehen.

Abbildung 120, die SHINDO und KAMEMOTO (1963) entnommen ist, zeigt vier verschiedene Karyotypen von *Phalaenopsis.* Die Karyotypen der zwei ersten Arten, *P. amabilis* und *P. schilleriana*, ähneln sich; im Vergleich mit den Karyotypen der anderen beiden Arten sind die Chromosomen aber verhältnismäßig klein. Die Chromosomen von *P. mannii* sind die längsten, die von *P. lueddemanniana* ein wenig kürzer, aber länger als die von *P. amabilis*. Mit Ausnahme der beiden ersten Karyotypen sind die hier dargestellten Karyotypen in bezug auf die Morphologie der Chromosomen voneinander verschieden. Dies besagt aber nicht, daß die Karyotypen von *P. amabilis* und *P. schilleriana* einander ganz gleich wären; wahrscheinlich bestehen sog. strukturelle Abweichungen. Auch zeigt die Abbildung deutlich, daß die Chromosomen meistens paarweise unterschieden und geordnet werden können. Die beiden Chromosomen eines Paares nennt man Homologe; die Gesamtheit der Erbträger einer Keimzelle (n) bilden ein Genom. Bei den hier angeführten Arten mit 2n = 38 sind deshalb zwei Genome vorhanden, die beide aus 19 Chromosomen bestehen. In einer interspezifischen Hybride kombinieren sich wieder zwei Genome; die Unterschiede zwischen den beiden Elterngenomen bleiben oft gut erkennbar.

6.1.3 Polyploidie

Am Kapitelanfang stellten wir schon fest, daß bei einer Basiszahl × = 19 verschiedene Sippen innerhalb der Sarcanthinae polyploid sind, das heißt 2n = 76 oder sogar 2n = 114 Chromosomen haben. Bei der Gattung *Doritis* kennt man die Art *D. pulcherrima*, die ihr Verbreitungsgebiet in Südostasien hat. Gewöhnlich ist *D. pulcherrima* diploid (2n = 38), doch innerhalb eines bestimmten Teils des Areals (Ubol, nahe dem Mekong-Fluß in Nordostthailand) kommt eine Sippe vor, die tetraploid (2n = 76) ist. Diese Sippe, die als *D. pulcherrima* var. *buyssoniana* bezeichnet wird, hat sog. Gigas-Kennzeichen, wobei z. B. die Blüten größer sind als die des diploiden Cytotyps.

In den Abb. 121 d und 121 e wird Polyploidie dargestellt an den Chromosomenzahlen während der sogenannten Pollenmitose (n = 19 bzw. n = 38). Wir haben es hier mit intraspezifischer Polyploidie zu tun. Sagawa (1962) zeigte auf, daß bei vielen Sippen, die man am besten als Kulturvarietäten von *Phalaenopsis amabilis* bestimmen könnte, ein deutlicher Zusammenhang zwischen Blumengröße und Polyploidie besteht. Etwas anders ist die Situation bei *Vanda*, wo zwei als Arten beschriebene Sippen polyploid sind. *V. tricuspidata* hat nach Storey (1952) 2n = 76 und *V. spathulata* nach Storey et al. (1963) 2n = 114 Chromosomen. Man darf annehmen, daß es sich im Fall *Doritis pulcherrima* var. *buyssoniana* um Autopolyploidie und in den zwei vorhin erwähnten Fällen von *Vanda* um (segmental)-Allopolyploidie handelt. Um den Unterschied zwischen Auto- und Allopolyploidie und das Entstehen von Polyploidie zu erklären, müssen wir jetzt dem nächsten Absatz ein wenig vorgreifen, wo wir genauer auf die Reduktionsteilung eingehen werden.

Stellt man sich vor, daß die normale diploide *Doritis pulcherrima* zwei Genome hat, die wir kurzweg mit D^p angeben, so ist die Genomformel für diese Art D^pD^p. Betrachten wir nun in Abbildung 122 den Verlauf I, so ist das Ergebnis der Reduktionsteilung, daß ♂ Gameten entstehen mit einem Genom D^p. Nehmen wir an, daß auch Eizellen (♀ Gameten) entstehen mit der Genomformel D^p, so ist das Ergebnis der Befruchtung (Verschmelzung der ♀ und ♂ Kerne), daß wieder ein (diploides) Individuum mit der Genomformel D^pD^p entsteht. Gehen wir nochmals von derselben Art mit D^pD^p aus, folgen aber nun Verlauf II A, so ist dessen Ergebnis, daß eine ♂ Gamete mit der Genomverbindung D^pD^p (2n) gebildet wird. Werden an ♀ Seite gleichfalls D^pD^p Gameten gebildet, so wird nach der Verbindung derartiger diploider Gameten ein Individuum (Pflanze) entstehen mit der Genomverbindung $D^pD^pD^pD^p$, ein Autotetraploid mit 4 × 19 = 76 Chromosomen.

Stellen wir jetzt den Fall *Vanda tricuspidata* (2n = 76) zur Diskussion, so setzen wir voraus, daß wir von zwei hypothetischen Arten x und y ausgehen. Die Art x hat die Genomformel V^xV^x; die Art y V^yV^y. Nehmen wir an,

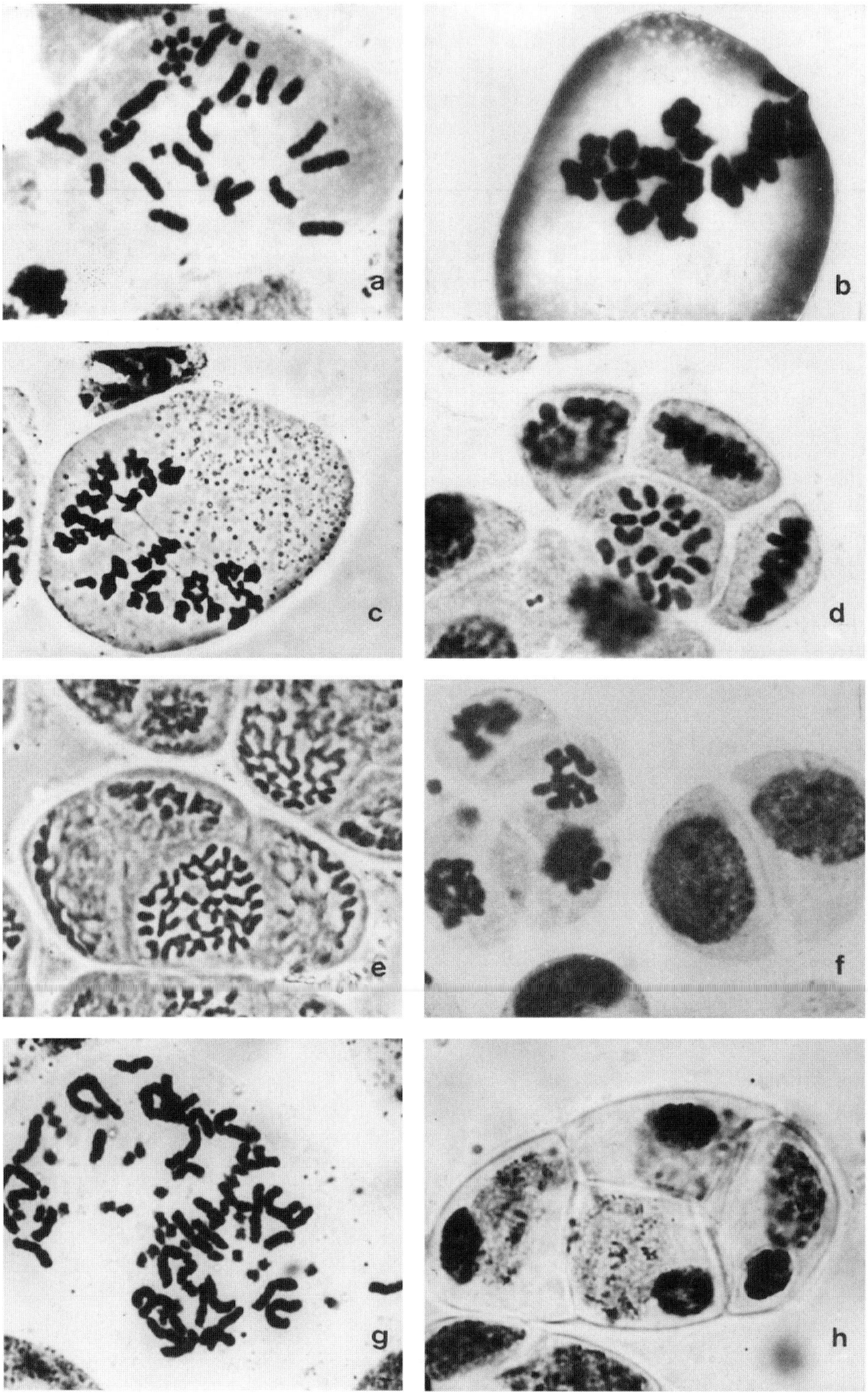
a
b
c
d
e
f
g
h

daß wir die Arten x und y kreuzen, so bekommen wir im normalen Fall Nachkommen mit der Genomformel V^xV^y (diploid, 2 × 19 = 38 Chromosomen). Wird diese F_1 z. B. selbstbestäubt und folgt die Reduktionsteilung an sowohl männlicher wie weiblicher Seite dem Verlauf II A, so entstehen ♀ und ♂ Gameten mit der Genomverbindung V^xV^y (also mit 2 × 19 = 38 Chromosomen); verschmelzen diese Gameten, so entsteht ein Nachkomme mit $V^xV^xV^yV^y$, ein Allotetraploid oder Amphidiploid mit 4 × 19 = 76 Chromosomen. Der Unterschied zwischen Auto- und Allotetraploidie kann also durch die Annahme angegeben werden, daß die Autotetraploiden durch Genomverdoppelung einer Art ($D^pD^p \rightarrow D^pD^pD^pD^p$; $V^xV^x \rightarrow V^xV^xV^xV^x$; $V^yV^y \rightarrow V^yV^yV^yV^y$) entstehen, die Allotetraploiden durch Genomverdoppelung einer Hybride ($V^xV^y \rightarrow V^xV^xV^yV^y$). Eine weitere Anführung der verschiedenen Formen von Polyploidie entnehme man Löve und Löve (1975).

Aus Abb. 119 läßt sich folgern, daß spontane Polyploidie in einer Gruppe wie die der Sarcanthinae, wenigstens was die Wildarten betrifft, eine relativ seltene Erscheinung ist, obwohl die Gruppe insgesamt als polyploid betrachtet werden kann. Ähnliche Folgerungen lassen sich ziehen, wenn man andere Gruppen betrachtet, ausgenommen Gattungen, die zu intensiver Hybridisation neigen, z. B. *Dactylorhiza*. Polyploidie spielt aber eine wichtige Rolle bei der Züchtung von Orchideen im Zierpflanzenbau.

6.1.4 Die Reduktionsteilung

Die Bildung weiblicher und männlicher Gameten ist das Ergebnis einer Reihe von Kern-/Zellteilungen in der diploiden Embryosackmutterzelle (EMZ) bzw. der Pollenmutterzelle (PMZ). Die Entwicklung der ♀ und ♂ Gameten verläuft nach demselben Prinzip, ist jedoch auf der weiblichen Seite etwas komplizierter und überdies weniger einfach zu beobachten. Wir werden uns deshalb auf eine Besprechung der Bildung der Pollenkörner beschränken.

Ausgehend von der PMZ mit 2n Chromosomen, wird eine normal verlaufende Meiose zur Bildung von vier Pollenkörner mit je zwei haploiden Kernen, einem generativen und einem vegetativen, führen. Die vier Pollenkörner bleiben während ihrer weiteren Existenz bei den Orchidaceae in einer Tetrade zusammen. Die Pollentetrade ist schematisch abgebildet in Abb. 122 am Ende der Entwicklungsreihe I und in Abb. 121 h, aufgezeigt an

Abb. 121 a–h. Chromosomen di- und polyploider Pflanzen.
a = 38 somatische Chromosomen in einer Wurzelspitzenzelle der interspezifischen Hybride *Phalaenopsis equestris* × *Phalaenopsis mannii*; die 19 kürzeren sind von der ersten, die 19 längeren von der zweiten Elternpflanze ererbt worden.
b + c = Erste meiotische Metaphase in PMZ von *Doritis pulcherrima,* im diploiden Cytotyp 19, im tetraploiden Cytotyp 38 Bivalente.
d + e = Pollenmitose in einer Tetrade von *Doritis pulcherrima* (2× = 38) bzw. *Doritis pulcherrima* var. *buyssoniana* (4× = 76) im diploiden Cytotyp n = 19 Chromosomen, im tetraploiden Cytotyp n = 38 Chromosomen.
f = Anomale Pollenbildung in der interspezifischen Hybride *Phalaenopsis lueddemanniana* × *Phalaenopsis equestris* (2n = 38); der Pfeil deutet auf eine Dyade mit diploiden Kernen, entstanden als Folge einer früheren Restitutionskernbildung.
g = Somatische Chromosomen (2n = 76) in der allotetraploiden *Doritaenopsis* Clara Schubert; die 38 längeren sind von tetraploiden (4× = 76) *Doritis pulcherrima* var. *buyssoniana,* die 38 kürzeren von tetraploiden (4× = 76) *Phalaenopsis* Zada ererbt worden.
h = Pollentetrade von *Doritaenopsis* Clara Schubert; die haploiden Kerne enthalten je 38 Chromosomen. Die kleineren generativen Kerne sind dunkel, die größeren vegetativen Kerne leicht angefärbt. Vergrößerung 1500- bis 2000fach (121 a und 121 f aus Arends 1970).

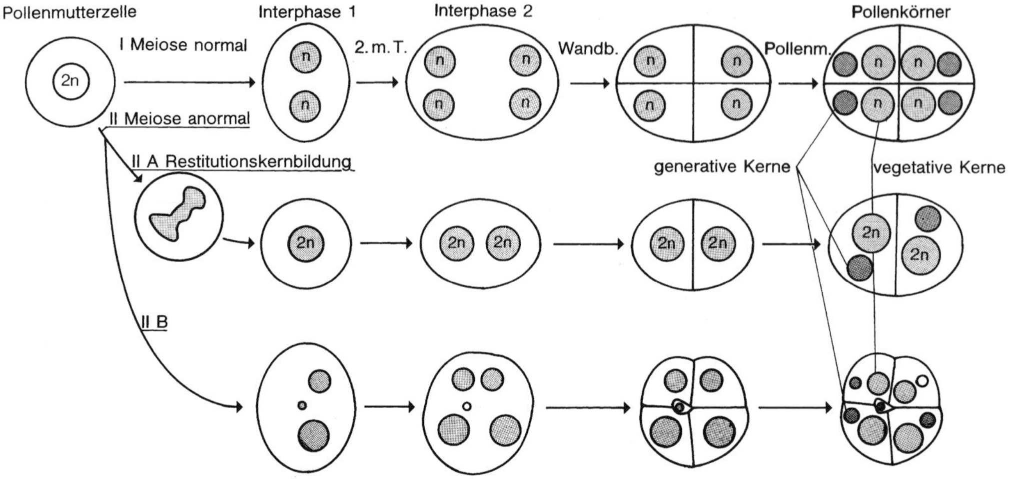

Abb. 122. Schematische Darstellung des Verlaufes der Meiose, die zur Bildung der Pollenkörner führt. Entwicklungsgang I: Bildung von vier haploiden (n) Pollenkörnern in einer Tetrade; Entwicklungsgang II A: Bildung von zwei diploiden (2n) Pollenkörnern in einer Dyade als Folge einer Restitutionskernbildung; Entwicklungsgang II B: Bildung von unbalanzierten Pollenkörnern als Folge einer anomalen Verteilung der Chromosomen während der Anaphase der ersten meiotischen Teilung.
Abkürzungen: 2. m. T. = zweite meiotische Teilung, Wandb. = Wandbildung, Pollenm. = Pollenmitose.

Doritaenopsis Clara Schubert. Von einer normal verlaufenden Meiose kann man reden, wenn während der ersten Phasen der Reduktionsteilung die homologen Chromosomen sich normal paaren, so daß während der sogenannten ersten Metaphase n Bivalente (in Abb. 121 b und 121 c) wahrnehmbar sind. (Ein Bivalent ist eine Konfiguration, die aus zwei Chromosomen besteht.) Danach weichen die homologen Chromosomen wieder so auseinander, daß in der Interphase 1 zwei Kerne mit je n Chromosomen gebildet werden. Eine zweite (mitotische) Teilung sorgt dafür, daß in der Zelle vier haploide Kerne gebildet werden (siehe Interphase 2); diese vier Kerne werden schließlich durch Zellenwandbildung voneinander getrennt, wodurch vier haploide, in einer Tetrade zusammenhängende Zellen entstehen. Als Ergebnis der dann auftretenden Pollenmitose (Abb. 121 d und 121 e) werden am Ende in jeder der vier Zellen die generativen und die vegetativen Kerne gebildet. Den eben skizzierten Prozeß kann man bei reinen Arten und mehr oder weniger fertilen Hybriden erwarten. Wenn aber während der ersten Phase der Reduktionsteilung die Paarung der Chromosomen gestört worden ist oder das Auseinanderweichen der Chromosomen nicht regelmäßig verläuft, können Pollenkörner mit abweichender Anzahl von Chromosomen entstehen. In Abbildung 122 sind, von der Entwicklungsreihe II ausgehend, zwei Möglichkeiten wiedergeben.

Entwicklungsreihe IIA gibt an, welche Wirkung die sogenannte Restitutionskernbildung auf den Kerninhalt der dadurch entstehenden Pollenkörner hat. Restitutionskernbildung tritt auf, wenn während der ersten Phasen der Meiose alles vorhandene Kernmaterial durch Verschmelzung wieder in einen Kern (den Interphase-1-Kern) zusammengebracht wird. Da dieser Kern diploid (2n) ist und die folgenden Teilungen normal verlaufen, entstehen schließlich zwei Pollenkörner (die zusammen eine Dyade bilden), die beide diploide vegetative und generative Kerne enthalten. Diese Erscheinung kann in seltenen Fällen bei reinen Arten auftreten, größtenteils aber bei sterilen Hybriden (Abb. 121 f).

Reihe II B zeigt die Bildung von Pollenkörnern mit Kernen, deren Chromosomenzahl von n abweicht. Die Abweichungen sind die Folge einer mehr oder weniger intensiven Störung in den ersten Phasen der Reduktionsteilung, wodurch unausgeglichene Gameten entstehen können, die während des Befruchtungsprozesses nicht mehr funktionieren oder nach Verschmelzung mit dem weiblichen Kern eine Zygote ergeben, die auf einer früheren oder späteren Entwicklungsstufe nicht oder kaum lebensfähig ist. Das gegebene Beispiel ist eine der sehr vielen Möglichkeiten, die beobachtet werden können, wenn der Pollen einer mehr oder weniger sterilen Hybride analysiert wird (Abb. 121 f).

6.2 Mikrotechnik

6.2.1 Mikroskop und Utensilien

Das Mikroskop muß eine gute bis sehr gute Optik haben, u. a. ein Ölimmersionsobjektiv (63, 90 oder 100×) mit einer möglichst hohen numerischen Apertur (1,2 à 1,4); besonders wenn kleinere meiotische oder mitotische Chromosomen analysiert werden müssen. Pollenkörner können mit einfacheren Objektiven studiert werden. Eine ausgezeichnete Einführung in den Gebrauch eines Mikroskops bietet, neben weiteren Broschüren der Firma Carl Zeiss, das Büchlein von H. G. Kapitza: „Mikroskopieren – von Anfang an".

An Utensilien werden gebraucht: Objektträger 26 × 76 mm, 0,8–1,0 mm dick; Deckgläser rechteckig, maximal 22 × 26 mm, Dicke Nr. 1, ± 0,17 mm; festes Paraffin und Messinghaken, Nagellack oder Deckglaslack zum Abschließen; Glasstäbchen mit flach geschliffenem Kopf, ∅ 4 mm; Pinzette (10 cm); Rasierklinge; speerförmige Nadel; Petrischale ∅ 15 cm, auf deren Boden ein mit 45%iger Essigsäure befeuchtetes Filtrierpapier gelegt wird; Reagenzgläser mit flachem Boden, 50 mm hoch, 15 mm ∅, mit Verschluß; Spiritus- oder Bunsenbrenner mit kleiner Flamme; Wasserbad (Becherglas oder anderes Gefäß); Immersionsöl; Tropfenzähler.

Reagenzien: (Bereitung siehe unten) 0,5- bis 2%ige Orceinessigsäure; 0,5- bis 2%ige Karminessigsäure; leukobasisches Fuchsin; 45%- und 100%ige Essigsäure; 96%iges Ethanol; 0,002 M 8-Hydroxychinolin; 1 N HCl.

Bereitung der Reagenzien: 2%ige Orceinessigsäure: Man löse 2 g Orcein in 45%iger Essigsäure durch mäßige Erwärmung der Flüssigkeit mit dem Farbstoff, rühre oder bewege mitunter, während die Erlenmeyerflasche mit einem Wattepropfen verschlossen ist – Bereitungsdauer etwa 2 bis 4 Stunden – und filtriere ab. Die Herstellung der 2%igen Karminessigsäurelösung ist analog. Die geringere Konzentration erhält man durch Verdünnung mit 45%iger Essigsäure.

Leukobasisches Fuchsin: Man bringe 200 ml destilliertes Wasser zum Kochen, löse 2 g basisches Fuchsin darin auf, kühle bis 50 °C ab, füge 30 ml 1 N HCl hinzu, kühle ab bis ±20 °C, füge 2 g pulverisiertes Kaliumdisulfit zu, schließe ab und lasse das ganze an einem dunklen Ort stehen. Nach 24 Stunden muß die Flüssigkeit beinahe farblos sein. Dann füge man 1 g Aktivkohle hinzu, schüttle und filtriere nach einigen Minuten. Im Kühlschrank (dunkel!) aufbewahren.

0,002 M 8-Hydroxychinolin: Man löse 0,29 g 8-Hydroxychinolin in 1 Liter destilliertem Wasser auf, schüttle einige Male während 48 Stunden.

Anmerkung:

Die Farbstoffe können variable Erfolge ergeben; empfohlen wird Orcein (7091) von Merck (Darmstadt) oder synthetisches Orcein (5A 238) von Chroma (Schmidt & Co., Stuttgart), basisches Fuchsin von Chroma (1A 308); statt basischem Fuchsin kann man auch Pararosanilin gebrauchen (Merck 7601, Chroma 1B 533), Karmin (Merck 2233), Kaliumdisulfit (Merck 5057), 8-Hydroxychinolin (Merck 7098).

6.2.2 Arbeitsweise

Will man die Chromosomenzahl feststellen, so erreicht man auch ohne eine reichhaltige Laborausstattung ziemlich schnell gute Resultate mit der sogenannten Quetsch-Technik. Hierbei wird weiches Gewebe (evtl. mittels Mazeration weich gemacht) zu einer Zellschicht Dicke unter einem Deckglas ausgebreitet. Um die Chromosomen und Kerne sehen zu können, müssen sie gefärbt werden. Chromosomen und Karyotypen analysiert man gewöhnlich an Wurzelspitzenmaterial, obwohl es auch möglich ist, die Anzahl (als n) während der Pollenmitose zu bestimmen (Abb. 121 d und e), wenn durch eine mitotische Teilung generative und vegetative Kerne in den Pollenkörnern entstehen.

Somatische Chromosomen: das Sammeln von Wurzelspitzen
Terrestrische Orchideen: Man klopft die Pflanzen aus dem Topf, kontrolliert sie auf das Wachstum der Wurzeln, begießt sie leicht und erntet am folgenden Tag Wurzelspitzen von ± 1 cm Länge. Epiphytische Orchideen: Man erntet Wurzelspitzen (± 1 cm lang) von Wurzeln, die vom Rhizom oder Stengelteil ab 2 bis 10 cm lang sind. Dicke Wurzeln werden an der Spitze mit einer Rasierklinge 2 bis 5 mm tief ein- oder zweimal (kreuzweise) eingeschnitten. Man stellt die Wurzelspitzen in Röhren mit der 8-Hydroxychinolinlösung und bewahrt sie darin während 4 bis 5 Stunden bei 18 bis 20 °C (diese Temperatur kann man halten, wenn man die abgeschlossenen Röhren in eine Thermosflasche mit Wasser von 18 °C bringt). Durch diese Vorbehandlung bleiben die Chromosomen im Metaphasezustand liegen, und sie weichen später beim Quetschen oft besser auseinander. Man fixiert die Spitzen in einer Lösung von 3 Teilen 96%igem Ethanol und 1 Teil 100%iger Essigsäure (kurz vor Fixierung neu zubereiten!); die weitere Behandlung kann nach 30 bis 60 Minuten folgen. Wenn das Material später gebraucht wird, stellt man die Röhren am besten (etikettiert) in einen Kühlschrank bei einer Temperatur von ± 7 °C. Unmittelbar vor dem Ernten dürfen die Pflanzen keinesfalls gegossen werden; bisweilen zeigen Wurzeln in Hinsicht auf ihre Teilungsaktivitäten eine gewisse Periodizität; meistens trifft man sich teilende Kerne in Spitzen an, die gegen 10 Uhr am Vormittag geerntet worden sind.

Das Färben der Chromosomen und Kerne in Wurzelmaterial
Unabhängig von den Reagenzien, Orceinessigsäure bzw. Karminessigsäure (Verfahren a) oder leukobasisches Fuchsin (Verfahren b), sind einzelne Schritte des Vorgehens gleich. Es wird deshalb stufenweise beschrieben. So können gleichzeitig Wiederholungen vermieden und die Verfahren mit größtmöglicher Klarheit dargestellt werden.

a) Mit Orcein- oder Karminessigsäure
1: Eine halbe, eine ganze oder zwei Wurzelspitzen pro Präparat aus der Fixationsflüssigkeit nehmen.
2: Mazerieren, indem man sie in eine Reagenzröhre mit 1 N HCl gibt und das ganze während 2 bis 5 Minuten im Wasserbad auf eine Temperatur von 60 °C bringt.
3: Die Wurzelspitzen aus der Reagenzröhre herausnehmen und gegebenenfalls die schleimig gewordene Wurzelhaube entfernen.
4: Die äußerste Wurzelspitze (2 bis 3 mm), die das meristematische Gewebe enthält, abschneiden.
5: Die Spitzen in ein Reagenzglas mit etwas 2%iger Farbstofflösung überführen und sie 1 bis 2 Stunden lang darin lassen (siehe auch Anmerkung).
6: Die Spitzen auf ein Objektglas legen und mit Nadeln in kleine Stückchen teilen (schnell arbeiten, nicht austrocknen lassen!).
7: Das Gewebe in einen Tropfen 0,5%-, 1%- oder 2%iger Farbstofflösung bringen und durch leichten Druck mit der flachen Seite des Glasstäbchens weiter fraktionieren (siehe auch Anmerkung).
8: Ein Deckglas auf den Tropfen legen und das Präparat 1 bis 2 Stunden lang in der Petrischale ruhen lassen.

9: Das Präparat über einer Flamme erwärmen. Die Flüssigkeit darf nicht kochen – mit dem Handrücken den Grad der Erwärmung prüfen.
10: Abkühlen lassen.
11: Das Deckglas festhalten; dazu bedeckt man es teilweise mit Filtrierpapier, drückt mit einem Finger auf die bedeckte Stelle und klopft mit einem umgekehrten Zündholz leicht auf den unbedeckten Teil (siehe auch Anmerkung).
12: Ein Stückchen Filtrierpapier über das ganze Präparat legen und auf diese Stelle des Deckglases senkrecht (!) mit dem Daumen drücken. Das Ergebnis mikroskopisch kontrollieren; wenn nötig, den Vorgang wiederholen.
13: Ränder des Deckglases abschließen, entweder mit geschmolzenem Paraffin und erwärmtem Haken oder mit Lack.
14: Etikettieren.
Anmerkung:
Stufe 5 kann bei Chromosomen, die sich schnell und gut färben, evtl. entfallen. Bei Stufe 7 ist experimentell zu ermitteln, welche Farbstoffkonzentration man gebrauchen muß. Stufe 11 kann in vielen Fällen wegfallen, weil auch auf Stufe 12 die Zellen auseinandergebreitet und plattgedrückt werden.

b) Mit leukobasischem Fuchsin

1: Wie Verfahren a).
2: Mazerieren und hydrolisieren bei 60 °C in 1 N HCl für die Dauer von 6 bis 10 Minuten. Die Wurzeln 1 bis 3 Stunden in eine Röhre mit leukobasischem Fuchsin legen; 3 bis 5 Minuten in Wasser spülen.
3: Wie Verfahren a).
4: Wie Verfahren a).
5: Entfällt.
6: Wie Verfahren a).
7: Das Gewebe in einen Tropfen 45%iger Essigsäure bringen; mit dem Glasstäbchen drükken wie bei Verfahren a) (siehe auch Anmerkung).
8: Deckglas auflegen, sofort übergehen zu Stufe **11** des Verfahrens a), wie dort vorgehen (siehe auch Anmerkung) und weitermachen mit Stufe **12, 13** und **14**.
Anmerkung: Stufe 11 kann auch bei diesem Verfahren u. U. ausfallen.
Diese Färbungsmethode ergibt oft sehr schön gefärbte Kerne und Chromosomen, während das Plasma völlig farblos bleibt. Wenn das Ergebnis nicht ganz befriedigt, kann man auf Stufe **7** die 45%ige Essigsäure durch 0,5%- oder 1%ige Karminessigsäure ersetzen. Häufig nimmt die Intensität der Färbung im Laufe von einigen Stunden bis einigen Tagen ab; die Präparate müssen vorzugsweise im Dunkeln (Präparatdosen) und kühl aufbewahrt werden. Die Intensität der Färbung mit Orceinessigsäure nimmt hingegen im Laufe der Zeit gewöhnlich etwas zu.

Meiotische Chromosomen in Pollinien
Meiotische Chromosomen studiert man an den sich entwickelnden Antheren in den noch geschlossenen Blumenknospen. Eine Pollenanalyse kann an Pollen aus schon geöffneten Blumen gemacht werden. Die Länge der Blumenknospen wird vor dem Öffnen mit einer Schublehre gemessen; oft besteht eine Wechselbeziehung zwischen der Knospengröße und dem Teilungsstadium in den Antheren.

Nach der Messung werden die Knospen geöffnet, das Antherenkäppchen mit den sich entwickelnden Pollinien herausgenommen und das ganze in einer Mischung von drei Teilen 96%igem Ethanol und 1 Teil 100%iger Essigsäure während mindestens 30 Minuten fixiert. Das fixierte Material kann je nach Art oder Hybride kürzere oder längere Zeit im Kühlschrank aufbewahrt werden.

Vorgehen beim Färben
1: Die Pollinien mit dem Käppchen in einem Tropfen 1%- oder 2%igem Orcein- oder Karminessig auf ein Objektglas legen.
2: Mit der flachen Seite des Glasstäbchens das Ganze behutsam auseinanderdrücken.
3: Mit einer Nadel das festere Gewebe vom Antherenkäppchen entfernen.
4: Ein Deckglas auf den Tropfen geben und

das Präparat 30 bis 60 Minuten in der Petrischale ruhen lassen.
5: Über kleiner Flamme erwärmen.
6: Abkühlen lassen.
7: Filtrierpapier über das Präparat legen, Deckglas senkrecht andrücken.
8: Mit Paraffin oder einem anderen Mittel abdichten.
9: Etikettieren.

Die genannten Methoden führen im allgemeinen zu befriedigenden Resultaten; trotzdem sind viele kleinere oder größere Modifikationen bezüglich der Vorbehandlung, Fixierung und Färbung bekannt. Siehe dazu DARLINGTON und LA COUR (1976), GERLACH (1969) und LÖVE und LÖVE (1975).

6.3 Hybridisation

6.3.1 Natürliche Hybridisation

Kennern der Orchideen Europas, d. h. seiner gemäßigten Zonen, ist seit langem bekannt, daß unter natürlichen Umständen oft Hybriden entstehen. Ein gutes Bild vom Vorgang der Hybridisation vermitteln die Arbeiten von REINHARD (1967) und PEITZ (1972); Hybridisation innerhalb der Gattung *Ophrys* wird von DANESCH und DANESCH (1972) beschrieben. Von *Ophrys lyrata*, der Hybride von *O. atrata* und *O. bertolonii*, wurde eine große Population in der Nähe von Hyères (südfranzösische Mittelmeerküste) gefunden. Innerhalb dieser Population aber wurden wieder Formen angetroffen, die darauf hinweisen, daß weitergehende Hybridisation und Rückkreuzung stattgefunden hatten. Alle diese Pflanzen verraten ihren hybridogenen Charakter durch Kombinationen von Merkmalen, die von den verschiedenen Elternarten ererbt worden sind. Es erfordert große Kenntnis der Arten, um anhand der verschiedenen Merkmale einer vermeintlichen Hybride anzugeben, welche Elternarten an der Wiege der Hybride gestanden haben. Die genannten Beispiele natürlicher Hybridisation beziehen sich auf Arten ein und derselben Gattung (= intragenerische Hybridisation); man hat aber auch konstatiert, daß in der Natur intergenerische Hybridisation auftritt, d. h., daß Vertreter von zwei oder mehreren Gattungen hybridisieren. POTUCEK (1968) gibt eine Übersicht über intergenerische Hybridisation von *Dactylorhiza*-Arten mit Vertretern von *Serapias*, *Anacamptis* und vielen anderen Gattungen. SUMMERHAYES (1951) macht darauf aufmerksam, daß derartige Hybriden oft merkwürdige Merkmalkombinationen aufweisen und demzufolge leichter als intragenerische Hybriden zu unterscheiden sind.

Man kann die Frage stellen, ob in der Natur Umstände vorkommen, die die Hybridisation fördern oder sie beschränken. Eine der fördernden Bedingungen ist die Störung des „Habitats“, wodurch eine Barriere gegen Hybridisation beseitigt wird. Solche Barrieren werden Isolationsmechanismen genannt. Bei Pflanzen mit einem komplexen Blütenbau, wie bei den Orchideen, wird Hybridisation oder Genaustausch zwischen verwandten Arten vor allem durch mechanische oder ethologische Isolation verhindert. Im ersten Fall verhindert der Blütenbau einer Art, daß durch den Bestäuber Pollen einer anderen Art auf die richtige Stelle, d. h. auf die Narbe, gelangt. Der zweite Fall – ethologische Isolation – ist mit der Entwicklung von artspezifischen Bestäubern verbunden: Man hat wiederholt festgestellt, daß eine bestimmte Orchideenart hinsichtlich der Bestäubung von einer bestimmten Tierart, meistens von einem Insekt, abhängig ist. Schöne Beispiele dafür sind in dem Buch von VAN DER PIJL und DODSON (1966) zu finden.

Wo dennoch Hybridisation aufgetreten ist, besteht die Möglichkeit, daß die Hybride steril und außerstande ist, normalen Blütenstaub oder Samen zu bilden. Eine derartige Form hybridischer Sterilität beschrieb REINHARD (1972) für × *Anacamptorchis laniecae*, die intergenerische Hybride von *Anacamptis pyramidalis* und *Orchis morio*, deren Pollenkörner anormal und deren Fruchtknoten stark reduziert waren. Auch bei den tropischen Orchideen sind natürliche Hybriden nachzuweisen, obwohl in geringerem Maße als bei den terrestrischen europäischen. Eines der bekanntesten Beispiele ist *Phalaenopsis* × *intermedia*, die Hybride von *Phalaenopsis aphrodite* und *P. equestris*, die schon 1852 aus den Philippinen importiert wurde. Schließlich sei in diesem Zusammenhang noch vermerkt, daß die von einigen Autoren angenommene natürliche Hybridisation zwischen taxonomischen Einheiten, die auch als Arten gedeutet werden, von anderen Wissenschaftlern wiederum bezweifelt wird (SANFORD in WITHNER 1974, S. 26; SUNDERMANN 1972).

6.3.2 Künstliche Hybridisation

Aus dem Vorhergehenden wird ersichtlich: die wichtigste Kreuzungsbarriere, die den Genaustausch zwischen verwandten und sympatrischen Orchideenarten verhindert, ist ethologischer Natur. Es überrascht daher nicht, daß nach künstlicher Bestäubung mit der Hand in vielen Fällen Samenbildung stattfindet. Dies wird am besten illustriert, wenn man die Listen neu registrierter Orchideenhybriden studiert, wie sie monatlich in „The Orchid Review“ und “American Orchid Society Bulletin“ aufgenommen werden. Außer in einigen früheren Werken sind Hybriden auch registriert im „Orchid Stud Book“ (R. A. ROLFE und C. C. HURST 1909) und „Sanders Complete List of Orchid Hybrids“ (Volume I bis 1946, Volume II 1946–1960, Addendum 1961–1970). Die Einschreibung von neuen Hybriden erfolgt bei „The Registrar of Orchid Hybrids“, Royal Horticultural Society, Vincent Square, London SW 1P 2PE, England. Dort kann für jede Hybride ein spezielles Formblatt (Application for Registration of an Orchid Hybrid) erbeten werden (siehe auch GREATWOOD 1973, 1975).

Selbstverständlich ist es bei der Anmeldung der neuen Hybride von höchster Wichtigkeit, daß die Elternpflanzen genau verzeichnet werden (Etikettierung!). Falls eine oder mehrere „wilde“ oder „botanische“ Arten bei der Hybridisation mit einbezogen sind, ist die richtige Identifikation des betreffenden Materials ein Haupterfordernis. Dies wird oft nicht einfach sein, und man muß einen erfahrenen Systematiker zu Rate ziehen, der sich auf die Systematik der Orchidaceae spezialisiert hat. Seit 1975 ist es möglich, sich gegen geringes Entgelt an ein „Orchid Identification Center“ der „American Orchid Society“ zu wenden (Marie Selby Botanical Gardens, 800 S. Palm Avenue Saragosa, Fl. 33577, USA). Das Zentrum beschränkt sich lediglich auf die Determination von Arten; für Einzelheiten siehe DODSON 1975.

Im vorhergehenden Kapitel haben wir erwähnt, daß in der Natur nicht nur Arten einer Gattung, sondern auch Arten aus verschiedenen Gattungen hybridisieren können. Bei künstlicher Hybridisation zum Zwecke der Züchtung ist es möglich, daß sogar mehr als zwei Gattungen mit einbezogen werden. Die daraus entstehenden „Hybridengenera“ erhalten nach feststehenden Regeln einen Namen.

Eines der bekanntesten Hybridengenera ist *Laeliocattleya*, entstanden durch Kreuzung von *Cattleya* und *Laelia*. Ein interessanter Fall ist die F_1-Hybride *Vanda* Rothschildiana, die durch Kreuzung von *Vanda coerulea* und *Vanda sanderiana* entstand (1931). Später (1950) wurde die Art *Ascocentrum curvifolium* mit *Vanda* Rothschildiana gekreuzt. Die daraus entstandene Hybride wurde als *Ascocenda* Meda Arnold registriert. Früher wurde aber die genannte Art *Vanda sanderiana* von SCHLECHTER (1914) als eine von ihm benannte monotypische Gattung *Euanthe* eingetragen. Akzeptiert man SCHLECHTERS Vorschlag, so muß die erste Hybride als Vandanthe Rothschildiana, die zweite Hybride als *Schlechterara* Meda Arnold beschrieben werden. Die Hybridengattung *Schlechterara* entsteht also durch die Kreuzung *Ascocentrum* × *Vanda* × *Euanthe*. Für eine Übersicht der Hybridengenera und eine Erörterung der bei der Namengebung anzuwendenden Regeln siehe GARAY und SWEET in WITHNER (1974).

6.4 Züchtung von Kulturformen

Die Züchtung von Orchideen hat den Zweck, mit Hilfe verschiedener Techniken neue, für die Kultur wertvolle Typen zu entwickeln. Diese entstehen in erster Linie durch Kreuzung (Hybridisation), wobei man entweder verschiedene Arten, Arten und Hybriden oder Hybriden untereinander bastardiert. Auch besteht die Möglichkeit, Kreuzungen zwischen einzelnen Individuen einer Art auszuführen – genaugenommen keine Hybridisation –, was weniger häufig angewendet wird (RAPELLA 1962). Die Hybridisation bezweckt die Kombination erwünschter Merkmale. Ein anderer Weg ist die Züchtung auf Polyploidie, die als Ergebnis bestimmter Kreuzungsprogramme oder durch Mutation erreicht werden kann. Derartige Mutationen lassen sich durch Behandlung mit Colchicin hervorrufen.

Die Anwendung des sehr giftigen Colchicins[1)] bei den aus diploiden Embryonen oder Triebspitzengewebe entstandenen Protokormen hat bei *Cymbidium* zur Bildung von „Neo-tetraploiden„ oder „Colchicine converted Tetraploids" geführt, die die so erwünschten „Gigas"-Merkmale aufweisen (WIMBER und WIMBER 1968). Die Protokorme wurden 10 Tage in einem flüssigen, 0,05% Colchicin enthaltenen Medium gehalten, ehe man sie wieder auf einen colchicinfreien Agarnährboden übertrug.

Für *Dendrobium* geben VAJRABHAYA und CHAICHAREON (1974) an, daß ein dreitägiges Tauchen von Kallusgewebe in 50-ml-Erlenmeyerflaschen mit 10 ml 0,2% iger Colchicinlösung unter dauerndem Schütteln bei 25 bis 29 °C und schwacher Beleuchtung erfolgreich war. Die Colchicinlösung wurde in einem Autoklaven bei 1 kg/cm^2 Druck während 15 Minuten sterilisiert. Nach der Colchicinbehandlung wurden die Gewebestücke sogleich auf festen Nährboden übertragen.

Ein ähnliches Verfahren wandte man bei protokormähnlichen Körpern von *Vanda* an (5 Tage in einer Nährlösung mit 0,1% Colchicin) und erhielt 25% Polyploide. Man darf erwarten, daß diese Technik bei anderen Gattungen ebenfalls gute Ergebnisse bringt, doch ist schwer vorauszusagen, mit welcher Colchicinkonzentration die (Pseudo-)Protokorme während einer bestimmten Entwicklungsstufe behandelt werden müssen (pers. Mitt. Dr. Y. SAGAWA, Univ. of Hawaii, Honolulu). Durch Röntgenbestrahlung (40 J/kg) von Protokormen und Jungpflanzen lassen sich auch Gen-Mutationen induzieren, die u. U. das Auftreten neuer, interessanter Merkmale begünstigen (pers. Mitt. Dr. C. BROERTJES, ITAL, Wageningen).

Bei fortgesetzter Hybridisation (Kreuzung zweier hybridogener Pflanzen) kann es nützlich sein, anhand des Verzeichnisses von Orchideenhybriden (siehe Kapitel 8.4) einen Stammbaum aufzustellen. In der Literatur kann man mehrere Beispiele dafür finden; zwei aus der „Cattleya-Gruppe" sollen hier angeführt werden: *Brassolaeliocattleya* Mem. Crispin Rosales ist das Ergebnis der Hybridisation von einer *Brassavola*-Art, elf Arten *Cattleya* und einer *Laelia*-Art (DINSMORE 1967). Dieser Autor gibt zugleich an, wie durch eine Berechnung ermittelt werden konnte, daß die Arten *Cattleya dowiana* und *C. labiata* am meisten zur Entwicklung der Hybride beigetragen haben. Es ist jedoch sehr gut möglich, daß durch die fortwährende Selektion hinsichtlich der von *Brassavola digbyana* gelieferten Merkmale, z. B. der fransigen Lippe, diese in der Hybride relativ mehr erscheinen als Merkmale, die von der *Cattleya*- und *Laelia*-Arten herrühren. Das zweite Beispiel betrifft *Potinara* Bunty, an deren Stammbaum verschiedene Arten *Cattleya, Laelia, Sophronitis* und *Brassavola* auf komplizierte Weise beteiligt sind (BLACK 1976).

Bei der Hybridisation ist es äußerst wichtig zu wissen, wie bestimmte Merkmale sich wei-

---

1) Colchicin (Merck 24534)

tervererben, mit andern Worten: wie diese in der Nachkommenschaft in Erscheinung treten. Es ist eine bekannte Tatsache, daß die Kreuzung von zwei weißblütigen Cattleyen in manchen Kombinationen eine Nachkommenschaft erzeugt, die ausnahmslos rosa Blüten hat. Aufgrund der Analyse jahrelanger Beobachtungen werden die weißblütigen Cattleyen in zwei Gruppen eingeteilt; die erste Gruppe hat den Genotyp RRcc, die zweite den Genotyp rrCC. Es handelt sich hier um zwei unabhängige komplementäre Gene, jedes mit einem dominanten (R bzw. C) und einem rezessiven Allel (r bzw. c). Eine Pflanze, die die dominanten Allele R und C besitzt, wird farbige Blüten ergeben. Also sind die Genotypen rrcc, rrCc, rrCC, Rrcc und RRcc phänotypisch weiß, während die Genotypen RRCC, RRCc, RrCC und RrCc phänotypisch rosa sind. Eine Pflanze mit RR heißt homozygot-dominant, rr homozygot-rezessiv und Rr heterozygot für dieses Gen. Dasselbe gilt für das andere Cc-Allelepaar. Die vier letztgenannten Genotypen, in allgemeiner Formel R.C., bestimmen, daß die Blüten farbig sind. Die Intensität der Farbe kann wieder von sehr Dunkel bis zu fast Weiß variieren. Postuliert wird nun, für diese Variation sei ein anderes Allelepaar (D–d) verantwortlich. Hinsichtlich dieses Paares sind wieder drei Kombinationen möglich: DD, Dd und dd. Dies besagt: Insgesamt gibt es zwölf (4 × 3) Genotypen, jeder mit seinem zugehörigen Phänotyp; RRCCDD, der Genotyp mit dem dunkelsten, RrCcdd mit dem hellsten Phänotyp (Lenz und Wimber in Withner 1959; Woodward 1965). Ein viertes, hier noch zu nennendes Gen mit den Allelen P und p bestimmt seinerseits wieder, ob das Perianth farbig sein wird oder nicht. In homozygot-rezessivem Zustand (pp) wird die Färbung des Perianths völlig unterdrückt, wodurch weiße Blüten mit farbiger Lippe (der sogenannte Semi-alba-Typ) entstehen (Storey und Kamemoto 1960).

Aus der letztgenannten Schrift geht hervor, daß die vollständige Analyse der Vererbung des P-Gens erst 10 Jahre nach der Selbstbestäubung des Samenträgers vollendet werden konnte. Die lange Dauer des Generationenwechsels und der meist komplexe Hintergrund der hybridogenen Elternpflanzen, mit denen in vielen Fällen gekreuzt wird, sind dafür verantwortlich, daß in Veröffentlichungen über die Vererbung von Merkmalen bei Orchideen gewöhnlich nur in allgemeinen Worten berichtet wird. Im Falle von Polyploidie, wobei die verschiedenen Allele nicht nur in Ein- oder Zweizahl, sondern in Mehrzahl anwesend sein können, wird eine Analyse noch viel verwickelter (Mehlquist in Withner 1974).

Oft ist es nützlich, bei der Hybridisation die Bestäubung in zwei Richtungen auszuführen (reziproke Kreuzung), da z. B. die Pollenschläuche des einen Partners zu kurz sein können, um die Samenanlagen des andern zu erreichen. Will man eine bestimmte Eigenschaft einer Elternpflanze in eine Hybridennachkommenschaft bringen, so erreicht man dies durch Rückkreuzung der Tochtergeneration mit der eigenschaftliefernden Elternpflanze. Aus dieser Rückkreuzungsgeneration wählt man Pflanzen, die gute Eigenschaften besitzen und zugleich das erwünschte Elternmerkmal aufweisen. Diese Selektionen werden wieder selbstbefruchtet; die Linien, die hieraus hervorkommen, sind für die betreffende Eigenschaft oft homozygot. Inzuchtlinien zeigen aber in vielen Fällen Degeneration, z. B. verminderte Wuchsfähigkeit. Dann kreuzt man wieder Selektionen aus den Inzuchtlinien: es entstehen sog. luxurierende Hybriden, die eine große Triebkraft zeigen (Heterosiseffekt). Für einige Hinweise zur Hybridisation siehe Bennet 1965.

Erwähnt sei noch, daß ein erfahrener Züchter innerhalb gewisser Grenzen meistens angeben kann, wie das Ergebnis einer Kreuzung aussehen wird, besonders wenn die betreffenden Elternpflanzen schon früher als Eltern gebraucht wurden. Bisweilen zeigen junge Sämlinge Signalmerkmale, nach denen man auf einer frühen Entwicklungsstufe – vorsichtig – selektieren kann (zu *Cattleya* siehe Jessel 1967).

Viele hybridogene Orchideen sind polyploid; d. h., sie haben eine Anzahl von 3× bis einschließlich 6× Chromosomen. Bei *Cymbidium* und *Cattleya* hat man festgestellt, daß die tetraploiden Pflanzen im Vergleich mit den diploiden oft langsamer wachsen. Triploide Nachkommen, die aus der Kreuzung tetraploider (gewöhnlich als ♀) und diploider Pflanzen entstanden sind, wachsen dagegen meistens stark. Die Triploiden sind aber steril, weil sich während der Meiose Trivalente statt Bivalente bilden, wodurch nichtfunktionelle Gameten entstehen. In einem seltenen Fall kann eine Triploide durch Restitutionskernbildung einen unreduzierten (also triploiden) ♀ Gameten bilden; bei Verschmelzung mit einem haploiden Gameten entsteht wieder ein tetraploider Nachkomme (Zuck 1967). Einige Aspekte der Züchtung auf Polyploidie werden an Beispielen von *Cymbidium* und *Phalaenopsis* kurz angeführt.

Schon auf einer frühen Stufe (1911) der Züchtung von *Cymbidium* entstanden zufälligerweise die tetraploiden Pflanzen *C.* Alexanderi 'Westonbirt', eine englische, und *C.* Pauwelsii 'Compte d'Hemptinne', eine belgische Hybride, beide mit 2n = 80 = 4× Chromosomen.

Diese Pflanzen sind von Anfang an, ohne daß bekannt war, daß sie tetraploid waren, für eine Hybridisation mit diploiden (2n = 40 = 2×) Pflanzen gebraucht worden. Ein Beispiel der daraus entstehenden Nachkommenschaft (2n = 60 = 3×) ist *C.* Rosanna, entstanden 1927 durch Kreuzung von *C.* Alexanderi 'Westonbirt' (2n = 80) und *C.* Kittiwake (2n = 40). Unter den Sämlingen von der vielleicht reziproken Kreuzung, also *C.* Kittiwake als Mutterpflanze (siehe Mehlquist in Withner 1974), wurde aber eine tetraploide Pflanze, *C.* Rosanna 'Pinkie', gefunden. Man muß annehmen, daß *C.* Kittiwake in diesem Fall einen unreduzierten Gameten (mit 40 statt 20 Chromosomen) geliefert hat. *C.* Rosanna 'Pinkie' wurde nachher (1934) wieder mit *C.* Alexanderi 'Westonbirt' gekreuzt und brachte so die tetraploide Hybride *C.* Balkis hervor.

Aus der Hybridengeneration wurden einige später berühmt gewordenen Elternpflanzen selektiert, wie *C.* Balkis 'Silver Orb', die wiederum durch Kreuzung mit Diploiden viele, auch jetzt noch geschätzte, triploide Kultivare hervorgebracht hat.

Die meisten jetzt bekannten tetraploiden Cymbidien liefern weiße bis hellfarbige Blüten. Beabsichtigt man, eine triploide Hybride zu züchten, die betonte Blütenfarben zeigt, so wird man eine diploide Pflanze selektieren, von der man weiß, daß diese ein guter Genitor, z. B. einer roten Blütenfarbe, ist. Einmal mit der nicht oder kaum farbblütigen Tetraploiden gekreuzt, werden in der triploiden Generation nur Blüten hervorgebracht werden, die in der Farbe von Hell- bis Dunkelrosa variieren, weil das von der tetraploiden Elternpflanze gelieferte genetische Material in der triploiden Generation überwiegt. Es ist darum wichtig, eine Tetraploide mit deutlich hervortretender Blütenfarbe zu entwikkeln. Der Weg hierzu liegt offen, dank der von Wimber und Wimber (1968) angegebenen Methode der Chromosomenzahlverdopplung mit Hilfe von Cholchicin. Es ist zwecklos, andere als die allerbesten diploiden Kultivare hierfür zu benutzen.

Bei *Phalaenopsis* sind die vielen modernen weißen und rosa Typen meistens polyploid (3×, 4×, 5×). Die Polyploiden aus der *P. amabilis*-Gruppe sind auf die Hybriden *P.* Doris und *P.* Cast Iron Monarch (1945) zurückzuführen. Eine Entwicklung jüngeren Datums ist die Entstehung von sogenannten *Doritaenopsis*-Hybriden *(Doritis × Phalaenopsis)*. Beabsichtigt man, *D. pulcherrima* und *P. amabilis* zu kreuzen, so kann man die Genomformeln dieser Diploiden mit D^pD^p, bzw. P^aP^a angeben. Die interspezifische Hybride D^pP^a ist steril. Von dieser Hybride kann man Pflanzen selbstbestäuben oder untereinander kreuzen: wenn auf ♀ und ♂ Seite unreduzierte Gameten entstehen (siehe vorne), können einige $D^pD^pP^aP^a$ amphidiploide, wiederum fertile Individuen auftreten. Auch kann man versuchen, durch eine somatische Verdopplung der Chromosomenzahl (siehe vorne), der diploiden Pflanze D^pP^a einen Amphidiploid mit der Genomverbindung $D^pD^pP^aP^a$ hervorzubringen. Eine dritte Möglichkeit, die man aller Wahrscheinlichkeit nach in der Praxis angewendet hat, ergibt sich durch die Wahl von *Doritis pulcherrima* var. *buyssoniana* (4×), $D^pD^pD^pD^p$, und einer tetraploiden (4×) *Phalaenopsis* (PPPP). Der amphidiploide Nachkomme hat die Genomformel D^pD^pPP (4× = 76) und ist fertil; *Doritaenopsis* Clara Schubert, deren somatische (38 kurze, von *Phalaenopsis* Zada stammende, und 38 lange, von *Doritis pulcherrima* var. *buyssoniana* stammende) Chromosomen in Abb. 121g dargestellt sind, ist eine derartige Hybride. Zugleich hat man in den letzten Jahren an der Entwicklung neuer *Phalaenopsis*-Hybriden gearbeitet, indem man die großblütigen Hybriden, die durch Hybridisation innerhalb der *Phalaenopsis*-Sektion (*P. amabilis, P. sanderiana* u. a.) entstanden sind, mit Arten wie *P. lueddemanniana* und *P. mannii* gekreuzt hat. Man darf erwarten, daß die daraus entstehenden Hybriden in hohem Maße steril sind, weil die großblütigen Elternpflanzen gewöhnlich polyploid und die reinen Arten diploid sind. Außerdem sind die Chromosomen der *P. amabilis*-Hybriden klein und strukturell verschieden von den relativ größeren Chromosomen der Arten (Abb. 120). Die Paarung während der Meiose wird deshalb weitgehend gestört sein, was zur Bildung unbalanzierter, nicht funktionierender Gameten führt. Möglicherweise entstehen aber durch Restitutionskernbildung doch einige funktionierende Gameten. Nur hartnäckiges Bestäuben kann demzufolge nach vielen mißlungenen Versuchen das gewünschte Ergebnis haben.

Moderne Züchtungsmethoden gehen neue Wege. Bisher erfolgte die Auswahl von Kreuzungspartnern vorwiegend aufgrund von Beobachtungen morphologischer Merkmale blühreifer Pflanzen. Heute kann frühzeitig, d. h. bereits im Sämlingsstadium, durch Molekularanalyse das genetische Potential auch hinsichtlich physiologischer Eigenschaften erfaßt werden. Unterschiedliche Längen von Fragmenten der die Erbinformation tragenden Desoxyribonucleinsäure (DNA) zeigen die Variabilität der Gene an.

Ein weiterer Schritt in der Biotechnologie ist die Übertragung erwünschter Gene von Pflanzen, die diese besitzen, auf solche, denen sie fehlen. Als Überträger dienen im allgemeinen Bakterien (z. B. *Agrobacterium tumefaciens*), die mit den entsprechenden Genen beladen wurden. Große Bedeutung gewinnt diese Methode vor allem hinsichtlich der Verbesserung physiologischer Eigenschaften, wie der Ausbildung von Resistenz- und Toleranzstoffen sowie Wachstums- und Entwicklungsbeschleunigern. Allerdings laufen derartige Experimente erst an, sie werden aber zweifellos eine Umwälzung bei zukünftigen Zuchtvorhaben bringen.

Das vorliegende Kapitel kann nur eine kurze Einführung in die Praxis der Orchideenzüchtung sein. Für diejenigen, die sich näher mit diesem fesselnden Gebiet beschäftigen wollen, wird nachfolgend eine Auswahl von Referenzen geboten, die dabei behilflich sein können.

Literaturverzeichnis

a) Referenzen zur Pflanzenzüchtung

Allgemein

Die Orchidee 1. 168–172, 2: 236–242, 21: 453–458. The Orchid Journal 1: 20–22; 150–151, 3: 122–124; 184–187; 243. American Orchid Society Bulletin 25: 679–687, 27: 336–346, 32: 451–456, 34: 100–105: C. L. Withner; the Orchids, Ch. 6, 7, 1959, C. L. Withner, the Orchids, Ch. 9, 1971.

Cymbidium

Die Orchidee 22: 192–194; 228–231; 231–234, 23: 96–98. The Orchid Journal 1: 100–103; 109–113; 125–129; 134–135; 3: 15–18; 77–78. Missouri Botanical Garden Bulletin 34: 1–26. Australian Orchid Review 20: 17–19, 21: 10–13; 28–30; 50–52, 22: 73–74, 25: 172–174, 28: 128–131, 31: 137–144; 145–147, 35: 28–31; 125–126, 36: 26–27; 182–184, 37: 74–76, 38:

190–191, 39: 22–25; 67–69; 129; 133–135; 177–178, 40: 29–31; 81–83. American Orchid Society Bulletin 22: 797–799; 864–869; 882–886, 27: 771–777, 28: 87–91; 797–808, 29: 809–814; 825–830, 30: 269–273, 31: 358–359; 881–883; 893–896; 904–915, 32: 286–292; 1005–1008, 33: 4–6; 286–288, 34: 414–415; 608–614, 35: 271–278; 711–716, 36 582–585; 1060–1067, 37: 123–125; 313–317; 475–479; 572–576; 701–702, 38: 873–875; 964, 39: 100–105; 320–322, 41: 608–616. The Orchid Review 68: 178–179, 69: 136–138, 70: 4–8, 71: 149–152, 72: 73–75; 188; 301–303, 73: 112–114; 313–314, 74: 327 385; 411, 75: 117–118; 273–276, 77: 252–256, 78: 204–205, 80: 118: 119; 120, 81: 239; 295–296, 83: 80–83, 84: 280–284; 304–307; 321–324; 383–384. Cymbidium Society News 13 (3): 15–16, 14 (1): 12–14, 14 (6): 12–15, 16 (5): 2–4, 20 (2): 7–9, 20 (3): 13–15, 21 (1): 3–5, 21: 71–74, 22: 112–115; 229–233, 23: 257–263, 24: 56–61, 25: 4–8, 28–32.

Cattleya, Laelia, Sophronitis, Schomburgkia, Epidendrum usw.
Die Orchidee 5: 101–106, 18: 183–192; 193–195, 24: 9–11; 64–65. The Orchid Journal 1: 376–377; 405, 3: 214–216; 224. American Orchid Society Bulletin 19: 366–373, 22: 509–514; 754–758; 873–876, 26: 477–478, 27: 24–25; 157–162; 240–247; 479, 28: 418–420, 29: 10–13; 14–15; 434–435; 30: 133–138; 209, 31: 283–286; 350–353; 623–624, 32: 437–440; 789–791; 993–996, 33: 23–24; 544–546; 569–571; 749–752; 840–843, 34: 22–25, 35: 188–190; 487–488; 630–632; 815–817; 915–916; 979, 36: 23–24; 99–100; 298–300; 688, 37: 123–125; 591–595, 689, 38: 405, 39: 138; 496–498, 41: 198–203; 812–818; 964–976, 42: 1060–1062, 44: 780–781, 45: 43–47, 46: 39–42. The Orchid Review 69: 248–249, 70: 70–71; 301–304, 75: 88–90, 76: 109–111, 82: 292; 311–313; 364–365, 83: 191–194; 269–272, 84: 26–28; 161–162; 285–288. The Orchid Digest 35: 36–39, 40: 125–129.

Phalaenopsis, Doritis
The Orchid Journal 1: 363–365; 367–368; 372; 378–379. The Australian Orchid Review 30: 75–77, 36: 131–132. American Orchid Society Bulletin 20: 672, 27: 93–97; 515, 28: 237–238; 725–727, 29: 493–494, 31: 353–357; 624–625; 792–799; 810–815, 34: 217–219; 240–243, 35: 745–758; 886–891, 37: 709–717, 38: 882–884, 39: 401, 42: 4–12; 13–14; 231–237, 43: 866–870, 44: 40–43; 103–108, 45: 117–120; 521–523; 1008–1015. The Orchid Review 75: 62–64; 105; 112; 134–135; 177–179; 217–218; 248–250; 286–287; 324; 357–358; 385; 422–423, 79: 158–160, 82: 326–327, 83: 70–71; 167, 84: 304–307. The Orchid Digest 37: 5–10, 40 205–211.

Vanda, Ascocentrum
The Orchid Review 71: 364–368, 84: 344. The American Orchid Society Bulletin 24: 647–657, 29: 667–675, 32: 693–696, 37: 233–236, 38: 863–864, 40: 427–430, 44: 40–43. The Orchid Digest 35: 100–102.

Odontoglossum, Miltonia, Oncidium, Cochlioda, Brassia usw.
The Orchid Review 73: 174–177, 75: 231–236, 77: 246–249, 78: 184–188, 81: 173–175, 82: 125–128; 156–161; 190–192; 192–198; 306–308; 337–340, 83: 208–211, 84: 23–25; 80–82; 171–174; 293–294; 346–347; 368–369. The Orchid Journal 1: 283. American Orchid Society Bulletin 28: 431–433; 881–883, 29: 253–260, 30: 478–482; 788–791, 31: 357–358, 32: 973–975, 35: 109–110, 36: 664–667; 895–896; 1002–1005, 37: 417–418, 45: 393–396, 46: 4–12.

Paphiopedilum
Die Orchidee 5: 45–46, 8: 97–99, 9: 1–3, 18: 133–136, 23: 133–140, 24: 8–9. American Orchid Society Bulletin 29: 187–192, 32: 170–173; 997–1001, 33: 25–29, 34: 513–517, 36: 92–94, 38: 45–48, 41: 1068–1073, 42: 964–968, 44: 960–966, 45: 576–585, 46: 146–149. The Orchid Review 71: 5–8, 77: 4–7, 79: 265–267, 83: 53–58, 84: 291, 85: 59–61. The Orchid Digest 35: 289–292, 40: 233–237.

Dendrobium
Die Orchidee 3: 45–46. The Orchid Journal 1: 157–162; 170–171. Australian Orchid Re-

view 21: 53–58, 23: 80–86, 30: 133–134. The Orchid Review 82: 238. The American Orchid Society Bulletin 31: 965–972.

Anguloa, Lycaste

The Orchid Review 68: 133–134, 77: 73–74, 80: 43, 81: 85, 91; 100; 107; 352–357. American Orchid Society Bulletin 29: 413–417, 33: 272–275, 45: 772–778.

Phajus, Calanthe

American Orchid Society Bulletin 35: 556–557. The Orchid Journal 1: 235.

b) Benutzte und weiterführende Literatur

Arends, J. C.: Cytological observations on genome homology in eight interspecific hybrids of *Phalaenopsis*. Genetica 41, 88–100, 1970.

Arends, J. C., Van der Laan, F. M.: Cytotaxonomy of the Vandeae. Lindleyana 1, 33–41, 1986.

Benner, M. S.: Molecular Approaches to Plant Breeding. Aos Bull. 61, 251–253, 1992.

Bennet, P. N.: Orchids and genetics. Amer. Orch. Soc. Bull. 34, 100–105, 1965.

Black, P. M.: The first one hundred years, a story of *Cattleya* hybrids. Orch. Rev. 84, 285–288, 1976.

Danesch, O., Danesch, E.: Orchideen Europas. *Ophrys* Hybriden. Hallwag, Bern und Stuttgart 1972.

Darlington, C. D., La Cour, L. F.: The handling of chromosomes. 6th ed., Allen & Unwin, London 1976.

Dinsmore, S.: A quick method to determine the ratio of species parents in a hybrid. Amer. Orch. Soc. Bull. 36, 781–785, 1967.

Dodson, C. H.: The American Orchid Society Orchid identification center. Amer. Orch. Soc. Bull. 44, 601–603, 1975.

Gerlach, D.: Botanische Mikrotechnik. G. Thieme Verlag, Stuttgart 1969.

Greatwood, J.: Hinweise für Antragsteller vom Registrator für Orchideen-Hybriden. Orchidee 24, 6–8, 1973.

– Anmeldungen von Orchideen-Hybriden und die Genehmigung durch den Züchter (Originator). Orchidee 26, 62–64, 1975.

Holttum, R. E.: Evolutionary trends in the Sarcanthine orchids. Amer. Orch. Soc. Bull. 28, 747–754, 1959.

Jessel, W. H.: Tips on selecting and roguing *Cattleya* seedlings. Amer. Orch. Soc. Bull. 36, 394–396, 1967.

Kapitza, H. G.: Mikroskopieren – von Anfang an. C. Zeiss, Oberkochen.

Löve, A., Löve, D.: Plant Chromosomes. J. Cramer, Vaduz 1975.

Peitz, E.: Zusammenstellung aller bisher bekannten Bastarde der in Deutschland verbreiteten Orchideen. Sonderheft Die Orchidee „Probleme der Orchideengattung Orchis", 167–200, 1972.

Van der Pijl, L., Dodson, C. H.: Orchid flowers, their pollination and evolution. Univ. Miami Press, Coral Gables 1966.

Potuček, O.: Intergenerische Hybriden der Gattung *Dactylorhiza*. Sonderheft 21/22 Die Orchidee 102–106, 1968.

Rapella, H. J.: Breeding *Cattleya mossiae* by selection. Amer. Orch. Soc. Bull. 31, 283–286, 1962.

Reinhard, H. R.: Übersicht über die Bastarde Schweizerischer Orchideen mit Berücksichtigung der möglichen Kombinationen. Ber. Schweiz. Bot. Ges. 77, 103–126, 1967.

– × *Anacamptorchis laniecae*. Sonderheft Die Orchidee „Probleme der Orchideengattung Orchis", 122–129, 1972.

Sagawa, Y.: Cytological studies of the genus *Phalaenopsis*. Amer. Orch. Soc. Bull. 31, 459–465, 1962.

Schlechter, R.: Die Orchideen, Paul Parey, Berlin 1914.

Shindo, K., Kamemoto, H.: Karyotype analysis of some species of *Phalaenopsis*. Cytologia 28, 390–398, 1963.

Storey, W. B.: Chromosome numbers of some *Vanda* species and hybrids. Amer. Orch. Soc. Bull. 21, 801–806, 1952.

Storey, W. B., Kamemoto, H.: Inheritance of semi-alba in a *Cattleya* pedigree. Amer. Orch. Soc. Bull. 29, 24–29, 1960.

STOREY, W. B., KAMEMOTO, H., SHINDO, K.: Chromosomes of *Vanda spathulata* and its hybrids. Amer. Orch. Soc. Bull. 32, 703–709, 1963.

SUMMERHAYES, V. S.: Wild orchids of Britain. Collins, London 1951.

SUNDERMANN, H.: Artenproduktion und Konsumbedürfnis. Orchidee 23, 166–168, 1972.

VAJRABHAYA, T., CHAICHAREON, K.: Induction of polyploidy in *Dendrobium* orchids. Third Intern. Congr. of Pl. Tissue und Cell Cult. Leicester 1974.

WIMBER, D. E., WIMBER, D. R.: Floral characteristics of diploid and neo-tetraploid *Cymbidiums*. Amer. Orch. Soc. Bull. 37, 572–576, 1968.

WITHNER, C. L.: The Orchids; A scientific survery. Ronald Press, New York 1959.

– The Orchids; Scientific studies. Wiley & Sons, New York 1974.

WOODWARD, G. P.: A review of the genetics and inheritance characteristics of *Cattleya* and related genera. Amer. Orch. Soc. Bull. 34, 116–112, 1965.

ZUCK, T. T.: Relative sterility in triploids. Amer. Orch. Soc. Bull. 36, 688, 1967.

7 Krankheiten und Schädlinge

Die wachsende Beliebtheit der Orchideen führte zu einer zunehmenden Ausweitung der Orchideenkultur sowohl im Erwerbsgartenbau als auch bei den Liebhabern, deren Zahl von Jahr zu Jahr größer wird.

Neben den kulturtechnischen Problemen treten Fragen der wirksamen Bekämpfung der zahlreichen Krankheiten und Schädlinge immer mehr in den Vordergrund.

Zusätzlich ergeben sich vielfach Schwierigkeiten vor allem aus der Vielzahl von oft sehr unterschiedlichen Orchideenarten und ihrer Hybriden, ihren spezifischen Ansprüchen und ihrer besonderen Empfindlichkeit sowohl gegen Schaderreger als auch gegen Pflanzenbehandlungsmittel.

Die **Zulassung von Pflanzenschutzmitteln** unterliegt einem raschen Wandel. Auf der einen Seite entwickelt die chemische Industrie ständig neue Mittel, auf der anderen Seite werden alte, bewährte Mittel nicht mehr zugelassen oder in ihrer Anwendung aufgrund von Rechtsvorschriften eingeschränkt. Die Empfehlungen von Pflanzenschutzmitteln in diesem Buch müssen deshalb auf den aktuellen Zulassungsstand hin überprüft werden.

Eine Empfehlung bestimmter Pflanzenschutzmittel kann daher nur mit Einschränkungen gegeben werden. Der Kultivateur sollte auf jeden Fall an wenigen Pflanzen die **Verträglichkeit der Pflanzenschutzmittel** prüfen und dabei beachten, daß auch der Wuchszustand und die Kultur seiner Pflanzen eine große Rolle spielt.

Über die im Handel befindlichen und verträglichen Pflanzenschutzmittel kann am besten der **Amtliche Pflanzenschutzdienst** Auskunft geben. An diesen möge sich auch der Hobbygärtner wenden, da für ihn nur die sehr geringgiftigen Mittel in Frage kommen.

Orchideen reagieren auf Pflanzenschutzmittel meist genauso unterschiedlich wie auf Veränderung des Substrates, der Ernährung, des pH-Wertes, auf Mangel oder Überfluß an Licht, Luft und Feuchtigkeit, deren Auswirkungen im Kapitel über die allgemeinen Kulturbedingungen zu finden sind.

Wichtig im Hinblick auf einen vorbeugenden Pflanzenschutz ist auch die Einhaltung einer mehrwöchigen **Quarantäne** bei importierten Pflanzen, um gefährliche Krankheiten und Schädlinge bereits vor der möglichen Verseuchung des eigenen Bestandes erkennen zu können.

7.1 Viruskrankheiten

Hier handelt es sich um Infektionskrankheiten, die außer bei Menschen und Tieren auch bei Pflanzen durch Viren hervorgerufen werden.

Ihrem Bau nach sind Viren komplizierte Eiweißkörper, die sich in den Pflanzen ähnlich wie obligate Parasiten verhalten. Da sie keinen eigenen Energiestoffwechsel besitzen, sind sie auf den Stoffwechselmechanismus lebender Wirtszellen angewiesen.

Innerhalb der Zellen können sie sich vermehren und bestimmte Krankheitssymptome auslösen. Darüber hinaus besitzen sie die Fähigkeit zur Mutation.

Manche Viren werden durch **Vektoren**, z. B. Insekten, Schnecken, Sporen von Pil-

Abb. 123. CMV an *Cattleya*-Blatt.

zen, Nematoden, von einem Wirt auf den anderen übertragen. Andere gelangen durch Kontakt oder vegetative Vermehrung, seltener durch Pollenübertragung, von Pflanze zu Pflanze.

Von den Insekten sind es in erster Linie Blattläuse und Zikaden, die etwa 90% der bekannten Virusvektoren stellen. Daneben können noch Thripse, Mottenschildläuse (Weiße Fliegen), Schmierläuse und Schnecken in Frage kommen. Die weitaus häufigste und wichtigste Art der Übertragung von Virosen bei Orchideen geschieht durch den Saft kranker Pflanzen, etwa beim Schnitt oder bei der Teilung.

Saugende Insekten (z. B. Blattläuse) können Cymbidium-Mosaikvirus, Odontoglossum-Ringfleckenvirus und Orchideen-Rhabdovirus nicht übertragen.

Für die Ausbreitung in der Pflanze stehen dem Virus zwei Wege zur Verfügung, die man kurz als „Parenchymweg“ und „Phloemweg“ charakterisiert. Auf dem erstgenannten Weg gelangt das Virus relativ langsam über die Plasmodesmen von Zelle zu Zelle. Im Phloem (Siebröhrensystem) kann der passive Virustransport über größere Strecken recht beträchtliche Geschwindigkeiten erreichen.

Die Befallsymptome der einzelnen Viruskrankheiten zeigen sich als Verfärbungen, Nekrosen und Einsenkungen an Blättern und Bulben, Minderung der Wüchsigkeit und der Blütenbildung, Blütenfarbbrechungen sowie als Deformation an Blüten und Trieben. Von wenigen Ausnahmen abgesehen, sind sie leider nicht sehr eindeutig und daher vom Praktiker schlecht zu bestimmen. Ihre Ausprägung hängt u. a. stark von der Art und Sorte, vom Alter der befallenen Pflanze und von den Umweltbedingungen wie Licht- und Temperaturverhältnissen, der Düngung und anderen Faktoren ab.

Bei Mischinfektionen mit verschiedenen Viren, die nicht selten vorkommen, sind die Symptome besonders schwierig zu definieren.

Nachstehend soll versucht werden, die z. Z. bekanntesten Viruskrankheiten der Orchideen an Hand vorliegender Literaturangaben sowie eigener Beobachtungen und Untersuchungen zu beschreiben.

Cymbidium-Mosaikvirus (CMV)

Nachgewiesen an *Cymbidium, Cattleya, Phalaenopsis, Laelia*-Arten und -Hybriden sowie weiteren Orchideengattungen. Weitestverbreitete Viruskrankheit.

Cymbidium: An den Trieben kleine, längliche Aufhellungen des Blattgrüns, die sich später zu Längsstreifen auf der Blattmitte entwikkeln.

Mehrere Monate nach der Infektion zeigen sich auf der Blattunterseite und bald darauf auch an der Oberseite die typischen, sehr feinen, länglichen schwarzen Streifungen, die in schweren Fällen auch auf die Bulben übergehen.

An den Blüten sind keine typischen Schadsymptome zu erkennen.

Durch die Beeinträchtigung der Assimilation kommt es langfristig zu einer Schwächung der Pflanze, die sich auch auf die Ausfärbung und Größe der Blüten auswirkt.

Cattleya, Laelien: An älteren Blättern eingesunkene, dunkelbraune bis schwarze Verfärbungen in verschiedenen Formen, meist parallele, die ganze Blattfläche einnehmende Längsstreifen, oft auch kreisrunde braunschwarze Flecken an der Blattunterseite, häufig auch beidseitig. An Neutrieben oft Gewebeaufhellungen als ovale Flecken oder Streifen. Zuweilen fehlt aber jegliches sichtbare Krankheitsbild.

Krankheitssymptome an offenen Blüten sind eingesunkene, braune, punktförmige Flecken. Zuerst erscheinen sie deutlich voneinander abgegrenzt längs der Adern, später verbinden sie sich zu braunen nekrotischen Längsstreifen.

Die Blüten sind nicht deformiert.

Phalaenopsis: Hier zeigt sich der Befall besonders deutlich an jüngeren Blättern durch kleine oder breitflächige, meist hellere Gewebefarbabstufungen. Eingefallene Nekrosen auf der Blattunterseite können von Saugschäden durch Milben herrühren, während Einsenkungen auf der Blattoberseite eher auf KORV hindeuten.

Bei starker Schädigung fallen die infizierten Blätter ab. An Blüten von rosa- oder dunkelfarbenen Sorten deuten Deformierungen und Verfärbungen, sofern sie nicht auf Mutationen bei Kreuzungen zurückgeführt werden können, ebenfalls auf eine Infektion mit dem *Cymbidium*-Mosaikvirus hin.

Odontoglossum-Ringfleckenvirus (ORV)

Nachgewiesen an *Odontoglossum, Cymbidium, Cattleya, Phalaenopsis, Laelia* und anderen Orchideengattungen. Dem ORV zuge-

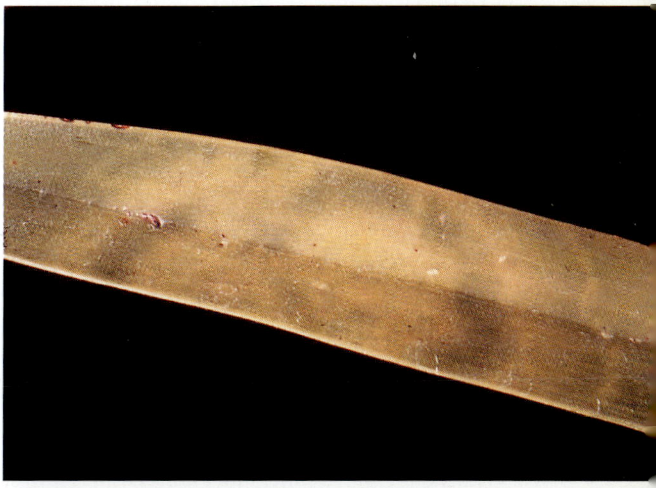

Abb. 124. Ringfleckenvirus an *Cymbidium*.

Abb. 125. KORV an *Cymbidium*-Blatt.

Abb. 126. KORV an *Oncidium*-Blatt.

rechnet werden müssen jetzt auch die an Orchideen gefundenen Viren der Tabakmosaikgruppe, so daß die Bezeichnung TMV-O entfällt.

Odontoglossum: Auf jüngeren Blättern hellgrüne bis gelbliche Flecken oder konzentrische Ringe, die mit zunehmendem Alter der Blätter nekrotisch werden. Bei *Oncidium* sind die Symptome ähnlich.

Cymbidium: Blätter anfangs mosaikartig gelblich gescheckt, später können schwarze Strichel und Flecken über die ganze Blattoberfläche verteilt auftreten. Gelegentlich Streifung der Blütenfarbe.

Cattleya: Typisch sind Deformationen, Einrollungen und Buntscheckigkeit der Blüten, die teilweise wässerige Aufhellungen zeigen.

„Kurzes" Orchideen-Rhabdovirus (KORV)

Der früher als bazilliformes Virus bezeichnete Erreger wurde vor allem an *Dendrobium* und *Phalaenopsis* nachgewiesen. Er verursacht unregelmäßige gelbe, später braune Flecken auf der Blattoberseite. Das zentral liegende Gewebe stirbt ab und trocknet ein, was zu scharf abgegrenzten Einsenkungen führt. Bei starker Anhäufung kommt es in der Regel zum Blattfall.

„Langes" Orchideen-Rhabdovirus (LORV)

Dieses Virus kommt seltener vor, es wurde an *Laelia* und *Cattleya* nachgewiesen. Kennzeichnend sind auf der Blattoberseite junger Blätter rundliche oder ringförmige, gelbe oder dunkelrote nicht nekrotische Flecken. Nach dem Auswachsen der Blätter ergrünen die Flecken vollständig, zurück bleibt nur eine narbige Stelle.

Wichtig für den Orchideenzüchter ist der sichere Nachweis der Virosen. Er kann heute sowohl indirekt über Testpflanzen oder Verwendung spezifischer Antiseren als auch direkt durch Verwendung des Elektronenmikroskops geführt werden.

Als **Testpflanzen** eignen sich für den Nachweis des Cymbidium-Mosaikvirus junge Pflanzen von *Cassia*-Arten, *Chenopodium amaranticolor, C. quinoa* und *Datura stramonium;* für das Odontoglossum-Ringflecken-Virus *Chenopodium*-Arten und *Gomphrena globosa,* während für das „Kurze" Orchideen-Rhabdovirus *Chenopodium*-Arten Verwendung finden.

Zum Virusnachweis wird der Saft von virusverdächtigen Pflanzen mit einem Wattebausch auf die vorher aufgerauhten Blätter der Testpflanzen verimpft. Sofern Befall vorliegt, zeigen sich schon nach 1 bis 2 Wochen typisch gelbbraune Flecken auf den Blättern als sichtbare Reaktion auf die Übertragung des Virus.

Leider ist das Verfahren sehr arbeits- und platzaufwendig, da man für einen Nachweis stets mehrere Töpfe mit Testpflanzen benötigt.

Für den Züchter, der gewöhnt ist, mit Nährböden zu arbeiten, bietet sich die **serologische** Methode mittels Kaninchenserum an. Genaue Anweisungen und die notwendigen Antiseren kann man beim Institut für Virusserologie der Biologischen Bundesanstalt, Messeweg 11/12, 38104 Braunschweig, beziehen.

Mit dem **Elektronenmikroskop** kommt man besonders schnell und sicher zu Ergebnissen, doch setzt dieses Verfahren vertiefte Spezialkenntnisse und vor allem das Vorhandensein des sehr teuren Geräts voraus, das nur an größeren Instituten zur Verfügung steht. Doch wird die elektronenoptische Untersuchung als die zur Zeit sicherste Methode empfohlen.

Bekämpfung: Da für Virosen chemische Bekämpfungsmöglichkeiten bisher nicht gegeben sind, auch durch die Meristemkultur eine Übertragung nicht ausgeschlossen werden kann und eine Hitzebehandlung nur theoretische Bedeutung hat, ist zu versuchen, alle Übertragungsmöglichkeiten zu beseitigen.

Diese Bemühungen müssen schon bei der Auswahl der zur Vermehrung bestimmten Pflanzen beginnen, indem man eine äußerst strenge **positive Selektion** betreibt, d. h. nur die besten, wüchsigsten und äußerlich gesunden Pflanzen auswählt und diese auf Virusfreiheit testen läßt.

Beim Hantieren mit Pflanzen, insbesondere aber beim Verpflanzen und beim Schnitt, sind die Arbeitsgeräte, vor allem die Schnittmesser, jedesmal abzuflammen oder 30 Minuten in einer 15%igen Trinatriumphosphatlösung oder in 2%iger Natronlauge zu entseuchen.

In der Praxis gut bewährt haben sich beim Blumenschnitt die im Handel erhältlichen auswechselbaren Spezialmesser oder die mit Stiel versehenen Rasierklingen, bei denen man für jede Pflanze eine andere Klinge benutzt. Nach Entseuchung (siehe oben) kann man die Spezialmesser mehrmals benutzen, was die Wirtschaftlichkeit verbessert, aber weniger sicher ist.

Um die vorbeugenden Bekämpfungsmaßnahmen abzurunden, gilt die Abwehr von möglichen Vektoren, wie Blattläusen, Schnekken u. a., als selbstverständlich. Ebenso sollten Gewächshäuser, Töpfe und Gerätschaften vor der Aufnahme neuer Kulturen gründlich desinfiziert werden.

7.2 Pflanzliche Krankheitserreger

7.2.1 Bakterien

Typische Symptome von Bakteriosen sind glasig feuchte oder schleimige, faulende Flecken an Blättern, Trieben und Blüten. Im erkrankten Pflanzengewebe erscheinen die Bakterien dem bloßen Auge als trübe graue, bisweilen auch als gelbliche, oft schleimige Massen. In ihrer Gestalt sind sie nur bei stärkster mikroskopischer Vergrößerung zu erkennen.

Alle als Erreger von Pflanzenkrankheiten wichtigen Bakterien sind einzellig und haben die Form einfacher begeißelter Stäbchen. Ihre Länge beträgt durchschnittlich etwa 1,5 µm, die Dicke etwa 0,5 µm. Die Vermehrung erfolgt durch einfache Zweiteilung. In das Pflanzengewebe dringen sie über Wundstellen oder auch Spaltöffnungen passiv, mit Hilfe ihrer Geißeln gelegentlich auch aktiv ein. Die Verbreitung der Bakterien über größere Entfernungen erfolgt durch Wasser, Wind und auch Insekten, vor allem aber durch Verschleppung mit kranken Pflanzenteilen oder verseuchtem Substrat.

Bakterien-Blattfäule und -Stengelgrundfäule
Als Erreger kommen nach den bisherigen Erkenntnissen sowohl Bakterien der Gattung *Pseudomonas*, wie *P. cattleyae, P. aeruginosa* wie auch der Gattung *Erwinia* mit *E. chrysanthemi, E.carotovora* var. *carotovora* und *E. cypripedii* in Betracht.

Ihre Schadbilder, die nachfolgend für einige wichtige Orchideenarten beschrieben werden, ähneln sich sehr, so daß eine genaue Differenzierung nur dem geschulten Bakteriologen möglich ist.

Cattleya, Epidendrum, Odontoglossum: Schwammige, fahlgelbe Flecken ungleichmäßig über das Blatt verteilt. Im weiteren Verlauf entwickeln sich von der Blattspitze her größere Faulstellen; das Gewebe schrumpft unter Braunfärbung ein.

Paphiopedilum: Die Bakterienfäule beginnt in der Regel an der Blattbasis und breitet sich von da über die Blattspreiten aus. Dabei ist die deutliche Abgrenzung zum gesunden Gewebe ein typisches Merkmal. Die Fäule kann auf einzelne Blätter beschränkt bleiben, aber auch auf die ganze Pflanze übergreifen.

Phalaenopsis: Weichfaule, trübgelbliche Flecken an den Blättern, die ihren Ausgang vom Blattrand nehmen. Bei akutem Verlauf, der nicht selten ist, gehen die ursprünglich begrenzten braunen Befallstellen mit einer wässrig erscheinenden Randzone in das gesunde Gewebe über. Hat die Krankheit den Vegetationspunkt erreicht, greift sie auf die anderen Blätter über und schließlich verfault die ganze Pflanze.

Cymbidien: Bakteriosen treten hier zunehmend stärker an pikierten Sämlingen auf, wobei die Blattspitzen weichfaul werden und die Pflanzen unter Braunfärbung absterben.

Bekämpfung: Sorgfältige Kultur- und strengste Hygienemaßnahmen. Darauf ist insbesondere in den lichtarmen Wintermonaten zu achten. Im einzelnen bedeutet das, bei vor-

Abb. 127. *Pseudomonas* an *Phaphiopedilum*.

sichtigem Gießen, weitgehendes Trockenhalten der Blätter, Vermeidung von Wunden, sofortige Beseitigung befallener Blätter oder besser ganzer Pflanzen aus dem Bestand, zumindest Isolierung. Zur chemischen Desinfektion siehe unter **Pythium- und Phytophthora-Schwarzfäule.** Amtlich zugelassene Mittel zur Bekämpfung von Bakterien stehen z. Z. nicht zur Verfügung. Zur Anwendung von Antibiotika (Streptomycin und ähnliche Stoffe), von der gelegentlich aus den USA und den Niederlanden berichtet wird, sollte die zuständige Pflanzenschutzdienststelle befragt werden.

7.2.2 Mykoplasmaähnliche Organismen (MLO)

Eine erst seit wenigen Jahren bekannte Gruppe kleiner, vielgestaltiger Organismen, die keine starre Zellwand besitzen und daher in hohem Maße plastisch sind. Durch die Möglichkeit der Formveränderung wird das Eindringen und die Verbreitung im Siebröhrensystem (Phloem) der Pflanzen sehr erleichtert. Von den Viren unterscheiden sie sich nicht nur durch ihre Form und Größe, sondern auch dadurch, daß sie einen eigenen Stoffwechsel haben. MLO wurden bisher nur bei *Dactylorhiza majalis* entdeckt, wo sie eine Vergilbung an Blättern und Blüten sowie eine starke Stauchung und Verkrümmung des Blütenstandes bewirken. Als wahrscheinliche Überträger gelten Zikaden.

7.2.3 Pilze

Pilze bestehen in der Regel aus mikroskopisch feinen, stark verzweigten, farblosen oder bräunlichen Fäden, den Hyphen. Diese bilden in der Gesamtheit ein Geflecht, das als Myzel bezeichnet wird. Die Hyphen breiten sich in dem infizierten Pflanzengewebe aus und entnehmen diesem die für ihr Wachstum benötigten Nährstoffe.

Nach Erreichung einer bestimmten Entwicklungsstufe kommt es zur Bildung von Fortpflanzungszellen, den Sporen, die der Vermehrung und Ausbreitung dienen. Die Form der Sporen ist bei den einzelnen Pilzarten stark unterschiedlich, was eine Artenbestimmung erleichtert. Teils sind sie kugelig, teils elliptisch, teils zylindrisch, gerade oder gekrümmt, nadel- oder sichelförmig. Auch die Größe schwankt zwischen einigen tausendstel und hundertstel Millimetern. Die Sporen sind teils sofort nach ihrer Entstehung, teils erst nach einer gewissen Ruhezeit keimfähig. Die sofort keimfähigen Sporen haben die Aufgabe, den Pilz während der Vegetationszeit möglichst schnell zu verbreiten. Manche Pilzarten entwickeln mit Geißeln versehene „Schwärmsporen“ **(Zoosporen)**, die sehr beweglich sind.

Die später reifenden Dauersporen helfen dem Pilz über ungünstige Entwicklungsphasen (Trockenheit u. a.) hinweg. Die Verbreitung der Sporen erfolgt durch Luftströmungen, Regen, Tiere usw. Bei einigen Arten werden die im Pflanzengewebe sitzenden Sporen durch Pflanzenabfall und -rückstände verschleppt.

Bei genügend Feuchtigkeit und Wärme keimen sie auf den Wirtspflanzen aus und dringen mit ihren Keimschläuchen durch offene Verletzungen oder durch Spaltöffnungen ein.

Einige Pilze sind auch in der Lage, nach Durchstoßen der Oberhaut direkt in das Gewebe einzudringen. Im Pflanzengewebe wächst das Myzel entweder in den Zwischenzellräumen oder in den Zellen selbst, die dabei meist abgetötet werden. Wie bei der Keimung ist auch für die Weiterentwicklung der meisten Pilze Feuchtigkeit Bedingung.

Hohe Luftfeuchtigkeit und tropfbar flüssiges Wasser in schlecht belüftbaren Gewächshäusern bieten den Pilzen beste Entwicklungsmöglichkeiten.

Die durch Pilze hervorgerufenen Krankheitserscheinungen können mannigfacher Art sein. Bei Befall der Wurzeln und sonstiger unterirdischer Teile tritt meist Verfärbung, wie Bräunung und Schwärzung dieser Teile sowie Kräuseln oder Welken der oberirdischen Teile und schließlich Absterben der ganzen Pflanze ein. Bei Befall von oberirdischen Teilen zeigen sich Welke- und Absterbeerscheinungen an einzelnen Organen, Flekken oder sonstige Verfärbungen, Formveränderungen wie Verkrümmungen, Anschwellungen usw.

Die für Orchideen wichtigsten pilzlichen Krankheiten sollen nachfolgend beschrieben und mögliche Bekämpfungshinweise gegeben werden. Grundsätzlich sollte darauf geachtet werden, daß zuerst an wenigen kranken Pflanzen die Verträglichkeit der Pflanzenschutzmittel überprüft wird.

In diesem Buch werden Mittel genannt, die wie Benomyl und Temik zur Zeit nicht zugelassen sind oder die Wasserschutzauflagen haben. Vor Einsatz der Präparate sollte man sich daher bei seinem Pflanzenschutzberater informieren.

Pythium- und Phytophthora-Schwarzfäule

Erreger: *Pythium splendens, P. ultimum, Phytophthora cactorum, P. nicotianae, P. palmivora.*

Die Erreger erzeugen **Umfallkrankheiten, Weichfäulen** und **Schwarzfäulen.** Die Pilze wachsen im Boden und können auf zweierlei Wegen die Pflanzen infizieren. Zum einen erfolgt die Infektion über die Wurzeln, greift von dort auf die Rhizome, Bulben und Blätter über. Zum anderen können mit Wasserspritzern Zoosporen auf die Blätter gelangen, diese infizieren, wenn eine ausreichende Blattnässe vorhanden ist, und in der Pflanze in Richtung Wurzel wachsen.

Die Fäulen können in allen Wuchsstadien der Pflanzen auftreten und sind bei allen Orchideenarten bekannt. Häufiger werden sie jedoch an *Cattleya-*, *Laelia-*, *Phalaenopsis-* und *Vanda*-Arten nachgewiesen. An den Wurzeln zeigen sich einzelne Faulstellen, die rasch das ganze Wurzelsystem erfassen können. Auf den oberirdischen Teilen bilden sich schwarze Flecken, die an Größe zunehmen; dabei können die verfärbten Bereiche einen

Abb. 128. *Cattleya* mit *Pythium altimum.*

auffallenden Glanz annehmen. Die Pflanzen werden weich, verlieren Blätter und sterben schließlich ganz ab.

Diese Krankheit darf man nicht mit der **nichtparasitären Schwarzfäule der Cattleyen** verwechseln. Hier bekommen nur die Blätter und Pseudobulben braune bis schwarze Flekken, die sich nur sehr langsam ausdehnen, während die Wurzeln gesund bleiben. Die Ursachen sind unbekannt.

Bekämpfung: Es ist stets auf eine gute Kulturführung zu achten. Vermeidung zu hoher Luftfeuchtigkeit, extremer Temperaturen, Vernässungen des Substrats. Auch sauberes Gießwasser ist ein Faktor zur Verhinderung der Krankheitserregerverbreitung. Befallsgefährdete Bestände niemals mit Wasser überspritzen, da sonst die Zoosporen sich optimal verteilen. Zeitig am Tag gießen, damit die Pflanzen trocken in die Nacht gehen.

Entseuchung (Desinfektion) der Anzuchträume, Stellagen und Töpfe mit M & ENNOTER-forte bzw. Dimanin-Spezial. Flächen und Töpfe müssen gründlich vorgereinigt werden. Die Kulturgefäße taucht man zur Desinfektion 12 Stunden in eine 1%-Lösung. Die Flächen werden mit einer wasserverdünnten Lösung (nach Angabe des Herstellers) abgegossen oder gespritzt. Die Flächen können nach 6 bis 8 Stunden Einwirkungszeit wieder belegt werden. Dimanin-Spezial eignet sich auch zur Desinfektion des Schnittwerkzeugs (0,25%). Mindestens eine Minute sollte getaucht werden.

Dem Erwerbsgartenbau stehen auch Pflanzenschutzmittel zur Verfügung, so bieten sich wiederholte Behandlungen im Abstand von 4 bis 6 Wochen mit Propamocarb (Previcur N, 0,15%) an. Mit Erfolg kann auch Metalaxyl (Fonganil Neu, 0,05%) eingesetzt werden. Vor Behandlungen im größeren Ausmaß sind stets Verträglichkeitsprüfungen durchzuführen.

Cylindrocarpon-Wurzelfäule

Erreger: *Cylindrocarpon radicicola.*

Als ausgesprochener Bodenpilz weit verbreitet, greift er hauptsächlich geschwächte Pflanzen an der Wurzel an, wobei er sich auf die oberflächlichen Gewebeschichten beschränkt. Die Pflanzen kränkeln und bleiben im Wuchs stark zurück. Bei starkem Befall sterben die Wurzeln oft bis zur Ansatzstelle am Orchideenkörper ab.

Bekämpfung: Schaffung günstiger Wachstumsbedingungen! Dem Hobbygärtner bleibt nur ein Entfernen kranker Pflanzen oder Wurzeln.

Eintauchen der Orchideen etwa 15 Minuten in Benomyllösung (Du Pont Benomyl, 0,05%) und danach Umpflanzung in neues Substrat.

Cylindrocladium-Wurzelfäule

Erreger: *Cylindrocladium*-Arten

Schadbild ähnlich der vorgenannten Krankheit. Das befallene Gewebe wird schwärzlich und sinkt ein. Der Befall, der meist am Stammgrund seinen Anfang nimmt, kann sich sowohl auf den Wurzeln wie auch an den oberirdischen Pflanzenteilen fortsetzen.

Bekämpfung: siehe *Cylindrocarpon*-Wurzelfäule.

Fusarium-Wurzel- und Stammfäule

Erreger: *Fusarium oxysporum* und andere *Fusarium*-Arten.

Da *Fusarium*-Pilze überwiegend Schwächeparasiten sind, werden die Schäden im Wurzelbereich u. a. durch Staunässe, Versalzung des Pflanzsubstrates, zu niedrige Bodentemperaturen und Fraßstellen tierischer Schädlinge begünstigt. Die Vermehrung von Fusarien und anderen Pilzen nimmt in stark torfhaltigen oder sterilen Pflanzstoffen (Styromull) besonders schnell zu, da andere Mikroorganismen als natürliche Gegenspieler in diesen Materialien weitgehend fehlen. Befallen werden praktisch alle Orchideenarten, insbesondere aber *Phalaenopsis*. Da das Befallsbild bei den einzelnen Arten stark variiert, sollten sie, soweit bekannt, hier beschrieben werden.

Phalaenopsis: Angegriffen werden zuerst Wurzeln oder das untere Stammende, gelegentlich auch die Herzbasis.

Fusariosen an *Phalaenopsis*-Wurzeln werden in der Regel nicht früh genug erkannt, denn die Pflanzen geben im äußeren Erscheinungsbild die Zerstörung der Wurzel erst spät zu erkennen. Sie sterben sehr langsam; manchmal dauert es mehr als ein Jahr, bis eine Pflanze zusammenbricht. Bei infizierten Wurzeln fallen am weißen Wurzelstrang zunächst rotbraune Verfärbungen auf. Diese vergrößern sich, und es kommt zur Bildung von braunen bis dunkelbraunen Faulstellen, wobei sich an den Infektionsherden typische Einschnürungen zeigen.

Im fortgeschrittenen Krankheitsverlauf werden bald die hell rosafarbenen Sporenträger sichtbar. Die Pflanzen reagieren mit Wachstumsdepressionen; bald fallen die älteren Blätter ab, bis schließlich die ganze Pflanze welkt und eingeht.

Cattleya, Laelia, Dendrobium, Oncidium: Wie bei *Phalaenopsis* erkranken zuerst die Wurzeln. Schneidet man das Rhizom einer befallenen Pflanze durch, findet man unter der Epidermis oft einen purpurroten Ring. Die tiefer liegenden Leitungsbahnen durchzieht ein hellrosa Band.

Paphiopedilum: Auch hier geht die Infektion von den Wurzeln aus, die sich ähnlich wie bei *Phalaenopsis* verhalten. Bei starkem Befall findet man am Wurzelhals Anhäufungen von hell rosafarbenen Sporenträgern.

Bekämpfung: Zur Verhinderung des Befalls durch *Fusarium* sind Vorbeugungsmaßnahmen, wie bereits bei der Besprechung der Schwarzfäule (siehe vorne) ausgeführt, wichtig. Stark befallene Pflanzen sind zu vernichten. Pflanzen mit partiellen Wurzelschäden werden von den abgestorbenen und sichtbar befallenen Wurzeln befreit, in eine Benomyllösung (Du Pont Benomyl, 0,05%) getaucht und in neues Substrat (am besten *Sphagnum*) eingepflanzt. Da einige Orchideenarten, insbesondere einige *Phalaenopsis*-Sorten, auf eine Benomyl-Behandlung empfindlich reagieren können (Wachstumsdepressionen, Verkleinerung der Blüten), ist ein Überschreiten der oben angegebenen Konzentration unbedingt zu vermeiden.

Rhizoctonia-Herz- und Wurzelfäule
Erreger: *Rhizoctonia solani.*

Der Pilz bildet in der Regel nur steriles Myzel aus, was sich zu Sklerotien zusammenballen kann. Er ist ein Bodenpilz und hat ein reiches Spektrum von Wirtspflanzen. Erschwerend für eine Diagnose dieser Krankheit ist, daß *Rhizoctonia* gleichzeitig einer der häufigsten Mykorrhizapilze ist.

Der Pilz erzeugt eine Wurzelfäule. Dadurch können die Blätter fleckig werden, vergilben und absterben. Es ist aber auch möglich, daß nach einer gewissen Kümmerzeit neue Wurzeln gebildet werden und sich die Pflanze erholt. Besonders anfällig sind Keimlinge und Sämlinge. Hier entsteht oft das Symptom der **Umfallkrankheit.**

Bekämpfung: Besonders wichtig ist, sauberes Substrat zu verwenden, außerdem die Pflanzen nicht zu naß zu halten. Unter Beachtung der Kulturverträglichkeit kann mit Iprodion (Rovral, 0,1%) oder Propineb (Antracol WG, 0,2%) gespritzt oder besser angegossen werden.

Sclerotium-Stengelgrundfäule
Erreger: *Sclerotium rolfsii* mit seiner Hauptfruchtform *Corticium rolfsii.*

Auch dieser Pilz ist ein Bodenpilz, infiziert aber nicht die Wurzeln, sondern, bedingt durch sein hohes Sauerstoffbedürfnis, den Stengelgrund. Im Gegensatz zu *Rhizoctonia* bevorzugt er lockeres Pflanzensubstrat. Die Krankheit wird durch hohe Luftfeuchtigkeit und optimale Temperaturen zwischen 25 und 35 °C begünstigt.

Die Pflanzen werden mißfarbig, welken und vertrocknen oder faulen am Stengelgrund und fallen um. Die Befallstelle ist mit einem weißlichen bis gelblichen, flockigen Pilzmyzel besetzt, in dem sich etwa 1 mm große kugelige, erst weißliche, später braun werdende Sklerotien bilden.

Bekämpfung: Temperatur senken. Stärker erkrankte Pflanzen schnellstens vernichten. Bei nur schwachem Befall kranke Teile sorgfältig entfernen und Pflanzen isolieren. Zur Verhinderung der weiteren Ausbreitung der

Abb. 129. *Colletotrichum*-Blattfleckenkrankheit an *Cattleya*.

Krankheit gesunde Pflanzen mit Iprodion (Rovral, 0,1%) angießen.

Blattfleckenkrankheiten

Colletotrichum-Blattfleckenkrankheit

Erreger: *Colletotrichum gloeosporioides* mit seiner Hauptfruchtform *Glomerella cingulata.*

Diese Krankheit geht nicht vom Substrat aus. Die Verbreitung von Sporen erfolgt von schon erkranktem Material aus über die Luft mittels Wasserspritzer.

Ein Befall mit diesem Erreger äußert sich durch Blattflecken, den für diesen Pilz typischen **Brennflecken.** Die Flecken an den Blättern, z. T. auch an den Pseudobulben, sind kreisförmig, etwas eingesunken, zuerst braun, später schwarz, lackartig glänzend, zuweilen gezont. Oft zeigen sich diese Flecken auf den am längsten naßbleibenden Stellen der Blattspreite, oder auch auf der Mittelrippe.

Im weiteren Krankheitsverlauf entwickeln sich auf dem zerstörten Gewebe die Sporenlager des Pilzes, aus denen die schleimigen, rosafarbenen bis gelblichen Sporenmassen austreten. Stark befallene Pflanzen verlieren dann oft die Blätter; meist ist auch die Bulbenentwicklung so gestört, daß sich Neutriebe nicht mehr bilden können. Am schwersten wirkt sich der Befall in der Regel bei weichblättrigen Orchideen wie *Lycaste, Miltonia, Odontoglossum, Paphiopedilum, Zygopetalum* u. a. aus. Vielfach wird die Krankheit mit Pflanzen aus Übersee in die eigenen Bestände verschleppt, sie scheint inzwischen aber auch heimisch geworden zu sein.

Bekämpfung: Vorsicht bei Zukäufen! Sind in den Beständen befallene Pflanzen, darf nicht beregnet werden. Oder es ist dafür Sorge zu tragen, daß durch höhere Temperaturen die oberirdischen Pflanzenteile schneller abtrocknen. Abendliches Sprühen muß vermieden werden. Nach Kulturverträglichkeitsprüfungen können wiederholt Behandlungen mit Mancozeb (z. B. Dithane Ultra, 0,2%) oder Metiram (z. B. Polyram Combi, 0,2%) durchgeführt werden.

Fusarium-Blattfleckenkrankheit

Erreger: *Fusarium proliferatum* var. *proliferatum*. Der Pilz war früher als *F. moniliforme* bekannt.

Vornehmlich an *Dendrobium phalaenopsis* und *D. phalaenopsis*-Hybriden wie auch an *Cymbidium*-Sämlingen und Blüten von *Cattleya*.

Als erste Symptome der Krankheit zeigen sich auf den Blättern punktförmige braunrote Flecken, mit deren Ausdehnung das Blattgewebe bleich und brüchig wird. Stärker befallene Blätter vertrocknen. Dennoch kommt es nur selten zu einem bestandsbedrohenden Auftreten.

Bekämpfung: Siehe Colletotrichum-Blattflecken, zusätzlich kann Benomyl (Du Pont Benomyl, 0,05%) angewendet werden.

Cercospora-Blattfleckenkrankheit

Erreger: *Cercospora odontoglossi* und weitere Arten.

An *Odontoglossum, Zygopetalum* und verwandten Arten, besonders bei Importware aus Übersee häufig. An der Blattunterseite und auch an Sproßteilen olivgrüne Flecken, die bei zunehmender Verdichtung zur Vergilbung der Blätter führen.

Bekämpfung: Spritzen mit Iprodion (Rovral, 0,1%), Mancozeb (z. B. Dithane Ultra 0,2%).

Sonstige Blatt- und Bulbenfleckenkrankheiten
Erreger:

Diplodia laeliocattleyae an **Cattleya:** Kleine gelbe Flecken auf Blättern und Bulben, die braun aber auch schwarz werden können mit grauen Nekrosen.

Phyllosticta capitalensis an **Paphiopedilum** und **Cymbidium:** Blaßbraune, runde oder längliche, dunkelrot oder rotbraun umrandete Flecken.

Macrophoma sp. an **Cymbidium, Dendrobium, Cattleya** u. a.: Große braunschwarze Flecken an den Bulben und Blättern.

Bekämpfung: Mögliche Pflanzenschutzmittel nach Verträglichkeitsprüfung wären Triforin (Saprol Neu, 0,1%), Bitertanol (Baymat flüssig, 0,1%) und Dichlofluanid (Euparen WG, 0,2%). Letzteres verursacht starke Spritzflecken.

Rost
Erreger: *Uredo behnickiana.*

In unseren Breiten ist bisher nur dieser Erreger bekannt geworden, doch können an Orchideen auch viele andere Arten vorkommen. Bei Importen ist daher auf verdächtige Symptome zu achten!

An den Blättern von *Cattleya, Epidendrum, Laelia, Oncidium, Lycaste* und anderen Orchideenarten findet man, abhängig von der jeweiligen Rostart, gelbe, orangefarbene oder braune Sporenlager (Pusteln), aus denen bei Reife die Rostsporen stäuben, die die Krankheit weiter verbreiten.

Bekämpfung: Über die Auswirkungen von veränderten Kulturbedingungen ist nichts bekannt. Befallene Pflanzen isolieren, längere Blattbenetzungen vermeiden.
Ansonsten siehe Blattfleckenkrankheiten.

Botrytis-Blütenfleckenkrankheit
Erreger: *Botrytis cinerea.*

Zeigen sich auf den Blütenblättern kleine, runde oder unregelmäßige, bräunliche bis schwarze Flecken **(Stippen)**, die zuweilen einen wässrigen, durchscheinenden Saum haben, so findet man nach mykologischen Untersuchungen fast stets *Botrytis*. Außereuropäisch sind auch andere Erreger bekannt.

Zur Infektion benötigt der Pilz tropfbares Wasser. Ungünstig ist bei sinkenden Temperaturen die Taubildung. Daneben kann die Pflanze aber auch befallen werden, wenn sie durch mangelhafte Kulturbedingungen geschwächt ist.

Bekämpfung: Abändern der Kulturbedingungen. Wichtig ist, daß die Pflanzen trocken in die Nacht gehen. Rechtzeitig ist daher am Tag durch Lüften eine starke Erwärmung zu verhindern. Entstehen dennoch große Temperaturschwankungen, ist nach Unterschreiten bestimmter Temperaturen (siehe Taupunkt-Tabelle) in der Nacht zu heizen und der Einsatz von Ventilatoren ratsam.

Abb. 130. *Macrophoma*-Blattfleckenkrankheit an *Dendrobium*.

Taupunkt-Tabelle

Rel. Luftfeuchte % (abends)	Temperatur in °C (abends) 5	7	9	11	13	**15**	17	19	21	23	25
100	5,0	7,0	9,0	11,0	13,0	15,0	17,0	19,0	21,0	23,0	25,0
95	4,3	6,3	8,2	10,2	12,2	14,2	16,2	18,2	20,2	22,2	24,1
90	3,5	5,5	7,4	9,4	11,4	13,4	15,3	17,3	19,3	21,3	23,3
85	2,7	4,7	6,6	8,6	10,5	12,5	14,5	16,4	18,4	20,3	22,3
80	1,8	3,8	5,7	7,7	9,6	11,6	13,5	15,5	17,4	19,4	21,3
75	1,0	2,9	4,8	6,7	8,7	**10,6**	12,6	14,5	16,4	18,3	20,3
70	0,0	1,9	3,8	5,8	7,7	9,6	11,5	13,4	15,3	17,2	19,2
65		0,9	2,8	4,7	6,6	8,5	10,4	12,3	14,2	16,1	18,0
60			1,7	3,5	5,4	7,3	9,2	11,1	13,0	14,8	16,7
55				2,3	4,2	6,0	7,9	9,8	11,6	13,5	15,3
50				1,0	2,8	4,7	6,5	8,4	10,2	12,0	13,9

Beispiel: Wenn abends im Gewächshaus eine Temperatur von 15 °C und eine relative Luftfeuchte von 75% gemessen werden, darf die Nachttemperatur nicht unter 10,6 °C absinken.

Die chemische Bekämpfung kann mit Vinclozolin (Ronilan WG 0,1%) oder Iprodion (Rovral, 0,1%) durchgeführt werden. Kulturverträglichkeit überprüfen.

7.3 Tierische Schädlinge

Die Kultur der Pflanzen im Gewächshaus oder ähnlichen Räumen begünstigt vornehmlich wärmebedürftige, saugende und beißende Schädlinge. Die meisten sind in der Lage, sich unter den gegebenen Kulturbedingungen außergewöhnlich stark zu vermehren und beträchtliche Schäden zu verursachen.

Nachfolgend sollen die wichtigsten Schädlinge, geordnet nach dem Ort des häufigsten Auftretens, und die für sie geeigneten Bekämpfungsmittel und -verfahren genannt werden.

Die aufgeführten Wirkstofffe bzw. Handelspräparate haben sich sowohl hinsichtlich ihrer Wirkung als auch im Hinblick auf die Verträglichkeit gegenüber den Pflanzen bewährt, was allerdings nicht ausschließt, daß es bei starker Veränderung der Kulturmethoden oder bei Fehlern in der Anwendung gelegentlich doch in dem einen oder anderen Fall zu unbefriedigenden Wirkungen gegenüber dem Schädling oder zu Schäden an den Pflanzen kommen kann.

7.3.1 An oder in den Wurzeln

Wurzelmilben *(Rhizoglyphus echinopus)*
Die kleinen, etwa 0,75 bis 1 mm langen, birnenförmigen, weißlichgelben, etwas glänzenden, im ausgewachsenen Zustand mit vier bräunlichen Beinpaaren versehenen Milben treten im allgemeinen erst sekundär an aus anderen Ursachen kränkelnden, geschwächten oder geschädigten Pflanzen auf. In den Wurzeln sind sie als kleine weißliche, sich langsam bewegende Körper mit der Lupe deutlich erkennbar.

Durch Zerstörung der Wurzeln schaffen sie zusätzlich noch Eingangsstellen für pathogene Pilze. Sie werden besonders schädlich in *Sphagnum*- und Torfsubstraten. Hohe Luftfeuchtigkeit fördert ihre Entwicklung merklich.

Bekämpfung: Wichtig ist, daß befallsfreies Pflanzgut zur Kultur gelangt. Besteht Verdacht auf eine Schädigung, sollten die Orchideen vor dem Pflanzen eine halbe Stunde in eine Lösung Parathion-Emulsion (0,05%) gestellt werden. Benomyl wird eine Nebenwirkung auf Wurzelmilben nachgesagt, ebenso werden sie auch von Aldicarb (Temik 5G, 4 bis 6 g/m^2) angegriffen.

Springschwänze *(Collembola)*
Die kleinen, etwa 1,5 mm großen, weißlich gefärbten, zu den Urinsekten gehörenden Springschwänze haben ihren Namen von der am Hinterende angebrachten, unter den Leib einschlagbaren Gabel, die sie zum Springen befähigt. Sie entwickeln sich besonders gut in sehr feucht gehaltenen Torfsubstraten. Bei Massenbefall (ab 10 Tieren in 100 ml Substrat) ist damit zu rechnen, daß neben verrottetem Pflanzstoff auch frischgebildete Wurzelspitzen angegriffen werden.

Bekämpfung: Kulturen luftig und trockener halten. Gelbtafeln in Substrathöhe aufstellen. Behandlungen mit Propoxur (z. B. Unden flüssig, 0,15%) oder mit Dimethoat-Emulsion (0,1%) überbrausen bzw. angießen. Grundsätzlich Verträglichkeit überprüfen!

Tausendfüßler und Zwergfüßler
(Myriapoda und *Symphyla)*
An den Orchideenwurzeln werden vor allem die Zwergfüßler schädlich. Die zarten, weißen, schlanken, etwa 0,6 mm langen springschwanzähnlichen Tierchen, die zwölf Beinpaare und einen deutlich abgesetzten Kopf mit zwei mittellangen Fühlern haben, benötigen zur optimalen Entwicklung viel Feuchtigkeit. Die Fraßgewohnheiten ähneln denen von Springschwänzen.

Bekämpfung: Bei Auftreten von Tausendfüßlern am besten Schneckenkorn Mesurol verwenden. Zwergfüßler wie bei einem Befall mit Springschwänzen bekämpfen. Auch mit den Granulaten Aldicarb (Temik 5G, 4 bis 6 g/m^2) oder Carbofuran (Curaterr-Granulat, 5 g/m^2) lassen sich gute Bekämpfungserfolge erzielen.

Trauermücken *(Sciara* -Arten)
Ihre Larven verursachen Schäden durch Zerstörung und Veränderung des Pflanzstoffes sowie durch direkten Fraß an den Orchideenwurzeln.

Bei starkem Auftreten der 6 bis 7 mm langen, dünnen, durchscheinend glasig-weißen, glänzenden, schwarzköpfigen, beinlosen Larven kann durch deren Fraßtätigkeit der Pflanzstoff in kurzer Zeit in eine feinkrümelige Masse verwandelt werden, die sich sehr schnell zersetzt und vererdet.

Infolge dieser Strukturveränderung führt der Pflanzstoff nicht mehr genügend Luft, was zur Folge hat, daß die darin wachsenden Orchideenwurzeln, besonders der Jungpflanzen, kümmern und absterben. Durch Beschädigung der Wurzeln werden die Pflanzen stark geschwächt und auch das Eindringen von Bodenpilzen begünstigt.

Die Larven werden meist mit Torfmoos *(Sphagnum)* eingeschleppt. Die Verpuppung erfolgt in einem Kokon aus Seidenfäden und Pflanzenfasern in der Erde. Die Entwicklungsdauer vom Ei bis zur 2 bis 3 mm langen, schwarz gefärbten Mücke dauert etwa einen Monat.

Bekämpfung: Es empfiehlt sich die Beseitigung von Unkräutern sowie von Moosen und anderen Wirtspflanzen unter den Tischen und auf den Wegen. Das in Orchideenkulturen übliche Aufstellen von Töpfen mit Fettkraut *(Pinguicula caudata)* dient zum Mükkenfang, desgleichen das Aufhängen von gelben Leimtafeln.

Larven lassen sich durch die Verwendung von Temik und Curaterr-Granulat niederhalten (Konzentration wie bei Zwergfüßlern). Zur biologischen Bekämpfung der Larven werden Nematoden (z. B. *Steinernema feltiae)* angeboten. Sie können dem Kultursubstrat beigemischt, auf das Substrat gespritzt oder im Gießverfahren ausgebracht werden.

Asseln
Als Schädling in Orchideenhäusern wurden vorwiegend die **Kellerassel** *(Porcellio scaber)* und die **Gemeine Mauerassel** *(Oniscus asel-*

Abb. 131. Springschwanz (Collembole).

Abb. 132. Trauermückenlarve.

lus) ermittelt. Als Feuchtlufttiere (die Atmung erfolgt durch Kiemen) und Nachttiere halten sie sich tagsüber versteckt am feuchten Boden, in Spalten und Ritzen von Mauern usw. auf; nachts kommen sie zur Nahrungssuche hervor.

Wenn sie sich auch vorwiegend von zerfallenen organischen Stoffen ernähren, so gehen sie doch gelegentlich auch an lebende Pflanzen. Blüten und Blütenstiele von Orchideen erfreuen sich offenbar einer besonderen Beliebtheit. Das Schadbild des Asselfraßes ähnelt dem von Schnecken, allerdings fehlen die bei Schnecken charakteristischen Schleimspuren.

Bekämpfung: Es ist stets auf peinliche Sauberkeit der Kulturen und der Häuser zu achten. Abfälle müssen stets sofort weggeräumt werden. Mittels ausgehölter Kartoffeln, die in den Kulturen ausgelegt werden, lassen sich die Tiere besonders über Nacht fangen.

Der Erwerbsgärtner kann zerkleinertes Schneckenkorn Mesurol verwenden. Möglich ist aber auch das Ausbringen von je m^2 Stellfläche 6 g Aldicarb-Granulat (Temik 5G).

7.3.2 An oberirdischen Pflanzenteilen

Blatt- und Stengelälchen *(Aphelenchoides-* und *Ditylenchus*-Arten)

Blattälchen sind 0,5 bis 1,2 mm lange, glasige Fadenwürmer. Sie wandern bei genügend Feuchtigkeit vom Boden auf die Pflanzen und dringen meist durch die Spaltöffnungen in das Blattinnere ein. Braune Streifen, oft durch Blattrippen begrenzt, oder undeutlich umgrenzte braune Stellen mit nachfolgendem Absterben der Blätter sind die Folgen des Befalls.

Stengelälchen sind etwa 1 bis 1,7 mm lang, im übrigen den Blattälchen sehr ähnlich. Bei Anwesenheit von Stengelälchen verfärbt sich die Blattbasis, die Blätter und manchmal auch die ganze Pflanze kippen um.

In der Praxis sind Älchen, von denen mehrere Tausend in einem einzigen Blatt vorhanden sein können, verhältnismäßig leicht nachzuweisen, wenn man das befallene Blatt in kleine Stücke schneidet und diese in ein Uhrschälchen mit warmem Wasser legt; nach einigen Minuten sind die Älchen aus dem Blattgewebe ausgewandert und schwimmen unter schlängelnder Bewegung im Wasser umher. Sie sind dann mit einer starken Lupe oder besser mit dem Mikroskop (schwache Vergrößerung) leicht zu erkennen.

Bekämpfung: Strenge Hygiene, Entfernen kranker Pflanzen, aber nicht auf den eigenen Komposthaufen, keine Pflanzenabfälle liegen lassen. Als gut wirksam hat sich Aldicarb-Granulat (Temik 5G) erwiesen. Maximal bis 10 g je m^2 Stellfläche ausstreuen.

Schnecken *(Arion-, Deroceras-* und andere Arten)

An Orchideen werden sowohl **Nackt-** als auch **Kleine Gehäuseschnecken** schädlich. Häufig werden sie mit dem Pflanzstoff eingeschleppt. Sie schaben oberflächlich an Wurzelspitzen, Blättern und Blütenknospen. Junge zarte Pflanzen und Pflanzenteile werden meist völlig weggefressen. Weitere Kennzeichen des Schneckenbefalls sind die silbrig glänzenden, bald eintrocknenden Schleimspuren und die dunklen, schmierigen Kotklumpen an den befressenen Pflanzen.

Bekämpfung: Für den Hobbygärtner bietet sich nur das nächtliche Ablesen mit der Hand an. Daneben zeigt auch das Ausstreuen von Schneckenkorn Wirkung. Um einen Fraß der Blüten zu verhindern, können die Blütenstiele auch mit trockener Watte umwickelt werden.

Weichhautmilben *(Tarsonemidae)*

Durch die versteckte Saugtätigkeit der farblosen oder schwach gelblich gefärbten, kugeligen oder ovalen, etwa 0,3 mm großen Milben am Herzen (Vegetationspunkt) der Pflanzen fällt ein Schaden, der sich in Verbräunung und Verletzung des Blütenstieles und Verkrüppelung der Blüte äußert, hier relativ spät auf. Die Verluste, die sich infolge Qualitätsminderung ergeben, können beträchtlich sein.

Bekämpfung: Da hohe Luftfeuchte und mäßig hohe Wärme den Befall fördern, sollten diese nach Möglichkeit reduziert werden. Eine Reihe von Pflanzenschutzmitteln bieten sich für eine Bekämpfung an, doch sind stets vorher Verträglichkeitsprüfungen durchzuführen! Wirkungen zeigen Endosulfan-Emulsionen (z. B. Beosit 35 flüssig, Thiodan 35 flüssig, jeweils 0,1%) bei Temperaturen über 18 °C und das Aldicarb-Granulat Temik 5G.

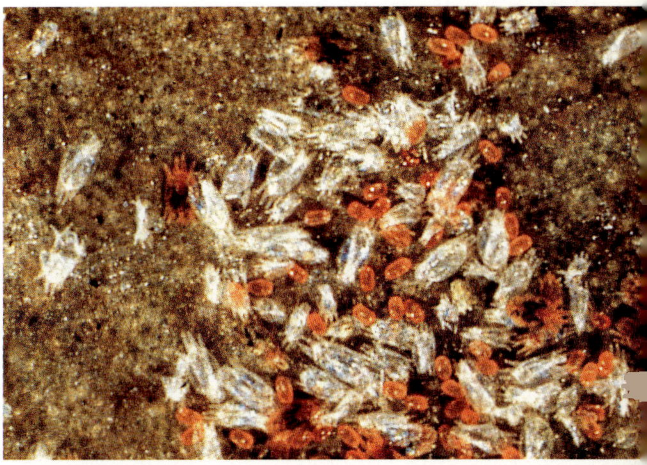

Abb. 133. Rote Spinne.

Abb. 134. Thrips.

Spinnmilben *(Tetranychidae)*

An Orchideen sind mehrere Spinnmilbenarten schädigend. Neben der echten Spinnmilbe, der **„Roten Spinne“** *(Tetranychus urticae)* treten zunehmend auch die nicht spinnenden falschen Spinnmilben *(Tenuipalpus pacificus* und *Brevipalpus inornatus)* auf. Alle Spinnmilben lieben trockene Wärme. Bevorzugt befallen werden *Cymbidium, Phalaenopsis, Paphiopedilum* und *Dendrobium*, was nicht ausschließt, daß auch andere Gattungen bei ungünstigen Kulturbedingungen heimgesucht werden. Durch die Saugtätigkeit der Milben zeigen die Blätter, manchmal auch die Blütenknospen, eine weißliche Sprenkelung. Im weiteren Verlauf werden sie fahl, gelb gefleckt und sterben schließlich vergilbend ab. Bei starkem Befall mit der echten Spinnmilbe findet man zumeist an der Blattunterseite zarte Gespinstüberzüge. Diese fehlen bei Schädigungen durch die anderen Arten.

Bekämpfung: Vorbeugend Schaffung bzw. Erhaltung von optimalen Wachstumsbedingungen, harmonische Düngung. Vermeidung von Zugluft und sehr trockener Luft. Pflanzenbestände sorgfältig überwachen: Leichte Verfärbungen oder Vergilbungen der Blätter sind immer verdächtig.

Rechtzeitig, d. h. sofort nach der Feststellung eines Befalls (Lupe), die geeigneten Mittel einsetzen. Bewährt haben sich für eine chemische Spinnmilbenbekämpfung vor allem bei Jungpflanzen Aldicarb (Temik 5G 4–6 g/m^2). Des weiteren sind Behandlungen mit Abamectin (Vertimec, 0,025%) oder Ordoval (0,05%) möglich. Von manchen Orchideenarten (z. B. *Cattleya*) werden Demeton-Mittel (z. B. Metasystox R) und Mineralöl-Präparate schlecht vertragen. Die Behandlungen sind in kurzen Abständen (5 bis 7 Tage) zu wiederholen. Ein Wechsel der Präparate ist sinnvoll (Resistenzerscheinungen).

Moosmilben *(Oribatiden)*

Die kugeligen, glänzenden, ledrig harten Milben beschädigen gelegentlich die Blüten von Orchideen.

Bekämpfung siehe bei Weichhautmilben.

Thripse (Blasenfüße) *(Thysanoptera)*

Die 1 mm langen, sehr schlanken, gelblichen oder braunschwarzen, sechsbeinigen, im ausgewachsenen Zustand mit zwei Paar gefransten Flügeln versehenen Thripse können an Orchideen, vor allem an *Epidendrum, Oncidium, Odontioda* und *Phalaenopsis*, empfindliche Schäden verursachen. Thripse und ihre Larven schaden durch Anbohren des Pflanzengewebes und Aussaugen des Zellsaftes. Die besogenen Pflanzenteile bekommen gelbliche bis grauweiße Flecken, wodurch sie wie gesprenkelt aussehen. Häufig zeigen die Befallstellen auch einen silbrigen Schimmer, der davon herrührt, daß Luft in das ausgesaugte Gewebe eindringt.

An den Blüten zeigt sich der Schaden in Form weißer, später meist sich bräunender und eintrocknender Flecken. Oft verkümmern die Blüten oder öffnen sich überhaupt nicht. Mit einer Lupe kann man Thripsbefall leicht an den kleinen, punktförmigen, schwärzlichen Kothäufchen erkennen.

Thripse haben mehrere Generationen im Jahr. Unter Glas geht die Vermehrung das ganze Jahr über weiter, während im Freiland ausgewachsene Tiere überwintern.

In der Vergangenheit hat der aus Nordamerika kommende **Kalifornische Blütenthrips** *(Frankliniella occidentalis)* zu großen Problemen geführt. Er überträgt das **Tomatenbronzefleckenvirus**, das bisher an Orchideen nicht nachgewiesen wurde und verursacht vor allem Blütenschäden. Die Entwicklungsdauer der einzelnen Stadien ist temperaturabhängig. So benötigt z. B. die Entwicklung vom Ei zum erwachsenen Tier 14 Tage bei 27 °C, bei niedrigeren Temperaturen entsprechend länger. Die einheimischen Thrips-Arten lassen sich von *F. occidentalis* durch die Anordnung der Beborstung auf Kopf, Brust und Vorderflügeln unterscheiden.

Bekämpfung siehe unter Blattläusen. Die Bekämpfung von *F. occidentalis* erfordert größeren Aufwand. Es sind enge Spritzfolgen im Abstand von 3 bis 4 Tagen notwendig. Gute Erfolge erzielt man mit Methamidophos (Tamaron, 0,1%) und Methiocarb (Mesurol flüssig, 0,1%). Wenn die mangelnde Verträglichkeit, insbesondere von Tamaron, einen Einsatz ausschließt, kann man auch mit Abamectin (Vertimec, 0,05%) arbeiten.

Als Früherkennung dieses Thrips eignen sich beleimte Blautafeln, die in Bestandeshöhe aufgehängt werden. Zusätzlich sollte man eine gute Kulturführung betreiben, ausreichend gießen, trockene Luft vermeiden und gut lüften.

Blattläuse *(Aphidina)*
Die kleinen, weichhäutigen, grünlichgelben, sich träge bewegenden Sauginsekten sind teils geflügelt, teils ungeflügelt. Der sogenannte Honigtau, jener klebrige Überzug, der sich meist auf den von Blattläusen befallenen Pflanzenteilen findet, sind Darmausscheidungen der Läuse. Auf dem Honigtau siedeln sich häufig Rußtaupilze an, die die Pflanzen recht unansehnlich machen.

Darüber hinaus schädigen die Läuse beträchtlich durch Besaugen der weichen Blätter, Triebspitzen und Blütenknospen. Ferner gelten Blattläuse als potente Virusüberträger. **Bekämpfung:** Als wirksame Mittel haben sich Phosphamidon-Emulsion (z. B. Dimecron 20, 0,1%), Pirimicarb (Pirimor G, 0,05%) und Oxydemeton-methyl (Metasystox R, 0,1%) bewährt. Im Handel sind auch eine Reihe von Sprühflaschen, doch wie für die anderen Mittel gilt auch hier, daß stets die Verträglichkeit überprüft werden muß. Ferner kann Temik 5G vorbeugend verwendet werden, doch sollte man nicht mehr als 6 g je m² Stellfläche ausbringen.

Schildläuse *(Coccoidae)*
Alle kultivierten Orchideenarten, vornehmlich aber *Cattleya, Laelia, Cymbidium, Dendrobium, Oncidium, Phalaenopsis, Odontioda* und *Vanda* können mehr oder weniger stark von einer großen Anzahl von **Deckel-** oder auch **Napfschildläusen** befallen werden. Schäden entstehen durch deren Saugtätigkeit. Darüber hinaus siedeln sich in den zukkerhaltigen Ausscheidungen der Läuse häufig Schwärzepilze an, die die Pflanzen unansehnlich machen.

Neben diesen im Alter festsitzenden Läusen sind auch die stets beweglichen **Schmier-** und **Wolläuse** Schädlinge an Orchideen. Besonders an *Cattleya* und *Phalaenopsis* sind diese Tiere anzutreffen. Sie fallen durch ihre starken, wolligen Wachsausscheidungen auf, unter denen sich die Junglarven geschützt entwickeln können. Die Ausbreitung der Schmier- und Wolläuse erfolgt aktiv sowohl im Jugend- wie im erwachsenen Stadium, aber auch passiv durch befallene Pflanzen oder durch den Wind.
Bekämpfung: Es bieten sich eine Reihe von Pflanzenschutzmitteln an, deren Verträglichkeit nicht immer sicher ist, so z. B. Methamidophos (Tamaron, 0,1%) und Propoxur (Unden flüssig, 0,15%) Methomyl (Lanate 25 WP 0,1%).

Auch Mineralöl- und Rapsöl-Präparate sind für Behandlungen geeignet, z. B. Telmion (2%), aber auch hier soll zuerst die Verträglichkeit überprüft werden. Dies gilt auch für die vielen Sprühflaschen und -dosen, die der Handel anbietet. Hier ist besonders auf Abstand zu den Pflanzen zu achten, da sonst Kälteschäden an ihnen entstehen können.

Zur endgültigen Tilgung eines vorliegenden Befalls sind mindestens zwei bis drei Behandlungen erforderlich. Sie sollten im Abstand von etwa 2 Wochen durchgeführt werden, wobei ein Wechsel der Präparate zweckmäßig ist. Eine Wiederholung nach 2 Wochen ist wirksamer als zu einem früheren Zeitpunkt, da bei diesem Abstand der Spritzbehandlungen eine bessere Möglichkeit gegeben ist, die empfindlichen Jungläuse zu erfassen. Das gegen andere Schädlinge verbreitet eingesetzte Temik 5G hat zwar gegen zuwandernde Schildläuse eine beachtliche Wirkung, versagt aber bei bereits eingetretenem Befall, insbesondere bei *Cattleya, Dendrobium* und *Phalaenopsis*.

Bei einzelnen Orchideenarten kann der Befall durch Schildläuse so stark sein, daß nur durch eine **Tauchbehandlung** mit einem Mineralölpräparat ihre sichere Abtötung zu erzielen ist. Dabei muß darauf geachtet werden, daß der Wurzelballen nicht mit in die Brühe getaucht wird, weil es sonst schnell zu Schäden kommen kann. Auch in diesem Fall sollte eine Nachbehandlung nach etwa 4 Wochen vorgenommen werden.

Orchideenwanzen
Auf den Blättern finden sich kreisrunde, bleiche, gelbliche oder silbern glänzende, 2 bis 3 mm große Flecken; mitunter so zahlreich, daß fast die ganze Blattspreite entfärbt ist.

Abb. 135. Schildlausdeckel mit jungen, umherlaufenden Tieren.

Abb. 136. Schmierläuse im Gespinst.

Zuweilen kommt es zu einem frühzeitigen Absterben der Blätter. Als Schädiger kommen die **Zweifarbige Orchideenwanze** *(Tenthecoris bicolor)*, etwa 4 mm lang, orangerot mit schwarzer, streifenförmiger Zeichnung auf dem Rücken, oder die **Malaiische Orchideenwanze** *(Mertila malayensis)*, 5 bis 6 mm lang, am Vorderkörper rot, am Hinterkörper stahlblau, in Betracht. Die erstgenannte Art wurde vermutlich aus Süd- und Mittelamerika, die letztgenannte aus Asien eingeschleppt. In den Warmhäusern finden beide günstige Entwicklungsbedingungen.

Bekämpfung: Bei Befallsverdacht mehrmals mit Propoxur (z. B. Unden flüssig, 0,15%) spritzen. Blütenverträglichkeit überprüfen!

Orchideenwespe („Cattleya-Fliege") *(Eurytoma orchidearum = Isoma orchidearium)*

Die Larven der 4 bis 5 mm langen, glänzend schwarzen Orchideenwespe minieren sowohl in jungen Blättern und Knospen, die deutlich anschwellen, wie auch in den Bulben, die verkümmern. Im Inneren der verunstalteten Knospen und Bulben findet man in meist mehreren kleinen Hohlräumen die weißlichen Larven. An älteren, einjährigen Bulben fallen später ihre kleinen runden Ausschlupflöcher auf. Besonders betroffen werden einige *Cattleya-* und *Laelia-*Arten.

Bekämpfung: Ständig alle Pflanzen durchmustern und befallene Teile entfernen. Importe einer mehrwöchigen Quarantäne unterziehen. Mit Phosphamidon-Emulsion (z. B. Dimecron 20, 0,1%) spritzen.

Cattleya-Gallmücke *(Parallelodiplosis cattleyae)*

An den Luftwurzeln bilden sich zur Spitze hin gallenartige Austreibungen. Die Spitzen färben sich dunkel und sterben ab. In den Gallen findet man bis zu 3 mm große Larven (Lupe). Dieser Schädling tritt besonders an *Cattleya, Dendrobium* und *Laelia* auf.

Bekämpfung: Geschädigte Luftwurzeln entfernen, umtopfen. Mit Parathion-Emulsion (z. B. E 605 forte, 0,035%) besonders während der Schlüpfzeit der Mücken spritzen.

Orchideenrüsselkäfer und andere Käferarten

Die Larven der Käfer minieren mit mehr oder weniger unterschiedlichen Schadbildern an den **Blättern:** *Cattleya-*Stachelkäfer *(Mordellistena cattleyana)*, Raubkäfer *(Agonia spathoglottis, Oncocephala anglata)*. **Blattbasen:** Mattschwarzer Orchideenrüßler *(Acythopens aterrimus)*. **Bulben:** Orchideenbulbenbohrer *(Encactophagus weissii)*, Schwarzweißer *Cattleya-*Rüßler *(Cholus cattleyae), Dendrobium-*Bockkäfer *(Diaxenes dendro-*

bii), Dendrobium-Rüßler *(Acythopeus orchivorus), Dendrobium*-Borkenkäfer *(Xyleborus morgerius).*
Bekämpfung: Da die Gefahr der Einschleppung durch Importe von Wildorchideen immer gegeben ist, sind neue Pflanzen vor Einreihung in die Bestände erst längere Zeit in Quarantäne zu nehmen. Mit Parathion-Emulsion (z. B. E 650 forte, 0,035%) oder Methomyl (Lanate 25 WP, 0,1%) spritzen.

7.4 Algen, Moose, Sauerklee

Bei der Kultur von Orchideen kommt es in den Gewächshäusern infolge der zumeist hohen Luftfeuchtigkeit auf den Stellflächen, an Töpfen und Pflanzen zu einer gelegentlich starken Ausbreitung von Algen und Moosen. Pikierte Jungpflanzen werden dabei in ihrer Entwicklung besonders stark behindert. Auch ältere Pflanzen erfahren durch eine Hemmung der Wasser- und Sauerstoffversorgung der Wurzeln eine Schwächung, ebenso bei Besiedlung der Blätter eine Minderung der Assimilationsleistung. Auch bekommen die befallenen Pflanzen ein ungepflegtes und vernachlässigtes Aussehen.

Da die Beseitigung der Algen- und Moosbeläge an den Töpfen und Pflanzen zur Zeit noch sehr problematisch ist, gewinnen die vorbeugenden Maßnahmen, insbesondere die Behandlung der nicht besetzten Teile des Gewächshauses, der Tische, Fensterflächen usw., an Bedeutung.

Nach den vorliegenden Erfahrungen können zur Bekämpfung folgende Maßnahmen empfohlen werden: M & ENNO-TER-forte und Dimanin-Spezial (Bayer) entseuchen in 1%iger Lösung und 12stündiger Einwirkungszeit Kulturgefäße aus Ton. Tische und Bankbeete gießt oder spritzt man mit 20 bis 30 ml/m^2 bei einem Wasseraufwand von 3 l/m^2. Für Fenster und Plattenwege wählt man 1,5 ml/m^2 bei einem Wasseraufwand von 300 ml/m^2. Geräte taucht man etwa 1 Minute in eine 0,25%ige Lösung. Die früher empfohlenen Mittel Alginex und Tenoran sind zur Zeit nicht mehr zugelassen.

Ein sehr lästiges, häufig mit gekauften Pflanzen eingeschlepptes Unkraut ist der Sauerklee *(Oxalis corniculatus)*. Ein Ausrotten ist sehr schwierig, am besten hilft das Ausrupfen mit der Hand.

7.5 Schädlingsbekämpfung in Wohnräumen

Da Orchideen immer häufiger auch in Wohnräumen gehalten werden (Fensterbrettkultur), ergibt sich die Frage nach wirksamen, aber für Menschen unschädlichen Mitteln. Fungizide sind in der Regel mindertoxisch, während tierische Schädlinge mit relativ harmlosen Chemikalien oder mit Fangeinrichtungen bekämpft werden müssen. Gut wirksam sind die beleimten Gelb- und Blautafeln und, vor allem in Gewächshauskulturen, das Aussetzen der natürlichen Feinde (biologische Schädlingsbekämpfung).

Infolge strengerer Zulassungsbestimmungen ist die Anzahl der chemischen Wirkstoffe im Vergleich zu früher stark eingeschränkt worden. Zugelassen sind zur Zeit noch der Wirkstoff Butoxycarboxim, der z. B. in den Pflanzenstäbchen „Plant pin" und der Paral-Sprühdose enthalten ist und hauptsächlich zur Blattlausvernichtung eingesetzt wird. Perfekthionpflanzenspray mit dem Wirkstoff Dimethoat findet Anwendung gegen Schild- und Schmierläuse, Spinnmilben und Blattläuse. Zur Schildlausbekämpfung eignet sich auch mit einigem Vorbehalt das Mineralöl Promanal, 3%, und das Rapsöl Schädlingsfrei Natren, 2%.

Schließlich sei noch darauf hingewiesen, daß bei Orchideen mit großen, derben Blättern das Abwaschen mit verdünnter Schmierseifenbrühe oft die besten Dienste tut und für den Menschen auf jeden Fall unschädlich ist. Die Seifenbrühe darf dabei nicht in den Wurzelbereich gelangen.

7.6 Biologischer Pflanzenschutz

Seit einigen Jahren wendet man sich im Gartenbau verstärkt der biologischen Schädlingsbekämpfung mit Hilfe von Nützlingen zu. Gründe für die vollständige oder zeitweilige Abkehr von chemischen Mitteln ist einerseits die zunehmende Resistenz der Schädlinge gegen Insektizide, andererseits auch die Ablehnung „gespritzter“ gartenbaulicher Produkte durch den gesundheitsbewußten Konsumenten. Im Zierpflanzenbau folgt man diesem Trend vorerst noch zögernd, doch wird man zweifellos auch hier zukünftig zum Einsatz von Nützlingen übergehen. Bei Orchideen hat man damit noch wenig Erfahrungen gesammelt, doch die Langlebigkeit dieser Kulturen und ihre Empfindlichkeit gegen chemische Pflanzenschutzmittel lassen eine Erprobung lohnend erscheinen. Voraussetzung für derartige Versuche ist allerdings die Kenntnis der Lebensweise der in Frage kommenden Nützlinge und das Wissen, unter welchen Bedingungen sie ihre größte Wirksamkeit entfalten. Informationen hierüber geben eine Anzahl von Fachbüchern, die dieses Thema behandeln.

Eine gewisse Schwierigkeit der biologischen Schädlingsbekämpfung besteht darin, daß die Nützlinge nur so lange aktiv bleiben, wie sie genügend „Futter“, d. h. die ihnen zusagenden Insekten oder Milben vorfinden. Obgleich stets einige Schädlinge am Leben bleiben, sind es doch zu wenige, um die Nützlingspopulation weiterhin zu erhalten. Man ist also gezwungen, in bestimmten Abständen, bei wieder einsetzendem stärkerem Schädlingsbefall, neue Nützlingskulturen zu beziehen, sofern man nicht selbst deren Vermehrung auf bestimmten Substraten oder Pflanzen unterhält. Bisher werden hauptsächlich folgende Organismen für den biologischen Pflanzenschutz angeboten:

Phytoseiulus persimilis (Raubmilben) zur Vernichtung von *Tetranychus urticae* (Spinnmilben, „Rote Spinne“). Die Raubmilben werden auf Bohnenblättern geliefert, die man zerpflückt und auf die mit Spinnmilben befallenen Blätter legt. Hier saugen sie sowohl die erwachsenen Spinnmilben wie auch deren Eier und Jungtiere aus. Man rechnet etwa 20 Raubmilben für eine größere Pflanze. Zur optimalen Entwicklung sind hohe Luftfeuchtigkeit, Wärme (23 bis 25 °C) und Langtag (16 Stunden) notwendig. Während der Wintermonate muß man dementsprechend Zusatzlicht geben, sonst gehen die Raubmilben in einen Ruhezustand über.

Amblyseius cucumeris und *A. barkeri* (Raubmilben) sind Feinde von Thripsen (Blasenfüßen). Sie werden auf Mehlmilben in Kleie gezüchtet und kommen so zum Versand. Auch diese Raubmilbenarten gedeihen am besten bei hoher Luftfeuchtigkeit und Wärme, sie ernähren sich von den Eiern und Larven der Thripse, greifen aber auch solche von Spinnmilben und Weichhautmilben an.

Encarsia formosa (Erzwespen) setzt man zur Bekämpfung der Mottenschildlaus *(Trialeurodes vaporariorum)* ein. Die „Weiße Fliege“ kommt zwar auf Orchideen seltener vor, sie befällt aber viele andere Zierpflanzen und ist schwer ausrottbar. Erzwespen werden von den Züchtern im Puppenstadium auf Papierkärtchen geliefert, die man dicht über den befallenen Pflanzen aufhängt, so daß die Puppen herabfallen können. Die ausschlüpfenden Weibchen legen ihre Eier in die Larven der Mottenschildlaus, in denen dann die Larven der Erzwespe parasitieren. *Encarsia* liebt ebenfalls einen 16-Stunden-Tag und eine Temperatur von 20 bis 25 °C, jedoch keine hohe Luftfeuchtigkeit.

Aphidoletes aphidimyza (Gallmücken) vertilgen Blattläuse. Der Handel liefert die in Erde eingebetteten Puppen, die dann an feuchten Stellen unter den Pflanzen ausgelegt werden. Die ausschlüpfenden Gallmükken legen innerhalb einer Woche 100 bis 150 Eier, aus denen sich die Larven entwickeln, welche die Läuse aussaugen. Eine neue Verpuppung findet wiederum in der Erde statt. Gallmücken lieben Feuchtigkeit und Wärme, bei Kurztag gehen sie in Winterruhe.

Tab. 14. Einsatz von Nützlingen (aus Zuchten)

Nützling	**Schädling**	**Einsatzort**	**Bedingungen**
räuber. Nematode	Dickmaulrüßler	Balkon, Terrasse, Wintergarten, Garten	Bodentemperatur über 13 °C
räuber. Nematode	Trauermücken	Fensterbank, Balkon, Wintergarten, Terrasse	
Schlupfwespe	Apfelwickler	Obstgarten	richtiger Zeitpunkt
Raubmilbe	Spinnmilbe	Kleingewächshaus, Wintergarten, Fensterbank	auch nachts über 18 °C, Luft befeuchten
Erzwespe	Weiße Fliege	Kleingewächshaus, Wintergarten, Fensterbank, Balkon	auch nachts über 12 °C
Raubmilbe	Thripse, Weichhautmilben	Kleingewächshaus, Wintergarten	auch nachts über 12 °C, Luft befeuchten
Gallmücke	Blattläuse	Kleingewächshaus, Wintergarten	Licht über 12 Std., auch nachts über 15 °C
Florfliege	Blattläuse, Thripse	Fensterbank, Balkon, Wintergarten, Kleingewächshaus	auch nachts über 15 °C
Schlupfwespe	Blattläuse	Kleingewächshaus, Wintergarten	auch nachts über 15 °C
Schlupfwespe	Minierfliege	Kleingewächshaus, Wintergarten	auch nachts über 15 °C
austral. Marienkäfer	Wolläuse	Kleingewächshaus, Wintergarten	auch nachts über 15 °C
räuber. Blumenwanze	Blattläuse, Thripse, Spinnmilben	Kleingewächshaus, Wintergarten	auch nachts über 15 °C

Quelle: Fachhochschule Weihenstephan, Staatliche Versuchsanstalt für Gartenbau, Am Staudengarten 7, 85354 Freising.

Abb. 137. Raubmilbe saugt Spinnmilbe aus.

Ebenfalls als Blattlausfeinde bekannt sind Marienkäfer, Schweb- und **Florfliegen**, die darum schützenswert sind. Florfliegen können in Form von Eiern oder als Larven bezogen werden.

Unter **integriertem Pflanzenschutz** versteht man einen sich ergänzenden Wechsel von chemischen und biologischen Mitteln. Dies erweist sich vor allem dort als notwendig, wo infolge ungünstiger Bedingungen die biologische Bekämpfung nicht ausreicht. In diesem Falle müssen nützlingsschonende Pflanzenschutzmittel gewählt werden, wie beispielsweise die Fungizide Rovral, Ronilan WG und die Insektizide Pirimimor G und Ordoval. Da sich jedoch alle Pflanzenschutzmaßnahmen ständig weiterentwickeln, können die heute genannten Möglichkeiten morgen bereits wieder überholt sein.

Bezugsquellen für Nützlinge
(Postversand)

Bionova
Josefstr. 102–104
41462 Neuss
Tel.: 02101/541071
Raubmilben, Erzwespen, Florfliegen, räuberische Nematoden

W. Neudorff GmbH KG
Postfach 1209
31860 Emmerthal 1
Tel.: 05155/62460
Raubmilben, Erzwespen, Gallmücken, Florfliegen, austral. Marienkäfer, Raupenspritzmittel,
räuberische Nematoden, Schlupfwespen gegen Minierfliegen; Gutscheinkarten in Gartencentern zu erwerben

Sautter und Stepper GmbH
Rosenstr. 19
72119 Ammerbuch
Tel.: 07032/75501
Raubmilben, Erzwespen, Gallmücken, Florfliegen, räuberische Nematoden, Schlupfwespen gegen Blattläuse

Hatto Welte
Maurershorn 10
78479 Insel Reichenau
Tel.: 07534/7190
Raubmilben, Erzwespen, Gallmücken,
Schlupfwespen gegen Blattläuse, Schlupfwespen gegen Minierfliegen

Voraussetzungen für den Erfolg des Biologischen Pflanzenschutzes:
- rechtzeitige Bekämpfung (regelmäßige Kontrolle bes. der Blattunterseiten);
- richtige Diagnose (Lupe), damit der richtige Nützling eingesetzt wird;
- Angaben über Befallsstärke, Pflanzengröße und Standortbedingungen bei Bestellung der Nützlinge;
- Temperatur und Luftfeuchte den Nützlingen anpassen (z. B. Luft befeuchten);
- Vorsicht bei anderen Pflanzenschutzmaßnahmen.

Vorteile des Biologischen Pflanzenschutzes:
- keine Nebenwirkungen auf Mensch, Tier, Pflanze und Umwelt,
- keine Resistenzbildung der Schädlinge,
- besseres Pflanzenwachstum,
- keine Spritzflecken,
- keine Geruchsbelästigung.

7.7 Information und Beratungsmöglichkeiten

Rechtzeitige Erkennung der Ursache einer Pflanzenkrankheit oder -schädigung ist Voraussetzung für eine erfolgreiche Bekämpfung. Sie ist aber vor allem bei pilzlichen Erregern und Virosen wegen der verwirrenden Symptome bei den einzelnen Arten und Sorten und unter verschiedenen Standortbedingungen nicht immer leicht.

In unklaren Fällen hat der Praktiker die Möglichkeit, sich bei dem **Pflanzenschutzdienst** seines Landes Auskunft zu holen oder eine örtliche Beratung anzufordern, die in vielen Fällen auch Vorschläge für eine notwendige Bekämpfung miteinschließt. In der Bundesrepublik sind für die Auskunftserteilung die Pflanzenschutzämter und ihre nachgeordneten Dienststellen, denen in der Regel sachkundige wissenschaftliche Kräfte zu Verfügung stehen, zuständig.

Spezialfragen und Probleme von grundsätzlicher Bedeutung werden von der **Biologischen Bundesanstalt** für Land- und Forstwirtschaft (BBA) Braunschweig (38104 Braunschweig, Messeweg 11/12) und Berlin bearbeitet (14195 Berlin, Königin-Luise-Str. 19).

Die Auskunftserteilung erfolgt, sofern keine umfangreichen Untersuchungen notwendig sind, von Ausnahmen abgesehen, meist kostenlos. Den Anfragen sind gut verpackte Pflanzenproben mit umfassenden Angaben zum Auftreten der Schädlinge, wie Standort, Düngung, bisheriger Kulturverlauf, Anwendung von Pflanzenbehandlungsmitteln usw., beizufügen.

Auch die Untersuchung von Pflanzensendungen bei der Ein- und Ausfuhr, die Überwachung der Gartenbau-, insbesondere der Jungpflanzenbetriebe sowie die Ausstellung von Gesundheits- und Ursprungszeugnissen für die Ausfuhr gehören in Deutschland zu den Aufgaben des Pflanzenschutzdienstes.

Um Beanstandungen der Importländer zu vermeiden, die zu Verzögerungen oder im schlimmsten Fall zur Vernichtung der Pflanzen führen können, sind die Anträge bei dem für den Betriebsort zuständigen Pflanzenschutzamt so rechtzeitig zu stellen, daß die Pflanzen auch noch untersucht werden können. Diese Untersuchung ist kostenpflichtig.

Nachfolgend eine Aufstellung der hierfür in Frage kommenden Institute und Pflanzenschutzämter:

Bundesrepublik Deutschland

Baden-Württemberg
70197 Stuttgart, Reinsburgstr. 107, Landesanstalt für Pflanzenschutz
76133 Karlsruhe, Amalienstr. 25, Pflanzenschutzdienst
79098 Freiburg, Erbprinzenstr. 2, Pflanzenschutzdienst
72072 Tübingen, Konrad Adenauer Str. 20, Pflanzenschutzdienst

Bayern
80638 München, Menzingerstr. 54, Bayerische Landesanstalt für Bodenkultur und Pflanzenbau, Abt. Pflanzenschutz

Berlin
12347 Berlin, Mohringer Allee 137, Pflanzenschutzamt

Brandenburg
14473 Potsdam, Templiner Str. 21 b, Pflanzenschutzamt

Bremen
28209 Bremen, Slevogtstr. 48, Senator für Umweltschutz

Hamburg
20355 Hamburg, Marseiller Str. 7, Institut für angewandte Botanik

Hessen
60487 Frankfurt/M, Friedrich-Wilhelm v. Steuben-Str. 2, Pflanzenschutzdienst

Mecklenburg-Vorpommern
18059 Rostock, Graf-Lippe-Str. 1, Pflanzenschutzamt

Niedersachsen
30453 Hannover, Wunstorfer Landstr. 9, Pflanzenschutzamt

Nordrhein-Westfalen
53229 Bonn, Rodeweg 5–11, Pflanzenschutzamt
48147 Münster/Westf., Nevinghoff 40, Institut für Pflanzenschutz

Rheinland-Pfalz
55128 Mainz, Essenheimer Str. 144, Pflanzenschutzamt

Saarland
66126 Saarbrücken, Lessingstr. 12, Pflanzenschutzamt

Sachsen
01307 Dresden, Stübelallee 2, Pflanzenschutzamt

Sachsen-Anhalt
06114 Halle/S., Reichardstr. 10, Pflanzenschutzamt

Schleswig-Holstein
24118 Kiel, Westring 383, Pflanzenschutzamt

Thüringen
99096 Erfurt, Am Waldkasino 3, Pflanzenschutzamt

Österreich

Bundesanstalt für Pflanzenschutz, Trunnerstr. 5, A-1041 Wien II

Schweiz

Eidgen. Versuchsanstalt für Obst-, Wein- und Gartenbau, CH-8820 Wädenswil

Niederlande

Plantenziektenkundige Dienst, Geertjesweg 15, Wageningen

Literaturverzeichnis

American Orchid Society: Handbook on Orchid Pests and Diseases. Amer. Orch. Soc., Book Department, 6000 South Olive Avenue, West Palm Beach, Florida 33405, U.S.A., 1990.

Boness, M.: Moosmilbenschäden an Orchideen. Anzeiger für Schädlingskunde XLI. 170, 1968.

Borchardt, G.: Viruskrankheiten bei Orchideen. Gartenwelt 70, 288–289, 1970.

Burnett, H. G.: Orchid Diseases. Dept. Agric. Florida, Vol. I, No. 3, 1965.

Gerlach, W.: Eine bisher nicht bekannte Blattfleckenkrankheit an Dendrobien (Erreger: *Fusarium moniliforme*). Nachrichtenblatt des Deutschen Pflanzenschutzdienst, Braunschweig, 20, 49–52, 1968.

– Infektiöse Krankheiten gärtnerisch wichtiger Orchideen. Gartenwelt 71, 181–184, 1971.

Gerlach, W., Borchardt, G.: Untersuchungen über eine Wurzelfäule an *Phalaenopsis*-Hybriden und ihren Erreger *Fusarium oxysporum*. Phytopath. Ztschr. 63, 30–39, 1968.

Hassan, S. A., Meyer, E.: Biologische Schädlingsbekämpfung im Gewächshaus. AID Heft 30, Bonn 1983.

– Albert, R., Rost, W. M.: Pflanzenschutz mit Nützlingen im Freiland und unter Glas. Verlag Eugen Ulmer, Stuttgart 1993.

Heddergott, H.: Taschenbuch des Pflanzenarztes. 10. Folge. Landwirtschaftsverlag, Münster-Hiltrup 1993.

Hemer, M.: Krankheiten und Schädlinge an Orchideen und ihre Bekämpfung. Gartenwelt 75, 78–81, 1975.

Kitaguma, E. W., Blumenschau, A., Costa, A. S.: Rodlike Particles Associated with Ringspot Symptoms in Several Orchid Species in Brasil. Phytopath. Ztschr. 81, 280–286, 1974.

Koenig, R., Lesemann, D.: Serologischer Nachweis von Viren. „Das Karnikel als Freund und Helfer des Orchideengärtners“. Gartenwelt 72, 48–49, 1972.

Lesemann, D., Begtrup, I.: Elektronenmikroskopischer Nachweis eines bazilliformen

Virus in *Phalaenopsis*. Phytopath. Ztschr. 71, 257–269, 1971.

Northen, R.: Orchid Ailments, Part 1, American Orchid Soc. Bull., Vol 42, No. 8, 712–718, 1973.

– Orchid Ailments, Part II, Diseases. American Orchid Soc. Bull-, Vol 42, No. 9, 810–821, 1973.

Pape, H., Hemer, M.: Krankheiten und Schädlinge der Zierpflanzen und ihre Bekämpfung. Verlag Paul Parey, Berlin–Hamburg 1964, 5. Aufl.

Philipp, W.: Biologische Bekämpfung von Pflanzenkrankheiten. Verlag Eugen Ulmer, Stuttgart 1984.

Pedersen, O. C., Reitzel, J., Hansen, L.: Pflanzen natürlich schützen. Nützlinge in Treibhaus und Garten. Verlag S. Fischer, Frankfurt 1983.

Schmid, O., Henggeler, S.: Biologischer Pflanzenschutz im Garten. Verlag Eugen Ulmer, Stuttgart 1989.

Schumacher, G.: Krankheiten und Schädlinge der Orchideen. Erwerbsgärtner 19, 746, 1974.

Stahl, M., Umgelter, H., neubearb. von Jörg, G., Merz, F., Richter, J.: Pflanzenschutz im Zierpflanzenbau. Verlag Eugen Ulmer, Stuttgart 1993, 3. Aufl.

Weidinger, G.: Substrat, Düngung und Pflanzenschutz bei Orchideen. Gartenwelt 74, 453–454, 1974.

Wisler, G. G.: How to control Orchid Viruses. Maupin House Publisher, Gainsville, Florida 1990.

Withner, C. L.: The Orchids. Ronald Press Company, New York 1959.

8 Beschreibung der Gattungen, Arten und Hybriden mit Kulturhinweisen

8.1 Systematischer Aufbau der Orchideenfamilie

Die Familie der Orchideen umfaßt etwa 750 Gattungen und 20000 bis 25000 Arten. Dieser Artenreichtum deutet in stammesgeschichtlicher Hinsicht auf eine junge, noch in Entwicklung begriffene Familie. Die Evolution der Orchideen vollzog sich von ihrer Urform ausgehend keinesfalls gleichschnell und nach einem bestimmten Plan. Die sich immer erneut verändernden Formen hatten epochenmäßig und gebietsweise eine sehr unterschiedliche Aktivität, die entweder Gattungen mit nur einer oder solche mit bis zu 1000 Arten entstehen ließ.

Um die verwandtschaftliche Stellung einer Orchidee deutlich ausdrücken bzw. sie auf Grund ihrer Merkmale an eine bestimmte Stelle einordnen zu können, bedarf es eines Systems mit hierarchischer Ordnung. Diese Abstufung ist im Internationalen Code der Botanischen Nomenklatur (I.C.B.N.) festgelegt, aus dem die wichtigsten Ränge angeführt werden: Ordnung (Ordo) – Familie (Familia) – Unterfamilie (Subfamilia) – Stamm (Tribus) – Unterstamm (Subtribus) – Gattung (Genus) – Art (Species) – Unterart (Subspecies) – Varietät (Varietas) – Form (Forma) – Einzelpflanze (Individuum).

An der systematischen Eingliederung der Orchideen waren seit 1800 namhafte Botaniker beteiligt, wie J. Lindley, G. Bentham, E. Pfitzer und R. Schlechter. Das vom letztgenannten Orchideologen erstellte System genoß rund 60 Jahre weltweite Anerkennung, obwohl kritische Beiträge für bestimmte Teilgebiete, z. B. von R. Mansfeld, R. L. Dressler und C. H. Dodson, L. A. Garay, P. Vermeulen, seine Revision schon früher erforderlich gemacht hätten. Diese Revision nahmen F. G. Brieger und K. Senghas auf Grund aller neuen wissenschaftlichen Erkenntnisse und eigener Forschungsergebnisse vor und stellten folgendes System der Orchidaceae auf:

Ordnung: Microspermae
1. Familie: Apostasiaceae
2. Familie: Orchidaceae
    1. Unterfamilie: Cypripedioideae (mit 4 Gattungen)
        1. Tribus: Cypripedieae
        2. Tribus: Paphiopedileae
        3. Tribus: Phragmipedieae
        4. Tribus: Selenipedileae
    2. Unterfamilie: Orchidoideae (mit etwa 70 Gattungen)
        5. Tribus: Orchideae
        6. Tribus: Diseae
        7. Tribus: Satyrieae
    3. Unterfamilie: Neottioideae (mit etwa 125 Gattungen)
        8. Tribus: Tropidieae
        9. Tribus: Neottieae
        10. Tribus: Spirantheae
        11. Tribus: Diurideae
    4. Unterfamilie: Epidendroideae (mit etwa 235 Gattungen)
        12. Tribus: Podochileae
        13. Tribus: Arethuseae
        14. Tribus: Epidendreae
    5. Unterfamilie: Vandoideae (mit etwa 320 Gattungen)
        15. Tribus: Maxillarieae

16. Tribus: Oncidieae
17. Tribus: Cataseteae
18. Tribus: Vandeae

In taxonomischer Hinsicht werden die Anzahl der fertilen Staubblätter sowie Form und Inhalt der Staubbeutel (Antheren) als wichtige Unterscheidungsmerkmale angesehen.

Die markantesten Merkmale der Cypripedioideae sind die zwei fertilen Staubblätter seitlich der Narbe am oberen Ende des Säulchens (Columna) mit schmierigen bis körnigen Pollen sowie das Staminodium, das pantoffelähnliche Labellum und die zu einem Synsepalum verwachsenen seitlichen Sepalen. Das Synsepalum kommt selten auch getrennt vor.

Bei den vier übrigen Unterfamilien besitzt das Säulchen nur ein fertiles Staubblatt und je nach Gattung keine oder zwei Staminodien von unterschiedlicher Größe und Aussehen. Bei den Orchidoideae und Neottioideae ist der obere Teil des fertilen Staubblattes kapuzenförmig und aufrechtstehend, dagegen bei den Epidendroideae und Vandoideae rundlich und abgeflacht. Bei den Orchidoideae reißen die erst mit dem Welken der Blüte vertrocknenden Antheren zweimal der Länge nach auf. Bei den Neottioideae öffnen sich die Antheren der Breite nach und trocknen frühzeitig unter Beibehalt ihres Aussehens ein. Bei den Epidendroideae und Vandoideae werden bei Entnahme der Pollinien durch das bestäubende Insekt die Antheren teilweise oder gänzlich abgetrennt.

Die Pollinien haben bei den Orchidoideae eine basale, stielartige Verlängerung aus Pollensackgewebe, das Freniculum, an dessen

Abb. 138. (links) Fruchtknoten und Säulchen von *Paphiopedilum* mit zwei Staubblättern und Pollinien (hinteres Staubblatt nicht sichtbar), darüber dachartig das Staminodium und darunter die abwärts gerichtete Narbe. Alle Blütenblätter sind entfernt.

Abb. 139. (Mitte) Fruchtknoten und Säulchen von *Cattleya* mit Narbe und darüberstehender Anthere (Staubblatt).

Abb. 140. (rechts) Gleichalte Samenkapsel von *Cattleya trianaei* var. *backhousieana*; links Scheinfrucht nach Nachbarbestäubung, rechts samenausbildende Frucht nach Fremdbestäubung, 5 Monate alt.

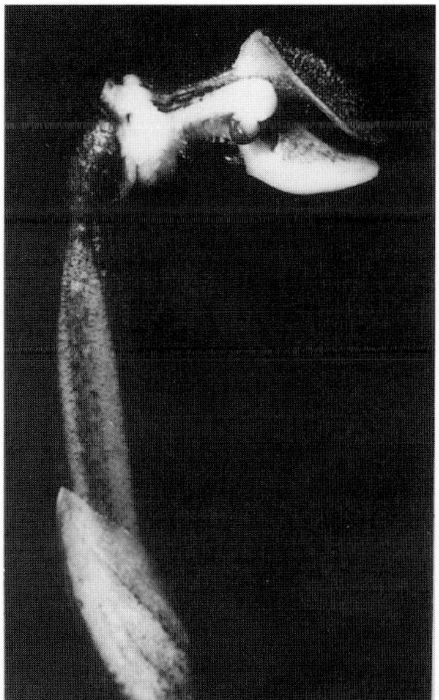

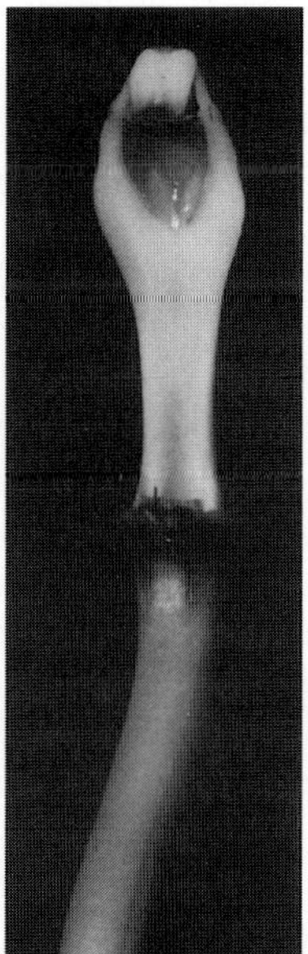

Abb. 141. (links) Die normalerweise zum Synsepalum zusammengewachsenen Sepalen sind bei dieser Blüte von *Paphiopedilum* × *leeanum* getrennt; Rückenansicht.

Abb. 142. (rechts) Weibliche Blüten von *Catasetum fimbriatum*.

Ende ein aus Narbengewebe gebildeter Klebkörper (Viscidium) vorhanden ist. Der staubfeine Pollen hat sich zu kleinen, kettenartig zusammenhängenden Klümpchen, sogenannten Massulae, vereinigt. Bei den Neottioideae steht gegenüber den Orchidoideae der Klebkörper infolge geänderter Narbenstellung an der Spitze der Antheren. Der Pollen ist zum unterschiedlich festen Pollinium zusammengekittet und seine Klebesubstanz (Caudicula) ist mit dem Klebkörper vereint. Bei den Epidendroideae befinden sich in den Antheren zwei bis acht typisch geformte, mit Caudicula versehene Pollinien. Klebsubstanz und Klebkörper sind bei dieser Unterfamilie somit ebenfalls stiellos verbunden, wogegen bei den Vandoideae zwischen diesen beiden Teilen ein aus dem Narbengewebe entwickeltes Stielchen (Stipes) vorhanden ist. Dieses Stielchen ist trotz größter Ähnlichkeit mit dem Freniculum ein analoges, jedoch kein homologes Gebilde.

Diesen fünf durch ihre Merkmale dargestellten Unterfamilien untergeordnet sind die anfangs schon genannten 18 Triben, 74 Subtriben und rund 750 Gattungen. Von diesen werden die wichtigsten, in der Kultur am meisten verbreiteten Arten nachfolgend beschrieben. Es sind dies von Orchideenliebhabern bevorzugte außereuropäische, großblumige und farbenprächtige Arten, jedoch auch die in Mode gekommenen Miniatur-Orchideen, d. h. im ganzen kleinbleibenden Orchideen mit ihren farben- und formenreichen Blüten.

Die Zeiten mit uneingeschränkter Einfuhr der von heimischen Sammlern am natürlichen Standort entnommenen Orchideen sind vorüber. Jahrzehntelanges Sammeln und die dazu kommende kommerzielle Rodung der Urwälder brachten es mit sich, daß zahlreiche Orchideenarten ausgerottet wurden und weitere in ihrem Bestand gefährdet sind. Um diesem Rückgang energisch Einhalt zu bieten, untersagt das Washingtoner Artenschutzabkommen zusammen mit den in den einzelnen Staaten erlassenen Artenschutzgesetzen jegliche Einfuhr und Handel von nachweislich nicht gärtnerisch herangezogenen Orchideen.

Diese aus den Heimatländern unterbleibende Einfuhr schmälert aber keineswegs den Erwerb von Orchideen. Vielsprossige Pflanzen können durch Teilung artgemäß erhalten und an Interessenten weitergegeben werden. Zusätzlich lassen sich bei zum Blühen gekommenen Orchideen nach einer Handbestäubung eine größere Anzahl von Samen in der heranwachsenden Samenkapsel ernten. Ihre asymbiotische Aussaat erbringt Jungpflanzen in marktdeckender Anzahl. Abgesehen von dieser generativen Vermehrung bietet die Meristemvermehrung von ausgesuchten Orchideen die Anzucht jeder gewünschten Anzahl neuer Jungpflanzen. Bei voller Ausnutzung der vegetativen und generativen Vermehrungsmöglichkeiten sind Gärtner und Liebhaber der Orchideen imstande, alle in Kultur befindlichen Arten und Hybriden nicht nur zu erhalten, sondern auch von Importen weitgehend unabhängig zu sein, – wodurch wir indirekt zur Erhaltung der noch am Standort verbliebenen Arten beitragen.

8.2 Erklärung der Abkürzungen, Stichwörter und Zeichen

2n = mit der angeführten Zahl der diploide Chromosomensatz bei bisher untersuchten Orchideenarten.
Z = unter bestimmten Voraussetzungen im Wohnraum pflegbar.
K = kühl zu kultivierende Art, 17 bis 12 °C (tagsüber-nachts).
T = temperiert zu kultivierende Art, 22 bis 15 °C.
W = warm zu kultivierende Art, 25 bis 18 °C.
Gartenpfl. = als Gartenpflanze verwendbar.
st.duft. = besonders stark duftende Art.
Schnittbl. = haltbare Schnittblume.
× = internationales Zeichen für Bastard (Hybride). Dem Gattungsnamen vorgesetzt = Gattungsbastard, dem Artnamen vorgesetzt = Artbastard.
cv. = Cultivar = Sorte.
Blütezeit = Periode, in der die betreffende Art in Mitteleuropa zum Blühen kommt.
NN = Normalnull, für die Höhenmessung festgelegte Bezugshöhe, entspricht praktisch „über dem Meeresspiegel". So bedeutet z. B. die Angabe 600 m NN = 600 m über Normalnull.

Kulturhinweis: Der jährlich andersgeartete Klimaverlauf sowie der unterschiedliche Witterungscharakter in den einzelnen Bundesländern ermöglicht nur, die Grundregel der Kultur anzuführen. Die Hinweise sind infolgedessen den örtlichen Verhältnissen anzupassen.

Substrathinweis: Im letzten Jahrzehnt vollzog sich bezüglich des Pflanzmaterials für Orchideen ein größerer Wandel. Die althergebrachten Osmundawurzeln und das Sumpfmoos *(Sphagnum)* als wichtigste Bestandteile des Pflanzmaterials sind auf ihren Standorten im Schwinden. Diese organischen Substanzen werden durch andere Stoffe, teilweise oder vollständig, ausgetauscht und die Nährstoffe in Form von Düngerlösungen zugesetzt.

8.3 Außereuropäische Orchideen

Aus der unüberschaubaren Menge der in den letzten 150 Jahren auf allen Kontinenten gesammelten Orchideen bürgerten sich hauptsächlich diejenigen bei uns ein, welche sich in das Milieu des Glashauses oder der Fensterbank einfügten. Es sind Arten mit größerer Toleranz bezüglich ihrer Ansprüche an Temperatur, Feuchtigkeit, Nahrung und Licht. Eine von HOFMANN (1975) durchgeführte Erfassung aller kultivierten Orchideen in Sammlungen von 17 botanischen Gärten Mitteleuropas und bei 33 Liebhabern erbrachte die stattliche Anzahl von fast 5000 Arten. Von diesen bestimmten jene, die am häufigsten genannt wurden, die Auswahl der nachfolgend besprochenen Orchideen.

Aërides Lour.

Aufgestellt wurde die Gattung 1790 von dem portugiesischen Missionar und Botaniker J. de Loureiro. *Aërides* setzt sich aus *aer-* (griech. Luft) und *eides* (griech. ähnlich) zusammen, als Hinweis auf die epiphytische Lebensweise.

Monopodial wachsende Pflanzen mit riemenförmigen oder stielrunden Laubblättern, langen, sich verzweigenden Luftwurzeln und seitlichen Blütenständen. Diese sind dichtblumige Trauben oder wenigblumige Rispen. Die Sepalen und Petalen sind gespreizt, die Petalen teilweise mit dem Säulchen verwachsen. Das Labellum ist mit nach vorn gekrümmtem Sporn an der Säulchenspitze angewachsen. Seine Seitenlappen stehen meistens aufrecht, der Vorderlappen ist kahnförmig aufwärts gekrümmt oder waagrecht vorwärts gestreckt. Die kurze Columna verlängert sich im Säulchenfuß, ihre kapuzenförmige Anthere enthält zwei mit bandartigen Stielchen versehene Pollinien. Etwa 50 epiphytisch wachsende Arten sind von Indien über die Philippinen bis Japan verbreitet.

A. multiflora Roxb.; 2n = 38, W bis T
Die Laubblätter des 20 bis 70 cm hohen Stammes sind 15 bis 25 cm lang. Die hängende, 15 bis 30 cm lange Traube trägt 2 bis 3 cm breite Blüten. Die weißlichen, der Spitze zu rosalilafarbenen Sepalen und Petalen sind zusätzlich dunkler gefleckt. Von gleicher Färbung ist das Labellum mit seinem breit-eiförmigen, kurzen Vorderlappen und den kaum hervortretenden Seitenlappen. Gleichfarbig auch der nach vorn gekrümmte, sackartige Sporn. Blütezeit: Juni bis September. Heimat: von nordöstlichem Indien (tropischem Himalaja) bis Thailand und Indochina.

A. odorata Lour.; 2n = 38, W bis T, st. duft.
Im Habitus wie *A. multiflora*, die Blüte jedoch 1,5 bis 2,5 cm breit. Diese ist weißlich, ihre Spitzen sind rosalila. Am Labellum ist der aufwärtsgekrümmte Vorderlappen rosalila gestreift, die aufwärtsgerichteten Seitenlappen rosalila punktiert. Grünlich der hornartig vorgekrümmte Sporn. Blütezeit: April bis Juli. Heimat: von Sikkim, Nepal über Südostasien bis Java bzw. über Südchina bis zu den Philippinen.
Kulturhinweis: Siehe bei *Angraecum*, jedoch für *A. multiflora* über Winter etwas kühler.

Abb. 143. Aerides multiflora.

Alle *Aërides*-Arten sind wegen ihrer langen Wurzeln in hängende Körbchen einzupflanzen bzw. sind kleinere Pflanzen, mit Pflanzmaterial unterlegt, auf Kork oder Farnbrettchen aufzubinden. *Aërides* sind so selten wie möglich umzupflanzen, da sie dies nicht gut vertragen.

Angraecum Bory

Der malaiische Name „angurek" diente dem französischen Botaniker M. BARON BORY DE ST. VINCENT 1804 zu der Gattungsbezeichnung.

Monopodial wachsende, mitunter sich reichlich verzweigende, dicht bis locker beblätterte Pflanzen, welche durch ihre Internodienlänge von sehr unterschiedlicher Größe sind. Dem Habitus entsprechend sind die Blüten zwischen 5 mm und 15 cm groß, einblumig oder in traubenartigen Blütenständen beisammen. Die gespreizten Sepalen und Petalen sind weitgehend gleichartig. Das ungeteilte Labellum mit sack- bis sehr lang fadenartigem Sporn umfaßt mit seiner Basis die kurze, vorne tief geteilte Columna, deren Spitze zum ausgerandeten Rostellum seitlich zwei Öhrchen besitzt. Etwa 150 epiphytisch auf Bäumen und lithophytisch auf Felswänden wachsende Arten im tropischen Afrika, auf Madagaskar und umliegenden Inseln.

A. distichum Lindl.; T bis W
Die dichtbeblätterten, bis 15 cm langen Stämmchen sind gebüschelt und ihre fleischigen Laubblätter etwa 1 cm lang. Die weißen 0,5 bis 1 cm breiten Blüten besitzen ein aufwärtsgerichtetes, kapuzenförmiges Labellum und erblühen gleichzeitig in mehreren Blattachseln. Blütezeit: Oktober bis April. Heimat: tropisches Afrika, Angola, Uganda, Guinea, Sierra Leone.

A. sesquipedale Thou.; 2n = 38, 42, W
Der bis 70 cm hoch werdende Stamm trägt bläulichgrüne, mit einer Wachsschicht überhauchte, 15 bis 25 cm lange Laubblätter und gespreizt wegstehende Wurzeln. Die zwei- bis vierblumige Infloreszenz hat wachsartige, elfenbeinweiße, 12 bis 18 cm breite Blüten. Ihre Sepalen, Petalen und das fast gleich aussehende, jedoch breitere Labellum sind schlank zugespitzt. Der fadenförmige Sporn ist zwischen 15 bis 30 cm lang. Blütezeit: Dezember bis April. Heimat: Madagaskar, in niederen Lagen des Regenwaldes, nicht über 1 000 m NN emporsteigend.

Abb. 144. Angraecum distichum.

Kulturhinweis: Entsprechend der unterschiedlichen Größe sind *Angraecum* in stehende oder hängende Holzkörbchen bzw. durchlöcherte Töpfe einzusetzen oder auf mit Pflanzmaterial belegte Kork- bzw. Farnbrettchen aufzubinden. *Angraecum* wollen im Sommer einen warmen, luftfeuchten, gut belüfteten, halbschattigen Stand im Gewächshaus, der ab Ende des Hochsommers schattenlos ist. Im Frühjahr und im Sommer benötigt *Angraecum* Temperaturen zwischen 26 und 20 °C, im Winterhalbjahr sind 22 bis 17 °C ausreichend. In der Vegetationszeit sind diese Orchideen an heißen und sonnigen Tagen zusätzlich zu einer angemessenen Bewässerung zu überbrausen, wogegen sie in den Herbst- und Wintermonaten bei ausreichender Luftfeuchtigkeit und -umwälzung nur nach Notwendigkeit gegossen werden. *Angraecum* sind nur nach Erfordernis mit Vegetationsbeginn in ein Pflanzmaterial aus 1/3 Osmundawurzeln, 1/3 *Sphagnum* und 1/3 Styroporschnitzel mit Zugabe von Buchenlaub oder Farnwedel, Kuhfladengeriebsel bzw. Hornspäne umzusetzen. Geeignet sind auch im Handel angebotene Substrate mit ähnlicher Konsistenz. Für im Habitus größere Pflanzen ist grobes Pflanzmaterial besser als eine den kleinbleibenden epiphytisch wachsenden Arten zusagende feinere Mischung. Größere Arten gedeihen auch in Rinde gepflanzt mit regelmäßig schwacher Düngung sehr gut. Da gebrochene Wurzeln die Weiterentwicklung der Pflanze stark beeinträchtigen, sind alle sparrig wegstehenden Wurzeln beim Umtopfen außerhalb des Pflanzgefäßes zu belassen.

Ansellia Lindl.

J. ANSELL sammelte auf Fernando Póo die ersten Pflanzen und ihm zu Ehren gab 1844 der englische Botaniker J. LINDLEY dieser Gattung seinen Namen.

Epiphytisch wachsende Pflanzen mit aufrechten, in der oberen Hälfte beblätterten Pseudobulben und mit entständigem, einfachem oder verzweigtem Blütenschaft. Die Sepalen und Petalen sind fast gleich, die seitlichen Sepalen bilden mit dem Säulchenfuß ein Kinn. Vom dreilappigen Labellum umfassen die Seitenlappen die Columna, der Vorderlappen trägt drei Kiele. Die Anthere birgt zwei zweispaltige Pollinien. Möglicherweise sind nur wenige Arten im tropischen und südlichen Afrika beheimatet.

A. africana Lindl.; T bis W
Die spindelförmige, 50 bis 80 cm hohe Pseudobulbe trägt vier bis acht 30 bis 40 cm lange, riemenförmige, längsgefaltete Laubblätter. Der locker- und reichblumige Blütenschaft wird 40 bis 70 cm lang. Die gelblichgrüne, schokoladenbraun gefleckte Blüte ist 4 bis 6 cm breit. Ihre Sepalen sind schmäler als die Petalen. Ausgebreitet ist das Labellum breiter als lang mit drei Leisten auf der Schwiele. Blütezeit: Januar bis Juli. Heimat: Auf Bäumen der Savanne in West- und Zentralafrika.

A. gigantea Rchb.f.; T bis W
In Habitus und Blüte wie *A. africana*, jedoch variiert die Größe und die Farbe der Blüte sehr stark. Die Sepalen und Petalen sind bei var. *gigantea* gelb, das Labellum gelb bis orangegelb; bei var. *nilotica* sind die Sepalen und Petalen zusätzlich kastanienbraun gefleckt und die Seitenlappen des Labellums zusätzlich rotbraun umrandet. Das Labellum ist ausgebreitet schmäler als lang mit nur zwei Leisten auf der Schwiele. Blütezeit: Januar bis Juli. Heimat: Auf Bäumen, seltener terrestrisch in der Savanne im südlichen (var. *gigantea*) und im östlichen Zentralafrika (var. *nilotica*).

Kulturhinweis: Lange vor oder gegen Ende der winterlichen Ruheperiode entfaltet sich an der vorjährigen, öfters auch an älteren Pseudobulben endständig der Blütenstand mit wochenlang haltbaren Blüten. Während oder vor Ende der Blühperiode sproßt der Neuaustrieb und entfaltet sich bei immer reichlicher werdenden Wassergaben und entsprechender Düngung bis zum Hochsommer zu neuer, nach der Ruheperiode blühfähiger Pseudobulbe. Dazu erforderlich ist ein leicht beschatteter Stand im luftfeuchten, frischluftreichen Glashaus bei Temperaturen zwischen 26 und 20 °C. Vom Spätsommer an beginnt die Ruheperiode mit eingeschränkten Wassergaben bei kühlerem Stand, zwischen 20 und 16 °C. Als Pflanzmaterial benötigt *Ansellia* die für Epiphyten gebräuchliche, jedoch nährstoffreicher gemachte Mischung.

Abb. 145. Ansellia africana.

Abb. 146. Ascocentrum curvifolium.

Beim Umpflanzen sind für kräftig entwickelte Pflanzen nicht zu kleine, jedoch gut dränierte Blumentöpfe zu verwenden. Bei guter Entfaltung bilden sich aufrechtwachsende Luftwurzeln aus.

Ascocentrum Schltr.

Vom deutschen Botaniker R. Schlechter 1913 nach der Form des Spornes der Blüte benannt; *ascos* (griech. Sack, Schlauch) und *kentron* (griech. Sporn).

Im Habitus kleinbleibende, monopodial wachsende Pflanzen mit aus den Achseln mehrjähriger Laubblätter aufrechtstehenden, vielblumigen Infloreszenzen. An der Basis sind die fast gleich aussehenden Sepalen und Petalen verschmälert. Das dreilappige Labellum mit zwei kleinen, aufrechtstehenden Seitenlappen, mit schmal-länglichem, hervorstehendem Vorderlappen und sackartigem bis länglichem Sporn ist etwas mit der Columna verwachsen. Etwa fünf epiphytisch wachsende Arten mit leuchtend gefärbten Blüten sind zwischen Himalaja und Ostindischen Inseln verbreitet.

A. curvifolium (Lindl.) Schltr.; 2n = 38, W bis T
Das Stämmchen wird 20 bis 30 cm hoch, die gekrümmten Laubblätter nicht länger als 15 cm und der aufrechte Blütenschaft wird 12 bis 17 cm lang. Die 1,5 bis 2,5 cm breiten Blüten sind zinnober- bis scharlachrot mit orangefarbenem Labellum. Blütezeit: März bis Juni. Heimat: Sikkim, Myanmar (Burma), Thailand und Indochina; wächst epiphytisch in laubabwerfenden Wäldern.

A. miniatum (Lindl.) Schltr.; 2n = 38, W bis T
Das Stämmchen wird 10 bis 20 cm hoch, die schräg aufrecht stehenden, fleischigen Laubblätter sind 6 bis 15 cm lang, nahezu ebensolang wird der aufrechte Blütenschaft. Die goldgelben bis orangeroten Blüten sind 1,5 bis 2 cm breit. An der Basis des Labellums stehen, am Eingang des schlanken Sporns, zwei kleine Seitenlappen. Blütezeit: März bis Juni.

Heimat: Thailand, Myanmar (Burma), Malaiische Inseln und Java; wachsen epiphytisch auf Bäumen lichter, laubabwerfender Wälder in Höhen zwischen 250 und 750 m NN.

Kulturhinweis: Siehe bei *Vanda* 1, mit denen *Ascocentrum* zusammen zu pflegen sind. Benötigt wird bei gleichbleibend feuchtem Wurzelballen ein warmer, luftfeuchter, sonniger, nur leicht beschatteter Stand mit guter Luftzirkulation im Gewächshaus. Nach der winterlichen Ruheperiode mit etwas trockenerer Haltung kommt *Ascocentrum* mit Winterausgang–Frühjahr unschwer zum Blühen. Auf Kork oder Farnbrettchen mit etwas Pflanzmaterial für Epiphyten aufgebunden, gedeiht diese klein bleibende Orchidee besser als im Blumentopf. Während der sommerlichen Vegetationsperiode ist vierzehntägige Düngung mit sehr schwacher Nährsalzkonzentration angebracht.

Bifrenaria Lindl.

Der englische Botaniker J. Lindley benutzte im Jahre 1833 die lateinischen Wörter *bi* (doppelt) und *frenum* (Zügel, Zaum) als Ausdruck für das Zusammenhängen zweier Pollinien mittels Stielchen (Stipes) an der Klebscheibe (Viscidium) zur Benennung dieser Gattung.

Eiförmige bis etwas kantige Pseudobulben stehen durchwegs gedrängt beisammen, seltener durch längere Rhizome auseinandergerückt. Die Pseudobulben tragen ein oder zwei gestielte, lederige, mehrjährige Laubblätter. Der Blütenstand ist eine wenig- bis mehrblumige Traube. Die Sepalen und Petalen sind auseinandergespreizt, die seitlichen Sepalen sind mit dem Fuß der Columna verwachsen. Das dreilappige, seltener ungeteilte Labellum weist eine mit Haaren besetzte Längsschwiele oder erhöhte Kiele auf und ist mit dem Säulenfuß gelenkig verbunden. Etwa 25 teils epiphytisch, teils terrestrisch wachsende Arten sind von Brasilien bis Venezuela verbreitet.

B. harrisoniae (Hook.) Rchb.f.; 2n = 40, W bis T, Z
Die Pseudobulbe ist 5 bis 10 cm hoch und trägt ein 15 bis 25 cm langes Laubblatt. Der ein- bis dreiblumige Blütenschaft wird 10 bis 15 cm lang. Die rein- bis gelblichweiße Blüte ist 5 bis 7 cm breit, ihr dreilappiges Labellum ist innen hell bräunlichlila bis hell purpurn, dunkler geadert und mit dottergelber, stark behaarter Schwiele versehen. Blütezeit: März bis Juni. Heimat: Brasilien; wächst lithophytisch in mit Humus angereicherten Felsritzen.

Kulturhinweis: Siehe *Cattleya* 2, während der Vegetationsperiode sind Wärme, Schatten, hohe Luftfeuchtigkeit, reichliche Wasser- und schwache Düngergaben angebracht.

Abb. 147. Bifrenaria harrisoniae.

Nach Ausbildung der Pseudobulbe wird bei geringeren Wassergaben hell und kühler überwintert. Neue Sproßaustriebe sind gegen Spritzwasser sehr empfindlich.

Bletilla Rchb.f.

Auf Grund der großen Ähnlichkeit der Blüte mit der von *Bletia* benannte der deutsche Botaniker H. G. REICHENBACH (filius) 1853 diese Gattung *Bletilla*. DON L. BLET, nach dem die Gattung *Bletia* benannt wurde, war katalanischer Apotheker und begleitete die spanischen Botaniker H. RUIZ und J. A. PAVÓN auf ihrer Expedition von 1778 bis 1788 nach Chile, Peru und in die angrenzenden Gebiete.

Die halb im Erdreich verborgen wachsenden Rhizome haben knolliges Aussehen, verzweigen sich reichlich und hängen mehrere Jahre lang kettenartig zusammen. Die Laubblätter sind längs gefaltet. Die Sepalen und Petalen sehen nahezu gleich aus. Das dreilappige Labellum umschließt lose die Basis der schlanken, beiderseits geflügelten Columna. Die Anthere birgt acht körnige Pollinien. Etwa sieben Arten in China, auf Japan, Formosa und umliegenden Inseln.

B. striata (Thunb.) Rchb.f.; 2n = 32, K, auch Gartenpfl.
Syn.: *Bletia hyacinthina* R.Br., *Bletilla hyacinthina* (R.Br.) Rchb.f. Der 50 bis 80 cm lange Blütenschaft kommt aus der Mitte des ausgetriebenen Sprosses vor Entfaltung der 40 bis 70 cm langen Laubblätter. Die Infloreszenz trägt zwei bis acht 3 bis 5 cm breite, rötlichlila Blüten. Der Mittellappen des Labellums weist mehrere weißliche, gekrauste Lamellen auf. Blütezeit: April bis Juni. Heimat: China, Japan; auf Bergwiesen.

Kulturhinweis: *Bletilla* überwintert bei kühlstem Stand und geringsten Wassergaben. Vor beginnendem Sproßaustrieb ist sie mit angefeuchtetem Ballen etwas wärmer und lichtnah aufzustellen. Die neuen Sprosse treiben im März/April und blühen im April/Juni. Ab Ende Mai wird die *Bletilla* mit Topf im Garten zu 3/4 in die Erde eingesenkt und den Sommer über bei reichlicher Bewässerung und Düngung weitergepflegt. Noch vor der Verfärbung des Laubes im Spätsommer sind die Wassergaben zu reduzieren. Vor Frosteinbruch wird *Bletilla* aus dem Garten hereingenommen und trocken und kühl im Haus (lichtes Kellerfenster) überwintert. Dabei sind etwa 5 °C Wärme ausreichend. Die Rhizome werden oberflächennah in größere Blumentöpfe, mit einer Mischung aus humusreicher Gartenerde, Torf, Sand und Hornspänen, eingesetzt. Auch eine Auspflanzung der Rhizome im Garten kann erfolgreich sein, sofern die Pflanzen im Winter vor zu viel Nässe und Frost geschützt werden.

Abb. 148. Bletilla striata.

Brassavola R.Br.

1813 wurde diese Gattung von dem englischen Botaniker R. BROWN nach dem in Ferrara tätigen italienischen Botaniker und Arzt A. M. BRASSAVOLA benannt.

Durch ihre langen, stielrunden Sprosse und Laubblätter unterscheiden sich *Brassavola* im Habitus von *Laelia* und *Rhyncholaelia*, mit denen sie im Bau der Blüte übereinstimmende Merkmale aufweist. Die Sepalen und Petalen sind durchwegs schmal. Das große Labellum umfaßt an der Basis die Columna. Etwa 20 epiphytisch wachsende Arten sind von Mexiko bis Brasilien verbreitet.

Brassavola digbyana Lindl.; 2n = 40, W bis T, st. duft., korrekter Name:
Rhyncholaelia digbyana (Lindl.) Schltr.,
Syn.: *Laelia digbyana* (Lindl.) Benth.
Die keuligen, etwas flachgedrückten Pseudobulben mit graugrünem Laubblatt sind 10 bis 15 cm hoch. Aus rötlicher Scheide entfaltet sich eine weiße, grünlich überhauchte Blüte von 10 bis 15 cm Breite, deren Labellum breitrandig gefranst ist. Blütezeit: April bis August. Heimat: Mexiko, Honduras; in der Savanne an solitären Eichen. Von Meereshöhe bis etwa 900 mNN.

B. glauca Lindl.; T, Z
Korrekter Name: *Rhyncholaelia glauca* (Lindl.) Schltr.
Im Habitus kleiner als *B. digbyana*, ebenso die weiße, grünlich überhauchte Blüte. Das Labellum ist nicht gefranst, jedoch ist der Schlund purpurrosa gefleckt und gestreift. Blütezeit: Januar bis Mai. Heimat: Mexiko, Guatemala, Honduras; terrestrisch und epiphytisch wachsend in Lichtungen der Bergwälder, zwischen 1200 und 1500 mNN.

B. nodosa (L.) Lindl.; 2n = 40, T bis W, Z
Die aufwärts gerichtete, stielrunde, 3 bis 5 cm hohe Pseudobulbe setzt sich als sichelförmig gebogenes, halbrundes, 15 bis 30 cm langes Laubblatt fort. Der wenigblumige Schaft mit 7 bis 9 cm breiten Blüten wird 10 bis 20 cm lang. Die Sepalen und Petalen sind grünlich- bis gelblich-weiß, die Basis des herzförmigen, weißen Labellums ist purpurn punktiert. Blütezeit: September bis Dezember. Heimat: Von Mexiko südwärts über Venezuela und Kolumbien bis Peru; wächst epiphytisch und lithophytisch im Küstenbereich, auch auf Säulenkakteen und Kokospalmen; bis 500 mNN.

Abb. 149. Brassavola nodosa.

B. tuberculata Hook.; T bis W, Z
Syn.: *Brassavola fragrans* Lem., *B. perrinii* Lindl.
Die gebüschelt überhängenden, stielrunden Pseudobulben sind 6 bis 10 cm, in Fortsetzung ist das aufrechte bis gebogene, stielrunde Laubblatt 10 bis 20 cm lang. Der bis dreiblumige Blütenschaft mit 4 bis 6 cm breiten Blüten wird gleichlang. Die Sepalen und Petalen sind grünlich- bis gelblichweiß, das Labellum ist weiß mit gelblichgrüner Basis. Blütezeit: April bis Juli. Heimat: Brasilien,

Bolivien; wächst epiphytisch und lithophytisch im Küstenbereich.

Kulturhinweis: Brassavolen mit stielrunden Laubblättern sind am vorteilhaftesten mit etwas Pflanzstoff auf Kork oder Farnbrettchen aufzubinden. Gut angewurzelt beanspruchen sie im Sommerhalbjahr einen hellen, jedoch etwas beschatteten, luftfeuchten, frischluftreichen Stand im warmen bis temperierten Glashaus, tagsüber um 22 bis 25 °C, sowie reichliche Wasser- und bis zur Blüte schwache Düngergaben. Nach der Blüte sind über die Wintermonate bis zum Neuaustrieb niedrigere Temperaturen – tagsüber um 19 °C, nachts um 14 °C – höhere Luftfeuchtigkeit und geringste Wassergaben angebracht. Die Wurzeln sind im Winterhalbjahr gegen stauende Nässe empfindlich.

Anders als diese *Brassavola*-Arten sind *B. digbyana* und *B. glauca* zu kultivieren. In ihrer winterlichen Ruheperiode, welche entsprechend ihrer differenzierten Blühperiode nach der Blüte beginnt, benötigen sie einen kühleren, luftigen, sonnenreichen Stand im temperierten Gewächshaus mit nur so viel Gießwasser, daß es zu keiner Schrumpfung von Wurzeln, Laubblättern und Pseudobulben kommt. Die Temperatur beträgt nachts zwischen 12 bis 15 °C und steigt tagsüber durch die Sonnenerwärmung. Ab Sproßaustrieb im Frühjahr-Frühsommer wird mehr Wärme benötigt; die Wassergaben sollten dann nicht zu reichlich sein.

Monatliche Düngung fördert die Sproßentwicklung. Beide Arten benötigen am Morgen sehr hohe Luftfeuchtigkeit, was durch Überbrausen oder Benebeln zu erreichen ist, und tagsüber volle Sonne. Nur diese bewirkt die Blüteninduktion. Bei unzureichendem Licht sind beide Arten blühfaul. Sie vertragen ein Verpflanzen sehr schlecht, weshalb dem herauswachsenden Neuaustrieb ein mit Pflanzmaterial gefülltes Ansatzgefäß untergeschoben wird. Nach etwa 3 Jahren läßt sich nach Durchschneiden des Rhizoms die Jungpflanze von der Mutterpflanze gefahrlos teilen.

Abb. 150. Brassavola tuberculata.

Brassia R. Br.

Von dem englischen Botaniker R. BROWN 1813 nach seinem Landsmanne W. BRASS benannt, einem um 1790 lebenden Illustrator guinesischer und südafrikanischer Pflanzen. Die seitlich abgeflachte, eiförmige bis stark verlängerte, von Niederblättern umhüllte Pseudobulbe trägt apikal ein oder zwei mehrere Jahre haltbare Laubblätter. Aus der Blattscheide des die Pseudobulbe umfassenden Niederblattes kommt der aufrechte oder überhängende Blütenschaft hervor und entfaltet seine einseitswendige lange bzw. zweizeilige kurze, traubige oder rispige Infloreszenz. Die längeren Sepalen und kürzeren Petalen sind schmal und langgestreckt. Das nicht immer geigenförmige Labellum trägt an der Basis zwei oder mehr Kiele bzw. Schwielen und oft zahlreiche Warzen. Die öhrchenlose Columna ist kurz und ohne Fuß. Etwa 35 epiphytische Arten im tropischen Amerika.

B. antherotes Rchb.f.; 2n = 60, T bis K
Nach einigen Orchideologen *B. longissima* (Rchb.f.) Nash
Die Pseudobulbe wird 10 bis 15 cm hoch, das Laubblatt 20 bis 30 cm und der wenig- bis zehnblumige Blütenschaft 40 bis 60 cm lang. Die Blüte ist gelblich-grünlichgelb, bräunlich gefleckt, das Labellum zusätzlich purpurn punktiert. Bei *B. a.* var. *antherotes* sind das mittlere Sepalum 7 bis 9 cm, die seitlichen Sepalen 10 bis 20 cm, die Petalen 4,5 bis 6 cm und das Labellum 4,5 bis 5 cm lang; bei *B. a.* var. *longissima* (Rchb.f.) Teuscher, Syn. *B. lawrenceana* Lindl. var. *longissima* Rchb.f., *B. longissima* Schltr., sind das mittlere Sepalum 15 bis 17 cm, die seitlichen Sepalen 26 bis 32 cm, die Petalen 7 bis 8,5 cm und das Labellum 6 bis 7 cm lang. Blütezeit: Mai bis Juli. Heimat: Costa Rica, Panama, Peru.

B. arcuigera Rchb.f.; 2n = 60, T bis K
Syn.: *B. longissima* (Rchb.f.) Nash, *B. lawrenceana* Lindl. var. *longissima* Rchb.f.
Die seitlich abgeflachte Pseudobulbe wird bis 15 cm hoch und trägt ein gipfelständiges, 15 bis 50 cm langes Laubblatt. Der wenig- bis fünfzehnblumige Blütenschaft erreicht eine Länge zwischen 30 und 60 cm. Die Blüte ist orange-grünlichgelb und bräunlich gefleckt, das cremefarbene Labellum zusätzlich purpurn punktiert. Blütezeit: Mai bis Juli. Heimat: Costa Rica, Panama, Peru.

B. lawrenceana Lindl.; T bis K
Die seitlich zusammengedrückte Pseudobulbe wird bis 10 cm lang und trägt meistens zwei bis 40 cm lange Laubblätter. Der etwa gleichlange Blütenschaft ist wenig- bis zehnblumig. Die Sepalen und Petalen der hellgrünen Blüte sind an der Basis schokoladenbraun gezeichnet. Das hellere, verkehrt geigenförmige Labellum weist gelbe Schwielen auf. Blütezeit: April bis Juli. Heimat: Guayana, Venezuela, Brasilien.

B. verrucosa Lindl.; 2n = 60, T, Z
Die etwas zusammengedrückte, gefurchte Pseudobulbe wird 6 bis 10 cm hoch, die etwas gefalteten zwei Laubblätter sind 20 bis 40 cm und der vorgeneigte, bis fünfzehnblumige Blütenschaft ist 35 bis 70 cm lang. Von der 6 bis 10 cm langen Blüte sind die gelblichgrünen längeren Sepalen und die kürzeren Petalen an der Basis schwärzlich-bräunlich gefleckt. Das weiße, beiderseits etwas eingedrückte Labellum trägt an der Basis grünliche Warzen. Blütezeit: April bis Juli. Heimat: Mexiko, Guatemala, Honduras, Venezuela; epiphytisch in lichten Wäldern zwischen 600 und 1 300 mNN.

Kulturhinweis: Siehe bei *Rossioglossum*, jedoch etwas wärmer. Erforderlich ist ein luftfeuchter, beschatteter Stand mit guter Luftzirkulation. Entsprechend des Vegetationsverlaufes sind die Wassergaben reichlich bis sehr gering während der Ruheperiode. In dieser sollen die Temperaturen um 16 °C bzw. um 13 °C und in den Sommermonaten um 25 °C bzw. um 20 °C liegen. In der Vegeta-

Abb. 151. Brassia arcuigera.

tionsperiode ist eine wöchentliche schwache Düngung angebracht. Gegen Ende der kalten Jahreszeit wächst aus der Basis der überwinterten Pseudobulben der Blütensproß heran.

Bulbophyllum Thou.

Benannt wurde diese Gattung 1822 von dem französischen Botaniker L. M. A. du Petit-Thouars mit den griechischen Wörtern *bulbos* (bulbe) und *phyllon* (Blatt).

An kürzeren bis längeren Rhizomen sitzen rundliche bis kantige, in der Größe sehr variierende Pseudobulben mit ein oder zwei Laubblättern. Am seitenständigen, ein- bis vielblumigen Blütenschaft sind die Blüten sehr klein bis groß. Die Sepalen sind durchwegs verschieden, die Petalen und das ein- oder dreilappige Labellum stets kleiner. Letzteres kann zurückgekrümmt, flaumig oder bewimpert sein. Die Columna weist einen verlängerten Säulenfuß auf, an dem vielfach die seitlichen Sepalen angewachsen sind und mit ihm ein Kinn bilden. Etwa 900 Arten in den Tropen und Subtropen.

Die nachfolgend beschriebene Spezies ist ein Beispiel für viele kultur- und verbreitungswürdige Arten, von welchen mehrere als blühwillige Orchideen im Zimmerglashaus gepflegt werden können.

Dieser Gattung nahestehend ist *Cirrhopetalum* Lindl, aber unterschieden durch den doldenartigen Blütenstand und die verlängerten, am Rand zusammengewachsenen seitlichen Sepalen. Einige Botaniker gliedern *Cirrhopetalum* wegen vorhandener Übergangsformen in die Gattung *Bulbophyllum* ein.

B. leopardinum (Wall.) Lindl.; n = 19, K, Z
Die flaschenförmigen, dicht beisammenstehenden Pseudobulben sind 4 bis 6 cm hoch, das gestielte Laubblatt ist 8 bis 12 cm und die wenig- bis vielblumige Infloreszenz 5 bis 10 cm lang. Die 2 bis 3 cm breite Blüte hat hell gelblichbraune, rötlichbraun gefleckte

Abb. 152. Bulbophyllum leopardinum.

Sepalen und Petalen. Das hell weinrote, herabgebogene Labellum ist dunkler gefleckt. Blütezeit: April bis Juni. Heimat: Nepal, Sikkim, Assam; in den Wäldern des Himalaja, zwischen 900 und 1 800 mNN.

Kulturhinweis für *Bulbophyllum* und *Cirrhopetalum:* Infolge der klimatischen Unterschiede der heimatlichen Standorte läßt sich für die zahlreichen Arten kein einheitlicher Kulturhinweis geben. Jedoch beginnt mit Ende der Entwicklung der Pseudobulbe die Wochen bis Monate dauernde Ruheperiode. In dieser erhalten die Pflanzen nur so viel Gießwasser, daß Laubblätter und Pseudobulben nicht schrumpfen. Bei hellem, luftfeuchtem und luftbewegtem Stand benötigen die Gebirgsarten 15 bis 12 °C und die in Tropengebieten beheimateten Arten 18 bis 15 °C. Mit Beginn der Blüte bzw. des neuen Sproßaustriebes werden die Wassergaben sukzessiv reichlicher und während der Vegetationsperiode wird einige Male schwach gedüngt. Nahezu alle Arten sind den Sommer über zwischen 25 und 20 °C, halbschattig, luftfeucht und frischluftreich zu kultivieren. Obwohl die meisten Arten während der Vegetationsperiode gegen vorübergehende Nässe unempfindlich sind, gibt es solche, die auf Ballennässe kränkelnd reagieren, z. B. *B. lobbii* Lindl. Verpflanzt und geteilt wird vor Sproßaustrieb, jedoch so selten wie möglich. Geteilte Pflanzen sind auf Kork oder Farnbrettchen mit etwas Pflanzstoff für epiphytische Orchideen aufzubinden oder sie sind in hängende Körbchen einzusetzen.

Calanthe R.Br.

Der englische Botaniker R. Brown gab 1821 mit den griechischen Wörtern *kalos* (schön) und *anthe* (Blüte) der Gattung den Namen.

Die Gattung umfaßt epiphytisch und halbterrestrisch wachsende Arten. Solche mit erstarkenden Pseudobulben haben vor der Blüte abfallende Laubblätter, während bei Arten ohne Pseudobulben und mit schlanken Stämmchen die Laubblätter ausdauern. Die Sepalen und Petalen der Blüte sind nahezu gleich. Das genagelte, dreilappige Labellum ist an der Basis mit der Columna verwachsen und der Sporn ist der Art entsprechend unterschiedlich lang. Die Anthere birgt acht wachsartige Pollinien. Etwa 60 Arten sind in tropischen Gebieten Asiens, einige in Afrika und Mittelamerika verbreitet.

C. vestita Wall. ex Lindl.; 2n = 40, T bis W
Die eiförmig-schlanke Pseudobulbe wird 10 bis 15 cm hoch und trägt drei bis fünf, 30 bis 60 cm lange, vor der Blüte vergilbende Laubblätter. Der anfangs aufrechte, später sich neigende, wenig- bis zwölfblumige Blütenschaft wird 40 bis 100 cm lang. Von der weißen, 4 bis 6 cm breiten, gespornten Blüte weist das Labellum einen gelblichen Mittelfleck auf. *C. v.* var. *regnieri* (Rchb.f.) Veitch besitzt ein rosarotes Labellum mit karminrotem Mittelfleck. Blütezeit: November bis Februar. Heimat: Thailand, Myanmar (Burma), Indochina, Borneo, Malaiische Inseln, Celebes; auf humusbedeckten, moosbewachsenen Felsen.

Kulturhinweis: Nach ballentrockener Überwinterung sind die Pseudobulben im März in eine neue Erdmischung aus Rasenerde und gedüngtem Torf mit Zugabe von Hornmehl umzusetzen. Nach anfangs spärlichen Wassergaben werden diese mit größer werdendem Sproß reichlicher. Die Kultur wird im beschatteten, luftfeuchten, jedoch gelüfteten Warmhaus bei 25 bis 18 °C vorgenommen. Vor beginnender Erstarkung der Pseudobulben sind schwache Volldüngergaben angebracht. Vom Überspritzen der *Calanthe* ist abzusehen, bei Mißachtung sind Fleckenbildung auf Laubblättern und Sproßfäule die

Abb. 153. Calanthe vestita var. regnieri.

Folgen. Nach beginnender Vergilbung der Laubblätter bildet sich, von der Basis der Pseudobulbe hervorkommend, der Blütenstand aus. Nach Schnitt der Blütenrispe beginnt bei kühlerem Stand, um 15 °C, die trokkene Überwinterung der Pseudobulbe. Alle immergrünen, laubtragenden Arten benötigen im Winterhalbjahr einen wärmeren Stand, um 20 °C, und geringe Wassergaben. Diese sind während der sommerlichen Vegetationszeit öfters zu geben und teilweise schwach mit Nährsalzen anzureichern. Ihr Kulturraum ist das um 25 °C warme, luftfeuchte, frischluftreiche, beschattete Warmhaus.

Callista Lour.

João de Loureiro war portugiesischer Missionar und Botaniker in Cochin-China (Südvietnam) und China, und begründete 1790 die Gattung nach den sehr schönen farbigen Blüten; *kallistos* (griech. sehr schön).

Die *Callista*-Blüte unterscheidet sich von *Dendrobium* durch ihr rundliches, ungeteiltes, teilweise innen behaartes Labellum. Außer diesem Unterscheidungsmerkmal ist die Pseudobulbe keulenförmig bis zylindrisch, selten kurz und walzenförmig, und trägt apikal mehrere Jahre haltbare, lederige Laubblätter. Bekannt sind etwa 13 Arten mit Verbreitung am Himalaja, zwischen Indien und Yünnan.

C. aggregata (Roxb.) Brieg.; 2n = 38, K, Z
Syn.: *Dendrobium aggregatum* Roxb.
Die eiförmig zugespitzte, etwas flachgedrückte, runzelige, 6 bis 10 cm hohe Pseudobulbe trägt ein lederiges Laubblatt. Die lokker und vielblumige Blütentraube wird 15 bis 30 cm lang. Die goldgelbe Blüte mit orangegelbem Mittelfleck am Labellum wird 2 bis 4 cm breit. Blütezeit: März bis April. Heimat: Assam, Myanmar (Burma), Malaiische Inseln, Indochina, westliches China; im Tropenwald auf laubabwerfenden Bäumen.

Abb. 154. Callista aggregata.

C. amabilis Lour.; 2n = 40, T bis K, Z
Syn.: *Dendrobium thyrsiflorum* Rchb.f.
Die rundliche, schlanke, 40 bis 100 cm hohe Pseudobulbe trägt drei bis sechs gipfelständige, lederige, mehrjährige Laubblätter. An der hängenden, dichtblumigen, 10 bis 20 cm langen Blütentraube hat die Blüte weißliche Sepalen und Petalen, und ein dunkelorangegelbes Labellum. Eine farbmäßig stark variierende Art. Blütezeit: März bis Juni. Heimat: Myanmar (Burma), Moulmein, Thailand.

C. chrysotoxa (Lindl.) Brieg.; 2n = 38, 40, T bis K
Syn.: *Dendrobium chrysotoxum* Lindl.
Die spindelförmige, 10 bis 25 cm hohe Pseudobulbe trägt zwei bis vier lanzettliche, lederige, mehrere Jahre haltbare Laubblätter. Die überhängende, lockerblumige, 10 bis 20 cm lange Blütentraube weist 3 bis 4 cm breite, goldgelbe Blüten mit dunkel orange- bis dottergelbem Schlund im tütenförmigen Labellum auf. Blütezeit: März bis Juni. Heimat: Myanmar (Burma), Thailand, Laos, China; auf Bäumen in Monsun-Wäldern.

Abb. 155. Callista chrysotoxa.

C. densiflora (Wall.) Brieg.: 2n = 40, T bis K, Z
Syn.: *Dendrobium densiflorum* Wall.
Die aufrechte, 20 bis 40 cm hohe Pseudobulbe ist undeutlich vierkantig und knollig verdickt. Sie trägt apikal drei bis fünf mehrere Jahre haltbare Laubblätter. Die hängende, zylindrische, 10 bis 20 cm lange Blütentraube weist 3 bis 5 cm breite, gelbe bis orangegelbe Blüten mit dunklerem, tütenförmigem Labellum auf. Blütezeit: März bis Juni. Heimat: Nepal, Assam, Myanmar (Burma), Sikkim; auf Bäumen in feuchtwarmen Tälern, zwischen 800 und 1200 mNN.

C. farmeri (Paxt.) Brieg.; 2n = 40, K bis T
Syn.: *Dendrobium farmeri* Paxt.
Aus kugeliger Basis ist die keulenförmige, nahezu vierkantige Pseudobulbe 15 bis 20 cm hoch. Sie trägt gipfelständig zwei bis vier eiförmig zugespitzte, lederige Laubblätter. Von der weißlichen, 3 bis 4 cm breiten Blüte ist die Basis vom Labellum dottergelb. Blütezeit: März bis Juni. Heimat: Nordindien, Myanmar (Burma), Thailand, Malaiische Inseln.

Kulturhinweis: Die *Callista*-Arten gehörten vor ihrer Umbenennung zu *Dendrobium* und haben mit diesen – sehen wir von ihren geringeren Wärmeansprüchen während der Sommerperiode ab – nahezu übereinstimmende Kulturansprüche. Diese werden durch Beschattung und Lüftung des Gewächshauses erreicht, insbesondere bei regelmäßiger Befeuchtung der Wege. Zugleich benötigt *Callista* einen gleichbleibend feuchten Wurzelballen und eine geregelte Düngung für die Ausbildung kräftiger Pseudobulben. Mit herbstlicher Abkühlung pendelt sich die Temperatur des Gewächshauses für die Überwinterung zwischen 16 und 12 °C ein. Zugleich sind die Wassergaben zu reduzieren. Kühle Überwinterung mit leicht trockenem Wurzelballen ist die Voraussetzung für den vor Sproßaustrieb kommenden Blütenansatz. Feuchtwarme Überwinterung unterdrückt die Blüteninduktion. Alle übrigen Pflegemaßnahmen entsprechen denen von *Dendrobium;* Näheres siehe dort.

Catasetum L. C. Rich. ex Kunth

Am Labellum der männlichen Blüte befinden sich zwei fadenförmige Organe, Antennen, welche den französischen Botaniker L. C. Richard 1822 zu der Namensgebung der Gattung inspirierten. *Catasetum* setzt sich aus *kata* (griech. abwärts) und *seta* (lat. Borste) zusammen.

Die kräftigen spindel-, eiförmigen bzw. zylindrischen, dicht beisammenstehenden Pseudobulben tragen apikal mehrere gefaltete Laubblätter und an der unteren Hälfte bestachelte Hüllblätter. Diese sind ab der ersten Ruheperiode trocken und weißlich. An der Basis der Pseudobulbe sproßt artbedingt, vor oder nach der Ruheperiode, der aufrechte, vorgeneigte bis hängende, wenig- bis vielblumige Blütenschaft. Die Blüten sind dimorph und eingeschlechtlich. Bei der männlichen Blüte steht das Labellum unterhalb der Columna. Von der Anthere aus strecken sich zwei fadenförmige Antennen in das hut- oder muschelförmige Labellum. Die Narbe ist verkümmert. Bei Berührung der Antennen katapultiert das im Säulchen vorhandene Spannungsgewebe die Pollinarien auf den Bestäuber. Bei der weiblichen Blüte steht das Labellum oberhalb der Columna. Die Narbe ist ausgeprägt entwickelt, Antennen und Pollinarien sind verkümmert. Die geschlechtlich verschiedenen Blüten sind nicht nur von unterschiedlichem Bau, sie sind auch verschiedenfarbig. Bei kultivierten Pflanzen bilden sich häufiger männliche als weibliche Blüten. Etwa 60 Arten sind in tropischen Gebieten von Süd- und Mittelamerika verbreitet. Sie wachsen epiphytisch auf wenig beschatteten Stämmen einzelstehender Bäume. Ihre Wurzeln breiten sich dabei auf der Rinde in allen Richtungen aus. Die Blüten einzelner Arten duften sehr stark.

C. fimbriatum (C.Morr.) Lindl.; 2n = 108, W
Die spindelförmige Pseudobulbe wird bis 15 cm hoch, die Laubblätter bis 20 cm lang. Der schräg aufwärts überhängende, bis zwölfblumige Blütenstand wird bis 20 cm lang. Von der 4 bis 6 cm breiten männlichen Blüte sind die gelbgrünen Sepalen und Petalen rötlichbraun strichartig gefleckt. Das sackartige, grünliche bzw. gelb- bis orangefarbene Labellum ist individuell verschiedenlang gefranst. Die weibliche Blüte mit kapuzenartigem Labellum ist grün. Blütezeit: Mai bis September. Heimat: Brasilien.

C. integerrimum Hook., W
Syn.: *C. maculatum* hort.non Kunth
Die zylindrischen Pseudobulben werden bis 20 cm hoch, die Laubblätter bis 40 cm und der aufrechte Blütenstand bis 30 cm lang. Von der nicht resupinierten, 3 bis 5 cm breiten, männlichen Blüte sind die Sepalen und Petalen gelblichgrün und bräunlich gefleckt. Das kapuzenförmige, fleischige Labellum ist grün, vorn gelblich und bräunlich gefleckt, der Öffnungsrand bewimpert. Die weibliche Blüte ist einheitlich grün. Blütezeit: September bis November. Heimat: Guatemala.

C. macrocarpum L. C. Rich. ex Kunth; 2n = 54, 56, W
Habitus und Blüte gleichen größenmäßig *C. integerrimum.* Von der männlichen Blüte sind Sepalen und Petalen weißlichgrün und rötlichbraun gefleckt. Das kapuzenartige Labellum ist gelblich bis orangegelb, der Öffnungsrand ist dreizahnig. Die grünlichen Sepalen und Petalen der weiblichen Blüte sind rötlichbraun gefleckt, das helmförmige Labellum ist außen grün und innen gelb. Blütezeit: September bis Oktober oder März bis April. Heimat: Brasilien, Guayana, Trinidad, Venezuela.

Abb. 156. Catasetum fimbriatum, mit ♂ und ♀ Blüte.

C. maculatum Kunth; W
Syn.: *C. oerstedii* Rchb.f.
Habitus und Blüte gleichen dem kleineren *C. integerrimum*. Die Sepalen und Petalen der männlichen Blüte sind grünlichbraun und kastanienfarbig gefleckt. Das grünlichgelbe Labellum ist bräunlich überhaucht, der Öffnungsrand bewimpert und braun behaart. Die Färbung der weiblichen Blüte gleicht jener der männlichen, jedoch ist vom sackförmigen Labellum die Spitze abgeflacht. Blütezeit: September bis November. Heimat: Kolumbien, Ecuador, Venezuela.

Abb. 158. Catasetum pileatum.

C. pileatum Rchb.f.; 2n = ca. 108, W
Die spindelförmigen Pseudobulben werden bis 25 cm hoch, die Laubblätter bis 35 cm lang. Der hängende, wenig- bis zwanzigblumige Blütenschaft wird bis 30 cm lang und entfaltet 6 bis 10 cm breite Blüten. Das schalenförmige Labellum der männlichen, weiß- bzw. grünlichen oder orangefarbenen Blüte weist in der Mitte einen orangeroten Fleck auf. Die Sepalen und Petalen der weiblichen Blüte gleichen farbmäßig denen der männlichen Blüte, wogegen das sackförmige Labellum hell- bis dottergelb ist. Blütezeit: Zwischen September und November. Heimat: Venezuela, Trinidad, Brasilien.

Kulturhinweis: Erfolgreich lassen sich *Catasetum* im wenig beschatteten Teil des Gewächshauses kultivieren, in dem genügend Wärme und Frischluft geboten werden kann. Bei solchen Bedingungen gedeihen *Catasetum* auch auf der Fensterbank. Während der sommerlich-heißen Wochen wird nahezu tägliches Gießen des Wurzelballens notwendig sein, sowie eine wöchentliche Düngung. Bei trüber Witterung wird das Gießen der Ballenfeuch-

Abb. 157. Catasetum maculatum.

tigkeit angepaßt. Zu beachten ist, daß Spritz- und Tropfwasser neue Sproßaustriebe und junge Laubblätter wie über Nacht zum Verfaulen bringen. Sonnenwärme, reichliche Wasser- und Düngergaben bewirken nicht nur die Ausbildung starker Pseudobulben, sondern auch der Blütenstände mit männlichen und den selteneren weiblichen Blüten. Letztere haben gegenüber den männlichen Blüten eine zwei- bis dreimal längere Blühperiode. Ab Spätsommer sind die Wassergaben einzuschränken, weitere Düngungen unterbleiben, und der sukzessive Laubabwurf für die Überwinterung beginnt. Die Temperatur beträgt tagsüber um 20 °C, nachts um 16 °C. Den Wurzelballen hält man trockener, ohne daß die Pseudobulben schrumpfen. Die Pflanzen werden je nach Wüchsigkeit alle 2 bis 4 Jahre vor Sproßaustrieb umgepflanzt; dabei verwendet man das gleiche Pflanzmaterial wie für Epiphyten. Für guten Gießwasserabzug sind die Blumentöpfe vor Einpflanzen reichlich zu dränieren.

Cattleya Lindl.

Der englische Botaniker J. LINDLEY benannte diese Orchidee 1824 zu Ehren von W. CATTLEY in Barnet, England, bei dem sie erstmals in Europa blühte.

Dies sind Pflanzen mit keulen- oder spindelförmigen bzw. sehr schlanken Pseudobulben und mit ein bis drei lederartigen Laubblättern. Die Blüten der endständigen, ein- bis mehrblumigen Infloreszenz haben unterschiedlich große Sepalen und Petalen. Das Labellum als größtes Blumenblatt umfaßt tütenförmig die zur Spitze hin verbreiterte Columna. Die Anthere birgt vier Pollinien, wodurch sich *Cattleya* von *Laelia* und *Encyclia* unterscheidet.

Etwa 45 epiphytisch wachsende Arten sind in Mittel- und Südamerika beheimatet. Bei jeder Art ist die Blütenfärbung mitunter sehr unterschiedlich, so daß zahlreiche Varietäten beschrieben wurden.

C. amethystoglossa Lindl. et Rchb.f. ex Warner; T bis W
Die sehr schlanke, 60 bis 100 cm hohe Pseudobulbe trägt zwei 10 bis 20 cm lange Laubblätter. Der 15 bis 30 cm hohe Blütenschaft weist bis fünfzehn 6 bis 10 cm breite Blüten auf. Die Sepalen und Petalen sind weißlichrosa und amethystfarben gefleckt. Der nierenförmige, gekrauste Vorderlappen vom Labellum ist wie die Spitzen der aufwärts gerichteten Seitenlappen amethystfarben. Blütezeit: Februar bis Juni. Heimat: Brasilien. Kulturhinweis 1; möglichst nahe beim Glas des Gewächshauses kultivieren.

C. bicolor Lindl.; 2n = 40 von Pflanzen aus der Küstenregion, 2n = 80 aus dem Landesinneren; T bis W
Die schlanke, bis 60 cm hohe Pseudobulbe trägt zwei 10 bis 20 cm lange Laubblätter. Der bis 30 cm hohe Blütenschaft hat bis acht 8 bis 12 cm breite Blüten. Die Sepalen und Petalen sind auf grünlichem Grund kupferbraun streifig gefleckt. Das seitenlappenlose, stark abwärts gekrümmte Labellum ist rosalila bis lavendelfarben. Blütezeit: August bis November oder März bis Mai. Heimat: Brasilien, Kulturhinweis 1.

C. bowringiana O'Brien; 2n = 40, 41, 42, T, Z
Die schlanke, bis 70 cm hohe Pseudobulbe ist an der Basis kugelig verdickt und trägt zwei, selten drei, fleischige, graugrüne, 10 bis 15 cm lange Laubblätter. Der bis 20 cm hohe Blütenschaft weist bis fünfzehn dichtstehende 3 bis 6 cm breite, rosa- bis purpurlila Blüten auf. Der Schlund des Labellums ist weißlich mit dunkelpurpurlila Fleck davor. Blütezeit: September bis November. Heimat: Honduras. Kulturhinweis 1; problemlos kultivierbare Art.

C. dowiana Batem. et Rchb.f.; 2n = 40, W
Die spindelförmige, 15 bis 30 cm hohe Pseudobulbe ist einblättrig und trägt bis fünf 10 bis 12 cm breite Blüten. Die Sepalen und Petalen sind hell- bis bräunlichgelb, das gekrauste, purpurlila Labellum ist spärlich goldgelb

Abb. 159. Cattleya dowiana var. aurea.

Abb. 160. Cattleya harrisoniana.

geadert. *C. dowiana* var. *aurea* (Lindl.) B. S. Williams ist reichlich goldgelb geadert. Blütezeit: Juli bis September, für die Varietät: September bis Oktober. Heimat: Costa-Rica, für die Varietät: Kolumbien; beheimatet in Regenwäldern. Kulturhinweis 1; keine leicht zu kultivierende Art.

C. forbesii Lindl.; 2n = 48, cv. 2n = 54–60, T bis W, Z
Die etwas keulige, 10 bis 20 cm hohe Pseudobulbe trägt ein oder zwei, bis 15 cm lange Laubblätter. Der kurze Blütenschaft weist bis fünf, etwa 8 bis 10 cm breite Blüten auf. Die Sepalen und Petalen sind gelblichgrün, selten rotbraun gefleckt. Das röhrige Labellum erweitert sich aus gelblichem, rötlich geadertem Schlund nach vorn zum weißlichen, gewellten Vorderlappen. Blütezeit: Juni bis Dezember. Heimat: Brasilien. Kulturhinweis 1.

C. granulosa Lindl.; T bis W
Die schlanke, bis 70 cm hohe Pseudobulbe trägt zwei bis 30 cm lange Laubblätter. Der bis 20 cm hohe Blütenschaft entfaltet bis acht 10 bis 15 cm breite Blüten. Die Sepalen und Petalen sind bräunlich- bis olivgrün und bräunlichrot bis purpurn punktiert oder gefleckt. Am weißen Labellum ist der Schlund und der Mittelteil des Vorderlappens gelblich-rosafarben, purpurn geadert und mit purpurlila bis karminroten Warzen versehen. Blütezeit: August bis Oktober. Heimat: Brasilien. Kulturhinweis 1, möglichst nahe beim Glas des Gewächshauses kultivieren.

C. guttata Lindl.; 2n = 40, T bis W
Die schlanke, bis 50 cm hohe Pseudobulbe trägt zwei 10 bis 25 cm lange Laubblätter. Der bis 20 cm hohe Blütenschaft entfaltet bis zwanzig 8 bis 10 cm breite Blüten. Die gelblichgrünen Sepalen und Petalen sind unregel-

mäßig purpurn punktiert bis gefleckt. Der Vorderlappen des weißlichrosa bis weißen Labellums ist karminrot bzw. noch dunkler gefleckt. Blütezeit: Juli bis September. Heimat: Brasilien. *C. guttata* hält im Gegensatz zu der farbmäßig ähnlich blühenden *C. tigrina* nach Ausbildung des Laubsprosses und vor Beginn der Blühperiode ihre Ruhezeit ein. Kulturhinweis 2.

C. harrisoniana Batem. ex Lindl.; 2n = 40, T, Z, Schnittbl.
Zwei 10 bis 20 cm lange Laubblätter trägt die kantige, 20 bis 60 cm hohe Pseudobulbe. Der 10 bis 20 cm lange Blütenschaft hat zwei bis sechs 8 bis 10 cm breite, lilarosa Blüten. Die Sepalen und Petalen sind gegenüber der sehr ähnlichen *C. loddigesii* schmäler. Das seitlich etwas zusammengedrückte Labellum mit stark gekraustem Rand weist einen intensiver gefärbten gelben Mittelfleck auf. Blütezeit: Juni bis Oktober. Heimat: Brasilien; auf Bäumen entlang der Flüsse und des Strandes, sowie in Morastwäldern im Staate Rio de Janeiro. Kulturhinweis 1.

C. intermedia Graham; 2n = 40, T, Z, Schnittbl.
Die schlanke, zweiblättrige Pseudobulbe wird bis 50 cm hoch. Der bis 20 cm lange Blütenschaft trägt bis acht 9 bis 12 cm breite, weißlich bis dunkelrosa Blüten. Der Schlund vom gelblichen Labellum ist purpurn geadert, der gekrauste Vorderlappen purpurlila. Blütezeit: März bis Juni. Heimat: Brasilien; ein Epiphyt, der auch terrestrisch im sandigen Erdboden angetroffen wird. Kulturhinweis 1.

C. labiata Lindl.; 2n = 40, 42, cv. 2n = 40, 60–62, 80, 83, 84, T bis W, Z, st. duft. Schnittbl.
Die spindelförmige, 15 bis 35 cm hohe Pseudobulbe ist einblättrig. Der kurze Blütenschaft trägt ein bis fünf 10 bis 15 cm breite, hellrosa bis rosalila Blüten. Das gekrauste Labellum geht aus weißlicher bis rosalila Basis nach vorn in den gelblichen Schlund über, der bis zum dunkelrosa-purpurlila Lippenfleck lila geadert ist. Eine in der Blütenfärbung sehr wechselnde Art mit etwa 70 beschriebenen Varietäten. Vielfacher Kreuzungspartner. Blütezeit: September bis Februar. Heimat: Brasilien. Kulturhinweis 2.

Abb. 161. Cattleya labiata.

C. leopoldii Verschaff. ex Lemair; 2n = 40, T bis W, Z
Syn.: *C. guttata* var. *leopoldii* (Verschaff. ex Lemair) Rolfe
Die schlanke, zweiblättrige Pseudobulbe wird bis 70 cm hoch. Der bis 30 cm lange Blütenschaft trägt bis zehn 6 bis 10 cm breite Blüten. Die Sepalen und Petalen sind grünlich bis bronzefarben und dunkelbraun bis rotbraun gefleckt. Die Seitenlappen vom Labellum sind weißlich bis rosafarben, der breite Vorderlappen ist purpurfarben geadert. Die Färbung der Blüte variiert sehr stark. *C. leopoldii* hat gegenüber *C. guttata* größere Blüten und blüht nach einer Ruheperiode aus

trockener Scheide. Blütezeit: März bis Mai. Heimat: Brasilien. Kulturhinweis 1.

C. loddigesii Lindl.; 2n = 40, T, Z, Schnittbl.
Die kräftige, keulenförmige, zweiblättrige Pseudobulbe wird 15 bis 30 cm hoch. Der bis 20 cm lange Blütenschaft bildet bis fünf 6 bis 10 cm breite, lilarosa Blüten aus. Gegenüber *C. harrisoniana* sind die Sepalen und Petalen breiter, der Vorderlappen des mehr von oben breitgedrückten Labellums hat aus gelblichem Schlund nach vorn zu einen weißlichen Mittelfleck und einen dunkleren lilafarbenen, wenig gewellten Rand. *C. loddigesii* und *C. harrisoniana* sind nicht immer prägnant zu trennen. Blütezeit: Juli bis September. Heimat: Brasilien, epiphytisch wachsend im Küstenbereich der Staaten Sao Paulo und Minas Guerais sowie am Ufer benachbarter Flüsse und im nahen Sumpfgebiet. Kulturhinweis 1.

C. mossiae Hook.; 2n = 40, cv. 2n = 40, 41, 60, T, Z, Schnittbl.
Die spindelförmige Pseudobulbe wird bis 30 cm hoch, das eine Laubblatt wird ebenso lang. Der bis 30 cm hohe Blütenschaft trägt bis vier 10 bis 20 cm breite, rosalila Blüten. Der Schlund des Labellums ist auf gelblichem Grund purpurlila strichartig gezeichnet. Der Rand des gekräuselten Vorderlappens ist gleichfarbig gefleckt. Eine sehr variierende Art, welche nicht immer leicht von *C. labiata* zu unterscheiden ist. Blütezeit: April bis Juni. Heimat: Venezuela. Kulturhinweis 2.

C. percivaliana (Rchb.f.) O'Brien; 2n = 40, T, Z, Schnittbl.
Die spindelförmige, gefurchte, bis 15 cm hohe Pseudobulbe ist einblättrig. Der über 20 cm hoch werdende Blütenschaft trägt bis vier 8 bis 12 cm breite, hellrosa- bis purpurlila Blüten. Vom gewellten Labellum ist der orangegelbe Schlund sowie der Vorderlappen kastanienbraun und dunkellila geadert und gefleckt. In der Blütenfärbung sehr variierend. Blütezeit: November bis März. Heimat: Venezuela, Kolumbien; wächst lithophytisch in praller Sonne in Höhen zwischen 1400 und 2000 m. Kulturhinweis 2.

C. skinneri Batem.; 2n = 40, T, Z
Zweiblättrig ist die bis 30 cm hohe, keulige Pseudobulbe. Der bis zehnblumige Blütenschaft entfaltet 8 bis 10 cm breite, rosa- bis purpurlila Blüten. Der Schlund des dunkleren Labellums ist abgegrenzt weiß. Blütezeit: März bis Juni. Heimat: Costa Rica, Honduras, Guatemala, Mexiko; epiphytisch auf Bäumen feuchter Wälder und lithophytisch auf nassen Felsen. Kulturhinweis 2.

C. tigrina A. Rich.; 2n = 40, T bis W, Z
Syn.: *C. leopoldii* Verschaff. ex Lem., *C. guttata* Lindl. var. *leopoldii* Lem.
Die schlanke, zweiblättrige Pseudobulbe wird bis 70 cm hoch. Der bis 30 cm lange Blü-

Abb. 162. Cattleya leopoldii.

tenschaft trägt bis zwanzig 6 bis 10 cm breite Blüten. Die Sepalen und Petalen sind grünlich bis bronzefarben und dunkelbraun bis rotbraun gefleckt. Die Seitenlappen vom Labellum sind weißlich bis hellpurpurn, der breite Vorderlappen ist purpurfarben. Die Färbung der Blüten variiert sehr stark. Blütezeit: Juli bis September. Am Ende der Entwicklung des neuen Sprosses kommt ohne Ruheperiode der Blütenaustrieb. Mit *C. guttata* zu verwechseln.

C. trianaei Lindl. et Rchb.f.; 2n = 40, cv. 2n = 40, 59, 60, 80, 83, T bis W, Z, Schnittbl.
Die spindelförmige, 15 bis 30 cm hohe Pseudobulbe ist einblättrig. Der kurze Blütenschaft weist ein bis vier 10 bis 13 cm breite, zartrosa bis purpurlilafarbene Blüten auf. Das Labellum ist im Schlund orangegelb, sowie purpur- bis rosalila gestreift, am Vorderlappen mit dunkel purpurlila Lippenfleck. In der Blütenfärbung eine sehr variierende Art. Blütezeit: Januar bis März. Heimat: Kolumbien. Kulturhinweis 2.

C. walkeriana Gardn.; 2n = 40, T, Z
Die knollig verdickten, 8 bis 10 cm hohen, einblättrigen Pseudobulben stehen durch längere Rhizome voneinander getrennt. Nach monatelanger Ruheperiode entwickelt sich seitlich der letzten Pseudobulbe der schlanke, laubblattlose Blütensproß mit ein bis drei 8 bis 10 cm breiten, lilarosa Blüten. Der Schlund des Labellums ist gelblich, der Vorderlappen dunkellila und noch dunkler geadert. Eine sehr variierende Art, welche nicht jährlich zum Blühen kommt. Blütezeit: Februar bis April, auch Juli bis August. Heimat: Brasilien; an Wasserläufen, auf Bäumen und feuchten Felsen. Kulturhinweis 2.

Kulturhinweis 1: In diese Gruppe einbezogen sind die im Spätherbst oder zu Winteranfang zum Blühen kommenden *Cattleya*-Arten, die vor Blühbeginn keine ausgeprägte Ruheperiode benötigen. Die Ruheperiode beginnt erst nach der Blüte, in welcher, bei eingeschränkten Wassergaben, Temperaturen von tagsüber um 18 °C und nachts um 15 °C ausreichen. Luftfeuchtigkeit und Luftumwälzung mittels Ventilation sind erforderlich. Bei beginnendem Austrieb von Wurzeln und Sproß in den Frühjahrsmonaten werden diese durch erhöhte Wärme, mäßige Wassergaben, Überbrausen oder Benebeln der Pflanzen gefördert. Mit fortschreitender Entwicklung sind die Temperaturen auf 25 °C (bzw. auf 20 °C) zu erhöhen, das Glashaus wird beschattet und gelüftet und die Wassergaben werden reichlicher. Vor Ausbildung der Pseudobulben wird mit der Düngung begonnen. Tagsüber ist für die Transpiration der Laubblätter eine geringere Luftfeuchtigkeit angebrachter als während der Nacht, in der die Luftfeuchtigkeit durch Befeuchtung der Wege und Tische erhöht werden sollte. Die genannten Faktoren begünstigen die Ausbildung kräftiger Pseudobulben mit knospenreicher Infloreszenz. Ein sonniger Stand mit verringerten Gießwassergaben im Spätsommer und differenziertem Gefälle zwischen Tag- und Nachttemperatur bewirkt die Blüteninduktion. Nach der Blüte wird auf die dann erforderliche Winterruhe der *Cattleya* durch verringerte Wassergaben und Heizwärme eingegangen. In der Periode der kurzen Tage bringt stagnierende Nässe die Wurzeln rascher als während der Sommermonate zum Verfaulen; damit verbunden ist ein sehr geschwächter Sproßaustrieb. Cattleyen lassen sich, wenn die Voraussetzungen vorhanden sind, unschwer auf der Zimmerbank pflegen.

Kulturhinweis 2: In diese Gruppe gehören jene Arten und Hybriden, die zwischen der fertig entwickelten Pseudobulbe und der Blüte eine kürzere bis längere Ruheperiode einhalten. Dies sind die im Frühjahr blühenden *Cattleya*, die aus der überwinterten Blattscheide heraus die Infloreszenz entfalten. Sie verlangen nach der Blüte eine Betreuung, wie in Kulturhinweis 1 angegeben. Nach Ausbildung der Pseudobulbe gibt man volles Sonnenlicht, geringere Wassergaben und eine etwas niedrigere Nachttemperatur um 17 °C.

Mit diesen zusammen bewirkt der winterliche Kurztag die Induktion des Blütenansatzes. Zu hohe Überwinterungstemperaturen verhindern ungeachtet der Kurztage die Anlage für die Infloreszenz. Dies ist vielfach die Ursache des Ausbleibens der ersehnten Blüte, insbesondere bei auf der Fensterbank zu warm gehaltenen Cattleyen.
C. labiata und ihre Hybriden weichen von den letztgenannten Arten durch ihre zwei Ruheperioden ab, die zeitlich vor bzw. nach der spätherbstlichen Blüte liegen. Diese *Cattleya* beginnen etwa 4 bis 6 Wochen nach Ausbildung ihrer Pseudobulben mit der Entwicklung des Blütenstandes. Durch Beibehaltung des Langtages mittels Beleuchtung von 2000 lx läßt sich die Blüte bis zu zweieinhalb Monate verzögern und in die Tage größeren Bedarfes verschieben. Um die gewünschte Blütezeit zu erlangen, ist zwischen dem Beenden der Beleuchtung und dem gewünschten Blühbeginn die Zeitspanne der Blütenentwicklung mit einzukalkulieren. Die beiden Ruheperioden sind, wie schon beschrieben, einzuhalten. In der dazwischen liegenden Blühperiode wird die Temperatur erhöht und die Wassergaben werden ergiebiger.

Allgemeiner Kulturhinweis: Sofern erforderlich, werden *Cattleya* und ihre Hybriden alle 3 bis 4 Jahre zwischen März und Juni, vor Wurzelneubildung und Sproßaustrieb, umgesetzt. Von ausgetopften Pflanzen werden alte blatt- und wurzellose Rückbulben, verrottetes Pflanzmaterial und abgestorbene Wurzeln entfernt. Bestockte sproßreiche Pflanzen können geteilt werden, doch sind an den Teilstücken wenigstens drei gesunde, beblätterte Pseudobulben zu belassen. Eingepflanzt wird in Körbchen oder reichlich dränierte Töpfe, so daß die Unterseite des Rhizoms im Pflanzmaterial ruht und die Pflanze ohne Stütze aufrecht steht. Eine Mischung läßt sich aus im Handel erhältlichen Pflanzsubstraten herstellen, die fehlenden Nährstoffe sind durch Nährsalzdüngung zu ergänzen. Beim Einpflanzen sollte das Pflanzmaterial etwas angefeuchtet sein, nicht aber naß. Nach dem Umpflanzen sind die Cattleyen fast nicht anzugießen, sie werden überbraust oder benebelt, luftfeucht und beschattet gehalten. Mit der Neubildung von Wurzeln und dem Sproßaustrieb werden die Wassergaben immer reichlicher und zugleich beginnt der Übergang zur üblichen Kultur.

Chysis Lindl.

Die Gattung wurde 1837 von dem englischen Botaniker J. Lindley aufgestellt und wahrscheinlich nach den an der Basis zusammenhängenden Pollinien benannt: *chysis* (griech. schmelzen, verschmelzen).

Die spindel- bis keulenförmigen Pseudobulben hängen am kriechenden Rhizom und sind von trockenen Scheideblättern umhüllt. Die etwas gefalteten Laubblätter überdauern mehrere Vegetationsperioden. Die Infloreszenz wächst aus der Achsel eines Niederblattes vom neuen Sproßaustrieb, ehe seine Laubblätter sich ausbilden. Von der sternartigen, fleischig-wachsigen Blüte sind die seitlichen Sepalen mit kurzem Fuß an der Columna zu einem Kinn verwachsen. Das dreilappige Labellum weist fleischige Lamellen (Kiele) auf. Acht wachsartige Pollinien haben einen gemeinsamen Klebkörper. Etwa sechs epiphytisch wachsende Arten sind in Mittelamerika verbreitet.

C. bractescens Lindl.; T
Die Pseudobulbe bzw. die Laubblätter werden jeweils 20 bis 30 cm und die ein- bis achtblumige Infloreszenz 10 bis 15 cm lang. Die reinweiße, wachsartige Blüte ist 4 bis 6 cm breit. Ihre Sepalen und Petalen sind sternförmig angeordnet. Die aufrecht stehenden Seitenlappen vom Labellum sind innen orangegelb, ebenso zwischen den Lamellen der vordere Teil des Mittellappens.

Blütezeit: März bis Juni. Heimat: Mexiko, Honduras, Guatemala; wächst auf bemoosten Bäumen, in Bergschluchten bis 600 m Höhe.

Kulturhinweis: Kulturmäßig wie *Laelia* 1; jedoch eingepflanzt in hängende Körbchen oder, mit etwas Pflanzmaterial wie für Epiphyten, auf größere Farnbrettchen aufgebunden. Während der Vegetationsperiode ist *Chysis* im halbschattigen, temperierten Gewächshaus hell, warm und luftig untergebracht. In der nachfolgenden Ruheperiode sind bei nicht zu trockenem Wurzelballen Temperaturen zwischen 15 und 13 °C ausreichend.

Clowesia Lindl.

Der englische Botaniker J. LINDLEY begründete die Gattung und widmete sie 1843 zu Ehren dem Reverend Mr. J. CLOWES in Broughton Hall bei Manchester, England. Bei ihm blühte *Clowesia* erstmals in europäischer Kultur.

Die zylindrischen bis spindelförmigen Pseudobulben werden im Ruhezustand von trockenen, bestachelten Scheideblättern umhüllt. Während der Vegetationsperiode trägt die Pseudobulbe apikal mehrere gestielte Laubblätter. An der Basis sproßt der hängende, vielblumige Blütenstand. Im Gegensatz zu *Catasetum* sind die Blüten zweigeschlechtlich (zwittrig) und voll funktionsfähig. Das sackförmige bis gespornte Labellum ist mit der Columna nicht verwachsen. Dem Labellum fehlen die Antennen; wird der Stipes berührt, hebt sich die Klebscheibe sprunghaft ab. Etwa fünf Arten sind zwischen Venezuela und Mexiko verbreitet.

C. russelliana (Hook.) Doden; 2n = 54, W
Syn.: *Catasetum russellianum* Hook.
Die spindelförmige Pseudobulbe wird bis 15 cm hoch und die längsgefalteten Laubblätter werden bis 20 cm lang. Der hängende, 10 bis 30 cm lange Blütenschaft ist fünf- bis zwanzigblumig. Die 4 bis 6 cm breite, grünlichweiße, dunkelgrün geaderte Blüte ist seidenpapierartig. Das Hypochil des Labellums ist napfförmig, die Ränder des Vorderlappens sind gefranst. Blütezeit: Juli bis Oktober. Heimat: Von Mexiko bis nach Venezuela; wächst epiphytisch, von Meereshöhe bis in niedere Höhenlagen.

Kulturhinweis: Die Pflege entspricht der Kultur von *Catasetum;* siehe dort. *Clowesia* läßt sich auf sonniger Fensterbank erfolgreich kultivieren.

Cochlioda Lindl.

Der englische Botaniker J. LINDLEY benannte 1853 diese Gattung nach dem spiraligschneckenförmigen Aussehen der Schwiele auf dem Labellum der Typusart; *kochlioides* (griech. spiralig, schneckenschalenförmig).

Abb. 163. Chysis bractescens.

Ein oder zwei schmälere Laubblätter sitzen apikal auf der eiförmigen Pseudobulbe, aus deren Basis sich der hängende oder aufrechtwachsende, einfache oder verzweigte Blütenstand mit kleinen bis mittelgroßen Blüten entfaltet. Die fast gleich aussehenden Sepalen und Petalen stehen gespreizt voneinander weg. Das genagelte, dreilappige Labellum ist mit dem mehr oder weniger ausgeprägten Fuß der Columna verwachsen. Diese ist geöhrt und weist zwei getrennte Narben auf. Die unausgeprägt zweifächerige Anthere birgt zwei gestielte Pollinien. Etwa fünf epiphytisch wachsende Arten sind im nordwestlichen Südamerika verbreitet.

C. rosea (Lindl.) Benth.; K
Die 3 bis 5 cm hohe, eiförmige, seitlich etwas zusammengedrückte Pseudobulbe trägt zwei 10 bis 20 cm lange Laubblätter und einen aufrechten, verzweigten, lockerblumigen, 20 bis 40 cm langen Blütenstand. Von der dunkelrosa, 1,5 bis 2,5 cm breiten Blüte sind die lanzettlichen Sepalen und Petalen sehr schmal. Das genagelte Labellum mit schiefrhomboiden Seitenlappen und zungenförmigem Vorderlappen trägt an seiner Basis vier weiße Schwielen. Blütezeit: Dezember bis April. Heimat: Ecuador, Peru; auf mit Epiphyten bewachsenen Bäumen, im Nebelwald um 2000 mNN.

Kulturhinweis: Siehe bei *Rossioglossum*. Wie diese benötigen *Cochlioda* im Sommerhalbjahr kühlen, schattigen, luftfeuchten, frischluftreichen Stand im Kalthaus und über die Wintermonate sind Temperaturen zwischen 15 und 12 °C, bei mäßig feuchtem Wurzelballen, ausreichend.

Coelogyne Lindl.

Die Gattung wurde 1822 von J. Lindley nach der ausgehöhlten Narbe benannt: *kolos* (griech. hohl) und *gyne* (griech. Frau, worunter die Narbe zu verstehen ist).

Die vielfach einzeilig aneinander gereiht oder gebüschelt stehenden, kugeligen bis zylindrischen Pseudobulben sind durch unterschiedlich lang gestreckte Rhizome auseinandergerückt. Die ein oder zwei auf der Pseudobulbe stehenden Laubblätter sind sehr vielgestaltig. Der aufrechte oder hängende Blütenschaft entwickelt sich, je nach Art, vor oder nach ausgebildeter Pseudobulbe end- oder seitenständig, meistens als vielblumige Traube. Die Sepalen und Petalen sind sich annähernd gleich oder sehr unterschiedlich breit. Die Seitenlappen des dreilappigen Labellums rollen sich tütenförmig um die Columna, welche oben schildförmig verbreitert ist. Von der Basis des Labellums bis zum Vorderlappen sind je nach Art unterschiedlich viele Lamellen mit verschiedenartigen Auswüchsen vorhanden. Die schlanke Columna ist zur Spitze hin breiter und geflügelt. Etwa 200 epiphytisch und terrestrisch wachsende Arten sind vom Himalaja über Indochina, China, Südostasien bis auf die Samoa-Inseln verbreitet.

C. cristata Lindl.; 2n = 40, K bis T, Z
Die gebüschelt wachsenden, kettenförmig zusammenhängenden Pseudobulben sind 4 bis 8 cm hoch und zweiblättrig. Die überhängenden, schmal zugespitzten Laubblätter werden 15 bis 25 cm lang. Nach entwickelter Pseudobulbe kommt seitenständig die überhängende, 10 bis 20 cm lange, drei- bis achtblumige Infloreszenz mit 6 bis 8 cm breiten weißen Blüten. Die Sepalen und Petalen sind schmal-eiförmig und etwas zugespitzt. Das dreilappige Labellum hat nach vorn zu fünf orangegelbe, stark gefranste Kiele. Blütezeit: Dezember bis März. Heimat: Himalaja, von Sikkim, Nepal bis Kumaun; auf bemoosten Bäumen und Felsen zwischen 1500 bis 2000 mNN. Kulturhinweis 1.

C. dayana (Rchb.f.) Rolfe; T bis W
Die schlanke, kantige Pseudobulbe wird 15 bis 20 cm hoch und die beiden apikalen Laubblätter zusätzlich 50 bis 70 cm lang. Aus der Mitte des austreibenden Laubsprosses

Abb. 164. Coelogyne flaccida.

Abb. 165. Coelogyne massangeana.

kommt der vielblumige, hängende, 30 bis 70 cm lange Blütenschaft. Die 3 bis 4 cm breite Blüte ist bräunlichgelb, und das mit dunkelbraunen Längsstreifen gezeichnete Labellum weist mehrere weiße und gezähnte Kiele auf. Blütezeit: April bis August. Heimat: Borneo, Java, Sumatra, Malaiische Inseln, Thailand; auf Bäumen entlang der Flüsse. Kulturhinweis 2.

C. flaccida Lindl.; 2n = 40, K bis T, Z
Die 15 bis 20 cm hohe, keulige Pseudobulbe trägt zwei etwa 2 cm breite, 20 bis 30 cm lange Laubblätter. Die lockerblumige, 10 bis 20 cm lange Infloreszenz entfaltet 3 bis 4 cm breite, cremefarbene Blüten. Vom dreilappigen Labellum sind die Seitenlappen braun geadert und gelblich gefleckt, der Vorderlappen trägt braune Kiele. Blütezeit: Februar bis April. Heimat: Himalaja von Nepal und Sikkim, in 1 000 und 2 000 mNN. Kulturhinweis 2.

C. massangeana Rchb.f.; T bis K, Z
Die keulig gestreckte Pseudobulbe wird 10 bis 15 cm hoch, die paarigen Laubblätter erreichen eine Länge von 30 bis 50 cm. Die vielblumige, hängende, 30 bis 50 cm lange Infloreszenz sproßt seitlich aus der fertig entwikkelten Pseudobulbe. Die bräunlichgelbe Blüte ist 3 bis 5 cm breit, das vorn mit gelblichen Kielen versehene, rötlichbraun gefleckte, dreilappige Labellum ist innen bräunlichgelb gestreift. Blütezeit: Frühjahr und/ oder Herbst. Heimat: Java, Sumatra, Thailand, Malaiische Inseln; wächst epiphytisch und lithophytisch in Höhen zwischen 500 und 1 000 m. Kulturhinweis 2; eine leicht zu pflegende, willig blühende Art.

C. speciosa (Bl.) Lindl.; W
Die 4 bis 6 cm hohe, eiförmige Pseudobulbe trägt ein 15 bis 30 cm langes Laubblatt. Aus der Mitte des austreibenden Laubsprosses

entfaltet sich der überhängende, 6 bis 10 cm lange Blütenschaft mit bis drei nacheinander sich öffnenden, 4 bis 6 cm breiten Blüten. Die schmalen Sepalen und Petalen sind grünlich, seltener lachsfarben bis bräunlich. Das dreilappige, rot bis schokoladenbraune Labellum mit weißem Spitzfleck weist am Mittellappen zwei breite gefranste Kiele und schwächere Leisten auf. Blütezeit: März bis Oktober. Heimat: Sumatra, Java, Borneo, Kleine Sunda-Inseln; epiphytisch in lichten Bergwäldern zwischen 600 und 1 700 mNN verbreitet. Kulturhinweis 2; hat keine ausgeprägte Ruhezeit.

Kulturhinweis 1: *C. cristata* hält nach der Blüte, bei Temperaturen um 12 bis 10 °C und geringer Bodenfeuchte ihre Ruheperiode ein. Durch hohe Luftfeuchtigkeit oder Benebelung vermeidet man das Schrumpfen der Pseudobulben. Diese beginnen im Frühjahr mit dem Austrieb des neuen Sprosses und Wochen später mit deren Wurzelbildung. Die anfangs geringen Wassergaben werden entsprechend der sommerlichen Witterung immer reichhaltiger; ebenso die monatliche Düngung. Während dieser Periode benötigt *C. cristata* als Bergpflanze hohe Luftfeuchtigkeit, Frischluft und beschatteten Stand im Kalthaus. Zwischen Hochsommer und Oktober bewirkt die nächtliche Kühle nicht nur die Füllung der heranwachsenden und der älteren, geschrumpften Pseudobulben, sondern fördert auch die Blüteninduktion. Bei ungenügender nächtlicher Abkühlung bilden sich anstelle der Infloreszenz neue Laubsprosse.

Eine Pflege im Garten, von Ende Mai bis Oktober, kann erfolgreich sein, wenn der Standort halbschattig, luftfeucht, kühl und taureich ist. In Gegenden mit größerer sommerlicher Trockenheit wird der Topf bzw. das Körbchen mit *C. cristata* zu $^{3}/_{4}$ in Erde eingesenkt oder auf einen Lattenrost über der Wasseroberfläche eines beschatteten Gartenteiches aufgestellt. *C. cristata* läßt sich gut zusammen mit *Cymbidium* kultivieren.

Kulturhinweis 2: Unabhängig von der Periode des Blühens gehört die Mehrzahl der *Coelogyne*-Arten in ein temperiertes Gewächshaus mit Halbschatten, Luftfeuchtigkeit und Frischluft, wo sie während ihrer Vegetationsperiode reichliche Wasser- und einige Düngergaben erhalten. Nach Erstarkung der Pseudobulben beginnt ihre Ruheperiode mit Temperaturen zwischen 16 und 14 °C. Gleichzeitig werden die Wassergaben eingeschränkt. Umgepflanzt und geteilt wird mit Sproßaustrieb. Die Teilpflanzen werden entweder mit Pflanzmaterial für Epiphyten auf Kork oder Farnbrettchen aufgebunden bzw. in gut dränierte Blumentöpfe oder hängende Körbchen eingesetzt. In den ersten Monaten nach dem Verpflanzen brauchen die *Coelogyne* fürsorgliche Betreuung, ansonsten sind sie aber pflegeleichte Orchideen.

Comparettia Poeppig et Endl.

Der deutsche Forschungsreisende E. F. Poeppig und der österreichische Botaniker S. L. Endlicher beschrieben zusammen 1835 diese Gattung und benannten sie zu Ehren des italienischen Botanikers A. Comparetti.

Eine wenigblättrige Orchidee mit kleinen, seitlich abgeflachten Pseudobulben. Von ihrer Basis aus entwickelt sich der traubige oder verzweigte, überhängende Blütenschaft mit kleinen Blüten. Das mittlere Sepalum und die seitlichen Petalen sind aufwärts gerichtet, wogegen die seitlichen, zusammengewachsenen Sepalen abwärts weisen und deren Basis sich zum Sporn verlängert. Das genagelte, auffallend große Labellum ist nierenförmig. Die Anthere der kurzen Columna birgt zwei gestielte, wachsartige Pollinien. Etwa sieben Arten sind epiphytisch wachsend im tropischen Amerika verbreitet.

C. coccinea Lindl.; T bis W
Die 1 bis 3 cm hohe Pseudobulbe trägt 6 bis 10 cm lange, schmal lanzettliche, lederige Laubblätter und einen wenig- bis über zwanzigblumigen 10 bis 30 cm langen Blüten-

schaft. Von der 1 bis 3 cm breiten Blüte sind die Sepalen und Petalen gelblich, orangerot umrandet, das Labellum scharlachrot und der 1 bis 2 cm lange Sporn gelblich. Blütezeit: August bis Dezember. Heimat: Brasilien.

C. falcata Poeppig et Endl.; 2n = 42, T bis W
Im Habitus wie *C. coccinea*, jedoch sind die elliptischen, vorn zugespitzten Laubblätter etwas breiter und bis 15 cm lang, und der reichblumige Blütenschaft erreicht eine Länge bis zu 50 cm. Die Blüten sind rosa- bis lilarot, das Labellum ist dunkler. Blütezeit: August bis Januar. Heimat: Von Brasilien bis Peru; ein Epiphyt auf Bäumen im Bereich landwirtschaftlich genutzter Gebiete.

C. macroplectron Rchb.f. et Triana; T bis W
Im Habitus wie *C. falcata*, jedoch sind die Blüten etwas größer und die Blütentraube ist wenigblumig. Sepalen und Petalen sind rosalila und purpurrot punktiert, das Labellum ist einfarbig rosalila. Der Sporn ist 4 bis 5 cm lang. Blütezeit: Juli bis Oktober. Heimat: Kolumbien.

Kulturhinweis: *Comparettia* sollte man wie *Ionopsis* auf Kork oder Farnbrettchen ohne oder mit etwas Pflanzmaterial aus feinen Osmundawurzeln mit wenig *Sphagnum* aufbinden, bzw. in kleine, hängende Körbchen einpflanzen.

Die Wurzeln dringen zum Teil in das Pflanzmaterial ein, teilweise entwickeln sie sich zu herabhängenden Luftwurzeln. Das Pflanzmaterial darf nicht austrocknen, aber auch nicht stagnierend naß sein. Bei Bewässerung sind auch die Luftwurzeln mit anzufeuchten. Erforderlich ist ein heller, luftfeuchter Stand im temperierten Gewächshaus mit Temperaturen zwischen 22 und 17 °C, im Winter sollten die Temperaturen etwas niedriger liegen. Diese Periode birgt die Gefahr des Vertrocknens, bei Staunässe dagegen das Verfaulen des Neuaustriebes. Schwache Dunggüsse in den Sommermonaten fördern die Sproßentwicklung, zu viel Sonnenschein wirkt schädigend.

Abb. 166. Comparettia macroplectron.

Cuitlauzina La Llave et Lex.

Die spanischen Botaniker C. Pâblo de La Llave und J. Martinez de Lexarza gaben 1825 dieser Orchidee den Namen des Gouverneurs von Iztapalapa Cuitlauhuatzin, welcher im Westen von Mexiko einen Garten mit seltenen Bäumen und Pflanzen besaß.

Cuitlauzina war jahrzehntelang als eine zu *Odontoglossum* gehörende Orchidee bekannt, bevor ihr in den letzten Jahren wiederum ihre Eigenständigkeit zuerkannt wurde. Sie unterscheidet sich von *Odontoglossum* durch das lang genagelte Labellum. Dieser Nagel trägt den aus zwei erhabenen Leisten bestehenden, an beiden Enden abgerundeten Kallus. Die Columna besitzt am Rücken und an beiden Seiten ausgefranste Flügel. Zwei Arten sind in Mittelamerika verbreitet.

C. pendula La Llave et Lex.; 2n = 44–48, K bis T
Syn.: *Odontoglossum pendulum* (La Llave et Lex.) Batem., *O. citrosmum* Lindl.
Die diskusförmige, im Alter gefurchte Pseudobulbe wird 5 bis 10 cm hoch, die zwei lanzettlich lederigen Laubblätter 20 bis 30 cm lang. Der drahtige, 20 bis 40 cm lange, schräg aufrecht bis hängende, vielblumige Blütenschaft entfaltet 3 bis 6 cm breite Blüten. Die weißlich bis zartrosa Sepalen und Petalen sind individuell dunkelrosa punktiert. Das nierenförmige Labellum ist gleichfarbig bis dunkler. Die gelbe Schwiele am Nagel rot punktiert. Blütezeit: Mai bis Juni. Heimat: Mexiko; in Eichenwäldern, in Höhen um 1500 m.

Kulturhinweis: Die Pflege entspricht der von *Rossioglossum* (siehe dort), mit Ausnahme der Behandlung in der Zeit nach Ausbildung der Pseudobulben bis zum neuen Sproßaustrieb. In dieser Zeit ist bei höherer Luftfeuchtigkeit und einer Temperatur von unter 15 °C anhaltende Ballentrockenheit erforderlich, ohne daß die Pseudobulben stark schrumpfen. Die ersten bescheidenen Wassergaben werden nach Austrieb des wenigstens 5 cm langen Blütensprosses aus dem herangewachsenen, etwa 2 bis 4 cm langen Laubsproß gegeben. Wird zu früh gegossen, wächst der Laubsproß ohne Ausbildung des Blütensprosses heran.

Cymbidium Sw.

Die Gattung wurde 1799 von dem schwedischen Botaniker O. Swartz aufgestellt und ist wahrscheinlich nach der Form des Säulchens, *kymbos* (griech., bedeutet so viel wie schalenförmig oder Boot) benannt.

Terrestrisch und epiphytisch wachsende Arten mit klein und stammartig bleibendem oder mit zu klobiger Pseudobulbe gestauchtem Sproß. Die Pseudobulbe ist von Scheiden der Laubblätter umhüllt, aus ihrer Basis entwickelt sich der aufrechte, überhängende oder gebogene Blütenschaft. An der Blüte sind die Sepalen und Petalen gleichaussehend, das am Fuß der Columna sitzende, dreilappige Labellum trägt zwei flaumige Kiele. An der kahnförmigen Columna haften die Pollinien mit ihrer Klebscheibe auf einem über der Narbe befindlichen Bändchen. Etwa 50 Arten sind zwischen Indien und Japan, und südwärts bis nach Australien beheimatet.

C. devonianum Lindl. et Paxt.; 2n = 40, T bis K
Die Pseudobulben werden 2 bis 3 cm hoch und tragen apikal zwei, selten drei lanzettliche, an der Basis stielartig verschmälerte, 20 bis 35 cm lange Laubblätter. Am hängenden, 15 bis 30 cm langen Blütenschaft sitzen zehn

Abb. 167. Cuitlauzina pendula.

Abb. 168. Cymbidium devonianum.

Abb. 169. Cymbidium siamense.

bis zwanzig 3 bis 5 cm breite Blüten. Die Sepalen und Petalen sind grünlich bis schmutzig braunlila, das dreilappige Labellum ist hell purpurbraun bis dunkellila mit zwei dunkleren Flecken an den Seitenlappen. Blütezeit: März bis Juni. Heimat: Sikkim, Assam; an Bäumen der subtropischen Bergwälder zwischen 1500 und 2100 mNN. Kulturhinweis 1.

C. ensifolium (L.) Sw.; 2n = 40, T bis W, Z, Schnittbl., st. duft.
Diese Art hat keine Pseudobulben, der Sproß ist stämmchenartig. Die etwa 1 cm breiten, riemenförmigen Laubblätter werden 20 bis 30 cm lang. Der wenigblumige, 25 bis 35 cm hohe Blütenschaft entfaltet 4 bis 6 cm breite, weißlich- bis grünlichgelbe, purpurbraun gefleckte Blüten. Blütezeit: Mai bis September. Heimat: Thailand, China, Japan. Kulturhinweis 2.

C. lowianum Rchb.f.; 2n = 40, K, Z, Schnittbl.
Die 8 bis 10 cm hohe Pseudobulbe wird von sechs bis acht linealischen, 50 bis 75 cm langen Laubblättern umgeben. Die sechs- bis fünfzehnblumige, überhängende, 60 bis 80 cm lange Infloreszenz entfaltet 8 bis 10 cm breite Blüten. Die Sepalen und Petalen sind gelblichgrün. Die Seitenlappen des dreilappigen Labellums sind gelblich, der Mittellappen ist weißlich mit scharlachrotem bis kastanienbraunem Spitzenfleck. Blütezeit: Februar bis Mai. Heimat: Myanmar (Burma). Kulturhinweis 1.

C. siamense Rolfe ex Downie; T bis W, Z, Schnittbl.
Die Pseudobulbe ist 1 bis 3 cm hoch, die riemenförmigen, etwa 1 cm breiten Laubblätter werden 30 bis 50 cm lang. Der zwei- bis sechsblumige, aufrechte, 25 bis 45 cm hohe Blüten-

schaft entwickelt 3 bis 5 cm breite, gelblichgrüne, rötlichbraun gefleckte Blüten. Blütezeit: Januar bis Mai. Heimat: Thailand; wächst terrestrisch von Meereshöhe bis um 300 mNN. Kulturhinweis 2.

C. tigrinum Parish ex Hook.f.; K
Die rundliche, 3 bis 4 cm hohe Pseudobulbe trägt zwei bis vier 10 bis 15 cm lange Laubblätter. Der aufrechte, wenigblumige, 15 bis 20 cm hohe Blütenschaft formt 5 bis 8 cm breite Blüten. Die gelblich- bis olivgrünen Sepalen und Petalen sind an der Basis bräunlich punktiert. Das weißliche Labellum weist bräunlichrote Seitenlappen und einen gleichfarbig gefleckten Vorderlappen auf. Blütezeit: März bis Mai. Heimat: Myanmar (Burma), Moulmein; lithophytisch auf felsigen Standorten wachsend zwischen 1700 und 2000 mNN. Kulturhinweis 1; eine kleinbleibende auf Kork oder Farnbrettchen aufzubindende Art mit ganzjähriger Kultur im kühleren Gewächshaus.

Abb. 171. Cymbidium tracyanum.

C. tracyanum L. Castle; 2n = 40, K, Z
Die 8 bis 12 cm hohe Pseudobulbe wird von sechs bis acht linealischen, 50 bis 100 cm langen Laubblättern umgeben. Die bis fünfzehnblumige, schräg aufwärts wachsende, bis 120 cm lange Infloreszenz trägt 8 bis 15 cm breite Blüten. Die grünlichen Sepalen und Petalen sind braunrot punktiert und gestreift. Der Vorderlappen des cremefarbenen Labellums ist braunrot punktiert, die Seitenlappen gleichfarbig geadert. An der Basis des Labellums sind die Kiele gezähnt bis stark behaart. Blütezeit: November bis März. Heimat: Myanmar (Burma), Südwestchina, Thailand, wächst vorwiegend epiphytisch in mit vermodertem Laub gefüllten Astgabelungen. Kulturhinweis 1.

Kulturhinweis 1: Nach der Blüte schalten alle Cymbidien himalajaischen Ursprungs eine

Abb. 170. Cymbidium tigrinum.

Ruheperiode ein. Am vorteilhaftesten im kühlen Glashaus bei Temperaturen zwischen 16 und 10 °C. Im Frühjahr beginnt bei etwas höherer Temperatur und größerer Luftfeuchtigkeit der Sproßaustrieb. Sobald die Gefahren der Maifröste vorüber sind, gehören die Cymbidien ins Freie, in die Schattenhalle. Dabei sind sie in Abständen von sich leicht berührenden Laubblättern zu 2/3 der Topfhöhe einzusenken. Tägliches Überbrausen an sonnigen Tagen und die kühlende, vom nassen Erdboden aufsteigende, zwischen den Laubblättern sich haltende Luftfeuchtigkeit fördern die Sproßentwicklung. In dieser Periode des Wachsens sind vierzehntägige Düngungen unerläßlich, anfangs schwächer, später bis zu 1 g/Liter. Ab Mitte bis Ende August sind Cymbidien der vollen Sonne und der nächtlichen Abkühlung auszusetzen, die dann in Verbindung mit verringerten Wassergaben die Blüteninduktion beeinflussen. Ein Schrumpfen der Pseudobulben durch einen zu trocken gewordenen Wurzelballen führt jedoch in dieser Periode zum Verlust des Blütensprosses. Eine gelbliche Färbung der Laubblätter als Folge stärkerer Belichtung hat aber keinen schädigenden Einfluß. Vor Frostbeginn gehören die Cymbidien in das gut belüftete, helle Kalthaus, wo sie bei höherer Luftfeuchtigkeit und mäßig feuchtem Wurzelballen weiter zu kultivieren sind. Die Knospen der heranwachsenden Blütenstände vertrocknen bei zu großer Wärme, andererseits fallen sie aber bei Temperaturen unter 13 °C und bei zu dunklem, kühlem Stand ab. Wird infolge unwirtlicher Außentemperaturen die Lüftung des Kalthauses geschlossen gehalten, ist Luftumwälzung unumgänglich. Die Blütenrispen sind für gerade Stiele frühzeitig an Stäbe aufzubinden.

Nach 3- bis 5jähriger Kultur wird sich die Notwendigkeit eines Umpflanzens bzw. einer Teilung ergeben, die im Frühjahr vor beginnender Erneuerung der Wurzelspitzen vorgenommen wird. Geteilte und ungeteilte Wurzelballen sind für eine längere ungestörte Entwicklung in größere Blumentöpfe mit höherer Dränageeinlage einzusetzen. Als Pflanzmaterial bewährte sich ein Gemisch aus alter Rasenerde mit Torfbrocken und Rindenstücke, unter Zugabe von Hornspänen. Für rasche Einwurzelung werden anfangs die Cymbidien sehr wenig angegossen, dafür aber täglich bei luftfeuchter und wärmerer Kultur überbraust. Erst bei sichtbarer Weiterentwicklung der Sproßaustriebe geht man in die übliche Kulturmethode über.

Kulturhinweis 2: Alle gegebenen Hinweise gelten auch für die Kultur der Miniatur-Cymbidien, jedoch ist hier eine ganzjährige Kultur im hellen Glashaus bzw. auf der Fensterbank bei Temperaturen zwischen 19 und 21 °C tagsüber und um 16 °C nachts angebracht.

Dendrobium Sw.

Der schwedische Botaniker O. P. Swartz stellte 1799 diese Gattung auf und benannte sie zufolge der epiphytischen Lebensweise: *dendron* (griech. Baum) und *bios* (griech. Leben): Leben auf Bäumen.

Dendrobium entwickelt je nach Art aufrecht wachsende, hängende, schlanke oder keulenförmige Sprosse oder solche, die nur an den Nodien verdickt sind. Die Laubblätter sind ein- oder mehrjährig, papierdünn bis sukkulentenartig. Die wenigen Blüten erscheinen an der oberen Sproßhälfte oder sind zu traubenartigen Blütenständen vereint. Die Blüten können sehr formenreich und von unterschiedlicher Größe sein. Die Sepalen und Petalen sind sich nicht immer ähnlich. Die seitlichen Sepalen bilden an ihrer Basis, um den Fuß der Columna, ein Kinn. Das meist größere, vielfach anders gefärbte, ein- oder dreilappige Labellum ist mit dem Fuß der Columna verbunden und oftmals auch mit den seitlichen Sepalen zu einem Sporn verwachsen. Die Columna ist im Kinn mit kurzem Fuß versehen. Die Anthere birgt vier paarweise zusammenstehende, flache Pollinien. Etwa 800 epiphytisch wachsende Arten haben eine Verbreitung vom Himalaja ostwärts bis Japan und zu den Philippinen, südwärts bis Australien, Neuseeland und zu den Pazifischen Inseln.

D. anosmum Lindl.; 2n = 38, 40, T, Z
Syn.: *D. superbum* Rchb.f.
Vom anfangs aufrechtwachsenden, später hängenden, 50 bis 120 cm langen Sproß fallen zur Blütezeit die Laubblätter ab. Von den kurz gestielten, häufig paarig zusammenstehenden, 8 bis 12 cm breiten, hellpurpur- bis -lilarosa Blüten ist das Labellum zusätzlich mit zwei dunkleren Schlundflecken versehen. Blütezeit: Februar bis Mai. Heimat: Philippinen, Borneo, auf den Molukken; auf Bäumen entlang der Flüsse. Kulturhinweis 1.

D. aphyllum (Roxb.) C. E. Fischer; 2n = 38, T bis K, Z
Syn. *D. amoenum* Lindl., *D. pierardii* (Roxb.) C. E. Fischer

Der schlanke, 50 bis 100 cm lange, hängende Sproß trägt schon vor der Blüte abfallende, schmal-eiförmige Laubblätter. Aus seinen knotigen Blattachseln kommen 4 bis 6 cm breite Blüten. Die Sepalen und Petalen sind zart rosalila. Das runde, mattgelbe Labellum mit röhrigem Schlund ist an der Basis purpurn geadert. Blütezeit: Januar bis April. Heimat: Nordindien, Myanmar (Burma); in feuchtwarmen Tälern. Kulturhinweis 1; zu verwechseln mit *D. primulinum*.

D. bigibbum Lindl.; 2n = 28, cv. 2n = 76, W, Schnittbl.
Mit *D. phalaenopsis* verwechselbare Art.
Der aufrecht stehende, schlanke, 15 bis 30 cm lange Sproß trägt in der oberen Hälfte fleischige, mehrjährige Laubblätter. Der gipfelständige, 20 bis 40 cm lange Blütenschaft ist vielblumig. Die 3 bis 5 cm breite Blüte ist hell bis dunkel rötlichlila, der Schlund des Labellums dunkler. Blütezeit: September bis Februar. Heimat: Nördliches Australien, benachbarte Inseln, Neuguinea; auf Felsen. Kulturhinweis 3.

D. chrysanthum Lindl., 2n = 38, T bis K, st. duft.
Die zylindrischen, 50 bis 100 cm langen Sprosse mit nach der Blüte abfallenden, lanzettlichen Laubblättern wachsen anfangs aufrecht, hängen später herab. Die Blüten stehen dem Laubblatt gegenüber am noch beblätterten Sproß, ein- oder zweiblumig. Die 3 bis 5 cm breite Blüte ist goldgelb, der Schlund des Labellums orangegelb mit zwei dunkelpurpurnen Flecken. Blütezeit: März bis September. Heimat: Nepal, Sikkim, Bhutan, Nordgebiete von Thailand, Laos, Vietnam, China; wächst epiphytisch auf Bäumen der Mischwälder zwischen 1800 und 2300 mNN. Kulturhinweis 1.

Abb. 172. Dendrobium bigibbum.

D. devonianum Paxton; 2n = 38, T
Der schlanke, hängende, 50 bis 100 cm lange Sproß wirft vor der Blüte seine elliptisch zugespitzten Laubblätter ab. Von der 4 bis 6 cm breiten, gelblichweißen Blüte sind die Spitzen purpurlila, und am gefransten Labellum weist der Schlund zusätzlich zwei orangegelbe Seitenflecken auf. Blütezeit: April bis Juni. Heimat: Nordindien, Myanmar (Burma), Südwestchina; auf Waldbäumen und Kalkfelsen in wärmeren Gebieten, bis 1 500 mNN. Kulturhinweis 1.

D. fimbriatum Hook.; 2n = 38, T bis K, Z
Die aufrechte, sich nach vorn zu neigende, etwas spindelförmige Pseudobulbe wird 40 bis 80 cm lang und trägt mehrjährige, lanzettliche Laubblätter. Nach deren Abwurf bildet die Pseudobulbe apikal die hängende Blütentraube. Von der goldgelben, 3 bis 4 cm breiten Blüte ist der Rand des rundlichen Labellums kurz gefranst. *D. fimbriatum* var. *oculatum* Hook. f. ist dottergelb, die Lippenmitte schwärzlichbraun gefleckt. Blütezeit: Februar bis Mai. Heimat: Myanmar (Burma), Nepal, Thailand, Indochina, Malaiische Inseln. Kulturhinweis 1; bei zu warmer Überwinterung kommen anstelle von Blütentrauben jungpflanzenähnliche Seitensprosse.

D. formosum Roxb. ex Lindl.; 2n = 38, T, Z
Der aufrechte, 20 bis 45 cm lange Sproß ist jung schwarz behaart und im Alter gefurcht. Die derben, lederigen Laubblätter sind mehrjährig. Die ein bis fünf gipfelständigen, rein weißen Blüten sind 6 bis 10 cm breit. Der Schlund und Vorderlappen des Labellums ist goldgelb gefleckt. *D. formosum* var. *giganteum* van Houtte weist über 10 cm breite Blüten auf. Blütezeit: Februar bis Mai. Heimat: Nepal, Myanmar (Burma), Thailand; wächst epiphytisch wie auch lithophytisch. Kulturhinweis 1.

D. heterocarpum Lindl.; 2n = 38, T bis W
Syn.: *D. aureum* Lindl.
Die 20 bis 40 cm lange, aus schmaler Basis zylindrisch geformte Pseudobulbe steht anfangs aufrecht, später hängt sie übergeneigt. Die länglich-lanzettlichen Laubblätter fallen vor der Blüte ab. Die 5 bis 7 cm breite Blüte ist gelblichweiß bis cremegelb, das dunklere Labellum ist zusätzlich orangebraun gefleckt und geadert. Blütezeit: Januar bis Juni. Heimat: Sri Lanka, Indien, Myanmar (Burma), ostwärts bis zu den Philippinen. Kulturhinweis 1.

Abb. 173. Dendrobium devonianum.

D. infundibulum Lindl.; 2n = 38, 40, T, Z
Syn.: *D. jamesianum* Rchb.f.
Der aufrecht wachsende, gefurchte, schwarzbehaarte, 30 bis 60 cm hohe Sproß trägt mehrjährige Laubblätter. Die zwei bis fünf gipfelständigen, 8 bis 12 cm breiten Blüten sind weiß, der Schlund des Labellums ist rotorange bis orangefarben gefleckt und geadert. Blütezeit: Mai bis August. Heimat: Myanmar (Burma), Thailand; verbreitet zwischen 1 000 und 2 100 mNN. Kulturhinweis 1;

Abb. 174. Dendrobium loddigesii.

Abb. 175. Dendrobium nobile.

die Wurzeln sind gegen Trockenheit und stagnierende Nässe sehr empfindlich.

D. loddigesii Rolfe; 2n = 38, 40, T bis K, Z
Die anfangs aufrechten, später überhängenden, 10 bis 20 cm langen, gebüschelt wachsenden Sprosse entwickeln nach der Blüte wurzelreiche Seitenprosse. Die hinfälligen Laubblätter sind zur Blütezeit meistens abgefallen. Die 4 bis 5 cm breite Blüte ist hell rosarot bis rötlichlila, das gefranste Labellum ist im Schlund orangegelb und weißlich umrandet. Blütezeit: Februar bis Mai. Heimat: Laos, Yunnan, Hainan, westliches China; auf vermoosten Bäumen. Kulturhinweis 1.

D. moschatum (Buch. Ham.) Sw.; 2n = 38, 40, T bis K
Der aufrechte bis geneigte Sproß wird 80 bis 100 cm hoch. Die lederigen Laubblätter sind mehrjährig. Die Blüte der locker- und wenigblumigen Blütentraube ist 5 bis 7 cm breit, weißlich bis rötlichgelb. Das schuhartige Labellum weist innen zwei rötlichbraune Schlundflecken auf. Blütezeit: April bis Mai. Heimat: Sikkim, Myanmar (Burma), Thailand; wächst unbeschattet der vollen Sonne ausgesetzt. Kulturhinweis 1; bei zu warmer Überwinterung kommen statt Blüten Seitensprosse.

D. nobile Lindl.; 2n = 38, 40, 57, cv. 2n = 76, T, Z, Schnittbl. (wenn mit Sproß geschnitten)
Die Pseudobulbe erhebt sich aus schmaler Basis zylindrisch, aufrecht bis vorgeneigt, wird 30 bis 60 cm, bei cv. bis 100 cm hoch. Am blühenden Sproß sind selten Laubblätter vorhanden. An Sproßknoten entfalten sich bis vier 4 bis 7 cm breite Blüten. Diese sind auf weißlichem Grund rosa bis blaulila; das Labellum weist zusätzlich einen dunkelpurpurlila Schlundfleck mit und ohne dottergelbem

Rand auf. Stark variierende Art. Blütezeit: Dezember bis Juni. Heimat: Von Nordindien über Myanmar (Burma) bis China. Kulturhinweis 2; bei zu warmer Überwinterung kommen an Stelle der Blüten Seitensprosse.

D. parishii Rchb.f.; 2n = 38, 40, T bis K, Z
Die dickstämmige, überhängende, 8 bis 20 cm lange Pseudobulbe verliert vor der Blüte ihre Laubblätter. Diesen gegenüberstehend, entwickeln sich die 4 bis 5 cm breiten rosalila Blüten mit hellerem bis weißlichem Labellum, dessen Schlund zwei dunkel purpurne Flecken aufweist. Blütezeit: April bis Juni. Heimat: Myanmar (Burma), Moulmein, Thailand, Laos, Kambodscha, Vietnam, Südchina. Kulturhinweis 1.

D. phalaenopsis Fitzg.; 2n = 28, cv. 2n = 76, W, Schnittbl.
Der aufrecht stehende, schlanke, 50 bis 80 cm lange Sproß trägt in der oberen Hälfte fleischige, mehrjährige Laubblätter. Der gipfelständige, 30 bis 80 cm lange Blütenschaft ist vielblumig. Die 5 bis 9 cm breite Blüte ist hell bis dunkel rötlichlila, der Schlund des Labellums dunkler. Blütezeit: September bis Februar. Heimat: Nördliches Australien und benachbarte Inseln. Kulturhinweis 3.

D. primulinum Lindl.; 2n = 38, T bis K, st. duft.
Der anfangs aufrechte, später hängende, 20 bis 40 cm lange, zylindrische Sproß ist zur Blütezeit blattlos. Die 4 bis 6 cm breite Blüte ist weißlich mit gelblichrosa Anflug. Das primelgelbe, nierenförmige Labellum ist am Grunde purpurfarben geadert. Blütezeit: April bis Mai. Heimat: Sikkim, Nepal, Myanmar (Burma), Vietnam, Malaiische Inseln. Kulturhinweis 1; zu verwechseln mit *D. aphyllum.*

D. pulchellum Roxb.; 2n = 38, 40, W bis T
Syn.: *D. dalhousieanum* Wall.
Der schlanke, aufrecht wachsende bis geneigte, 50 bis 90 cm lange Sproß trägt mehrjährige Laubblätter. Die wenig- und lockerblumige Blütentraube entfaltet 6 bis 8 cm breite, aus hell bräunlichgelber Basis und den Rändern zu bräunlichlila gefärbte Blüten. Das schalenartige Labellum ist seitlich mit zwei dunklen braunpurpurnen Flecken versehen.

Blütezeit: April bis Juni. Heimat: Assam, Thailand, Malaiische Inseln, Indochina, Myanmar (Burma). Kulturhinweis 1.

Abb. 176. Dendrobium pulchellum.

D. superbum Rchb.f.; 2n = 38, 40, T, Z
Als Synonym weltweit geläufiger als *D. anosmum.*
Vom anfangs aufrechtwachsenden, später hängenden, 50 bis 120 cm langen Sproß fallen zur Blütezeit die Laubblätter ab. Von den kurz gestielten, häufig paarig zusammenstehenden, 8 bis 12 cm breiten, hellpurpur- bis lilarosa Blüten ist das Labellum zusätzlich mit zwei dunkleren Schlundflecken versehen. Blütezeit: Februar bis Mai.

Heimat: Philippinen, Borneo, auf den Molukken; auf Bäumen entlang der Flüsse. Kulturhinweis 1.

Abb. 177. Dendrobium wardianum.

D. wardianum Warner; 2n = 40, cv. 2n = 57, T bis K
Der knotig verdickte, anfangs aufrechte, später hängende Sproß mit zur Blütezeit abfallenden Laubblättern wird 40 bis 100 cm lang. An den weißlichen, 6 bis 10 cm breiten Blüten sind die Spitzen purpurlila und der Schlund des Labellums orangegelb mit beiderseits dunkel purpurbraunen Flecken. Blütezeit: März bis Juni. Heimat: Myanmar (Burma), Assam, Thailand. Kulturhinweis 1.

Kulturhinweis: Die heimatlichen Standorte der bekanntesten Arten sind klimatisch derart unterschiedlich, daß kein einheitlicher Kulturhinweis gegeben werden kann. Differenziert werden muß vor allem die Temperatur und die Menge des Gießwassers während der winterlichen Ruheperiode. Fast alle Dendrobienarten benötigen zwischen März und September einen warmen, sonnigen Stand, höhere Luftfeuchtigkeit, viel Frischluft und ausreichende Bewässerung mit geregelter Düngung. Weitere Einheitlichkeit besteht darin, daß kleinbleibende Dendrobien am vorteilhaftesten mit wenig Pflanzmaterial auf Kork oder Farnbrettchen aufzubinden sind. Alle übrigen Dendrobien sind in nicht zu große, gut dränierte Pflanzgefäße mit gut wasserdurchlässigem Substrat einzusetzen. Geeignet ist eine Mischung aus Torf, Rinde und etwas Styromull mit entsprechender Düngung. Umgepflanzt wird im mehrjährigen Rhythmus.

Frisch eingesetzte Pflanzen benötigen anfangs bei wärmerem, luftfeuchterem Stand im Gewächshaus wenig Gießwasser. Reichlicher gegossen wird nach Sproßaustrieb und Neubildung von Wurzeln. Stauende Nässe im Wurzelbereich ist auch bei nicht umgesetzten Dendrobien zu vermeiden, ebenso das Naßwerden heranwachsender Sprosse durch Gieß- oder Spritzwasser. Besonders ihre Empfindlichkeit gegenüber nachts nicht abgetrockneter Nässe bringt sie leicht zum Verfaulen. Dafür ist die Luftumwälzung mittels Ventilation die günstigste vorbeugende Maßnahme. Folgesprosse mit verminderter Wurzelausbildung ergeben fast immer unzureichend entwickelte Jahrestriebe und eine Schwächung der Pflanze. Beim Umtopfen wird empfohlen, die Pflanze so einzusetzen, daß der zu erwartende Neuaustrieb etwa 1 cm über dem Pflanzmaterial zu stehen kommt. Eingewurzelte Pflanzen sind während der Sproßentwicklung mehrmals monatlich zu düngen, anfangs 0,5 g Nährsalz je Liter, später bis 1 g/l ansteigend. Gute Erfolge bringt auch der in der Hydrokultur verwendete Dünger Lewatit, von dem eine Messerspitze auf den Wurzelballen einer Pflanze im 12 bis 14 cm breiten Blumentopf gestreut wird. Jede weitere Düngung erübrigt sich, jedoch ist das Granulat nach etwa 3 bis 4 Monaten zu erneuern. Schattiert wird im Sommer bei starker Sonne, ab Spätsommer nicht mehr. Bei zu geringer Luftfeuchtigkeit im Glashaus sind dünnblättrige *Dendrobium*-Arten anfällig gegen Spinnmilben.

Kulturhinweis 1: Die kühl und die etwas wärmer zu kultivierenden Arten lassen sich nicht streng gegeneinander abgrenzen. Es sind dies Arten mit peitschenförmigen, hängenden, bzw. schlanken, aufrecht wachsenden Sprossen, die ihre winterliche Ruheperiode zwischen 18 und 14 °C haben. Die Häufigkeit des Gießens und die Menge des Gießwassers richtet sich nach der jeweiligen Temperatur des Glashauses. Auf höhere Luftfeuchtigkeit wird geachtet, zu geringe führt zum Schrumpfen von Sprossen und Wurzeln. Nicht zu vernachlässigen ist die Luftumwälzung durch Ventilation. Mit Ende der winterlichen Ruheperiode beginnt für zahlreiche Arten die Blütezeit, in der das Gießen nur unwesentlich erhöht wird. Mehr gegossen wird nach Austrieb des neuen Sprosses und nach verstärkter Wurzelneubildung.

Kulturhinweis 2: Voraussetzung für einen zeitgerechten Knospenansatz bei *D. nobile* und seinen Hybriden ist die Ende August beendete Entwicklung des Jahrestriebes. Danach bewirken reduzierte Wassergaben, Stand in voller Sonne und tief fallende Nachttemperaturen die Blüteninduktion. Nach 6 bis 12 Wochen erfolgt der Knospenansatz. Die einfachste Methode für den Liebhaber ist Standortwechsel von der Fensterbank in eine windgeschützte, sonnige Gartenecke, wo *Dendrobium* niederen Nachttemperaturen ausgesetzt ist. Doch dürfen die Sprosse nicht schrumpfen bzw. bei anhaltendem Regen nicht ohne Schutz sein. Nach dem Knospenansatz gehört *Dendrobium* in das Glashaus zurück, wo es kühl bis temperiert, um 17 bis 18 °C, gepflegt wird. Bei zu rasch gegebener Wärme vertrocknen die Knospen. Nach der Blüte ist bis zum Austrieb des neuen Sprosses eine wasserarme, kühle Ruheperiode einzuhalten.

Kulturhinweis 3: Die Kultur von *Dendrobium bigibbum* und seinen Hybriden ist nur möglich, wenn die Pflanzen während ihrer Sproßentwicklung bei geringer Beschattung viel Wärme, 24 bis 28 °C, eine hohe Luftfeuchtigkeit, ausreichende Wassergaben und eine wöchentliche Düngung erhalten. Bei starker nächtlicher Abkühlung neigen die neuen Triebe zum Abfaulen. Die Infloreszenz entwickelt sich an der Sproßspitze, wo bei günstigen Voraussetzungen auch ältere Sprosse weitere Blütenstände hervorbringen. Mit Blühbeginn wird volle Sonne, reichliche Lüftung und geringe Luftfeuchtigkeit geboten. Vielfache Ursache plötzlichen Zusammenfallens der Blüte ist zu hohe Luftfeuchtigkeit. Nach der Blüte wird, ohne daß es zum Schrumpfen der Sprosse kommt, eine leichte Trockenperiode eingehalten.

Dinema Lindl.[1)]

Von dem englischen Botaniker J. Lindley wurde diese Gattung im Jahre 1831 nach den zwei fadenförmigen Fortsätzen an den Flügeln beiderseits der Narbe benannt; *di* (griech. zwei) und *nema* (griech. Faden).

Dinema entwickelt in jeder Vegetationsperiode mehrere, durch 2 bis 3 cm lange Rhizome getrennt stehende Pseudobulben an sich verzweigenden Sympodien. Diese wachsen teils kriechend, teils hängend. *Dinema* ist ein vielsprossiger, luftwurzelreicher Epiphyt. Die etwa 2 cm hohe, eiförmige Pseudobulbe trägt zwei länglich elliptische Laubblätter und endständig eine gestielte Blüte. Die Sepalen und Petalen sind schmal und zugespitzt, das rundliche Labellum ist mit kurzem Nagel mit der Columna verwachsen. Diese trägt im Bereich der rötlichen Anthere zwei fadenförmige Fortsätze an den Flügeln gleicher Färbung. Bisher ist nur eine Art aus Mittelamerika bekannt.

D. polybulbon (Sw.) Lindl.; T
Syn.: *Epidendrum polybulbon* Sw., *Encyclia polybulbon* (Sw.) Dressl.

Apikal trägt die Pseudobulbe eine langgestielte 2 bis 3 cm breite Blüte, deren Sepalen

1) Anmerkung: Die monotypische Gattung geht jetzt unter dem Namen *Nidema* Britton et Millspaugh.

Abb. 178. Dinema polybulbon.

Abb. 179. Disa uniflora.

und Petalen bräunlich bis ockerfarben sind und deren Labellum weiß bis gelblichweiß ist. Blütezeit: Dezember bis März, vereinzelt auch im Sommer. Heimat: Mexiko, Guatemala, El Salvador, Honduras, Kuba, Jamaica. **Kulturhinweis:** Mit Pflanzmaterial auf Korkbrettchen aufgebunden, benötigt *Dinema* halbschattigen Stand im Warmhaus, 20 bis 25 °C, sowie reichliche Wassergaben und gelegentliche Düngung. Im Winterhalbjahr sind 16 bis 18 °C ausreichend, dementsprechend sind die Gießwassermengen gering. Zu Schrumpfung der Pseudobulben darf es nicht kommen. Von den in einer Vegetationsperiode sich entwickelnden Pseudobulben blühen, mit Ausnahme der ersten, alle übrigen gleichzeitig.

Disa Berg.

Die Gattung wurde im Jahre 1767 von dem schwedischen Botaniker P. J. Bergius aufgestellt und möglicherweise nach einem südafrikanischen Ort oder nach *dives* (lat. reich), im Hinblick auf die Schönheit der Blüte, benannt.

Terrestrisch wachsende, bis 70 cm hoch werdende Pflanzen mit rosettenähnlich gestellten Laubblättern und rüben- bis knollenförmigen Wurzelorganen. Die locker- bis dichtstehenden Blüten unterschiedlicher Größe sind von reinweiß über gelb bis rot, auch grau bis bläulich gefärbt. Die Sepalen sind immer groß, das mittlere ist helmförmig und gespornt. Die Petalen sind klein und im Sepalenhelm verborgen. Das kleine Labellum ist von zungenförmigem Aussehen. Die mit zwei Pollinien besetzte Anthere liegt auf der Rückseite der Columna, die dreiteilige Narbe ist vorn.

Etwa 130 Arten sind größtenteils in Südafrika, die übrigen in westafrikanischen Gebieten verbreitet.

D. uniflora Berg.; K. Schnittbl.
Syn.: *D. grandiflora* L.f.
Der ein- bis vierblumige, bis 70 cm hohe Blütenschaft ist von Grund- und Stengelblättern umgeben. An der bereits vorgestellten, 6 bis 10 cm breiten, gelborangefarbenen bis scharlachroten Blüte ist das mittlere Sepalum heller und dunkler geadert. Blütezeit: Juni bis August. Heimat: Südafrika, an Berghängen entlang von Bachläufen.

Kulturhinweis: Die sehr rasch ihre Keimkraft verlierenden Samen sind innerhalb von 3 Wochen nach der Ernte auszusäen. Der Samen soll gelagert bei –20 °C bis ein Jahr haltbar sein. Die Samen von unterernährten Mutterpflanzen keimen fast nicht. Die Aussaat wird auf klopffest angefüllten, feingesiebten Torf in dränierten Kunststofftöpfchen vorgenommen. Die Töpfe werden leicht überbraust und in wassergefüllten Untertassen stehend im Glashaus an einen beschatteten, temperierten und luftigen Ort gestellt. Die Betreuung beschränkt sich auf ein der Witterung angepaßtes Benebeln der Aussaat und das Nachfüllen des verdunsteten Wassers in der Untertasse. Etwa sechs Wochen nach der Aussaat sind grüne Protokorme erkennbar. Ab diesem Stadium wird zwei- bis dreimal monatlich gedüngt, etwa 1/8 g/l fein über die Aussaat gesprüht. Sobald die Sämlinge zwei Laubblättchen ausgebildet haben, fördert tuffweises Pikieren auf ein Gemisch aus feingesiebtem Torf und feingeschnittenem *Sphagnum* (1:1) die Weiterentwicklung. Die erste Überwinterung erfolgt bei sehr hellem Stand im temperierten Glashaus, bei etwa 17 °C. Angefeuchtet wird nur nach Notwendigkeit durch Nachfüllen des aus der Untertasse aufgesaugten Wassers. Im Frühjahr ist bei unveränderter Pflege ein Standortwechsel in das luftigere, leicht beschattete, kühlere Glashaus vorzunehmen. An warmen Sommertagen fördert morgendliches, vorsichtig vorgenommenes Nebeln das Gedeihen der Jungpflanzen. Sobald die Pflänzchen herangewachsen sind, werden sie tuffweise in ein aus geschnittenem gröberem sauerem Torf, übertrocknetem *Sphagnum* und ein wenig Kuhfladengeriebsel bestehendes Gemisch eingetopft, dessen pH bei 5 liegen sollte. Die weiteren Überwinterungen erfolgen bei 10 bis 15 °C, wobei die Jungpflanzen allmählich den Vegetationsrhythmus blühfähiger Pflanzen annehmen. Diese sind mit Ausgang des Hochsommers in größere Kunststofftöpfe umzusetzen und weiterhin im Stauverfahren mit Wasser zu versorgen. Eingewurzelte Pflanzen sind 1- bis 2mal monatlich mit 0,05%iger Nährsalzlösung zu düngen. Vier, seltener drei Jahre nach der Aussaat blühen die *Disa*. Nicht blühende Individuen entwickeln früher als blühende durch Ausläufer neue Pflanzen. Diese sind bei entsprechender Größe abzutrennen und eingesetzt wie größere Jungpflanzen weiter zu kultivieren. Nur kalkfreies Gießwasser verwenden, andernfalls versagt die Kultur.

Doritis Lindl.

Die Bedeutung des Namens der vom englischen Botaniker J. Lindley im Jahre 1833 aufgestellten Gattung ist ungeklärt. Entweder nach Doritis, einem Beinamen der griechischen Göttin Aphrodite oder nach *dory* (griech. Spieß), wegen der Ähnlichkeit des Labellums mit einem Spieß.

Abb. 180. Doritis pulcherrima.

Monopodial wachsende Orchideen mit laubblattreichem, kurzem Stamm oder mit Laubblättern von kaum 1 cm Länge an stark reduziertem Sproß. Der langgestreckte, aufrechte oder sehr verkürzte, hängende Blütenschaft endet als reichblumige Traube oder wenigblütige Rispe. An der kleinen bis mittelgroßen Blüte sind die Sepalen und Petalen abstehend bis zurückgeschlagen. Das dreilappige, spornlose Labellum ist sitzend oder genagelt mit dem Fuß der Columna verbunden. Seine zwei Seitenlappen sind aufwärts gerichtet, an der Basis des größeren Vorderlappens sind zwei spitze Auswüchse vorhanden. Die zwei Pollinien sind durch eine gemeinsame Klebscheibe verbunden. Etwa drei epiphytisch wachsende Arten sind im indisch-malaiischen Raum beheimatet.

D. pulcherrima Lindl.; 2n = 38, W, Schnittbl.
Syn.: *Phalaenopsis esmeralda* Rchb.f.
Der 5 bis 10 cm hohe Stamm trägt mehrere gegenständig angeordnete, etwas zugespitzte Laubblätter. Am vielblumigen, aufrechten, 35 bis 80 cm langen Blütenschaft sitzen 2 bis 4 cm breite Blüten. Die abstehenden bis zurückgeschlagenen Sepalen und Petalen sind lila- bis purpurrosa. Der Vorderlappen des gleichfarbigen, jedoch dunkleren Labellums ist heller und weißlich oder gelblich geadert. Blütezeit: Juli bis Oktober. Heimat: Myanmar (Burma), Südchina, Kambodscha, Malaiische Inseln; wird auch terrestrisch wachsend angetroffen.
Kulturhinweis: Die Pflege entspricht dem Kulturhinweis 1 von *Phalaenopsis.* Ein nicht zu tief abgeschnittener Blütenschaft bringt vielfach anschließend eine zweite Infloreszenz.

Dracula Luer

C. Luer begründete 1978 die Gattung *Dracula.* Der Name bezieht sich auf das drachenähnliche Aussehen der Blüte, *dracula* (lat. kleiner Drache).

Mehrere im Aussehen der Blüte übereinstimmende *Masdevallia*-Arten wurden von dieser Gattung abgetrennt und in der neu aufgestellten Gattung *Dracula* vereint. Dies sind bulbenlose Pflanzen mit aufrecht und dicht beisammenstehenden, gestielten Laubblättern und mit bevorzugt hängender, mehrblütiger Infloreszenz. Die relativ großen Blüten dieser kleinen Pflanzen blühen nacheinander auf. Die etwas gewölbten Sepalen sind innenseits zusammengewachsen, abwärts gerichtet und sehr lang geschwänzt. Die kleinen Petalen befinden sich vor und seitlich der Columna. Das gleichfalls abwärts gerichtete, schalenförmige, durch zwei Knie bewegliche Labellum ist innenseits mit weiß- bis gelblichen oder rosafarbenen Lamellen überzo-

Abb. 181. Dracula bella.

gen. Eine nicht genau bekannte Anzahl von Arten wachsen in Mittel- und im nördlichen Südamerika, teils epiphytisch an vermoosten Stämmen oberhalb des Erdbodens, teils terrestrisch im Moos unterhalb von Sträuchern kühlerer Gebirgswälder zwischen 1000 und 2000 mNN.

D. bella (Rchb.f.) Luer; T bis K
Syn.: *Masdevallia bella* Rchb.f.
Die gestielten Laubblätter werden 10 bis 15 cm hoch, der hängende Blütenstand 10 bis 20 cm lang. Von der attraktiven Blüte sind die schief-eiförmigen Sepalen gelblich, rotbraun gefleckt. Die Petalen sind gelblich und purpurn punktiert. Das nierenförmige Labellum ist innen mit weißen Lamellen versehen. Blütezeit: Mai bis September. Heimat: Kolumbien.

D. chimaera (Rchb. f.) Luer; T bis K
Syn.: *Masdevallia chimaera* Rchb. f., *M. backhouseana* Rchb.f.
Die gestielten Laubblätter werden 15 bis 20 cm hoch, der mehrblumige, hängende Blütenstand 15 bis 30 cm lang. Von der stark behaarten Blüte sind die eiförmigen Sepalen mit bis 10 cm langen, schwanzartigen Fortsätzen gelblich bis zinnoberrot und rotbraun bis schwärzlich gefleckt. Die kurzen Petalen von gleicher Grundfarbe sind purpurn bis schwärzlich gepunktet. Das schalenartige, weißliche, mitunter gelbliche Labellum weist verschieden starke Lamellen auf. Blütezeit: Mai bis September. Heimat: Kolumbien, Nebelwälder.
Kulturhinweis: Die Pflege entspricht der von *Masdevallia*, siehe dort. *Dracula* ist infolge seiner hängenden Blütenstände auf Kork- oder Farnbrettchen oder in hängenden Körbchen mit Pflanzmaterial für Epiphyten zu kultivieren. Die Blütensprosse wachsen nicht immer außerhalb des Wurzelballens nach unten. Im Sommerhalbjahr benötigt *Dracula* ein stärker beschattetes, im Winter ein helles, temperiertes bis kühles Gewächshaus. Die Sonnen- bzw. Heizwärme soll 17 bis 18 °C nicht übersteigen. Die Pflanzen benötigen hohe Luftfeuchtigkeit sowie eine der Jahreszeit entsprechende Frischluftzufuhr und Luftumwälzung. Der Wurzelballen soll ohne Unterbrechung gleichbleibend feucht bleiben. Eine Ruhepause wird von *Dracula* nicht eingehalten. Auftretende Fleckenbildung auf den Laubblättern ist immer auf zu geringe Beschattung und/oder auf zu trockene Luft zurückzuführen. Benebelung bzw. leichtes Besprühen der Laubblätter wird vertragen, sofern diese abends abgetrocknet sind. Eine nicht oft im Jahr gegebene sehr schwache Nährsalzdüngung schadet nicht.

Encyclia Hook.

Der Gattungsname wurde im Jahre 1823 von dem englischen Botaniker W. J. Hooker geschaffen; namensgebend war die von Seitenlappen des Labellums umhüllte Columna, *enkyklein* (griech. umhüllen).

Die birnen- bis walzenförmigen, kugeligen bis spindelartigen Pseudobulben sind durch unterschiedlich lange Rhizome voneinander getrennt. Die Pseudobulbe wird von innerhalb eines Jahres eintrocknenden Hüllblättern umgeben und trägt apikal ein bis drei lineare, ovale bis spatelförmige Laubblätter. Der terminale, lockerblumige, traubige oder rispige Blütenstand ist aufrechtstehend, über hängend oder hängend. Von der durchwegs mittelgroßen Blüte sind die Sepalen und Petalen generell gleichaussehend. Das ein- oder dreilappige Labellum umhüllt mit seinen Seitenlappen die Columna. Labellum und Columna sind an der Basis nicht bei allen Arten verwachsen. Etwa 100 Arten sind als Epiphyten oder Lithophyten in immergrünen und laubabwerfenden Bergwäldern zwischen Mexiko und Brasilien, in Höhen von 100 bis 2500 m, verbreitet.

E. adenocaula (Llave et Lex.) Schltr.; T
Syn.: *Epidendrum adenocaulum* Llave et Lex., *E. nemorale* Lindl.; *Encyclia nemoralis* (Lindl.) Schltr.

Abb. 182. Encyclia adenocaula.

Abb. 183. Encyclia ambigua.

Die birnenförmige Pseudobulbe wird bis 6 cm hoch, die linearen, derben Laubblätter werden bis 30 cm lang. Der überhängende, 40 bis 80 cm lange, lockerblumige Blütenschaft entfaltet 8 bis 12 cm breite Blüten. Die Sepalen und Petalen sind lilarosa; der Vorderlappen des gleichfarbigen Labellums ist purpurlila geadert. Blütezeit: Juni bis August. Heimat: Mexiko; in Eichen-Kiefer-Mischwäldern an Gebirgshängen der pazifischen Seite, zwischen 1 000 und 2 000 mNN.

E. alata (Batem.) Schltr.; T
Syn.: *Epidendrum alatum* Batem.
Die 5 bis 10 cm hohe Pseudobulbe trägt zwei 20 bis 30 cm lange, lineare, lederige Laubblätter. Der aufrechte, verzweigte, lockerblumige Blütenschaft wird 50 bis 100 cm lang. Die 3 bis 6 cm breite Blüte hat gelbliche, purpurbraun geaderte Sepalen und Petalen. Von gleicher Färbung sind die Seitenlappen des Labellums; der hellgelbliche, dunkler umrandete Vorderlappen ist mit purpurnen Kielen versehen. Das Labellum ist breiter als lang. Blütezeit: Mai bis August. Heimat: Mexiko, Guatemala, Honduras, El Salvador; verbreitet in Eichenwäldern zwischen 1 000 und 1 500 mNN.

E. ambigua (Lindl.) Schltr.; T
Syn.: *Epidendrum ambiguum* Lindl.
Im Habitus wie *E. alata.* Von der Blüte sind die purpurbräunlichen, grünlichgelb umrandeten Petalen breiter als die gleichfarbigen Sepalen. Die Seitenlappen des grünlichgelben Labellums sind purpurbräunlich geadert, der gleichfarbige Vorderlappen ist zusätzlich purpurgefleckt. Das Labellum ist länger als breit. Blütezeit: Mai bis August. Heimat: Im gleichen Areal mit *E. alata* zusammen.

E. brassavolae (Rchb.f.) Dressler; 2n = 40, T bis W
Syn.: *Epidendrum brassavolae* Rchb.f., *Hormidium brassavolae* (Rchb.f.) Brieg.
Die gestreckt-birnenförmigen Pseudobulben werden 5 bis 10 cm hoch und die riemenförmigen Laubblätter 20 bis 25 cm lang. Der bis 40 cm hohe Blütenschaft trägt bis zehn 6 bis

10 cm breite Blüten. Die Sepalen und Petalen sind grünlich- bis bräunlichgelb, das eiförmig zugespitzte, weiße Labellum ist in der Spitzenhälfte rötlich. Blütezeit: Mai bis September. Heimat: Von Mexiko bis nach Panama; verbreitet in feuchten Wäldern.

E. citrina (Llave et Lex.) Dressler; 2n = 40, K, Z
Syn.: *Cattleya citrina* (Llave et Lex.) Lindl., *Hormidium citrinum* (Llave et Lex.) Brieg.
Die abwärts gerichteten, eiförmigen Pseudobulben sind 4 bis 7 cm und die bläulichgrünen Laubblätter 10 bis 20 cm lang. Der ebenso lange bis längere, hängende Blütenschaft trägt ein oder zwei zitronengelbe, 3 bis 5 cm breite, 6 bis 8 cm lange Blüten. Von dem tütenförmigen, dreilappigen Labellum umhüllen die Seitenlappen die Columna. Am weiß umrandeten Vorderlappen ist der Schlund grün geadert und die Mitte orangegelb gefleckt. Blütezeit: März bis Juni. Heimat: Mexiko; an Stämmen der Bäume in lockeren Eichen- und Eichen-Kiefer-Wäldern in Höhen zwischen 1300 und 2500 m. Kulturhinweis: Siehe bei *Rossioglossum*; jedoch ist *E. citrina*, auf Farnbrettchen oder Kork mit Pflanzmaterial für Epiphyten aufgebunden, hängend und kühl zu pflegen.

E. cochleata (L.) Lemée; 2n = 40, T, Z
Syn.: *Epidendrum cochleatum* L., *Hormidium cochleatum* (L.) Brieg.
Die seitlich zusammengedrückte Pseudobulbe wird bis 10 cm hoch, die Laubblätter bis doppelt so lang. Der aufrechte, 10 bis 25 cm lange Blütenschaft trägt nacheinander aufblühende, nicht resupinierte, 1 bis 4 cm breite und 7 bis 9 cm lange Blüten. Die Sepalen und Petalen sind gelblichgrün, das konkave Labellum ist an der Basis grün und purpur- bis schwärzlichbraun geadert, in der oberen Hälfte purpur- bis schwärzlichbraun gefärbt mit grüner Aderung bzw. grün gefleckt. Blütezeit: März bis Oktober. Heimat: Von Florida, Mexiko bis Venezuela und Kolumbien; in immergrünen und laubabwerfenden Wäldern.

Abb. 184. Encyclia citrina.

E. cordigera (H. B. K.) Dressler; 2n = 40, 80–90, T, Z
Syn.: *Cymbidium cordigerum* H. B. K., *Epidendrum atropurpureum* Willd., *Encyclia atropurpurea* (Willd.) Schltr.
Die kegelförmige Pseudobulbe wird 3 bis 10 cm hoch, die riemenförmigen Laubblätter sind 10 bis 40 cm lang und der wenigblumige Blütenschaft erreicht die doppelte Länge. Von der 5 bis 8 cm breiten Blüte sind die Sepalen und Petalen gelappt, rotbraun auf grünlichem Grund. Am dreilappigen, weißen bis cremefarbenen Labellum ist die Basis mit drei roten oder rosafarbenen Lamellen gezeichnet. Blütezeit: März bis Juni. Heimat: Von Mexiko bis Venezuela, Kolumbien; in Wäldern um 900 mNN.

E. fragrans (Sw.) Lemée; T, Z, st. duft.
Syn.: *Epidendrum fragrans* Sw., *Hormidium fragrans* (Sw.) Brieg.
Die schlanken Pseudobulben sind 5 bis 11 cm hoch, die Laubblätter 10 bis 30 cm lang. Am 8 bis 17 cm hohen, wenigblumigen Blütenschaft sind die nicht resupinierten, gelblich-

Abb. 185. Encyclia mariae.

weißen bis -grünen Blüten etwa 2 cm breit. Die Sepalen und Petalen sind lanzettlich-zungenförmig. Das konkave, an der Basis mit der Columna verwachsene Labellum ist rötlichbraun gestreift. Blütezeit: April bis Juli. Heimat: Verbreitet von Mexiko bis nördliches Südamerika, Westindische Inseln; bis 1 500 mNN.

E. mariae (Ames) Hoehne; 2n = 40, T bis K, Z
Syn.: *Epidendrum mariae* Ames, *Hormidium mariae* (Ames) Brieg.
Die eiförmige, 3 bis 5 cm hohe Pseudobulbe trägt zwei bläulichgrüne, 10 bis 15 cm lange Laubblätter. Der ebensolange, überhängende Blütenschaft trägt bis vier 4 bis 6 cm breite Blüten. Die etwa 4 cm langen Sepalen und Petalen sind grün, das längere, tütenförmige Labellum ist weiß mit an der Basis grünen Schwielen und Adern. Blütezeit: Mai bis Juli. Heimat: Mexiko; in trockenen Eichenwäldern um 1 100 m. Kulturhinweis: siehe bei *Rossioglossum*, jedoch ist *E. mariae* auf Kork oder Farnbrettchen mit Pflanzmaterial für Epiphyten aufzubinden und hängend und kühl zu pflegen.

E. prismatocarpa (Rchb.f.) Dressler; T bis W
Syn.: *Epidendrum prismatocarpum* Rchb.f., *Hormidium prismatocarpum* (Rchb.f.) Brieg.
Die gestreckt-birnenförmige Pseudobulbe erreicht eine Länge von 5 bis 10 cm, die riemenförmigen Laubblätter werden 15 bis 30 cm lang. Der 25 bis 40 cm lange Blütenschaft trägt mehrere 4 bis 6 cm breite Blüten, deren grünlich- bis bräunlichgelbe Sepalen und Petalen rötlichbraun bis schwärzlichrot gefleckt sind. Das keilförmig zugespitzte, gelb- bis weißliche Labellum weist einen rosafarbenen Mittelfleck auf. Blütezeit: Juli bis Oktober. Heimat: Costa Rica.

E. radiata (Lindl.) Dressler
Syn.: *Epidendrum radiatum* Lindl., *Hormidium radiatum* (Lindl.) Brieg.
Die länglich-eiförmige Pseudobulbe wird 10 bis 15 cm hoch, die spatelförmigen Laubblätter sind ebenso lang. Der aus vorjähriger Pseudobulbe kommende wenigblumige Blütenschaft wird 6 bis 12 cm hoch. An der nicht resupinierten gelblich- bis grünlichweißen, 2 bis 3 cm breiten Blüte ist das konkave Labellum rötlichbraun gestreift. Blütezeit: Mai bis August. Heimat: Mexiko, Guatemala, Honduras; in feuchteren bis trockeneren Wäldern zwischen 150 und 2 000 mNN.

E. vitellina (Lindl.) Dressler; K, Z
Syn.: *Epidendrum vitellinum* Lindl., *Hormidium vitellinum* (Lindl.) Brieg.
Die 4 bis 7 cm hohe, blaugrüne, eiförmige Pseudobulbe trägt apikal ein bis drei, 10 bis 25 cm lange, lanzettliche, blaugrüne Laubblätter. Der aufrechte bis geneigte Blütenschaft wird 35 bis 60 cm lang. Die 2 bis 4 cm breite Blüte ist dunkel orangerot bis orangefarben. Blütezeit: August bis Dezember. Hei-

mat: Mexiko, Guatemala; im nebelreichen Bergwald zwischen 1 500 und 2 500 mNN. Kulturhinweis: Siehe bei *Rossioglossum*; benötigt kühlen, beschatteten, luftfeuchten und frischluftreichen Standort. Während der sommerlichen Vegetationsperiode hält man die Pflanzen am besten im Garten.

Kulturhinweis: *Encyclia*-Arten mit nicht resupinierten Blüten sind durchwegs leicht, dagegen Arten mit resupinierten Blüten nicht immer problemlos zu kultivieren. *Encyclia* benötigt für die sich über Monate erstreckende Entwicklung des neuen Laubsprosses mit Pseudobulbe einen absonnigen, jedoch sehr hellen, luftfeuchten, frischluftreichen Stand im warm-temperierten Gewächshaus, sowie reichliche Wassergaben mit monatlicher Düngung. Die Arten mit resupinierten Blüten und harten birnenförmigen Pseudobulben sind nach Möglichkeit bei Glashauswärme von 20 bis 25 °C zu kultivieren. Anhaltende kühlere Temperaturen während einer Schlechtwetterperiode bewirken einen nicht immer überbrückbaren Entwicklungsschock. Diese Arten sind am erfolgreichsten mit *Cattleya* zusammen zu kultivieren. Die Arten mit nicht resupinierten Blüten sind weniger empfindlich und reagieren mit keinem Entwicklungsschock.

Im September bis Oktober erreichen die Pseudobulben ihre endgültige Größe. Ab dieser Zeit sind die Wassergaben unter Beibehaltung von hellem Stand, Frischluft bzw. Luftumwälzung und hoher Luftfeuchtigkeit zu reduzieren. Während der Wintermonate soll die Heizwärme tagsüber 18 °C nicht übersteigen und sich nachts um 14 °C einpendeln. In dieser Periode sind die Wurzeln gegen Nässe bzw. Trockenheit sehr empfindlich. Im Frühjahr sind während der Entwicklung des Blütensprosses die geringen Wassergaben beizubehalten; sie werden erst nach Austrieb des neuen Laubsprosses reichlicher. Als Pflanzmaterial wird keine spezielle, jedoch eine nährstoffreiche Mischung benötigt, die sehr gut wasser- und luftdurchlässig sein muß.

Epidendrum L.

Auf Grund der epiphytischen Lebensweise dieser Orchideen bildete der schwedische Arzt und Naturforscher C. von Linné im Jahre 1753 aus *epi* (griech. auf) und *dendron* (griech. Baum) den Gattungsnamen.

Die Gattung umfaßt terrestrisch, epi- und lithophytisch wachsende Arten mit schlanken, gebüschelt beisammenstehenden, wenig- bis vielblättrigen Sprossen. Diese können bei vielen Arten im blattlosen Sproßabschnitt bewurzelte Adventivsprosse ausbilden. Der gipfelständige Blütenstand kann eine einfache Traube, verzweigte Rispe oder wenig- bis vielblumige Dolde sein. Zu diesen Arten treten weitere mit nur wenigen Laubblättern und mit einem zu einer spindelförmigen Pseudobulbe verkürzten Sproß. Die Blüten erscheinen in geringer Zahl, aber in etwa der dreifachen Größe. Diese Arten wurden von F. G. Brieger mit der 1812 vom englischen Botaniker R. A. Salisbury begründeten Gattung *Auliza* vereint. Die Abtrennung wird von jüngeren Botanikern als unnötig erachtet, weil im Feinbau der Blüten zu solchen der anfangs charakterisierten Arten keine unterscheidenden Merkmale vorhanden sind. Die Sepalen und Petalen sind einander weitgehend gleich und abstehend. Vom ein- oder dreilappigen Labellum ist der Nagel wenigstens bis zum schräg stehenden, tief eingeschnittenen Rostellum mit der Columna verwachsen. An der Basis des Labellums ist ein vielgestaltiger Kallus vorhanden. Die Anthere mit vier abgeflachten Pollinien ist an der geflügelten bis flügellosen Columna grubenartig eingebettet. Etwa 500 Arten sind vorwiegend im tropischen Südamerika und weniger häufiger in Mittelamerika beheimatet.

E. ciliare L.; 2n = 40, 80, 160, T, Z
Syn.: *Auliza ciliaris* (L.) Salisb.
Die spindelförmige, 8 bis 15 cm hohe Pseudobulbe trägt zwei, 10 bis 15 cm lange, elliptisch-stumpfe Laubblätter. Der 10 bis 25 cm lange,

Abb. 186. Epidendrum falcatum.

Abb. 187. Epidendrum fulgens.

traubige Blütenschaft ist zwei- bis sechsblumig, die langgestielte Blüte 4 bis 6 cm breit. Die schmalen Sepalen und Petalen sind gelblich- bis grünlichweiß. Die äußeren Seiten der Seitenlappen des dreigeteilten weißen Labellums sind stark gefranst, der lineale Mittellappen ist lang vorgestreckt. Blütezeit: Juni bis September, seltener Januar bis März. Heimat: Brasilien, nördliches Süd- und Mittelamerika, Westindische Inseln. Kulturhinweis: Siehe *Cattleya* 1; die Pseudobulbe und die Laubblätter erreichen nach der Blüte ihre endgültige Größe.

E. falcatum Lindl.; T, Z
Syn.: *E. parkinsonianum* Hook., *Auliza parkinsoniana* (Hook.) Brieg.
Die abwärts wachsenden Sprosse haben kurze, stielrunde, einblättrige Pseudobulben. Das schmal-lanzettliche, herabhängende, fleischig-lederige Laubblatt wird 10 bis 30 cm lang. Endständig stehen ein bis vier 5 bis 8 cm breite Blüten. Die linealisch zugespitzten Sepalen und Petalen sind gelblichgrün. Vom dreilappigen, weißen Labellum sind die Seitenlappen groß und rhomboidförmig, der Mittellappen ist schmal und lang. Blütezeit: April bis August. Heimat: Mexiko. Kulturhinweis: Siehe *Cattleya* 2; jedoch mit Pflanzmaterial an hängenden Korkbrettchen aufbinden.

E. fulgens Brongn.; 2n = 24, T bis W
Syn.: *E. mosenii* Rchb.f.
Die gegenständig beblätterten, schlanken, stielrunden Sprosse erreichen eine Höhe von 30 bis 70 cm und gehen in den laubblattlosen, terminalen, kugelförmigen Blütenstand über. Seine gelb- bis rotorangefarbenen Blüten sind 2 bis 3 cm breit. Am gefransten Labellum sind die Seitenlappen größer als der abgestumpfte, wenig zweigeteilte Mittellappen. Blütezeit: Mai bis September. Heimat: Die Dünengebiete der Küsten von Südamerika.

E. radicans Ruíz et Pav.; 2n = 40, 70, T bis W
In Habitus und Blüte gleicht diese Art weitgehend *E. fulgens*, jedoch ist der Mittellappen vom dreilappigen Labellum zweigeteilt. Seine Lappen sind gezähnelt bis geschlitzt.

An den Sprossen werden an fast allen Sproßknoten (Nodien) zusätzlich Wurzeln ausgebildet. Blütezeit: Mai bis September. Heimat: In allen Staaten von Mittelamerika; eine terrestrisch im Gras der Wiesen und an Waldrändern wachsende Orchidee.

E. schomburgkii Lindl.; T bis W
In Habitus und Blüte ähnlich wie *E. fulgens.* Die leuchtend orangeroten bis dunkelroten Blüten sind 3 bis 4 cm breit, rhomboidartig bis queroval. Vom wenig gefransten Labellum sind die Seitenlappen mit dem langgezogenen Mittellappen fast gleich lang. Blütezeit: Mai bis September. Heimat: Im Andengebiet von Venezuela, Bolivien, Trinidad, Brasilien.

Kulturhinweis: Die genannten Arten lassen sich problemlos im Milieu jedes temperierten bis warmen Gewächshauses kultivieren, auch stellen sie an das Pflanzmaterial keine besonderen Ansprüche, sofern sie während der Vegetationsperiode mehrmals eine schwache Nährsalzdüngung erhalten.

Gongora Ruíz et Pav.

Don A. Caballero y Góngora war Bischof von Córdoba in Spanien und Vizekönig von Neu-Granada (Kolumbien). Ihm zu Ehren wurde im Jahre 1794 diese Gattung von den spanischen Botanikern H. Ruíz und J. A. Pavón benannt.

Gongora sind horstbildende Orchideen mit rundlichen, gefurchten Pseudobulben, mit zwei apikalen Laubblättern und herabhängenden Blütenständen. Die Blüten sind durch gekrümmte Stiele so gedreht, daß das Labellum über der Columna zu stehen kommt. Die seitlichen Sepalen sind zurückgeschlagen, die Basis des mittleren Sepalums und die der Petalen ist mit dem Grund der Columna verwachsen. Das Labellum besteht aus dem zwei Hörner tragenden Hypochil und dem löffelförmigen bzw. etwas zusammengedrückten, nach vorn zu zweilappigen, zugespitzten Epichil. Etwa 25 epiphytisch wachsende Arten sind in tropisch-subtropischen Gebieten von Mittel- und Südamerika verbreitet.

G. galeata (Lindl.) Rchb.f.; 2n = 40, T bis K, Z, st. duft.
Die 2 bis 3 cm hohen, gebüschelten Pseudobulben haben apikal ein oder zwei 15 bis 25 cm lange Laubblätter. Der 10 bis 30 cm lange, abwärts hängende Blütenstiel trägt mehrere einwärts gekrümmte, 3 bis 4 cm breite Blüten mit gelblich- bis rötlichbraunen Sepalen und Petalen. Das orange- bis bräunlichrote, dreilappige Labellum weist ein Epichil mit einwärtsgerichteter Spitze auf. Blüte-

Abb. 188. Gongora galeata.

zeit: Juni bis August. Heimat: Mexiko; verbreitet im Regenwald.

Kulturhinweis: Die Pflege entspricht der von *Stanhopea;* Näheres siehe dort. *Gongora* sind in hängende Körbchen einzusetzen, ihre Blütensprosse wachsen nicht immer außerhalb des Wurzelballens abwärts, sondern auch durch diesen hindurch. Bei unzureichender Frischluftzufuhr bzw. fehlender Luftumwälzung können über Nacht naßgebliebene neue Sproßaustriebe leicht abfaulen.

Ionopsis H. B. K.

H. = F. H. A. von Humboldt, deutscher Naturforscher, B. = A. J. A. Goujaud dit Bonpland, französischer Arzt und Botaniker, und K. = C. S. Kunth, deutscher Botaniker, beschrieben 1815 diese Gattung und benannten sie mit den griechischen Wörtern *ion* (Veilchen) und *opsis* (ähnlich).

Ionopsis besitzt an unterschiedlich langen Rhizomen wenig ausgeprägte Pseudobulben mit schuppenartigen bzw. schmalen oder stielrunden Laubblättern. Der Blütenschaft kann kurz und traubig oder lang und verzweigt sein. An der Blüte sind das mittlere Sepalum und die seitlichen Petalen annähernd gleich und abstehend, die seitlichen Sepalen sind unterhalb des Labellums etwas sackartig verwachsen. Das genagelte, herzförmige Labellum trägt an der Basis zwei Kiele. Die Anthere der kurzen Columna birgt gestielte Pollinien. Etwa 10 Arten sind in den tropischen und subtropischen Gebieten zwischen Florida und dem nördlichen Südamerika verbreitet.

I. utricularioides (Sw.) Lindl.; 2n = 46, T bis W, Z
Syn.: *I. paniculata* Lindl.
Die kaum 2 cm hohe Pseudobulbe ist apikal blattlos oder einblättrig. An ihrer Basis entsprießen aus dem Rhizom zwei lederige, schmale, zugespitzte, 7 bis 10 cm lange Laubblätter. Der drahtige, mitunter verzweigte Blütenschaft wird bis 20 cm, in der Natur bis 70 cm lang. Die etwa 1 cm breite, zart rosalila bis lavendelfarbene Blüte ist dunkler gefleckt. Blütezeit: Januar bis Oktober. Heimat: Mittel- und nördliches bzw. nordöstliches Südamerika; in feuchtwarmen Gebieten von Meereshöhe bis 1 000 m emporsteigend.

Kulturhinweis: Siehe die Pflegeanleitung bei *Comparettia.*

Laelia Lindl.

Die Gattung wurde von dem englischen Botaniker J. Lindley begründet und benannt, möglicherweise nach der altrömischen Patrizierfamilie Laelius oder nach der Priesterin Laelia vom Vesta-Tempel bzw. nach dem Heerführer und Konsul Gaius Laelius.

Laelia sind epiphytisch, lithophytisch oder terrestrisch wachsende Orchideen, die im Habitus zum Teil durch ihre knolligen Pseudobulben den Cattleyen teilweise sehr ähnlich sind, aber auch durch langgestreckte, hängende oder stark gestauchte Pseudobulben und Laubblätter ein gänzlich anderes Aussehen besitzen können. Auch im Bau der Blüte gleichen viele Laelien den Cattleyen, unterscheiden sich aber von diesen durch ihre in zwei Antheren enthaltenen acht Pollinien, gegenüber vier bei den *Cattleya*-Arten. Die nicht immer gewellten Sepalen und Petalen sind abstehend. Das ein- oder dreilappige Labellum ist an der Basis der Columna röhrig bis trichterförmig. Bei mehreren Arten ist das Labellum am Grund mit dem Säulchen verwachsen. Bekannt sind etwa 50 Arten mit Verbreitung von Mexiko südwärts bis Brasilien bzw. Peru.

L. anceps Lindl.; 2n = 40, cv. 2n = 60, K bis T, Z, Schnittbl.
Durch kurze Rhizome sind die bis 10 cm hohen, von Niederblättern umgebenen Pseudobulben voneinander getrennt und tragen api-

Abb. 189. Laelia cinnabarina.

Laubblätter. Der zwei- bis sechsblumige, bis 80 cm lange Blütenschaft trägt 5 bis 10 cm breite Blüten. Die Sepalen und Petalen sind rosa- bis purpurfarben. Am gleichfarbigen, dreilappigen Labellum ist der Schlund purpurrot gestreift und punktiert; seine Basis ist mit drei gleichlangen, gelben Schwielen versehen. Eine farblich sehr variierende Art. Blütezeit: Dezember bis Februar. Heimat: Mexiko; wächst epiphytisch auf Bäumen, sowie auf Felsen der atlantischen Seite zwischen 1 500 und 2 500 mNN. Kulturhinweis 1.

L. cinnabarina Lindl.; 2n = 40; T, Z
Die 20 bis 40 cm langen, bleistiftstarken Pseudobulben enden mit einem schmal zugespitzten Laubblatt. Der etwa gleichlange Blütenschaft trägt bis zehn 4 bis 7 cm breite, lang gestielte, zinnoberrote bis grünlichgelbe Blüten. Vom tief dreilappigen Labellum ist der

kal ein lederiges Laubblatt. Der bis 70 cm lange Blütenschaft weist zwei, selten mehrere 6 bis 10 cm breite Blüten auf. Ihre Sepalen und Petalen sind weißlichrosa bis rosalila. Das dunkelpurpurne, dreilappige Labellum ist im gelben Schlund purpurfarben geadert. Sein weißlicher Vorderlappen weist an der Basis drei gelbe Schwielen und vorn einen purpurnen Fleck auf. Eine farblich sehr variierende Art. Blütezeit: Dezember bis Februar. Heimat: Mexiko; wächst epiphytisch in Gebieten, die reich an Trockenbüschen sind, und an Felsen der Berghänge der atlantischen Seite, zwischen 1 000 und 2 500 mNN. Kulturhinweis 1.

L. autumnalis (Llave et Lex.) Lindl.; 2n = 41, 42, K bis T, Z, Schnittbl.
Syn.: *L. gouldiana* Rchb.f.; 2n = 40, 60
Die eiförmigen-länglichovalen, bis 10 cm hohen, von Niederblättern umgebenen Pseudobulben tragen zwei, selten drei, lederige

Abb. 190. Laelia dayana.

gekrauste, stark zurückgeschlagene Vorderlappen mehr als doppelt so lang wie die Seitenlappen. Blütezeit: Dezember bis Mai. Heimat: Brasilien; wächst lithophytisch auf grasigen Felsen sowie epiphytisch; zwischen 800 und 1 200 mNN. Kulturhinweis 2.

L. crispa (Lindl.) Rchb.f.; T
Die keulenförmige, bis 30 cm hohe Pseudobulbe trägt ein gleichlanges, lederiges Laubblatt. Von gleicher Länge ist der Blütenschaft mit bis sechs etwa 10 cm breiten, reinweißen bzw. an der Basis rötlich angehauchten Blüten. Das dreilappige, am Rand gekrauste Labellum hat zu weißen Seitenlappenspitzen einen gelblichen, purpurgestreiften Schlund und einen purpurfarbenen, weißumrandeten Vorderlappen. Blütezeit: Juli bis August. Heimat: Brasilien; wächst epiphytisch auf hohen Bäumen zwischen 700 und 1 300 mNN. Kulturhinweis 3.

L. dayana Rchb.f.; T, Z
Die abgeflachte, einblättrige Pseudobulbe wird bis 10 cm hoch. An der noch nicht ausgewachsenen Pseudobulbe mit nicht vollständig entfaltetem Laubblatt entwickelt sich apikal der bis 10 cm lange Blütenschaft mit ein oder zwei 6 bis 10 cm breiten, rosa- bis lilafarbenen Blüten. Die innere Hälfte des rhomboidförmigen Labellums ist weißlich bis gelblich, die äußere Hälfte schwärzlichlila und der Rand dunkelrosa.

Der helle, mit Schwielen versehene Schlund ist schwärzlichlila geadert. Durch diese Aderung ist *L. dayana* von *L. pumila* und *L. praestans* gut zu trennen. Blütezeit: August bis November. Heimat: Brasilien; wächst epiphytisch auf vermoosten Bäumen. Kulturhinweis 2.

L. flava Lindl.; 2n = 40, T
Die keulenartige, bis 20 cm hohe Pseudobulbe trägt ein unterseits rötliches, kurzbleibendes Laubblatt. In der Kultur entfalten sich am höchstens 45 cm langen Blütenschaft bis zehn 4 bis 6 cm breite, zitronen- bis orangegelbe Blüten. Am auseinandergefalteten Labellum überlappt der Rand des Vorderlappens die kürzeren Seitenlappen. Blütezeit: Februar bis Juni. Heimat: Brasilien; wächst auf vegetationsarmen Felswänden mit meterlangen Wurzeln. Während der Trockenzeit überzieht täglich dichter Nebel die Standorte. Kulturhinweis 4.

L. harpophylla Rchb.f.; 2n = 40, T bis K
Die überhängende, bis 30 cm lange, bleistiftstarke Pseudobulbe trägt ein schmales, zugespitztes, lederiges Laubblatt. Die sternartige Blüte am maximal fünfzehnblumigen, bis 20 cm langen Blütenschaft ist 5 bis 7 cm breit und orangerot. Vom Labellum ist der dottergelbe, weißlich umrandete Vorderlappen gekraust und doppelt so lang wie die Seitenlappen. Blütezeit: Januar bis April. Heimat: Brasilien; auf Bäumen und grasarmen Felswänden, zwischen 800 und 1 500 mNN. Kulturhinweis 2.

L. kautskyi Pabst; T
Die kegelförmige, 2 bis 4 cm hohe Pseudobulbe trägt ein, selten zwei, schmale, 3 bis 5 cm lange Laubblätter. Der 30 bis 50 cm lange, wenigblumige Blütenschaft bildet 3 bis 5 cm breite, lachs- bis orangerote Blüten. Blütezeit: April bis Juni. Heimat: Brasilien; *L. kautskyi* und weitere Felsenlaelien bevorzugen einen sonnigen Standort. Auf bemoosten Felsen breiten sie ihre Wurzeln meterweit aus. Kulturhinweis 4.

L. perrinii Lindl.; 2n = 40, T
Die abgeflachten, durch kurze Rhizome getrennten, 10 bis 15 cm hohen Pseudobulben sind rötlich überlaufen. Aus der purpurfarbenen Scheide streckt sich der bis 20 cm lange Blütenschaft. Dieser trägt zwei bis vier 12 bis 15 cm breite, lilarosa Blüten. Das tütenförmige Labellum mit weißem Schlund ist dunkelpurpurn geadert und vorn ebenso gefleckt. Blütezeit: August bis Oktober. Heimat: Brasilien; die Art wächst epiphytisch auf Bäumen des Flachlandes oder lithophytisch auf beschatteten Granitfelsen, zwischen 500 und 800 mNN. Kulturhinweis 2.

Abb. 191. Laelia kautskyi.

Abb. 192. Laelia perrinii.

L. praestans Rchb.f.; T, Z
Im Habitus besteht zu *L. dayana* und *L. pumila* kein Unterschied; näheres siehe bei *L. dayana.* An der bis 10 cm breiten, rosalila Blüte weist das Labellum einen breiten, dunklen, rosalila Rand auf. Im gelblichen Schlund sind die Lamellen deutlich ausgebildet. Im Unterschied zu *L. pumila* ist der Lippenrand rund und fast einschnittlos. Eine in der Färbung sehr variierende Art. Blütezeit: August bis Oktober. Heimat: Brasilien; verbreitet als Epiphyt an bemoosten Bäumen, zwischen 600 und 900 mNN. Kulturhinweis 2.

L. pumila (Hook.) Rchb.f.; 2n = 40, T, Z
Im Habitus und der Blütenfarbe besteht zu *L. dayana* und *L. praestans* kein Unterschied; näheres bei *L. dayana*. Die Besonderheit besteht im Umriß des ausgebreiteten Labellums. Dieses ist durch seitliche Einschnitte deutlich dreilappig, zusätzlich weist die Basis drei oder fünf weißliche oder gelbliche Lamellen auf. Eine in der Färbung sehr variierende Art. Blütezeit: August bis Oktober. Heimat: Brasilien; wächst epiphytisch auf bemoosten Bäumen. Kulturhinweis 2.

L. purpurata Lindl.; 2n = 40, T, Z, Schnittbl.
Die spindelförmigen, 30 bis 50 cm hohen Pseudobulben bilden apikal ein lederiges Laubblatt aus. Der 20 bis 30 cm hohe Blütenschaft entwickelt bis sieben 15 bis 20 cm breite Blüten. Die Farbe der Sepalen und Petalen variiert zwischen weißlich und dunkel rosalila. Vom gleichfarbigen Labellum ist der Schlund gelblich und ebenso wie der Lippenrand dunkellila geadert. Eine sehr variierende Art. Blütezeit: März bis Juni. Heimat: Brasilien; die Art wächst epiphytisch, seltener lithophytisch. Sie blüht in den kühleren Gebieten von Mittelbrasilien jährlich, wohingegen sie in den wärmeren Gebieten Brasi-

Abb. 193. Laelia purpurata.

liens nicht jährlich zum Blühen kommt. Kulturhinweis 3.

L. tenebrosa Rolfe; 2n = 40, T
Die keulenförmige Pseudobulbe wird 15 bis 25 cm hoch; ebenso lang wird das einzige lederige Laubblatt. Der 10 bis 20 cm lange Blütenschaft trägt zwei bis vier 10 bis 15 cm große Blüten. Ihre Sepalen und Petalen sind gelblich- bis grünlichbraun. Von dem hellrosa Labellum ist der Schlund dunkelpurpurrot geadert bis gefleckt, der Grund weißlich. Blütezeit: April bis Juni. Heimat: Brasilien: Kulturhinweis 2.

Kulturhinweis 1: Die Pseudobulben der in unseren Winter- und Frühjahrsmonaten blühenden *Laelia*-Arten sind im Spätsommer bis Herbst ausgewachsen und ausgereift für die Winterruhe. Die Pflanzen benötigen einen hellen und kühlen Stand, tagsüber um 17 °C, nachts um 13 °C, sowie geringe Wassergaben und eine ausreichende Luftfeuchtigkeit. Nach wenigen Wochen der Ruhe entwickelt sich bei gleichen Kulturbedingungen, mitunter sehr langsam, der Blütensproß mit nachfolgender Blüte. Während dieser Periode herrschen am heimatlichen Standort tagsüber Sonne, Wärme und Trockenheit, nachts sorgen dichter Nebel und tiefe Temperaturen für starke Taubildung. In der Kultur wird nach der Blüte bei gleichbleibender Pflege die Ruheperiode fortgesetzt. Der späte Austrieb des neuen Sprosses wird nicht durch die Wärme im Gewächshaus aktiviert, sondern durch die Tageslänge. Mit Beginn der Wurzel- und Sproßneubildung wird die Temperatur des Gewächshauses tagsüber bis auf 25 °C, nachts bis auf 18 °C erhöht. Zugleich werden die Laelien an sonnigen Tagen leicht überbraust und die nächtliche Luftfeuchtigkeit wird erhöht. Ebenso muß für genügend Luftzufuhr gesorgt und das Gewächshaus beschattet werden. Dazu sind entsprechend der Witterung reichliche Wassergaben und eine zweimalige Düngung im Monat erforderlich. Zur sommerlichen Ausbildung der neuen Pseudobulben läßt sich die Kultur aus dem Gewächshaus in den Garten, möglichst in die Nähe eines Gartenteiches verlegen, wo die Laelien bis Anfang Oktober verbleiben.

Kulturhinweis 2: Das Charakteristikum dieser *Laelia*-Arten ist die nach Ausbildung der Pseudobulben abschließende Blüte, ohne vorherige Ruhezeit. Zu dieser Kulturgruppe gehören vorwiegend die epiphytischen Arten des mittelbrasilianischen Berglandes. Gegen Ende der Überwinterung beginnt im späten Frühjahr – bei leicht trockenem Wurzelballen, lichtem und luftigem Stand im temperierten Gewächshaus – der Austrieb neuer Wurzeln und des Sprosses. Anfangs sind die Wassergaben nicht zu hoch zu bemessen, an sonnig-warmen Tagen sollten die Pflanzen aber zusätzlich überbraust und beschattet werden. Laelien benötigen ausreichend Frischluftzufuhr und bei hoher Luftfeuchtigkeit eine gute Luftzirkulation. Mit steigenden Wassergaben sollte zweimal monatlich mit schwacher Nährsalzlösung gedüngt werden. Sobald sich gegen Ende des Sommers die Knospen in der Blattscheide entwickeln, reduziert man die Wassergaben und hält die Pflanze luftiger und kühler bis über die Blütezeit hinaus. Während der Blüte erreichen die Pseudobulben ihre endgültige Größe und sind nach der Blüte reif für die Überwinterung. In der Ruhezeit sind die Wassergaben einzuschränken. Die Gewächshaustemperatur sollte tagsüber etwa 18 °C und nachts 13 °C betragen. Auf hohe Luftfeuchtigkeit und ausreichend Luftumwälzung darf aber auch in dieser Zeit nicht verzichtet werden. Viele dieser *Laelia*-Arten lassen sich bei entsprechenden Voraussetzungen auf der Fensterbank pflegen.

Kulturhinweis 3: Zu dieser Pflegegruppe gehören bevorzugt großwüchsige und -blumige Arten, die mit ihren Ansprüchen an Wärme und Nahrung denen der *Cattleya* gleichen. Sie sind für eine Kultur im temperiert-kalten Gewächshaus sowie für Zimmerpflege wenig geeignet. Auch diese Laelien halten in den Wintermonaten, bei verminderten Wassergaben, eine Ruheperiode ein. Die Heiztemperatur beträgt tagsüber nicht mehr als 18, nachts um 14 °C. Zum Vermeiden des Absterbens der außerhalb des Wurzelballens wachsenden Wurzeln wird die Luftfeuchtigkeit hoch gehalten. Mit Ende des Winters beginnen die Wurzeln und der Neuaustrieb zu wachsen. Die Glashauswärme wird auf 25 °C erhöht und kann durch die Einstrahlung der Sonne höher steigen. Die nächtliche Temperatur beträgt um 20 °C. Die Pflanzen werden täglich reichlich überbraust. Außerdem muß für ständige Frischluftzufuhr und Beschattung gesorgt werden. Dazu kommt während des Sommers die geregelte Düngung in Abständen von zwei Wochen. Sobald die Pseudobulbe ihre endgültige Größe erreicht hat, bildet sich in der Scheide der Knospenansatz für die anschließende Blüte aus.

Kulturhinweis 4: Der gedrungene Habitus brasilianischer Felsen-Laelien läßt sich in der Kultur nicht erhalten. Die Pseudobulben, Laubblätter und der Blütenschaft erreichen das 2- bis 3fache der natürlichen Größe. Auf jeden Fall sind die Felsen-Laelien in kein Pflanzmaterial einzusetzen, das Staunässe bewirken könnte. In der sommerlichen Vegetationsperiode, die mit der Blüte an der überwinterten Pseudobulbe beginnt, richtet sich die Menge der Wassergaben, die gelegentliche Düngung, die Frischluftzufuhr und die leichte Beschattung nach der vorherrschenden Witterung. Ab Spätsommer bis Frühjahrsbeginn erstreckt sich die Ruheperiode bei möglichst viel Sonnenlicht und Temperaturen zwischen 18 und 14 °C. Hohe Luftfeuchtigkeit, Frischluftzufuhr und Luftumwälzung sind in der lichtarmen Periode nicht zu vernachlässigen.

Wenn notwendig, wird vor Austrieb der Wurzeln umgesetzt, wofür eine Substrat-Mischung benötigt wird, die gut wasser- und luftdurchlässig ist. Das Gemisch kann vielseitig sein und aus Farnwurzeln, Rinde, Mexifern, Styroporschnitzel oder Styromull bestehen, dem etwas Hornspäne zugegeben werden. Nach Säuberung der *Laelia* von vererdetem Pflanzmaterial, abgestorbenen Wurzeln und alten Bulben wird sie ihrer Größe entsprechend in nicht zu große Blumentöpfe oder Körbchen eingesetzt. Die obere Hälfte des Rhizoms bleibt frei von Pflanzmaterial. Alle epiphytisch wachsenden Arten sind vorteilhafter auf einem Ast, auf Kork oder Farnbrettchen, mit etwas unterlegtem Pflanzmaterial aufgebunden, zu pflegen.

Lemboglossum Halb.

F. Halbinger begründete 1983 die Gattung *Cymbiglossum* aus *kymbos* (griech. schalenförmig, Boot) und *glossa* (griech. Zunge) für Arten, die zuvor der Gattung *Odontoglos-*

Abb. 194. Lemboglossum cervantesii.

sum angehörten und übereinstimmende Merkmale im Blütenaufbau besitzen. 1984 ersetzte Halbinger den Namen *Cymbiglossum* mit dem gleichbedeutenden Namen *Lemboglossum,* lembos (lat. Kahn) und *glossa* (griech. Zunge). Diese Umbenennung war erforderlich, weil zuvor der deutsche Botaniker F. G. Brieger den Namen *Cymbiglossum* für asiatische Orchideen als gültig aufgestellt hatte.

Die seitlich abgeflachten bis diskusförmigen Pseudobulben sind durch unterschiedlich lange Rhizome voneinander getrennt. Die Basis der Pseudobulbe wird von zwei oder vier Niederblättern umhüllt, apikal sind zwei schmale, lanzettliche Laubblätter vorhanden. Aus der Achsel des Niederblattes sproßt der kurz bleibende oder sehr lang werdende, aufrecht stehende bis überhängende, wenig bis vielblumige Blütenstand. Die Sepalen und Petalen der Blüte sind in Form und Färbung sehr ähnlich, wohingegen das häufig herzförmige, andersgefärbte, genagelte Labellum an der Basis einen schnabelförmigen Kallus mit wulstartigen, nach vorn zu ausgezogenen, Spitzen aufweist. Die Gattung umfaßt bisher 14 Arten, die epiphytisch und lithophytisch in höheren Gebirgslagen der Kordilleren mittelamerikanischer Staaten beheimatet sind.

L. bictoniense (Batem. ex Lindl.) Halb.; K bis T, Z, Schnittbl.
Syn.: *Odontoglossum bictoniense* (Batem.) Lindl., *Cymbiglossum bictoniense* (Batem. ex Lindl.) Halb.

Die abgeflachte Pseudobulbe wird bis 10 cm hoch, die apikalen Laubblätter bis 40 cm lang. Der steif-aufrechte, selten verzweigte, reichblumige Blütenschaft erreicht eine Länge von 30 bis 100 cm. Von der 3 bis 5 cm breiten Blüte sind die Sepalen und Petalen gelblichgrün und rotbraun gefleckt bis gestreift. Das herzförmige Labellum ist rosa bis rosalila, selten weißlich. Blütezeit: Februar bis Mai bzw. September bis Dezember. Heimat: Mittelamerika; wächst epi- und lithophytisch, selten terrestrisch in gebirgigen Gegenden in Höhen von 1500 bis 3000 m.

L. cervantesii (Llave et Lex.) Halb.; 2n = 56, K bis T
Syn.: *Odontoglossum cervantesii* Llave et Lex., *Cymbiglossum cervantesii* (Llave et Lex.) Halb.

2 bis 3 cm wird die abgeflachte, mitunter kantige Pseudobulbe hoch, das eine Laubblatt bis 15 cm lang. Am gleichlangen, überhängenden, wenigblumigen Blütenschaft sind die Blüten 4 bis 6 cm breit. Die Sepalen und Petalen sind weiß bis weißlichrosa und an der Basis bräunlichpurpurn bis karminrot kurz gestreift. Das herzförmige, weiße Labellum ist am Grund in der Farbe der kurzen Streifen sparsam gefleckt. Blütezeit: November bis April. Heimat: Mexiko; wächst epiphytisch in Kiefern- und Eichenwäldern in Höhen zwischen 1500 und 3000 m.

Abb. 195. Lemboglossum rossii.

Abb. 196. Lemboglossum maculatum.

L. cordatum (Lindl.) Halb.; 2n = 56, K
Syn.: *Odontoglossum cordatum* Lindl., *Cymbiglossum cordatum* (Lindl.) Halb.
Die flachgedrückte Pseudobulbe wird bis 5 cm hoch, das eine Laubblatt bis 20 cm lang. Der bis 40 cm lange, wenigblumige Blütenschaft trägt 5 bis 8 cm breite Blüten. Die lang zugespitzten Sepalen und Petalen sind grünlichgelb, rötlichbraun gestreift und gefleckt. Das herzförmige, lang zugespitzte weißliche bis gelbliche Labellum weist rotbraune Randflecken und Spitzen auf. Blütezeit: April bis August. Heimat: Mittel- und nördliches Südamerika; auf Bäumen nebelreicher Wälder, zwischen 1900 und 2500 mNN.

L. maculatum (Llave et Lex.) Halb.; K bis T
Syn.: *Odontoglossum maculatum* Llave et Lex., *Cymbiglossum maculatum* (Llave et Lex.) Halb.
Der Habitus entspricht dem von *L. cordatum*, ebenso die in der Größe etwas kleineren, in der Grundfärbung cremegelben Blüten. Die Sepalen sind gefleckt bis einfarbig rotbraun. Die Petalen sind an der Basis, das Labellum an den Seitenrändern und verstreut in der Mitte rotbraun gefleckt. Blütezeit: November bis Mai. Heimat: Mexiko, Guatemala; im Bergwald zwischen 2000 und 2700 mNN.

L. rossii (Lindl.) Halb.; K, Z
Syn.: *Odontoglossum rossii* Lindl., *Cymbiglossum rossii* (Lindl.) Halb.
Die abgeflachte Pseudobulbe wird bis 6 cm hoch, das eine Laubblatt bis 15 cm lang; der überhängende, bis fünfblumige Blütenstand wird gleich lang. Die 2 bis 6 cm breite Blüte ist weiß bis purpurrosa. Die schmäleren Sepalen sind zur Gänze und die breiteren Petalen an der Basis rötlichbraun gefleckt. Das rundliche bis herzförmige Labellum ist einfarbig oder gefleckt. Die Blütengröße und -färbung sind sehr variabel. Blütezeit: Oktober bis März. Heimat: Mexiko, Guatemala, Honduras, Nicaragua; epiphytisch im nebelreichen Bergwald, zwischen 2000 und 2300 mNN.

Abb. 197. Lemboglossum uro-skinneri.

L. uro-skinneri (Lindl.) Halb., K
Syn.: *Odontoglossum uro-skinneri* Lindl., *Cymbiglossum uro-skinneri* (Lindl.) Halb.
Durch kurze bis längere Rhizome sind die diskusähnlichen, bis 12 cm hohen Pseudobulben auseinandergerückt und bei sonnigem Stand rötlich gefärbt. Die zwei breitlanzettlichen Laubblätter werden bis 30 cm und der übergeneigte, vielblumige Blütenschaft wird bis 100 cm lang. Die 3 bis 8 cm breite Blüte weist gelblichgrüne, rotbraun marmorierte Sepalen und Petalen auf. Das weißliche, rundliche bis herzförmige Labellum ist stark rosafarben gefleckt bis marmoriert. Blütezeit: August bis Oktober und/oder Dezember bis März. Heimat: Guatemala, Honduras, an der pazifischen Gebirgsseite. Wächst epiphytisch im Bergwald sowie auf vermoosten Felsen, zwischen 1 800 und 2 200 mNN.

Kulturhinweis: *Lemboglossum* sind als Bergorchideen temperiert bis kühl zu pflegen. Während der Vegetationsperiode wird – bei halbschattigem Stand – reichlich gegossen. Tagsüber muß auf ausreichende Frischluftzufuhr, nachts auf eine hohe Luftfeuchtigkeit und Luftbewegung – falls erforderlich, mittels Ventilation – geachtet werden. Die Temperatur beträgt während der Vegetationsperiode tagsüber um 18, nachts um 14 °C. Während der winterlichen Ruheperiode sind 16 bzw. 12 °C ausreichend. Diesen kühlen Temperaturen entsprechend sind die Wassergaben bescheiden, hohe Luftfeuchtigkeit und Luftumwälzung jedoch unbedingt erforderlich.

Im Habitus kleiner bleibende *Lemboglossum* sind mit etwas Pflanzmaterial als Epiphyten auf Kork oder Farnbrettchen aufzubinden. Höher werdende Arten sind entsprechend ihrer Größe in gut dränierte Blumentöpfe mit einem Substrat für Epiphyten einzupflanzen. Bei gut eingewurzelten Pflanzen fördert regelmäßige schwache Düngung die Entwicklung der Pseudobulben. Blühfähige Pflanzen lassen sich im Sommer auch im Garten kultivieren, am besten in der Nähe eines Wasserbeckens. Das Ausreifen der Pseudobulben während der spätsommerlichen Kühle fördert die Blüteninduktion.

Lycaste Lindl.

Der englische Botaniker J. Lindley benannte die Gattung nach Lykaste, einer Tochter des letzten Trojanerkönigs Priamos.

Die eiförmigen Pseudobulben tragen zwei oder vier, die Ruheperiode nicht überdauernde, vielrippige Laubblätter. Die unterschiedlich lang gestielten Blüten des kurzen, an der Basis der Pseudobulbe entspringenden Blütenschaftes erscheinen nach der Ruheperiode zugleich oder vor dem Neuaustrieb. Von den durchwegs großblumigen, auffälligen Blüten sind die Sepalen abstehend, die Petalen zusammengeneigt, und das dreilappige Labellum sitzt fest am Säulenfuß der Columna. Der Mittellappen trägt verschieden aussehende Längsschwielen. Etwa 25 teils epiphytisch, teils lithophytisch, teils terrestrisch wachsende Arten sind in Bergtälern der Anden von Mittel- und Südamerika beheimatet.

L. aromatica (Hook.) Lindl.; 2n = 40, K bis T, Z, st. duft.
Die ovale, zusammengedrückte Pseudobulbe wird 3 bis 6 cm hoch, ist von 2 oder 3 spreitentragenden Niederblättern umgeben und trägt apikal zwei 15 bis 55 cm lange Laubblätter. Aus den Achseln der Niederblätter entfalten sich bis zu zehn einzelne, 10 bis 15 cm lang gestielte Blüten mit 3 bis 5 cm Durchmesser. Die Sepalen sind grünlichgelb, die Petalen goldgelb und das gleichfarbige Labellum orangefarben punktiert. Blütezeit: März bis Juni. Heimat: Mexiko, Guatemala, Honduras, Nicaragua; wächst epiphytisch und lithophytisch in feuchten Wäldern an der atlantischen Seite, zwischen 1000 und 2000 mNN.

L. cruenta (Lindl.) Lindl.; K bis T, Z, st. duft.
Im Habitus größer als *L. aromatica*, jedoch wenigblumig. Von der 4 bis 7 cm breiten Blüte sind die Sepalen grünlichgelb, die Petalen goldgelb und das gleichfarbige Labellum im Schlund bräunlichrot punktiert, die Basis karminrot gefleckt. Blütezeit: März bis Juni. Heimat: Mexiko, Guatemala, El Salvador; ein Epiphyt; bis in Höhen um 2200 m verbreitet.

L. deppei (Lodd.) Lindl.; K bis T, Z
Habitus und Blütengröße wie bei *L. cruenta*. Die Sepalen der um 10 cm breiten Blüte sind grün und braunrot gesprenkelt. Die Petalen weiß, an der Basis rot punktiert, und das Labellum ist hellgelb, die Basishälfte braunrot

Abb. 198. Lycaste deppei.

gefleckt. Blütezeit: Januar bis Mai. Heimat: Mexiko, Guatemala, bis in Berghöhen um 1200 m.

L. skinneri (Batem. ex Lindl.) Lindl.; T, Z, Schnittbl.
Syn.: *L. virginalis* (Scheidw.) Lindl.
Die eiförmige Pseudobulbe wird 8 bis 10 cm hoch und trägt zwei oder vier Laubblätter von 30 bis 50 cm Länge. Die Blütenstiele werden 10 bis 25 cm lang, die cremeweiße bis dunkelrosa, wachsartige Blüte ist 7 bis 12 cm breit. Das Labellum ist lilarot gefleckt. Eine in der Blütenfärbung sehr variierende Art. Blütezeit: April bis Juni, einzelne Blüten auch früher bzw. später. Heimat: Mexiko, Guatemala, El Salvador, Honduras; verbreitet als Epiphyt an bemoosten Stämmen und Ästen im gebirgigen Nebelwald, zwischen 1500 und 2000 mNN.

Kulturhinweis: *Lycaste* benötigen im kühlen Gewächshaus, entsprechend der heimatlichen Standorte, zwischen Dezember und März eine Ruheperiode mit Temperaturen

Abb. 199. Masdevallia militaris.

um 15 °C tagsüber und um 12 °C nachts. In diesen Wochen fallen die Laubblätter ab, eine Voraussetzung für die beginnende Blüteninduktion. Mit dem Heranwachsen der Blüten wird ohne wesentliche Veränderung der Pflege die Temperatur etwas erhöht. Diese steigt mit dem Sproßaustrieb auf 20 °C bzw. auf 17 °C an. Zugleich wird reichlicher bewässert, das Gewächshaus beschattet, dazu viel Frischluft und Luftumwälzung geboten. Man düngt die Pflanzen je nach Salzkonzentration, zwei- bis viermal im Monat. Sobald im Spätsommer die Laubblätter voll entfaltet sind und die Pseudobulbe ihre ausgewachsene Größe erreicht hat, sind Gießwasser und Wärme zu reduzieren, womit der Übergang in die Ruheperiode eingeleitet wird. *Lycaste* sind auch während des Sommers im Garten bei leichtem Schatten erfolgreich zu kultivieren; sie werden bei anhaltendem Regenwetter kurzfristig unter ein schützendes Dach gestellt. *L. skinneri* benötigt gegenüber den übrigen Arten das ganze Jahr über etwas mehr Wärme.

Masdevallia Ruíz et Pav.

Die spanischen Botaniker H. Ruíz und J. A. Pavón gaben 1794 der Gattung den Namen ihres Landsmannes, des Arztes und Botanikers J. Masdevall.

Eine polsterbildende Orchidee, deren verkürztes Rhizom rudimentäre Pseudobulben entwickelt. Diese tragen ein Laubblatt und den endständigen, aufrechten oder hängenden Blütenschaft. An der traubigen Infloreszenz öffnen sich die Blüten einzeln und nacheinander oder alle zugleich. Die Blüte hat an der Basis verwachsene, an der Spitze schwanzartig verlängerte Sepalen, kleinbleibende Petalen und an der fußartigen Columna ein zungen- oder löffelförmiges, bewegliches Labellum. Etwa 250 Arten sind in den Nebelwäldern von Mittel- und Südamerika verbreitet.

M. coccinea Lind. ex Lindl.; cv. 2n = 44, K, Z
Syn.: *M. harryana* Rchb.f., *M. lindenii* André
Die lanzettlichen Laubblätter sind mit längeren Stielen 10 bis 25 cm lang. Der 20 bis 35 cm lange, einblütige Blütenschaft trägt dunkelrosa, über violettrote bis purpurfarbene, jedoch auch gelbliche und weißliche Blüten. Von der 4 bis 8 cm langen Blüte ist das mittlere Sepalum auf- und rückwärts gekrümmt.

Das Labellum ist aus herzförmiger Basis zungenförmig. Blütezeit: April bis August. Heimat: Kolumbien, Peru; wächst lithophytisch in Andentälern; zwischen 2000 bis 3200 mNN.

M. militaris Rchb.f.; K, Z
Syn.: *M. ignea* Rchb.f.
Die Größe der Laubblätter und die Länge des Blütenschaftes entsprechen den Maßen von *M. coccinea*. Die zinnober- bis scharlachrote Blüte trägt ihr mittleres Sepalum nach vorn zu gekrümmt. Blütezeit: April bis August. Heimat: Kolumbien; wächst in der Nebelzone lithophytisch auf Felsen; zwischen 2500 und 3500 mNN.

M. tovarensis Rchb.f.; K, Z
Die kurz gestielten Laubblätter sind 8 bis 12 cm lang. Der kantige, 10 bis 15 cm lange Blütenschaft trägt bis fünf gleichzeitig blühende, etwa 3 cm lange, reinweiße Blüten, deren Sepalenspitzen gelblich sind. Blütezeit: November bis März. Heimat: Venezuela; in Andentälern. Der Blütenschaft blüht ein Jahr nach seiner ersten Blüte meistens nochmals.

Kulturhinweis: *Masdevallia* bewohnen epiphytisch moosbewachsene Baumstämme und Äste, lithophytisch mit Rohhumus angefüllte Felsspalten oder terrestrisch mit Moos und niederen Pflanzen bewachsene Berghänge nebelreicher Gebiete. Diese luft- und erdfeuchten Wuchsorte ermöglichen eine ganzjährige Entwicklung ohne ausgeprägte Ruheperiode. Dementsprechend beanspruchen *Masdevallia* ein kühles, luftiges, luftfeuchtes und beschattetes Milieu bei gleichbleibender Ballenfeuchtigkeit und gering differenzierter Tag- und Nachttemperatur. Im Sommer bieten wir den kühlsten Stand, im Winterhalbjahr eine Heizwärme von maximal 17 °C tagsüber, nachts um 14 °C. Als Gemeinschaftspflanze gedeihen sie bestockt besser als zu klein geteilte Pflanze. *Masdevallia* beanspruchen ein lockeres Pflanzmaterial; dafür geeignet ist eine Mischung aus Mexifern, Borke und Styroporschnitzel feinster Größe. Gedüngt wird im Sommerhalbjahr alle 2 bis 4 Wochen mit 1/4 g Nährsalz je Liter. Zu vermeiden sind das Austrocknen des Wurzelballens und stauende Nässe. Große Schädlinge sind die Nacktschnecken, weshalb hängende Körbchen der Kultur in Blumentöpfen vorzuziehen sind. Bei zu sonnigem, warmem, lufttrockenem Stand treten auf den Laubblättern oberseits schwärzliche, unterseits schwärzlichgraue Flecken auf. *Masdevallia* sind auch auf der Fensterbank, z. B. am nordseitigen Fenster, zwischen zwei normalweiten Doppelfensterflügeln gut zu halten, sofern die Temperatur zwischen 18 °C und 14 °C liegt und die Pflanzen täglich überbraust werden.

Abb. 200. Masdevallia tovarensis.

Bei weiteren in den Nebelwäldern von Mittel- und Südamerika beheimateten, im Habitus niedrig bleibenden, polsterbildenden, kleinblütigen und reichblühenden Orchideen wie *Pleurothallis, Restrepia, Stelis,* die auf Ästen, Kork oder Farnbrettchen aufgebunden oder in kleine, gut dränierte Blumentöpfe bzw. Körbchen eingesetzt werden, entspricht die Kulturführung der von *Masdevallia.*

Maxillaria Ruíz et Pav.

Die Gattung wurde von den spanischen Botanikern H. Ruíz und J. A. Pavón 1794 nach *maxilla* (lat. Kiefer) benannt. Eine Anspielung auf das rachenartige Aussehen der Blüte vieler Arten, welche durch die kieferartig vorgezogene Lippenbasis einem aufgerissenen Maul gleicht.

Im Habitus vielgestaltige Gattung von polsterartigem bis buschigem Wuchs, mit aufrechtstehenden oder hängenden Sprossen. Es gibt Arten mit dicht bis entfernt stehenden Pseudobulben und mit wenigen bis mehreren Nieder- und Laubblättern. Die kleinen oder größeren Blüten stehen einzeln oder gebüschelt. Die asymmetrischen Sepalen sind mit dem Fuß der Columna verwachsen. Die Petalen sind den Sepalen ähnlich. Das dreilappige bis ganzrandige, Schwielen tragende Labellum ist ebenfalls mit dem Fuß der Columna verwachsen. Der Säulenfuß bildet mit den seitlichen Petalen ein Kinn. Die Anthere ist kapuzenförmig. Etwa 250 epiphytisch und lithophytisch wachsende Arten sind in Mittel- und Südamerika verbreitet.

M. picta Hook.; 2n = 40, T, Z
Die eiförmigen, 2 bis 3 cm hohen Pseudobulben stehen dicht beisammen und tragen kurzgestielte, lederige, riemenförmige Blätter. Der 6 bis 8 cm lange Stiel der 3 bis 5 cm breiten, dunkelgelben, bräunlichrot gefleckten Blüte mit hellgelbem Labellum ist bräunlichrot punktiert bis gestreift. Die Blüten kommen gebüschelt aus den Blattachseln des unfertig entwickelten neuen Sproßaustriebes. Blütezeit: Januar bis April. Heimat: Brasilien.

M. tenuifolia Lindl.; 2n = 40, T, Z
In Abständen von 2 bis 5 cm entwickelt das aufwärtswachsende Rhizom 2 bis 3 cm hohe, eiförmige Pseudobulben mit einem sehr schmalen, 25 bis 40 cm langen Laubblatt. Mit den Jahren hochgewachsene Rhizome krümmen sich abwärts. Aus Niederblättern der Pseudobulbe entfaltet sich jeweils eine 3 bis 4 cm breite, dottergelbe bzw. weißliche, bräunlichrot gefleckte oder eine bräunlichrote Blüte. Blütezeit: März bis Juni. Heimat: Mexiko, Costa Rica; im Regenwald, bis in Höhen um 1 500 m.

Kulturhinweis: *Maxillaria* sind vorwiegend in feuchteren Gebieten ohne ausgeprägte Trokkenperiode beheimatet, auf Berghängen und in Tälern epiphytisch oder lithophytisch wachsend. In der Kultur brauchen sie einen temperierten bis kühlen, beschatteten Stand bei ausreichender Luft- und Ballenfeuchtigkeit. Während der sommerlichen Vegetationsperiode muß auf reichliche Frischluftzufuhr geachtet werden. Im Winterhalbjahr benötigen die Arten mit Pseudobulben eine nicht zu strenge Ruhezeit mit mäßigfeuchtem Wurzelballen. Dagegen hält man die Arten ohne Pseudobulben gleichmäßig feucht, aber nicht naß. Die Heizwärme soll tagsüber 17 °C nicht übersteigen und nachts nicht unter 12 °C fallen. *Maxillaria* sind entweder mit Pflanzmaterial auf Farnbrettchen oder Kork aufzubinden, oder in gut dränierte Blumentöpfe oder hängende Körbchen einzupflanzen. Als Pflanzmaterial wird eine für Epiphyten geeignete Mischung verwendet. Bei Teilung ist ihre Vorliebe für Gemeinschaft zu berücksichtigen; die Teilpflanzen sollten deshalb nicht zu stark verkleinert werden.

Abb. 201. Maxillaria tenuifolia.

Miltonia Lindl.

Die Gattung wurde im Jahre 1837 von dem englischen Botaniker J. LINDLEY zu Ehren von Earl FITZWILLIAM, Viscount MILTON, Schirmherr des Gartenbauvereines und der Orchideenkulturen der Grafschaft Yorkshire, begründet.

Die seitlich abgeflachten Pseudobulben sind durch unterschiedlich lange Rhizome voneinander getrennt. Die Pseudobulbe ist von laubblattähnlichen Niederblättern umhüllt und trägt gipfelständig ein oder zwei mehrjährige Laubblätter. Aus der Achsel der Niederblätter sprossen die kurzbleibenden, wenig- bis vielblumigen Blütenschäfte. Von den durchwegs ziemlich großen Blüten sind die Sepalen und Petalen einander sehr ähnlich, konisch und stumpf zugespitzt. Vom ausgebreiteten, verkehrt eiförmigen bis rundlichen Labellum ist der vordere Teil schwach zurückgebogen. Die Basis des Labellums trägt mehrere ausgeprägte lamellenartige Längsleisten, wovon die kurze mittlere zahnartig ist. Die Basis ist frei von Öhrchen oder Hörnern. Die Columna ist apikal geflügelt. Etwa 20 Arten sind in den Anden im östlichen Brasilien, sowie in angrenzenden Gebieten von Argentinien und Paraguay beheimatet.

M. clowesii Lindl.; T bis W
Die unterschiedlich weit auseinandergerückten, eiförmigen Pseudobulben sind 5 bis 8 cm hoch und die lederartigen Laubblätter 20 bis 30 cm lang. Am aufrechten, wenigblumigen, 30 bis 40 cm hohen Blütenschaft sind die Blüten 5 bis 7 cm breit. Die bräunlichgelben Sepalen und Petalen sind dunkelbraun gefleckt und gestreift. Vom rein- bis gelblichweißen Labellum ist die Basishälfte rosa- bis lilafarben. Blütezeit: August bis November. Heimat: Brasilien; auf Bäumen grasbewachsener Berghänge, zwischen 300 und 1 000 mNN.

M. flavescens Lindl.; 2n = 56, 60, K bis T
Durch kurze Rhizome sind die länglich-ovalen, seitlich abgeflachten, 8 bis 12 cm hohen

Abb. 202. Miltonia clowesii.

Pseudobulben voneinander getrennt. Ihre schmalen, riemenförmigen Laubblätter werden bis 30 cm und der maximal zehnblumige Blütenschaft wird bis 40 cm lang. Die langgestreckten, schmalen Sepalen und Petalen der 6 bis 8 cm breiten Blüten sind strohgelb. Vom kürzeren, weiß- bis gelblichen Labellum ist die flaumige Basis bräunlichrot gestrichelt. Blütezeit: Juni bis Oktober. Heimat: Brasilien; wächst epiphytisch am Rand der Bergwälder.

M. regnellii Rchb.f.; 2n = 60, K bis T
Die schlanken, birnenförmigen, abgeflachten, bis 10 cm hohen Pseudobulben sind durch kurze Rhizome getrennt. Die apikalen, bandförmigen Laubblätter werden bis 40 cm lang und der traubige, wenigblumige Blütenstand bis 50 cm hoch. Von der etwa 6 cm breiten Blüte sind die elliptischen, sich nahezu ähnlichen Sepalen und Petalen weißlich bis zartrosa. Das breit-ovale bis verkehrt eiförmige, vorn eingekerbte Labellum ist weißrandig, die Mitte lilarosa. Blütezeit: Juni bis Ok-

Abb. 203. Miltonia spectabilis var. moreliana.

tober. Heimat: Brasilien; am Rand der Bergwälder.

M. spectabilis Lindl.; 2n = 60, T bis K
Unterschiedlich lange Rhizome trennen die 5 bis 8 cm hohen, eiförmigen Pseudobulben voneinander. Etwa 1,5 cm breite, riemenförmige Laubblätter erreichen eine Länge von 15 cm und ebenso lang wird der einblumige Blütenschaft. Die 5 bis 8 cm breite Blüte besitzt gelblichweiße, öfters rosafarben überhauchte Sepalen und Petalen. Das verkehrt eiförmige, rosalila Labellum hat entlang der Adern dunkellila, streifige Flecken. Basis und Schwiele sind gelb. *M. s.* var. *moreliana* (hort. ex Lindl.) Henfrey unterscheidet sich durch größere Blüten mit weinroten Sepalen und Petalen und durch das rosalila Labellum mit dunklerer Aderung. Blütezeit: Juli bis Oktober. Heimat: Brasilien; epiphytisch am Rand mittelhoher Bergwälder.

Kulturhinweis: *Miltonia* benötigen im temperiert-kühlen Gewächshaus einen hellen, beschatteten, luftfeuchten, frischluftreichen Stand. Sind die Lüftungsfenster geschlossen, muß ein Ventilator für Luftumwälzung sorgen. Am Ende der winterlichen Ruheperiode sproßt der neue Jahresaustrieb, die Wassergaben werden etwas reichlicher, die Temperatur wird auf 20 °C erhöht und sinkt nachts auf 16 bis 17 °C ab. Während der sommerlichen Vegetation kann durch Sonneneinstrahlung die Temperatur ansteigen. In dieser Zeit muß reichlicher gegossen und in zweiwöchentlichen Abständen mit sehr schwacher Nährsalzlösung gedüngt werden. Zugleich sorgt man für hohe Luftfeuchtigkeit und Frischluftzufuhr. Nach der Blüte reifen bei nahezu schattenlosem Stand die Pseudobulben für die Winterruhe aus. Die Wassergaben werden reduziert, nicht aber die Luftfeuchtigkeit und die Luftzirkulation. Die winterliche Heizwärme beträgt 17 bis 18 °C, nachts um 15 °C. Sofern erforderlich, werden *Miltonia* vor Beginn des Sproßaustriebes verpflanzt. Günstiger ist das Hineinwachsen des neuen Sprosses in einen am alten Pflanzgefäß befestigten, der Höhe nach halbierten, mit Pflanzmaterial gefüllten Blumentopf – eine störungsfreie Methode für Arten mit längerem Rhizom. Dieses wird nach ein- oder zweijähriger Kultur durchgeschnitten. Andere *Miltonia*-Arten lassen sich, mit wenig Pflanzstoff auf Korkbrettchen aufgebunden, erfolgreich pflegen, wenn das Austrocknen des Pflanzmaterials vermieden und regelmäßig gedüngt wird. Als Pflanzmaterial wird eine Mischung für Epiphyten verwendet.

Miltonioides Brieger et Lueckel

Die Gattung wurde im Jahre 1983 von dem deutschen Botaniker F. G. Brieger und dem Orchideologen E. Lückel begründet. Der Gattungsname setzt sich aus *Miltonia*, Name einer Orchideengattung, und dem griechischen Wort für ähnlich *-ides*, abgeleitet von *idéa* = Gestalt, zusammen.

Die zusammenstehenden, längsgefurchten Pseudobulben sind von mehreren Niederblättern umgeben und tragen apikal meistens zwei Laubblätter. Aus der Achsel eines Niederblattes entwickelt sich der vielblumige, rispige Blütensproß. An der Blüte sind die Sepalen und Petalen länglich bis lanzettlich, das konvexe, abgerundete bis rechteckige Labellum ist abgegrenzt zweifarbig. Seine vordere Hälfte ist immer abwärts gebogen, die hintere Hälfte gefurcht. Das Mittelfeld weist gut erkennbare, rispige Leisten auf. An der Basis der Columna ist das Labellum breit angesetzt. Bekannt sind bisher fünf Arten mit Verbreitung in Mittelamerika.

M. laevis (Lindl.) Brieger et Lueckel; T bis K
Syn.: *Odontoglossum laeve* Lindl., *Miltonia laevis* (Lindl.) Rolfe
Die abgeflachte Pseudobulbe wird bis 8 cm hoch und die beiden apikalen, lederigen Laubblätter werden bis 40 cm lang. Der fast doppelt so lang werdende Blütensproß kommt aus der Achsel eines der Niederblätter. Die überhängende Rispe ist mit bis 6 cm breiten Blüten vielblumig. Die sich ähnelnden Sepalen und Petalen sind grünlich mit rotbrauner Bänderung. Das weiße Labellum steht anfangs parallel zur Columna, danach rechtwinkelig abgebogen. Der rundliche Vorderlappen ist weiß, der schmale Mittelteil bräunlichlila gezeichnet. Die seitlichen Flügel der Columna sind hellila. Blütezeit: April bis September. Heimat: Mexiko, Guatemala, wächst epiphytisch in lichten Wäldern in Höhen bis 1 600 m.

Kulturhinweis: Die Pflege stimmt mit jener von *Miltonia* überein; Näheres siehe dort.

Miltoniopsis Godefroy-Lebeuf

Die Gattung wurde 1889 von dem französischen Forscher A. GODEFROY-LEBEUF begründet und benannt. Der Name weist auf die Ähnlichkeit der Blüte mit der von *Miltonia* hin, ergänzt mit dem griechischen Wort für ähnliches: *opsis*.

Die abgeflachten Pseudobulben stehen zu mehreren beisammen und werden von Niederblättern umhüllt. Diesen sind die gipfelständigen Laubblätter sehr ähnlich. Die wenigblumigen Rispen kommen aus Achseln der Niederblätter. Die duftlose Blüte ist flach ausgebreitet, ihre Sepalen und Petalen gleichen sich, und das vorn abgerundete, eingekerbte Labellum ist an der Basis geöhrt. Die Columna weist keine, selten verkümmerte Flügel auf und ist mit schmaler Basis fußartig mit dem Labellum verbunden. Etwa fünf Arten sind in den Anden zwischen Kolumbien und Costa Rica verbreitet. *Miltoniopsis* ist gelegentlich mit *Miltonia* bzw. *Miltonioides* zu verwechseln.

M. vexillaria (Rchb.f.) Godefroy-Lebeuf; T bis K
Syn.: *Odontoglossum vexillarium* Rchb.f., *Miltonia vexillaria* (Rchb.f.) Nicholson
Die abgeflachte Pseudobulbe ist bis 4 cm hoch; die riemenförmigen Nieder- sowie die zwei apikalen, gleichaussehenden Laubblätter werden bis 20 cm lang. Aus der Achsel der Niederblätter kommen die zwei- bis vierblumigen, aufrecht stehenden bis vorgeneigten, bis 30 cm langen Blütenstände. Die Blüte wird bis 8 cm breit, ist weiß, rosafarben oder auf weißem Grund zartrosa. Die etwas zugespitzten Sepalen und Petalen gleichen sich. Das rundliche Labellum ist vorn herzförmig eingekerbt. Seine gelbe Basis ist schwach wulstartig verdickt und gehörnt. Die Columna ist nicht geflügelt. Bützeit: Mai bis Juli. Heimat: Kolumbien, Ecuador; die Art wächst epiphytisch auf bemoosten Stämmen und Ästen in Bergwäldern, zwischen 1 200 und 2 000 mNN.

Kulturhinweis: Die Blüten von *Miltoniopsis* und die ihrer farbigen Hybriden erinnern an Stiefmütterchenblüten. Diese Orchideen benötigen einen halbschattigen Standort im kühlen, luftfeuchten Gewächshaus mit guter Luftumwälzung, gleichbleibende Ballenfeuchtigkeit während der Vegetationsperiode und leichte Trockenheit während der Ruheperiode. Der Neuaustrieb beginnt im März bis April, die Ausbildung des Sprosses endet mit der Blüte im Spätsommer. Die Temperatur beträgt im Sommerhalbjahr zwischen 20 und 24 °C tagsüber und nachts um 18 °C, im Winterhalbjahr tagsüber zwischen 15 und 17 °C und nachts um 13 °C. Als Pflanzmaterial wird ein Gemisch aus *Sphagnum* mit weichen Farnwurzeln oder gleichwertige Materialien verwendet. Während der Vegetationsperiode wird mit schwacher Salzkonzentration gedüngt. *Miltoniopsis* ist für eine Haltung in der Wohnung nicht geeignet.

Odontoglossum H. B. K.

H. = F. H. A. von Humboldt, deutscher Naturforscher, B. = A. J. A. Goujaud dit Bonpland, französischer Arzt und Botaniker, K. = C. S. Kunth, deutscher Botaniker, begründeten im Jahre 1815 die Gattung und gaben ihr nach der auf dem Labellum vorhandenen zahnartigen Schwiele den Namen aus den Wörtern *odonto* (griech. Zahn) und *glossa* (griech. Zunge).

Die ei- bis birnenförmige Pseudobulbe weist an der Basis zwei bis vier spreitentragende Niederblätter und apikal zwei scheidenlose Laubblätter auf. Diese sind durchwegs schmal, lanzettlich und zugespitzt. Der aufrechte oder nach vorn übergeneigte, traubige, wenig bis vielblumige Blütenstand sproßt aus der Achsel eines der Niederblätter. An der sternförmigen Blüte sind die Sepalen und Petalen einander ähnlich; ihnen gleicht der Form nach auch das Labellum. Dieses ist am basalen Abschnitt mit der schlanken, keulenförmigen Columna verwachsen bzw. lang anliegend und abgeknickt. Die abgeknickte Lippenplatte ist nach vorn zu vorgestreckt bis herabgeschlagen. An der Basis der Lippenplatte ist ein mehrzahniger Kallus vorhanden. Beiderseits der Narbe sind keine oder rundliche Säulenflügel vorhanden. Die Anthere birgt zwei Pollinien. Von den zahlreichen früher zu *Odontoglossum* gestellten Arten verbleiben nach derzeitigem Stand, d. h. nach dem Ausscheiden gattungsfremder Arten und Naturhybriden, etwa 60 Arten. Diese sind Epiphyten in den Kordilleren von Südamerika.

O. crispum Lindl.; 2n = 56, cv. 2n = 112, K
Die abgeflachte, kantige Pseudobulbe erreicht eine Höhe bis zu 10 cm, und ihre zwei oder drei schmalen, apikalen Laubblätter haben eine Länge von 25 bis 40 cm. Der aufrechte bis vorgeneigte, teilweise verzweigte Blütenschaft wird 25 bis 80 cm lang, ist wenig- bis vielblumig, mit 5 bis 10 cm breiten Blüten. Ihre breit-eiförmigen, zugespitzten Sepalen und Petalen sind mit dem zungenförmigen, abgerundeten oder zugespitzten Labellum an den Rändern wellig gekraust. Die Blüte ist reinweiß oder gelblich bis zartpurpurn, nicht oder teilweise purpurn gefleckt. Der Kallus ist an der Basishälfte wulstartig und nach vorn zu gabelartig verzweigt. Kallus und Umfeld sind gelb und teilweise bräunlichrot gestrichelt. Eine sehr variierende Art mit zahlreichen Varietätsnamen und Hybriden. Blütezeit: Zu jeder Jahreszeit, vorwiegend im Sommerhalbjahr. Heimat: Kolumbien; wächst epiphytisch an Rändern der Gebirgswälder in Höhen zwischen 2200 und 3000 m.

O. nobile Rchb.f.; 2n = 56, K
Syn.: *O. pescatorei* Linden

Diese Art gleicht im Habitus und mit den weißen Blüten *O. crispum*, ohne seine Größenausmaße zu erreichen. Das arttypische Merkmal ist die geigenähnliche Form des Labellums mit ausgeprägtem, eingekerbtem Mittellappen. Kallus und Umfeld sind gelb und karminrot gestrichelt. Zusätzlich ist am Mittellappen, unterhalb des Kallus, ein hell- bis dunkelpurpurner Fleck; eine in der Blütenfärbung sehr variierende Art. Blütezeit: April bis Juli. Heimat: Kolumbien; ein Epiphyt des Nebelwaldes in Höhen um 2000 m.

Kulturhinweis: Die Pflege gleicht der von *Rossioglossum* (siehe dort), jedoch ist stärkere Beschattung, kühlere Luft, höhere Luftfeuchtigkeit, Luftumwälzung und gleichmäßig feuchter, nicht nasser Wurzelballen erforderlich. Die Temperatur des Gewächshauses soll im Sommerhalbjahr 22 °C nicht überschreiten und nachts auf 15 °C absinken. Die Heizwärme im Winterhalbjahr beträgt tagsüber um 17 °C und fällt nachts nicht unter 12 °C. Zu trockene Luft, zu große Wärme, sowie stauende Nässe im Wurzelballen und Überdüngung sind die Ursachen von Mißerfolgen. Die genannten *Odontoglossum*-Arten und ihre Hybriden sind keine für die Fensterbank geeignete Orchideen.

Oncidium Sw.

Der schwedische Botaniker O. P. SWARTZ begründete die Gattung und benannte sie nach der warzigen Schwiele an der Basis des Labellums: *onkos* (griech. Tumor, Wucherung, Anschwellung).

Die Pseudobulben stehen dicht beisammen oder sind durch unterschiedlich lange Rhizome auseinandergerückt und können rundlich, oval bis birnenförmig sein; sie sind von Niederblättern umhüllt und tragen apikal ein bis drei Laubblätter. Bei einigen Arten fehlt die deutlich erkennbare Pseudobulbe, statt dieser ist das Laubblatt sukkulentenartig und/oder stielrund. Der Blütenschaft sproßt aus der Achsel eines Niederblattes. Seine Infloreszenz ist eine wenigblumige Traube oder eine vielblumige, aufrechte bis überhängende bzw. emporrankende Rispe. An der in der Größe sehr unterschiedlichen Blüte sind die Sepalen und Petalen freistehend und weitgehend gleich. Bei einigen Arten sind die seitlichen Sepalen etwas zusammengewachsen. Das vielgestaltige Labellum ist das größte oder das kleinste Blumenblatt. Es steht rechtwinkelig zur Columna und ist mit vielen Warzen und Schwielen besetzt. Die Columna ist an der Basis verstärkt und apikal meistens geöhrt. Die beiden kugeligen Pollinien verbindet eine bandartige Klebscheibe. Einige Arten haben dimorphe Blüten. Bekannt sind etwa 500 epiphytisch wachsende Arten vom Norden Mexikos bis zum Süden von Brasilien, und höhenmäßig von Meeresniveau bis in höhere Gebirgslagen.

Abb. 204. Oncidium bicallosum.

O. bicallosum Lindl.; 2 n = 28, T bis W, Schnittbl.
Die stark reduzierte, etwa 1 bis 2 cm hohe Pseudobulbe trägt ein 15 bis 35 cm langes, sukkulentenartiges Laubblatt. Der wenig- bis fünfzehnblumige Blütenschaft wird 35 bis 90 cm lang. Die Sepalen und Petalen der 4 bis 6 cm breiten Blüte sind gelb und grün- bis bräunlichgelb gefleckt. Das dreilappige, gelbe Labellum hat kleine Seitenlappen und einen großen nierenförmigen Vorderlappen mit zwei rötlich punktierten Höckern. Blütezeit: August bis Oktober. Heimat: Guatemala, El Salvador, Mexiko; epiphytisch wachsend an Bäumen der Waldränder in Höhen bis zu 1 500 m. Kulturhinweis 1.

Abb. 205. Oncidium carthaginense.

Abb. 206. Oncidium crispum.

O. carthaginense (Jacq.) Sw.; 2n = 28, 30, T bis W
Habitus wie bei *O. bicallosum*, jedoch mit blumenreicherem, verzweigtem, 70 bis 150 cm langem Blütenschaft. Die 2 bis 3 cm breite Blüte besitzt stark gewellte, gelblichweiße, bräunlichrosa, seltener rot gefleckte Sepalen und Petalen. Das gleichfarbig gefleckte Labellum mit gelber Schwiele ist gelblichweiß umrandet. Blütezeit: Juni bis September. Heimat: Von Florida über Mexiko, Panama bis nördliches Südamerika und auf den Westindischen Inseln. Kulturhinweis 1.

O. cavendishianum Batem.; 2n = 28, T bis W, Z, Schnittbl.
Habitus wie bei *O. bicallosum*. An der Blüte sind die gewellten, gelben Sepalen und Petalen rotbraun gefleckt. Das dreilappige, goldgelbe Labellum hat rundliche Seitenlappen und einen größeren, vorn tief eingeschlitzten Vorderlappen. Der rotbraun gefleckte Kallus setzt sich aus vier Schwielen und einem diese überragenden Höcker zusammen. Blütezeit: Februar bis Mai. Heimat: Mexiko, Guatemala, Salvador, Honduras; verbreitet in lichten Wäldern zwischen 1200 und 2800 mNN. Kulturhinweis 1.

O. cebolleta (Jacq.) Sw.; 2n = 34, 36, T bis W
Die sehr stark reduzierte Pseudobulbe trägt ein stielrundes, fleischiges, zugespitztes, schräg aufwärts bis abwärts wachsendes, 15 bis 60 cm langes Laubblatt. Der aufrechte oder vorgeneigte, verzweigte, 25 bis 60 cm lange Blütenschaft ist vielblumig. Von der 2 bis 3 cm breiten Blüte sind die goldgelben Sepalen und Petalen rötlichbraun gebändert bis gefleckt. Das dreilappige gold- bis grünlichgelbe Labellum mit großen Seitenlappen und tief eingeschnittenem Vorderlappen ist um die aus drei Leisten bestehende Schwiele röt-

lichbraun gefleckt. Blütezeit: Januar bis Mai. Heimat: Tropisches Amerika; in heißen Gebieten mit längeren Trockenperioden; bis 1 700 mNN. Kulturhinweis 1.

O. crispum Lodd.; 2n = 56, T bis W, Z
Die ovale, seitlich abgeflachte, 5 bis 10 cm hohe Pseudobulbe trägt zwei oder drei Laubblätter von 15 bis 25 cm Länge. Der aufrechte, mitunter verzweigte, viel- und lockerblumige Blütenschaft wird 30 bis 75 cm lang. Die 5 bis 8 cm breite, bräunliche Blüte ist gelb umsäumt. Vom dreilappigen Labellum sind die Seitenlappen sehr klein; der große, rundliche Vorderlappen mit gelbem Mittelfleck ist am Rande gewellt. Die Schwiele besteht aus drei Leisten. Blütezeit: April bis August bzw. Oktober bis Dezember. Heimat: Brasilien. Kulturhinweis 2.

O. flexuosum Sims; 2n = 56, T bis K, Schnittbl.
Die bis 10 cm hohen, eiförmigen, seitlich abgeflachten Pseudobulben sind durch längere Rhizome auseinandergestreckt. Die Pseudobulbe trägt ein oder zwei 8 bis 20 cm lange Laubblätter. Der drahtige, bis 100 cm lange Blütenschaft ist im oberen Drittel verzweigt und vielblumig. Von der 1 bis 2 cm breiten, goldgelben Blüte ist die Basis der Sepalen und Petalen braun gebändert. Das gleichfarbige Labellum mit kleinen Seitenlappen und mit großem, nierenförmigem, eingekerbtem Vorderlappen ist um die kammartige Schwiele rötlichbraun gefleckt. Blütezeit: Juli bis Oktober. Heimat: Brasilien, Argentinien, Paraguay; klettert epiphytisch wachsend an Ästen in locker verzweigten Baumkronen. Kulturhinweis 2.

O. forbesii Hook.; T bis W, Z, Schnittbl.
Der Habitus und die Größe der Blüte stimmen mit denen von *O. crispum* nahezu überein. Die 5 bis 8 cm breite Blüte variiert von gelb- bis dunkelbraun, und ihre Sepalenränder sind gewellt und gelb gefleckt. Die warzige Schwiele ist fünflappig. Blütezeit: August bis Oktober. Heimat: Brasilien. Kulturhinweis 2.

Abb. 207. Oncidium lanceanum.

O. incurvum Lindl.; 2n = 56, T bis K, Z
Die meist zweiblättrige Pseudobulbe ist 5 bis 10 cm hoch, die riemenförmigen Laubblätter sind 25 bis 40 cm lang und der überhängende, 100 bis 150 cm lange Blütenschaft ist vielblumig. Die gewellten Sepalen und Petalen der 2 bis 3 cm breiten Blüte sind weiß und unterschiedlich stark lilarosa gefleckt. Vom gleichfarbigen, dreilappigen, geigenförmigen Labellum ist die vordere Hälfte des Mittellappens reinweiß. Die gelbe Schwiele mit brauner Zeichnung weist fünf Zähne auf. Blütezeit: Juli bis Oktober. Heimat: Mexiko; verbreitet zwischen 1 300 und 1 700 mNN. Kulturhinweis 3.

O. lanceanum Lindl.; 2n = 28, W, duftend, Schnittbl.
Im Habitus wie *O. bicallosum*. Das fleischige Laubblatt wird 20 bis 50 cm und der aufrechte, wenig- bis zwanzigblumige Blüten-

schaft 25 bis 60 cm lang. Die Sepalen und Petalen der 4 bis 7 cm breiten Blüte sind gelblichbraun bis -grün und stark rotbraun gefleckt. Vom dreilappigen Labellum ist die Basishälfte ebenso wie die dreilappige Schwiele dunkel purpurlila; nur die vordere Labellumhälfte ist hellila. Blütezeit: Mai bis September. Heimat: Brasilien, Guayana, Trinidad, Venezuela, Westindische Inseln; wächst epiphytisch. Kulturhinweis 1.

O. leucochilum Lindl.; 2n = 56, T bis K
Die zweiblättrigen, 5 bis 10 cm hohen Pseudobulben sind durch kurze Rhizome voneinander getrennt. Die riemenförmigen Laubblätter sind 20 bis 30 cm und der verzweigte, vielblumige Blütenschaft ist bis 100 cm lang. Von der etwa 2 cm breiten Blüte sind die grünlichgelben Sepalen und Petalen rötlich- bis schwärzlichbraun gefleckt. Das weiße, dreilappige Labellum mit nierenförmigem Vorderlappen ist an der Basis rosa geadert. Der Kallus weist mehrere schlanke, zahnartige Gebilde auf. Blütezeit: Februar bis Juli. Heimat: Mexiko, Guatemala, Honduras; wächst in höheren Lagen epiphytisch in Wäldern und auf einzelstehenden Bäumen. Kulturhinweis 3.

O. luridum Lindl.; 2n = 28, 32, T bis W
Im Habitus kleiner und in der Blütenfärbung anders als *O. carthaginense*, mit welcher diese Art verwandt ist. Das sukkulentenartige Laubblatt wird 20 bis 50 cm und der verzweigte, lockerblumige Blütenschaft 50 bis 150 cm lang. Die 2 bis 3 cm breite Blüte mit gewellten, bräunlichgelben, rotbraun bis purpurn gefleckten Sepalen und Petalen hat ein gleichgefärbtes, dreilappiges Labellum. Der Kallus besteht aus fünf warzigen Schwielen. Blütezeit: April bis August. Heimat: Von Florida über Mexiko, Westindische Inseln, nördliches Südamerika bis nach Peru. Kulturhinweis 1.

O. ornithorhynchum H. B. K.; 2n = 56, K, Z, Schnittbl.
Die dicht beisammenstehenden, eiförmigen, seitlich abgeflachten Pseudobulben sind 4 bis 8 cm hoch, ihre länglich lanzettlichen Laubblätter werden 15 bis 25 cm lang. Der überhängende, locker verzweigte, vielblumige, 20 bis 30 cm lange Blütenschaft hat etwa 2 cm breite, rosalila Blüten, bei denen der Vorderlappen des Labellums heller ist. Der orangefarbene Kallus ist mehrteilig und kammartig. Blütezeit: November bis März. Heimat: Mexiko, Guatemala, El Salvador, Costa Rica; im Bergwald entlang der pazifischen Küste bis in Höhen um 1 500 m. Kulturhinweis 3.

O. sphacelatum Lindl.; 2n = 56, T bis K
Die länglich-eiförmige, gefurchte Pseudobulbe wird bis 15 cm hoch und die zwei rie-

Abb. 208. Oncidium leucochilum.

menförmigen Laubblätter werden bis 60 cm lang. Der verzweigte, überhängende, vielblumige Blütenschaft erreicht eine Länge von 40 bis 150 cm. Von der etwa 3 cm breiten, goldgelben Blüte sind die Sepalen und Petalen kastanienbraun gefleckt. Der Vorderlappen des nierenförmigen Labellums ist vor dem dreiteiligen, gezähnten Kallus rotbraun gebändert. Blütezeit: März bis Juni. Heimat: Mexiko, El Salvador, Guatemala, Costa Rica. Kulturhinweis 3.

O. splendidum A. Rich. ex Duchart.; 2n = 34, 36, 56, W bis T, Schnittbl.
Die eiförmige, 3 bis 5 cm hohe Pseudobulbe trägt ein im Querschnitt V-förmiges, lederartiges, 15 bis 30 cm langes Laubblatt. Der nicht oder selten verzweigte, steif aufrechte, wenig bis zwanzigblumige Blütenschaft wird 40 bis 100 cm lang. Von der 5 bis 7 cm breiten, grünlich- bis goldgelben Blüte sind die Sepalen und Petalen rötlichbraun quergebändert. Das schwach dreilappige Labellum mit großem Vorderlappen ist an der Basis braun gefleckt. Der Kallus besteht aus unterschiedlich langen Schwielen. Blütezeit: August bis November. Heimat: Guatemala, Honduras; wächst als Lithophyt auf bemoosten Felshängen. Kulturhinweis 1.

O. tigrinum Llave et Lex.; 2n = 54, T bis K
Die dicht beisammenstehenden, eiförmigen Pseudobulben sind 5 bis 10 cm hoch und ihre zwei lanzettlichen, lederigen Laubblätter sind 20 bis 30 cm lang. Der aufrechte, nicht oder locker verzweigte Blütenschaft wird 40 bis 80 cm lang. Von der 4 bis 6 cm breiten Blüte sind die grünlichgelben Sepalen und Petalen dunkelbraun gefleckt. Das einfarbige goldgelbe Labellum setzt sich aus etwas kleineren Seitenlappen und einem am schmalen Nagel vorgestreckten, rundlichen, vorn eingekerbten Vorderlappen zusammen. Die Enden des leistenartigen, seitlich gezähnten Kallus sind leicht aufwärts gerichtet. Blütezeit: September bis Dezember. Heimat: Mexiko; auf Eichen in Höhen zwischen 1500 und 2500 m. Kulturhinweis 3.

Abb. 209. Oncidium varicosum var. rogersii.

O. varicosum Lindl.; 2n = 56, K, Z. Schnittbl.
Die zwei riemenförmigen Laubblätter der länglichen, gefurchten, 5 bis 12 cm hohen Pseudobulbe werden 10 bis 20 cm lang. Der drahtige, im oberen Viertel verzweigte, 50 bis 150 cm lang werdende Blütenschaft ist vielblumig. Von der 2 bis 4 cm breiten Blüte sind die grünlichgelben Sepalen und Petalen rötlichbraun gefleckt – ebenso die Schwiele am goldgelben Labellum mit kleinen Seitenlappen und dem großen, rundlichen bis nierenförmigen Vorderlappen. *O. varicosum* var. *rogersii* Rchb.f., 2n = 112, 168, unterscheidet sich durch die 4 bis 6 cm breite Blüte mit größeren Seitenlappen und mit vierteiligem Vorderlappen. Blütezeit: August bis Dezember, seltener bis April. Heimat: Brasilien; an Bäumen und Sträuchern des Galeriewaldes entlang der Flußläufe. Kulturhinweis 3.

Kulturhinweis 1, warm bis temperiert: Die *Oncidium*-Arten mit fleischigen, sukkulentenartigen Laubblättern beanspruchen mit neuem Sproßaustrieb im Frühjahr einen luftfeuchten, gut belüfteten, später frischluftreichen Stand im warmen, schattierten Gewächshaus. Die Temperatur sollte tagsüber 22 bis 25 °C und nachts 17 bis 19 °C betragen. Die Wasser- und Düngergaben sind der Witterung und der Entwicklung des neuen Sproßaustriebes anzupassen. Nachts nicht abgetrocknete Laub- und Blütensprosse können leicht abfaulen. Das gleiche kann Staunässe bei zu naß gehaltenem Wurzelballen bewirken. Diesem Übel wird durch gröberes Pflanzmaterial abgeholfen. *Oncidium*-Arten pflanzt man am besten in gut dränierte Blumentöpfe oder hängende Körbchen. Nach der Blüte im Spätsommer bis Herbst sind die Wassergaben einzuschränken. Während der winterlichen Ruheperiode stellt man die Heizwärme tagsüber auf 18 °C ein – nachts um einige Grade weniger. Unvermindert wird für hohe Luftfeuchtigkeit und Luftumwälzung gesorgt.

Kulturhinweis 2, temperiert bis kühl: Die Überwinterung der aus kühleren Regionen stammenden *Oncidium*-Arten wird im hellen, luftfeuchten, luftumgewälzten Gewächshaus mit einer Heizwärme tagsüber um 17 °C und 14 °C während der Nacht vorgenommen. Die Wassergaben sind gering, sie werden mit Austrieb des neuen Sprosses erhöht; ebenso wird dann auch die Gewächshauswärme auf 20 °C erhöht. Bei warmer Witterung wird für Frischluft gesorgt und bei zu starker Sonneneinstrahlung beschattet. Die Pflanzen mit heranwachsenden Sprossen werden reichlicher gegossen und wöchentlich gedüngt. Ausgereifte Pseudobulben erhalten bis zum Austrieb des Blütensprosses reduzierte Wassergaben. Die kurze winterliche Ruheperiode beginnt nach der Blüte. Größere Pflanzen werden in gut dränierte Blumentöpfe eingesetzt, kleinere lassen sich auf Kork oder Farnbrettchen aufgebunden erfolgreich pflegen. Viele dieser *Oncidium*-Arten eignen sich für die Fensterbank, sofern man ihnen die erforderlichen Bedingungen erfüllt. Sie lassen sich auch im Sommerhalbjahr an einer geeigneten Lokalität im Garten kultivieren.

Kulturhinweis 3, kühl: Die Pflege dieser *Oncidium*-Arten stimmt weitgehend mit der Kultur der *Oncidium*-Arten des Kulturhinweises 2 überein. Jedoch ist der Wärmeanspruch während der Überwinterung im Kalthaus, wo sie zusammen mit *Rossioglossum* zu pflegen sind, noch geringer. Zu vermeiden sind Ballentrockenheit und Staunässe. Im Garten verursacht ein Regenguß mit nachfolgendem Sonnenschein keinen Schaden. Doch sind nach Wettersturz mit anhaltender kühler Witterung und Regen die Pflanzen mit noch unausgebildetem Laubsproß bzw. mit heranwachsenden Blütenständen in das Glashaus oder unter Regenschutz zu bringen. Zum Ende des Sommers hin können diese *Oncidium*-Arten während schöner Herbsttage, solange die nächtliche Temperatur nicht unter 10 °C sinkt, zum Ausreifen der Pseudobulben im Freien bleiben.

Die Überwinterung erfolgt im Kalthaus bei Nachttemperaturen um 12 °C, tagsüber steigt die Temperatur durch die Heizwärme um wenige Grade. Die Wassergaben sind sehr bescheiden, die Luftfeuchtigkeit wird durch Benebeln hochgehalten. Auf der Fensterbank gepflegte *Oncidium* erhalten nur so viel Gießwasser, daß ihre Pseudobulben nicht schrumpfen.

Osmoglossum Schltr.

Der deutsche Botaniker R. SCHLECHTER nahm im Jahre 1922 den starken, wohlriechenden Duft dieser Orchidee zum Anlaß der Benennung der neu begründeten Gattung; *osme* (griech. Duft) und *glossa* (griech. Zunge).

Die morphologischen Merkmale von *Osmoglossum* stimmen weitgehend mit jenen von *Odontoglossum* überein. Der Unterschied besteht in der Ausbildung von sehr schmalen, linearen Laubblättern, dem flachgedrückten Blütenschaft, den nicht resupinierten Blüten, dem stark knieförmig gebogenen Labellum und dem stumpfen Lippenkallus. Bisher sind drei Arten mit mittelamerikanischer Verbreitung bekannt.

O. egertonii (Lindl.) Schltr.; T bis K, st. duft. Schnittbl.
Syn.: *Odontoglossum egertonii* Lindl.
Die Art unterscheidet sich von der häufiger kultivierten *O. pulchellum* durch die seitlichen, über die Hälfte hinaus verwachsenen Sepalen, das gleichbreite Labellum und die zickzackförmige Blütenstandachse. Blütezeit: Januar bis April. Heimat: Mexiko, Guatemala, Costa Rica, Honduras, Panama; in Mischwäldern bis in 2500 m Höhe.

O. pulchellum (Batem. et Lindl.) Schltr.; T bis K, st. duft., Schnittbl.
Syn.: *Odontoglossum pulchellum* Batem. ex Lindl.
Die dichtstehenden, eiförmigen, seitlich abgeflachten Pseudobulben werden 4 bis 8 cm hoch. Die apikalen, schmalen, linearen Laubblätter sind 15 bis 30 cm lang. Der längere, zusammengedrückte, gerade Blütenschaft trägt fünf bis fünfzehn 2 bis 3 cm breite, weiße Blüten. Die seitlichen Sepalen sind höchstens an der Basis verwachsen. Das knieförmige Labellum ist unterhalb der Mitte verschmälert, der goldgelbe Kallus rot punktiert, und die Flügel an der Columna sind gezähnelt. Blütezeit: Januar bis April. Heimat: Mexiko, Costa Rica, Guatemala, El Salvador; auf bemoosten Bäumen in höheren Bergregionen, sowie lithophytisch an Felswänden.

Kulturhinweis: Siehe *Rossioglossum.*

Paphiopedilum Pfitz.

Die Gattung wurde im Jahre 1886 von dem deutschen Botaniker E. Pfitzer begründet und der Name aus den griechischen Wörtern: *Paphia* (Beiname der Venus) und *pedilon* (kleiner Schuh) zusammengesetzt. *Paphiopedilum* ist im deutschen Sprachraum als Frauenschuh bekannt.

Paphiopedilum besitzt eine durch Stauchung der Sproßinternodien verkürzte, mehrjährige Blattrosette. Aus dieser kommt endständig der Blütensproß; reichlich bestockte Pflanzen bilden mehrere Blütensprosse. Sie können ein- oder mehrblumig sein und gleichzeitig oder nacheinander über Monate hindurch ihre Blüten entfalten. Das mittlere, aufwärts gerichtete Sepalum vergrößert sich zur „Fahne". Die seitlichen Sepalen sind zu einem abwärts gerichteten, „Synsepalum" verwachsen. Die seitlichen, nahezu waagrechten Petalen sind in der Regel kurz, sie können auch sehr langgezogen sein und bartartig herabhängen. Ihre Ränder weisen bei manchen Arten Haare und Warzen auf. Das Labellum, der „Blütenschuh", ist von pantoffelähnlichem Aussehen. Die Columna trägt an der Basis zwei Antheren, apikal die Narbe und dachartig darüber das Staminodium mit arttypischem Aussehen. Die Merkmale am Staminodium werden bei den nachfolgenden Artbeschreibungen nicht besprochen.

P. appletonianum (Gower) Rolfe; 2n = 38
Syn.: *P. wolterianum* (Kraenzl.) Pfitz.
Die schmalen, graugrünen, etwas marmorierten Laubblätter sind zur Basis hin purpurn angehaucht. Der bis 50 cm hohe Blütenschaft trägt eine 10 bis 12 cm breite Blüte. Das eiförmig-zugespitzte, mittlere Sepalum ist gelblichgrün und braun bzw. grün geadert. Die bandartigen Petalen sind an der Basis gelbgrün, dunkelgrün und lilarosa geadert, an der Spitzenhälfte lila- bis purpurrosa. Das Labellum ist aus purpurrosa Basis der Spitze zu purpurbraun geadert. Blütezeit: Januar bis Juni. Heimat: Thailand, Laos, Kambodscha; im Humus der Wälder. Kulturhinweis 2.

P. barbatum (Lindl.) Pfitz.; 2n = 38, T bis W, Schnittbl.
Die schmal-elliptischen, hell- und dunkelgrün schachbrettartig gefleckten Laubblätter sind 10 bis 20 cm lang. Der behaarte Blütenschaft wird bis 25 cm lang, die Blüte bis 10 cm breit. Das eher kreisrunde, weiße mittlere Sepalum weist einen braunpurpurnen Mittel-

Abb. 210. Paphiopedilum bellatulum.

fleck mit weißer Umrandung sowie dunklere braunpurpurne und grüne Streifen auf. Die schräg abwärts stehenden, bewimperten, mit schwarzen Warzen besetzten Petalen sind braunpurpurn und dunkler gestreift und besitzen eine grüne Basis. Das rötlichbraune Labellum ist dunkler geadert. Mit *P. callosum* verwechselbar. Blütezeit: Februar bis Juli. Heimat: Thailand, Malaiische Inseln; auf feuchteren moosigen, moorigen oder sandigen Böden, zwischen 700 und 1300 mNN. Kulturhinweis 2.

P. bellatulum (Rchb.f.) Stein; 2n = 26, W
Die oberseits hell- und dunkelgrün gefleckten Laubblätter sind unterseits rötlichbraun bis braunpurpurn marmoriert. Der einblumige, rötlich gefleckte, weiß behaarte Blütenschaft wird bis 10 cm lang und die Blüte 6 bis 7 cm breit. Diese ist weiß und unterschiedlich stark rotpurpurn bis dunkel rotbraun gefleckt. Blütezeit: März bis Oktober. Heimat: Die Grenzprovinzen von Myanmar (Burma) und Thailand; an Kalkfelsen in mit Moos und Laubhumus gefüllten Spalten; in Höhen zwischen 1000 und 1500 m. Kulturhinweis 3.

P. callosum (Rchb.f.) Stein; 2n = 32, W bis T, Z, Schnittbl.
Diese variable Art fügt sich in Habitus und Blütenfärbung wie eine Zwischenform zwischen dem kleinerblumigen *P. barbatum* und dem selteneren, kräftigeren, größerblumigeren *P. lawrenceanum* (Rchb.f.) Pfitz. ein. Diese Zwischenform läßt sich durch keine Merkmale konkret von den genannten Arten abgrenzen. Die bis 20 cm langen, grünen Laubblätter sind schwärzlichgrün marmoriert bis schachbrettähnlich gefleckt. Der ein- oder zweiblumige, bis 50 cm lange Blütenschaft trägt 8 bis 12 cm breite Blüten. Das breitovale, zugespitzte, mittlere Sepalum ist an der Basis grün, darüber weiß bis weißlichrosa sowie dunkelgrün und braunpurpurn gestreift. Die abwärts und nach hinten geneigten, etwas sichelförmigen seitlichen Petalen sind auf rötlichem Grün bräunlichpurpurn und dunkelgrün gestreift sowie schwärzlich gefleckt, bewimpert und mit Warzen versehen. Das Labellum ist purpurbraun und dunkler geadert. Blütezeit: Januar bis August. Heimat: Thailand, Indochina; wächst im Laubhumus der Waldböden, bis in Höhen um 1400 m. Kulturhinweis 2.

P. chamberlainianum (Sander) Stein; 2n = 34, W bis T
Syn.: *P. victoria-regina* (Sander) M. W. Wood ssp. *chamberlainianum* (Sander) M. W. Wood
Die grünen, bis 45 cm langen Laubblätter sind oberseits marmoriert und unterseits etwas dunkelpurpurn gefleckt. Am vielblumigen bis 60 cm langen Blütenschaft öffnen sich die Blüten nacheinander. Das mittlere Sepalum der etwa 8 cm breiten Blüte ist grün, weiß bis cremeweiß umrandet und braun gestreift. Die abstehenden, cremeweißen, purpurn gefleckten Petalen sind an den Rändern gewellt und bewimpert. Das rosa bis rötlichviolette Labellum ist purpurn gefleckt. Die-

Abb. 211. Paphiopedilum concolor.

Abb. 212. Paphiopedilum delenatii.

ser Stammform gegenüber sind bei *P. chamberlainianum* var. *liemianum* (Fowlie) Braem, Syn. *P. victoria-regina* (Sander) M. W. Wood ssp. *liemianum* (Fowlie) M. W. Wood, 2n = 32, die Laubblätter nur halb so lang, und bei dem mittleren Sepalum fehlt die weiße Umrandung. Bei *P. chamberlainianum* var. *primulinum* (M. W. Wood et P. Taylor) Braem, Syn. *P. victoria-regina* ssp. *primulinum* (M. W. Wood et P. Taylor) M. W. Wood, 2n = 32, sind die Laubblätter schmäler, das grünliche, mittlere Sepalum ist streifenlos und die fleckenlosen Petalen sowie das Labellum sind gelblich. Blütezeit: Das ganze Jahr hindurch. Heimat: Sumatra; im Laubhumus der Waldböden und auf moosigen Felsen. Kulturhinweis 2.

P. concolor (Batem.) Pfitz.; 2n = 26, W
Die oberseits dunkelgrünen, graugrün marmorierten Laubblätter sind unterseits gefleckt bis einheitlich rotbraun. Der rotbraun behaarte, ein- bis dreiblumige Blütenschaft wird bis 10 cm lang. Die etwa 5 cm breite Blüte ist cremegelb und bräunlichrot punktiert, ebenso das Labellum in der oberen Hälfte. Das Staminodium ist herzförmig. *P. concolor* ist mit *P. niveum* zu verwechseln. Die letztgenannte Art weist ein nierenförmiges Staminodium auf. Blütezeit: März bis Juli. Heimat: Myanmar (Burma), Thailand, Kambodscha, Vietnam, Südchina; wächst im Flachland im Laubhumus und an Kalkklippen in Humusnestern. Kulturhinweis 3.

P. delenatii Guill.; 2n = 26, W
Die breit-ovalen Laubblätter sind oberseits dunkelgrün, hellgrün gefleckt und unterseits rotbraun marmoriert. Der rötlichbraune, ein- oder zweiblumige Blütenschaft wird bis 20 cm hoch. Von der etwa 8 cm breiten Blüte sind das mittlere Sepalum und die Petalen weißlich- bis hellrosa, der Blütenschuh rosafarben. Blütezeit: Januar bis April. Heimat: Vietnam und Thailand, am Standort nicht mehr aufzufinden. Kulturhinweis 2.

P. fairrieanum (Lindl.) Stein; 2n = 26, T bis K, Z
Die schmalen, länglichen, hellgrünen Laubblätter werden 15 bis 25 cm lang, der einblumige Blütenschaft mit der bizarren 4 bis 6 cm breiten Blüte wird ebenso lang. Das breitovale, zugespitzte, mittlere Sepalum sowie die sichelförmigen Petalen sind grünlichweiß und purpurbraun geadert. Das gelblichgrüne Labellum ist bräunlich bis hell purpurbraun überlaufen und dunkler geadert. Blütezeit: September bis Januar. Heimat: Bhutan, Assam, Sikkim; in Humusnestern der Felsspalten an Hängen aus Dolomitkalk. Kulturhinweis 2, Temperatur aber von Kulturhinweis 1.

P. glaucophyllum J. J. Smith; 2n = 34, 37, W bis T
Syn.: *P. victoria-regina* (Sander) M. W. Wood ssp. *glaucophyllum* (J. J. Smith) M. W. Wood

Die riemenförmigen, bis 30 cm lang werdenden, glänzenden Laubblätter sind oberseits dunkel, unterseits heller bläulichgrün. Der mehrblumige, flaumig-weiße Blütenschaft wird bis 30 cm lang. Seine etwa 8 cm breiten Blüten öffnen sich nacheinander. Das hellgrüne, weißlich umrandete Sepalum weist bis zwölf schmale, dunkel blaugraue Längsstreifen auf sowie vorn eine Längsfurche und rükkenseits eine Längsrippe. Die welligen, etwas gedrehten, weißlichen, purpurbraun gefleckten Petalen sind der Basis zu grünlich, der Spitze zu braunrot. Das hellpurpurfarbene Labellum mit gelblichgrünem Rand ist dunkler punktiert. Blütezeit: Das ganze Jahr über. Heimat: Java; bis in Höhen um 300 m, in Humusnestern der meernahen Kalkfelsen. Kulturhinweis 2.

P. hirsutissimum (Lindl. ex Hook.) Stein; 2n = 26, T, Z
Die riemenförmigen, bis 40 cm langen, dunkelgrünen Laubblätter sind undeutlich marmoriert. Der schwärzlichbraun behaarte, 15 bis 30 cm lange Blütenschaft ist einblumig. Von der 10 bis 15 cm breiten Blüte ist das zugespitzte, bewimperte, mittlere Sepalum bräunlich, grün umrandet und violettbraun punktiert. Die nach den Spitzen zu verbreiterten Petalen sind von der grünen Basis bis zur Mitte stark violettbraun punktiert, die äußere Hälfte ist violett. Die Ränder der Petalen sind stark gewellt und bewimpert. Das weißlichviolette Labellum ist nahe der Öffnung grün, violettbraun geadert und fein schwärzlich punktiert. Blütezeit: März bis Juni. Heimat: Nordthailand, Nordostindien, Nordmyanmar (Nordburma); gedeiht am Waldboden und auf moosbedeckten Felsen, zwischen 1 000 und 1 400 mNN. Kulturhinweis 2.

P. insigne (Wallich ex Lindl.) Pfitz.; 2n = 26, 28, cv. 2n = 26, 28, 32–39, 43–48, 54–57, 62–67, K bis T, Z, Schnittbl.

Abb. 213. Paphiopedilum glaucophyllum.

Die riemenförmigen Laubblätter sind grün und der ein-, seltener zweiblumige Blütenschaft wird bis über 20 cm hoch. Von der etwa 10 cm breiten Blüte ist das zugespitzte, mittlere Sepalum gelblichgrün, weiß umrandet und braun gefleckt. Die gelblichgrünen Petalen sind längs braun geadert. Das in der Grundfarbe gleiche Labellum ist braun schattiert und dunkler geadert. Eine sehr variierende Art mit mehreren Varietätsnamen. Die bedeutendste Varietät ist *P. insigne* var. *exul* Ridley, Syn. *P. exul* (Ridley) Kerchove, mit größeren Flecken auf dem mittleren Sepalum. Blütezeit: Oktober bis März. Heimat: Nordindien, zwischen Nepal und Assam; auf feuchtkühlen Humusböden und an moosigen Felshängen in Höhen zwischen 1300 und 2000 mNN. Kulturhinweis 1.

P. mastersianum (Rchb.f.) Stein; 2n = 32, W
Die länglichen, grünen Laubblätter sind graugrün gefleckt. Der rotbraun behaarte, einblumige Blütenschaft wird bis 40 cm hoch. Von der bis 10 cm breiten Blüte hat das grüne, zugespitzte, mittlere Sepalum einen schmäleren gelbgrünen und breiteren weißen Rand mit bräunlichgrüner Aderung. Die waagrecht abstehenden, grünlich bis rotbraunen Petalen haben schwärzliche Warzen. Das Labellum ist rötlichbraun, sein Öffnungsrand ist heller. Blütezeit: April bis Juli. Heimat: Borneo und umliegende Inseln. Kulturhin weis 3.

P. niveum (Rchb.f.) Stein; 2n = 26, W
Die länglichen, oberseits grünen, weißlichgrün marmorierten Laubblätter sind unterseits rotviolett. Der weißbehaarte, bis 15 cm hohe Blütenschaft ist ein-, selten zweiblumig. Die bis 10 cm breite weiße Blüte ist zur Mitte hin bräunlichrot punktiert. Blütezeit: März bis Juli. Heimat: Thailand, auf Inseln vor Westmalaysia (Moulmein) auf Kalkfelsen in Meeresnähe. Kulturhinweis 3.

P. parishii (Rchb.f.) Stein; 2n = 26, W
Die grünen Laubblätter sind lederartig und riemenförmig. Der bis achtblumige Blütenschaft wird bis 60 cm hoch. Das zugespitzte, mittlere Sepalum der bis 12 cm breiten Blüte ist auf weißlichgelbem Grund grünlich geadert. Die herabhängenden, gedrehten, gewellten, bis 15 cm langen, grünlichgelben Petalen sind an der Basishälfte rötlichbraun bis schwärzlichpurpurn gefleckt, der Spitze zu gleichfarbig und grünlichgelb gerandet. Das dunkelgrüne Labellum ist bräunlich geadert bis gefleckt. Blütezeit: März bis August. Heimat: Myanmar (Burma), Thailand, Yunnan; in Waldlichtungen, wächst epiphytisch bevorzugt auf Baumfarnen bis um 2200 mNN. Kulturhinweis 2.

Abb. 214. Paphiopedilum insigne.

P. philippinense (Rchb.f.) Stein; 2n = 26, W bis T
Die bandartigen, lederigen Laubblätter sind grün. Der bis zu sechsblumige Blütenschaft

Abb. 215. Paphiopedilum primulinum.

wird bis 60 cm hoch. Von der bis 12 cm breiten Blüte ist das zugespitzte, mittlere Sepalum auf weißem Grund braunviolett gestreift. Die herabhängenden, gedrehten, bis 15 cm langen, gelblichgrünen Petalen sind bräunlichviolett bis purpurn, sowie unterschiedlich dicht gestreift. Das sandfarbige Labellum ist braun geadert. Blütezeit: April bis Juli. Heimat: Philippinen sowie auf Inseln an der Nordost-Küste von Borneo. Kulturhinweis 2.

P. primulinum M. W. Wood et P. Taylor; 2n = 32, W bis T
Syn.: *P. chamberlainianum* (Sander) Stein var. *primulinum* (M. W. Wood et Taylor) Braem, *P. victoria-regina* ssp. *primulinum* (M. W. Wood et Taylor) M. W. Wood
Die etwa 20 bis 30 cm langen, lanzettlichen Laubblätter sind oberseits dunkel-, unterseits blaßgrün. Am bis zehnblumigen, bis 30 cm langen Blütenschaft öffnen sich die etwa 8 cm breiten Blüten nacheinander. Das flaumig behaarte, mittlere Sepalum ist grünlichgelb und die fleckenlosen, an den Rändern welligen, bewimperten Petalen sind gelblich – ebenso das bauchige Labellum. Blütezeit: Das ganze Jahr hindurch. Heimat: Sumatra; im Laubhumus der Waldböden oder auf moosigen Felsen, in 400 bis 500 mNN. Kulturhinweis 2.

P. spicerianum Rchb.f.; 2n = 28, T bis K, Z, Schnittbl.
Die riemenförmigen Laubblätter sind dunkelgrün, unterseits rötlich. Der schwärzlich behaarte Blütenschaft wird 20 bis 30 cm hoch und ist ein-, seltener zweiblumig. Von der 6 bis 8 cm breiten Blüte ist das trichterförmige, am Grund grüne, mittlere Sepalum reinweiß mit purpurnem Mittelstreifen. Die gewellten, grünen Petalen besitzen einen purpurbraunen Mittelstreifen und sind gleichfarbig marmoriert und punktiert. Blütezeit: Oktober bis Februar. Heimat: Assam, Indien; im Uferbereich der Gebirgsbäche, in mit Humus gefüllten Felsspalten auf Kalkfelsen in 1000 bis 2000 m Höhe. Kulturhinweis 2.

P. sukhakulii Schoser et Senghas; 2n = 40, T bis W, Z, Schnittbl.
Die grünlichen Laubblätter sind weißlichgrün gefleckt, unterseits mit oder ohne rötliche Punktierung. Der bis 25 cm hohe, einblumige Blütenschaft trägt eine 8 bis 12 cm breite Blüte. Das zugespitzte mittlere Sepalum ist weißlich mit grüner Aderung. Die hellgrünen, dunkelgrün geaderten Petalen sind braunrot punktiert, die Ränder behaart. Das grüne Labellum ist seiner Öffnung zu purpurbraun marmoriert und dunkelgrün geadert. Blütezeit: September bis Mai. Heimat: Thailand; an Bachläufen und in Waldlichtungen, zwischen 250 und 1000 mNN. Kulturhinweis 2.

P. tonsum (Rchb.f.) Stein; 2n = 32, 34, T bis W, Schnittbl.
Die dunkel- bis graugrünen Laubblätter sind schachbrettartig gemustert und unterseits an der Basis rotbraun gefleckt. Der 15 bis 25 cm

hohe Blütenschaft ist einblumig. Von der 6 bis 10 cm breiten Blüte ist das breit-elliptische, zugespitzte, mittlere Sepalum aus grüner Mitte weiß und bräunlichrot gestreift. Die grün- und bräunlichroten Petalen sind rötlichbraun geadert und mit schwärzlichen Warzen versehen. Das olivfarbene Labellum ist bräunlich überlaufen. Blütezeit: März bis Juli. Heimat: Sumatra. Kulturhinweis 2.

P. venustum (Wall. et Sims) Pfitz.; 2n = 36, 38, 40, 42, K bis T, Schnittbl.
Die dunkelgrünen, graugrün marmorierten Laubblätter sind unterseits rot- bis purpurbraun. Der einblumige, 10 bis 15 cm hohe Blütenschaft trägt eine 6 bis 10 cm breite Blüte. Das weißliche, mittlere Sepalum ist dunkelgrün geadert; ebenso die aus grünlichweißer Basis purpurbraunen Petalen, die zum Teil zusätzlich schwärzliche Warzen aufweisen. Das gelblichgrüne Labellum ist rosarot überlaufen und deutlich grün geadert. Eine in der Blütenfärbung stark variierende Art. Blütezeit: November bis April. Heimat: Nordindien, Nepal, Bhutan, Bangladesch, Sikkim, Assam; im Humus und Moos dichter Wälder bzw. zwischen Bambus in Höhen von 1 000 bis 1 500 mNN. Kulturhinweis 2.

P. victoria-regina (Sander) M. W. Wood; 2n = 32, 34, 36, W bis T
Syn.: *P. chamberlainianum* (Sander) Stein, *P. victoria-regina* (Sander) M. W. Wood, ssp. *chamberlainianum* (Sander) M. W. Wood.
Die bis 40 cm langen, bandartigen, grünen, dunkelgrün geaderten Laubblätter sind unterseits rotbraun gefleckt. Der sich neigende, bis 60 cm lange Blütenschaft ist vielblumig. Seine bis 9 cm breiten Blüten öffnen sich nacheinander. Das breitovale, mittlere Sepalum mit gewellten Rändern ist olivgrün und gelblichweiß bis cremefarben umrandet sowie dunkelgrün gestreift. Die waagrecht ab-

Abb. 216. Paphiopedilum tonsum.

Abb. 217. Paphiopedilum venustum.

Abb. 218. Paphiopedilum villosum.

stehenden, gedrehten Petalen sind der Basis zu lavendelfarben und rötlich überlaufen, der Spitze zu purpurn. Das sackförmige Labellum ist rötlichbraun, dem Öffnungsrand zu gelblich bis cremefarben. Blütezeit: Das ganze Jahr über. Heimat: Sumatra; in Humusnestern der Kalkfelsen mit Verbreitung in 2000 m Höhe. Kulturhinweis 2.

P. villosum (Lindl.) Stein; 2n = 26, 28, T bis K, Z, Schnittbl.

Die steifen, glänzendgrünen Laubblätter sind an der Basis rötlichbraun punktiert. Der einblumige Blütenschaft wird bis 35 cm hoch. Von der 12 bis 15 cm breiten Blüte ist das mittlere Sepalum grün mit bräunlicher streifen- bzw. fleckenartiger Mitte und weißer Umrandung. Die obere Hälfte der Petalen ist gelblichbraun, die untere bräunlichgrün und der Mittelstreifen dunkelbraun. Das Labellum ist bräunlichgelb. Die Blütenfärbung variiert stark. Blütezeit: Dezember bis April. Heimat: Thailand, Assam, Myanmar (Burma); in gebirgigen Höhenlagen bis 2000 mNN; zwischen Moosen und Farnen in den Astgabelungen hoher Bäume. Kulturhinweis 1.

Kulturhinweise: Die heimatliche terrestrische bzw. epiphytische Lebensweise der Paphiopedilen erweist sich in der Kultur von untergeordneter Bedeutung. Zu berücksichtigen sind die klimatischen Gegebenheiten, denn je besser in der Kultur das Zusammenspiel von Wärme, Licht, Lüftung und Luftfeuchtigkeit praktiziert wird, um so günstigere Ergebnisse sind erzielbar. Die Paphiopedilen beanspruchen keineswegs eine monatelang stabil gehaltene Temperatur; sie sind auch nicht empfindlich gegen tägliche Wärmeschwankungen. Als Schattenpflanze benötigen sie im Sommer einen stärkeren Lichtschutz, die wärmebedürftigen Arten mehr als die kühler zu pflegenden. Diese brauchen zur Blüteninduktion, Ausgang des Hochsommers, mehrere Wochen nächtliche Abkühlung, sonst kommen z. B. *P. insigne* bei zu warmem Stand auf der Fensterbank nicht zum Blühen. Im Gegensatz dazu entwickeln die wärmeliebenden Arten oft ohne Bindung an eine bestimmte Jahreszeit, nach Abschluß eines kräftigen Laubsprosses, den Blütenschaft. Je nach Notwendigkeit wird zwischen 2 und 5 Jahren verpflanzt, die kühler zu kultivierenden Arten und Hybriden im März oder April und jene, die Wärme benötigen, unmittelbar nach ihrer Blüte zwischen März und August. Beim Austopfen bleiben häufig die Wurzeln am Tontopf haften, seltener am Kunststofftopf. Beim Säubern des Wurzelballens zerfallen umfangreiche Exemplare in eintopffähige Teilpflanzen; zusammenhängende Stöcke sind als solche zu belassen. Die Paphiopedilen gedeihen in Gemeinschaft besser denn als Einzelpflanzen. Das Pflanzgemisch kann aus gleichen Teilen abgelegener Rasenerde und Styroporschnitzeln bestehen, mit Zugaben von Buchenlaub oder Farnwedeln und Hornspänen. Auch *Osmunda* und *Sphagnum* mit den genannten Zugaben sind geeignet, ebenso Styroporschnitzel mit *Sphagnum* oder Redwood orchid bark. Die Nachdüngung mit 0,02 bis 0,1%igen Lösungen muß dem Vegetationsrhythmus und dem Substrat angepaßt werden. Zum besseren Wasserabzug sind in die Pflanztöpfe Scherben einzulegen. Die Pflanzen müssen mit verteilten Wurzeln so tief, wie sie waren, locker eingesetzt werden, nur so fest, daß sie aufrecht stehen. Bei zu fester Pflanzung stagniert die Bodenluft und die Wurzeln faulen. Umgepflanzte Paphiopedilen sind entsprechend der Witterung 3 bis 6 Wochen lang öfters am Tag nur leicht zu überbrausen. Erst mit beginnender Ausbildung neuer Wurzeln wird allmählich in die übliche Kultur übergegangen. Ausschlaggebend für den Erfolg ist weitgehend das richtige Gießen; bei Verwendung einer Rasenerde-Mischung sind, je nach der Jahreszeit, in ein- bis zweiwöchigen Abständen individuell abgestimmte Wassergaben erforderlich, während bei wasserdurchlässigerem Pflanzmaterial häufiger und ausgiebiger gegossen werden muß.

Kulturhinweis 1: Etwa ab April setzt bei den kühl zu kultivierenden Paphiopedilen die Wurzelerneuerung und Sproßentwicklung ein. Gefördert wird dieser Zuwachs durch diffuses Licht und morgendliches leichtes Überbrausen, durch die zwischen den erhöht stehenden Pflanzen aufsteigende Feuchtigkeit und entsprechende Lüftung des Kulturraumes. Ab Hochsommer verringert man die Schattierung, und durch offen bleibende Lüftungsfenster wird zwischen Tag und Nacht ein Temperaturgefälle angestrebt, das die Blütenbildung anregt. Herbst- und Wintertemperaturen zwischen 15 und 18 °C tagsüber, 12 und 15 °C nachts reichen aus. Nach der Blüte sollte eine geringfügig trockenere Ruheperiode eingehalten werden.

Kulturhinweis 2: Im Unterschied zum vorgenannten Formenkreis haben die wärmeliebenden Arten und Hybriden keinen an den Lauf der Jahreszeiten streng gebundenen Vegetationsrhythmus. Sie bevorzugen mehr lockeres Pflanzmaterial (Mexifern-Styromull-Mischung). Der neue Sproßaustrieb erfolgt während oder unmittelbar nach der Blühperiode und ist wie die Blütezeit selbst sehr individuell. Die Pflegemaßnahmen ähneln weitgehend denen im Kulturhinweis 1, die Temperatur allerdings soll das ganze Jahr über zwischen 22 und 26 °C bzw. zwischen 18 und 22 °C liegen.

Kulturhinweis 3: Die Kultur der kalkbodenliebenden Arten und Hybriden gleicht der in Kulturhinweis 2 angegebenen, jedoch wird dem Pflanzmaterial etwa 1/10 leicht verwitterbarer Muschelkalk- bzw. Kalksteingrieß zugegeben.

Papilionanthe Schltr.

Die Gattung besteht aus zwei Arten, die von R. Schlechter 1915 wegen der andersartigen Blüten aus der Gattung *Vanda* ausgeschieden wurden. Er setzte den Gattungsnamen nach der Ähnlichkeit der Blüten mit Schmetterlingen aus den griechischen Wörtern *papilion* (Schmetterling) und *anthe* (Blüte) zusammen. Die Pflanze wächst mit meterlangen, gabelig verzweigten, mit Luftwurzeln besetzten Stämmen terrestrisch oder epiphytisch. Die stielrunden Laubblätter sind zweizeilig angeordnet, fleischig und lederig. Der ein- bis mehrblumige Blütenstand entsteht achselständig. Von der großen Blüte sind die Sepalen und Petalen abstehend, der Mittellappen vom dreilappigen Labellum ist herzförmig und tief gespalten. Die beiden Arten sind in Südostasien und auf der Malaiischen Halbinsel verbreitet.

P. teres (Roxb.) Schltr.; 2n = 38, W bis T
Syn.: *Vanda teres* Lindl.
Die meterlangen, mit Luftwurzeln besetzten Stämme brauchen eine haltgebende Stütze. Die stielrunden, 8 bis 15 cm langen Laubblätter sind oberseits gefurcht und dunkelgrün bis bräunlich gefleckt. Der Blütenschaft mit bis acht 6 bis 10 cm breiten Blüten wird länger als die Laubblätter. Sepalen und Petalen sind abstehend, die Seitenlappen des dreilap-

Abb. 219. Papilionanthe teres.

pigen Labellums umfassen die Columna. Die weißlichen Sepalen und Petalen sind rosafarben bis hellila angehaucht. Das gelbliche – lilafarbene – bräunliche Labellum ist zusätzlich purpurn punktiert. Der Sporn ist doppelt so lang wie die Columna. Blütezeit: April bis August. Heimat: Südostasien, Myanmar (Burma), Laos, Thailand; auf Bäumen in wärmeren Tälern. Kulturhinweis: siehe bei *Vanda*; Voraussetzung für reichlichen Blütenansatz ist ein sehr heller, sonniger und luftfeuchter Stand im warmen Gewächshaus.

Phaius Lour.

Der portugiesische Missionar und Botaniker J. de Loureiro stellte im Jahre 1790 diese Gattung auf und benannte sie nach der Farbe der Blüte, *phaios* (griech. dunkelbraun, worunter auch rotbraun zu verstehen ist).

Terrestrisch wachsende Arten mit gestauchten, knollenähnlichen Pseudobulben bzw. mit fleischigen, verdickten Stämmchen. Die breitfächerigen, gefalteten Laubblätter sind an der Basis stielartig verschmälert. Der stets langgestielte Blütenschaft entwickelt sich seitenständig aus der Achsel eines Scheidenblattes. Die Sepalen und Petalen der Blüte sind nahezu gleich. Das nicht mit der Columna verwachsene, dreilappige Labellum umfaßt sie trichterförmig. Das Labellum bildet mit dem Säulenfuß einen Sack oder einen kurzen bis längeren Sporn. Die Antheren bergen vierpaarige Pollinien. Über 30 Arten sind in einem Gebiet verbreitet, das sich von Westafrika über Südostasien bis nach China, Japan und über Australien hinaus bis nach Tahiti erstreckt.

P. tankervilleae (Banks ex L'Hérit.) Bl.; 2n = 42, Schnittbl.
Syn.: *P. grandiflorus* Lour., *P. grandifolius* Lindl., *P. wallichii* Hook.f.
Die gestauchte Pseudobulbe ist eiförmig, die gestielten Laubblätter sind bis 90 cm lang. Der steif aufrechte, 80 bis 120 cm hohe Blütenschaft trägt fünf bis fünfzehn 8 bis 12 cm breite Blüten. Die Sepalen und Petalen sind innen hell- bis dunkelbraun, außen weißlich. Das dunkelrosafarbene Labellum wird aus der Basis nach vorn zu heller, der Schlund ist weißlich geadert. Der bis 6 mm lange Sporn ist an der Spitze gekrümmt. Blütezeit: Dezember bis März. Heimat: Nahezu alle Gebiete vom tropischen Süd- und Südostasien; wächst terrestrisch, seltener lithophytisch, in hochgrasigen Savannen und in Lichtungen der Bergwälder in Höhenlagen zwischen 600 und 1 300 m.

Kulturhinweis: Sobald nach der winterlichen Ruheperiode der neue Sproßaustrieb die Höhe einer Handlänge erreicht, gehören getopfte *Phaius* bis zum Blühbeginn in eine wassergefüllte Untertasse. Alle zwei bis drei Wochen wird das Wasser erneuert. Der Wasserstand ist etwa 2 bis 3 cm hoch. Ein geeigneter Standort ist im wenig beschatteten, warmen, luftfeuchten und gelüfteten Glashaus bei Tagestemperaturen von 20 bis 22 °C. Während der sommerlichen Vegetationsperiode sind monatliche Düngergaben notwendig. Während der Blüh- und der nachfolgenden Ruheperiode sind bei nicht sehr feuchtem Wurzelballen Temperaturen um 15 °C ausreichend.

Phaius wird alle 3 bis 4 Jahre bei handlangem Sproßaustrieb umgepflanzt. Als Pflanzmaterial dient das übliche Substrat für Epiphyten. Eine stärkere Dränageeinlage ist erforderlich. Beim Umpflanzen abgetrennte wurzel- und laubblattlose Bulben werden in Schalen mit etwa 1 cm hohen Wasserstand gelegt. Nach drei bis sechs Monaten bilden sich mehrere Sproßaustriebe. Diese sind nach Ausbildung von Wurzeln einzutopfen und wie Jungpflanzen weiter zu kultivieren. Eine andere Vermehrungsart ist das Zerschneiden abgeblühter Blütenschäfte in 10 bis 15 cm lange Teilstücke, die ein oder zwei stengelumfassende Hochblätter besitzen. Diese Teilstücke bringen, 2 bis 3 cm tief in Wasser gestellt und bei wärmerem Stand, nach zwei bis vier Monaten aus der Blattachsel einen neuen Sproßaustrieb hervor. Nach Ausbildung von Wurzeln eingetopft und als Jungpflanze weiter kultiviert, sind sie nach drei oder vier Jahren blühfähig.

Abb. 220. Phaius tankervilleae.

Phalaenopsis Blume

Die Gattung wurde von dem holländischen Botaniker C. L. Blume im Jahre 1825 begründet und nach dem Aussehen ihrer Blüte benannt: *phalaina* (griech. Motte, Nachtfalter) und *opsis* (griech. ähnlich).

Monopodial wachsende, stammlose Pflanzen mit wenigen fleischig-lederigen, vorwiegend überhängenden Laubblättern und mit bandartigen, sich an die Unterlage fest anheftenden Wurzeln. Der Blütenstand ist eine gestauchte Traube oder verzweigte Rispe. An der Blüte sind die Sepalen und Petalen frei abstehend, seltener zurückgeschlagen. Das am Säulenfuß aufsitzende, dreilappige Labellum ist spornlos. Seine Seitenlappen sind aufrecht- oder abstehend, der ungeteilte oder zweiteilige Vorderlappen ist ohne oder mit langen Fortsätzen behaftet. An der Basis des Labellums sind Schwielen in Form zweier Höcker und eines zungenförmig-zweispitzigen Auswuchses vorhanden. Etwa 45 epiphytisch wachsende Arten sind zwischen dem Himalaja Indiens über Malaysia und die Sundainseln bis Australien bzw. über Taiwan bis zu den Philippinen verbreitet.

P. amabilis (L.) Bl.; 2n = 38, cv. 2n = 38, 114, 152, W, Z. Schnittbl. duft.
Syn.: *P. grandiflora* Lindl.
Die oval-langgestreckten, hellgrünen Laubblätter erreichen eine Länge bis zu 50 cm. Der aufrechte bis vorgeneigte, teilweise verzweigte, bis meterlange Blütenschaft trägt un-

Abb. 221. Phalaenopsis amabilis.

Abb. 222. Phalaenopsis cornu-cervi.

terschiedlich viele 5 bis 10 cm breite, weiße Blüten. Ihre Sepalen und Petalen sind ausgebreitet abstehend. Am Labellum sind vom Mittellappen die aufwärts gerichteten Seitenlappen aus schmälerer Basis breitoval und länger als der Vorderlappen. Dieser ist keilförmig schmal, trägt an der Basis einen dreieckkigen Nebenlappen mit zwei fadenförmigen Fortsätzen. Die Basis des Mittellappens ist wie der Kallus gelb und bräunlichrot punktiert. Blütezeit: Oktober bis Juli. Heimat: Von den Philippinen bis Indonesien und südwärts bis Nordostaustralien; auf Bäumen küstennaher Wälder. Kulturhinweis 1; verblühte, nicht abgeschnittene Blütenschäfte bringen mit seitlichen, neuen Austrieben wiederum Blüten.

P. aphrodite Rchb.f.; 2n = 38, W, Schnittbl.
In Habitus und Blüte wie *P. amabilis*, jedoch sind die Seitenlappen vom Labellum aus schmälerer Basis breit-rundlich und kürzer als der Vorderlappen. Dieser ist breiter als bei *P. amabilis* und etwa so breit wie lang. Der höckerige Kallus ist nach rückwärts zu gefranst und wie die Basis der Lippe bräunlichrot punktiert. *P. sanderiana* Rchb.f. wird auch als Varietät von *P. aphrodite* angesehen. Der Unterschied liegt beim Vorderlappen des Labellums, der wie eine Zwischenform der Vorderlappen von *P. amabilis* und *P. aphrodite* aussieht. Blütezeit: November bis Mai. Heimat: Philippinen. Kulturhinweis 1.

P. cornu-cervi (Breda) Bl. et Rchb.f.; 2n = 38, W
Die länglich-riemenförmigen, fleischigen Laubblätter sind hellgrün. An dem verzweigten, blattartig verbreiterten Blütenschaft (Rhachis) mit den gekielten Brakteen erscheinen über Jahre die nacheinander aufblühenden, etwa 2 cm breiten, wachsähnlichen Blüten. Die Sepalen und Petalen sind bei *P. c.* var. *cornu-cervi* grünlichgelb und rötlichbraun quergebändert, bei *P. c.* var. *rubescens* Braem einfarbig rötlichbraun und bei *P. c.* var. *flava* Braem einfarbig grünlichgelb. Das weiße Labellum weist rotbraune Streifen auf, nur bei

P. c. var. *flava* ist die Basishälfte des Labellums grünlichgelb. Blütezeit: Ganzjährig. Heimat: Myanmar (Burma), Thailand, Malaiische Inseln, Laos, Sumatra, Java, Borneo; die Art wird sowohl im dunklen Bambusdikkicht als auch in baumlosen Gebieten angetroffen und ist während der Trockenperiode der vollen Sonne ausgesetzt. Kulturhinweis 1.

P. lueddemanniana Rchb.f.; 2n = 38, cv. 2n = 38, W
Die länglich-elliptischen, fleischigen Laubblätter sind grün und glänzend. Der aufrechte bis hängende, öfters verzweigte Blütenschaft hat eine zickzackförmige Achse. Die cremefarbenen Sepalen und Petalen der etwa 5 cm breiten, fleischigen Blüte sind intensiv purpurfarben, mitunter auch grünlich gebändert und gefleckt. Das gleichfarbige Labellum weist aufrechte, spitze, innen gelb gefärbte Seitenlappen und einen länglichen Vorderlappen mit weißlichem, kammartigem Kallus auf. Eine stark variierende Art. Blütezeit: April bis September. Heimat: Philippinen. Kulturhinweis 1; befruchtete Blüten vergrünen, an der abgeblühten Rhachis entwikkeln sich endständig bewurzelte Jungpflanzen.

P. mannii Rchb.f.; 2n = 38, T bis K
Die länglich-riemenförmigen Laubblätter werden bis 35 cm lang, ebensolang ist der mitunter verzweigte, überhängende Blütenschaft. Die gelblichen bis grünlichen Sepalen und Petalen der etwa 5 cm breiten Blüte sind hell- bis ockerbraun streifig gefleckt. Das weißliche Labellum besitzt aufwärts gerichtete, lilagestreifte bzw. gepunktete Seitenlappen und einen ankerförmigen Vorderlappen. Blütezeit: März bis September. Heimat: Nepal, Sikkim, Assam. Kulturhinweis 2.

P. schilleriana Rchb.f.; 2n = 38, cv. 2n = 38, 65, 76, W
Die elliptischen, dunkelgrünen, bis 45 cm langen Laubblätter sind bandartig silbergrau marmoriert. Der überhängende, nicht immer verzweigte, vielblumige Blütenschaft entfal-

Abb. 223. Phalaenopsis lueddemanniana.

Abb. 224. Phalaenopsis schilleriana.

tet 3 bis 5 cm breite, zart- bis lilarosa Blüten. Am Labellum ist die Basis der aufwärtsgerichteten, ovalen Seitenlappen rötlich punktiert, der Vorderlappen ankerförmig und der gelbe Kallus rotbraun gefleckt. Eine sehr variierende Art. Blütezeit: Dezember bis März. Heimat: Philippinen; auf der Wetterseite älterer Bäume in Höhenlagen zwischen 300 und 400 mNN. Kulturhinweis 1.

P. stuartiana Rchb.f.; 2n = 38, W
Die elliptischen, dunkelgrünen, bis 35 cm langen Laubblätter sind nur im Jugendstadium grauweiß marmoriert. Von der überhängenden Rispe sind die nicht immer zahlreichen, 4 bis 6 cm breiten Blüten weiß. Die innere Hälfte der seitlichen Sepalen ist bräunlichrot punktiert, ebenso auch die schräg aufwärtsstehenden Seitenlappen und der ankerförmige Vorderlappen sowie der gelbe Kallus. Blütezeit: November bis März. Heimat: Philippinen. Kulturhinweis 1.

Kulturhinweis 1: Berichte über die Standorte tropischer *Phalaenopsis* sprechen von einer Verbreitung auf der Wetterseite großer Bäume, an deren Stämme sich die Wurzeln meterlang auf- und abwärts sowie seitlich um den Stamm ausbreiten. Dies erklärt die Empfindlichkeit der Wurzeln gegen Trockenheit und ihr häufiges Herauswachsen aus dem Topf sowie das Anschmiegen an die äußere Topfwand. In der Kultur hält man die Pflanzen im allgemeinen während des ganzen Jahres warm und feucht, tagsüber zwischen 20 und 25 °C, nachts etwas kühler. Zur Blüteninduktion muß die Nachttemperatur für einige Wochen weiter auf 15 bis 17 °C abgesenkt werden. Gesunde, wüchsige Pflanzen düngt man 2- oder 3mal im Monat mit einer 0,05- bis 0,1%igen Nährlösung. Der Pflanzstoff sollte gut luftdurchlässig und wasserhaltend sein. Wenn nach einigen Jahren das Substrat zu vererden beginnt, ist das Frühjahr die günstigste Zeit für dessen Erneuerung. Eine geeignete Mischung setzt sich aus grobfaserigem Torf und Rinde oder Styromull zusammen, unter Zusatz von 0,5 bis 1 g Volldünger je Liter Substrat. Beim Umpflanzen bleibt zum Schutz gegen Stamm- und Blattfäule und zur besseren Neubildung von Wurzeln der oberste Stammteil unterhalb des letzten Laubblattes frei von Pflanzstoff. Die leicht brechenden Wurzeln müssen sehr vorsichtig aus den Töpfen herausgenommen und wieder eingesetzt werden. Längere Luftwurzeln beläßt man außerhalb der Gefäße. Während des Sommers muß das Gewächshaus schattiert und für feuchte, frische Luft gesorgt werden. Mit Beginn der kürzeren Tage tritt häufig ein Wachstumsstillstand ein, dem durch verringerte Nährstoffgaben Rechnung zu tragen ist. Das Gießwasser sollte stets die gleiche Temperatur wie die Luft haben, zu kaltes Wasser schädigt das Laub.

Abb. 225. Phalaenopsis stuartiana.

Kulturhinweis 2: Das bisher Gesagte hat auch für die kühler zu pflegenden *Phalaenopsis*-Arten uneingeschränkte Gültigkeit, mit Ausnahme der Temperatur, die im Sommerhalbjahr tagsüber bei 18 bis 20 °C, im Winterhalbjahr bei 15 bis 17 °C gehalten wird.

Phragmipedium Rolfe

Der deutsche Botaniker E. Pfitzer stellte 1894 die Sektion Phragmipedium auf, die vom englischen Botaniker R. A. Rolfe 1896 zur Gattung erhoben wurde. Der Gattungsname setzt sich aus *phragma* (griech. getrennt, für den in drei Fächer unterteilten Fruchtknoten) und *pedi(l)on* (griech. kleiner Schuh) zusammen.

Der Unterschied zu *Paphiopedilum* liegt hauptsächlich im vegetativen Aufbau des Sprosses. Die riemenförmigen Laubblätter bilden eine Blattrosette, aus deren unterem Teil der neuaustreibende Seitensproß mehrere Niederblätter durchstößt und sich dann über der alten Blattrosette entfaltet. Der aufrechte Blütenschaft ist eine vielblumige Traube, die ihre Knospen nacheinander öffnet und vor dem Verblühen die Blüte als Ganzes abstößt. Von den zumeist großen Blüten sind die seitlichen Sepalen zu einem Synsepalum verwachsen. Das mittlere Sepalum (die Fahne) ist den beiden Petalen ähnlich, wenn diese nicht, schwanzartig lang gezogen, herabhängen. Das Labellum ist pantoffelähnlich. Die kurze Columna weist seitlich zwei Antheren sowie oberhalb der Narbe ein schildförmiges Staminodium auf. Etwa 12 Arten sind in den Anden von Südamerika und im Westen von Panama und Guatemala verbreitet.

P. caudatum (Lindl.) Rolfe; 2n = 32, T bis K
Die aufrechtstehenden, riemenförmigen, lederartigen, vier bis fünf Laubblätter einer Pflanze werden bis 50 cm lang. Der aufrechte, ein- bis vierblumige Blütenschaft wird 30 bis 60 cm hoch, die Blüte 8 bis 12 cm breit. Das vorgeneigte mittlere Sepalum ist weißlich bis grünlichgelb und dunkelgrün geadert. Die im Aufblühen kurzen Petalen verlängern sich innerhalb weniger Tage schwanzartig bis zu 35, seltener bis 55 cm. Die Petalen sind aus gelblicher Basis rötlichbraun und dunkelgrün geadert. Das Labellum ist bräunlichgrün und zur Spitze hin bräunlichrot und dunkelgrün geadert. Blütezeit: Juni bis September. Heimat: Peru, Kolumbien, Venezuela, Panama, Ecuador, Guatemala, Costa Rica; wächst epiphytisch in vermoosten Astgabelungen alter Bäume und terrestrisch im lockeren Humus beschatteter, feuchter, felsiger Standorte. Verbreitet bis 2000 mNN.

Kulturhinweis: Die Pflege stimmt mit jener von *Rossioglossum* überein (siehe dort), jedoch ohne Kultur im Garten und ohne strenge Ruheperiode. *P. caudatum* hat keine Pseudobulbe als Speicherorgan. Die Wurzeln sind gegen stagnierende Nässe sehr empfindlich.

Pleione D. Don

Die Gattung wurde 1825 von dem englischen Botaniker D. Don begründet und nach Pleione, der Mutter der Plejaden in der griechischen Mythologie benannt; eine Anspielung auf die vielen von der Pseudobulbe spitzenständig ausgebildeten Brutknöllchen.

Die Gattungsmerkmale der Blüte ähneln denen von *Coelogyne*. Der Unterschied liegt in der Ausbildung der gebüschelt wachsenden Pseudobulben, die einjährig, vor der Winterruhe, ihre ein bis zwei gipfelständigen Laubblätter abstoßen. Die ein oder zwei Blüten der Infloreszenz sind großblumig und kurzlebig. Die Sepalen und Petalen sind sich sehr ähnlich, das größere dreilappige Labellum umschließt tütenförmig die Columna und weist an seiner Basis zwei bis neun Kiele auf.

Etwa 15 epiphytisch und terrestrisch wachsende Arten sind in den Bergen von Nordindien bis Südchina verbreitet.

Abb. 226. Pleione maculata.

Abb. 227. Pleione limprichtii.

P. bulbocodioides (Franch.) Rolfe; K
Syn.: *P. pogonioides* Rolfe
Die kleine, etwa 2 cm hohe grüne Pseudobulbe trägt ein 10 bis 25 cm langes Laubblatt und eine dunkellila Blüte von 6 bis 9 cm Breite. Der Schlund des Labellums ist weißlich, der gefranste Vorderlappen mit gelblichem Mittelfleck weist kleine purpurlila Randflecken sowie zwei lange und einen kurzen Kiel auf. Blütezeit: März bis Mai. Heimat: Tibet, China, Formosa; auf bemoosten Ästen und Felsen, zwischen 1 200 und 2 900 mNN. Kulturhinweis 2.

P. formosana Hayata; 2n = 40, K
Syn.: *P. pricei* Rolfe
Die schwärzlichgrüne Pseudobulbe wird 1 bis 2 cm hoch, das Laubblatt wird 25 bis 35 cm lang und die hell bis dunkel rosalila Blüte 7 bis 10 cm breit. Das hellere bis weißliche Labellum hat bräunlichgelbe, strichartige Flecken. An der Basis sind mehrere unterschiedlich lange Kiele ausgebildet, der vordere Rand ist gefranst. Blütezeit: März bis Mai. Heimat: Formosa. Kulturhinweis 2.

P. × lagenaria Lindl.; T, Z
Naturhybride zwischen *P. maculata* und *P. praecox*
Die gefleckte Pseudobulbe ist 1 bis 2 cm hoch, die zwei Laubblätter sind 10 bis 15 cm lang, die lilarosa Blüte ist 3 bis 5 cm breit. Der Schlund des Labellums ist dunkellila gestreift und besitzt einen orangegelben Mittelfleck und dunkellila Randflecken. Blütezeit: September bis Oktober. Kulturhinweis 1.

P. limprichtii Schltr.; 2n = 40, 80, Gartenpfl.
Die grüne Pseudobulbe wird etwa 1 cm hoch, das eine Laubblatt 8 bis 12 cm lang und die rosalila Blüte 4 bis 6 cm breit. Das Labellum wird dem Schlund zu heller und ist purpurlila

gefleckt, die Basis weist zwei lange und zwei kurze Kiele auf, der Rand des Vorderlappens ist gefranst. Blütezeit: April bis Mai. Heimat: Südwestchina; entlang der Quelläufe, zwischen 1300 und 2500 mNN. Kulturhinweis 2. *P. limprichtii* wird neuerdings als Varietät von *P. bulbocodioides* angesehen.

P. maculata (Lindl.) Lindl.; 2n = 40, T, Z
Die gefleckte Pseudobulbe ist 1 bis 2 cm hoch und im Jugendstadium von blasigen Niederblättern umgeben. Die zwei Laubblätter sind 8 bis 12 cm lang und die weiße Blüte 3 bis 5 cm breit. Das orange- bis goldgelbe Labellum ist lilarot gestreift bis gefleckt. Blütezeit: September bis Oktober. Heimat: Myanmar (Burma), Assam, Sikkim, Bhutan, Thailand; auf bemoosten Ästen und moosbedeckten Felsen. Kulturhinweis 1.

P. praecox (J. E. Sm.) D. Don; 2n = 40, T, Z
Syn.: *P. reichenbachiana* (T. Moore et Veitch) B. S. Williams, *P. wallichiana* Lindl.
Die dunkelgrüne Pseudobulbe ist 1 bis 2 cm hoch und die zwei Laubblätter sind 10 bis 15 cm lang. Die 5 bis 7 cm breite Blüte variiert zwischen hell- und dunkelrosalila. Das mehr oder minder deutliche dreilappige Labellum ist heller, der Schlund weist ein orangegelbes, streifenartiges Fleckenmuster auf und sein Vorderlappen ist weißlich gefranst. Blütezeit: September bis Oktober. Heimat: Assam, Sikkim, Nepal, Myanmar (Burma), Südwest-China; verbreitet in Höhen zwischen 1700 und 3400 m. Kulturhinweis 1.

Kulturhinweis 1: Bei den geflecktbulbigen Arten beginnt im Spätsommer mit Vergilben der Laubblätter und bei verringerten Wassergaben die Blühperiode. Seitlich der Pseudobulben treiben ein oder zwei Sprosse aus. Ihre Niederblätter bleiben sehr kurz, aus ihrer Mitte entwickelt sich der ein- oder zweiblumige Blütensproß. Die Blühdauer beträgt zwei, seltener drei Wochen. Nach der Blüte sind diese *Pleione*-Arten bei relativ trockenem Wurzelballen temperiert bis kühl zu überwintern. Eine Heizwärme von 14 bis 17 °C ist ausreichend, es darf zu keinem Schrumpfen der Pseudobulben kommen. Ab Spätwinter bis Vorfrühling sind sie mit beginnender Laubblattentwicklung bei halbschattigem, luftfeuchtem, frischluftreichem Stand im temperierten Gewächshaus zu pflegen. Die Wassergaben werden sukzessiv reichlicher und die Gewächshauswärme schwankt zwischen 17 bis 21 °C. Die Bildung großer Pseudobulben wird durch zwei oder drei Düngungen gefördert. Alle 2 bis 4 Jahre wird die *Pleione* geteilt und mit frischem Pflanzmaterial für Epiphyten auf Kork oder Farnbrettchen aufgebunden; auch die Kultur in Töpfen ist möglich.

Kulturhinweis 2: Die grünbulbigen Arten brauchen im Sommerhalbjahr einen kühlen, luftigen, luftfeuchten und halbschattigen Stand im fensterlosen Frühbeetkasten oder in entsprechender Gartenecke. Die *Pleione*-Arten benötigen in der Vegetationsperiode gleichbleibende Ballenfeuchtigkeit. Stauende Nässe oder anhaltende Regenfälle bringen Neuaustriebe zum Verfaulen. Zwei bis vier schwache Dunggüsse begünstigen auch bei diesen Arten die Größe der Pseudobulben. Nach Abwurf der Laubblätter im Herbst sind sie fast trocken und frostfrei zu überwintern, z. B. im Keller. Im Frühjahr beginnt – ohne Heizwärme im hellen, luftfeuchten Kalthaus oder auf dem Fensterbrett und bei geringsten Wassergaben – die Entwicklung der Sprosse und der Blüten. In mehrjährigem Abstand werden die grünbulbigen Pflanzen geteilt und umgesetzt. Die günstigste Periode ist nach der Blüte. Das Pflanzmaterial besteht aus einem Gemisch aus alter Rasenerde, Farnwurzelabfällen, Torf und Sand, mit Zugabe von etwas organischem Dünger. Diese *Pleione*-Arten lassen sich auch in gedüngtem Torf mit Sanduntermischung kultivieren. Über ein Jahr alte Pseudobulben bilden willig Bulbillen aus. Die überwinterten, im Frühjahr auf sandreiches Pflanzmaterial gelegten Bulbillen wachsen während 3 bis 4 Jahren zu blühfähigen Pflanzen heran.

Abb. 228. Psychopsis papilio.

Psychopsis Raf.

In Anlehnung an die schmetterlingsähnliche Blüte benannte der italienisch-nordamerikanische Botaniker C. S. RAFINESQUE seine im Jahre 1836 aufgestellte Gattung *Psychopsis*, nach *psyche* (griech. Seele, Schmetterling) und *opsis* (griech. Gesicht, Aussehen).

Die rundlichen, flachgedrückten Pseudobulben sind zu mehreren aneinander gereiht und tragen ein großes, derbes Laubblatt. Am drahtig-langen Blütenschaft erblühen apikal, über Monate hindurch, einzeln stehende Blüten. Das mittlere Sepalum und die paarigen Petalen sind schmal und aufwärtsgerichtet. Die beiden seitlichen Sepalen sind breit und sichelförmig abwärts gekrümmt. Das dreilappige Labellum trägt an der Basis einen dreiteiligen, fünfhöckerigen Kallus. An der Spitze der Columna sind die seitlichen Flügel zerschlitzt. Bisher sind drei Arten mit Verbreitung in tropischen Gebieten von Süd- und Mittelamerika bekannt.

P. krameriana (Rchb.f.) Jones; 2n = 38, W, Z
Syn.: *Oncidium kramerianum* Rchb.f.
Die flachgedrückte Pseudobulbe ist im Durchmesser 2 bis 4 cm breit und das lederige, 15 bis 25 cm lange Laubblatt dunkelgrün und schwärzlichgrün marmoriert. Der aufrechte, stielrunde, bis 75 cm lange Blütenschaft bringt über Jahre nacheinander Blüten von 5 bis 10 cm Breite hervor. Das mittlere Sepalum und die Petalen sind schmal und schokoladenbraun, der Rand gelb und gewellt. Die gelben, sichelförmigen, stark gekrausten Sepalen sind rotbraun gefleckt. Der große, rundliche, gelbe Vorderlappen des dreilappigen Labellums ist kreisförmig und rotbraun umrandet. Blütezeit: Mit Einzelblüte zu jeder Jahreszeit. Heimat: Kolumbien, Ecuador, Panama, Costa Rica; nahezu immer als Einzelpflanze auf schlanken Ästen und an Lianen im Bereich der Wasserläufe, zwischen 200 und 1 000 mNN.

P. papilio (Lindl.) Jones; 2n = 38, W, Z
Syn.: *Oncidium papilio* Lindl.
Die Größe von Pseudobulbe und Laubblatt gleicht jener von *P. krameriana*, jedoch ist das olivgrüne Laubblatt rötlichbraun gefleckt. Der bis 100 cm lange Blütenschaft ist im oberen Drittel flachgedrückt. Das schmale, mittlere Sepalum und die beiden gleichbreiten Petalen der bis 10 cm breiten Blüte sind rötlichbraun und gelb gefleckt. Die beiden seitlichen, sichelförmigen, gewellten Sepalen sind breit sowie rotbraun und gelb quergebändert. Der große, rundliche Vorderlappen des dreilappigen Labellums ist gelb und breit, kreisförmig rotbraun umrandet. Blütezeit: Mit Einzelblüte am bleibenden Blütenstiel zu jeder Jahreszeit. Heimat: Venezuela, Kolumbien, Ecuador, Peru, Trinidad; auf Ästen hoher Bäume entlang der Gebirgsbäche.

Kulturhinweis: *Psychopsis*, auf deutsch Schmetterlingsorchidee, wird über Sommer im beschatteten, luftfeuchten, gelüfteten, warmen Gewächshaus gepflegt. Die Temperatur beträgt 22 bis 27 °C und sinkt nachts nicht unter 18 bis 20°C. Dosiertes Gießen hält den Wurzelballen gleichmäßig feucht, nicht naß. An Vormittagen sonnig-heißer Tage wird leicht überbraust, anhaltende Luftbewegung sorgt für das Abtrocknen. Heranwachsende Sproßaustriebe sind anfällig für Fäulnis. Während der kalten Jahreszeit wird besonders sparsam gegossen; der Wurzelballen darf aber nicht austrocknen. Die Heizwärme beträgt um 20 °C und soll nachts nicht unter 18 °C fallen. – Als Pflanzmaterial dient ein Gemisch für Epiphyten. Die Pseudobulben bleiben beim Einsetzen oberhalb des Pflanzmaterials. Gut eingewurzelte Pflanzen sind während der Ausbildung der Pseudobulbe schwach zu düngen.

Renanthera Lour.

Der portugiesische Missionar und Botaniker L. DE LOUREIRO benannte 1790 diese Gattung nach der Form der Staubblätter mit *renes* (lat. Nieren) und *anthera* (griech. Staubblatt).

Monopodial wachsende Orchideen mit meterlangen Sprossen, mehrere Jahre ausdauernden, lederig-derben Laubblättern und mit seitenständigem, mitunter verzweigtem, vielblumigem Blütenschaft. Das mittlere Sepalum und die Petalen der Blüte sind zungenförmig und abstehend. Die größeren seitlichen Sepalen sind unten schmal und oben elliptisch. Das relativ kleine, dreilappige Labellum mit sackartigem Sporn ist an der Basis des Vorderlappens mit Schwielen versehen. Etwa 15 Arten sind im tropischen Südostasien bis zu den Philippinen verbreitet.

R. coccinea Lour.; 2n = 38, W bis T
Der monopodiale Sproß wird bis 1 m hoch, seine Laubblätter sind 8 bis 12 cm lang und 2,5 bis 3,5 cm breit. Der traubige, seltener rispige Blütenschaft wird 40 bis 80 cm lang. Von der etwa 3 cm breiten Blüte sind das mittlere Sepalum und die Petalen hellrosa und scharlachrot gefleckt, die seitlichen Sepalen und das Labellum scharlachrot. Blütezeit: Februar bis Juni. Heimat: Myanmar (Burma), Indochina, südliches China.

Abb. 229. Renanthera imschootiana.

R. imschootiana Rolfe; 2n = 38, W bis T
Der monopodiale Sproß wird über 1 m hoch, seine Laubblätter sind 6 bis 8 cm lang und 1,5 bis 2,5 cm breit. Der traubige oder rispige Blütenschaft wird 30 bis 50 cm lang. Von der 3 bis 4 cm breiten Blüte sind das mittlere Sepalum und die Petalen gelblich und rot punktiert, die seitlichen Sepalen rot und das weiße Labellum rot gefleckt. Eine in der Rotfärbung stark variierende Art. Blütezeit: Februar bis Juni. Heimat: Assam, Indochina, Myanmar (Burma).

Kulturhinweis: Die Kultur entspricht der von *Vanda* (siehe dort). *Renanthera* unterscheidet sich von *Vanda* durch ihre Blütenform, -größe und -farbe. Die rasch hochwachsende *Renanthera* wird beim Umpflanzen durch Abschneiden des unteren, blattlosen Stammteils verkürzt.

Rhyncholaelia Schltr.

Der von R. Schlechter 1918 eingeführte Gattungsname ist eine Zusammensetzung aus *rhynchos* (griech. Schnabel) und *Laelia*, eine verwandte Orchideengattung.

Im Unterschied zu *Laelia* hat *Rhyncholaelia* eine geschnäbelte Frucht. Die *Rhyncholaelia*-Arten waren bis 1918 in die Gattung *Brassavola* einbezogen und wurden wegen ihres den Laelien gleichenden Aussehens von diesen abgetrennt. *Rhyncholaelia* hat keulige Pseudobulben und sukkulente Laubblätter, während *Brassavola* lange, stielrunde Sprosse und Laubblätter aufweist. Die durch Bastardierung zwischen *Rhyncholaelia* (syn. *Brassavola*) und *Cattleya* bzw. *Laelia* hervorgegangenen Hybriden tragen noch die ursprüngliche Bezeichnung: *Brassocattleya, Brassolaeliocattleya.*

R. digbyana (Lindl.) Schltr.; 2n = 40
Syn.: *Brassavola digbyana* Lindl., *Laelia digbyana* (Lindl.) Benth.; T, st. duft.
Die keuligen, etwas flachgedrückten Pseudobulben mit graugrünem Laubblatt sind 10 bis 15 cm hoch. Aus rötlicher Scheide entfaltet sich eine weiße, grünlich überhauchte Blüte von 10 bis 15 cm Breite, deren Labellum breitrandig gefranst ist. Blütezeit: April bis August. Heimat: Mexiko, Honduras; in der Savanne an solitären Eichen. Von Meereshöhe bis etwa 900 m Höhe.

R. glauca (Lindl.) Schltr.
Syn.: *Brassavola glauca* Lindl.; T
Im Habitus kleiner als *R. digbyana*, ebenso die weiße, grünlich überhauchte Blüte. Das Labellum ist nicht gefranst, jedoch ist der Schlund purpurrosa gefleckt und gestreift. Blütezeit: Januar bis Mai. Heimat: Mexiko, Guatemala, Honduras; terrestrisch und epiphytisch wachsend in Lichtungen der Bergwälder, zwischen 1200 und 1500 mNN.

Kulturhinweis: In ihrer nach der Blüte beginnenden winterlichen Ruheperiode benötigen sie einen kühleren, luftigen, sonnenreichen Stand im temperierten Gewächshaus mit nur so viel Gießwasser, daß es zu keiner Schrumpfung von Wurzeln, Laubblättern und Pseudobulben kommt. Die Temperatur beträgt nachts zwischen 12 und 15 °C und steigt tagsüber durch die Sonnenerwärmung. Ab dem Sproßaustrieb im Frühjahr/Frühsommer wird mehr Wärme benötigt sowie mäßige Ballenfeuchtigkeit. Monatliche Düngung fördert

Abb. 230. Rhyncholaelia digbyana.

die Sproßentwicklung. Beide Arten benötigen am Morgen eine sehr hohe Luftfeuchtigkeit – was durch Überbrausen oder Benebeln zu erreichen ist. Tagsüber sollten die Pflanzen vollsonnig stehen, damit es zur Blüteninduktion kommt. Bei unzureichender Helligkeit sind beide *Rhyncholaelia*-Arten blühfaul. Sie vertragen ein Verpflanzen sehr schlecht, weshalb man den über dem Topf hängenden Neuaustrieben am besten ein mit Pflanzmaterial gefülltes Ansatzgefäß unterschiebt. Nach etwa 3 Jahren läßt sich nach Durchschneiden des Rhizoms die Jungpflanze von der Mutterpflanze gefahrlos trennen.

Rhynchostylis Bl.

Von dem holländischen Botaniker C. L. Blume wurde im Jahre 1825 die Gattung aufgestellt und nach der schnabelartigen Columna an der Blüte der Typusart benannt: *rhynchos* (griech. Schnabel) und *stylos* (griech. Säule, Stange = Columna).

Kräftige, stammbildende Pflanzen von monopodialem Wuchs mit fleischig-lederigen Laubblättern und dicken Wurzeln. Der Blütenstand ist eine hängende oder aufrecht stehende, viel- und dichtblumige Traube. An der Blüte sind die Sepalen und Petalen nahezu gleich. Das ungeteilte, selten etwas dreilappige Labellum ist mit der Basis des Fußes der Columna verwachsen und bildet einen nach rückwärts gestreckten, sackartigen oder abgeflachten Sporn. Etwa 15 Arten sind in Indien, Malaiische Inseln, Indochina und auf den Philippinen verbreitet.

R. retusa (Sw.) Bl.; 2n = 38, W bis T
Der etwa 10 cm lange Stamm trägt dichtstehende, abwärts gekrümmte, 15 bis 30 cm lange, fleischig-lederige Laubblätter und eine hängende, 15 bis 35 cm lange, zylindrische, dichtblumige Infloreszenz mit 1,5 bis 2,5 cm breiten Blüten. Die sich gleichenden Sepalen und Petalen sind weiß und rötlich gefleckt. Das purpurne Labellum ist an der Basis heller. Der Sporn ist sackartig, seitlich abgeflacht. Blütezeit: März bis Juni. Heimat: Indien, Myanmar (Burma), Sri Lanka, Malaiische Inseln, Indochina, Philippinen.

Abb. 231. Rhynchostylis retusa.

Kulturhinweis: Die Pflege entspricht der von *Vanda* (siehe dort). Im Habitus größer werdende *Rhynchostylis*-Arten werden in hängende Körbchen eingesetzt, klein bleibende Arten sind auf Farnbrettchen aufzubinden.

Rodriguezia Ruiz et Pav.

Die Gattung erhielt im Jahre 1794 von den spanischen Botanikern H. Ruiz und J. A. Pavon ihren Namen zu Ehren ihres Landsmannes, dem Botaniker, Apotheker und Reisebegleiter Don M. Rodriguez.

Abb. 232. Rodriguezia lanceolata.

Epiphytisch wachsende Pflanzen mit ein, selten zwei fleischigen Laubblättern und mit kleineren, ovalen, seitlich abgeflachten Pseudobulben. Diese stehen durch unterschiedlich lange Rhizome voneinander getrennt. Der überhängende Blütenschaft ist eine wenig- bis vielblumige Traube. Das mittlere Sepalum und die Petalen sind aufwärts gestreckt und vorgeneigt. Die seitlichen Sepalen sind bis zur Hälfte verwachsen und abwärts gerichtet. Das genagelte Labellum ist mit der Basis der Columna verwachsen und trägt zwei Kiele. Die kurze Columna weist an der Spitze zwei mitunter bewimperte Fortsätze (Flügel) auf. Etwa 30 Arten sind im tropischen Amerika, vorwiegend in Brasilien, verbreitet.

R. lanceolata Ruiz et Pav.; 2n = 42, T bis W
Syn.: *R. secunda* H. B. K.
Die 2 bis 4 cm hohen Pseudobulben sind durch kurze Rhizome voneinander getrennt. Die Pseudobulbe wird von gefalteten, laubblattähnlich verlängerten Blattscheiden umhüllt und trägt apikal ein 10 bis 15 cm langes Laubblatt. Aus den Achseln der Blattscheiden kommen vielblumige Blütenstände hervor. Die etwa 1 cm breite Blüte ist rosa- bis dunkelrot, das zweilappige, zungenartige Labellum trägt zwei Kiele. Blütezeit: Mai bis September. Heimat: Venezuela, Kolumbien, Panama, Guayana, Surinam, Trinidad; wächst epiphytisch an feuchten Waldrändern und an Ufern der Flüsse.

Kulturhinweis: Die Pflege stimmt mit der von *Comparettia* überein (siehe dort).

Rossioglossum (Schltr.) Garay et Kennedy

Der deutsche Botaniker R. Schlechter stellte 1916 innerhalb der Gattung *Odontoglossum* die Sektion Rossioglossum für Arten mit gleichen Merkmalen auf. 1976 erhoben die nordamerikanischen Botaniker L. A. Garay und G. Kennedy diese Sektion in den Gattungsrang. *Rossioglossum* setzt sich aus N. Ross, dem Namen des Sammlers der ersten 1838/39 gefundenen Pflanzen und aus *glossa* (griech. Zunge, für Labellum) zusammen.

Rossioglossum haben einen ähnlichen Habitus wie *Odontoglossum*. Dicht beisammen stehende, eiförmige, von häutigen Niederblättern umhüllte Pseudobulben tragen apikal zwei lederartige Laubblätter. Der wenigblumige hohe Blütenschaft entfaltet farbauffällige, großblumige Blüten. Das Gattungsmerkmal ist die rechtwinkelige Stellung der Lippe zur Columna. An der Basis des dreilappigen Labellums befinden sich abgerundete Warzen. Die Seitenlappen sind kleine, basale, rundliche Läppchen. Sechs Arten sind in den mittelamerikanischen Staaten beheimatet.

R. grande (Lindl.) Garay et Kennedy; 2n = 44, K, Z
Syn.: *Odontoglossum grande* Lindl.
Die eiförmige, etwas kantige, von Niederblättern umhüllte Pseudobulbe wird 6 bis 12 cm

hoch. Die beiden apikalen, breit-eiförmigen, etwas zugespitzten Laubblätter erreichen die Länge von 20 bis 30 cm. Der aufrechte bis vorgeneigte, drei- bis achtblumige Blütenschaft wird 25 bis 80 cm hoch. Von der 10 bis 15 cm breiten Blüte sind die grünlich- bis hellgelblichen Sepalen schokoladenbraun gebändert. Die Petalen sind in der Spitzenhälfte gelblich, an der Basishälfte schokoladenbraun. Das weißliche, nierenförmige bis kreisrunde Labellum ist im Bereich des kurzen Nagels bräunlich gebändert bis gefleckt. Der nach vorn zu gegabelte Kallus ist gelb und schokoladenbraun gemustert. Die Columna ist apikal beiderseits lappenartig geflügelt. Blütezeit: Juli bis Oktober. Heimat: Mexiko, Guatemala; sie wachsen auf der pazifischen Gebirgsseite epiphytisch auf Eichen und Kiefern, zwischen 1 000 und 2 400 mNN.

R. insleayi (Bark. ex Lindl.) Garay et Kennedy; 2n = 44, K, Z
Syn.: *Odontoglossum insleayi* (Bark. ex Lindl.) Lindl.
Pseudobulbe, Laubblätter und Blütenschaft wie bei *R. grande*, jedoch um etwa ein Viertel kleiner. Von der 6 bis 8 cm breiten Blüte sind die hellgelben, größenmäßig gleich aussehenden Sepalen und Petalen rötlichbraun bandartig gefleckt. Das dottergelbe Labellum mit lang genageltem, ei- bis nierenförmigem Vorderlappen ist an der Basis und am Rand des Vorderlappens karminrot gebändert bzw. bandartig gefleckt. Blütezeit: Juni bis September. Heimat: Mexiko; verbreitet auf der pazifischen Gebirgsseite.

R. schlieperianum (Rchb.f.) Garay et Kennedy; 2n = 44, K bis T, Z
Syn.: *Odontoglossum schlieperianum* Rchb.f.
Pseudobulbe, Laubblätter und Blütenschaft sind ähnlich wie bei *R. grande*, jedoch um etwa ein Viertel kleiner. Von der 6 bis 10 cm breiten, schwefel- bis blaßgelben Blüte sind die Sepalen in ganzer Länge und die Petalen in der Basishälfte bandartig rotbraun gebändert. Das bandförmige, vorn eingekerbte, hellgelbe Labellum ist an der Basishälfte rotbraun gemustert. Blütezeit: Juni bis September. Heimat: Costa Rica, Panama.

R. williamsianum (Rchb.f.) Garay et Kennedy; K bis T, Z
Syn.: *Odontoglossum williamsianum* Rchb.f.
Pseudobulbe, Laubblätter und Blütenschaft sind ähnlich wie bei *R. grande*, jedoch um etwa ein Viertel kleiner. Die gelben Sepalen der 8 bis 10 cm breiten Blüte sind rotbraun gebändert. Die gleichfarbigen Petalen sind an der Basishälfte durch zusammenfließende Streifen rotbraun. Der undeutlich rundliche, gelblichweiße Vorderlappen am kurzen Nagel ist an der Basis strichartig gefleckt. Blütezeit: Juli bis September. Heimat: Costa Rica, Guatemala, Honduras.

Abb. 233. Rossioglossum schlieperianum.

Kulturhinweis: Als Bergorchideen überwintern *Rossioglossum* am vorteilhaftesten mit mäßig feuchtem Wurzelballen, hoher Luftfeuchtigkeit und bei Temperaturen von tagsüber zwischen 15 und 18 °C und nachts zwischen 10 und 13 °C. Im Sommerhalbjahr können bei entsprechender Beschattung und Lüftung die Temperaturen um etwa 5 °C höher liegen, sofern für eine ausreichende Befeuchtung der Wege und Wände des Gewächshauses gesorgt wird. Alle Arten sind ab dem neuen Sproßaustrieb reichlicher zu gießen. Zusätzlich sind in der Periode der Pseudobulbenausbildung wiederholte Düngergaben angebracht. Eine stagnierende Ballenfeuchtigkeit ist zu vermeiden. *Rossioglossum* läßt sich in den Sommermonaten auch in einer beschatteten, luftfeuchten Gartenecke kultivieren. Bei anhaltender regnerischer Witterung sind die Pflanzen mit noch nicht ausgebildeten Pseudobulben in das Gewächshaus hineinzunehmen. Bei günstigem Wetter im Spätsommer können die *Rossioglossum*-Arten bis gegen Ende September im Garten bleiben. Umgepflanzt wird je nach Pflanzengröße alle drei bis fünf Jahre, wobei überzählige, wurzel- und laubblattlose Bulben abzutrennen sind. Ebenso wird vererdetes Pflanzmaterial entfernt. Als Substrat dient die übliche Mischung für Epiphyten. *Rossioglossum* ist in nicht zu große, jedoch gut dränierte Blumentöpfe einzupflanzen.

Sophronitella Schltr.

Die Gattung wurde von dem deutschen Botaniker R. Schlechter begründet und in Anlehnung an *Sophronitis* benannt. *Sophronitella* ist die Verkleinerungsform von *Sophronia;* die Bedeutung des Namens siehe bei *Sophronitis*.

Der Wuchs ist zwergig. Die gebüschelt zusammenstehenden Pseudobulben tragen ein, seltener zwei schmale Laubblätter. Der apikale Blütenstand ist einblumig. Die Sepalen und Petalen sind annähernd gleich, das breitere Labellum ist an der Basis mit einer zweilappigen Schwiele besetzt. Die Narbenhöhle der kurzen Columna ist beiderseits belappt. Eine Art ist in Brasilien beheimatet.

S. violacea (Lindl.) Schltr.; K, Z
Syn.: *Sophronitis violacea* Lindl.
Die keulige Pseudobulbe wird 2 bis 4 cm hoch, das etwa 5 cm breite Laubblatt 5 bis 7 cm lang. Der endständige, aufrechte Bütenschaft trägt eine oder zwei purpur- bis lilarosa Blüten von 3 bis 5 cm Breite. Blütezeit: Dezember bis April. Heimat: Brasilien; wächst häufig auf von Flechten überzogenen Felsen.
Kulturhinweis: Wird wie *Sophronitis* gepflegt; Näheres siehe dort.

Abb. 234. Rossioglossum williamsianum.

Sophronitis Lindl.

Die Gattung wurde im Jahre 1828 von dem englischen Botaniker J. LINDLEY begründet und in Anlehnung an die schon von ihm benannte Gattung *Sophronia* benannt. Grundlage für die Namensgebung war das griechische Wort *sophron*, das rein, sittsam, bescheiden, auch keusch bedeutet.

Epiphytisch wachsende Pflanzen mit kriechendem Rhizom, ausgeprägter Pseudobulbe und einem sukkulentenartigen Laubblatt. Der kurze, aus der Achsel des halbgeöffneten Laubblattes hervorkommende, endständige Blütenschaft trägt eine oder mehrere Blüten. Die Petalen sind breiter als die Sepalen. Das kürzere Labellum ist ein- oder dreilappig, am Grund mit der Columna kurz verwachsen. Diese wird von den Seitenlappen des Labellums umfaßt. Die Narbenhöhle der kurzen Columna ist beiderseits geflügelt. Die Anthere besitzt acht Pollinien. Bis jetzt sind sieben Arten mit Verbreitung in Brasilien und Paraguay bekannt.

S. cernua Lindl.; 2n = 40, K, Z
Die spindelförmigen bis diskusähnlichen Pseudobulben stehen dicht gebüschelt beisammen und werden 2 bis 6 cm hoch. Das jeweils eine, breit-ovale Laubblatt wird 2 bis 3 cm lang. Der endständige, von der Spitze abwärts aufblühende Blütenschaft trägt drei bis sieben gelbliche bis zinnoberrote Blüten von etwa 1 cm Breite. Die schmal-eiförmigen Sepalen und Petalen sind sich ähnlich, das breitovale Labellum ist vorn zugespitzt. Die keulenförmige, kurze Columna ist apikal öhrchenartig belappt. Blütezeit: November bis April. Heimat: Brasilien; wird epi- und lithophytisch wachsend angetroffen.

S. coccinea (Lindl.) Rchb.f.; K, Z
Syn.: *Cattleya coccinea* Lindl., *Sophronitis grandiflora* Lindl.
Die spindelförmigen, 2 bis 4 cm hohen Pseudobulben stehen gebüschelt beisammen. Das schlank-ovale, vorn etwas zugespitzte Laubblatt wird 2 bis 3 cm lang und der einblumige Blütenstiel 3 bis 6 cm hoch. Von der scharlachroten, 3 bis 5 cm breiten, selten größeren Blüte sind die Sepalen und Petalen ungleich geformt. Das dreilappige Labellum ist breiteiförmig und von der orangegelben Basis nach vorn zu ebenso geadert. Von dieser Art unterscheiden sich *S. brevipedunculata* (Cogn.) Fowl. und *S. mantiqueirae* Fowl. durch anders geformte Seitenlappen und verschiedene Ausmaße des Mittellappens der Lippe. Blütezeit: Dezember bis April. Heimat: Brasilien; als Epiphyt oder Lithophyt in Serra da Mar, in 750 bis 900 mNN verbreitet.

Abb. 235. Sophronitis coccinea.

Kulturhinweis: Entsprechend der epiphytischen bzw. lithophytischen Lebensweise auf bemoosten und mit Flechten bewachsenen Baumstämmen oder Felsen gedeihen *Sophronitis* mit wenig Pflanzstoff auf Kork oder Farnbrettchen aufgebunden besser als eingetopft. Sie sind je nach Witterung in der Vegetationsperiode häufiger zu wässern als in der Ruheperiode. Beansprucht wird ein luftfeuchter, kühler Stand im Kalthaus, der sowohl im Sommer als auch in den Wintermonaten gut belüftet ist, im Sommer aber auch genügend Schatten bietet. Während der warmen Jahreszeit soll die Temperatur tagsüber 20 °C und in den kalten Monaten 16 °C nicht überschreiten. Nachts sinkt die Temperatur um mehrere Grade. Stauende Nässe, aber auch zu große Trockenheit im Ballenbereich führen zu Schäden an den Wurzeln mit nachfolgender Schwächung des neuen Sproßaustriebes. Tropfen von Spritz- oder Gießwasser im Innern der sich öffnenden Laubblätter sind nahezu immer die Ursache für das Ausfaulen des Blütensprosses. Als Pflanzmaterial ist ein Gemisch aus weichen Farnwurzeln mit wenig *Sphagnum* angebrachter als ein Gemisch aus sparrigen Substraten. Gut eingewurzelte Pflanzen sind vor und nach der Blüte für schwache Düngergaben dankbar.

Stanhopea Frost ex Hook.

Der englische Botaniker J. Frost, Gründer der London Medico-Botanical Society, benannte diese Gattung 1829 zu Ehren des ersten Präsidenten dieser Gesellschaft, P. H. Earl Stanhope.

Epiphytisch, seltener lithophytisch und terrestrisch wachsende Orchideen mit rundlichen, gefurchten Pseudobulben. Diese tragen apikal ein mehrjähriges, derbes Laubblatt und entfalten nahezu bei allen Arten einen herabhängenden Blütenstand. An den großen, auffälligen, abwärts gerichteten Blüten sind die Sepalen und Petalen auf- bzw. seitwärts zurückgeschlagen. Das parallel zur herabhängenden Columna stehende fleischig-wachsartige Labellum bildet ein sack- oder kahnförmiges, mit seitlichen Kielen versehenes Hypochil (hinterer Lippenteil), ein hornähnliches Mesochil (mittlerer Lippenteil) und ein breit-elliptisches, vorn dreizähniges bzw. -lappiges Epichil (vorderer Lippenteil) aus. Die schlanke Columna ist seitlich flügelartig verflacht. Ihr Fuß geht allmählich in das Labellum über. Etwa 50 Arten sind in den tropischen Gebieten von Mittel- und Südamerika verbreitet.

S. oculata (Lodd.) Lindl.; 2n = 40, T bis K, Z, st. duft.
Die gefurchte Pseudobulbe wird 3 bis 6 cm hoch und ihr derb-lederiges Laubblatt 25 bis 45 cm lang. Der herabhängende, bis 35 cm lange Blütenstand bildet drei bis sechs 6 bis 8 cm breite Blüten aus. Die weiß- bis hellgelblichen Sepalen und Petalen sind rötlichbraun bis purpurrot gepunktet. Das helle, an der Basishälfte dottergelbe Labellum ist rötlichbraun punktiert und weist zusätzlich zwei größere, purpurschwarze Augenflecken auf. Die Columna ist weiß. Blütezeit: Juni bis September. Heimat: Mexiko, Guatemala, Honduras, Kolumbien, Venezuela, Brasilien; in Lichtungen der Wälder bis in Höhenbereiche um 1 600 m.

S. tigrina Batem.; 2n = 40, 42, T bis K, Z, st. duft.
Die rundlich-eiförmige Pseudobulbe wird 4 bis 7 cm hoch, das gestielte elliptisch zugespitzte, lederige Laubblatt 30 bis 50 cm lang. Der kurze, herabhängende oder seitlich hervorkommende Blütenstand hat zwei bis vier 10 bis 15 cm breite Blüten. Die weißlichgelben Sepalen und Petalen sind unterschiedlich stark dunkelrotbraun gefleckt. Vom Labellum ist das Hypochil gelblich, das Mesochil bzw. Epichil elfenbeinfarbig und alle Glieder sind unterschiedlich reich dunkelrotbraun bis karminrot gepunktet. In der Farbzeichnung sehr variabel. Blütezeit: Juli bis Oktober. Heimat: Mexiko, in feuchten Wäldern ostseitiger Berghänge, südwärts über Venezuela bis Brasilien.

S. wardii Lodd. ex Lindl.; 2n = 41, 42, T bis K, Z, st. duft.
Habitus und Blütengröße gleichen *S. oculata*. Die hell- bis orangegelblichen bzw. cremefarbenen Sepalen und Petalen sind purpurbraun bis dunkelrot ringartig punktiert. Das Labellum von gleicher Grundfarbe ist verstreut

fein purpurrot getüpfelt und hat an der Basis des Hypochils zwei schwärzlichbraune, augenförmige Flecken. Blütezeit: Juli bis Oktober. Heimat: von Venezuela bis Peru; in feuchtwarmen Nebel- und Regenwäldern der Kordilleren in mittleren Höhen beheimatet (um 1000 mNN).

Kulturhinweis: Wegen der hängenden, durch den Pflanzstoff hindurchwachsenden Blütensprosse sind *Stanhopea* in hängende Körbchen einzupflanzen. Ihre mehrjährigen Laubblätter wachsen aufrecht. Während der winterlichen Ruheperiode wird im luftfeuchten, hellen, kühl-temperierten Gewächshaus, bei Temperaturen tagsüber um 16 °C und nachts um 13 bis 14 °C, nur wenig gegossen. Während der Wachstumszeit vom Frühjahr bis zum Spätsommer benötigen *Stanhopea* einen sonnigen, leicht beschatteten, luftigen und wärmeren Stand im temperierten Gewächshaus. Im Sommerhalbjahr sind die Wassergaben reichlicher, auch sind einige Düngungen angebracht. Im Hochsommer lassen sich *Stanhopea* auch in einer schattigen windgeschützten Baumkrone im Garten pflegen. Das Gießen darf dabei aber nicht vergessen werden, zumal Wärme und jede Art von Wind anhaltende Ballentrockenheit verursachen können. Der Pflegeaufwand kann im Freien mitunter größer als im gelüfteten Gewächshaus sein. Umgesetzt wird je nach Notwendigkeit im vier- bis sechsjährigen Abstand in ein nährstoffreiches Pflanzmaterial für Epiphyten.

Thunia Rchb.f.

Die Gattung wurde im Jahre 1852 von dem deutschen Botaniker H. G. Reichenbach (filius) begründet und nach dem Grafen von Thun-Hohenstein von Tetschen in Böhmen benannt.

Die aufrechten, stammartigen, keine zweite Ruheperiode überdauernden, sproßartigen Pseudobulben tragen in ihrer oberen Hälfte bläulichgrüne, mit einer Wachsschicht überzogene Laubblätter. Die endständige, überhängende Infloreszenz mit kurzlebigen Blüten ist drei- bis zehnblumig. Die Sepalen und Petalen sind länglich zugespitzt. Das ähnliche, an der Basis gespornte Labellum umfaßt den Fuß der Columna. Der Vorderrand des Labellums ist gefranst, der Sporn ist kurz. Die Anthere enthält acht Pollinien. Etwa fünf terrestrisch-halbepiphytisch wachsende Arten sind in Indien, Myanmar (Burma), Nepal, Thailand verbreitet.

T. marshalliana Rchb.f.; 2n = 40, T
Die fingerstarken Sprosse werden 50 bis 100 cm hoch, die Laubblätter 15 bis 25 cm lang und die zwei- bis achtblumige Infloreszenz trägt 5 bis 10 cm breite, weiße Blüten. Das gefranste Labellum ist gelb gefleckt und mit orangefarbenen Kämmen versehen. Blütezeit: Juni bis August. Heimat: Thailand, Myanmar (Burma), Südchina; auf bemoosten Baumstämmen und Felsen anzutreffen.

Kulturhinweis: Vor dem Sproßaustrieb sind *Thunia* alljährlich Mitte/Ende März in nährstoffreiches Pflanzmaterial für Epiphyten umzusetzen. Das Fehlen von Wurzeln macht das sofortige Aufbinden der Sprosse erforderlich. Nach Austrieb des neuen Sprosses und seiner Wurzeln werden die anfänglich spärlichen Wassergaben entsprechend der Schnelligkeit der Sproßentwicklung reichlicher. Vor Ausbildung der Infloreszenz sind einige schwache Düngergaben angebracht. Kultiviert wird *Thunia* bei geringer Beschattung im luftfeuchten Warmhaus, bei Temperaturen tagsüber zwischen 22 und 25 °C und nachts bei 18 bis 20 °C. *Thunia* werden nicht überbraust, über Nacht naß gebliebene Stellen an den Laubblättern verursachen schwärzliche Fleckenbildung. Mit der Blüte wird das Gießen eingeschränkt und mit Beginn des Vergilbens der Laubblätter ganz eingestellt. Die Pflanzen sind ballentrocken in der kühlsten Ecke des temperierten Glashauses zu überwintern. Zur Vermehrung können vor Blühbeginn die überwinterten Sprosse in etwa 10 cm lange Teilstücke zerschnitten und in ein Glas mit etwa 2 bis 3 cm reinem Wasser gestellt werden. Dieses Wasser wird wöchentlich ergänzt bzw. erneuert. Bei warmem Stand entwickeln sich nach 2 bis 5 Monaten aus den Achselknospen der trockenen Blattscheiden neue Seitensprosse. Nach der Bewurzelung werden sie abgetrennt und eingetopft und wie Jungpflanzen weiterkultiviert. Nach 3 bis 5 Jahren sind sie zu blühfähigen Pflanzen herangewachsen.

Trichopilia Lindl.

Wegen des zottig gefransten Randes vom Klinandrium (Antherengrube, in welcher die Pollinien eingebettet sind) benannte der englische Botaniker J. Lindley 1836 die neu begründete Gattung mit den griechischen Wörtern *thrix, tricho-* (Haare, haarig) und *pilos* (Filz, filzig).

Die abgeflachten, gebüschelt beisammen stehenden Pseudobulben tragen ein lederiges Laubblatt und bringen grundständig eine bis mehrere, ein- bis fünfblumige Infloreszenzen. Die schmalen Sepalen und Petalen sind sich einander ähnlich. Das große, undeutlich dreilappige Labellum umschließt tütenförmig die schlanke Columna und ist mit deren Basis verwachsen. Die keulenförmige Columna ist apikal zottig gefranst. Die Anthere enthält zwei Pollinien. Etwa 25 epiphytisch wachsende Arten sind im tropischen Mittel- und Südamerika verbreitet.

T. suavis Lindl. et Paxt.; 2n = 56, T bis K, Z, duftend
Die seitlich zusammengedrückte, von Niederblättern umhüllte Pseudobulbe wird 2 bis 4 cm hoch. Das apikale, lederige, gestielte Laubblatt erreicht die Länge von 10 bis 25 cm. Der kurze, ein- bis fünfblumige Blütenstand entfaltet 7 bis 10 cm breite Blüten. Die weißen bis cremeweißen Sepalen und Petalen sind lilarosa oder rötlich getupft oder aber gefleckt und an den Rändern gewellt. Das in Grund- und Musterfärbung gleichfarbige, an den Rändern stärker gewellte Labellum ist im Schlund gelb gefleckt. Blütezeit: Februar bis Mai. Heimat: Kolumbien, Panama, Costa Rica; wächst epiphytisch im Regenwald, zwischen 1300 und 1700 mNN.

T. tortilis Lindl.; T bis K, Z
In Habitus und Blütengröße wie *T. suavis*, jedoch sind die gedrehten Sepalen und Petalen gelblichgrün und bräunlichrot gestreift. Das weiße Labellum mit gelblichem Schlund ist im Basisbereich rötlich gefleckt. Blütezeit: Dezember bis April. Heimat: El Salvador, Honduras, Guatemala, Mexiko; als Epiphyt verbreitet im Regenwald, in mittleren Gebirgslagen bis 1600 mNN.

Kulturhinweis: Die Pflege entspricht der von *Rossioglossum* (siehe dort).

Vanda Jones

Sir W. Jones, Jurist und Orientalist in Kalkutta, entnahm das Wort *vanda* dem Sanskrit (indische Gelehrtensprache) als Name für seine 1795 von ihm begründete Orchideengattung.

Monopodial wachsende Orchideen mit kurzbleibenden bis meterlang werdenden Stämmen, sehr unterschiedlich langen Luftwurzeln, wechselständig stehenden Laubblättern von lederartiger bis fleischiger Struktur und seitenständigen, wenig- bis vielblumigen Blütensprossen. Die nahezu gleich aussehenden, abstehenden Sepalen und Petalen sind zur Basis hin verschmälert, leicht gewellt oder etwas gedreht. Das dreilappige Labellum, mit kurzem Sporn, ist mit der Basis der Columna verwachsen. Die beiden Seitenlappen stehen aufrecht, der nieren- bis geigenförmige Mittellappen ist vorgestreckt und mit mehr oder weniger erhöhten Mittelnerven versehen. Die kurze, fußlose Columna ist an der Basis verdickt. Die Anthere enthält zwei gespaltene oder vier Pollinien. Etwa 45 epiphytisch oder lithophytisch wachsende Arten sind in Gebieten zwischen Indien und den Philippinen bzw. über Indochina, Neuguinea bis Australien verbreitet.

V. alpina Lindl. (jetzt *Trudelia alpina* (Lindl.) Garay); 2n = 38, T bis K
Der 10 bis 30 cm hohe Stamm trägt 6 bis 12 cm lange, etwas keilförmig gefaltete, lederige Laubblätter. Am wenigblumigen Blütenstand sind die 2 bis 3 cm breiten Blüten gelblichgrün gefärbt, das dreilappige, spornlose Labellum ist zusätzlich purpurbraun und streifig gefleckt. Die rundlichen Seitenlappen sind purpurbraun und der herzförmig-ovale Mittellappen endet vorn mit zwei nicht deutlich ausgebildeten, hornartigen Anhängseln. Verwechselbar mit *V. cristata*. Blütezeit: Mai bis Juli. Heimat: Sikkim; in subtropischer Region zwischen 1 000 und 1 800 mNN. Kulturhinweis 2.

V. amesiana Rchb.f.; 2n = 38, T bis K, st. duft.
Der kurz bleibende, bis 10 cm lange Stamm trägt wenige, 15 bis 25 cm lange, halbzylindrische, tief gerillte Laubblätter. Der 30 bis 60 cm lange Blütenschaft weist drei bis fünfzehn, weißlich bis hell grünlichgelbe Blüten von 3 bis 5 cm Breite auf. Die Seitenlappen des dreilappigen Labellums sind rosalila und der rundliche bis breitkeilförmige, gewellte Vorderlappen ist amethystfarbig. Blütezeit: November bis April. Heimat: Myanmar (Burma), Kambodscha, Laos, China; wächst lithophytisch an sonnigen Felsen zwischen 1 300 und 1 700 mNN. Kulturhinweis 2.

V. coerulea Lindl.; 2n = 38, T bis W
Der vielbeblätterte, an Luftwurzeln reiche Stamm wird 50 bis 100 cm hoch. Die etwas gefalteten, riemenförmigen Laubblätter sind 20 bis 30 cm und der schräg abstehende Blütenschaft ist 30 bis 60 cm lang. Die wenig- bis fünfzehnblumige Infloreszenz weist 5 bis 10 cm breite Blüten von bläulichweißer bis bläulichschiefergrauer Färbung mit unterschiedlich ausgeprägter dunklerer Netzzeichnung auf. Die genagelten Petalen sind gedreht. Das kurze, dunkelviolette, dreilappige Labellum hat zwei kleine, weißliche Seitenlappen und einen längeren Mittellappen mit zwei, selten drei Kielen. Der waagrechte Sporn ist kurz. Blütezeit: September bis Dezember. Heimat: Assam, Myanmar (Burma), Thailand; auf alten Bäumen der Eichenwälder; zwischen 700 und 1 300 mNN. Kulturhinweis 1.

V. cristata Lindl. (jetzt *Trudelia cristata* (Lindl.) Senghas); T bis K
Auf dem 10 bis 30 cm hohen Stamm sind die keilförmig gefalteten Laubblätter 6 bis 12 cm lang. Der wenigblumige Blütenstand hat 1 bis 2 cm breite Blüten mit gelbgrünen bis zitronengelben Sepalen und Petalen. Das gelbliche bis weißliche Labellum ist blutrot bis schwärzlichpurpurn gefleckt oder gestreift und besitzt einen kurzen, stumpfen Sporn. Die Seitenlappen des Labellums sind aufrecht, und der Mittellappen trägt vorn zwei gespreizte Lappen mit kleiner Spitze dazwischen. Blütezeit: März bis Juni. Heimat: Sikkim; verbreitet in tropischen Gebieten zwischen 600 und 1 500 mNN. Kulturhinweis 2.

V. tricolor Lindl.; 2n = 38, W, st. duft.
Der reichbeblätterte Stamm mit seitwärts wachsenden Luftwurzeln wird 50 bis 150 cm hoch. Die etwas gefalteten, riemenförmigen, gebogenen Laubblätter erreichen eine Länge von 30 bis 50 cm. Die drei- bis zehnblumige, kompakte Infloreszenz mit 4 bis 5 cm breiten Blüten ist kürzer als das Laubblatt. Von den gelblichen Sepalen und Petalen sind die letzteren gedreht und braun getüpfelt. Das gleichfarbige Labellum mit weißlichen Seitenlappen weist einen breit-geigenförmigen, lila, purpurgestreiften Mittellappen auf. Der kurze Sporn ist seitlich etwas zusammengedrückt. Bei *V. tricolor* var. *suavis* (Lindl.) Rchb.f.; 2n = 38, ist die lockerblumige Infloreszenz länger als das Laubblatt. Die hellen Sepalen und Petalen sind bräunlichlila bis purpurn gefleckt. Das Labellum hat purpurfarbene Seiten- und einen rosa bis dunkellila Vorderlappen. Blütezeit: Februar bis Juni

oder September bis Oktober. Verbreitung: Java, Laos; die Art wächst epiphytisch, terrestrisch oder lithophytisch in Höhen zwischen 400 und 800 mNN. Kulturhinweis 1.

Kulturhinweis 1: Die nahezu ganzjährige Vegetationsperiode der meisten *Vanda*-Arten in ihrem tropisch-subtropischen Verbreitungsgebiet verkürzt sich in Mitteleuropa auf die Wochen zwischen Mai und September. Obwohl *Vanda* in ihrer Heimat intensives Sonnenlicht verträgt, kommen wir im Hochsommer ohne leichte Schattierung des Glashauses nicht aus. Dazu benötigen sie eine hohe Luftfeuchtigkeit und viel frische Luft bei Temperaturen von 25 bis 27 °C tagsüber und 20 bis 22 °C nachts. An heißen Tagen verträgt *Vanda* tägliches ein- oder zweimaliges Überbrausen ihrer Laubblätter und Wurzeln. Ab dem Spätsommer unterbleibt dies, auch wird die Gießwassermenge reduziert. Über die Wintermonate sind Temperaturen zwischen 22 und 17 °C ausreichend. In dieser Zeit wird von den Wurzeln keine Ballennässe vertragen, doch sollte man andererseits das Gießen nicht völlig einstellen. Das geeignetste Pflanzmaterial mit rascher Wasserabzugsmöglichkeit und guter Durchlüftung ist eine Mischung aus Redwood-Rinde mit Styropor und Nährsalzzugabe. Verpflanzt wird nur, wenn unbedingt notwendig, wobei die sparrig seitwärts gewachsenen Wurzeln möglichst unversehrt in das neue Pflanzgefäß unterzubringen sind. Viele gebrochene Wurzeln bringen die Pflanzen für Jahre zum Entwicklungsstillstand. Pflanzen mit einem durch Größe und Alter blattarm gewordenen Stamm sind durch Abmoosen in Wipfelhöhe befähigt, innerhalb von 1 bis 2 Jahren im Abmoosungsbereich neue Wurzeln hervorzubringen. Bei Vegetationsbeginn wird unterhalb der neugebildeten Wurzeln der Wipfel vom Stamm abgetrennt, eingetopft und wie eine umgepflanzte *Vanda* weiterbehandelt.

Bei Kultur auf der Fensterbank ohne direkte Sonneneinstrahlung zur Mittagszeit ist eine Schattierung überflüssig. Die Ursache fehlender oder zu später Blüte ist meistens Lichtmangel. Knospenverlust im Spätsommer ist die Folge des mittlerweile zu kühl gewordenen Standortes.

Kulturhinweis 2: Alle *Vanda*-Arten aus höher liegenden Standorten im Gebirge beanspruchen im Sommerhalbjahr einen beschatteten, luftfeuchten, luftigen Platz im kühlen Gewächshaus und mäßige Ballenfeuchtigkeit. Im Winterhalbjahr werden die Pflanzen hell und bei bewegter, feuchter Luft und einer Temperatur zwischen 18 und 13 °C gehalten. Diese *Vanda*-Arten kann man mit *Rossioglossum* zusammen kultivieren.

Abb. 236. Vanda tricolor.

Vanilla Miller

Die Gattung wurde nicht wie bisher angenommen, 1799 von O. SCHWARTZ begründet, sondern 1754 von PHILIP MILLER. *Vanilla* leitet sich vom spanischen Wort *vainilla*, kleine Schote, ab.

Die auf Stützen emporsteigenden, fingerdicken, mehr oder minder reichlich beblätterten und verzweigten Sprosse werden meterlang und entwickeln aus ihren Knoten lange, in den Erdboden eindringende Luftwurzeln. Aus den Achseln von wechselständig stehenden, fleischigen Laubblättern oder häutigen Laubblattrudimenten entspringen vielblumige, nacheinander aufblühende, kurze Infloreszenzen. An der Blüte sind die Sepalen und Petalen nahezu gleich. Das am Grund genagelte, dreilappige Labellum ist mit der langgestreckten Columna verwachsen und umschließt diese tütenförmig. Das Labellum ist spornlos. Die fälschlich als Schote bezeichnete Frucht enthält, im Fruchtfleisch eingebettet, schwarze Samen. Etwa 100 Arten sind in den Tropen beheimatet. Die nachfolgend beschriebene Art wird in vielen tropischen Gebieten plantagenmäßig kultiviert, um aus ihren aromatisch duftenden Früchten durch Fermentierung die bei der Süßspeisezubereitung verwendeten „Vanillestangen" bzw. die Schoten zu erhalten.

V. planifolia G. Jacks.; 2n = 28–32, W
Syn.: *V. fragrans* (Salisb.) Ames
Die meterlang an Stützen sich emporschlingenden und verzweigenden Sprosse mit fleischigen, etwa 10, seltener bis 20 cm langen, bis 5 cm breiten Laubblättern bringen aus einzelnen Blattachseln kurze, bis fünfzehnblumige Blütentrauben hervor. Ihre grünlichgelben, 7 bis 10 cm breiten Blüten gehen nacheinander auf. Die länglichen bis schmal eiförmigen Sepalen und Petalen sind sich gleich. Das tütenförmige Labellum weist in der Mitte ein Haarbüschel auf. Blütezeit: April bis August. Heimat: Tropisches Mittelamerika und Westindische Inseln.

Kulturhinweis: Ausgepflanzt in ein dräniertes Erdbeet im Warmhaus mit sommerlichen Temperaturen zwischen 28 und 22 °C, bei Heizwärme im Winterhalbjahr zwischen 22 und 17 °C, wächst die *Vanilla* sehr willig am Lattengerüst empor. Ein nährstoffreiches, lockeres Pflanzmaterial aus gleichen Teilen von Torf und Styroporschnitzeln mit viel Hornspänen sowie eine der Jahreszeit entsprechende Bewässerung ermöglichen ein üppiges Gedeihen und reichliches Blühen. Die Luftwurzeln werden nicht abgeschnitten, sie sollen im Pflanzmaterial einwurzeln. Um Früchte zu erhalten, müssen die kaum einen Tag haltbaren Blüten vormittags von Hand bestäubt werden.

Zygopetalum Hook.

Diese Gattung wurde von dem englischen Botaniker W. J. HOOKER im Jahre 1827 begründet. Die Benennung mit *zygon* (griech. Joch) und *petalon* (griech. Kronblatt) ist wahrscheinlich auf den an der Basis des Labellums vorhandenen Kallus zurückzuführen.

Es gibt sowohl terrestrisch als auch epiphytisch wachsende Arten mit mehrblättrigen Pseudobulben. Die Laubblätter sind schmal und lang, der seitlich der Pseudobulbe sprossende aufrechte bis überhängende Blütenschaft ist ein- bis mehrblumig. Von der je nach Art verschieden großen Blüte sind die Sepalen und Petalen nahezu gleich und an der Basis frei oder miteinander verwachsen. Die Sepalen sitzen dem Fuß der Columna an. Das dreilappige Labellum ist mit einer hufeisenförmigen Schwiele oder einem quer verlaufenden Kamm versehen. Die Columna ist nach vorn zu gekrümmt und apikal beiderseits geflügelt. Etwa 40 Arten sind in Brasilien, Paraguay, Peru, Argentinien, Bolivien verbreitet.

Z. mackaii Hook.; 2n = 48, K, Z, Schnittbl.
Die 4 bis 8 cm hohen Pseudobulben haben mehrere 40 bis 80 cm lange, riemenförmige

Abb. 237. Zygopetalum mackaii.

Laubblätter und einen aufrechten, fünf- bis zehnblumigen Blütenschaft von 50 bis 100 cm Länge. An der 4 bis 6 cm breiten Blüte sind die gelblichgrünen Sepalen und Petalen purpurbraun gefleckt, das weiße Labellum ist violett gestrichelt. Blütezeit: September bis Januar. Heimat: Brasilien; wächst terrestrisch im lichten Galeriewald entlang der Flüsse.

Kulturhinweis: Die Pflege stimmt mit der von *Rossioglossum* überein (siehe dort).

8.4 Orchideen-Hybriden

Kaum eine Pflanzenfamilie wurde so intensiv züchterisch bearbeitet wie die Familie der Orchidaceae. Es gibt dafür vielfache Gründe: Die relativ leichte Bastardierung unterschiedlicher Arten oder Gattungen, der Wunsch vieler Kultivateure, zu immer wieder neuen und vollkommeneren Blüten zu gelangen, und schließlich auch die rein praktische Zielsetzung, blühfreudige, widerstandsfähige und rasch heranwachsende Pflanzen zu schaffen. Natürlich spielt bei der Züchtung auch die Neugier und Experimentierlust eine gewisse Rolle. So kommt es, daß wir heute, nach über hundert Jahren Orchideenzüchtung, eine schier unübersehbare Heerschar von Hybriden kennen, von denen allerdings viele wieder verschwunden sind – halb vergessene manchmal aber auch wieder zu neuen Ehren kommen. Die heutigen Hybriden setzen sich in der Regel aus einer Vielzahl bereits bastardierter Vorfahren zusammen, so daß es schwierig ist, von den Kreuzungspartnern auf spezielle Kulturansprüche zu schließen.

Alle registrierten Hybriden wurden bisher in „Sanders Complete List of Orchid Hybrids“ aufgenommen. Neuerdings übertrug man die in sieben Bänden zusammengefaßten Aufzeichnungen auf eine Compact Disc (CD), so daß mittels Computer binnen kürzester Zeit die Zuchtlinien einer Hybride zurückverfolgt werden können. Die Kosten für dieses „RHS Orchid Information System“ betragen 1250 US-$. Sie sind bei gemeinschaftlicher Nutzung der CD durch mehrere Züchter sicher aufteilbar.

Eine Auflistung der neu registrierten Orchideenhybriden wird monatlich von der Royal Horticultural Society, London, vorgenommen und außer in der „Orchid Review“ auch in der „Orchidee“ und in dem Bulletin der Amerikanischen Orchideengesellschaft veröffentlicht. Angegeben werden hierbei die Namen der Hybriden wie auch deren Eltern und die Namen der Züchter. Besondere Hinweise bezüglich Qualität oder Eigenschaft der Neuzüchtung werden nicht gegeben.

Um eine neue Hybride registrieren zu lassen, muß außer einer blühfähigen Pflanze ein ausgefülltes Formular an The Registrar of Orchid Hybrids, The Royal Horticultural Society, Vincent Square, London SW 1P 2PE, England, eingesandt werden. Antragsformulare sind erhältlich bei Frau Evelyn Röllke, Von-Möller-Str. 25 c, 33649 Bielefeld. Die Kosten für eine Registrierung betragen etwa DM 25,–.

Eine gewisse Hürde für die Züchtung neuer Hybriden, soweit sie das Einkreuzen reiner Arten betrifft, ist das Washingtoner Artenschutzabkommen (WA). Mit diesem soll der weiteren Ausrottung seltener Pflanzen und Tiere ein Riegel vorgeschoben werden, da sonst binnen kürzester Zeit unwiederbringliche Schätze der Natur verlorengehen. Dies betrifft in besonderem Maße Orchideen, die zum größten Teil als stark gefährdet eingestuft werden. Den Handel damit überwacht jetzt die „Convention on International Trade in Endangered Species of Wild Fauna and Flora" (CITES), deren strenge Ein- und Ausfuhrgesetze nicht übertreten werden dürfen. In Deutschland werden die internationalen Bestimmungen des WA auf nationaler Ebene durch das Bundesnaturschutzgesetz und die Bundesartenschutzverordnung geregelt. Nähere Informationen darüber, die speziell für Orchideen gültig sind, erhält man vom Umweltreferat des Zentralverbandes Gartenbau, Godesberger Allee 142–148, 53275 Bonn. Für den Handel mit künstlich vermehrten geschützten Arten ist eine Ausfuhrgenehmigung des Ausfuhrstaates und eine Einfuhrgenehmigung der BRD notwendig. Für Arten, die ohne die erforderlichen CITES-Dokumente eingeführt werden, besteht ein Besitz- und Vermarktungsverbot. Anträge für eine Importerlaubnis müssen an das Bundesamt für Ernährung und Forstwirtschaft, Adickesallee 40, 60083 Frankfurt/M. gerichtet werden.

Da sich bezüglich der CITES-Vorschriften immer wieder neue Änderungen, Erweiterungen oder Vereinheitlichungen ergeben, findet alle 2 bis 3 Jahre eine Konferenz in einem der WA-Mitgliedsländer statt, das letzte Mal 1992 in Kyoto (Japan). Man bemüht sich bei diesen Zusammenkünften von Experten, die gesetzlichen Vorschriften weitgehend den wechselnden Erfordernissen anzupassen. Manchem mag die ständige Zunahme von Vorschriften als übertriebener Bürokratismus erscheinen, doch ist leider auf andere Weise der Verarmung unserer Flora durch Raubbau kaum zu begegnen. Die Not der Bevölkerung vieler tropischer Länder einerseits und die Habgier finanzstarker Sammler andererseits haben schon allzuviel Schaden angerichtet. Für Züchter, die auf das Einkreuzen reiner Arten nicht verzichten können, gelten auf Antrag Ausnahmeregeln.

Orchideen sind sehr kreuzungswillig, d. h. sowohl Arten wie Gattungen lassen sich relativ leicht bastardieren. Man unterscheidet demnach interspezifische und intergenerische Hybriden. Primärhybriden sind die erste Generation (F_1), die aus einer Kreuzung von zwei Arten hervorgegangen ist. Die Gesamtheit der Pflanzen dieser Generation bezeichnet man als grex (Herde); sie sind untereinander zumeist nicht einheitlich. Wird daraus eine besonders vielversprechende Pflanze ausgewählt und vegetativ weitervermehrt, so erhält man genetisch völlig gleiche Nachkommen, die nun eine Sorte, Klon oder cultivar (cv) darstellen. Zum Beispiel *Cymbidium* Babylon (grex) 'Castle Hill' (cv.).

Eine Besonderheit der Orchideenzüchtung ist die Möglichkeit, mehrere Gattungen in einer Hybride zu vereinigen. Man kennt 2-, 3-, 4-, 5- und 6-Gattungshybriden.

Über den Wert solcher Vielgattungskreuzungen kann man geteilter Meinung sein, zumindest, wenn mehr als vier Gattungen beteiligt sind. *Potinara* hat als Kreuzungspartner bisher zu guten Ergebnissen geführt.

Die Bewertung von Hybriden oder auch von Auslesen reiner Arten findet hauptsächlich auf Orchideen-Ausstellungen statt. Hier werden dann auch von einem qualifizierten Bewertungsausschuß die Medaillen für be-

sonders hervorragende Pflanzen vergeben. Von der Deutschen Orchideengesellschaft (DOG) werden unter Zufügung der Jahreszahl folgende Auszeichnungen verliehen:
GM Goldmedaille
SM Silbermedaille
BM Bronzemedaille
Beispiel: *Lycaste skinneri* 'Rosi' SM/DOG '89
Zusätzlich zur Bewertung von Farbe, Form und Haltung der Blüte von Hybriden können auch botanische Arten und der Kulturzustand prämiert werden.

Die englische und amerikanische Orchideengesellschaft (RHS, AOS) benennen ihre Auszeichnungen mit:
AM = Award of Merit, wertvoll (frei übersetzt)
FCC = First Class Certificate, erstklassig
HCC = Highly Commendable Certificate, höchst empfehlenswert

Nachfolgend wurde aus den Tausenden älterer und neuerer Art- und Gattungshybriden in- und ausländischer Züchter sowie selektierter Varietäten eine Auswahl getroffen.

8.4.1 Hybriden der Gruppe Brassavola-Cattleya-Laelia-Sophronitis

Frühere Kreuzungen wurden mehr oder weniger willkürlich durchgeführt. Erst nachdem erleichterte Aussaat- und Aufzuchtmöglichkeiten bestanden, konnten auch auf kommerzieller Basis neuartige Zuchtrichtungen gezielt verwirklicht werden. Nachdem der Vererbungsgang bestimmter Merkmale einzelner Arten erkannt worden war, fußt darauf die Auswahl der Elternpflanzen. Die Hybriden mit schmalen, überhängenden Blumenblättern und mit leicht zusammenfallenden Blüten wurden ebenso ausgeschieden wie kleinblumige und blühfaule Bastarde. Das erstrebte Zuchtziel ist in der Regel eine relativ große, geschlossene, haltbare Blüte.

Außer den offenen und breiten Petalen vererbt *Cattleya labiata* auch die Variabilität ihrer Färbung. Bei Bastardierungen mit anderen Arten des gleichen Formenkreises entstand dadurch ein unerschöpfliches Potential von rosa- bis dunkellila Einfach- und Mehrfachhybriden mit und ohne Farbeinsprengungen auf ihren Labellen. Die aufgefundenen Albino-Formen des gleichen Artenkreises erwiesen sich bei Bastardierungen größtenteils als reinerbig. Mit ausgewählten Eltern, zu denen auch *Brassavola digbyana* gehörte, ließ sich ohne besondere Schwierigkeit ein reichhaltiges Sortiment von weißblumigen Sorten, auch solche mit grünlichem oder gelblichem Labellumschlund züchten sowie Sorten, deren Lippe mehrfarbig war.

Konnte man frühzeitig erstklassige lila- und weißblumige Hybriden, vorwiegend für Schnittzwecke erzielen, stellten sich die Erfolge rot und bläulich blühender Sorten relativ spät ein. Zugleich mit Cattleyen wurden auch Laelien untereinander gekreuzt, doch erfreuten sich ihre Hybriden keiner besonderen Wertschätzung. Ihre Blüten erwiesen sich zum Schnitt als ungeeignet. Laelien mit Cattleyen gekreuzt ergaben dagegen z. T. wertvolle Gattungsbastarde, die weit verbreitet sind.

Der Wunsch der Züchter, rote Cattleyen zu präsentieren, war, wie schon angedeutet, schwer zu verwirklichen. Unter den Arten dieser Gattung gibt es keine roten Formen. Ihre nächsten Verwandten mit roten und orangefarbenen Blüten sind *Sophronitis coccinea, Laelia cinnabarina* und *L. milleri.* Die ersten Versuche bestanden darin, *S. coccinea* in weißblühende Cattleyen einzukreuzen, mit dem Ergebnis eines Mißerfolges. Die weiße Blütenfarbe erwies sich als dominant. Weitere Versuche mit kleinblumigen, farbigen Cattleyen und Laelien brachten zunächst nur kleinbleibende, sterile, langsamwachsende Hybriden mit in allen Nuancen rötlichen Blüten. Als mit ausgesuchten gelb-, orange- und bronzefarbenen Laeliocattleyen und Sophrocattleyen der F_1-Generation neuerliche Einkreuzungsversuche mit dunkellila Cattleyen vorgenommen wurden und die Sterilität durch Embryokultur umgangen werden konnte, waren die Hindernisse zur Züchtung roter Cattleyen-Hybriden weitgehend überwunden. Das Verfahren der Embryokultur bestand darin, die der unreifen Frucht entnommenen befruchteten Samenanlagen auf speziellen Nährböden zur Weiterentwicklung zu bringen. Der auf diesem Umweg herangezogenen, berühmt gewordenen *Slc.* Falcon haftet allerdings die Sterilität an, die sie zur Weiterkreuzung ungeeignet macht. Aus anderen Hybriden mit *S. coccinea*-Erbmerkmalen entstanden bei weiteren Bastardierungsversuchen und Nutzung der Embryokultur Bastarde, die nicht die Zuchtschwierigkeiten ihrer Eltern erbten, sondern sich als fertile Partner erwiesen. Ihre Einkreuzung in dunkellila F_1- und F_2-Hybriden von *C. labiata* brachte rotnuancierte Sorten. Dieser erwünschte Farbton trat besonders hervor, wenn ausgesuchte *Slc.* in dunkellila Cattleyen-Hybriden eingekreuzt wurden, die reichlich Erbgut von *C. dowiana* var. *aurea* besaßen. Berühmt gewordene Rotproduzenten sind z. B. *Slc.* Pearl Spencer und die tetraploide *Slc.* Anzac 'Orchidhurst'. Die letztgenannte Sorte brachte, mit gleichfarbigen Individuen gekreuzt, noch dunklere Hybriden, mit *C. aurantiaca* dagegen eine rot und orange sowie gelb blühende Nachkommenschaft.

Eine weitere Erfolgskreuzung war die Verbindung von *L. cinnabarina* und *S. coccinea* mit *Sl.* Psyche, die zwar einen zwergigen Wuchs, jedoch leuchtend orangerote Blüten mittlerer Größe aufweist. Diese Hybride behielt ihre Fertilität und brachte bei weiteren Einkreuzungen eine größere Anzahl schöner *Slc.* und *Potinara.*

Ein anderer wertvoller Rotproduzent ohne *S. coccinea*-Blut ist *C.* Nigrella, die, mit verschiedenen Hybriden gekreuzt, erlesene Nachkommen hervorbrachte. Hiermit wurde eine weitere Möglichkeit eröffnet, rotblühende, großblumige Cattleyen zu erzielen. Einkreuzung ohne *S. coccinea* hat sich als das erfolgreichere Verfahren herausgestellt. Trotz der Einfachheit der Durchführung einer Kreuzung bleibt die Partnerwahl eine schwierige Entscheidung, weil zum Gelingen das gesamte Erbgut der Vorfahren mitbestimmend ist.

Um das leuchtende Orange von *Laelia cinnabarina* in großblütige Cattleyen hineinzubringen, wurde sie in der Anfangszeit der Hybridisierung in *C. dowiana, C. mossiae, C. trianaei* und in weitere Arten eingekreuzt, aber auch in *Brassavola digbyana* und *B. glauca,* in *Sophronitis coccinea, Laelia harpophylla* und *L. purpurata.* Ein Rückblick auf die daraus hervorgegangenen Primärhybriden ergibt, daß nur wenige für die Weiterzucht größere Bedeutung erlangten. Die meisten Bastarde waren steril, mit Ausnahme der Tochtergenerationen von *L. cinnabarina* bzw. *L. harpophylla* mit *Cattleya.* Bei diesen Primärhybriden kam unterschiedlich stark die sternartige Blütenform der Laelie zum Vorschein und die Dominanz des Orange über die purpurlila Blütenfarbe. Erst weitere Ein- und Rückkreuzungen brachten nennenswerte Ergebnisse, z. B. *Lc.* Edgard van Belle.

Blaue Cattleyen von dunklem Marineblau wird die Hybridisierung nicht hervorbringen, da die Gattung das hierfür notwendige Delphinidin nicht enthält. Die vorhandenen blaugrauen Formen entstammen Varianten, bei denen die Blüten durch zufällige Zellsaftveränderungen ihren bläulichgrauen Farbton erhielten. Solche vereinzelten Farbmutationen wurden bei mehreren Arten verschiedener Gattungen unter tausenden von Individuen gefunden und vorwiegend vegetativ vermehrt. Durch Bastardierung untereinander ließen sich dunklere blaugraue Farbtöne erzielen.

In jüngster Zeit kommt zu den genannten Zuchtzielen das Bestreben hinzu, die Orchideenliebhaber mit anspruchsloseren, farbigen Hybriden für die Zimmerkultur zu versorgen. Ein weiterer Trend zeigt sich in der verstärkten Bastardierung andersartiger Naturformen, um durch neue Blütenformen und bisher nicht gekannte Farbkombinationen die weltweit bestehende Gleichförmigkeit der auf dem *Cattleya labiata*-Formenkreis basierenden Hybriden aufzulockern.

Innerhalb dieser Gruppe gibt es sowohl Art- wie Gattungskreuzungen. Zu den bekanntesten Gattungshybriden gehören:

Abb. 238. Laeliocattleya Hybride 'Bonanza Hilda' × 'Alma'.

Abb. 239. Laeliocattleya Hybride 'Danae'.

Brassocattleya (Bc.) = Brassavola × Cattleya
Laeliocattleya (Lc.) = Laelia × Cattleya
Brassolaeliocattleya (Blc.) = Brassavola × Laelia × Cattleya
Sophrolaelia (Sl.) = Sophronitis × Laelia
Sophrolaeliocattleya (Slc.) = Sophronitis × Laelia × Cattleya
Potinara (Pot.) = Brassavola × Cattleya × Laelia × Sophronitis

Nach Farben geordnet seien einige der hochbewerteten Züchtungen angeführt:
Weiß bzw. Weiß mit Gelb oder Violett: *Blc.* Apparition; *Blc.* Silk Slippers 'Royal Wedding'; *Bc.* Déesse 'Perfection' FCC/AOS; *Lc.* Stephen O. Fouraker; *C.* Bob Betts 'Monticeto'; *C.* Bow Bells 'Trancas';
Violett: *Blc.* Norman's Bay 'Lows' FCC/RHS; *Blc.* Pink Debutante 'Culver Queen'; *Blc.* Memoria Crispin Rosales 'Ruen Yuen'; *Blc.* Stilles Gedenken; *Lc.* Bonanza 'Victoria'; *Lc.* Culminant 'La Tuilerie' AM/AOS;
Gelb: *Blc.* Goldenzelle 'Lemon Chiffon'; *Blc.* Malworth 'Orchidglade'; *Blc.* Yellow Imp 'King's Cup' AM/AOS; *Blc.* Pacific Gold; *Lc.* Edgard van Belle; *Lc.* Amber Glow 'Magnificent';
Rot: *Lc.* Maria Ozzella 'Red King'; *Lc.* Cecile Simmons 'Jimenez'; *Lc.* Belle of Celle; *Sl.* Psyche; *Sl.* Orpetti; *Pot.* Jo Ann Crouch 'Zada';
Grün: *Blc.* Cadmium Light 'Sweet Lime' AM/AOS; *Blc.* Ports of Paradise 'Gleneyrie's Green Giant'; *Blc.* Memoria Helen Brown 'Sweet Afton'; *Lc.* Erin; *Lc.* Janice Matthew's 'Ceylon'; *Lc.* Leafwood Lane 'Green Alabaster';
Bläulich: *Lc.* Blue Boy 'Blue Angel'; *Lc.* Cornelia 'Coerulea';
Rote und orangefarbene kleinwüchsige Sophrolaeliocattleyen: *Slc.* Jewel Box 'Scheherezade' AM/RHS; *Slc.* Falcon 'Westonbirt' FCC/AOS; *Slc.* Hazel Boyd 'Red Celeste'; *Slc.* Beaufort 'Elizabeth'; *Slc.* California Delight 'Dublin Apricot'; *Slc.* California Apricot 'Orange Circle'.

Außer den angeführten Hybriden könnten noch Hunderte anderer wertvoller Kreuzungsprodukte genannt werden, auch unter Einbeziehung der Mehrgattungshybriden *Potinara, Cattleytonia* und *Epicattleya*, doch würde deren Aufzählung hier zu weit führen. Den Interessenten sei empfohlen, die Weiterentwicklung der Züchtung durch Besuch von Ausstellungen und das Studium von Katalogen und diesbezüglichen Artikeln in Orchideenzeitschriften zu verfolgen.

Abb. 240. SLC 'Anzak'.

8.4.2 Cymbidium-Hybriden *(Cym.)*

Schwerpunktmäßig liegt die Cymbidien-Züchtung im englischen/amerikanischen Raum, der klimatisch besser geeignet ist als Mitteleuropa. Der jetzige Bestand an großblumigen Hybriden ging überwiegend aus Einkreuzungen von etwa zehn Arten des Südhimalajas hervor. Zwei charakteristische Typen lassen sich unterscheiden: ein mehr frühblühender mit sternartigen, wenig ausgefärbten Blüten, der unter dem Einfluß von *C. erythrostylon* und *C. tracyanum* entstanden und weitgehend als überaltert anzusehen ist, und ein anderer mit späterer Blütezeit, dessen Blumen haltbarer, breitblättriger und reiner in der Farbe sind. Dieser ging aus Bastardierungen zwischen *C. insigne, C. eburneum, C. lowianum* und anderen, weniger bekannten Arten hervor. Das anfängliche Zuchtziel, extrem lange Blütenrispen mit 20 bis 30 Blüten zu erzeugen, wurde abgelöst von dem Bestreben, besser verkäufliche kurze Rispen mit weniger, jedoch größeren Blüten mit ausgeprägten Farben zur Verfügung zu haben. Das heutige Sortiment an Standard-Cymbidien weist 6 bis 8 Wochen haltbare Blüten in allen nur denkbaren Farben auf, doch konnten die Pflanzen wegen ihres zu großen Umfanges nur vereinzelt Einzug bei Orchideenliebhabern halten.

Mit Miniatur-Cymbidien wurde der Anfang zur Züchtung kleinwüchsiger Pflanzen mit zierlichen Blüten gemacht. Hervorgegangen sind diese aus einer Anzahl kleinbleibender Naturformen, wie *C. devonianum, C. ensifolium, C. pumilum, C. siamense* usw., die von ihrem heimatlichen Standort her mehr Wärme benötigen als die Arten aus dem Himalaja-Gebiet. Umfang und Pflegeanspruch lassen die Miniatur-Cymbidien für die Haltung im Zimmer besser geeignet erscheinen als die großblütigen Standard-Cymbidien. Ihre aufrechtstehenden bis leicht überhängenden Blütenschäfte sind teils viel-, teils wenigerblütig. Infolge ihrer Robustheit beanspruchen sie keine größere Luftfeuchtigkeit als die einer normal beheizten Wohnung (18 bis 20 °C), doch müssen sich Lichtverhältnisse, Gießen und Düngen harmonisch ergänzen.

Neuerdings wendet man sich verstärkt den hängenden (pendulous) Formen zu, die vor allem durch *Cymbidium devonianum* und *Cym. madidum* repräsentiert werden. Sie zeichnen sich durch die Bildung zahlreicher Blütentriebe aus, die Ampelpflanzen sehr dekorativ erscheinen lassen. Durch züchterische Bearbeitung der Miniatur-Cymbidien

Abb. 241. Cymbidium 'Swallow Dante'.

Abb. 242. Cymbidium Mini 'Lucifer'.

wurden in den letzten Jahren Blütengröße und Farbenvielfalt immer mehr derjenigen von Standardsorten angenähert.

Miniatur-Cymbidien

a) mit aufrechten Blütenstielen: *Cym.* Showgirl 'Immaculata' (weiß); *Cym.* Ivy Fung 'Pioneer' (rotbraun); *Cym.* Peter Pan 'Greensleeves' (grün); *Cym.* Last Chance 'Autumn Glory' (rosa); *Cym.* Pacific Dream 'Jade Spring' (grün); *Cym.* Mary Pinchess 'Susie' (gelb) HCC/AOS;

b) mit hängenden Blütenstielen: *Cym.* Touchstone 'Mahogany' (rot); *Cym.* Bulbarrow 'Maid Marion' (pfirsichfarben); *Cym.* Bulbarrow 'Friar Tuck' (grün/braun); *Cym.* Santana 'Abraxus' (dunkelbraun); *Cym.* Miss Muffet (hellbraun, rote Lippe); *Cym.* Brook Street 'Featherhill' (hellrot);

Standard-Cymbidien (zumeist tetraploid)

Weiß: *Cym.* Pharaoh 'Almighty'; *Cym.* Sweet Song 'Snow Blossom'; *Cym.* Via Mar Tranquila 'White Swan'; *Cym.* San Francisco 'Ste. Marie' HCC/AOS; *Cym.* Candeur 'Dos Pueblos';

Rosa: *Cym.* Nostradamus 'Painted Lady'; *Cym.* Rincon 'Clarisse'; *Cym.* Lillian Stewart 'Coronation' FCC/RHS, AM/AOS; *Cym.* Christmas Beauty 'St. Francis'; *Cym.* La Belle 'Annabelle';

Rot-Bronze: *Cym.* Red Beauty 'Bronze Delight'; *Cym.* Ivan Yelavich; *Cym.* Clarisse Austin 'Ruby Dew'; *Cym.* Coalfire 'Copper Dance'; *Cym.* Claudona 'Rajah';

Gelb: *Cym.* Coraki 'Margaret'; *Cym.* Gymer 'Cooksbridge'; *Cym.* Angelica 'December Gold' AM/RHS; *Cym.* Cariga 'Golden'; *Cym.* San Francisco 'Triumph';

Grün: *Cym.* Miretta 'Kapiti Isle'; *Cym.* Sussex Dawn 'Coldsprings'; *Cym.* Nandi 'Green Mist' AM/AOS; *Cym.* Sayonara 'Green Willow' AM/AOS.

Kulturhinweis: Für großblütige Cymbidien siehe bei *Cymbidium* 1, für Miniatur-Cymbidien bei *Cymbidium* 2.

8.4.3 Dendrobium-Hybriden *(Dend.)*

In mehreren englischen Orchideengärtnereien wurden noch vor Ausgang des 19. Jahrhunderts die ersten *Dendrobium*-Hybriden erzielt. Diese Erfolge spornten an, auch im übrigen Europa verschiedene in Kultur befindliche Arten miteinander zu kreuzen. Vorwiegende Partner waren *D. crassinode, D. heterocarpum, D. nobile* und *D. wardianum*, ohne eindrucksvolle Hybriden hervorzubringen. Allzuoft erwiesen sich die Nachkommen als steril, so daß durch Ein- und Rückkreuzungen keine Verbesserungen zu erzielen waren. Trotz vielfacher Bemühungen der Züchter erlangten die bisher herangezogenen *Dendrobium*-Hybriden nicht die Beliebtheit anderer Kreuzungsprodukte. Eine Ausnahme bilden höchstens die auch für den Liebhaber interessanten *D. nobile*-Hybriden, die durch ihre großen und vielfarbigen Blüten herausragen.

Weniger für die Zimmerkultur als für die Anzucht im Gewächshaus geeignet sind die *D. phalaenopsis*-Hybriden, die mit ihren langen, dunkelvioletten Blütenrispen eine größere Bedeutung als Schnittblume bekamen.

Hybriden aus dem D. nobile-Komplex: *Dend.* Anne-Marie 'Celle' AM/RHS; *Dend.* Marimos; *Dend.* Red Star; *Dend.* Orion; *Dend.* Alice Iwanago (weißblühend); *Dend.* Dale Takiguchi 'Maurice' AM/AOS; *Dend.* Happiness;
gelbblühend: *Dend.* Gatton Sunray; *Dend.* Heiderose; *Dend.* Golden Wave, *Dend.* Oborozuki;

Kulturhinweis siehe bei *Dendrobium* 2.

Hybriden aus dem D. phalaenopsis-Komplex: *Dend.* Anouk; *Dend.* Artur Elle; *Dend.* Lady Fay 'Ess' AM/AOS; *Dend.* Lady Hamilton; *Dend.* Lady Midnight; *Dend.* Madame Pompadour; *Dend.* Ursula Koch;

Kulturhinweis siehe bei *Dendrobium* 3.

Abb. 243. Dendrobium 'Lady Midnight'.

8.4.4 Miltonia-Hybriden *(Milt.)*

Vor der Jahrhundertwende kreuzte A. Bleu in Paris *Miltonia roezlii* mit *M. vexillaria* und begründete mit *Miltonia* × *bleuana* hort. die Züchtung der im Habitus buschigen, großblumigen Hybriden. Aus dieser Stammform heraus entstanden durch Auslese und weitere Einkreuzungen mit vorwiegend anders gefärbten Formen der beiden sehr variierenden Ausgangsarten das uns heute zur Verfügung stehende Sortiment. Die Blumenblätter dieser sich durch leuchtende Farben auszeichnenden Hybriden bilden bei den meisten Sorten eine flächige, fast geschlossene Einheit. Durch züchterische Auslese war es möglich, die Haltbarkeit der zum Schnitt ungeeigneten Blüten auf 4 bis 6 Wochen zu verlängern.
Naturhybriden: *Miltonia* × *binotii* Cogn. *(M. candida* × *M. regnellii); Miltonia* × *cogniauxiae* Peeters *(M. regnellii* × *M. spectabilis* var. *moreliana); Miltonia* × *festiva* Nichols. *(M. flavescens* × *M. spectabilis).*

Aus dem Miltonia × bleuana-Komplex (mit farbigen Blüten mit und ohne Lippenzeichnung in Weiß, Gelb, Rosa, Rot): *Miltonia* Alexandre Dumas; *Miltonia* Celle 'Wasserfall' BM/DOG 74; *Miltonia* Emotion 'Monte Carlo'; *Miltonia* Franz Wichmann; *Miltonia* Hamburg; *Miltonia* Herrenhausen; *Miltonia* Jean Sabourin 'Vulcain' AM/RHS.

Andere Hybriden: *Miltonia* Anne Warne 'Alli' AM/AOS; *Miltonia* Goodale Moir 'Golden Wonder'.

Kulturhinweis siehe bei *Rossioglossum;* jedoch etwas wärmer.

8.4.5 Hybriden der Gruppe Cochlioda-Miltonia-Odontoglossum-Oncidium

Um die Jahrhundertwende berichtete der englische Botaniker ROLFE über *Odontoglossum crispum* aus Kolumbien und bestimmte die Individuen mit nicht gefleckten Blüten aus dem Popayan-Distrikt als reine Art. Die Individuen mit gefleckten Blüten aus dem Pacho- und Velez-Distrikt bezeichnete er dagegen als Naturhybriden. ROLFE bestritt die Richtigkeit der bisherigen Ansicht, die Individuen mit gefleckten Blüten als Varietäten von *O. crispum* anzusehen. Im Pacho-Distrikt bastardierten sie mit den im gleichen Gebiet verbreiteten *O. gloriosum, O. lindleyanum* und *O. luteo-purpureum*, im Velez-Distrikt mit *O. hunnewellianum* und *O. triumphans*, woraus Formen entstanden, die in anderen Distrikten unauffindbar waren. Wurden diese Naturhybriden untereinander künstlich gekreuzt, brachten sie bei anfänglichen Zufallskeimungen die ersten in Glashäusern herangezogenen Hybriden mit ganz neuen Zeichnungsmustern.

Der erfolgreichste *Odontoglossum*-Kultivateur um die Jahrhundertwende war C. VUYLSTEKE in Loochristi bei Gent in Belgien, der als erster Gärtner den Versuch unternahm, rotblühende *Cochlioda* in *Odontoglossum* einzukreuzen. Es gelang ihm auch, die Sämlinge dieses Gattungsbastardes *Odontioda* zum Blühen zu bringen. Bei der damaligen Unkenntnis der zwischen Orchideen und Mykorrhiza bestehenden Symbiose eine sehr beachtliche Leistung. *Cochlioda* vererbt vorwiegend ihr Rot in Fleckenform, das sich auf der *Odontioda*-Blüte als ornamentreiche Zeichnung darstellt. Diese durch die Färbung hervorgebrachte Lebendigkeit gleicht weitgehend den durch den Einfluß der kleinblumigen *Cochlioda* hervorgerufenen Größenverlust der *Odontoglossum*-Blüte aus.

Mit gleichem Erfolg wird in *Odontoglossum* die nahverwandte *Miltonia* eingekreuzt (= *Odontonia*). Das sich dabei vergrößernde Labellum trägt weiterhin Miltonien-Charakter. Das Erfreuliche dieses Bastardes ist, insbesondere bei Einkreuzungen in *O. crispum*, daß er mehr Wärme verträgt und auch noch dort gedeiht, wo *O. crispum* kulturmäßig versagt.

Odontioda und *Odontonia* miteinander gekreuzt ergab den dreifachen Gattungsbastard, der zu Ehren des erfolgreichen *Odontoglossum*-Züchters VUYLSTEKE *Vuylstekeara* benannt wurde. Dieser Bastard bringt sehr lange Blütenschäfte mit großen, sternartigen Blüten hervor. Unter dem Einfluß zweifacher *Odontoglossum*-Erbmerkmale streckten sich die Sepalen und Petalen, während die Lippe miltonienähnlich blieb. Beachtlich ist die von Eltern und Großeltern ererbte Veranlagung zum Hervorbringen schwarzroter Blüten mit heller, ornamentaler Labellumzeichnung.

Die Hybridisierung von *Oncidium*-Arten untereinander wurde erst in jüngerer Zeit durchgeführt und ergab Pflanzen mit festeren, aufrecht stehenden Blütenschäften und farbigeren Blüten. Diese wirken trotz vorherrschendem Gelbton belebter und zeichnen sich durch große Blühfreudigkeit aus. Die meisten Sorten ergeben haltbare Schnittblumen.

In *Oncidium* wurden auch *Odontoglossum* eingekreuzt, woraus farbenprächtige Blüten entstanden. Dieses *Odontocidium* hat trotz des *Odontoglossum*-Einflusses kaum seinen Oncidien-Charakter verloren. Die Blüten weisen ein vergrößertes Labellum auf.

Oncidium mit *Odontioda* hybridisiert, ergab den dreifachen Gattungsbastard *Wilsonara*, robuste Pflanzen mit kräftigeren Blütenschäften und relativ großen Blüten von *Odontoglossum*-Gepräge.

Odontioda *(Oda.)*
Gattungsbastard aus *Odontoglossum* × *Cochlioda*
Mit bräunlichroten, andersfarbig gefleckten Sepalen und Petalen bei weiß-, gelblichem oder rosafarbigem Labellum: *Oda.* Brocade 'Heike' BM/DOG 75; *Oda.* Carmine; *Oda.* Coccinella; *Oda.* Hambühren 'Kenji' BM/DOG 75; *Oda.* Lippestern; *Oda.* Phoenix 'Perlita Tiger'; *Oda.* Radiat AM/RHS.
Mit weiß- oder gelblichen, andersfarbig, gefleckten Blüten: *Oda.* Echanson; *Oda.* Franz Wichmann SCC/RHS; *Oda.* Heinrich Hennis; *Oda.* Henriette Lecoufle; *Oda.* Ira; *Oda.* Lippstadt 'Astronaut', *Oda.* -n.r.- 'Arko' SH/DOG 75.
Kulturhinweis siehe bei *Rossioglossum.*

Odontocidium *(Odcdm.)*
Gattungsbastard aus *Odontoglossum* × *Oncidium*
Mit gelben und orangefarbenen bis rötlichbraun gefleckten Blüten: *Odcdm.* Autumn Glow 'Udo' BH/DOG 75; *Odcdm.* Biti; *Odcdm.* Jacobert; *Odcdm.* Selsfield Gold AM/RHS; *Odcdm.* Solana; *Odcdm.* Tiger Butter 'Miami' AM/AOS; *Odcdm.* Wintergold 'Dingden' BM/DOG 74; *Odcdm.* Wintergold 'Wuppertal' BH/DOG 75; *Odcdm.*-n.r.- *(Odontoglossum bictoniense* × *Oncidium cucullatum.*
Kulturhinweis siehe bei *Oncidium* 2.

Odontoglossum-Hybriden *(Odm.)*
Naturhybriden: *Odm.* × *andersonianum* Rchb.f. *(O. crispum* × *O. gloriosum); Odm.* × *elegans* Rchb.f. *(O. cirrhosum* × *O. cristatum); Odm.* × *excellens* Rchb.f. *(O. pescatorei* × *O. triumphans).*

Abb. 244. Odontioda Coccinella.

Künstliche Hybriden: *Odm.* Annie Vogel; *Odm.* Cristor; *Odm.* Dryade; *Odm.* Phioman; *Odm.* Sylphide.
Kulturhinweis siehe bei *Rossioglossum.*

Odontonia *(Odtna.)*
Gattungsbastard aus *Odontoglossum* × *Miltonia*

Mit weißen, bunt gefleckten Blüten: *Odtna.* Berlioz 'Lecoufle' AM/RHS, AM/AOS; *Odtna.* Lulli 'Menuet'; *Odtna.* Moliere 'Etoile' AM/RHS; *Odtna.* Moliere 'Lanni' AM/RHS.

Mit gelben, braun gefleckten Blüten: *Odtna.* Diane 'Loriot'.

Andersfarbige: *Odtna.* Ingera Fred Brandley; *Odtna.* Merna.

Kulturhinweis siehe bei *Rossioglossum*; jedoch im Sommer zwischen 25 und 15 °C, im Winter zwischen 18 und 13 °C.

Abb. 245. Vuylstekeara 'Cambria' × 'Oda Hamburen'.

Oncidium-Hybriden *(Onc.)*
Naturformen mit Sortennamen: *Onc. maculatum* 'Paulo' AM/AOS; *Onc. spilopterum* 'Rotkäppchen' BB/DOG 73; *Onc. varicosum* 'Lemförde' BB/DOG 73.

Künstliche Hybriden: *Onc.* Elle 'Flambeau'; *Onc.* Goldrausch 'Goldy' BM/DOG 74; *Onc.* Green Gold; *Onc.* Rainbow 'Richella' AM/HOS.

Vuylstekeara *(Vuyl.)*
Gattungsbastard aus *Cochlioda* × *Miltonia* × *Odontoglossum*

Vorwiegend schwarzrote Blüten mit weißer Lippenzeichnung: *Vuyl.* Cambria AM/RHS; *Vuyl.* Cambria 'Plush' FCC/RHS, BM/DOG 73; *Vuyl.* Edna 'Normandy' AM/RHS; *Vuyl.* Edna 'Stamperland' FCC/RHS, FCC/AOS; *Vuyl.* Rutilant 'Colombia'.

Kulturhinweis siehe bei *Rossioglossum;* jedoch im Sommer zwischen 25 und 15 °C, im Winter zwischen 18 und 13 °C.

Wilsonara *(Wils.)*
Gattungsbastard aus *Cochlioda* × *Odontoglossum* × *Oncidium*

Mehrfarbig: *Wils.* Celle 'Venus' AM/RHS; *Wils.* Franz Wichmann 'Tessa' BM/DOG 74; *Wils.* Tiger Talk; *Wils.* Memoria Christiana Halbinger.

Kulturhinweis siehe bei *Rossioglossum;* jedoch etwas wärmer.

Die Vielzahl der Kreuzungen, die man während der letzten Jahrzehnte durchführte und bei denen man teilweise bis zu sechs verschiedene Gattungen vereinigte, hat zu einem ungemein großen Variantenreichtum dieser Gruppe geführt. Bahnbrechende Züchter auf diesem Gebiet waren vor allem J. CHARLESWORTH und W. W. G. MOIR, denen viele ausgezeichnete Hybriden zu verdanken sind. Aus der Fülle guter Zuchtergebnisse können hier nur einige benannt werden (nähere Angaben finden sich bei H. Liebman: Odontoglossum-Oncidium-Miltonia Alliance, Complex Intergeneric Hybrids. AOS-Bulletin, Bd. 52, 568–577, 809–815, 1983). Die 3-Gattungshybride *Aliceara* setzt sich zusammen aus den Gattungen *Brassia, Miltonia* und *Oncidium*. Je nach eingekreuzter *Oncidium*-Art wechseln Färbung und Größe der Blütenlippe; eine der farbenfreudigsten ist die Hybride *Aliceara* Maury Island 'Vashon' (*Miltassia* Vino × *Oncidium marshallianum*). Drei Gattungen sind auch bei *Degarmoara* Fitcon beteiligt *(Miltassia* × *Odontoglossum)*, die sich durch gut geformte, lebhaft braunrot getupfte Blüten auszeichnet. Zu den 4-Gattungshybriden gehören *Beallara* und *Burrageara*. Bei *Beallara* Tahoma Glacier 'Linda' wurden *Miltassia* und *Odontioda* vereinigt, was zur Ausbildung rahmweißer, rot getupfter, besonders großer Blüten führten, die vielfach prämiiert wurden. *Burrageara* Dark Goddess 'Everglades' ragt durch ihre gute Blütenform und die dunkelrote, hell gesprenkelte Färbung heraus. Die 5-Gattungshybride *Goodaleara*, deren Blütenfarbe bisher noch nicht ganz befriedigt, entstand aus der Kreuzung von *Beallara* mit *Oncidium*. In der

6-Gattungshybride *Brilliandeara* verbinden sich die Eigenschaften von *Aspasia, Brassia, Cochlioda, Miltonia, Odontoglossum* und *Oncidium*. Damit dürfte aber die Grenze der Kreuzungsmöglichkeiten erreicht sein, zumindest hinsichtlich weiterer spektakulärer Ergebnisse.

8.4.6 Paphiopedilum-Hybriden *(Paph.)*

Als sich im vorigen Jahrhundert die ersten Erfolge bei der Kultur indischer Paphiopedilen einstellten, wurden Arten, die zufällig gleichzeitig blühten, miteinander gekreuzt. Die Produkte waren intermediäre Formen von solcher Wüchsigkeit und Teilungsfähigkeit, daß sie teilweise noch heute problemlose Kultur- und Liebhaberpflanzen sind. Spätere Kreuzungen gaben zu erkennen, daß die generative Vermehrung ein risikoreiches Unterfangen ist. Vielfach kommt es bei dem Versuch, triploide oder polyploide Eltern zu bastardieren, von vornherein zu keiner Samenbildung. Und wenn, dann sind nur wenige mit Embryo versehene Samen zwischen der Masse von embryolosen eingebettet. Diese wenigen fertilen Samen verlieren zudem meistens sehr bald ihre Keimfähigkeit. Die vorzeitige Alterung wird durch überreichliche Ausbildung von Hemmstoffen in der noch grünen, unausgereiften Samenkapsel bewirkt. Der Züchter versucht, dieser Hemmstoffbildung durch Greenpod-Kultur zuvorzukommen, was in manchen Fällen auch gelingt.

Mit fortschreitender züchterischer Erfahrung erkannte man, welche morphologischen Besonderheiten einzelner Arten dominierend vererbt werden: Bei *Paphiopedilum insigne* z. B. die gefaltete Spitze am mittleren Sepalum und die gewellten Petalen sowie Form und Haltung des Labellums. *P. bellatulum, P. concolor* und *P. godefroyae* vererben ihre Kurzstieligkeit, *P. charlesworthii* die lila Sepalenfärbung. Durch Einkreuzung von *P. villosum* var. *boxallii* gelangte man zur ersten langstieligen, großblumigen Sorte.

Nach Entdeckung und Verbreitung der chinesischen *Paphiopedilum*-Arten aus der Sektion Parvisepalum, *P. armeniacum, P. micranthum* und *P. malipoense*, begann in den 80er Jahren die Hybridisierung mit diesen bis dahin kaum bekannten Frauenschuharten, deren ungewöhnliche Formen und Farben der Züchtung neue Impulse gaben. Die intensiv gelbe Farbe von *P. armeniacum* blieb in *P.* Golddollar *(P. primulinum × P. armeniacum)* erhalten, die Blütenform ist jedoch unvollkommen. Vielversprechender ist die Hybride *P.* Magic Lantern *(P. micranthum × P. delenatii)*, die gute Form mit ansprechender Farbe – Rosa mit roter Aderung – verbindet. Am wenigsten geglückt sind bisher Kreuzungsversuche von *P. malipoense* mit *P. fairrieanum* oder *P. delenatii*. Man darf gespannt sein auf zukünftige Bastardierungen.

Primärhybriden früherer Kreuzungen: *Paph.* × *arthurianum*(Rchb.f.) Stein *(P. fairrieanum × P. insigne); Paph. × ashburtoniae* (Rchb.f.) Pfitz. *(P. barbatum × P. insigne); Paph. × crossianum* (Rchb.f.) Pfitz. *(P. insigne × P. venustum); Paph. × harrisianum* (Rchb.f.) Pfitz. *(P. barbatum × P. villosum); Paph. × lathamianum* (Rchb.f.) Stein *(P. spicerianum × P. villosum); Paph. × nitens* (Rchb.f.) Pfitz. *(P. insigne × P. villosum); Paph. × maudiae* (Hort.) Pfitz. *(P. callosum* var. *sanderae × P. lawrenceanum* var. *hyeanum)*.

Naturhybride: *Paph. × leeanum* (Rchb.f.) Pfitz. *(P. insigne × P. spicerianum); Paph. × leeanum* 'Hawaii' (Nachzucht der Naturhybride).

Kulturhinweis: siehe bei *Paphiopedilum* 1; *Paph. × maudiae* bei *Paphiopedilum* 2

Cultivare reiner Arten: *Paph. argus* 'Januar' SB/DOG 74, *Paph. dayanum* 'Carola'; *Paph. delenatii* 'La Tuilerie'; *Paph. delenatii* 'Hahnwald' BB/DOG 74; *Paph. philippinense* 'Lulu' BB/DOG 75; *Paph. rothschildianum* 'Charlese' AM/AOS; *Paph. rothschildianum* 'Unna' SB/DOG 73; *Paph. stonei* 'Dutch' SB/DOG 75; *Paph. wardii* 'Peter' BB/DOG 74;
Kulturhinweis siehe bei *Paphiopedilum* 2

Abb. 246. Paphiopedilum Royal George.

Abb. 247. Paphiopedilum Sarella 'Gilda'.

Mehrfach-Hybriden: Die Anzahl der Mehrfach-Hybriden ist bei *Paphiopedilum* Legion. Neben guten alten Schnittsorten haben sich in den letzten Jahren vor allem die großblumigen, gefleckten amerikanischen Sorten durchgesetzt, deren tellerförmige Blütenform viel vom bizarren Reiz der reinen Arten verloren hat. Geordnet nach der vorherrschenden Farbe seien folgende Hybriden angeführt:

Weiß: *Paph.* F. C. Puddle FCC/RHS; *Paph.* Miller's Daughter 'Prudence' HCC/AOS; *Paph.* Susan Tucker 'White Cap' AM/AOS; *Paph.* Dusty Miller 'Mary' AM/RHS; *Paph.* Deperle 'White Ice' HCC/AOS;

Rosa: *Paph.* Aladin 'Genevieve' AM/RHS; *Paph.* Caprice 'Bertsch' HCC/AOS; *Paph.* Vanda M. Pearman 'Pink Mist' SM/DOG 74; *Paph.* Pink Fantasy 'Frosty Pink'; *Paph.* Rosy Dawn 'La Tuilerie';

Weinrot (vinicolor) **bis Braunrot:** *Paph.* Maudiae 'Ebony Queen' FCC/AOS; *Paph.* Aladin 'Susan' AM/AOS; *Paph.* Orchilla 'Chilton' FCC/AOS; *Paph.* Paeony 'Debonaire' AM/RHS; *Paph.* Docteur Knock 'Top Dog' FCC/AOS;

Gelb/Grün: *Paph.* Yerba Buena 'White Cap' HCC/AOS; *Paph.* Jolly Green Gem 'Bion' AM/AOS; *Paph.* Gaymaid 'Chilton' BM/DOG; *Paph.* Honey Dew 'Supreme' AM/AOS; *Paph.* Sarella 'Gilda'.

Mehrfarbig-gefleckt: *Paph.* Winston Churchill 'Redoubtable' FCC/AOS; *Paph.* Papa Röhl 'Paradiese' BM/DOG 73; *Paph.* Keyeshill 'Carl' HCC/AOS; *Paph.* Woodrose 'Echo' AM/AOS; *Paph.* Pittsburg 'Futura' AM/AOS;

Kulturhinweis siehe bei *Paphiopedilum* 2.

8.4.7 Hybriden der Gruppe Phalaenopsis-Doritis und verwandter Gattungen

Unter den 1852 aus Manila nach England importierten *Phalaenopsis aphrodite* befanden sich Pflanzen, die der englische Botaniker LINDLEY als Naturhybriden bestimmte und sie *Phal.* × *intermedia* benannte. 1886 konnte

J. Seden bei Veitch in Chelsea diese Annahme durch die geglückte Kreuzung zwischen *P. aphrodite* und *P. equestris* (syn. *P. rosea*) bestätigen. Obwohl dort und in weiteren Orchideengärtnereien durch Aussaat um die Mutterpflanze mehrere Hybriden herangezogen wurden, gab es bis Anfang 1920 keine 20 Sorten. Auch die asymbiotische Aussaatmethode vergrößerte das Sortiment zunächst nur wenig. Die Züchtung großblumiger Sorten für Topfkultur und zum Schnitt gelang erst durch Einkreuzung der tetraploiden *P. amabilis* var. *rimestadiana* in *P. amabilis* und *P. aphrodite*. Mit dieser Hybride begann die Hochzucht der weißen polyploiden Sorten. Weitere Einkreuzungen in *P. sanderiana* und *P. schilleriana* führten zu tiefvioletten bis rosablütigen Formen. Durch Bastardierung mit anderen Arten erschienen rotlippige, gelb- und buntblumige Züchtungen. Die Anzahl der Hybriden vergrößerte sich explosionsartig in den letzten 20 Jahren, es kam zur Registrierung von bis zu 200 Sorten in einem Jahr.

Vorwiegend südostasiatische und hawaiische Orchideenzüchter kreuzten *Phalanopsis* mit nah verwandten Gattungen, wie z. B. mit *Aërides, Renanthera, Vanda* usw., insbesondere mit *Doritis* zu *Doritaenopsis*. Unter dem Einfluß von *Doritis* vertiefte sich das Violett lilablütiger *Phalaenopsis* bei langdauernder Haltbarkeit.

Ähnlich wie bei Cymbidien sind die Zuchtziele für Schnitt- und Topf-*Phalaenopsis* unterschiedlich. Der Blumenhandel verlangt lange Stiele, besetzt mit 7 bis 10 Blüten, die haltbar, gut in der Form und nicht zu dicht aneinandergereiht sein sollen. Dabei dominieren die Farben Weiß und Violett, der Blütendurchmesser muß mindestens 10 cm betragen. Topfpflanzen für den Liebhaber, der sie auf dem Fensterbrett kultivieren kann, dürfen nicht zu voluminös sein, hier bevorzugt man im allgemeinen kurze, verzweigte Blütenrispen mit zahlreichen Blüten, die etwas kleiner, dafür aber vielfarbig und mit interessanter Zeichnung versehen sind. Während die heutigen Schnitt-*Phalaenopsis* zumeist polyploid und in ihrer Schönheit kaum mehr zu übertreffen sind, läßt bei den mehrfarbigen Topf-*Phalaenopsis* die Qualität zum Teil noch zu wünschen übrig.

Aus der Vielzahl der Sorten seien einige nach Farben geordnet hier angeführt.

Weiß und Weiß mit roter Lippe: *Phal.* Cher Ann 'Unna'; *Phal.* Henriette Lecoufle 'Boule de Neige' FCC/RHS; *Phal.* Schwerte 'Lady Ruby' BM/DOG 74; *Phal.* Wintermärchen 'Agathe' BM/DOG 74; *Phal.* Grace Palm 'Snowball' AM/AOS; *Phal.* Alice Gloria 'Snow White' HCC/AOS;
Violett: *Phal.* First Choice 'Carnival' HCC/AOS; *Phal.* Comtesse Bettina; *Phal.* Lipperose; *Phal.* Lippegruß 'Plantation'; *Phal.*

Abb. 248. Phalaenopsis violacea-Hybride.

Lippstadt 'Diana' SM/DOG 74; *Phal.* Satin Rouge 'Prolific' HCC/AOS;
Gelb und Orangerot: *Phal.* Golden Sands 'Miami Shores' AM/AOS; *Phal:* Orchid World 'Zuma Canyon'; *Phal.* Zuma Aussi Delight 'Zuma Canyon'; *Phal.* Golden Buddha 'Halo'; *Phal.* Cadiz Rock 'Firemist' AM/AOS; *Phal.* Desert Opal 'Orange Glow'.
Mehrfarbige Multiflora-Hybriden entstanden zumeist aus Kreuzungen selektionierter reiner Arten, die eine mehr oder weniger intensive Punktierung, Streifung oder Bänderung der Blüte bewirkten. An diesen Züchtungen sind vorwiegend ausgelesene Klone der Arten *amboinensis, equestris, fasciata, fuscata, lindenii, lueddemanniana, mannii, stuartiana* und *venosa* beteiligt. Gute Sorten sind durch Verzweigung des Blütenstieles besonders reichblütig bei nicht zu großem Umfang der Pflanze. Zu nennen sind u. a.:
Phal. Cassandra 'Frisky' AM/AOS; *Phal.* Peppermint 'Malibu' AM/AOS; *Phal.* Be Glad 'Classic'; *Phal.* Little Hal 'Stinker' HCC/AOS; *Phal.* Glad Melinda 'Zuma Canyon' HCC/AOS; *Phal.* Jackie Friedmann 'George' AM/AOS.

Doritaenopsis *(Dtps.)*
Gattungsbastard aus *Doritis* × *Phalaenopsis: Dtps.* Red Coral 'Fuchsia' FCC/AOS; *Dtps.* Mem. Clarence Schubert 'Bonsall' HCC/AOS; *Dtps.* Malibu Queen 'Marshall' HCC/AOS; *Dtps.* Coral Cleam; *Dtps.* Susan Ann Schubert.
Außer *Doritaenopsis* sind heute etwa 40 Mehrgattungshybriden bekannt, die neben *Phalaenopsis* noch eine, zwei oder drei andere Gattungen enthalten. Größere Bedeutung erlangte bisher aber nur *Doritaenopsis.*
Kulturhinweis siehe bei *Phalaenopsis.*

8.4.8 Hybriden der Gruppe Vanda-Ascocentrum-Renanthera-Rhynchostylis

Der erste Bericht über eine Hybridisierung von *Vanda* kam aus Singapur. Dort hatte die Pflanzenpflegerin Agnes Joaquim im Jahr 1895 eine aus *Vanda teres* und *V. hookeriana* hervorgegangene Hybride zum Blühen gebracht. Ihr zu Ehren wurde diese Hybride dann auch *Vanda* × Miss Joaquim genannt.

Südostasien begünstigt durch die klimatischen Verhältnisse die Züchtung monopodial wachsender Orchideen. Die aus der Einkreuzung von *Euanthe sanderiana* in *Vanda* hervorgegangenen farbenprächtigen *Vandanthe* sind im Gegensatz zu *Euanthe* auch in Mitteleuropa blühwillig und nicht so schwierig in ihrer Kultur. Ein reich abgestuftes Farbenspiel können die Kreuzungsprodukte zwischen *Vanda* und *Ascocentrum* aufweisen. Diese *Ascocenda* haben reichblumige Infloreszenzen und trotz ihrer Kleinwüchsigkeit relativ große Blüten von leuchtender Farbkraft.

Der Bastard zwischen *Rhynchostylis* und *Vanda* hat den Habitus und die Haltung der Infloreszenz vom letztgenannten Elternteil geerbt, während Blütenform und Farbe stark von *Rhynchostylis* beeinflußt wird. Außer diesen genannten Gattungen wurden weitere, z. B. *Aërides, Arachnis, Phalaenopsis, Saccolabium, Vandopsis,* in *Vanda* eingekreuzt, oder diese Gattungen wurden untereinander bastardiert, doch ist es unmöglich, einen vollständigen Überblick über das große Gebiet der Züchtung innerhalb der *Vanda*-Verwandtschaft zu geben. Namentlich deshalb, weil die meisten dieser in Ostasien entstandenen Gattungs- und Artbastarde derzeit in Europa noch weitgehend unbekannt sind.

Auch in Mitteleuropa wurde der Versuch unternommen, *Vanda* untereinander und mit *Renanthera* zu bastardieren. Die Sämlinge benötigten infolge der jährlichen kurzen Vegetationsperiode 8 bis 10 Jahre bis zum ersten Blühen, eine bis vierfach längere Anzuchtzeit als in Ostasien. Die farbenfreudigen Blüten der erzielten Sorten waren kein Ausgleich für die Aufzuchtkosten. Man erkannte jedoch, daß die Farben der Blüten bei *Renantanda* sich je nach Partnerwahl mehr im orangerötlichen oder blaugrauen Bereich bewegen. Zum dominierenden Farbton vererbt sich die Wuchsform des Elternteils.

Abb. 249. Renantanda Sladdenii.

Abb. 250. Vanda-Hybride.

Ascocenda *(Ascda.)*
Gattungsbastard aus *Ascocentrum* × *Vanda*
Ascda. Meda Arnold (von bläulichviolett bis orangerot); *Ascda.* Medasand 'Dansweiler' SM/DOG 74 (rosalila).

Renantanda *(Rntda.)*
Gattungsbastard aus *Renanthera* × *Vanda*
Rntda. Sladdenii (orangefarben).

Rhynchovanda *(Rhv.)*
Gattungsbastard aus *Rhynchostylis* × *Vanda*
Rhv. Blue Angel (bläulichviolett).

Vanda-Hybriden *(V.)*
V. Lone Star 'Weihe' SM/DOG 74 (bläulichviolett); *V.* Rothschildiana (von rötlichlila bis bräunlich); *V.* Tan Chay Yan 'Sahba' (pfirsichfarbig).

Kulturhinweis siehe bei *Vanda*.

8.5 Mitteleuropäische Erdorchideen und Cypripedien verschiedener Herkunft

Als Folge vermehrter landwirtschaftlicher Produktion, der Erweiterung von Siedlungsgebieten und des Straßennetzes werden immer größere Flächen bisher extensiv bewirtschafteter Wiesen, Auen und Gebüschlandschaften eingeengt. Zudem bewirken Düngung, Entwässerung, Grundwasserabsenkung und andere Kulturmaßnahmen eine nachhaltige Verarmung der natürlichen Flora. Weitgehend naturbelassene Areale mit Standorten von Orchideen und anderen selten gewordenen Pflanzen werden auf diese Weise der Vernichtung preisgegeben. Bei solchen unabwendbaren Vorhaben ermöglicht nur eine nach Absprache mit der zuständigen Naturschutzbehörde vorzunehmende Evakuierung dieser Pflanzen ihre Erhaltung. Im Interesse dieser Erhaltung wird das Anlegen von Naturgärten größeren Ausmaßes als Sammelstelle zur Notwendigkeit. Diese Restareale natürlicher Biotope brauchen dann eine ständige Betreuung. Grundlage für einen Erfolg ist die Berücksichtigung der klimatischen und ökologischen Ansprüche der einzelnen Orchideenarten und die Beachtung ihres jährlichen Verjüngungsrhythmus. Die Arten besonders warmer Gebiete, mit einem von Herbst bis Frühjahr dauernden, nur durch Winterkälte unterbrochenen Wachstum, benötigen im Sommer eine Ruhe- und Reifeperiode. Andere Orchideen mit Knollen oder Rhizomen ruhen in der kalten Jahreszeit.

Orchideen im Freien auszugraben und im eigenen Garten auszupflanzen, verbieten die Naturschutzgesetze. Es ist in der Regel auch nutzlos, da die am Naturstandort herrschenden, den Pflanzen zusagenden Boden- und Klimaverhältnisse kaum rekonstruierbar sind. Auch außereuropäische Cypripedien lassen sich im Garten nur bedingt zu jahrzehntealten, blühfreudigen Frauenschuhgruppen heranziehen.

Wenn bei der nachfolgenden Beschreibung heimischer Orchideen trotzdem Kulturhinweise gegeben werden, so geschieht dies aufgrund häufiger Nachfragen von Liebhabern, die gern in ihren Gärten Erdorchideen kultivieren möchten. Neuerdings werden im Handel Jungpflanzen angeboten, die angeblich in gärtnerischer Kultur herangezogen wurden unter Bestätigung der Naturschutzbehörde. Anzustreben wäre jedoch auch eine engere Zusammenarbeit der bereits bestehenden „Arbeitskreise Heimische Orchideen“ mit botanischen Gärten, um sich unter wissenschaftlicher Anleitung verstärkt mit der Anzucht von Jungpflanzen zu befassen. In Australien (Botanische Gärten von Canberra und Perth) hat man auf diesem Wege schon beachtliche Erfolge hinsichtlich der Erhaltung und Neuansiedlung gefährdeter Erdorchideen erzielt.

Nachfolgend ein Auswahl der in Mitteleuropa häufigsten Arten:

Anacamptis L. C. M. Rich.

Der Name der von dem französischen Botaniker L. C. M. Richard 1818 aufgestellten Gattung lehnt sich an das griechische Wort *anakamptein*, zurückgeschlagen, an. Vermutlich wegen der an der Spitze zurückgerollten Brakteen oder der zurückgekrümmten Pollinien. Im Deutschen: Pyramidenorchidee.

Anacamptis hat kleine, überwinterungsfähige Laubblätter, die im Frühjahr ihre endgültige Länge erreichen. Im Frühjahr-Frühsommer ist außer der den Blütensproß tragenden Wurzelknolle eine zweite entstanden, welche die sommerliche Ruheperiode überdauert. Der schlanke Blütenschaft ist von linealen Laubblättern umgeben. Der dichtblumige Blütenstand ist anfangs pyramidenförmig, voll erblüht eiförmig. Die seitlichen Sepalen sind abstehend, das mittlere Sepalum und die seitlichen Petalen bilden zusammen den Helm. Das dreilappige, langgespornte Labellum weist an der Basis zwei wulstartige Schwielen auf. Die beiden Pollinien besitzen eine gemeinsame Klebscheibe. Eine Art ist in Mitteleuropa bis zum Kaukasus und in den Ländern am Mittelmeer verbreitet.

A. pyramidalis (L.) L. C. M. Rich.
Der Blütensproß wird bis 80 cm hoch. Die schmalen Laubblätter werden bis 30 cm lang. Die etwa 1 cm breite Blüte der 2 bis 8 cm hohen Infloreszenz ist in Mitteleuropa purpurviolett, in Südeuropa rosa bis weißlich. Blütezeit: In Mitteleuropa Juni bis Juli, in Südeuropa April bis Juni. Standorte: Magerwiesen, seltener an Straßenrändern und am Rand lichter, gebüschreicher Wälder, bis über 1 000 m NN; in Südeuropa trockene bis wechselfeuchte Wiesen, nur auf basischem Boden. Kulturhinweis 1.

Abb. 251. Anacamptis pyramidalis.

Abb. 252. Cephalanthera damasonium.

Cephalanthera L. C. M. Rich.

Der französische Botaniker L. C. M. Richard benannte diese Gattung möglicherweise nach der gestielten, kopfartigen Anthere, *kephale* (griech. Kopf) und *anthera* (griech. Staubbeutel). Im Deutschen: Waldvögelein.

Aus kriechendem, überwintertem Rhizom entwickelt sich alljährlich ein im Herbst absterbender Laubsproß mit wenig- bis reichblumigem Blütenstand. Die Laubblätter sind nicht bei allen Arten bis zur vollen Größe ausgebildet. Arten mit reduzierten Laubblättern weisen auf eine nahezu lebenslange Abhängigkeit von Mykorrhizapilzen hin. Die Blüten sind von unterschiedlicher Größe, wobei die Sepalen und Petalen ± geschlossen bis abstehend sein können. Das Labellum besitzt als Gattungsmerkmal ein stark bauchiges Hypochil und flaches Epichil. Das Labellum kann gespornt, spornlos oder sackförmig vertieft sein. Das Epichil trägt gezähnelte Längsleisten. Die Anthere sitzt auf kurzer Columna; das Viscidium (Klebmasse) für die Pollinien ist unterdrückt. Zwölf Arten sind in Europa und Vorderasien verbreitet.

C. damasonium (Mill.) Druce; 2n = 32, 36
Syn.: *C. alba* (Cr.) Simonkai

Die bis 50 cm hohe Pflanze trägt breitovale, zugespitzte Laubblätter. Ihre weißen, für Autogamie eingerichteten Blüten sind nur wenig geöffnet. Blütezeit: Mai bis Juli. Standorte: Vorwiegend lichte Laubwälder. Kulturhinweis 1.

C. longifolia (L). Fritsch; 2n = 32, 34
Syn.: *C. ensifolia* (Murray) L. C. M. Rich.

Die Laubblätter der bis 60 cm hohen Pflanze sind schmal, lanzettlich-zugespitzt.

Die weiße Blüte ist für Allogamie geöffnet. Das Epichil trägt 4 bis 7 orangefarbene Längsleisten. Blütezeit: Mai bis Juni. Standorte: Lichte Laubwälder und Waldränder. Kulturhinweis 1.

Cypripedium L.

Aufgestellt wurde diese Gattung von dem schwedischen Arzt und Botaniker C. von Linné. Er benannte sie nach Kypris, Venus, und *pedi(l)on* (griech. kleiner Schuh). Im Deutschen: Frauenschuh.

Aus verzweigtem Rhizom entwickeln sich vieltriebige Sproßbüschel, deren oberirdische mehrblättrige Sprosse jährlich absterben. Das mittlere Sepalum der Blüte ist aufrechtstehend bis vorgeneigt, die seitlichen Sepalen sind zum Synsepalum verwachsen. Die seitlich abstehenden Petalen zeigen je nach Art eine mehr oder minder starke Drehung. Das Labellum ist von pantoffelähnlichem Aussehen. Die kurze Columna trägt seitlich je ein mit schmierigem Pollen behaftetes Staubblatt (Stamen). Über den fertilen Staubblättern und der Narbe steht frei und dachartig das artmäßig verschieden aussehende Staminodium. Etwa 36 Arten in Europa, Asien und Nordamerika.

C. acaule Ait.; 2n = 20
Der 25 bis 30 cm lange Blütensproß trägt basisnah zwei große, elliptisch-zugespitzte Laubblätter und eine Blüte. Von dieser sind die Sepalen und Petalen gelblichgrün bis bräunlich; das länglich-eiförmige, außen samtige, innen behaarte, weißlich- bis rosarote Labellum ist rot geadert. Blütezeit: Mai bis Juni. Heimat: Im Nordosten von Nordamerika; auf sauren Böden feuchter, lichter Mischwälder. Kulturhinweis 2.

C. calceolus L.; 2n = 20
Der 40 bis 60 cm hohe Sproß trägt vier bis fünf, breit-elliptisch zugespitzte Laubblätter und ein oder zwei 6 bis 8 cm breite Blüten. Die Sepalen und die gedrehten Petalen sind rötlichbraun, mitunter gelblichbraun marmoriert. Das zitronengelbe Labellum ist innen rötlichbraun getupft. Blütezeit: Mai bis Juni: Standorte: Kalkreiche Böden in Laub- und Nadelwäldern, von der Ebene bis über 1 000 mNN emporsteigend. Kulturhinweis 1.

C. macranthum Sw.; 2n = 20
Im Habitus ähnlich wie *C. calceolus*, jedoch ist der Sproß nur 30 bis 40 cm hoch und die Laubblätter sind breiter. Von der etwa 10 cm breiten, rosaviolett bis purpurfarbenen Blüte ist das große, bauchig aufgeblasene Labellum dunkler geadert. Blütezeit: Mai bis Juli. Heimat: Von Weißrußland über Rußland bis zur Mandschurei, Nordostchina, Japan. Kulturhinweis 2.

Abb. 253. Cypripedium calceolus.

C. parviflorum Salisb.; 2n = 20
Syn.: *C. calceolus* var. *parviflorum* (Salisb.) Fernald
In Habitus und Blüte wie *C. calceolus*, jedoch bedeutend kleiner. Die schmalen, langgestreckten Petalen sind sechsmal schraubenartig gewunden. Das schlankere Labellum ist goldgelb. Blütezeit: Mai bis Juli. Heimat: Im Osten von Nordamerika; in moorigen Wäldern und auf feuchten Wiesen. Gebietsweise mit *C. pubescens* bastardiert. Kulturhinweis 2.

C. pubescens Willd.; 2n = 20
Syn.: *C. calceolus* var. *pubescens* (Willd.) Corr.
In Habitus und Blüte wie *C. calceolus*, jedoch etwas kleiner und verschieden durch die grünlich marmorierten Sepalen und Petalen. Das goldgelbe Labellum ist innen bräunlichrot geadert bis gefleckt. Blütezeit: Mai bis Juli. Heimat: Im Norden und Osten der USA, im Süden von Kanada; in Waldlichtungen. Kulturhinweis 2.

C. reginae Walt.; 2n = 20
Syn.: *C. spectabile* Salisb.
Der 50 bis 70 cm hohe Sproß trägt vier bis sechs elliptisch-zugespitzte, behaarte (vielfach Allergie auslösende), weiche Laubblätter. Das Labellum der ein oder zwei weißen, 6 bis 8 cm breiten Blüten ist rosa- bis blutrot gefärbt. Blütezeit: Juni bis Juli. Heimat: Im Osten von Nordamerika; auf feuchten Standorten. Kulturhinweis 2.

C. speciosum Rolfe
In Habitus und Blüte wie *C. macranthum*, jedoch sind die Blüten kleiner, zart lilarosa mit dunkellila Aderung. Blütezeit: Mai bis Juni. Heimat: Japan; auf humusreichen Wiesen. Kulturhinweis 2.

Dactylorhiza (Neck.) Nevski

Die Namensgebung erfolgte im Jahre 1790 durch den in Mannheim lebenden französischen Arzt und Botaniker N. J. DE NECKER auf Grund der fingerförmigen Wurzelknolle *dactylos* (griech. Finger) und *rhiza* (griech. Wurzel). 1937 wurde diese Untergattung von dem russischen Botaniker NEVSKI in Gattungsrang gehoben. Im Deutschen: Fingerknabenkraut.

Orchideen mit im Frühjahr aus überwinterten, rüben- bis fingerförmigen Wurzelknollen hervorkommenden, grundständigen Laubblättern. Der wenig- bis vielblumige Blütenstand ist pyramiden- bis walzenförmig. Der Bau der Blüte stimmt mit dem von Orchis überein, jedoch stehen die Sepalen und Petalen nicht ausgeprägt hutartig beisammen. Das Labellum ist dreilappig, seltener rhomboidförmig. Etwa 30 Arten sind von Europa über Asien bis zu den Aleuten (Alaska) verbreitet.

D. incarnata (L.) Soó; 2n = 40
Syn.: *Orchis incarnata* L.
Die grünen, lanzettlich-schmalen, aufrechtstehenden, bis 30 cm langen Laubblätter haben kapuzenähnliche Spitzen. Der Blütenschaft wird bis 60 cm hoch, ist wenig- bis vielblumig. Die Tragblätter sind länger als die Blüten. Von der fleischfarbenen bis rosaroten Blüte weist das schwach dreilappige Labellum im helleren Mittelteil ein bogenförmig-schleifenartiges und punktiertes Mal auf. Blütezeit: Mai bis Juni. Standorte: Auf nassen bis feuchten Wiesen, Flachmoore. Kulturhinweis 3.

D. maculata (L.) Soó; 2n = 40, 80
inkl. *D. fuchsii* (Druce) Soó
Syn.: *Orchis maculata* L.
Die lanzettlichen, dunkelgrünen Laubblätter sind bräunlichschwarz bis schwärzlich gefleckt, selten ungefleckt. Die gleichfalls gefleckten Hochblätter werden nach oben zu kleiner. Die gefleckten Brakteen sind stets länger als der Fruchtknoten. Der mit Mark gefüllte Blütenschaft wird bis 100 cm lang. Der wenig- bis sehr reichblumige Blütenstand ist pyramiden- bis walzenförmig. Die Blüte ist hell- bis dunkelrosalila, die Sepalen und Petalen sind zusätzlich dunkler gefleckt und das

Abb. 254. Dactylorhiza majalis.

Labellum dunkler punktiert und schleifenartig gezeichnet. Selten ist die Blüte hellrosa bis weiß und ungefleckt. Blütezeit: Juni bis August. Standorte: Feuchte Waldränder bzw. nasse Wiesen. Eine sippenreiche Art mit mehreren beschriebenen Varietäten. Kulturhinweise 2 und 3.

D. majalis (Rchb.) P. F. Hunt et Summerh.; 2n = 80
Syn.: *Orchis latifolia* L., *Dactylorhiza latifolia* (L.) Soó
Für manche Orchideologen wäre *D. fistulosa* (Moench) H. Baumann et Künkele die richtige Bezeichnung.

Die dunkelgrünen, eiförmigen bis lanzettlichen, 15 bis 30 cm langen Laubblätter sind oberseits gefleckt. Der 20 bis 50 cm hohe, hohle Blütenschaft trägt einen zylindrischen wenig- bis vielblumigen Blütenstand. Von der rosalila bis purpurroten Blüte ist das dreilappige Labellum mit dunklerer Fleckenzeichnung versehen. Blütezeit: Mai bis Juli. Standorte: Nasse Wiesen, Quelläufe. Kulturhinweise 2 und 3.

D. traunsteineri (Rchb.) Soó
Syn.: *Orchis traunsteineri* Rchb.
Die schmalen, schräg aufwärts stehenden, grünen Laubblätter sind gefleckt oder ungefleckt. Der bis 40 cm hohe Blütenschaft trägt nur wenige Blüten. Die Hochblätter sind sehr schmal, die Tragblätter kürzer oder länger als die Blüte. Diese ist purpurrot, selten heller. Vom Labellum ist der Mittelteil weißlich und mit Punkt- und Schleifenmuster versehen.

Blütezeit: Juni bis Juli. Standorte: Flach- und Quellmoore. Kulturhinweis 3.

Epipactis Zinn

Der Name ist unerklärbar. Der deutsche Botaniker J. G. Zinn übernahm den Namen 1757 von dem griechischen Philosophen Theophrastos, der damit eine Pflanze bezeichnete, deren Saft die Milch gerinnen läßt. Im Deutschen: Stendelwurz.

Aus dem unterirdischen, den Winter überdauernden Rhizom entwickeln sich alljährlich oberirdische, im Herbst absterbende Sprosse. Es gibt Exemplare, die sich als blühfähige Pflanze autotroph ernähren und normalgroße Laubblätter entwickeln und andere, die mykotroph sind und stark reduzierte Laubblätter aufweisen. Der knospentragende Blütenschaft ist nickend, erblüht aufrechtstehend. Die Sepalen und Petalen sind vorgeneigt bis abstehend. Das Labellum setzt sich basal aus bauchigem Hypochil und flach ausgebreitetem bis zurückgeschlagenem Epichil zusammen. Die Anthere sitzt auf kurzer Columna und je nach Art ist ein mehr oder weniger ausgebildetes Rostellum zwischen Anthere und Narbe vorhanden. Etwa 35 Arten sind in Europa, Asien, Nordamerika und Afrika verbreitet.

Abb. 255. Gymnadenia conopsea.

E. atrorubens (Hoffm. ex Bernh.) Besser; 2n = 40
Syn.: *E. atropurpurea* auct. (non Raf.), *E. rubiginosa* (Crantz) W. D. J. Koch
Der 40 bis 60 cm hohe Sproß trägt bis zehn, breit-ovale, zugespitzte Laubblätter. Die zahlreichen Blüten am lockeren Blütenstand sind purpur- bis dunkelrötlichbraun. Das Epichil des Labellums ist breiter als lang und weist zwei gekräuselte Schwielen auf. Blütezeit: Juni bis August. Standorte: Vorwiegend auf Trockenrasen und an trockenen Rändern des Kiefernwaldes, meistens auf kalkhaltigen Böden. Kulturhinweis 1.

E. helleborine (L.) Crantz; 2n = 38, 40
Syn.: *E. latifolia* (L.) All.
Der mitunter rötlichbraun überlaufene, 50 bis 90 cm hohe Sproß trägt rundliche bis lanzettliche, zugespitzte Laubblätter. An der vielblumigen Ähre sind die Blüten grünlich bis rötlichbraun und zuweilen purpurfarben angehaucht. Das herzförmige Epichil des Labellums hat zwei höckerartige Schwielen, das schüsselähnliche Hypochil ist dunkellila gefärbt. Das farblose Rostellum ist perlenartig. Blütezeit: Juli bis September. Standorte: Am Rande lichter Eichen-Misch- und Kiefernwälder; häufig an Wegrändern. Kulturhinweis 1.

E. palustris (L.) Crantz; 2n = 40
Der 30 bis 50 cm hohe Sproß trägt bis zehn schmal-lanzettliche, zugespitzte Laubblätter und bis zwanzig, locker stehende Blüten. Die Sepalen sind rötlichgrün, die Petalen weiß und rötlich geadert. Vom weißen Labellum ist das schüsselartige Hypochil rot geadert und das runde, wellige Epichil trägt an der Basis zwei gelb umrandete Schwielen. Blütezeit: Juni bis August. Standorte: Auf Streuwiesen und an Quelläufen. Kulturhinweis 3. Die Pflanzen sind im Frühjahr feucht und über Sommer trockener zu halten.

Gymnadenia R.Br.

Der englische Botaniker R. Brown stellte 1813 die Gattung auf und benannte sie auf Grund des fehlenden Täschchens um die Klebescheibe (Drüse) mit *gymnos* (griech. nackt) und *aden* (griech. Drüse). Im Deutschen: Händelwurz. Der von schmalen Laubblättern umgebene Blütenschaft entwickelt sich aus fingerförmig geteilter Wurzelknolle. An der Blüte sind die seitlichen Sepalen abstehend, das mittlere Sepalum ist nach vorn gekrümmt. Die Petalen sind helmartig zusammengeneigt. Die Basis des dreilappigen Labellums geht in einen dünnen Sporn über. Die Columna ist kurz, zwischen den Klebscheiben ist ein längliches Rostellum eingefügt. Etwa sieben Arten sind in Gebieten zwischen Europa und Ostasien verbreitet.

G. conopsea (L.) R. Br.; 2n = 40, 80
Aus mehreren linealischen bis lanzettlichen Laubblättern erhebt sich der 40 bis 80 cm

hohe Blütenschaft mit langgestreckter, reichblumiger Ähre. Die Blüten sind hell- bis lilarosa, der dünne Sporn ist fast doppelt so lang wie der Fruchtknoten. Blütezeit: Mai bis August. Standorte: Feuchte und nasse Wiesen, Waldränder. Kulturhinweis 1 oder 3.

G. odoratissima (L.) L. C. M. Rich.; 2n = 20, 40
In Habitus und Blüte wie *G. conopsea*, jedoch wenigstens um ein Drittel kleiner. Der Blütenstand ist locker, die Blüten von dunkellila bis weißlich, der Sporn ist sehr kurz. Blütezeit: Juni bis Juli. Standorte: Kalkhaltige Magerrasen und Bergwiesen. Kulturhinweis 1.

Himantoglossum Koch

Die von dem deutschen Arzt und Botaniker W. D. J. Koch im Jahre 1837 aufgestellte Gattung wurde nach dem langgestreckten Labellum mit *himas* (griech. Riemen) und *glossa* (griech. Zunge) benannt. Im Deutschen: Riemenzunge. Blüte riecht oft unangenehm.

Die Vegetationsperiode erstreckt sich vom Herbst bis zum Frühsommer. Während des Sommers sterben die oberirdischen Organe ab und die verbleibende Wurzelknolle schaltet eine Ruheperiode ein. Ihre im Herbst austreibenden Laubblätter überwintern, aus ihrer Rosette erhebt sich im Frühsommer der vielblumige Blütenstand. Die Sepalen und Petalen stehen helmartig beisammen, das dreilappige, sackartig gespornte Labellum ist anfangs spiralig gedreht und ausgestreckt mehrere Zentimeter lang. Die beiden Pollinien haben eine gemeinsame Klebscheibe. Fünf Arten sind in Europa und Kleinasien beheimatet.

H. adriaticum H. Baumann
Die lanzettlichen Laubblätter werden bis 15 cm lang, der Blütensproß 30 bis 90 cm hoch. Am 10- bis 50blumigen Blütenstand sind die Sepalen und Petalen der weißlich-zartrosa Blüte braunrot geadert und das Labellum dunkler umrandet. Der wenig gedrehte Mittellappen ist tief gespalten. Blütezeit: Juni bis Juli. Standorte: Trockene, gebüschreiche Steppenwiesen, Waldränder warmer Gebiete. Kulturhinweis 4.

Abb. 256. Himantoglossum adriaticum.

H. hircinum (L.) Koch; 2n = 36
Syn.: *Loroglossum hircinum* (L.) Rich.
Im Habitus wie *H. adriaticum*, jedoch ist der Blütenstand dicht- und reichblütiger. Die Blüte wird etwa 1 cm breit und das Labellum 5 bis 8 cm lang. Der weißliche bis grünliche Helm aus Sepalen und Petalen ist innen bräunlichrot gestreift bis punktiert. Die Seiten- und Mittellappen des gleichfarbigen Labellums sind unterschiedlich breit bräunlichrot umrandet. Blütezeit: Mai bis Juli. Standorte: Trockenrasen und Gebüschlichtungen in wärmeren Gebieten. Kulturhinweis 4.

Listera R. Br.

Der englische Botaniker R. BROWN benannte 1813 die Gattung nach dem englischen Arzt und Naturforscher M. LISTER. Im Deutschen: Zweiblatt.

Das langgestreckte Rhizom bildet jährlich einen oberirdischen Sproß mit zwei, selten drei, gegenüberstehenden Laubblättern aus. Am wenig- bis reichblumigen Blütenschaft stehen die Sepalen und Petalen der Blüte helmartig beisammen. Das lappenartige Labellum mit Nektarrinne ist knieförmig abwärts gebogen und spornlos. Die Anthere ist von zwei Staminodien flankiert. Oberhalb der beiden fertilen Narbenlappen befindet sich das mit dem Viscidium versehene Rostellum. Etwa 25 Arten sind in der nördlichen Hälfte von Europa, Asien und Nordamerika verbreitet.

L. ovata (L.) R. Br.; 2n = 32, 34, 35, 36, 38, 42
Die 30 bis 60 cm hohe Pflanze trägt breitovale Laubblätter und die locker- bis dichtblumige Infloreszenz besteht aus hell- bis dunkelgrünen Blüten. Die Sepalen und Petalen sind helmartig zusammengeneigt, das langgestreckte, geteilte Labellum ist rundlich gelappt. Blütezeit: Mai bis Juni. Standorte: Auf Wiesen, in Auen und an Waldrändern. Kulturhinweis 1.

Ophrys L.

Den griechischen Namen *ophrys,* Augenbraue, übernahm 1753 der schwedische Arzt und Botaniker C. v. LINNÉ von dem römischen Schriftsteller PLINIUS, der damit eine Pflanze zum Färben der Haare bezeichnet hat. Im Deutschen: Ragwurz.

Die im Sommer ruhende Wurzelknolle entwickelt im Spätherbst, nach der sommerlichen Ruheperiode, mehrere Winterblätter. Diese wachsen im Frühjahr zu einer Blattrosette heran, die den wenig- bis vielblumigen Blütenschaft umgibt. Seine Blüten sind für Insekten Sexualtäuschblumen. Die Sepalen und Petalen sind von unterschiedlicher Größe und Färbung. Das ganzrandige oder dreilappige Labellum ist ornamentreich, kann flach ausgebreitet bis konvex, mit oder ohne Höcker bzw. Anhängsel sein. Die Oberfläche des Labellums ist ± samtartig, der Rand ± behaart und das Mal unterschiedlich groß. Die Columna weist einen oder keinen Konnektivfortsatz auf. Die Klebscheiben der Pollinien sind getrennt. Nach der Blüte sterben die oberirdischen Organe ab, die inzwischen herangewachsene neue Wurzelknolle geht in die Sommerruhe über. Die Gattung umfaßt etwa 90 Arten mit Verbreitung im Mittelmeergebiet, vier von diesen sind in Mitteleuropa anzutreffen.

O. apifera Huds.; 2n = 36
Die 20 bis 60 cm hoch werdende Bienenragwurz mit wenig- bis zwölfblumiger Infloreszenz trägt 2 bis 3 cm breite Blüten. Die großen Sepalen und auffallend kleinen Petalen sind hell- bis dunkelrosa. Das dreilappige, konvexe, behaarte, höckertragende Labellum ist schwärzlich- bis purpurbraun. Ein helles Mal umrandet das Basalfeld, an der unteren Labellumhälfte sind zwei isolierte Flekken vorhanden. Der lange Konnektivfortsatz ist geschlängelt. Blütezeit: Mai bis Juli. Standorte: Sonnendurchwärmter Trockenrasen sowie Auen auf gut feuchtigkeitsdurchlässigen Kalkböden. Kulturhinweis 4.

O. holoserica (Burm.f.) W. Greuter; 2n = 36
Syn.: *O. fuciflora* (F. W. Schmidt) Moench
Die drei- bis siebenblumige Infloreszenz der 25 bis 45 cm hohen Hummelragwurz hat 1,5 bis 2 cm breite Blüten. Die Sepalen und Petalen sind gleichfarbig oder unterschiedlich hell bis dunkel rosalila, weißlich oder grünlich. Das leicht gewölbte, wenig gehöckerte Labellum ist rot- bis purpurbraun mit kontrastreichem, sehr variierendem Mal. Blütezeit: Mai bis Juni. Standorte: Sonnendurchwärmter Trockenrasen, Auen, seltener Mähwiesen, alle auf Kalkböden. Kulturhinweis 4.

Abb. 257. Ophrys holoserica.

Abb. 258. Ophrys insectifera.

O. insectifera L.; 2n = 36
Syn.: *O. muscifera* Huds.
Die 30 bis 50 cm hohe Fliegenragwurz mit vier- bis zehnblumiger Infloreszenz entfaltet etwa 1 cm breite Blüten. Die schmal-eiförmigen Sepalen sind grün, die auffallend fadenförmigen Petalen rötlichbraun. Von gleicher bis dunkler Färbung ist das breit-langgestreckte, dreilappige Labellum mit zusätzlich geteiltem Mittellappen. Das schildartige Mal ist blaugrau. Blütezeit: Mai bis Juli. Standorte: Waldränder sowie Lichtungen in Laub- und Mischwäldern; immer auf Kalkböden. Kulturhinweis 1 oder 4.

O. sphegodes Miller
Die Spinnenragwurz erreicht eine Höhe von 10 bis 25 cm in Mitteleuropa, bis 45 cm in Südeuropa. Die drei bis acht Blüten der Infloreszenz haben eine Breite von 1,5 bis 2,5 cm. Die Sepalen sind grün, auch weißlich bis rosa, die Petalen gelbgrün bis braun. Das konvexe Labellum ist dunkel- bis rötlichbraun, manchmal gelblich umrandet. Das H-förmige Mal ist bläulichviolett.

Eine im Mittelmeergebiet sehr formenreiche Art. Blütezeit: April bis Juni. Standorte: Auf sonnendurchwärmten Trockenrasen und an Waldrändern, auf Kalkböden. Kulturhinweis 4.

Orchis L.

Im 1. Jahrhundert n. Chr. lebte der griechische Arzt P. Dioskorides, welcher in seiner Arzneimittellehre die Pflanzen mit zwei Knollen als *orchis* (griech. Hoden) bezeichnete. Dieser Name wurde 1753 von C. v. Linné übernommen. Im Deutschen: Knabenkraut.

Abb. 259. Orchis mascula.

Abb. 260. Orchis militaris.

Die meisten im Hochsommer ruhenden Wurzelknollen entwickeln vor Wintereinbruch einige kurze Laubblätter, einige Arten einen bis zur Erdoberfläche reichenden kurzen Sproßaustrieb. Im Frühjahr setzt sich die weitere Ausbildung der Laubblätter und die des Blütensprosses fort. Die Sepalen sind bei einigen Arten abstehend bis zurückgeschlagen, bei anderen mit den Petalen zu einem Blütenhelm zusammengeschlossen. Das gespornte Labellum ist dreilappig, wobei der Mittellappen nochmals geteilt sein kann. Die Klebscheibe der beiden Pollinien ist von einer gelenkigen Bursikula umgeben. Zwischen den Stipes der Pollinien befindet sich eine langgestreckte Rostellumfalte; etwa 40 Arten sind in Europa beheimatet.

O. mascula L.; 2n = 42
Von der 30 bis 60 cm hohen Pflanze ist die Basis der glänzenden Laubblätter und die des Blütenschaftes zumeist unterschiedlich braunrot bis purpurn gefleckt oder punktiert. Von der hellrosa bis rotlila Blüte sind die Sepalen abstehend, die Petalen zusammengeneigt. Der Mittelteil des dreilappigen Labellums ist hellrosa bis weißlich und dunkel rotlila punktiert; eine formenreiche Art. Blütezeit: April bis Juni. Standorte: Feuchte Wiesen und feuchte Ränder von Laubwäldern. Kulturhinweis 1.

O. militaris L.; 2n = 42
Der 30 bis 60 cm hohe Blütenschaft ist dicht- bis locker- und reichblumig. Die Sepalen und Petalen stehen helmartig beisammen, sind außen weißlich bis zart rosalila, innen rosalila und dunkler geadert. Vom dreilappigen, rosalila Labellum ist der Mittellappen mit dunkleren Haarbüscheln besetzt sowie nochmals geteilt und trägt als Abschluß ein kleines Zähnchen. Der Sporn hat die halbe Länge des

Fruchtknotens. Blütezeit: Mai bis Juni. Standorte: Magerwiesen, Trockenrasenhänge und wiesige Waldränder. Kulturhinweis 1.

O. morio L.; 2n = 36
Der lockere Blütenschaft erreicht eine Höhe von 15 bis 30 cm. Die Farbe der Blüte variiert von hellrosa bis dunkel lilarot. Die Sepalen und Petalen stehen helmartig beisammen und sind innen grün geadert. Der mittlere, hellere Teil des dreilappigen Labellums ist rot- bis rosalila punktiert. Der Sporn wird nicht so lang wie der Fruchtknoten. Blütezeit: April bis Mai. Standorte: Trockene bis feuchte Wiesen: Kulturhinweis 1.

O. palustris Jacq.; 2n = 42
Die schräg aufrecht stehenden, schmalen, linealischen, zugespitzten Laubblätter erreichen die Länge von 40 bis 60 cm und der Blütenschaft eine Höhe bis 100 cm. Von der lila- bis rosaroten Blüte sind die seitlichen Sepalen in der Regel hochgestellt und mit dem mittleren Sepalum und den Petalen helmartig zusammengeneigt. Das Labellum ist dreilappig, der Mittellappen länger als die Seitenlappen und eingekerbt. Die Basis und die Mitte des Labellums sind weißlich und lilarosa punktiert. Der Sporn ist nicht immer so lange wie der Fruchtknoten. Blütezeit: Mai bis Juni. Standorte: Sumpfwiesen, Flachmoore. Kulturhinweis 3.

O. purpurea Hudson; 2n = 40, 42
Der reich- und dichtblumige, 50 bis 80 cm hohe Blütenschaft ist rosettenartig von glänzenden, breit-lanzettlichen Laubblättern umgeben. Von der relativ großen Blüte stehen die grünlichen Sepalen und Petalen helmartig beisammen und sind innen und außen rosa bis purpurn und dunkler gefleckt. Der Mittellappen des dreilappigen, weißlichen bis rosafarbenen, mit zahlreichen dunkleren Papillen besetzten Labellums ist nochmals gelappt und mit einem kleinen Zähnchen besetzt. Blütezeit: Mai bis Juni. Standorte: Lichtungen in warmen Laub- und Buschwäldern. Kulturhinweis 1.

O. tridentata Scop.; 2n = 42
Die zugespitzten Laubblätter sind bereits im Herbst als Winterblätter sichtbar. Der Blütenstand des 15 bis 30 cm hohen Schaftes ist kugelig bis eiförmig. Von der hell- bis dunkelrosafarbenen Blüte stehen die unterschiedlich lang zugespitzten Sepalen und Petalen helmartig beisammen und sind dunkler gestreift. Das dreilappige Labellum ist dunkler gefleckt. Blütezeit: Mai bis Juni. Standorte: Trockenrasen und Mähwiesen auf Kalkböden. Kulturhinweis 1.

O. ustulata L. 2n = 42
Die lanzettlich zugespitzten Laubblätter erscheinen im Herbst und überwintern. Die Höhe des Blütenschaftes variiert zwischen 10 und 25 cm, seltener bis 50 cm. Die dicht- und reichblumige Infloreszenz ist im knospigen Zustand purpurbraun. Bei den später locker stehenden kleinen Blüten neigen sich die Sepalen und Petalen helmartig zusammen; sie sind außen purpurbraun und innen weißlich gefärbt. Der Mittellappen des dreilappigen Labellums ist nochmals gelappt, weiß bis rosa und purpurbraun gefleckt. Der Sporn ist kurz. Blütezeit: Mai bis Juli. Standorte: Mähwiesen, Trockenrasen. Kulturhinweis 1.

Platanthera Rich.

Die Gattung wurde 1818 von dem französischen Botaniker L. C. M. Richard begründet, der Name besteht aus *platys* (griech. breit) und *anthera* (griech. Staubbeutel). Im Deutschen: Waldhyazinthe.

Die europäischen Arten haben zwei rübenförmige Knollen, fast immer zwei zungenförmige Laubblätter und eine dicht- bis lockerblumige Infloreszenz. Die markantesten Blütenmerkmale sind das zungenförmige Labellum, der lange, fadenförmige Sporn, die breite, konkave Narbe und die getrennten Klebkörperchen. Eine Rostellum-Falte ist nicht vorhanden. Etwa 50 Arten sind in Europa, Asien und Nordamerika verbreitet.

P. bifolia (L.) Rich.; 2n = 42
Der lockerblumige Blütenschaft wird 30 bis 50 cm hoch. Die seitlichen Sepalen der weißen Blüte stehen ab, das mittlere schließt sich mit den Petalen zum Helm zusammen. Das Labellum ist zungenförmig, der Sporn fadenförmig, sehr lang; die Staubbeutelfächer stehen parallel. Blütezeit: Mai bis Juli. Standorte: Lichte Wälder, Waldränder, feuchte Wiesen. Kulturhinweis 1.

P. chlorantha (Custer) Rchb.; 2n = 42
In Habitus und Blüte ähnlich wie *P. bifolia*, jedoch sind die Blüten mehr grünlich. Die Unterscheidungsmerkmale zu *P. bifolia* sind die schräg stehenden Staubbeutelfächer und der verstärkte Sporn. Blütezeit: Mai bis Juli. Standorte: Lichte Wälder, feuchte Wiesen, Waldränder. Kulturhinweis 1.

Hinweise zur Aufzucht von europäischen Erdorchideen

Kulturhinweis 1. Erfolgversprechend ist die Ansiedlung evakuierter Freilandorchideen nur auf dafür speziell hergerichteten, durch Baumgruppen leicht beschatteten Beeten. Diese sind bis zu 0,5 m Tiefe auszuschachten und mit geeigneter Erdmischung zu füllen. Gegen das Eindringen von Wurzeln unerwünschter Pflanzen sollten die Seitenwände der Grube, keineswegs aber der Boden, mit Kunststoffolie ausgekleidet werden.

Für die kalkliebenden Wald- und Wiesenorchideen gibt man auf den Boden der Grube eine bis 15 cm hohe Dränageschicht aus groben Muschelkalk- oder Kalksteinbrocken, darüber das Pflanzsubstrat, bestehend aus einem Gemisch von Lößlehm, Kalkgrieß, Torf und verrottetem Buchenlaub etwa im Verhältnis 2:1:1:1. Den oberen Abschluß bildet eine 2 bis 3 cm hohe Deckschicht aus Fichtennadeln und Moos. Nach dem Einfüllen wird das Substrat gut angefeuchtet. Erst nach mehreren Tagen, wenn sich das Erdgemisch gesetzt hat, ist das Beet bereit zur Pflanzung.

Die zu evakuierenden Orchideen werden am Standort mit würfelförmigem, nicht nach unten verjüngtem Wurzelballen ausgestochen und nach Möglichkeit sofort in das vorbereitete Beet eingesetzt. Der würfelartige Wurzelballen läßt sich ohne Hohlraum einpflanzen, wodurch ein späteres Absinken der den Ballen umhüllenden Erde vermieden wird. Vor dem Einpflanzen sind aus dem Wurzelbereich alle Gräser und staudenartigen Blütenpflanzen an der Oberfläche abzuschneiden, um dadurch ihrem Überhandnehmen vorzubeugen. Niedrig bleibende Polsterpflanzen und Moose kann man als Bodendecker belassen. Nach der Pflanzung ist ein Einschwemmen mit Wasser zur Bindung von Wurzelballen und umgebendem Substrat notwendig. Auch später ist bei Trockenheit eine gute Durchfeuchtung des Beetes notwendig. Jedes Austrocknen ist ebenso wie Übernässung zu vermeiden. Orchideen mit Rhizomen, wie

Abb. 261. Platanthera chlorantha.

Cypripedium calceolus, Epipactis, Cephalanthera, Listera, müssen etwas schattiger und feuchter gehalten werden. Die Verpflanzung wird am besten im Spätsommer vor dem Einziehen des Sprosses vorgenommen. Zum Schutz gegen Hackschäden größerer Vögel werden Drahtgitter über die Pflanzen gelegt; gegen Schneckenfraß streut man Schneckenkorn, umgibt die Pflanzung mit Schneckenzäunen oder sammelt die Tiere in den Abendstunden ein.

Kulturhinweis 2. Die Anlage des Beetes gleicht der von Kulturhinweis 1. Die Pflanzerde setzt sich jedoch entsprechend den säureliebenden Orchideen etwas anders zusammen. Über eine Dränageschicht aus grobem Quarzkies gibt man ein Gemenge aus kalkfreiem Lehm, Rasenerde, Sand, Torf und Fichtennadelkompost etwa zu gleichen Teilen. Abgedeckt wird mit Fichtennadeln oder Sumpfmoos. Die Pflanzung wird wie bei Kulturhinweis 1 gehandhabt. Die bei uns teilweise nicht winterharten Cypripedienarten aus Nordamerika und Ostasien, die auch einen leicht sauren Boden verlangen, sollten etwas feuchter gehalten werden als *C. calceolus*. *C. reginae* wächst gern in humosem, sandigem Boden in der Nähe eines kleinen Wasserlaufs. Käuflich erworbene, zu schwache Rhizome läßt man erst ein bis drei Jahre in Töpfen erstarken, ehe man sie im Beet weiterkultiviert.

Kulturhinweis 3. Für Sumpforchideen wird ein unbeschattetes Moorbeet hergerichtet. Die ausgehobene Pflanzgrube soll flächenmäßig nicht zu klein sein und ein leichtes Gefälle haben. Die Grube ist allseitig mit Folie zu isolieren, bevor man sie mit Erde füllt. Die untere Hälfte der Grube wird mit trockenen Ästen und Zweigen locker belegt, darüber kommt moorige Erde, die man dem natürlichen Standort entnimmt. Gleich einem natürlichen Bachlauf führt man von der höheren Seite des Beetes kalkfreies Wasser zu, das auf der tieferen Seite über eine Schwelle wieder abgeleitet wird. Nach dem Setzen der Erde ist das Beet für ausgesprochene Sumpforchideen und andere Moorbeetgewächse pflanzfertig.

Kulturhinweis 4. Eine Weiterkultur von Orchideen mit Sommerruhe ist nur in einem wärmebegünstigten Gebiet oder als Topfkultur in einem Kalthaus möglich. Klimatisch erwünscht sind im Winterhalbjahr ausreichende Boden- und Luftfeuchtgkeit, im Frühjahr reichlich Regenfälle und im Sommer längere Wärme- und Trockenheitsperioden, während der die Pflanzen ruhen. An der neuen Wurzelknolle entwickelt sich dann die zunächst embryonale Sproßanlage, die bereits im Herbst auszutreiben beginnt. Sind die Sommerwochen durch anhaltende Schönwetterperioden relativ trocken, begünstigt dies die Reife der Knollen und die Ausbildung zahlreicher Blattrosetten, während die Samenkeimung weitgehend unterbleibt. War dagegen der Sommer regenreich, überleben die wenigsten Knollen größere Nässe, doch wird die Entwicklung von Sämlingen gefördert. Diese können bei guten Bedingungen nach 4 bis 6 Jahren bereits wieder blühen. Die Anlage geeigneter Beete ist ähnlich wie

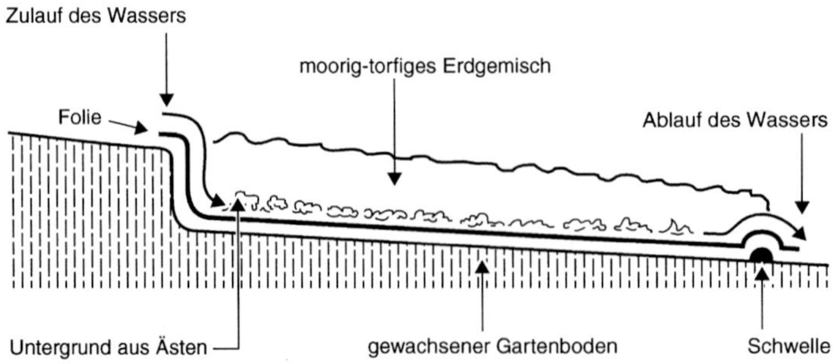

Abb. 262. Anlage eines Moorbeetes für Sumpforchideen.

in Kulturhinweis 1, doch sollte das Substrat reicher an Löß und Muschelkalk sein. Ein Einschlämmen der Pflanzerde erfolgt in diesem Falle nicht, empfohlen wird ein Abdekken der Oberfläche mit Waldmoos oder Koniferennadeln. Die beste Zeit zum Verpflanzen ist das späte Frühjahr bzw. Frühsommer, wenn die oberirdischen Teile der Pflanzen einziehen. Die ausgegrabenen, von altem Erdmaterial befreiten Knollen sind in gleicher Tiefe wie am ursprünglichen Standort in das Beet einzusenken. Während der folgenden Monate ist bei Trockenheit ein öfteres leichtes Überbrausen des Beetes erforderlich. In den Wintermonaten und zu Frühjahrsbeginn sollte man als Schutz gegen Trockenheit, Kahlfröste oder Spätfröste die Pflanzen mit Folientunneln in etwa 0,5 m Höhe überdecken.

Abschließend sei noch bemerkt, daß Freilandorchideen selbst bei bester Pflege keine jahrzehntelange Lebensdauer haben. Selbst in der Natur beträgt sie durchschnittlich nur fünf, höchstens zehn Jahre. Trotzdem bleibt der Bestand zumeist erhalten, wenn unter günstigen Bedingungen eine Erneuerung durch Sämlinge oder sich ausbreitende Rhizome stattfindet.

8.6 Entwicklungsdauer von Samenkapseln

In der nachfolgenden Tabelle wird von einigen im Botanischen Garten Wien überprüften Arten die Dauer der Samenkapselentwicklung bei Fremd- oder Nachbarbestäubung angegeben. Bildete sich bei Nachbarbestäubung keine Samenkapsel bzw. nur eine Scheinfrucht, wird dies durch „erfolglos“ angezeigt. Die Entwicklungszeit einer Scheinfrucht kann bis zu 3/4 der Zeitlänge für eine mit Samen gefüllte Kapsel betragen. Wo für die Untersuchungen nur eine einzige Infloreszenz zur Verfügung stand, fehlen in der betreffenden Rubrik die Angaben für Fremdbestäubung. Die Menge an gut ausgebildeten Samen gegenüber tauben bzw. solchen mit schwächlichem Embryo innerhalb einer Kapsel hängt nicht nur von der Anzahl der befruchteten Samenanlagen ab, sondern auch vom Gesundheitszustand der Pflanzen und vom Alter der Blüte am Bestäubungstag. Entsprechend der artbedingten Blühlänge liegt der günstigste Bestäubungstag zwischen dem 2. und 5. Blühtag. Sonnig-trockenes Wetter beschleunigt, trüb-feuchtes verzögert die Entwicklung und Reife der Samenkapsel.

Bei Zimmertemperatur aufbewahrter Orchideensamen verliert nach wenigen Wochen seine Keimfähigkeit. Diese läßt sich im Kühlschrank bei niederen Wärmegraden um Wochen verlängern, ergibt jedoch langzeitlich kein befriedigendes Resultat. Ansätze für ein besseres Verfahren zeichnen sich ab, wenn frisch geernteter unreifer oder reifer Samen nach Trocknen im Exsikkator bei –20 °C eingefroren und gelagert wird. Versuche mit Saatgut von tropischen Orchideenarten, das acht Jahre tiefgefroren wurde, ergaben, daß nach Auftauen und asymbiotischer Aussaat die Keimkraft voll erhalten geblieben war (LUCKE 1985). Nach gleichem Bericht hat tiefgefrorener Samen von *Cypripedium reginae* nach zwei Jahren seine Keimkraft nicht verloren. Geernteter Samen einer Kapsel wird in mehrere Portionen aufgeteilt eingefroren, um bei Bedarf die benötigte Aussaatmenge entnehmen zu können.

Tab. 15. Reifezeit von Orchideenfrüchten vom Tag der Bestäubung bis zum beginnenden Verfärben oder Aufreißen der Fruchtwände bei Fremd- (FB) und Nachbarbestäubung (NB); Angaben in Wochen

	FB	NB
Acacallis cyanea	32–33	erfolglos
Aërangis kotschyi	–	erfolglos
Anacamptis pyramidalis	–	6–8
Angraecum distichum	–	29–33
Bifrenaria harrisoniae	–	erfolglos
Bletia campanulata	–	12–13
– *purpurea*	–	9–10
Bletilla striata	27–31	27–31
Brassavola digbyana	–	erfolglos
– *glauca*	–	erfolglos
Brassia verrucosa	–	erfolglos
Bulbophyllum barbigerum	–	14–18
– *leopardinum*	–	erfolglos
– *micholitzii*	–	64–66
Calanthe vestita	–	12–14
Callista chrysotoxa	50–52	50–52
– *densiflora*	50–51	erfolglos
– *farmeri*	58–60	erfolglos
Catasetum fimbriatum	35–47	erfolglos
– *planiceps*	48	erfolglos
Cattleya amethystoglossa	–	erfolglos
– *aurantiaca*	–	42–43
– *bowringiana*	41–43	41–43
– *dowiana* var. *aurea*	–	erfolglos
– Hybriden	44–45	–
– *intermedia*	42–43	–
– *maxima*	–	31–32
– *walkeriana*	–	erfolglos
Chysis aurea	–	99–100
– *bractescens*	47–49	53–57
Clowesia russelliana	32–43	32–43
Cirrhopetalum ornatissimum	–	18–21
Cochlioda rosea	–	erfolglos
Coelogyne cristata	78–91	82–139
– *flaccida*	86–115	erfolglos
– *massangeana*	–	erfolglos
Cuitlauzina pendula	–	erfolglos
Cymbidium tigrinum	–	erfolglos
– *tracyanum*	–	erfolglos
Cypripedium		
– *calceolus*	16–18	19–20

Tab. 15. Reifezeit von Orchideenfrüchten vom Tag der Bestäubung bis zum beginnenden Verfärben oder Aufreißen der Fruchtwände bei Fremd- (FB) und Nachbarbestäubung (NB); Angaben in Wochen (Fortsetzung)

	FB	NB
Dactylorhiza maculata	–	6–10
– *majalis*	–	7–8
Dendrobium bellatulum	–	erfolglos
– *crumenatum*	38–40	erfolglos
– *devonianum*	–	erfolglos
– *fimbriatum*	–	erfolglos
– *heterocarpum*	47–49	40–43
– *moschatum*	53	erfolglos
– *nobile*	42–60	45–68
– *phalaenopsis*	30–32	erfolglos
– *superbum*	58–60	erfolglos
Dinema polybulbon	44–50	erfolglos
Disa uniflora	6–8	erfolglos
Dracula bella	–	22–24
Encyclia citrina	–	erfolglos
– *cochleata*	–	erfolglos
– *cordigera*	35	erfolglos
– *fragrans*	–	erfolglos
– *mariae*	26–30	27–28
Epidendrum fulgens	–	11–15
– *glumaceum*	–	28–30
– *parkinsonianum*	–	erfolglos
– *sceptum*	–	30–31
Epigeneium amplum	–	erfolglos
– *coelogyne*	–	erfolglos
Eria coronaria	–	18
Eulophia guineensis	–	erfolglos
– *quartiniana*	–	26–31
Eurychone rothschildiana	–	erfolglos
Gongora galeata	19–21	21–23
Himantoglossum		
– *adriaticum*	5–8	6–8
Laelia anceps	17–19	17–19
– *autumnalis*	24–25	–
– *cinnabarina*	–	34–35
– *flava*	–	erfolglos
– *harpophylla*	–	erfolglos
– *lundii*	–	51–53
– *perrinii*	–	81
– *superbiens*	–	51
Lemboglossum bictoniense	–	erfolglos

Tab. 15. Reifezeit von Orchideenfrüchten vom Tag der Bestäubung bis zum beginnenden Verfärben oder Aufreißen der Fruchtwände bei Fremd- (FB) und Nachbarbestäubung (NB); Angaben in Wochen (Fortsetzung)

	FB	NB
Lemboglossum rossii	49–51	–
– *uro-skinneri*	–	54–56
Lycaste aromatica	–	erfolglos
– *cruenta*, bei Frühjahrsblüte		51–51
– *cruenta*, bei Herbstblüte		75
– *deppei*	–	erfolglos
– *skinneri*	46–52	60–61
Masdevallia tovarensis	–	14–16
Maxillaria elatior	–	erfolglos
– *porphyrostele*	11–13	erfolglos
– *sophronitis*	–	erfolglos
– *tenuifolia*	10–15	erfolglos
– *variabilis*	–	erfolglos
Miltonia endresii	–	20
– *spectabilis*	–	erfolglos
Miltonioides laevis	–	erfolglos
Odontoglossum-Hybriden	47	
Oncidium cavendishianum	–	erfolglos
– *cebolleta*	21	erfolglos
– *crispum*	–	erfolglos
– *forbesii*	19–23	erfolglos
– *lanceanum*	33–35	erfolglos
– *leucochilum*	–	erfolglos
– *ornithorhynchum*	20–21	erfolglos
– *sphacelatum*	47–50	erfolglos
– *splendidum*	–	64–65
Ophrys bombyliflora	–	10–12
– *holoserica*	8–10	8 10
– *speculum*	7–12	7–12
– *sphegodes*	8–10	8–10
Orchis anatolica	12–16	12–14
– *canariensis*	–	14
– *italica*	10–12	10–12
– *militaris*	8–10	8–10
– *morio*	–	5–8
– *quadripunctata*	–	8–9
– *sancta*	9–12	9–12
– *tridentata*	–	6–8
Osmoglossum pulchellum	–	56–57
Paphiopedilum appletonianum	48–50	–
– *callosum*	–	31–32

Tab. 15. Reifezeit von Orchideenfrüchten vom Tag der Bestäubung bis zum beginnenden Verfärben oder Aufreißen der Fruchtwände bei Fremd- (FB) und Nachbarbestäubung (NB); Angaben in Wochen (Fortsetzung)

	FB	NB
– *concolor*	46–47	–
– *delenatii*	–	46
– *insigne*	43–67	erfolglos
– *rothschildianum*	–	erfolglos
– *venustum*	–	erfolglos
Peristeria elata	–	33–35
– *pendula*	–	erfolglos
Phaius tankervilleae	22–30	22–27
Phalaenopsis cornu-cervi	51–54	erfolglos
– Hybriden	32–33	
– *mannii*	–	60–62
– *schilleriana*	–	erfolglos
– *stuartiana*	–	erfolglos
Pleione lagenaria	–	38–41
– *maculata*	–	37–39
– *praecox*	–	35–42
Psychopsis papilio	20–21	–
Renanthera coccinea	–	erfolglos
– *imschootiana*	–	erfolglos
Rhynchostylis retusa	21–22	–
Rossioglossum grande	–	erfolglos
– *schlieperianum*	31–34	31–34
– *williamsianum*	–	erfolglos
Schomburgkia lyonsii	–	22–23
Serapias lingua		6–8
– *neglecta*	–	6–8
– *orientalis*	9–10	–
– *parviflora*	7–8	–
Sophronitis cernua	–	erfolglos
– *coccinea*	40–47	–
Stanhopea graveolens	–	39–41
– *oculata*	–	34–35
Thunia marshalliana	46–49	46–49
Trichopilia tortilis	30–35	–
Vanda coerulea	–	66–68
– Hybriden	65–66	–
– *tricolor*	–	47–71
Vanilla planifolia	–	47–56
Zygopetalum intermedium	–	29–31
– *maxillare*	–	77–78

Literaturverzeichnis

Baumann, H., Künkele, S.: Die Orchideen Europas. Kosmos Naturführer. Franckh'sche Verlagshandlung, Stuttgart 1988.

Bechtel, H., Cribb, P., Launert, E.: Orchideenatlas. Verlag Eugen Ulmer, Stuttgart 1993.

Bockemühl, L.: *Odontoglossum*, Monographie und Ikonographie. Brücke Verlag K. Schmersow, Hildesheim 1989.

Braem, G. J.: Paphiopedilum. Brücke Verlag K. Schmersow, Hildesheim 1988.

Bürger, A.: Orchideen für den Garten. Europäische und tropische Erdorchideen. Verlag Eugen Ulmer, Stuttgart 1992.

Buttler, K. P.: Orchideen. Die farbigen Naturführer (Hrsg. G. Steinbach). Mosaik Verlag, München 1986.

Eilhardt, K. H.: Ausbringen asymbiotisch gezogener *Ophrys apifera*. Orchidee 37 (5), 241–242, 1986.

– Heimische Orchideen. Naturbuch-Verlag, Augsburg 1992.

Fedorov, A.: Chromosome Numbers of Flowering Plants. Komarov Botanical Institute, Moskau, Isdat. Nauka, Leningrad 1969.

Frosch, W.: Asymbiotische Vermehrung von *Cypripedium reginae* mit Blüte drei Jahre nach der Aussaat. Orchidee 36 (1); 30–32, 1985.

Hofmann, M.: Gedanken zur Erhaltung des Artenreichtums der Orchideen. Orchidee 24 (4), 139–140, 1973.

– Katalog der kultivierten Orchideen. Private Veröffentlichung, 1975.

Karasawa, K.: Karyomorphological Studies in *Paphiopedilum*, Orchidaceae. The Hiroshima Botanical Garden, Kurashige, Itsukaichi, Hiroshima, Japan 1979.

Kohls, G., Kähler, U.: Orchideen im Garten. Verlag Paul Parey, Berlin–Hamburg 1993.

Lucke, E.: Zur Lagerung und Vitalitätsprüfung von Orchideensamen. Orchidee 36 (3), 111–112, 1985.

Mergner, H.: Orchideenkunde. Verlag Paul Parey, Berlin–Hamburg 1992.

Mrkvicka, A. C.: Über die Kultur und Vermehrung einiger heimischer Orchideenarten in künstlich angelegten Feuchtbiotopen. Orchidee 41 (5), 188–191, 1990.

Penningsfeld, F.: Anzucht und Ernährung heimischer Orchideen. Orchidee 41 (5), 185–188, 1990.

Sadovsky, O.: Orchideen im eigenen Garten. Bayerischer Landwirtschaftsverlag, München 1965.

Schlechter, R.: Die Orchideen. 3. Aufl. (Hrsg. F. G. Brieger, R. Maatsch, K. Senghas). Verlag P. Parey, Berlin–Hamburg, ab 1970 in Lieferungen.

Schultes, R. E., Pease, A. S.: Generic Names of Orchids. Academic Press, New York–London 1963.

Tanaka, R., Kamemoto, H.: List of Chromosome Numbers in Species of the Orchidaceae. In: C. L. Withner: The Orchids. John Wiley and Sons, New York–London–Sydney–Toronto 1974.

Vöth, W.: Asymbiotische Aussaat und Jungpflanzenentwicklung von *Orchis sancta, O. coriophora* subsp. *fragrans* und *O. kallithea*. Gärtnerisch-botanischer Brief, 45. Brief, Juni 1975: 1492–1499, 1975.

– Aussaat und Kultur von *Serapias parviflora* und *S. orientalis*. Tagungsberichte 8. Welt Orchideen-Konferenz 1975: 351–358, 1976.

– Gattungshybride: *Serapias vomeracea* subsp. *laxiflora* × *Orchis morio* subsp. *picta*. Orchidee 32 (4), 138–142, 1981.

Bildquellen

Fotos

Barthlott, W., Heidelberg: Abb. 1, 2, 4, 9, 11, 21, 25, 34, 35
Baumeister, W., Stuttgart: Abb. 251, 252, 253, 255, 258, 259, 260, 261
Bomba, G., Frankfurt/M.: Abb. 42
Koch, H., Unna: Abb. 91, 92, 93, 94
Kurzmann, P., Freising-Weihenstephan: Abb. 44, 45, 46, 47, 49, 50, 51, 52, 95, 96, 97, 106, 107, 108, 109, 110, 111 a–e, 112, 113, 114, 115, 116
Landesanstalt für Pflanzenschutz, Stuttgart: Abb. 128, 132
Lesemann, D. E., Braunschweig: Abb. 123, 125, 126
Lücke, E., Osterrode: Abb. 98, 99
Morell, E., Dreieich: Titelbild, Abb. 199, 224, 238, 239, 245
Röllke, L., Bielefeld: Abb. 127, 131, 133, 134, 135, 136
Seitz, M., Tübingen: Abb. 100
Fa. Viessmann, Allendorf: Abb. 68
Vöth, W., Mödling: Abb. 117, 118
Fa. Georg Wagner, Augsburg: Abb. 78
Zecha, E., München: Abb. 240, 241, 242, 250
Zunke, U., Hamburg: Abb. 137

Alle nicht aufgeführten Fotos stammen von den Autoren der jeweiligen Kapitel.

Zeichnungen

Brendel, R., Aarbergen-Panrod: Abb. 3, 5, 6, 8, 10, 12, 13, 15, 16, 17, 18, 19, 20, 22, 23, 24, 26, 27, 28, 29, 30, 31, 32, 33, 36, 37, 38, 39, 104, 111 f und g
Arends, J. C., Renkum: Abb. 122
Gusta, P., Stuttgart: Abb. 101, 102, 119, 262
Krieger, K., Herdecke: Abb. 53, 69
Sang, H., Essen: Abb. 54, 56, 57, 59, 65 a und b, 66, 71, 83, 88

Register

Seitenzahlen mit Sternchen* verweisen auf Abbildungen.